Das große Bewerbungshandbuch

Bewerben mit Zufriedenheitsgarantie: Wir sind absolut überzeugt von der Qualität unserer Bewerbungsratgeber. Aber begeistert sind wir nur dann, wenn Sie als Leser wirklich glücklich damit sind. Dafür arbeiten wir hart, jeden Tag. Dank der langjährigen Erfahrung unserer Bewerbungsexperten begleiten Sie unsere Bücher souverän durch den gesamten Prozess Ihrer Bewerbung: Sie erstellen Ihre passgenauen Bewerbungsunterlagen. Sie bereiten sich optimal auf das Vorstellungsgespräch vor. Sie wissen, was Sie im Assessment-Center erwartet. Sie sind vorbereitet auf die anstehenden Tests und Sie kennen die Tücken von Arbeitszeugnissen. Kurz: Bei uns sind Sie in den allerbesten Händen.

Unser Angebot an Sie: Falls Sie nicht zufrieden sein sollten mit diesem Buch, schicken Sie es einfach (bis sechs Monate nach Kaufdatum) mit der Quittung und einer kurzen Erklärung, warum Sie mit ihm nicht zufrieden sind, an unsere Verlagsadresse (Campus Verlag GmbH, Kurfürstenstraße 49, 60486 Frankfurt am Main). Wir lassen Ihnen dann im Tausch umgehend und auf unsere Kosten einen anderen passenden Titel aus unserem umfangreichen Programm Beruf und Karriere zukommen.

Christian Püttjer und **Uwe Schnierda** kennen die Wünsche und Hoffnungen, aber auch Sorgen und Nöte von Bewerberinnen und Bewerbern seit über 20 Jahren. Ihre umfassenden Erfahrungen aus der Optimierung von Bewerbungsunterlagen, aus Einzelcoachings und aus Seminaren bringen sie in ihre praxisnahen Ratgeber ein, die exklusiv im Campus Verlag erscheinen. Die konkreten Tipps, die klare Sprache und die motivierende Unterstützung von Püttjer & Schnierda haben schon über einer Million Leserinnen und Lesern weitergeholfen.

PÜTTJER & SCHNIERDA

Das große Bewerbungshandbuch

Campus Verlag
Frankfurt/New York

Downloads zum Buch

Den Weg zu den Zusatzmaterialien finden Sie am Ende des Buches.

MIX
Papier aus verantwortungsvollen Quellen
FSC www.fsc.org FSC® C089473

ISBN 978-3-593-50035-5

9., aktualisierte Auflage 2014

Umschlagfoto: plainpicture/Image Source
Gestaltung: hauser lacour, Frankfurt am Main
Satz: Publikations Atelier, Dreieich
Druck und Bindung: Beltz Bad Langensalza
Printed in Germany

www.campus.de

Schnellübersicht Inhalt

Teil IV: Online-Bewerbungen

Teil V: Bewerbungsmuster

Teil VI: Vorstellungsgespräch

Teil VII: Assessment-Center

Inhalt

Teil III: Initiativbewerbungen

Teil IV: Online-Bewerbungen

Teil VIII: Einstellungstest

Teil IX: Probezeit

Teil X: Arbeitszeugnisse

Vorwort

Liebe Leserin, lieber Leser,

Wissen aus der Praxis

seit über 20 Jahren unterstützen wir – Christian Püttjer und Uwe Schnierda – Bewerberinnen und Bewerber persönlich in Seminaren und Einzelberatungen, und seit über zehn Jahren erscheinen unsere nachgefragten Ratgeber rund um die Themen Bewerbung und Karriere exklusiv im Campus Verlag. Mit diesem umfassenden Ratgeber verfolgen wir die gleichen Ziele wie in unserer Beratungspraxis: Wir werden Sie dabei unterstützen, sicher, motiviert und selbstbewusst durch den Bewerbungsdschungel zu kommen.

Ihr Weg durch den Bewerbungsdschungel

Die Suche nach einem guten Arbeitsplatz ist mittlerweile so fordernd geworden, dass man sie durchaus mit einem Überlebenskampf im bedrohlichen Urwald vergleichen kann. Doch keine Angst, wir liefern Ihnen das erprobte Rüstzeug, um den Gefahren dieses Dschungels zu trotzen und sicher ans Ziel zu kommen. In unserem »Survival-Training« werden Sie zahlreiche Übungen durchlaufen, die Ihnen dabei helfen, ein neues Bewusstsein Ihrer vielen Stärken zu bekommen. Mit diesem neuen Selbstbewusstsein können Sie dann mit Ihren Einstellungsargumenten voll ins Schwarze treffen.

Ihr Training beginnt

Wir laden Sie ein, an unserem Survival-Training rund um das Thema Bewerbung teilzunehmen. Ganz wichtig ist uns dabei, dass Sie mit der richtigen Einstellung an dieses existenzielle Thema herangehen. Seien Sie ruhig skeptisch, wenn Sie das eine oder andere anders sehen als wir, denn jeder Mensch hat natürlich seine ganz eigenen Erfahrungen gemacht und im Lauf der Zeit seine speziellen Vorlieben entwickelt. Aber: Ohne Ihre Offenheit für die von uns vorgestellten neuen Perspektiven, praxiserprobten Tipps und positiven Erfahrungen erfolgreicher Bewerber geht es jedoch nicht vorwärts.

Unser Angebot für Sie

Vielleicht hilft es Ihnen, wenn Sie unser Bewerbungshandbuch einfach als großes Büfett ansehen, aus dem Sie nach Herzenslust die Dinge auswählen, die Ihnen förmlich ins Auge springen, weil sie äußerst wohlschmeckend erscheinen. Scheuen Sie sich aber nicht, ebenfalls einmal die Delikatessen zu probieren, die man oft erst auf den zweiten Blick entdeckt. Oder anders, mit den Worten des Künstlers Francis Picabia, ausgedrückt: »Der Kopf ist rund, damit das Denken die Richtung wechseln kann.«

Auf dem Boden der Tatsachen

Wir unterstützen Sie!

Seien Sie sicher, wenn es nach uns ginge, hätte jeder den Job, den er oder sie sich erträumt. Aber wir sind keine Traumtänzer, die Ihnen das Blaue vom Himmel versprechen wollen. Wir sind nur zwei ganz realitätsnahe Bewerbungsberater, die liebend gerne ihren äußerst umfangreichen Erfahrungsschatz mit Ihnen teilen möchten. Seit fast 20 Jahren treibt uns die Herausforderung an, Bewerberinnen und Bewerber wirkungsvoll zu unterstützen, damit sie sicher, motiviert und selbstbewusst durch den mitunter heimtückischen Bewerbungsdschungel kommen.

Viel Erfolg für Ihre Bewerbungen wünschen Ihnen

Christian Püttjer & Uwe Schnierda

Einleitung

Wer meint, dass zum Thema Bewerbung eigentlich schon alles gesagt wurde, irrt sich: In den letzten Jahren hat sich in der Bewerberauswahl eine Trendwende vollzogen, auf die die meisten Bewerberinnen und Bewerber nicht vorbereitet sind. Fachwissen allein genügt nicht mehr – es geht auch ganz wesentlich um persönliche Fähigkeiten, die sogenannten Soft Skills, und darum, überzeugende Argumente für die eigene Einstellung zu liefern und entsprechend zu präsentieren. Dies gilt für berufserfahrene Stellenwechsler genauso wie für Berufseinsteiger, für Manager genauso wie für Auszubildende.

Gefragt: Ihre Persönlichkeit

Der Trend zur Einforderung bestimmter Soft Skills lässt sich beispielsweise an der zunehmenden Bedeutung des Assessment-Centers als Mitarbeiterauswahlverfahren ablesen. Im Assessment-Center geht es nämlich im Wesentlichen darum, die Bewerber*persönlichkeit* zu durchleuchten. Die Firmen haben heute eine sehr viel genauere Vorstellung davon, wie ihr idealer Kandidat oder ihre ideale Kandidatin auszusehen hat. Es gilt also, im gesamten Bewerbungsverfahren nicht nur das eigene Fachwissen richtig darzustellen, sondern auch die Soft Skills zu zeigen, die von den Firmen verlangt werden.

Kennen Sie Ihre Einstellungsargumente?

Ein weiterer Trend macht es den Bewerberinnen und Bewerbern heutzutage ebenfalls schwerer, sich auf dem Arbeitsmarkt durchzusetzen: Gaben sich Personalabteilungen früher noch etwas gnädiger und bemühten sich, aus den Bewerbungsunterlagen Stärken und Einsatzmöglichkeiten des Bewerbers in der Firma herauszulesen, ist dies heute ganz anders. Die Firmen erwarten jetzt eine passgenaue Präsentation, in der der Bewerber selbst Argumente dafür liefert, warum er ein geeigneter neuer Mitarbeiter wäre.

Sie müssen also die Argumente für Ihre Einstellung bringen, und zwar nicht nur in der Bewerbungsmappe, sondern auch im Vorstellungsgespräch, in telefonischen Interviews und natürlich auch im Assessment-Center.

Geben Sie sich ein individuelles Profil

Unsere Profil-Methode®

Die modernen Anforderungen an die Bewerbung lassen sich nur mit einem profilierten Auftritt in den Griff bekommen. Wir haben in unserer über 20-jährigen Beratungspraxis die Profil-Methode® entwickelt, die Bewerbern dabei hilft, sich im Bewerbungsverfahren durchzusetzen. Unsere Profil-Methode® besteht aus den Bausteinen Passgenauigkeit, Stärkenorientierung und Glaubwürdigkeit. Wer diese für seine eigenen Bewerbungsaktivitäten nutzt, wird sich ein solides Fundament für seinen Bewerbungserfolg erarbeiten können.

Wir erläutern Ihnen für sämtliche Stufen des Bewerbungsverfahrens, wie Sie die Profil-Methode® optimal einsetzen können. Ob bei der persönlichen Kontaktaufnahme oder beim Erstellen der Bewerbungsmappe, während eines Vorstellungsgesprächs oder im Assessment-Center – Sie werden nur dann bestehen, wenn Ihr individuelles Profil sichtbar wird.

Orientierung durch viele Beispiele

Aus Fehlern lernt man – am liebsten aus denen der anderen!

Neben dem Einsatz der Profil-Methode® im Bewerbungsverfahren stellen wir Ihnen natürlich auch alle weiteren Details vor, die bei der Bewerbung wichtig sind. Profitieren Sie von unserem Insiderwissen, und berücksichtigen Sie unsere Tipps und Anregungen für Ihre Bewerbung. Lassen Sie sich von den zahlreichen Bewerbungsmustern inspirieren: Lernen Sie aus den Fehlern der Negativbeispiele, und erfahren Sie anhand der Positivbeispiele, wie es besser geht. Der Teufel steckt oft im Detail. Deshalb sollten Sie gemeinsam mit uns ein Gespür dafür entwickeln, wo der Fehlerteufel steckt und wie er sich vertreiben lässt.

Erfahren Sie, wie sich Ihre geleistete Arbeit überzeugend darstellen lässt – es wäre doch schade, wenn Sie das, was Sie zu bieten haben, nicht deutlich machen könnten! Unser Bewerbungshandbuch wird Sie sicher durch alle Stationen des Bewerbungsverfahrens begleiten. Starten Sie nun mit uns in das große Trainingsprogramm für Ihre erfolgreiche Bewerbung!

Zusatzmaterial für noch mehr Hilfe und Information

DOWNLOAD

Den Weg zu dem umfangreichen Zusatzmaterial zu den Püttjer-und-Schnierda-Bewerbungsratgebern finden Sie am Ende des Buches. Dort stellen wir Übungen, Checklisten und Tests zum Download zur Verfügung.

Bewerben mit der Püttjer&Schnierda-Profil-Methode®

Gesichtslose Bewerber, die austauschbar erscheinen, machen es sich und den Unternehmen unnötig schwer, zueinander zu finden. Machen Sie es besser: Sie werden sich im Bewerbungsverfahren mehr Aufmerksamkeit verschaffen, wenn Sie Ihr Profil aussagekräftig und glaubwürdig vermitteln können. Die Profil-Methode®, die wir dazu in unserer über 20-jährigen Beratungspraxis (www.karriereakademie.de) entwickelt haben, hat schon vielen Bewerbern zum Erfolg verholfen.

Drei Kernelemente kennzeichnen die Profil-Methode®: Punkten Sie mit einer passgenauen Bewerbung, vermitteln Sie Ihre Stärken und treten Sie glaubwürdig auf.

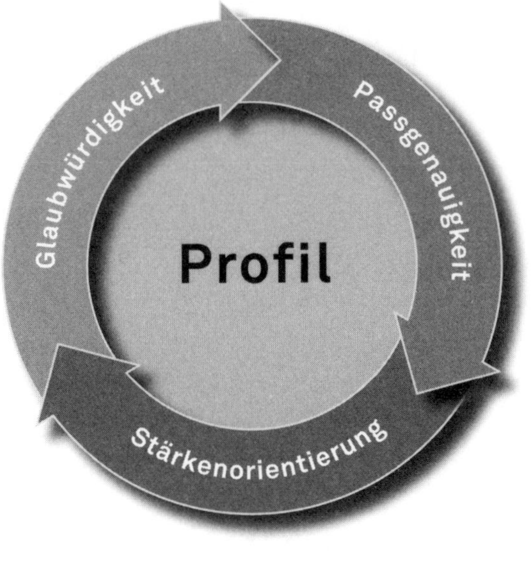

1. Passgenauigkeit: Je besser Sie in Ihrer Bewerbung auf die Anforderungen der Stelle eingehen, desto höher ist Ihre Erfolgsquote. Machen Sie sich den Blick der Personalverantwortlichen zu eigen. Die Ausgangslage Ihrer Argumentation sollten immer die Anforderungen des Unternehmens und der zu vergebenden Stelle bilden. So wird Ihre Bewerbung passgenau.

2. Stärkenorientierung: Niemand lässt sich durch Krisen- und Problemschilderungen überzeugen – auch Unternehmen nicht! Verzichten Sie deshalb auf Abwertungen und Relativierungen, und stellen Sie lieber Ihre Vorzüge in den Mittelpunkt Ihrer Bewerbung. So werden Ihre Stärken sichtbar.

3. Glaubwürdigkeit: Verbiegen Sie sich nicht im Bewerbungsverfahren, Ihre Persönlichkeit ist gefragt! Verstecken Sie sich nicht hinter Leerfloskeln und abstrakten Formulierungen, sondern liefern Sie stattdessen nachvollziehbare Beispiele, die Ihre Bewerbung mit Leben füllen. So gewinnen Sie Glaubwürdigkeit.

Alle im Campus Verlag erschienenen Bücher von Püttjer&Schnierda basieren auf der Profil-Methode®. Profitieren auch Sie vom Wissen der Experten. Nutzen Sie dieses Handbuch dazu, Schritt für Schritt Ihr eigenes Profil zu entwickeln und es im Bewerbungsverfahren zu vermitteln.

I

Vorbereitung der Bewerbung

1. Potenzialanalyse: Was haben Sie zu bieten?

Die meisten Menschen verfügen über wesentlich mehr Erfahrungen und Kenntnisse, als sie zur Bewältigung ihrer täglichen Arbeit benötigen. Verschaffen Sie sich einen Überblick über Ihre tagtäglich eingesetzten Fähigkeiten. Analysieren Sie Ihre gesamten Kenntnisse und Fähigkeiten. Durch die lückenlose Auflistung der Stationen Ihres bisherigen Lebensweges erarbeiten Sie sich die Grundlage für Ihre aussagekräftige Bewerbung.

Ermitteln Sie Ihr Potenzial

Eine umfassende Analyse Ihres Potenzials ist die Grundlage für Ihre überzeugende Bewerbung. Sie werden später immer wieder auf die hier gewonnenen Fakten zurückgreifen. Erst eine ausgearbeitete Bilanz Ihrer Erfahrungen versetzt Sie in die Lage, nicht nur formell, sondern auch inhaltlich zu argumentieren. Wir erleben es in unserer Beratungspraxis häufig, dass jemand den abstrakten Begriff seiner Berufstätigkeit in den Raum stellt und denkt, dass nun alle wüssten, was seine Aufgabe ist. Hierbei wird übersehen, dass sich hinter ein und derselben Berufsbezeichnung ganz unterschiedliche Tätigkeitsinhalte verbergen können. Es reicht nicht aus, seinem Gegenüber einfach zu sagen: »Ich bin Controller.« Weil heutige Berufsfelder immer spezieller werden, ist für Außenstehende häufig unklar, woraus der konkrete Berufsalltag eigentlich besteht. Mit Ihrer Bewerbung werden Sie aber erst dann Erfolg haben, wenn andere nachvollziehen können, was Sie zu leisten vermögen.

Erkennen Sie Ihr Potenzial

Dokumentieren Sie Ihre Leistungen lückenlos

Ihr Potenzial setzt sich nicht nur aus dem zusammen, was Sie tagtäglich tun, sondern auch aus früheren Tätigkeiten, Ihren Weiterbildungsanstrengungen und Ihren Freizeitaktivitäten. Damit Sie eine breite Grundlage für die Darstellung Ihres Profils gewinnen, sollten Sie Ihre beruflichen Leistungen umfassend und lückenlos dokumentieren. Beschränken Sie sich an diesem Punkt Ihrer Vorbereitung nicht: Die für Ihre Bewerbung relevanten Erfahrungen und Erfolge wählen Sie später aus.

Beruf: Ihre Erfahrungen

Sie können mehr, als Sie glauben

Erstaunlicherweise fällt es den meisten Menschen schwer, ihren Einsatz im Tagesgeschäft detailliert zu beschreiben. Routineaufgaben gehen schnell in Fleisch und Blut über, sodass sie nicht mehr als etwas Besonderes erkannt werden. Sie sollten also zunächst einmal innehalten und versuchen, Ihre Erfahrungen aus immer wiederkehrenden Aufgabenstellungen detailliert zu beschreiben. Damit dürfte aber das Reservoir Ihrer beruflichen Tätigkeiten noch längst nicht erschöpft sein. Sicherlich haben sich die Schwerpunkte in Ihrem Einsatzgebiet schon einmal verschoben. Notieren Sie deshalb alles, was Sie an Ihrem momentanen Arbeitsplatz an Aufgaben bewältigt haben.

Benennen Sie präzise Ihre Erfahrungen

Denken Sie auch an die Vertretung von Kollegen, an Sonderaufgaben, die Sie übernommen haben, oder an Projektgruppen, in die Sie involviert waren, und listen Sie diese Tätigkeiten umfassend auf. Gerade Ihre über das normale Maß hinausgehenden Anstrengungen lassen sich sehr gut für Ihre Bewerbung verwerten. Denn wer zeigt, dass er gelegentlich über den Tellerrand blickt und sich auch außerhalb des Kernbereichs seiner eigenen Tätigkeiten engagiert, ist gefragt. Ihr Einsatz in anderen Firmenbereichen – und damit für das Gesamtunternehmen – ist ein Pfund, mit dem Sie später wuchern können. Außerdem: Wenn Sie wissen, welche speziellen Wünsche Entscheidungsträger in anderen Abteilungen haben, werden Sie später leichter bei ihnen Gehör finden.

Damit Ihre Analyse Substanz bekommt, sollten Sie Ihre beruflichen Erfahrungen präzise benennen. Verfassen Sie keine langatmigen Abhandlungen, sondern erarbeiten Sie eine stichwortartige Darstellung Ihrer Erfahrungen. So verdichten Sie Informationen, kommen auf den Punkt und können später schneller auf relevante Aspekte zugreifen.

Werden Sie zum Detektiv in eigener Sache

Da beim bloßen Grübeln über die bisherigen Aufgabenbereiche sicherlich der eine oder andere Punkt unter den Tisch fallen würde, sollten Sie auf alle möglichen Gedächtnisstützen zurückgreifen. Als Anhaltspunkte können Ihnen Arbeitsverträge, Projektberichte, Arbeitszeugnisse, Zwischenzeugnisse, Stellenbeschreibungen und alte Bewerbungsunterlagen dienen. Werden Sie zum Detektiv in eigener Sache und durchleuchten Sie Ihre berufliche Vergangenheit! Am einfachsten ist es, wenn Sie so vorgehen, wie wir es in der Übersicht rechts vorstellen.

Systematische Auswertung der beruflichen Erfahrungen

ÜBERSICHT

1. Wie lautet Ihre offizielle Berufsbezeichnung?
2. Welche Unternehmensbereiche oder Abteilungen haben Sie kennen gelernt?
3. Welche Tätigkeiten im Tagesgeschäft üben Sie aus?
4. In welchen Abteilungen haben Sie bereits Kollegen vertreten?
5. Welche Sonderaufgaben sind Ihnen anvertraut worden?
6. An welchen Projekten haben Sie mitgearbeitet?

Bevor Sie am Ende dieses Kapitels selbst zur Tat schreiten, möchten wir Ihnen anhand eines Beispiels exemplarisch aufzeigen, welche Ergebnisse sich mit einer intensiven Analyse gewinnen lassen.

Analyse eines Mitarbeiters im Controlling

BEISPIEL

Die in der momentanen Berufsausübung eingesetzten Erfahrungen und Kenntnisse eines Controllers lassen sich in das vorgestellte Schema folgendermaßen einordnen:

1. *Offizielle Berufsbezeichnung:*
   Controller
2. *Kennen gelernte Unternehmensbereiche oder Abteilungen:*
   Abteilung Controlling, Unternehmensbereich Vertrieb, Marketingabteilung, Personalabteilung, Geschäftsleitung, Niederlassungen
3. *Tätigkeiten im Tagesgeschäft:*

Tätigkeit 1:	Erstellung von Reportings
Tätigkeit 2:	Umsetzung der Kostenverrechnungssystematik
Tätigkeit 3:	Koordination des Budgetierungsprozesses
Tätigkeit 4:	Kommentierung der Kostenentwicklung
Tätigkeit 5:	Vor- und Nachkalkulation von Projekten
Tätigkeit 6:	Analyse von Schwachstellen und Erarbeitung von Verbesserungsmaßnahmen
Tätigkeit 7:	Regelmäßige Erstellung von Forecasts

→ FORTSETZUNG AUF DER NÄCHSTEN SEITE

4. *Vertretungen:*
Wiederholte Urlaubsvertretung eines Kollegen aus dem operativen Controlling, Krankheitsvertretung des Controllingleiters

5. *Sonderaufgaben:*
Sonderaufgabe 1: Zusammenarbeit mit Wirtschaftsprüfern
Sonderaufgabe 2: Optimierung von Controllinginstrumenten
Sonderaufgabe 3: Umstellung der Bilanzierung auf US-GAAP

6. *Projekte:*
Projekt 1: Bewertung der kurz- und mittelfristigen Geschäftsentwicklung einzelner Unternehmensstandorte
Projekt 2: Weiterentwicklung des Vertriebscontrollings
Projekt 3: Mitwirkung bei der Umsetzung von Controllinginformationen in Steuerimpulse und Maßnahmenempfehlungen

Auch eigene Welten wollen entdeckt werden

Sie haben gesehen, welche Aktivposten sich hinter der simplen Berufsbezeichnung Controller verbergen können. Es gibt für diesen Bewerber also keinen Grund, sein Licht unter den Scheffel zu stellen. Schon seine jetzige Arbeitsstelle bietet interessantes und vielfältiges Material für seine Bewerbung. Doch es geht noch weiter, denn der Controller hat bei seinem früheren Arbeitgeber etwas andere Aufgaben bearbeitet. Auch diese vergangene berufliche Phase hat er intensiv durchleuchtet.

Der Blick in die Vergangenheit

BEISPIEL

Der Controller, der zunächst seine aktuellen Aufgaben erfasst hat, geht nun einen Schritt zurück und analysiert seine Erfahrungen aus seiner vorigen Position als Controllingassistent.

1. *Offizielle Berufsbezeichnung:*
Controllingassistent

2. *Kennen gelernte Unternehmensbereiche oder Abteilungen:*
Vertriebsinnendienst, Marketingabteilung, Produktmanagement

3. *Tätigkeiten im Tagesgeschäft:*
Tätigkeit 1: Erstellung und Auswertung von Vertriebsstatistiken
Tätigkeit 2: Abweichungsanalyse
Tätigkeit 3: Mitwirkung am internen Rechnungs- und Berichtswesen
Tätigkeit 4: Kostenrechnung
Tätigkeit 5: Budgetierung
Tätigkeit 6: Erstellung von Quartalsabschlüssen

4. *Vertretungen:*
   Urlaubsvertretung einer Kollegin aus dem Konzerncontrolling

5. *Sonderaufgaben:*
   Sonderaufgabe 1: Beratung der Vertriebsleitung
   Sonderaufgabe 2: SAP R/3-Integration

6. *Projekte:*
   Projekt 1: Analysen mit Vertrieb, Marketing und Produktmanagement
   Projekt 2: Vorbereitung der Übernahme eines Mitbewerbers

Waren auch Sie in mehreren Stellen tätig, sollten Sie ebenso vorgehen: Nehmen Sie sich nach und nach jeden einzelnen Arbeitsplatz vor, und gehen Sie zurück bis zu Ihrer Einstiegsposition. Sie werden auf interessante Details in Ihrem beruflichen Werdegang stoßen, die Sie später in Ihre Bewerbung einbauen können. Aber nicht nur Ihre beruflichen Erfahrungen sind wichtig, auch Ihr Engagement in Sachen Weiterbildung bringt Ihnen wichtige Pluspunkte.

Weiterbildung: Ihre Lernbereitschaft

Ihre Weiterentwicklung ist interessant

Mit Ihrer Bewerbung wollen Sie andere auf sich aufmerksam machen und ihnen signalisieren, dass Sie noch lange nicht am Ende Ihrer Entwicklung sind. Dabei kommt der Darstellung Ihrer Lernbereitschaft eine wichtige Rolle zu. Machen Sie anderen klar, dass Sie am Ball bleiben und sich aktiv um Ihre berufliche und persönliche Weiterentwicklung kümmern.

Thematisieren Sie den Ausbau Ihrer Kenntnisse

Zur Weiterbildung zählen nicht nur Seminare und Trainings, in denen Sie punktuell Ihre Kenntnisse erweitert haben, sondern auch Ihr täglicher Einsatz in Sachen Erkenntnisfortschritt. Viele Berufstätige glauben – zu Unrecht –, dass ihre Kollegen genauso viel Zeit wie sie investieren, um auf dem Laufenden zu bleiben. Wenn Sie denken, dass die regelmäßige Lektüre von Fachliteratur oder das Durcharbeiten von Branchenblättern eigentlich selbstverständlich ist, unterliegen Sie jedoch einem Trugschluss.

DOWNLOAD

Wenn Sie sich in Ihrem Berufsfeld aktiv um einen Ausbau Ihrer Kenntnisse kümmern, sollten Sie dies auch in Ihrer Bewerbung thematisieren. Dazu müssen Sie aber erst einmal Ihre Aktivitäten katalogisieren – orientieren Sie sich dafür an einer bewährten Systematik, die Sie in der Übersicht auf Seite 28 finden.

ÜBERSICHT

Systematische Auflistung des Weiterbildungsengagements

1. (Fach-)Zeitschriften und Zeitungen, die Sie regelmäßig lesen
2. Weiterbildungsmaßnahmen, die im Rahmen der Personalentwicklung stattgefunden haben
3. Weiterbildungsmaßnahmen, die Sie selbst initiiert haben
4. Selbst angeeignetes Wissen
5. Messen, Tagungen, Kongresse

Auch für den Bereich Weiterbildung zeigen wir Ihnen anhand eines Beispiels, wie Sie selbst später vorgehen sollen.

Weiterbildung eines Controllers

BEISPIEL

1. *(Fach-)Zeitschriften und Zeitungen, die er regelmäßig liest:*
   Zeitschrift 1: managermagazin
   Zeitschrift 2: WirtschaftsWoche
   Zeitschrift 3: Controller Magazin
   Zeitung 1: Financial Times Deutschland

2. *Weiterbildungsmaßnahmen, die im Rahmen der Personalentwicklung stattgefunden haben:*
   Maßnahme 1: Führen von Analyse- und Abweichungsgesprächen
   Maßnahme 2: SAP R/3-Basiskurs
   Maßnahme 3: SAP R/3-Aufbaukurs
   Maßnahme 4: SAP R/3 im Controlling
   Maßnahme 5: Effizientes Projektcontrolling
   Maßnahme 6: Seminar Sensitivitätsanalysen
   Maßnahme 7: Seminar Bilanzierung nach US-GAAP

3. *Weiterbildungsmaßnahmen, die selbst initiiert wurden:*
   Maßnahme 1: Präsentationstraining
   Maßnahme 2: Ausbildereignungsprüfung
   Maßnahme 3: Verhandlungsseminar
   Maßnahme 4: Evaluierung von Marktanalysesystemen
   Maßnahme 5: Business-Englisch

4. *Selbst angeeignetes Wissen:*
   PC-Kenntnisse 1: PowerPoint-Präsentationsgrafiken
   PC-Kenntnisse 2: Adobe Illustrator Grafikprogramm

PC-Kenntnisse 3: Regelmäßige Aktualisierung der Anwenderkenntnisse in MS Office

5. *Messen, Tagungen, Kongresse:*
   Tagung 1: Regelmäßiger Besuch der Jahrestagung Deutsche Gesellschaft für Controlling
   Kongress 1: Marketing und Controlling, zwei Welten oder ein Universum?
   Kongress 2: Controlling im Vertrieb

Weiterbildung setzt Sie ins rechte Licht

Bei den meisten Berufstätigen kommt im Lauf der Jahre einiges an Einsatz für die Weiterbildung zusammen. Für eine erfolgreiche Bewerbungsstrategie ist es wichtig, auch diesen Bereich zu durchleuchten. Wer engagiert daran arbeitet, sein Wissen nicht veralten und sich nicht von neuen Entwicklungen überrollen zu lassen, ist aus Unternehmenssicht besonders interessant. Schließlich können Unternehmen nur dann überleben, wenn sie Mitarbeiter in ihren eigenen Reihen haben, die sich auf veränderte Rahmenbedingungen einstellen können.

Freizeit: Ihre Bonuspunkte

Was machen Sie in Ihrer Freizeit?

Ihre Persönlichkeit lässt sich nicht ausschließlich aus Ihrem Berufsleben erkennen. Die meisten Menschen haben mehr Potenzial, als sie an ihrem Arbeitsplatz einbringen können. Dies liegt zum Teil an fehlenden Freiräumen, zu vielen Routineaufgaben oder an einer ständigen Unterforderung. Es lohnt sich für Sie, Ihre außerberuflichen Aktivitäten einmal daraufhin zu überprüfen, ob nicht verborgene Talente in Ihnen schlummern, zu denen Sie sich auch im Berufsleben bekennen können. Machen Sie sich klar, was Sie in Ihrer Freizeit alles leisten. Lassen Sie sich dabei von unseren Kategorien aus der folgenden Übersicht inspirieren.

ÜBERSICHT

Systematische Erfassung der Freizeitaktivitäten

1. Hobbys
2. Interessen
3. Vereinsmitgliedschaften
4. Ehrenamt

Auch der Controller aus den vorhergehenden Beispielen hat sich die Mühe gemacht, seine Freizeitaktivitäten detailliert zu erfassen. Seine Anstrengungen erbrachten dieses Ergebnis:

Auch Controller haben Freizeit

BEISPIEL

1. *Hobbys:*
   Surfen, Wasserski, Joggen, Motorradreisen
2. *Interessen:*
   Motortuning, Auswertung von Prüfstandsdiagrammen, technische Börsenanalyse
3. *Vereinsmitgliedschaften:*
   Anlegerclub »Die wilden Bären«, Motorradclub »Bad Segeberger Rebels«
4. *Ehrenamt:*
   Stellvertretender Vorsitzender der Wirtschaftsjunioren Ostholstein

Zeigen Sie Ihre Interessen

Auf den ersten Blick ist der Controller vielseitig interessiert und engagiert sich in mehreren Vereinen. Allerdings wird deutlich, dass er auch außerhalb des Berufsalltags bevorzugt seine analytischen Fähigkeiten einsetzt. Sowohl beim Motortuning als auch bei der Börsenanalyse sichtet er Datenmaterial, um anderen die richtigen Schlüsse daraus vermitteln zu können. Seine Arbeit ist also nicht von seiner Persönlichkeit abgekoppelt. Erkennbar wird auch sein Streben nach Verantwortung und der Übernahme von Leitungsfunktionen wie bei den Wirtschaftsjunioren.

Ihre Potenzialanalyse

Erschließen Sie Schritt für Schritt Ihr Profil

Überzeugen Sie sich nun selbst vom Wert Ihrer bisherigen Leistungen. Nehmen Sie sich dazu die Zeit, die nachfolgenden Übungen gründlich durchzuarbeiten. Sie werden sehen, dass Sie einen neuen Zugang zu Ihrem Leistungsvermögen finden. Erstellen Sie in diesem Abschnitt Schritt für Schritt eine Bilanz Ihrer Fähigkeiten und Kenntnisse, um sich die Ausgangsbasis für Ihre Bewerbungsstrategie zu erarbeiten.

Das sollten Sie sich merken:
Ihr individuelles Profil ist der Schlüssel zum Erfolg.

Ihre momentane Position spielt für Ihr Profil eine zentrale Rolle. Außerdem können Sie auf relativ frische Erinnerungen zurückgreifen. Der Einstieg in die Analyse wird Ihnen leichter fallen, wenn Sie mit Ihren gegenwärtigen Aufgaben starten und dann rückwärts schauen.

ÜBUNG

Auswertung Ihrer momentanen Position

Füllen Sie Ihre Berufsbezeichnung mit Inhalten. Schreiben Sie auf, welche Aufgaben Sie an Ihrem Arbeitsplatz übernehmen. Als weitere Anhaltspunkte können Ihnen auch Ihr Arbeitsvertrag, Zwischenzeugnisse und Ihre Stellenbeschreibung dienen. Denken Sie besonders daran, den dritten Block – Ihre Tätigkeiten – sehr umfassend darzustellen. Lassen Sie aber auch Vertretungen, Sonderaufgaben und Projekte nicht unter den Tisch fallen. Blättern Sie noch einmal in Projektberichten, wenn Ihnen Ihre Rolle im Team nicht mehr klar vor Augen steht.

1. Offizielle Berufsbezeichnung:

2. Kennen gelernte Unternehmensbereiche oder Abteilungen:

3. Tätigkeiten im Tagesgeschäft:

   Tätigkeit 1:

   Tätigkeit 2:

   Tätigkeit 3:

   Tätigkeit 4:

   Tätigkeit 5:

   Tätigkeit 6:

   Tätigkeit 7:

4. Vertretungen:

   Vertretung 1:

   Vertretung 2:

→ FORTSETZUNG AUF DER NÄCHSTEN SEITE

5. Sonderaufgaben:
   Sonderaufgabe 1: ....
   Sonderaufgabe 2: ....
   Sonderaufgabe 3: ....

6. Projekte:
   Projekt 1: ....
   Projekt 2: ....
   Projekt 3: ....

Der Blick in die Vergangenheit

Im nächsten Schritt beschäftigen Sie sich mit Ihrer vorhergehenden Position. Hier sind Ihre grauen Zellen besonders gefragt, denn die Erinnerung an zurückliegende Tätigkeiten verblasst im Lauf der Jahre. Vielleicht hilft es Ihnen, wenn Sie sich fragen, welche der damaligen Erfahrungen die Voraussetzung für die Bewältigung Ihrer momentanen Aufgaben sind. Nutzen Sie für die Erfassung der Tätigkeiten in Ihrer vorhergehenden Position das gleiche Schema wie zur Auswertung Ihrer derzeitigen Tätigkeit.

Lang ist's her …

Erinnern Sie sich noch an Ihren Berufseinstieg? Unmittelbar verwertbar für Ihre Bewerbung ist Ihr Berufseinstieg vor allem dann, wenn er vor zwei oder drei Jahren stattfand. Aber auch wenn Ihre erste Stelle schon länger zurückliegt, lohnt sich die Beschäftigung damit: Schließlich ist für die Darstellung Ihrer beruflichen Entwicklung von Relevanz, wo Sie gestartet sind. Haben Sie den damals eingeschlagenen Weg konsequent fortgesetzt oder längst verlassen? Definieren Sie einen Fixpunkt, um sich Gewissheit über Ihren heutigen Stand zu verschaffen. Nutzen Sie auch hierzu das gleiche Schema wie in der Übung zur Auswertung Ihrer derzeitigen Position.

Stillstand ist gefährlich

Nachdem Sie sich einen Überblick darüber verschafft haben, was Sie an beruflichen Erfahrungen vorweisen können, geht es jetzt um Ihre Weiterentwicklung. Stellen Sie die Belege zusammen, mit denen Sie sich als lernbereit, interessiert und engagiert darstellen können.

ÜBUNG

Auflistung Ihres Weiterbildungsengagements

Bilanzieren Sie Ihre Lernbereitschaft. Öffnen Sie den Ordner mit Ihren Weiterbildungszertifikaten, oder nehmen Sie sich das Weiterbildungsangebot Ihrer Firma zur Hand, um sich an alle Maßnahmen zu erinnern, die Sie durchlaufen haben. Oftmals werden Sie sich auch in Eigenregie Wissen angeeignet haben. Auch dieser Einsatz darf nicht unter den Tisch fallen. Ebenfalls festgehalten werden sollte Ihre Teilnahme an Messen, Tagungen oder Kongressen.

---

1. (Fach-)Zeitschriften und Zeitungen, die Sie regelmäßig lesen:

   Zeitungen: ……………………………………………………

   Zeitschriften: ……………………………………………………

---

2. Weiterbildungsmaßnahmen, die im Rahmen der Personalentwicklung stattgefunden haben:

   Maßnahme 1: ……………………………………………………

   Maßnahme 2: ……………………………………………………

   Maßnahme 3: ……………………………………………………

---

3. Weiterbildungsmaßnahmen, die Sie selbst initiiert haben:

   Maßnahme 1: ……………………………………………………

   Maßnahme 2: ……………………………………………………

   Maßnahme 3: ……………………………………………………

---

4. Selbst angeeignetes Wissen:

   Wissensbereich 1: ……………………………………………………

   Wissensbereich 2: ……………………………………………………

---

5. Messen, Tagungen, Kongresse:

   Messen: ……………………………………………………

   Tagungen: ……………………………………………………

   Kongresse: ……………………………………………………

Freizeit und Beruf

Die letzte Übung wird Ihnen leichtfallen: Halten Sie Ihre Hobbys und Interessen fest, um das Bild Ihrer Persönlichkeit abzurunden. Erfassen

Sie Vereinsmitgliedschaften und Ehrenämter, um auch gesellschaftliches Engagement nachzuweisen.

ÜBUNG

Erfassung Ihrer Freizeitaktivitäten

1. Hobbys:

....

....

2. Interessen:

....

....

3. Vereinsmitgliedschaften:

....

4. Ehrenamt:

....

CHECKLISTE

Checkliste für Ihre Potenzialanalyse

- ◯ Haben Sie eine lückenlose Bestandsaufnahme Ihrer beruflichen Positionen in Gegenwart und Vergangenheit erstellt?
- ◯ Geht aus Ihrer Liste hervor, in welchen Abteilungen Sie gearbeitet haben?
- ◯ Haben Sie aufgelistet, welche verschiedenen Tätigkeiten zu Ihrem Tagesgeschäft gehören?
- ◯ Haben Sie vermerkt, in welchen Abteilungen Sie bereits Kollegen vertreten haben und welche zusätzlichen Aufgaben dabei von Ihnen bewältigt wurden?
- ◯ Sind alle Sonderaufgaben erfasst, die man Ihnen anvertraut hat?

- ◯ Ist die Liste Ihrer Projekte vollständig?
- ◯ Haben Sie alle Fachzeitschriften aufgeführt, die Sie regelmäßig lesen?
- ◯ Ist die Liste Ihrer Weiterbildungsmaßnahmen vollständig?
- ◯ Geht aus der Aufstellung Ihrer Weiterbildungsmaßnahmen hervor, welche Sie selbst initiiert haben?
- ◯ Haben Sie aufgeführt, welches Wissen Sie sich aus eigener Initiative angeeignet haben?
- ◯ Ist die Liste der von Ihnen besuchten Tagungen, Messen und Kongresse vollständig?
- ◯ Finden sich unter Ihren Freizeitaktivitäten alle Ihre Hobbys, Interessen, Vereinsmitgliedschaften und Ehrenämter?

2. Reflexion: Entdecken Sie Ihre Stärken

Nun geht es an die Bewertung Ihres Potenzials. In welchen Bereichen liegen Ihre Stärken? Was können Sie besonders gut? Aber auch: Womit haben Sie Schwierigkeiten? Reflektieren Sie Ihre Stärken und Schwächen. Je ehrlicher Sie bei Ihrer Bestandsaufnahme sind, desto glaubwürdiger wird Ihre Bewerbung sein.

Wer erntet die Früchte Ihrer Arbeit?

Nur den wenigsten Menschen ist klar, wo ihre Stärken liegen. Dies ist nicht verwunderlich, schließlich kommen Lob und Anerkennung im Berufsalltag viel zu kurz – gute Arbeitsergebnisse werden von Kollegen und Vorgesetzten in der Regel einfach hingenommen und als selbstverständlich betrachtet.

Wenn Sie bei dünner Personaldecke in die Bresche springen, für Sonderaufgaben bereitstehen und dafür sorgen, dass dringende Aufgaben fristgerecht abgeschlossen werden, werden Sie im Berufsalltag immer gefragt sein. Leider kann es aber passieren, dass Sie um die Früchte Ihrer Arbeit betrogen werden. Gute Arbeit allein genügt nicht, Sie müssen selbst Ihre Stärken erkennen, um sie dann zielgerichtet kommunizieren zu können.

Setzen Sie sich auch mit Ihren Schwächen auseinander

Damit Ihre Reflexion nicht einseitig wird, sollten Sie sich jedoch auch mit Ihren Schwächen auseinandersetzen. Das bedeutet, dass Sie sich vor Augen führen, was Ihnen weniger liegt.

Das sollten Sie sich merken:
Sie müssen neben Ihren Stärken auch Ihre Schwächen realistisch einschätzen können.

Wenn Sie sich auf eine neue Stelle bewerben, sollten Sie ehrlich zu sich selbst sein. Sie tun sich selbst keinen Gefallen, wenn Sie sich überschätzen und schließlich in einem beruflichen Umfeld landen, das Sie letztendlich überfordert. Die Kenntnis der eigenen Schwächen gehört unbedingt zu einem gesunden Selbstbewusstsein.

Fachliche und soziale Kompetenz

Hard Skills und Soft Skills

Bevor wir Ihnen erläutern, wie Sie Ihre Stärken und Schwächen erfassen können, möchten wir kurz auf die Unterscheidung zwischen Hard und Soft Skills eingehen. Als »Hard Skills« bezeichnet man Ihr Fachwissen, auch fachliche Kompetenz genannt. Es geht darum, welche Kenntnisse Sie in Ihrer Ausbildung oder Ihrem Studium und in der anschließenden Berufspraxis so vertieft haben, dass man Sie als Spezialisten bezeichnen kann.

Bedeutung der Soft Skills

»Soft Skills« werden auch als soziale Kompetenz, außerfachliche Fähigkeiten oder Persönlichkeitseigenschaften bezeichnet. Die Bedeutung der Soft Skills für die Bewältigung beruflicher Aufgaben hat in den vergangenen Jahren kontinuierlich zugenommen. Aus Stellenanzeigen und Arbeitsplatzbeschreibungen kennen Sie sicher typische Schlagworte aus dem Bereich der Soft Skills wie Teamfähigkeit, Eigeninitiative, Flexibilität, kommunikatives Geschick, Verhandlungsstärke, Lernbereitschaft und Belastbarkeit.

Gefragt: kompetente Persönlichkeiten

Die Unterscheidung in Hard und Soft Skills ist für Ihr weiteres Vorgehen aus einem ganz besonderen Grund elementar: Ihre erfolgreiche Bewerbungsstrategie beruht darauf, dass Sie als »kompetente Persönlichkeit« erkannt werden. Deshalb sind sowohl Ihre fachliche Kompetenz als auch Ihr persönliches Auftreten im beruflichen Alltag gefragt. Betonen Sie nur einen dieser beiden Bausteine Ihres Potenzials, wird Ihre Bewerbung keinen Erfolg haben: Kompetenz ohne Persönlichkeit überzeugt ebenso wenig wie Persönlichkeit ohne Kompetenz.

Natürlich gibt es Berufsfelder, in denen einem der beiden Bereiche eine stärkere Relevanz zukommt. Allerdings erwartet man heutzutage selbst von ausgewiesenen Spezialisten, dass sie sich in ein Team integrieren, ihre Arbeitsergebnisse präsentieren und ihre Ideen kommunizieren können.

Defizite rechtzeitig aufspüren

Erarbeiten Sie sich deshalb ein stimmiges Profil, indem Sie zunächst sowohl Ihre Hard Skills als auch Ihre Soft Skills reflektieren. Benennen Sie Ihre Stärken in beiden Bereichen, um je nach ausgeschriebener Position stärker Ihre Fachkompetenz oder Ihre Persönlichkeit in den Vordergrund stellen zu können. Setzen Sie sich aber auch mit Ihren Schwächen in beiden Bereichen auseinander, um nicht auf dem falschen Fuß erwischt zu werden. Es ist wichtig, Defizite rechtzeitig aufzuspüren, um gezielt an ihnen arbeiten zu können.

Stärken und Schwächen erkennen

Sie sind kein Abziehbild

Mit Worthülsen und abstrakten Selbstbeschreibungen allein werden Sie niemanden für sich einnehmen. Sie müssen Ihre Individualität anhand von konkreten Beispielen deutlich machen. Die Aufgabe, konkrete Beispiele für Ihre Stärken zu finden, nimmt in Ihrer Bewerbungsstrategie daher eine zentrale Rolle ein.

Bevor Sie sich am Ende dieses Kapitels daranmachen, Ihre individuellen Stärken und Schwächen aus Ihrer Bestandsaufnahme herauszulesen, zeigen wir Ihnen, wie man einen Zugang zu Stärken und Schwächen findet.

Stärken benennen

Klasse statt Masse

Um Stärken benennen zu können, sollten Sie Ihre Berufsbiografie durchgehen und gezielt nach herausragenden Ereignissen, besonderen Aufgaben und Erfolgen suchen. Sie erkennen nun den Sinn unserer Aufforderung, sich bei der Bestandsaufnahme nicht zu beschränken und umfassend die aktuelle Berufstätigkeit, vorhergehende Anstellungen, die Einstiegsposition sowie Weiterbildungen und den Freizeitbereich aufzulisten: Nun gilt es, aus der Masse die Klasse herauszulesen.

Beim Durcharbeiten Ihrer Bestandsaufnahme werden sicherlich viele Hinweise auf Stärken deutlich werden. Ein erster Checkpunkt könnte sein, welche Empfindungen sich bei der Erinnerung an einzelne Aufgaben einstellen: Denken Sie gerne an eine Aufgabe zurück, lohnt es sich zu überlegen, was genau Sie gemacht haben, welche speziellen Kenntnisse gefragt und welche persönlichen Eigenschaften hilfreich waren.

Wichtig sind auch Erlebnisse, die neue Impulse geliefert haben, wie Sonderaufgaben, Projektmitarbeit oder Urlaubsvertretungen. Gerade wenn man einmal »ins kalte Wasser« geworfen wurde, kann dies nachhaltige Wirkungen zeigen. Denn häufig mobilisiert dies ungeahnte Kräfte: Bei neuen Aufgaben greift man zumeist intuitiv auf seine Stärken zurück, um die Herausforderung zu meistern.

Feedback von anderen

Weitere Hinweise auf Stärken bekommen Sie durch die Rückmeldungen von Kollegen, Kunden oder Vorgesetzten. Da wir wissen, wie selten ausdrückliches Lob im Berufsalltag ist, sollten Sie hier eher nach indirekten Rückmeldungen suchen. Wer beispielsweise von Kollegen immer wieder um Rat zu speziellen Themen gebeten wird, hat offensichtlich in diesen Themenbereichen einiges zu bieten. Wenn Vorgesetzte bestimmte Sonderaufgaben immer wieder an die gleiche Person vergeben, tun sie dies in der Regel deshalb, weil sie sicher sind, dass die Aufgaben wegen einer besonderen individuellen Stärke gut gelöst werden. Kundenkontakte können ebenfalls sehr aufschlussreich sein, da hier der Blick von außen zum Tragen kommt: Wenn sich zufriedene Kunden stets den gleichen Ansprechpartner für bestimmte Belange wünschen, so muss dieser über eine individuelle Stärke verfügen, die ihn von anderen abhebt.

Wie eine konkrete Auswertung der Bestandsaufnahme hinsichtlich der eigenen Stärken aussehen kann, zeigt Ihnen das nachfolgende Beispiel.

Die Stärken einer Marketingexpertin

BEISPIEL

Eine Marketingexpertin möchte ihre Stärken anhand ihrer Bestandsaufnahme erkennen und auch belegen können. Zunächst bildet sie die zwei Kategorien Hard Skills und Soft Skills, um ihre Stärken im fachlichen und im sozialen Bereich getrennt aufzulisten. Damit vermeidet sie, dass sie sich in ihrem Profil nur auf einen Bereich beschränkt. Dann geht sie anhand der folgenden Fragen vor:

→ **Was mache ich gerne?**
→ **Was geht mir leicht von der Hand?**
→ **Was schätzen Kollegen an mir?**
→ **Worauf könnte ich nicht verzichten?**
→ **Wofür werde ich gelobt?**
→ **Welche Arbeiten geben mir ein Gefühl der Zufriedenheit?**

Hard Skills

1. *Stärke:* Marktforschung
   Beleg 1: Regelmäßige Auswertung von Marktdaten und interne Präsentation der Ergebnisse
   Beleg 2: Permanente Kundenanalyse und Rückmeldung an die Produktentwicklung
   Beleg 3: Weiterbildung »Statistische Auswertungen im Marketing«

2. *Stärke:* Konzeptentwicklung
   Beleg 1: Entwicklung eines umfassenden Konzepts für das Event-Marketing
   Beleg 2: Konzipierung eines Messeauftritts in Zusammenarbeit mit der Vertriebsabteilung
   Beleg 3: Entwicklung von Werbekonzepten zusammen mit Großkunden

3. *Stärke:* Zusammenarbeit mit Werbeagenturen
   Beleg 1: Insiderwissen durch Ausbildung zur Werbekauffrau
   Beleg 2: Viele persönliche Kontakte zu Werbern, auch im Freizeitbereich
   Beleg 3: Umsetzung der Marketingstrategien in Werbekampagnen

4. *Stärke:* Akzeptanzanalysen
   Beleg 1: Zielgruppenerfassung
   Beleg 2: Projekt »Modifikation von Kampagnen für ausgewählte Zielgruppen«
   Beleg 3: Berücksichtigung der Ansprüche von Kunden an die Produkte

5. *Stärke:* Verkaufsförderung
   Beleg 1: Projekt »Vertriebsunterstützung für den Großhandel«
   Beleg 2: Übernahme von Aufgaben im Business-Development während der Vakanz einer Assistentenstelle
   Beleg 3: Erstellung von Produktliteratur und Broschüren

→ FORTSETZUNG AUF DER NÄCHSTEN SEITE

Soft Skills

1. *Stärke:* Begeisterungsfähigkeit
Beleg 1: Beteiligung am Aufbau des Event-Marketing im Unternehmen
Beleg 2: Stets auf der Suche nach neuen Ansprachemöglichkeiten für die Zielgruppe
Beleg 3: Regelmäßige Gespräche mit Trendscouts

2. *Stärke:* Ausdauer
Beleg 1: Sonderaufgaben wie Event-Marketing bringen viele Überstunden mit sich
Beleg 2: Gewinnung von Kooperationspartnern für Co-Branding nur möglich, wenn man hartnäckig am Ball bleibt
Beleg 3: In der Produktentwicklung muss stets deutlich gemacht werden, dass langfristiger Markenaufbau betrieben und nicht kurzfristigen Trends hinterhergelaufen wird

3. *Stärke:* Kontaktfreude
Beleg 1: Kann schnell das Vertrauen von Gesprächspartnern gewinnen
Beleg 2: Marketingideen lassen sich nur im persönlichen Kontakt richtig vermitteln
Beleg 3: Finde sowohl in Gesprächen mit Kollegen aus den Fachabteilungen als auch mit Vertretern von Werbeagenturen schnell den richtigen Ton

4. *Stärke:* Konfliktfähigkeit
Beleg 1: Gebe bei Widerstand bezüglich einer Konzeptpräsentation nicht gleich auf
Beleg 2: Bin es gewohnt, meine Vorschläge immer und immer wieder begründen zu müssen
Beleg 3: Obwohl der eigene Messestand im Unternehmen stark umstritten war, habe ich ihn durchgesetzt und dafür einen Preis bekommen

5. *Stärke:* Analytische Fähigkeit
Beleg 1: Permanente Kundenanalyse in Bezug auf Profit, Umsatz, Produkteinsatz und Produktentwicklung
Beleg 2: Umsetzen von Marktforschungsdaten in Marketingstrategien
Beleg 3: Muss aus den Informationen der Fachabteilungen für das Marketing verwertbare Produkteigenschaften herauslesen

Machen Sie Ihr Stärkenprofil nachvollziehbar

Sie sehen an unserem Beispiel, wie wichtig es ist, die Stärken auch zu belegen. Es reicht nicht aus, mit Schlagworten um sich zu werfen. Außerdem müssen Sie bei der Bewerbung um eine konkrete Position ebenfalls Belege für Ihre Stärken nennen können. Daher ist es sinnvoll, bei der Reflexion Ihrer Stärken mit den Ergebnissen Ihrer Bestandsaufnahme zu arbeiten. Die Unterteilung in Hard und Soft Skills gibt die Richtung vor. Fachlichen Stärken sollten genauso wie persönlichen Stärken zwei bis drei Belege zugeordnet werden können. Manchmal ergibt sich der Hinweis auf bestimmte Stärken auch erst aus dem Vorhandensein ausgewählter Belege. Je genauer Sie bei Ihrer Stärkenanalyse eigene Erfahrungen deutlich machen, desto nachvollziehbarer wird Ihr Stärkenprofil für andere werden.

Schwächen bekennen

Niemand ist perfekt

Beim Umgang mit dem Thema Schwächen kennen wir aus unserer Beratungspraxis zwei unterschiedliche Typen von Bewerbern: Die einen haben keine Schwierigkeiten damit, Schwäche an Schwäche zu reihen und sich schlechter zu machen, als sie sind. Die anderen dagegen glauben, gar keine Schwächen zu haben. Zwar halten sie sich nicht für perfekt, neigen aber dazu, Schwierigkeiten und Probleme zu verdrängen. Wie so oft führt sowohl das eine als auch das andere Extrem in die Sackgasse: Die einen blockieren sich selbst, die anderen unterminieren ihre Glaubwürdigkeit. Eine produktive Auseinandersetzung mit den eigenen Schwächen ist daher unverzichtbar, um ein gesundes Selbstbewusstsein zu entwickeln und glaubwürdig aufzutreten.

Schwächen können auch positiv sein

Das Wissen um die eigenen Schwächen ist außerdem noch aus einem anderen Grund wichtig: Einige Schwächen können produktiv genutzt werden. Denn häufig sind mit ihnen Stärken verbunden, die im bisherigen Arbeitsbereich nur noch nicht zum Tragen gekommen sind. Je nachdem, in welchem Umfeld man sich bewegt, kann eine bestimmte Eigenschaft das eine Mal hinderlich erscheinen und ein anderes Mal eher förderlich. Beispielsweise ist es für einen Programmierer eher ungünstig, wenn er zu großen IT-Visionen neigt; als IT-Consultant dagegen ist diese Fähigkeit auf jeden Fall eine Stärke. Dem Consultant wiederum wird man nachsehen, dass er nicht alle Details einer Programmiersprache kennt, dem Programmierer wohl nicht. Bevor Sie aber darangehen können, für die eigenen Schwächen ein passenderes Umfeld zu suchen, müssen Sie sie zunächst lokalisieren.

Viele Schwächen lassen sich beheben oder zumindest abschwächen, wenn man sich ihrer nur rechtzeitig bewusst wird. Beispielsweise können durch geeignete Weiterbildungsmaßnahmen fachliche Defizite behoben werden. Durch Trainings lassen sich persönliche Fähigkeiten weiter ausbauen, wie beispielsweise rhetorisches Geschick oder die Fähigkeit zum Konfliktmanagement. Denken Sie deshalb in puncto Weiterbildung nicht nur an den Ausbau Ihrer Stärken, sondern berücksichtigen Sie auch die eine oder andere Schwäche.

Defizite lassen sich beheben

Da Sie momentan in der Vorbereitungsphase Ihrer Bewerbung sind, können Sie in Ruhe über Ihre Schwächen nachdenken. In dieser Situation fällt es immer leichter zu überdenken, welche Aufgaben einmal schiefgelaufen sind und was man hätte besser machen können. Es geht also nicht darum, sich zu verdammen, sondern realistisch die Gründe von Fehlern und auch die eigenen Grenzen zu erkennen.

Die Bestandsaufnahme spielt auch diesmal wieder eine große Rolle. Wie man sie zum Herausfinden der Schwächen nutzen kann, zeigen wir Ihnen auch diesmal wieder anhand der Marketingexpertin.

Die Schwächen einer Marketingexpertin

BEISPIEL

Um die Auseinandersetzung mit ihren Schwächen produktiv zu gestalten, orientiert sich die Marketingexpertin ebenfalls an der Unterscheidung in Hard und Soft Skills. Sie weiß, dass sie in ihrer nächsten Position ein Umfeld finden möchte, in dem sich ihre Schwachpunkte nicht negativ auswirken. Dazu stellt sie sich die folgenden Fragen:

- → **Wo habe ich Wissenslücken, die mir den Zugang zu bestimmten Aufgaben erschweren?**
- → **Was wurde bisher an Kritik an mich herangetragen?**
- → **Wann fühle ich mich unsicher?**
- → **Wo sehe ich Optimierungsmöglichkeiten für meine tägliche Arbeit?**
- → **Wann fühle ich mich überfordert?**

Hard Skills

1. *Schwäche:* Keine Erfahrung in internationalen Marketingkampagnen
   Beleg 1: Bisher nur an nationalen Marketingkampagnen mitgearbeitet
   Beleg 2: Zur Projektgruppe »Globale Marketingstrategien« nicht berufen worden
   Beleg 3: Eigene Arbeitsergebnisse werden unternehmensintern im internationalen Marketing als Leistung anderer ausgegeben

2. *Schwäche:* Keine SAP-Kenntnisse
   Beleg 1: Kann ich einfach nicht
   Beleg 2: Weiterbildung müsste ich selbst bezahlen, ist mir zu teuer
   Beleg 3: Bewerbung wegen mangelnder SAP-Kenntnisse gescheitert

3. *Schwäche:* Keine zweite Fremdsprache
   Beleg 1: Kann nur Englisch
   Beleg 2: Beschäftige mich in der Freizeit lieber mit anderen Dingen
   Beleg 3: Mache schon seit Jahren Urlaub nur in den USA

Soft Skills

1. *Schwäche:* Mangelhaftes Zeitmanagement
   Beleg 1: Musste zwei Marketingkampagnen verspätet vorstellen
   Beleg 2: Weiß oft nicht, wo mir der Kopf vor Arbeit steht
   Beleg 3: Lasse gerne Routineaufgaben liegen

2. *Schwäche:* Kein Spaß an Detailarbeit
   Beleg 1: Beschäftige mich lieber mit Strategien

Beleg 2: Musste bei einem Kampagnenstart feststellen, dass von meinem Konzept fast nichts mehr übrig geblieben war
Beleg 3: Bin ohne meinen Assistenten ziemlich aufgeschmissen

3. *Schwäche:* Fehlendes Selbstmarketing
   Beleg 1: Leiste mehr, als im Unternehmen deutlich wird
   Beleg 2: Gerate des Öfteren mit F&E-Vertretern aneinander
   Beleg 3: Müsste karrieremäßig bald den nächsten Schritt tun, dies ist im jetzigen Unternehmen nicht möglich

Bei dieser Analyse ist es hilfreich, die Schwächen einzukreisen und auf den Punkt zu bringen, um mit möglichen Abhilfemaßnahmen exakt ansetzen zu können. Die Belege für Ihre Schwächen bringen Ihnen außerdem einen weiteren Erkenntnisgewinn: Einzelne Schwächen behindern uns nicht generell, sondern in Bezug auf konkrete berufliche Positionen. Es ist deshalb nützlich für Sie festzustellen, welche Schwäche in welchem Job welche negativen Konsequenzen mit sich bringt. Diese Reflexion löst das diffuse Bild der Unvollkommenheit auf und liefert Ansatzpunkte, die für die fachliche und persönliche Weiterentwicklung genutzt werden können.

Reflektieren Sie Ihre Stärken und Schwächen

Ansatzpunkte für Ihre Weiterentwicklung

Nach der umfassenden Sichtung Ihrer Kenntnisse und Erfahrungen in der Bestandsaufnahme geht es nun daran, die richtigen Schlüsse zu ziehen. Lassen Sie die Liste Ihrer beruflichen Tätigkeiten, Ihres Weiterbildungsengagements und Ihrer Freizeitaktivitäten auf sich wirken. Überlegen Sie, was Ihnen wichtig ist und welche Aufgaben Sie besonders engagiert erledigen. Machen Sie sich klar, was Sie gern machen und in Zukunft vertiefen möchten. Aber überdenken Sie auch, wann es einmal nicht so gut geklappt hat und wo Sie sich selbst im Weg stehen. Erkennen Sie Ihre Stärken, und bekennen Sie sich zu Ihren Schwächen.

Ihre Stärkenanalyse

Stärken systematisch erfassen

Ihren Stärken kommt eine herausragende Rolle in Ihrer Bewerbung zu. Schließlich wollen Sie anderen mitteilen, was Sie besonders gut können und gerne machen. Die Unterteilung Ihrer Stärken in Hard Skills und Soft Skills hilft Ihnen dabei, ein System in Ihre Untersuchung zu bringen. Am Ende dieses Schritts werden Sie erstaunt feststellen, was Sie alles können. Und Sie werden über Beispiele aus dem Berufsalltag verfügen, mit denen Sie Ihre Stärken belegen können. Die Gefahr, sich unter Wert zu verkaufen, wird damit ebenso gebannt wie die Gefahr, sich selbst zum Alleskönner zu stilisieren.

Die Kunst der richtigen Fragen

Aus unserer Beratungspraxis wissen wir, dass diese Übung immer wieder zu Aha-Effekten führt. Denn die meisten haben sich noch nie die Zeit genommen, um systematisch ihre Vorlieben und Stärken zu reflektieren. Auch die Kunst, sich die richtigen Fragen zu stellen, um das eigene Potenzial auszuloten, beherrschen nur die wenigsten. Deshalb haben wir für Sie in der Übersicht unten einen Fragenkatalog ausgearbeitet, dessen Beantwortung Sie bei der Durchsicht Ihrer Bestandsaufnahme auf die richtige Fährte führt.

ÜBERSICHT

Stärkenanalyse

- → Was mache ich gerne?
- → In welchen Bereichen gelte ich als Experte?
- → Was geht mir leicht von der Hand?
- → Was schätzen Kollegen an mir?
- → Wann bittet man mich um Rat?
- → Worauf könnte ich nicht verzichten?
- → Wofür werde ich gelobt?
- → Welche Arbeiten geben mir ein Gefühl der Zufriedenheit?
- → Gibt es bestimmte Kenntnisse und Fähigkeiten, die ich anderen gerne beibringe?
- → Was sind meine Lieblingsaufgaben?
- → In welchen Bereichen habe ich mich aktiv um Weiterbildungen gekümmert?
- → Was sind meine Lieblingsthemen bei Fachgesprächen mit Kollegen?
- → Bei welchen Aufgaben vergeht die Zeit wie im Flug?
- → Welche Arbeitsergebnisse verteidige ich vehement gegen Widerstände?
- → Welche Aufgaben gebe ich ungern ab?
- → Aus welchen Sonderaufgaben sind Bestandteile meiner täglichen Arbeit geworden?
- → Welche Aufgaben traut mein Vorgesetzter nur mir zu?
- → Welche Urlaubsvertretung hat mein Interesse für einen bestimmten Tätigkeitsbereich geweckt?
- → Für welche Projekte melde ich mich freiwillig?
- → Bei welchen Tätigkeiten fallen mir Überstunden leicht?

Die Fragen aus der Übersicht »Stärkenanalyse« werden Ihnen dabei helfen, sich über Ihre Stärken klar zu werden. Fixieren Sie dann die Ergebnisse Ihrer Selbstreflexion in der folgenden Übung »Erkennen Sie Ihre Stärken«.

Erkennen Sie Ihre Stärken

ÜBUNG

Damit Sie Ihre Stärken später überzeugend vermitteln können, brauchen Sie Belege, um Ihre Vorzüge sichtbar zu machen. Erarbeiten Sie sich nun die Beispiele, durch die Ihre Bewerbung Substanz bekommt. Gehen Sie Ihre Bestandsaufnahme durch, und durchleuchten Sie momentane und zurückliegende Tätigkeiten genauso wie Ihr Weiterbildungsengagement und Ihre Freizeitaktivitäten. Halten Sie die besonderen fachlichen Kenntnisse fest und stellen Sie Ihre individuellen Soft Skills heraus.

Hard Skills

1. Stärke: ....

   Beleg 1: ....

   Beleg 2: ....

   Beleg 3: ....

2. Stärke: ....

   Beleg 1: ....

   Beleg 2: ....

   Beleg 3: ....

3. Stärke: ....

   Beleg 1: ....

   Beleg 2: ....

   Beleg 3: ....

4. Stärke: ....

   Beleg 1: ....

   Beleg 2: ....

   Beleg 3: ....

→ FORTSETZUNG AUF DER NÄCHSTEN SEITE

5. Stärke: ....

Beleg 1: ....

Beleg 2: ....

Beleg 3: ....

Soft Skills

1. Stärke: ....

Beleg 1: ....

Beleg 2: ....

Beleg 3: ....

---

2. Stärke: ....

Beleg 1: ....

Beleg 2: ....

Beleg 3: ....

---

3. Stärke: ....

Beleg 1: ....

Beleg 2: ....

Beleg 3: ....

---

4. Stärke: ....

Beleg 1: ....

Beleg 2: ....

Beleg 3: ....

---

5. Stärke: ....

Beleg 1: ....

Beleg 2: ....

Beleg 3: ....

Ihre Schwächenanalyse

Bei der Reflexion Ihrer Schwächen sollten Sie sich nicht mit Vorwürfen überhäufen, denn zu viel Kritik macht handlungsunfähig. Wenn Sie eine neue Position suchen, brauchen Sie stattdessen einen sinnvollen Zugang zu Ihren Schwächen, der sich produktiv nutzen lässt. Schließlich können auch Ihre Schwächen dabei helfen, einen für Sie besseren Weg in der zukünftigen beruflichen Entwicklung herauszufinden.

Kritische Punkte werden kleiner

Bleiben Sie ehrlich zu sich selbst, denn diese Auseinandersetzung wird Sie auf Dauer weiterbringen. Mit den konkreten Beispielen für Ihre Schwächen werden Sie die Reichweite dieser Defizite einschränken können. Dadurch finden Sie den Kontext heraus, in dem ein fachlicher Mangel und eine persönliche Eigenart tatsächlich als Schwäche gedeutet werden müssen. Diese Perspektive hilft Ihnen, sich von dem Druck, den die Beschäftigung mit Schwächen bewirkt, zu befreien. Denn die Einsicht, dass Ihre Schwächen sich nur in ganz bestimmten Situationen negativ auswirken, lässt die kritischen Punkte gleich etwas kleiner erscheinen.

Schwächenanalyse

ÜBERSICHT

- → Was gefällt mir an meinem Arbeitsplatz gar nicht?
- → Wo sehe ich Wissenslücken?
- → Bei welchen Gelegenheiten gibt es häufig Streit im Team?
- → Mit welchen Aufgaben tue ich mich schwer?
- → Wann fahre ich aus der Haut?
- → Bei welchen Anlässen wünsche ich mir, mich ins Mauseloch verkriechen zu können?
- → Wo hätte ich mich früher mehr anstrengen müssen?
- → Welche Tätigkeiten liegen mir nicht?
- → Was schiebe ich solange wie möglich vor mir her?
- → Bei welchen Gelegenheiten kommt mir der Gedanke, dass ich einen anderen Beruf hätte wählen sollen?
- → Mit welchen Menschen kann ich nur schwer zusammenarbeiten?
- → Was stört mich am Verhalten von Kollegen?
- → Wo fühle ich mich zurückgesetzt?
- → Wann halte ich mich mit meiner Meinung zurück?
- → Was hat mich in meiner beruflichen Entwicklung enttäuscht?
- → Welche drei Eigenschaften würde mein Lebenspartner oder ein guter Freund an mir kritisieren?
- → Was habe ich bisher nicht erreichen können?
- → Wo fehlt mir Unterstützung im Arbeitsalltag?

→ FORTSETZUNG AUF DER NÄCHSTEN SEITE

- → Was waren meine größten Misserfolge?
- → Wo gebe ich schneller auf als sonst?
- → Welche Weiterbildungen sollte ich noch in Angriff nehmen?
- → Durch welche unangenehmen Situationen musste ich mich durchbeißen?
- → Auf welchen Gebieten habe ich den Anschluss an aktuelle Entwicklungen verpasst?

Diese Übersicht unterstützt Sie dabei, Ihre Schwächen einzukreisen. In der Übung unten sollten Sie die Ergebnisse Ihrer Überlegungen festhalten. Wenn Sie beim Durchgehen der Fragen in massive Selbstzweifel verfallen, blättern Sie zur Auflistung Ihrer Stärken. Vergessen Sie nicht, dass Stärken immer auch Schwächen bedingen. Jeder, der etwas besonders gut kann und gerne macht, wird in anderen Bereichen zwangsläufig Abstriche machen müssen.

ÜBUNG

Ihren Schwächen auf der Spur

In Ihrer Bewerbungsstrategie werden Ihre Stärken die Hauptrolle spielen. Für Sie selbst und Ihr weiteres Vorgehen ist es aber ebenso wichtig zu wissen, welchen beruflichen Situationen Sie zukünftig lieber aus dem Weg gehen möchten und wo Sie noch etwas für Ihre fachliche und persönliche Weiterentwicklung tun können. Sie werden nur dann zu einem stärkeren Selbstbewusstsein finden, wenn Sie sich darüber im Klaren sind, wo Ihre fachlichen und persönlichen Grenzen sind.

Hard Skills

1. Schwäche: ....

   Beleg 1: ....

   Beleg 2: ....

   Beleg 3: ....

---

2. Schwäche: ....

   Beleg 1: ....

   Beleg 2: ....

   Beleg 3: ....

3. Schwäche: ....
   Beleg 1: ....
   Beleg 2: ....
   Beleg 3: ....

Soft Skills

1. Schwäche: ....
   Beleg 1: ....
   Beleg 2: ....
   Beleg 3: ....

2. Schwäche: ....
   Beleg 1: ....
   Beleg 2: ....
   Beleg 3: ....

3. Schwäche: ....
   Beleg 1: ....
   Beleg 2: ....
   Beleg 3: ....

Checkliste für Ihre Stärken-Schwächen-Analyse

CHECKLISTE

- ○ Können Sie mindestens fünf Ihrer Stärken auf der fachlichen Ebene benennen?
- ○ Können Sie Ihre Stärken im Bereich der Hard Skills belegen?
- ○ Haben Sie mindestens fünf Stärken zu Ihrer sozialen Kompetenz identifiziert?
- ○ Können Sie auch diese Stärken mit Beispielen untermauern?

→ FORTSETZUNG AUF DER NÄCHSTEN SEITE

- ◯ Können Sie drei Schwächen im Bereich der Hard Skills benennen?
- ◯ Haben Sie Belege für diese Schwächen gefunden?
- ◯ Wie können Sie diese Schwächen ausgleichen?
- ◯ Können Sie drei Schwächen im Soft-Skill-Bereich nennen?
- ◯ Haben Sie diese Schwächen mit Beispielen belegen können?
- ◯ Womit können Sie diese drei Schwächen ausgleichen?

3. Die Suche nach potenziellen Arbeitgebern

Bevor Sie im nächsten Schritt Stellenanzeigen auswerten und sich bewerben können, müssen Sie wissen, an welche Firmen Sie Ihre Bewerbungen überhaupt richten sollen. Haben Sie vielleicht schon eine Wunschfirma ins Auge gefasst, von der Sie über Bekannte nur Gutes gehört haben? Haben Sie über private Kontakte erfahren, dass ein bestimmter Arbeitgeber in nächster Zeit neue Mitarbeiter einstellen möchte? Oder müssen Sie erst einmal gründlich recherchieren, welche Firma in Ihrer Region an Ihren Erfahrungen Bedarf haben könnte? Damit Sie Ihre Suche passgenau in Angriff nehmen können, unterscheiden wir bei der Arbeitgebersuche zwischen Ausbildungsplatzsuchenden, Hochschulabsolventen und berufserfahrenen Bewerbern. Wechseln Sie gleich zu dem Abschnitt, der für Sie relevant ist.

Ausbildungsplatzsuchende

Mithilfe des Internets lassen sich zahlreiche Stellenangebote für Ausbildungsplatzsuchende aufspüren. Aber auch die klassischen Suchwege, wie das Auswerten von Tageszeitungen oder der Besuch von Kontakttagen, führen zum Erfolg. Nutzen Sie die Angebote

→ **der Agentur für Arbeit,**
→ **der Industrie- und Handelskammern,**
→ **der Handwerkskammern,**
→ **auf Kontaktmessen,**
→ **der Tageszeitungen,**
→ **in Internet-Jobbörsen und**
→ **auf Homepages von Firmen.**

Effektive Wege bei der Arbeitsagentur

Angebote der Agentur für Arbeit: Der Weg zur Agentur für Arbeit oder ins Berufsbildungszentrum (BIZ) Ihrer Stadt oder Region ist einer der vielversprechendsten. Denn dort bekommen Sie einen guten Überblick über die Firmen Ihrer Stadt oder Ihrer Region, die Ihre Wunschausbildung anbieten. Nach wie vor melden zahlreiche Unternehmen ihre Ausbildungsangebote der Agentur für Arbeit. Sie finden aktuelle Angebote auch im Internet unter www.arbeitsagentur.de unter dem Menüpunkt »Jobbörse«.

Nutzen Sie Ihre örtlichen Industrie- und Handelskammern

Angebote der Industrie- und Handelskammern: Die Industrie- und Handelskammern, kurz »IHK« genannt, haben sich in den vergangenen Jahren immer mehr bei der Vermittlung zwischen Ausbildungsplatzsuchenden und Ausbildungsfirmen hervorgetan. Die Angebote der IHK finden Sie im Internet: Schauen Sie auf die Homepage der örtlichen IHK, um Ausbildungsfirmen in Ihrer Region zu finden – beispielsweise www.ihk-kiel.de. Wenn Sie nicht wissen, welche IHK für Ihre Region zuständig ist, erfahren Sie dies für das gesamte Bundesgebiet unter www.ihk-lehrstellenboerse.de.

Angebote der Handwerkskammern: Die Dachorganisation vieler Handwerksbetriebe sind die Handwerkskammern. Auch diese Einrichtungen vermitteln Ausbildungsplätze und haben deshalb Lehrstellenbörsen eingerichtet. Eine Übersicht über die Handwerkskammern in Deutschland finden Sie im Internet unter www.teamhandwerk.de.

Auf Jobmessen neue Möglichkeiten entdecken

Angebote auf Kontaktmessen: In vielen Regionen werden mittlerweile regelmäßig spezielle Kontaktmessen für angehende Auszubildende durchgeführt. Es gibt »Ausbildungstage«, »jobfactorys«, »Kontakttage« oder »Bewerbertage«. Die Namen der Veranstaltungen sind zwar unterschiedlich, aber der Zweck ist derselbe: Firmen präsentieren sich, und Sie können sich über Ausbildungsgänge informieren, mit Auszubildenden und Ausbildungsverantwortlichen sprechen und so Kontakte knüpfen.

Der Klassiker

Angebote der Tageszeitungen: Viele Tageszeitungen erstellen im Halbjahresabstand einen Sonderteil zum Thema Berufsausbildung. Dort finden Sie nicht nur zahlreiche Stellenangebote, sondern bekommen auch noch den einen oder anderen Bewerbungstipp. Wenn Sie nicht wissen, wann die Sonderbeilage erscheint, rufen Sie bei Ihrer örtlichen Zeitung an. In größeren Tageszeitungen werden Sie an Wochenenden im Stellenteil auch Ausbildungsangebote finden.

Achten Sie auf das Eingabedatum

Angebote in Internet-Jobbörsen: Alle großen Internet-Jobbörsen enthalten spezielle Angebote für Ausbildungsplätze. Geben Sie das Stichwort »Ausbildung« in der Freitextsuche ein, oder klicken Sie auf die entsprechende Rubrik. Geeignete Jobbörsen sind unter anderem:

- → **www.stepstone.de**
- → **www.stellenanzeigen.de**
- → **www.jobscout24.de**
- → **www.monster.de**

Eine Übersicht mit über 100 aktuellen Jobbörsen haben wir für Sie außerdem auf unserer Homepage www.karriereakademie.de zusammengestellt.

Webseite der Wunschfirma

Angebote auf Homepages von Firmen: Wenn Sie schon wissen, welche Firmen für Sie interessant sind, sollten Sie unbedingt auch einen Blick auf die Firmenhomepage werfen. Dort finden Sie bei vielen Firmen eine Übersicht über die angebotenen Ausbildungsgänge. Darüber hinaus bekommen Sie wichtige Informationen über Bewerbungstermine, Ausbildungsvoraussetzungen, Ausbildungsinhalte und Ansprechpartner. Wenn Sie nicht sicher sind, wie die Homepage des Unternehmens lautet, geben Sie den Firmennamen einfach in eine Suchmaschine ein.

Hochschulabsolventen

Für Studierende in den letzten Semestern und für Hochschulabsolventen sind diese Suchwege lohnend:

- → **Jobbörsen und Jobrobots im Internet,**
- → **Firmenhomepages,**
- → **Karrieremagazine,**
- → **Tageszeitungen und Fachmagazine,**
- → **Firmenkontakttage und Recruitingveranstaltungen,**
- → **private Kontakte und**
- → **Netzwerke im Internet.**

Stellensuche online

Jobbörsen und Jobrobots im Internet: Es gibt Hunderte von privatwirtschaftlichen Stellenbörsen im Internet, deren Sinn und Zweck die Kontaktanbahnung zwischen Firmen und neuen Mitarbeitern ist. Dazu kommt natürlich auch die staatliche Agentur für Arbeit. Interessant sind ebenfalls die sogenannten »Jobrobots«. Hierbei handelt es sich um Suchmaschinen, die mehrere Jobbörsen oder Firmenhomepages gleichzeitig nach Ihren Wünschen durchsuchen. Wichtige große Jobbörsen und Jobrobots, in die Sie auf jeden Fall einmal einen Blick werfen sollten, sind unter anderem die folgenden:

- → **www.stepstone.de**
- → **www.monster.de**
- → **www.stellenanzeigen.de**
- → **www.jobscout24.de**
- → **www.arbeitsagentur.de**
- → **www.karriere.de/jobturbo**
- → **www.careerjet.de**
- → **www.jobrapido.de**

→ **www.kimeta.de**
→ **www.yovadis.de**

Neben den allgemeinen Jobbörsen gibt es aber auch Börsen für bestimmte Branchen. Wenn Sie hier weitere Internetadressen nutzen möchten, sollten Sie einen Blick auf unsere Homepage www.karriere-akademie.de werfen. Dort haben wir über 100 aktuelle Jobbörsen und Jobrobots für Sie aufgeführt.

Alle Möglichkeiten nutzen

Firmenhomepages: Mittlerweile hat eigentlich jede Firma einen eigenen Internetauftritt. Insbesondere die großen Unternehmen weisen auf ihre speziellen Einstiegswege für Studierende und Hochschulabsolventen hin. Dabei geht es um Praktikumsangebote, Abschlussarbeiten, Werkstudententätigkeiten, Traineeprogramme oder Jobs für akademische Direkteinsteiger. Nutzen Sie auch die Suchmaschinen www.jobscanner.de und www.yovadis.de, die ausschließlich Firmenhomepages durchforsten.

Karrieremagazine: Qualifizierte Hochschulabsolventen zählen schon immer zu den besonders umworbenen Einsteigern. Daher gibt es für sie spezielle Karrieremagazine, die Imageanzeigen enthalten, auf die sich Absolventen initiativ bewerben können. Die Stellenanzeigen aus diesen Printmedien finden Sie auch im Internet, beispielsweise:

→ **Handelsblatt: Junge Karriere (www.karriere.de),**
→ **Karriereführer (www.karrierefuehrer.de),**
→ **FAZ-Hochschulanzeiger (www.hochschulanzeiger.de),**
→ **Jobguide (www.jobguide.de),**
→ **Berufsstart (www.berufsstart.de),**
→ **Staufenbiel (www.staufenbiel.de).**

Sonderseiten für Nachwuchskräfte

Tageszeitungen und Fachmagazine: Auch wenn das Internet mit seinen Jobbörsen und Firmenhomepages bei der Stellensuche heutzutage einen sehr hohen Stellenwert einnimmt, sind die Angebote der Tageszeitungen, vornehmlich in den Wochenendausgaben, nach wie vor interessant. Manche Firmen schalten Anzeigen extra nur vor Ort, um Bewerber aus der Region anzusprechen. Andere bevorzugen Fach- und Branchenmagazine. Und es gibt auch immer noch Firmen, die offene Stellen grundsätzlich nur über Zeitungen ausschreiben.

Kontakte knüpfen

Firmenkontakttage und Recruitingveranstaltungen: Mittlerweile gibt es unzählige Veranstaltungen, die sich hinsichtlich Größe, Studienrichtung oder Zugang (frei oder nach Vorauswahl) unterscheiden. Hier können Sie gezielt Kontakte zu Firmen aufbauen, sich über Einstiegsmöglichkeiten informieren und oft auch mit Young Professionals der jeweiligen Firmen in Kontakt kommen, die noch vor einigen Jahren selbst Studenten waren. Welche Kontakttage und Bewerbermessen aktuell stattfinden, können Sie mithilfe des Internets recherchieren, geeignete Stichworte sind »Jobmesse«, »Bewerbermesse«, »Absolventenkongress« oder »Firmenkontakttag«.

Freunde und Bekannte einbeziehen

Private Kontakte: Viele Menschen sind über Hobbys und Freizeitaktivitäten mit anderen verbunden. Die einen engagieren sich ehrenamtlich in Sportvereinen oder Interessengruppen, die anderen knüpfen über ihre Kinder Kontakte am Rande von Versammlungen oder Veranstaltungen in Kindergärten oder Schulen. Oft kennt man den beruflichen Hintergrund der Menschen, mit denen man häufiger spricht. Überlegen Sie daher einmal gründlich, welcher Ihrer privaten Kontakte Ihnen bei einer Bewerbung nützlich sein könnte.

Netzwerke im Internet: Netzwerke im Internet wie Facebook, LinkedIn oder XING entsprechen privaten und beruflichen Kontakten, allerdings auf digitaler Basis. Passende sowie vertrauenswürdige Web-2.0-Kontakte können Sie ebenfalls für Ihre Bewerbungsaktivitäten nutzen.

Berufserfahrene Bewerber

Für diese Bewerbergruppe haben sich folgende Suchwege bewährt:

- → **Jobbörsen und Jobrobots im Internet,**
- → **Firmenhomepages,**
- → **Tageszeitungen und Fachmagazine,**
- → **Industrie- und Handelskammern sowie Handwerkskammern,**
- → **Fachmessen,**
- → **private Kontakte,**
- → **berufliche Kontakte und**
- → **Netzwerke im Internet.**

Gezielt und effektiv

Jobbörsen und Jobrobots im Internet: Im Netz gibt es mittlerweile Hunderte privatwirtschaftliche Stellenbörsen, dazu noch die Jobbörse der Agentur für Arbeit. Hier stellen Firmen ihre aktuellen Stellenanzeigen ein, doch auch Bewerber können ihre Profile hinterlegen und so für suchende Unternehmen zugängig machen. Interessant sind auch die sogenannten »Jobrobots« – Suchmaschinen, die mehrere Jobbörsen oder Firmenhomepages gleichzeitig nach Ihren Suchkriterien durchleuchten. Wichtige große Jobbörsen und Jobrobots, in die Sie auf jeden Fall einmal einen Blick werfen sollten, sind unter anderem die folgenden:

→ **www.stepstone.de**
→ **www.monster.de**
→ **www.stellenanzeigen.de**
→ **www.jobscout24.de**
→ **www.arbeitsagentur.de**
→ **www.karriere.de/jobturbo**
→ **www.careerjet.de**
→ **www.jobrapido.de**
→ **www.kimeta.de**
→ **www.yovadis.de**

Neben den allgemeinen Jobbörsen gibt es aber auch branchenspezifische Börsen. Werfen Sie doch einfach einmal einen Blick auf unsere Homepage www.karriereakademie.de: Dort haben wir viele aktuelle Jobbörsen und Jobrobots für Sie aufgeführt.

Wenn Sie schon wissen, was Sie wollen

Firmenhomepages: Eigentlich jede Firma ist mittlerweile mit einer Homepage im Internet vertreten. Sollten Sie die gesuchte Internetpräsenz der Firma nicht direkt finden, geben Sie bei einer Suchmaschine einfach gleichzeitig den Firmennamen und das Stichwort »Homepage« ein. Nutzen Sie auch die Suchmaschinen www.jobscanner.de sowie www.yovadis.de, die ausschließlich Firmenhomepages durchforsten.

Tageszeitungen und Fachmagazine: Bei Ihrer Stellensuche sollten Sie die Tageszeitungen und Fachmagazine nicht vernachlässigen. Denn auch wenn Sie über das Internet mit seinen Jobbörsen und Firmenhomepages einen schnellen Zugriff auf zahlreiche Stellenanzeigen haben, sind die Angebote der Tageszeitungen, vornehmlich in den Wochenendausgaben, nach wie vor hochinteressant. Manche Firmen schalten Anzeigen extra nur vor Ort, um Bewerber aus der Region anzusprechen, andere wiederum bevorzugen Fach- und Branchenmagazine. Und es gibt auch immer noch Firmen, die offene Stellen grundsätzlich nur über Zeitungen ausschreiben.

Suchen Sie in Ihrer Branche

Industrie- und Handelskammern sowie Handwerkskammern: Die örtlichen Industrie- und Handelskammern (IHK) und Handwerkskammern verstehen sich als Dienstleister für die angeschlossenen Firmen. Daher finden Sie auf den entsprechenden Homepages dieser Einrichtungen in Ihrer Region auch Ausbildungsplatzbörsen. Kaum ein berufserfahrener Bewerber denkt daran, dass man diese Ausbildungsplatzbörsen ebenfalls nutzen kann. Recherchieren Sie Firmen, die in den Arbeitsbereichen ausbilden, in denen Sie langjährige berufliche Erfahrungen vorzuweisen haben. Vielleicht benötigt man in den (Ausbildungs-)Betrieben auch Ihre Berufserfahrung – hier kann sich eine Initiativbewerbung lohnen.

Branchentreffen nutzen

Fachmessen: Der große Vorteil von Fachmessen liegt darin, dass sich in der Regel die ganze Branche trifft. Hier gilt allerdings, dass Sie sich mit Ihrem Wechselwunsch nicht unbeabsichtigt zum Branchentratsch machen dürfen. Aber ein gezielter Kontaktaufbau, gerne auch unter dem Deckmantel, sich für die neuesten Produkte oder Dienstleistungen der Mitbewerber zu interessieren, hilft sicherlich weiter. Sammeln Sie also Visitenkarten bei der lieben Konkurrenz.

Private Kontakte: Durch Hobbys und andere Freizeitaktivitäten haben die meisten Menschen eine Menge an Kontakten. Ob Sie sich nun in einem Sportverein engagieren oder vielleicht durch Ihre Kinder an den verschiedensten Versammlungen oder Veranstaltungen (beispielsweise in der Schule, im Kindergarten oder Sportverein) teilnehmen – überlegen Sie einmal gründlich, welcher Ihrer privaten Kontakte sich auch für einen beruflichen Austausch eignen würde. Oft erfährt man so von vakanten Stellen, die noch gar nicht ausgeschrieben sind, oder man bekommt lohnende Tipps für das Bewerbungsverfahren.

Augen und Ohren offen halten

Berufliche Kontakte: Wer beruflich im Einkauf, im Verkauf, im Service oder sonst mit Kunden zu tun hat, ist bei der Arbeitgebersuche klar im Vorteil. Spitzen Sie die Ohren, um rechtzeitig zu erfahren, welche Firmen investieren, wachsen und einstellen wollen und deshalb engagierte Mitarbeiter suchen.

Digitale Kontakte nutzen

Netzwerke im Internet: In digitalen Netzwerken wie Facebook, LinkedIn oder XING können Sie private wie berufliche Kontakte aufbauen und diese ebenfalls für Ihre Bewerbungsaktivitäten nutzen. Doch Vorsicht: Sie sollten Ihre beruflichen Wechselwünsche nicht gleich im Internet herausposaunen. Wenden Sie sich nur an passende und vertrauenswürdige Web-2.0-Kontakte – wenn Sie beispielsweise als Statusmeldung angeben, dass Sie einen neuen Job suchen, könnte sich das in Ihrer Firma schnell herumsprechen.

Checkliste für die Suche nach potenziellen Arbeitgebern

CHECKLISTE

- ◯ Haben Sie auf Ihrer Suche nach einer neuen Arbeitsstelle die gängigen Jobbörsen und Jobrobots im Internet genutzt?

→ FORTSETZUNG AUF DER NÄCHSTEN SEITE

- ◯ Haben Sie einen Blick in die Jobbörse der Agentur für Arbeit geworfen?
- ◯ Haben Sie sich informiert, ob die ausgeschriebene Stelle noch aktuell ist?
- ◯ Haben Sie auch Tageszeitungen und Fachmagazine auf Stellenanzeigen hin untersucht?
- ◯ Haben Sie nicht nur die großformatigen, sondern auch die kleinen Ausschreibungen genau geprüft?
- ◯ Haben Sie gezielt auf den Homepages interessanter Unternehmen nach Jobangeboten gefahndet?
- ◯ Haben Sie Firmenverzeichnisse bei den Industrie- und Handelskammern sowie bei den Handwerkskammern eingesehen?
- ◯ Haben Sie Ihre privaten und beruflichen Kontakte in Ihre Bewerbungsaktivitäten miteinbezogen?
- ◯ Nutzen Sie Netzwerke im Internet für Ihre Stellensuche?

4. Auswertung von Stellenanzeigen

In diesem Kapitel zeigen wir Ihnen, wie Sie erkennen, welche fachlichen Kenntnisse und welche persönlichen Fähigkeiten in Stellenanzeigen gefragt sind. So erarbeiten Sie in Ihrer Bewerbungsvorbereitung die wichtigsten Schlüsselbegriffe, die Sie in Anschreiben, Lebenslauf und Vorstellungsgespräch parat haben sollten.

Ihre gründliche Auseinandersetzung mit den Erwartungen von Unternehmen in Stellenanzeigen ist der nächste Schritt auf dem Weg zur überzeugenden Bewerbungsstrategie. Wenn Sie wissen, was von Ihnen erwartet wird, können Sie diese Anforderungen aufgreifen, in Ihre Unterlagen einarbeiten und so zeigen, dass Sie die Erwartungen erfüllen.

Die Anforderungen der Firmen an Bewerberinnen und Bewerber lassen sich in zwei Gruppen einteilen: in fachliche Kenntnisse und in persönliche Fähigkeiten, also Hard Skills und Soft Skills. In Ihrer Bestandsaufnahme haben Sie sich bereits damit auseinandergesetzt, was Sie mitbringen. Hier sehen Sie, welche Ihrer Kenntnisse und Fähigkeiten Sie am besten in welchen Kategorien einsetzen können.

Hard Skills

Fachlich passgenaue Bewerber

Ohne Fachkenntnis geht überhaupt nichts. Fast alle Unternehmen suchen den fachlich passgenauen Mitarbeiter. Das heißt, dass die fachliche Kompetenz des Wunschbewerbers möglichst genau mit den Anforderungen des Unternehmens übereinstimmen sollte. Die Hard Skills selbst werden in verschiedene Wissensbereiche eingeteilt. Wenn Sie sich auf einen neuen Arbeitsplatz bewerben, sind folgende Anforderungen immer gefragt:

→ **Berufskenntnisse,**
→ **Fremdsprachenkenntnisse und**
→ **Computerkenntnisse.**

Erworbene Berufserfahrung

Berufskenntnisse: Berufskenntnisse bestehen aus dem im Studium oder in der Ausbildung erworbenen Fachwissen und den im Berufsalltag vertieften Kenntnissen. Wenn Sie beispielsweise als Werbekauffrau in der Werbeabteilung eines Unternehmens tätig sind, wissen

Sie, wie man Kataloge und Mailings erstellt und wie Verkaufsunterlagen konzipiert, getextet und grafisch gestaltet werden. Sie können Anzeigenwerbung koordinieren, Direktwerbeaktionen organisieren und Redaktionsbeiträge für Fachzeitschriften verfassen. Als Kreditbetreuer für Immobilien besteht Ihre Berufskenntnis darin, dass Sie wissen, wie man Gutachten beurteilt, Sicherheiten bewertet, Kreditvorlagen erarbeitet, Kreditverträge erstellt und laufende Verträge überwacht.

In Ihrer Bestandsaufnahme haben Sie Ihre Berufskenntnisse bereits umfassend dokumentiert. Sie wissen also bereits genau, über welche Kenntnisse Sie verfügen.

Weltweite Kommunikation

Fremdsprachenkenntnisse: Die meisten Unternehmen sind heutzutage international tätig. Deshalb steigen auch ihre Anforderungen an die Sprachkenntnisse ihrer Mitarbeiter. Zumeist geht es nicht um die perfekte Beherrschung der Sprache. Wenn aber für eine ausgeschriebene Stelle bestimmte Kenntnisse verlangt werden, sollte der Bewerber deutlich machen, dass er in der gewünschten Sprache Verhandlungen am Telefon führen und im Schriftverkehr bestehen kann.

Im Vordergrund: die tägliche Praxis

Computerkenntnisse: Fachkenntnisse in PC-Anwendungsprogrammen, wie Textverarbeitung, Tabellenkalkulation oder Datenbanken, sind aus dem Arbeitsalltag der meisten Menschen nicht mehr wegzudenken. Auch wenn sich bestimmte Standardprogramme durchgesetzt haben, verwenden noch längst nicht alle Unternehmen identische PC-Programme. Werden in Stellenausschreibungen von Ihnen bestimmte Computerkenntnisse verlangt, über die Sie nicht verfügen, heißt dies nicht, dass Sie mit Ihrer Bewerbung chancenlos sind. Oft ist es ausreichend, wenn Sie schlüssig belegen, dass Sie über tägliche PC-Praxis verfügen und deshalb in der Lage sind, sich schnell in neue Programme einzuarbeiten.

Soft Skills

Soziale Kompetenz

Wenn Sie die Stellenanzeigen einer beliebigen Zeitung überfliegen, merken Sie schnell, dass bestimmte Worte in den einzelnen Anzeigen immer wieder auftauchen: Teamfähigkeit, Flexibilität, Motivation, Engagement, Selbstverantwortung, Kommunikationsfähigkeit, Initiative, Organisationsgeschick und viele andere. Diese Anforderungen beziehen sich auf die Person. Im Mittelpunkt steht,

- → **wie Sie Ihre Fachkenntnisse bei der Lösung von beruflichen Aufgaben einsetzen und**
- → **wie Sie bei der Arbeit mit Kollegen, Mitarbeitern und Kunden umgehen.**

Da die beruflichen Anforderungen stets wachsen, ist es heute nicht mehr möglich, die komplexen Aufgabenstellungen im Alleingang zu bewältigen. Darum ist Ihre Fähigkeit und Flexibilität im Umgang mit Kunden und in der Zusammenarbeit mit Kollegen gefragt. Die wichtigsten fünf persönlichen Fähigkeiten lauten deshalb:

→ **Kundenorientierung,**
→ **Team- und Projektarbeit,**
→ **selbstständiges Arbeiten,**
→ **Belastbarkeit und Kritikfähigkeit sowie**
→ **Lernbereitschaft.**

Kundenorientierung: Bei vielen qualifizierten Berufen wird die Orientierung am Kunden und seinen speziellen Wünschen immer wichtiger. Der Grund liegt darin, dass die angebotenen Produkte und Dienstleistungen immer austauschbarer werden. Deswegen sind andere Faktoren im Wettbewerb um die Gunst des Kunden entscheidend geworden: Wer behandelt seine Kunden so, dass sie auch noch das nächste Mal gerne kommen? Wer bietet den besten Service? Wer ist in der Lage, individuell zu beraten und Terminvorgaben einzuhalten?

Wenn Ihre anvisierte Stelle stark kundenorientiert ist, müssen Sie in Anschreiben, Lebenslauf und Vorstellungsgespräch herausstellen, dass Sie wissen, wie wichtig enge Kundenbindungen für den Unternehmenserfolg sind, dass Sie keine Angst vor Kundenkontakt haben, über die notwendigen sprachlichen Ausdrucksfähigkeiten und eine gute Portion an Verhandlungsgeschick verfügen.

Teamfähigkeit und Wissensvernetzung

Team- und Projektarbeit: Teamfähigkeit bedeutet, mit anderen Menschen zusammen eine Aufgabe gemeinsam zu lösen. Diese persönliche Fähigkeit wird von Unternehmen heute als unverzichtbar angesehen. Projektarbeit ist eine moderne Form der Teamarbeit. Im Unterschied zur klassischen Teamarbeit werden zur Bewältigung von Aufgaben nicht nur Mitarbeiter aus einer Abteilung oder Arbeitsgruppe, sondern aus verschiedenen Abteilungen eingesetzt. Soll beispielsweise in einer Bank ein neues Modell für Girokonten entwickelt werden, ist für diese Arbeit das Wissen von unterschiedlichen Experten gefragt. Die Werbeprofis schmieden Pläne für eine Marketingkampagne, die Kostenexperten errechnen am Computer, zu welchen Preisen das neue Konto angeboten werden kann, und die Kundenberater überlegen, wie sie im Gespräch am Schalter möglichst viele Kunden von den Vorzügen des neuen Girokontos überzeugen können. Dies alles geschieht in ständiger Abstimmung untereinander.

Teamfähigkeit und die Fähigkeit zur Projektarbeit sind Erfahrungs- und Übungssache. Sie müssen deshalb in Ihren schriftlichen Unterlagen und im Gespräch erkennbar machen, dass Sie diese Fähigkeiten bereits während der Ausbildung und während der ersten Berufsjahre entwickelt und ausgebaut haben.

Eigeninitiative und Selbstverantwortung hervorheben

Selbstständiges Arbeiten: Um im Team etwas erreichen zu können, muss jeder Einzelne seinen Beitrag leisten. Optimale Teamergebnisse gelingen nur dann, wenn Mitarbeiter mitdenken, Vorschläge machen und sich selbst überlegen, wie sie Arbeitsabläufe verbessern können.

Umgang mit Stress

Belastbarkeit und Kritikfähigkeit: Die stärkere Arbeitsbelastung während der Arbeitsspitzen führt dazu, dass die Beschäftigten zeitweise großem Druck ausgesetzt sind. Firmen erwarten, dass Mitarbeiter in der Lage sind, diesen stärkeren Druck und seine Folgen im Umgang der Mitarbeiter untereinander eine gewisse Zeit lang auszuhalten. Das heißt, Ihre Fähigkeiten zur Stressbewältigung am Arbeitsplatz sind gefragt.

Flexibilität und Einsatzbereitschaft

Lernbereitschaft: Um im Wettbewerb um die Kunden zu bestehen, ist die regelmäßige Teilnahme der Mitarbeiter an Fort- und Weiterbildungsmaßnahmen unverzichtbar. Deshalb überprüfen Personalverantwortliche bereits bei der Sichtung der schriftlichen Bewerbungsunterlagen, ob die Bereitschaft zu regelmäßigem Lernen vorhanden ist. Aus Ihren Unterlagen muss ersichtlich sein, dass Sie immer am Ball bleiben und sich mit neuen Anforderungen in Ihrem Berufsfeld auseinandersetzen können.

Bewertung persönlicher Fähigkeiten

Persönliche Fähigkeiten überzeugend darlegen

Natürlich hängen die von Unternehmensseite gewünschten persönlichen Fähigkeiten von den zu bewältigenden Aufgaben ab. Die Schwierigkeit liegt in der Beurteilung: Persönliche Fähigkeiten lassen sich nicht erfassen und in Noten ausdrücken wie Fachkenntnisse. In Schul- und Ausbildungszeugnissen gibt es keine Noten für Flexibilität, Kreativität oder Teamfähigkeit, und Arbeitszeugnisse sind diesbezüglich ebenfalls selten aussagekräftig. Hinzu kommt das Problem, dass viele dieser persönlichen Fähigkeiten wie Schlagwörter benutzt werden. Mittlerweile schreibt jede Bewerberin und jeder Bewerber, sie oder er sei »motiviert, kreativ und teamfähig«.

Eine der wesentlichen Aufgaben von Personalabteilungen ist es deshalb, diejenigen Bewerberinnen und Bewerber, die über die gewünschten persönlichen Fähigkeiten wirklich verfügen, von denen zu unterscheiden, die dies nur behaupten. Damit Sie positiv auffallen, werden wir Ihnen durch unsere Übungen und Tipps zeigen, wie Sie gegenüber Firmen die gefragten persönlichen Fähigkeiten in Anschreiben, Lebenslauf, Leistungsbilanz, Vorstellungsgespräch und Assessment-Center überzeugend belegen.

Muss- und Kann-Anforderungen unterscheiden

Für die Ausarbeitung Ihrer Bewerbungsmappe und Ihrer Selbstdarstellung im Interview ist es weiterhin wichtig, Muss- und Kann-Anforderungen in Stellenanzeigen zu unterscheiden und auf die Vorgaben des potenziellen Arbeitgebers entsprechend zu reagieren.

Wenn Sie Muss-Vorgaben nicht erfüllen, können Sie sich Ihre Bewerbung in der Regel sparen. Wenn Sie dagegen Kann-Vorgaben nicht erfüllen, lohnt sich die Bewerbung trotzdem. Es steht Ihnen ein größerer Spielraum zur Verfügung, den Sie taktisch nutzen können.

Unumgängliche Anforderungen

Die folgenden Formulierungen verweisen auf Muss-Anforderungen, die von Unternehmensseite als unverzichtbar für die Ausübung der ausgeschriebenen Stelle angesehen werden:

- → **»Für diese Tätigkeit ist eine nachweisbar erfolgreiche Berufspraxis als ... erforderlich.«**
- → **»Sie wissen, dass Mobilität ein wesentlicher Karrierefaktor ist.«**
- → **»Aufgrund der Internationalität des Hauses werden gute englische und französische Sprachkenntnisse vorausgesetzt.«**
- → **»Vorausgesetzt werden praktische Erfahrungen in Netzwerkprojekten.«**
- → **»Es werden nur Bewerbungen berücksichtigt, bei denen ... -Kenntnisse nachgewiesen sind.«**
- → **»Sie verfügen über mindestens fünf Jahre Berufserfahrung.«**
- → **»Kenntnisse in ... müssen wir voraussetzen.«**
- → **»Der sichere Umgang mit ... ist unabdingbar.«**

Wenn Anforderungen optional sind

Wenn Firmen bestimmte Kenntnisse und Fähigkeiten nicht für unabdingbar bei der Besetzung einer neuen Stelle halten, werden die folgenden Kann-Formulierungen gewählt:

- → **»Einige Jahre Vertriebserfahrung wären ideale Voraussetzungen, aber Engagement und das Interesse, sich dieser neuen Aufgabe zu stellen, sind entscheidend.«**
- → **»Branchenkenntnisse wären von Vorteil.«**
- → **»Nach erfolgter Einarbeitung sind Sie in der Lage, ... durchzuführen.«**
- → **»Sie verfügen idealerweise über ...«**
- → **»Für diese Aufgabenstellung haben Sie vorzugsweise bereits mehrjährige Einkaufs- und Führungsverantwortung.«**

- → **»Wenn Sie über ... verfügen, haben Sie die besten Voraussetzungen.«**
- → **»Erfahrungen mit ... sind erwünscht.«**

Spielraum geschickt ausnutzen

Mit Kann-Formulierungen meinen Unternehmen nicht, dass ihnen die genannten Qualifikationen eigentlich egal sind – sie werden nur nicht so stark gewichtet. Versuchen Sie daher, auch für Kann-Formulierungen Anknüpfungspunkte zu finden, mit denen Sie verdeutlichen, dass Sie ausbaufähige Grundlagen in diesen Bereichen besitzen.

Ausbaufähige Grundlagen dokumentieren

BEISPIEL

Wenn in einer Stellenanzeige die Formulierung »Erfahrung im Produktmanagement wäre von Vorteil« auftaucht, könnte ein Bewerber, der aus dem Vertrieb ins Produktmanagement wechseln möchte, folgendermaßen darauf reagieren: »Wesentliche Aufgaben meiner derzeitigen Tätigkeit sind die Rückmeldung von Kundenwünschen in die Produktentwicklung und die Abstimmung von Verkaufsförderungsaktionen mit dem Produktmanagement. An der Entwicklung und Markteinführung eines neuen Produkts war ich bereits in einer abteilungsübergreifenden Projektgruppe beteiligt.«

Bei Kann-Vorgaben, die Sie nicht unmittelbar belegen können, sollten Sie überlegen, ob Sie über Qualifikationen verfügen, die der neue Arbeitgeber als gleichwertig akzeptieren könnte. Selbst wenn andere Bewerber die Kann-Vorgaben besser erfüllen, können Sie dennoch überzeugen, wenn Sie zusätzliche Kenntnisse und Fähigkeiten anbieten, die für die ausgeschriebene Position wichtig sind.

Kann-Anforderung ersetzen

BEISPIEL

Ein Unternehmen verwendet in der Stellenanzeige für einen Projektleiter Controlling die folgende Kann-Vorgabe: »Sie verfügen idealerweise über SAP-Kenntnisse.« Wenn der Bewerber die anderen Vorgaben aus der Stellenanzeige erfüllt, zwar Computerkenntnisse, aber keine SAP-Kenntnisse hat, sollte er im Anschreiben versuchen, diesen Mangel durch seine Flexibilität und Lernbereitschaft auszugleichen, beispielsweise so: »Die Arbeit mit unterschiedlichen Tabellenkalkulations- und Datenbankprogrammen gehört zu meinen täglichen Aufgaben. In neue Programme habe ich mich stets schnell eingearbeitet.«

Der Aufbau von Stellenanzeigen

Teamarbeit bei der Stellenbesetzung

Bevor Stellen neu besetzt werden, wird im Unternehmen einiges an Vorarbeit geleistet. Die Fachabteilung muss auflisten, über welche Kenntnisse und Erfahrungen der oder die Neue mindestens verfügen muss und welche Qualifikationen darüber hinaus wünschenswert wären. In der Personalabteilung macht man sich Gedanken darüber, welche persönlichen Fähigkeiten gut zum Unternehmen und zu den neuen Aufgaben passen würden. Wird ein kontaktstarker Mitarbeiter für den Vertrieb gesucht, werden andere Anforderungen festgelegt als bei einem Konstrukteur, dessen analytische Fähigkeiten besonders gefragt sind.

Es kommt leider häufig vor, dass Bewerber viel schreiben, aber dabei überhaupt keinen Bezug zu den in der Stellenanzeige genannten Anforderungen herstellen. Damit Sie dies vermeiden, sollten Sie sich mit dem üblichen Aufbau von Anzeigen vertraut machen. Diese sind fast immer in die Blöcke »Informationen über das Unternehmen«, »Beschreibung der zukünftigen Aufgaben«, »Ihre Voraussetzungen« und »Kontaktdaten« gegliedert. In allen Blöcken verstecken sich wesentliche Informationen für Ihre Bewerbung.

Das Unternehmen stellt sich vor

Informationen über das Unternehmen: Es werden Hinweise über die Unternehmensgröße, die Branche und die Standorte gegeben. Daneben können Sie aus der Unternehmensbeschreibung oft auch erkennen, ob das Unternehmen auf Wachstumskurs ist, eher traditionsorientiert auftritt oder ob neue Märkte erschlossen werden sollen.

Die zukünftigen Aufgaben: In kurzen Sätzen werden die Aufgaben, die die ausgeschriebene Stelle umfasst, umrissen. Hier ist eine intensive Analyse der gegebenen Informationen besonders wichtig, damit Sie später in Anschreiben, Lebenslauf, Leistungsbilanz, Vorstellungsgespräch und gegebenenfalls Assessment-Center passgenau darauf eingehen können.

Voraussetzungen des Bewerbers: Die Informationen, die Sie in diesem Block finden, sind für Ihre Bewerbung besonders wichtig. Lesen Sie ihn besonders gründlich, teilen Sie die Anforderungen nach Hard und Soft Skills auf, und unterscheiden Sie Muss- beziehungsweise Kann-Anforderungen.

Kontaktaufnahme erwünscht

Kontaktdaten und Formelles: Beachten Sie die in den Kontaktdaten des Unternehmens aufgeführten Vorgaben. Wird ein Eintrittstermin von Ihnen verlangt, sollten Sie ihn ebenso angeben wie eine gewünschte Gehaltsvorstellung. Ist ein persönlicher Ansprechpartner mit telefonischer Durchwahl aufgeführt, können Sie sich einen weiteren Informationsvorsprung erarbeiten, indem Sie ihn anrufen.

Fragen Sie beispielsweise, in welcher Gewichtung einzelne Aufgaben zueinander stehen.

Nun geht es darum, Ihr neu gewonnenes Wissen anzuwenden. Dazu haben wir für Sie eine Übung vorbereitet. Analysieren Sie Stellenanzeigen, indem Sie die Informationen über das Unternehmen erfassen, die fachlichen Kenntnisse und persönlichen Fähigkeiten herausfiltern, Kann- von Muss-Anforderungen unterscheiden und die Kontaktdaten des Unternehmens entschlüsseln. Zunächst haben wir aber ein Beispiel für Sie vorbereitet, wie Sie bei der Übung vorgehen sollten.

Stellenanzeigen auswerten

BEISPIEL

Die Maschinenbau GmbH sucht einen neuen Mitarbeiter und hat eine Stellenanzeige geschaltet. Die Anzeige folgt dem üblichen Aufbau und enthält gängige Forderungen von Unternehmen an ihre potenziellen Mitarbeiter.

Wir sind ein Hersteller von technisch anspruchsvollen Produkten des Maschinenbaus. In unserem Segment gehören wir zu den europaweit führenden Unternehmen. Für unser Hamburger Werk mit über 250 Mitarbeitern suchen wir für den Bereich Disposition eine/n

Vertriebsdisponenten/in.

Ihre neuen Aufgaben umfassen:

- **die gesamte Auftragsabwicklung,**
- **Verhandlungen über Liefermengen,**
- **die Lieferterminfestlegung,**
- **Kundenbetreuung,**
- **Fertigungssteuerung,**
- **Disposition.**

Sie passen zu uns, wenn Sie einsatzfreudig sind, Ihren beruflichen Erfolg eigenverantwortlich und kreativ gestalten wollen und die folgenden Qualifikationen mitbringen:

- **Ausbildung als Industriekaufmann/-kauffrau oder Groß- und Außenhandelskaufmann/-kauffrau,**
- **Berufserfahrung (mindestens drei Jahre),**
- **sehr gute Englisch- und Spanischkenntnisse,**
- **zumindest grundlegende SAP R/3-Kenntnisse.**

Haben wir Ihr Interesse geweckt? Dann senden Sie Ihre vollständigen Bewerbungsunterlagen mit der Kennziffer 32 31 52 an die unten stehende Adresse. Für einen ersten Kontakt steht Ihnen Frau Kalde unter der Telefonnummer 040 112233-455 zur Verfügung.

Maschinenbau GmbH/Abteilung Personalwesen
Leinpfad 75
22299 Hamburg
www.maschinenbau-hh.de

Auswertung

Unternehmen:	Branche »Maschinenbau«, »technisch anspruchsvolle Produkte«, Mittelstand (»250 Mitarbeiter«), »europaweit« tätig
Zukünftige Aufgaben:	»Auftragsabwicklung«, »Liefermengenverhandlung«, »Kundenbetreuung«, »Fertigungssteuerung«, »Disposition«
Berufskenntnisse:	»Ausbildung als Industriekaufmann/-kauffrau oder Groß- und Außenhandelskaufmann/- kauffrau«, »Berufserfahrung (mindestens drei Jahre)«
Sprachkenntnisse:	»sehr gute Englisch- und Spanischkenntnisse«
Computerkenntnisse:	»SAP R/3«
Kundenorientierung:	»Kundenbetreuung«, Verhandlungsführung (»Liefermengenverhandlung«)
Team-/Projektarbeit:	Keine Angabe
Selbstständiges Arbeiten:	»beruflichen Erfolg eigenverantwortlich und kreativ gestalten«
Belastbarkeit und Kritikfähigkeit:	»einsatzfreudig«
Lernbereitschaft:	»grundlegende SAP R/3-Kenntnisse« vertiefen
Muss-Anforderungen:	»Ausbildung als Industriekaufmann/-kauffrau oder Groß- und Außenhandelskaufmann/-kauffrau«, »Berufserfahrung (mindestens drei Jahre)«, »sehr gute Englisch- und Spanischkenntnisse«
Kann-Anforderungen:	»SAP R/3-Kenntnisse«
Kontaktdaten:	Vollständige Adresse, Internetadresse, Ansprechpartnerin »Frau Kalde«
Formelles:	»vollständige Bewerbungsunterlagen«, »Kennziffer 32 31 52«

Jetzt sind Sie am Zug: Werten Sie nun bitte die Stellenanzeige auf Seite 68 aus. Analysieren Sie sorgfältig, welche Anforderungen genannt sind, und ordnen Sie die einzelnen Anforderungsmerkmale dem Bereich der Fachkenntnis oder dem der persönlichen Fähigkeiten zu. Unterscheiden Sie zusätzlich Muss- von Kann-Anforderungen, und beachten Sie die Informationen, die das Unternehmen über sich selbst gibt.

ÜBUNG

Auswertung einer Stellenanzeige

Willkommen in dem mittelständischen, erfolgreichen Unternehmen der IT-Branche. Wir expandieren und suchen für unser Datenzentrum eine/n

Angestellte/n in der Datenverarbeitung.

Ihre Aufgabe:
Sie werden in einer hochleistungsfähigen Infrastruktur aus vielfältigen Workstations/PCs und Servern (Unix, MSWindows) tätig sein. In unserem Datenzentrum arbeitet ein Team von derzeit zwölf qualifizierten Fachfrauen und -männern. Die Arbeitsabläufe in unseren Unternehmensbereichen sollen weiter optimiert werden. Dafür benötigen wir qualifizierte personelle Verstärkung.

Unsere Anforderungen:
Wir erwarten von Ihnen eine Ausbildung zur Wirtschaftsinformatikerin/zum Wirtschaftsinformatiker oder eine gleichwertige Ausbildung. Gute Kenntnisse in den Betriebssystemen Unix und Windows in verschiedenen Versionen sind ebenso erforderlich wie gute Kenntnisse der Microsoft-Office-Produktpalette und zumindest einer Programmiersprache. Sie kennen sich in hochvernetzten Server-Workstation-Umgebungen aus. Im Umgang mit Datenbanken sind Sie sicher. Selbstständigkeit sollten Sie ebenso mitbringen wie die Fähigkeit, Konzepte zu erarbeiten. Interesse an einer ständigen Weiterentwicklung in Ihrem Aufgabengebiet setzen wir voraus.

Wir freuen uns auf Ihre aussagefähige Bewerbung unter Angabe Ihrer Gehaltsvorstellung. Bitte senden Sie Ihre Unterlagen an Frau Kirsten Hadler.

Pro Tech AG
Personalmanagement • Frankfurter Straße 257 • 55252 Mainz
www.pro-tech-ag.com

DOWNLOAD

Ihre Auswertung

Unternehmen: ....

Zukünftige Aufgaben: ....

Berufskenntnisse: ....

Sprachkenntnisse: ....

Computerkenntnisse: ....

Kundenorientierung: ....

Team-/Projektarbeit: ....

Selbstständiges Arbeiten: ....

Belastbarkeit und Kritikfähigkeit: ....

Lernbereitschaft: ....

Muss-Anforderungen: ....

Kann-Anforderungen: ....

Kontaktdaten: ....

Formelles: ....

Suchen Sie noch mindestens drei weitere Anzeigen aus aktuellen Stellenmärkten, und analysieren Sie diese nach dem vorgegebenen Schema.

Welchen Eindruck haben Sie?

Sie haben nun gesehen, wie wichtig eine sorgfältige Auswertung der Stellenanzeigen ist. Diese Informationen sollten Sie nicht nur nutzen, um Ihre Bewerbung passgenau aufzubereiten, sondern auch, um sich ein erstes Bild vom Unternehmen zu machen. Drehen Sie den Spieß doch einmal um, und schlüpfen Sie in die Rolle des Prüfenden: Welchen Eindruck hinterlässt die Anzeige bei Ihnen? Ist sie modern gestaltet oder sehr traditionell gehalten? Könnte das Unternehmen überhaupt zu Ihnen passen? Auch der Blick ins Internet oder das Anfordern von Informationsmaterial wird Sie bei Ihrer Meinungsbildung weiterbringen.

Was Personalverantwortliche von einer Bewerbung erwarten – und was leider viele Bewerber ignorieren – ist eine »realistische Tätigkeitsvorausschau«. Personalverantwortliche gehen davon aus, dass Bewer-

Realistische Tätigkeitsvorschau

ber sich mit den zukünftigen Aufgaben der neuen Stelle gründlich auseinandergesetzt haben. Dazu gehört, herauszufinden und zu belegen, ob man die richtigen Stärken mitbringt, und natürlich auch, ob man wirklich im neuen Aufgabengebiet tätig sein möchte.

Vorsicht Falle!
Es reicht nicht aus, nur auf die eingeforderten Voraussetzungen einzugehen. Sie müssen auch Beispiele dafür liefern, dass und wie Sie schon mit den neuen Aufgaben in Berührung gekommen sind.

Nehmen Sie auch die Forderung nach bestimmten Soft Skills ernst. Schreiben Sie die jeweiligen Soft Skills aus der Stellenanzeige heraus, und überlegen Sie dann, ob es berufliche Aufgaben gibt, bei denen Sie die gewünschten Fähigkeiten eingesetzt haben. Denn diese sollten Sie anhand von Beispielen aus Ihrem Berufsalltag belegen.

Mit einer gründlichen Auswertung von Stellenanzeigen schaffen Sie die Grundlage für die Ausarbeitung passgenauer Bewerbungsunterlagen. Nur wenn Sie herausfinden, was genau das Unternehmen von Ihnen will, können Sie sich auch optimal darstellen.

CHECKLISTE

Checkliste für die Auswertung von Stellenanzeigen

- ○ Wie ist Ihr erster Eindruck von der Stellenanzeige (konservativ, modern, sachlich, dynamisch)?
- ○ Handelt es sich bei dem Unternehmen um einen Konzern, ein mittelständisches Unternehmen, einen Kleinbetrieb, oder sucht der öffentliche Dienst?
- ○ Kennen Sie das Unternehmen, oder haben Sie schon einmal etwas darüber gehört?
- ○ Ist das Unternehmen auf besondere Produkte oder Dienstleistungen stolz?
- ○ Sind weitere Standorte des Unternehmens aufgeführt?
- ○ Wird das Aufgabenfeld der zukünftigen Tätigkeit deutlich?
- ○ Sind die verlangten Soft Skills von Ihnen erkannt worden?

- ◯ Haben Sie die geforderten Fachkenntnisse in der Stellenanzeige identifiziert?
- ◯ Werden Sprachkenntnisse verlangt?
- ◯ Sind bestimmte EDV-Kenntnisse gewünscht?
- ◯ Welche Anforderungen werden als Muss- und welche als Kann-Anforderungen definiert?
- ◯ Welche Voraussetzungen erfüllen Sie Ihrer Meinung nach? Und welche nicht?
- ◯ Ist ein bestimmter Ausbildungs-/Studienabschluss gefordert?
- ◯ Werden auch Führungsfähigkeiten eingefordert (Aufbauarbeit, Vertriebsorganisation, repräsentative Pflichten, Mitarbeitercoaching, Teambuilding)?
- ◯ Verlangt man eine mehrjährige Berufserfahrung?
- ◯ Ist eine Altersgrenze genannt (Mindestalter, Höchstalter)?
- ◯ Sind Geschäftsreisen vorgesehen (Inland, Ausland)?
- ◯ Gibt es Hinweise auf Einarbeitung, Fortbildung, Entwicklungschancen?
- ◯ Werden Sie aufgefordert, Ihre Gehaltsvorstellungen zu äußern?
- ◯ Möchte man Ihren frühesten Eintrittstermin erfahren?
- ◯ Ist eine Bewerbungsfrist angegeben?
- ◯ Enthält die Stellenanzeige eine Kennziffer?
- ◯ Wird eine vollständige Bewerbung oder eine Kurzbewerbung gefordert?
- ◯ Ist ein persönlicher Ansprechpartner mit Durchwahl oder E-Mail-Adresse für die Bewerbung genannt?
- ◯ Gibt es einen Hinweis auf eine Homepage des Unternehmens?

5. Warum sollten wir gerade Sie einstellen? Ihre Selbstpräsentation

Das Herzstück unserer Beratungstätigkeit ist die individuelle Entwicklung des beruflichen Stärkenprofils von Bewerbern. Wir zeigen Ihnen in diesem Kapitel, mit welchen Überzeugungsregeln sich eine schlüssige Selbstdarstellung für Ihr Anschreiben und das Vorstellungsgespräch ausarbeiten lässt. Sie lernen, Ihre Stärken in einem Kurzvortrag so darzustellen, dass Sie sowohl fachlich als auch persönlich überzeugen.

Sich positiv von anderen abheben

Um eine Firma davon zu überzeugen, dass gerade Sie die optimale Besetzung für die ausgeschriebene Position sind, müssen Sie Ihre fachlichen Kenntnisse und Ihre persönlichen Fähigkeiten im Anschreiben und im Vorstellungsgespräch so darstellen, dass Sie sich von anderen Bewerberinnen und Bewerbern positiv abheben. Nicht derjenige, der die Anforderungen des Arbeitsplatzes am besten erfüllt, wird eingestellt, sondern derjenige, der sich im Bewerbungsverfahren am überzeugendsten darstellt.

Das sollten Sie sich merken:
Die Entwicklung einer glaubwürdigen Selbstpräsentation ist das Fundament für Ihr Anschreiben und für das persönliche Gespräch.

Entwicklung auf den Punkt gebracht

Mit den Informationen und den Übungen in diesem Kapitel werden wir Sie in die Lage versetzen, Ihre eigene Selbstpräsentation zu entwickeln. Los geht es damit, dass Sie lernen, sich schriftlich und mündlich so darzustellen, dass klar wird, dass Sie die beziehungsweise der Richtige für den Arbeitsplatz sind. Ihre Ausführungen zum Thema »Warum ich in Ihrer Firma als XYZ arbeiten will« werden eine Länge von etwa einer DIN-A4-Seite beziehungsweise drei Minuten haben. Mit diesem Rahmen vermeiden Sie langatmige Ausführungen und präsentieren sich als Bewerber, der in der Lage ist, die Dinge auf den Punkt zu bringen. Ihre Selbstpräsentation wird Ihnen dabei helfen, Ihr individuelles Qualifikationsprofil auszuarbeiten.

Der Aufbau der Selbstpräsentation

Beginnen Sie mit Ihrer jetzigen Tätigkeit

Sie sollten Ihre Selbstpräsentation so aufbauen, dass der Bezug zur ausgeschriebenen Stelle deutlich wird. Das bedeutet für Sie, dass Sie zuerst Ihre jetzige Tätigkeit darstellen, da diese die Basis für Ihren Stellenwechsel ist. Die Aufgaben, Projekte und Verantwortungsbereiche, die Sie momentan wahrnehmen, sind für den neuen Arbeitgeber besonders wichtig. Fangen Sie daher Ihre Selbstpräsentation nicht bei Ihrer Ausbildung, Ihrem Studium oder womöglich Ihrer Schulzeit an, sondern arbeiten Sie sich von Ihren jetzigen Aufgaben schrittweise zurück.

Orientieren Sie sich an dem von uns aus der Beratungspraxis entwickelten Schema:

- → **Stellen Sie die Aufgaben, die Sie in Ihrer momentanen Position bearbeiten, an den Anfang Ihrer Selbstpräsentation.**
- → **Heben Sie die Tätigkeiten hervor, die einen Bezug zu der neuen Stelle haben.**
- → **Erläutern Sie Ihre berufliche Entwicklung. Machen Sie klar, welche Stationen in Ihrem Leben Sie für Ihre jetzige Position qualifiziert haben.**

Stellen Sie Ihre derzeitigen Aufgaben konkret dar

Die derzeitigen Aufgaben: Sie beginnen Ihre Selbstpräsentation mit der Darstellung Ihrer momentanen Tätigkeit. Die bloße Nennung Ihrer beruflichen Position ist zu wenig. Stellen Sie umfassend Ihre Aufgaben und Tätigkeiten in der beruflichen Position dar.

Bezug zur neuen Stelle herstellen

Der Bezug zur neuen Stelle: Die Tätigkeiten, die einen Bezug zur neuen Stelle haben, sollten Sie ausführlicher darstellen. Dies können von Ihnen wahrgenommene Sonderaufgaben, umfassende Branchenkenntnisse oder die Leitung von Projekten sein. Sie sollten ebenfalls betonen, wie Sie Routineaufgaben, die Sie auch in der neuen Stelle erwarten, erfolgreich bewältigen. Den Bezug zur neuen Stelle können Sie zudem durch die Darstellung von Fort- und Weiterbildungsmaßnahmen herstellen. Wenn Sie neue Kenntnisse und Fähigkeiten, die für die neue Stelle wichtig sind, durch Kurse oder Seminare erworben haben, sollten Sie auch diese hervorheben.

Gehen Sie von Ihrer momentanen Position aus rückwärts

Die berufliche Entwicklung: Gehen Sie von Ihrer momentanen Position aus zurück, und nennen Sie die beruflichen Stationen, die vor Ihrer heutigen Tätigkeit liegen. Erläutern Sie, wie Sie sich bei Ihrem jetzigen Arbeitgeber entwickelt haben, für welche anderen Firmen Sie bereits gearbeitet haben, mit welcher Einstiegsposition Sie Ihre berufliche Entwicklung begonnen haben und welche Ausbildung oder welches Studium Sie absolviert haben.

Präsentation eines IT-Beraters

BEISPIEL

Die derzeitigen Aufgaben: »Ich bin momentan als IT-Berater tätig. Zu meinen Aufgaben gehört die Konfiguration von Netzwerken, die Softwareschulung und das Programmieren von arbeitsplatzbezogenen Tools.«

Der Bezug zur neuen Stelle: »Ich möchte als IT-Projektmanager bei Ihnen tätig werden, da ich meine Erfahrungen in der Leitung von Projektteams ausbauen möchte. Im E-Commerce-Bereich habe ich bereits Aufbauarbeit geleistet. Die Arbeit mit Intra- und Internet-Technologien ist mir vertraut.«

Die berufliche Entwicklung: »Vor meiner derzeitigen Position als IT-Berater war ich als Softwareentwickler tätig. Der Schwerpunkt lag damals auf der objektorientierten Programmierung von Bedienungsoberflächen. Mein Studium der Informatik war die Basis für meinen Berufseinstieg. Die aktuellen Entwicklungen im Hard- und Softwarebereich habe ich stets verfolgt. Neben dem Besuch von Fachmessen habe ich Seminare in der Internetprogrammierung belegt.«

ÜBUNG

Der Aufbau der Selbstpräsentation

Lernen Sie, Ihre Selbstdarstellung richtig aufzubauen. Suchen Sie sich eine interessante Stellenanzeige aus, und entwickeln Sie Ihre Selbstpräsentation anhand unseres Schemas:

1. *Die derzeitigen Aufgaben*

   »Momentan arbeite ich als ....

   ....«
   (Berufsbezeichnung)

   »Zu meinen Aufgaben gehören ....

   ....
   (Tätigkeit 1)

   ....
   (Tätigkeit 2)

   ....«
   (Tätigkeit 3)

2. *Bezug zur neuen Stelle*

   »Ich habe bereits die folgenden Aufgaben erfolgreich bearbeitet:

   ....

   ....
   (Zur neuen Stelle passende Tätigkeiten hervorheben

   ....

....

....«
und ausführlich darstellen)

»Berufsbegleitend habe ich eine Weiterbildung zum ....

.... durchgeführt.«

---

3. *Die berufliche Entwicklung*

»Vor meiner jetzigen Tätigkeit war ich als ....

bei der Firma .... beschäftigt.«

Oder:

»Vor meinem Aufstieg zum ....

habe ich in meiner Firma die Aufgaben eines ....

.... übernommen.

Meine berufliche Entwicklung begann ich als ....

....

Basis dafür war meine Ausbildung zum ....

..../

mein Studium der ....«

Präsentieren Sie sich neuen Arbeitgebern, indem Sie die für die neue Position wichtigsten Kenntnisse und Fähigkeiten hervorheben. Machen Sie den roten Faden in Ihrer beruflichen Entwicklung deutlich, und zeigen Sie, wie er folgerichtig zu der angestrebten Position führt.

Werbung in eigener Sache

Aus unserer Beratungstätigkeit wissen wir, dass Bewerberinnen und Bewerbern die Werbung in eigener Sache oftmals schwerfällt. Schließlich ist es nicht einfach, den richtigen Ton für die Darstellung der eigenen Person, der eigenen Fähigkeiten und Kenntnisse zu finden. Deshalb zeigen wir Ihnen im Folgenden zuerst die häufigsten Fehler, die in Selbstpräsentationen gemacht werden. Anschließend erfahren Sie, wie Sie es in Ihrer Bewerbung besser machen können.

Fehler in der Selbstpräsentation

Aus unseren Kontakten zu Personalverantwortlichen und Personalberatungen und aus unserer eigenen Beratungstätigkeit heraus wissen

Mit guter Vorbereitung auf der sicheren Seite

wir, dass bei der Selbstdarstellung im Anschreiben immer die gleichen Fehler auftauchen. Die Ursachen für diese Schnitzer liegen zumeist in einer mangelnden Vorbereitung. Damit Sie sehen, welche Fehler Sie unbedingt vermeiden sollten, folgt zunächst ein Negativbeispiel für eine misslungene Selbstpräsentation.

Selbstpräsentation ohne Aussagekraft

Die Zahlen – ❶, ❷, ❸, ❹, ❺, ❻, ❼ – weisen auf die Art des Fehlers hin. Die Erläuterungen dazu finden Sie im Anschluss an unser Negativbeispiel.

Wir konstruieren und fertigen Analysesysteme. Zur Einsatzplanung unseres Montageteams sowie zur Koordinierung der Termine unserer Zulieferer suchen wir eine/n

Industriemeister(in)

mit folgenden Kenntnissen:

- → **Arbeitsplanung, Arbeitsvorbereitung,**
- → **Materialplanung, Materialfluss,**
- → **Vorkalkulation, Nachkalkulation,**
- → **Computerkenntnisse Windows, Word,**
- → **Grundkenntnisse CAD-System,**
- → **Sprachkenntnisse Englisch.**

Selbstpräsentation

»Sie suchen einen Industriemeister. Die in der Anzeige geschilderten Aufgaben finde ich sehr reizvoll. ❶, ❷
Da mich mein derzeitiges Aufgabengebiet nicht ausfüllt, suche ich zum nächstmöglichen Zeitpunkt eine Tätigkeit mit größerer Verantwortung und vielfältigeren Aufgabenbereichen. ❷
Mein beiliegendes Zwischenzeugnis ist leider nicht besonders gut, aber das liegt daran, dass ich mit meinem Vorgesetzten nicht besonders gut auskomme. ❸, ❼
Ich verfüge über eine hohe Leistungs- und Lernbereitschaft und bin teamfähig, kreativ, motiviert und nicht aufbrausend. ❹, ❺ Ich glaube, dass ich der Richtige für Sie bin.« ❻

Dieses Negativbeispiel enthält Fehler, die Sie bei der Erstellung Ihrer Selbstpräsentation vermeiden können:

Fehler ❶: Fachliche Anforderungen werden nicht erkannt beziehungsweise nicht aufgegriffen. Bewerberinnen und Bewerber, die nicht auf die fachlichen Anforderungen der ausgeschriebenen Stelle eingehen, sammeln Minuspunkte.

Der Bewerber aus dem Beispiel gibt keine Hinweise auf die Inhalte seiner bisherigen Tätigkeit, auch die Berufsbezeichnung fehlt. Personalverantwortliche fürchten nichts mehr als Berufstätige, die es schlicht reizvoll finden, einmal etwas Neues auszuprobieren. Auf die weiteren fachlichen Anforderungen aus der Stellenanzeige geht der Bewerber aus unserem Negativbeispiel nicht ein. Die verlangten Kenntnisse in der Arbeitsplanung, der Arbeitsvorbereitung und der Materialplanung nennt der Bewerber mit keinem Wort.

Interesse wecken

Fehler ❷: Profillosigkeit. Personalverantwortliche suchen Bewerber, die aus der Masse herausragen. Bewerber, die sich – wie im Beispiel – weniger für die einzelnen Aufgaben innerhalb der zu vergebenden Position interessieren und stattdessen angeben, dass sie »vom derzeitigen Aufgabengebiet nicht ausgefüllt sind«, lassen bei Personalverantwortlichen die Alarmglocken schrillen. Die erste Reaktion, die sich einstellt, lautet: »Warum hat sich der Bewerber nicht am derzeitigen Arbeitsplatz darum bemüht, zusätzliche Aufgaben und Projekte zu übernehmen?«

Der Bewerber argumentiert zu wenig von der zu vergebenden Position und deren Anforderungen her. Er vermittelt das Bild eines durchschnittlichen und abwartenden Bewerbers.

Fehler ❸: kontraproduktive Ehrlichkeit. Im Bewerbungsverfahren ist die Ehrlichkeit der Bewerber immer dann kontraproduktiv, wenn sie – ohne dazu verpflichtet zu sein – Dinge aussprechen, mit denen sie sich selbst in ein ungünstiges Licht setzen.

Probleme mit dem Vorgesetzten lassen den Bewerber als Kandidaten erscheinen, der immer dann, wenn es Probleme am Arbeitsplatz gibt, auf »die anderen« als Schuldige verweist.

Inhaltlich überzeugen

Fehler ❹: Leerfloskeln für persönliche Fähigkeiten. Die bloße Aufzählung von Begriffen aus dem Bereich persönliche Fähigkeiten ist ein typischer Bewerberfehler. Ohne berufsbezogene Beispiele und Belege sind die verwendeten Begriffe »kreativ«, »flexibel«, »teamfähig« und »motiviert« leere Hülsen.

Fehler ❺: Nicht- und Negativ-Formulierungen. Formulierungen wie »ich bin nicht aufbrausend« in unserem Beispiel verwirren den Leser. Die Verwendung des Wortes »nicht« ist in Selbstpräsentationen grundsätzlich problematisch. Ins Auge springt nur das Reizwort »aufbrausend«, sodass beim Lesenden ein negativer Eindruck entsteht, der nur schwer wieder aus dem Weg geräumt werden kann. Die eigentlich gewünschte positive Selbstbeschreibung des Bewerbers – »ich behalte bei der Lösung von anspruchsvollen beruflichen Aufgaben stets meine Gelassenheit und bin ausdauernd, wenn es darum geht, Ziele zu erreichen« – bleibt unklar.

Auch eine Bewerberin, die sich in ihrer Selbstpräsentation so beschreibt: »Ich bin bei der Umsetzung von Projekten nicht detailverliebt und verliere die Aufgabe nicht aus den Augen«, weckt beim Leser negative Assoziationen. Mit einer positiven Formulierung hingegen sichert sie sich die Konzentration des Lesers und liefert eine Selbstbeschreibung, die aussagekräftig ist und ihr Profil unterstützt: »Ich behalte bei der Projektleitung das Ziel vor Augen und strukturiere die Teilaufgaben so, dass auch komplexe Aufgaben erfolgreich gelöst werden.«

Keine Spekulationen aufkommen lassen

Auch wenn ein Bewerber angibt, dass sein Vorgesetzter »nicht unzufrieden« mit ihm war, öffnet er Spekulationen über den Grad der Zufriedenheit Tür und Tor. Die Darstellung einer erfolgreichen Tätigkeit gelingt ihm so besser: »Neben meinen Aufgaben aus dem Tagesgeschäft habe ich immer wieder Sonderprojekte übernommen. Meinen Vorgesetzten konnte ich so entlasten, er war sehr zufrieden mit mir.«

Vermeiden Sie es, sich selbst mit Aussagen zu beschreiben, die negativ verstanden werden können. Formulieren Sie in Ihrer Selbstpräsentation eindeutig und positiv.

Fehler ❻: übertriebene positive Selbstbewertung. Vorsicht mit zu positiven Bewertungen. Wenn Sie Ihre fachlichen Kenntnisse und Ihre persönlichen Fähigkeiten zu sehr loben, zwingen Sie Ihre Zuhörer automatisch dazu, die Gegenposition einzunehmen. Formulierungen wie »Ich glaube, dass ich der Richtige für Sie bin«, »Ich bin der Beste für diese Stelle!«, »Sie können aufhören zu suchen, nehmen Sie mich!« oder »Ich bin mir ganz sicher, dass ich für diese Position optimal geeignet bin!« dürfen deshalb in Ihrer Selbstpräsentation auf keinen Fall auftauchen. Personalverantwortliche fühlen sich durch jede übertrieben positive Selbstbewertung von Bewerbern herausgefordert, besonders gründlich nach den Einwänden zu suchen, die gegen den Bewerber sprechen.

Werten Sie sich selbst nicht ab

Fehler ❼: Selbstanklage. Niemand wird eingestellt, weil er etwas nicht oder besonders schlecht kann. Vor Gericht wie im Bewerbungsverfahren gilt: Es besteht keine Selbstanklagepflicht. Wer wie im Beispiel auf schlechte Arbeitszeugnisse hinweist oder anspricht, dass er nicht weiß, ob er den Anforderungen der neuen Position gerecht wird, macht es sich unnötig schwer. Die Kunst der Selbstdarstellung in der Selbstpräsentation besteht nicht darin, seine Schwächen aufzuzählen, sondern darin, zu zeigen, was man für die neue Stelle an Kenntnissen und Fähigkeiten mitbringt.

Mit den typischen Fehlern bei der Werbung in eigener Sache haben wir Sie vertraut gemacht. Jetzt zeigen wir Ihnen, mit welchen Überzeugungstechniken Sie es besser machen.

Überzeugungsregeln für die Selbstpräsentation

Optimieren Sie Ihre Selbstpräsentation

Bevor wir Ihnen Regeln und Tipps für eine erfolgreiche und aussagekräftige Selbstpräsentation vorstellen, zeigen wir Ihnen, wie das vorherige Negativbeispiel als Positivbeispiel klingen könnte. Das folgende Positivbeispiel bezieht sich ebenso wie das vorherige Negativbeispiel auf die Stellenausschreibung für die Position »Industriemeister«.

Erfolgreiche Selbstpräsentation

Die Zahlen – ❶, ❷, ❸, ❹, ❺, ❻ – weisen auf die eingesetzte Überzeugungstechnik hin. Mehr dazu im Anschluss an die Positivbeispiele.

Selbstpräsentation

»Ich habe Erfahrung in der Leitung von Montageteams und verfüge über umfassende Berufserfahrung in der Arbeits- und Materialplanung sowie der Auftragskalkulation. ❶, ❻

Momentan arbeite ich für die Deutsche Metall GmbH und bin dort als Industriemeister zuständig für die Erstellung von Materialstücklisten, die Zuliefererkoordination und die Arbeitsplanung. ❻, ❺, ❻

In Zusammenarbeit mit der Produktionsleitung war ich in der Fertigungsoptimierung mitverantwortlich für die Investitionsplanung und die Werkzeugauswahl. ❸, ❹, ❺

In einem abteilungsübergreifenden Projekt zur Senkung der Herstellungskosten wurden vor zwei Jahren auch für meinen Arbeitsbereich CAD-Arbeitsplätze eingeführt. ❺, ❻

Meine Ausbildung zum Maschinenbaumechaniker absolvierte ich bei der Stahl AG. Nach vier Jahren begann ich meine berufsbegleitende Weiterbildung zum Industriemeister, die ich vor zwei Jahren erfolgreich abgeschlossen habe. ❷, ❸, ❹

Ich verfüge über grundlegende CAD-Kenntnisse und englische Sprachkenntnisse. Daneben sind mir die Betriebssysteme Windows XP/NT/8 und die Textverarbeitung Word vertraut.« ❶, ❻

Unser Positivbeispiel hat sicherlich auch bei Ihnen eine ganz andere Wirkung hinterlassen als das vorangegangene Negativbeispiel. Damit auch Sie sich eine überzeugende Selbstpräsentation für Ihre Bewerbung erarbeiten können, stellen wir Ihnen jetzt die Überzeugungsregeln vor, mit denen Sie Ihr Ziel erreichen:

- → **Regel ❶: fachliche Anforderungen erkennen,**
- → **Regel ❷: Aktivität zeigen,**
- → **Regel ❸: individuelles Profil darstellen,**
- → **Regel ❹: Beispiele für persönliche Fähigkeiten geben,**
- → **Regel ❺: beschreiben statt bewerten,**

→ **Regel ❻: der Joker – Schlüsselbegriffe aus dem Tagesgeschäft benutzen.**

Präzisieren Sie Ihre Angaben

Regel ❶: fachliche Anforderungen erkennen. Der Bewerber aus dem Positivbeispiel macht klar, dass er sich mit den fachlichen Anforderungen, die an ihn gestellt werden, auseinandergesetzt hat.

Der Bewerber verweist auf seine Kenntnisse in den Bereichen Arbeits-, Materialplanung und Auftragskalkulation und ergänzt diese Angaben dadurch, dass er seine Erfahrung in der Erstellung von Materialstücklisten und der Zuliefererkoordination nennt. Abgerundet wird der gute Eindruck durch seine CAD-Kenntnisse und durch seine Erfahrungen im Umgang mit der verlangten PC-Software.

Belegen Sie Ihre Lernbereitschaft

Regel ❷: Aktivität zeigen. Aktivität zeigen Bewerberinnen und Bewerber mit Weiterbildungsmaßnahmen und Kursen, die belegen, dass sie mehr als das übliche Maß geleistet haben, um sich für neue Aufgaben zu qualifizieren.

Der Bewerber aus dem Beispiel verweist auf seine berufsbegleitende Weiterbildung zum Industriemeister. Er macht damit deutlich, dass er in seiner beruflichen Entwicklung nicht stagniert und weiter vorankommen will.

Schärfen Sie Ihr Profil

Regel ❸: individuelles Profil darstellen. Jede Bewerberin und jeder Bewerber hat etwas Besonderes zu bieten, das sie beziehungsweise ihn von anderen unterscheidet. Das muss in der Selbstpräsentation kenntlich werden.

So stellt der Bewerber aus dem Positivbeispiel heraus, dass er in Zusammenarbeit mit der Produktionsleitung mitverantwortlich war für Investitionsplanung und Werkzeugauswahl.

Beispiele statt Leerfloskeln

Regel ❹: Beispiele für persönliche Fähigkeiten geben. Unser Bewerber für die Position »Industriemeister« zeigt, dass er über die persönlichen Fähigkeiten »Leistungsbereitschaft und Lernbereitschaft« verfügt, indem er erklärt, dass er seine Weiterbildung zum Industriemeister berufsbegleitend durchgeführt hat. Seine »Projekt- und Teamfähigkeit« wird erkennbar in der Zusammenarbeit mit der Produktionsleitung bei Investitionsplanung und Werkzeugauswahl.

Der Bewerber vermeidet durch die Verwendung konkreter Beispiele den Fehler, Leerfloskeln aufzuzählen, unter denen sich der Leser alles und nichts vorstellen kann.

Überzeugen Sie mit sachlichen und neutralen Formulierungen

Regel ❺: beschreiben statt bewerten. Die Fehler »kontraproduktive Ehrlichkeit« und »Selbstanklage« bei der Darstellung Ihrer Kenntnisse und Fähigkeiten können Sie durch die Verwendung der Überzeugungsregel »Beschreiben statt bewerten« vermeiden. Diese Überzeugungsregel hat außergewöhnlich große Wirkung, wenn sie richtig eingesetzt wird.

Geeignete Formulierungen haben wir in den Positivbeispielen benutzt. Im Beispiel heißt es: »In Zusammenarbeit mit der Produktionsleitung war ich in der Fertigungsoptimierung mitverantwortlich für die Investitionsplanung und die Werkzeugauswahl« und »ich bin dort als Industriemeister zuständig für die Erstellung von Materialstücklisten, die Zuliefererkoordination und die Arbeitsplanung«.

Mit solchen sachlichen Formulierungen fallen Sie positiv auf, denn jede in der Selbstpräsentation geäußerte Kritik an Vorgesetzten, Kollegen oder dem Arbeitsklima würde immer auf Sie zurückfallen und nicht auf die Firma, bei der Sie beschäftigt sind. Üben Sie deshalb, Ihre Erlebnisse und Erfahrungen aus Ihrem Berufsalltag wertfrei zu beschreiben.

Beschreiben statt bewerten

ÜBUNG

Nehmen Sie Ihre Bestandsaufnahme zur Hand und beschreiben Sie, welche Aufgaben Sie übernommen haben, welche Projekte Sie geleitet haben und über welche Erfahrungen Sie verfügen. Üben Sie, die wesentlichen Tätigkeiten Ihrer beruflichen Stationen schlagwortartig und ohne Eigenbewertung aufzuzählen. Verwenden Sie dabei Formulierungen wie:

→ »Ich habe .... gemacht/organisiert.«

→ »Ich war verantwortlich für ....«

→ »Durch meine Erfolge in .... konnte ich mich für den Aufstieg zum .... qualifizieren.«

→ »Ich habe die Aufgaben eines .... wahrgenommen.«

→ »Ich habe an .... teilgenommen.«

→ »Die Beschäftigung mit .... und .... ermöglichte es mir, auch umfassendere Aufgaben im Bereich .... zu übernehmen.«

→ »Ich habe am Projekt .... mitgearbeitet.«

→ FORTSETZUNG AUF DER NÄCHSTEN SEITE

DOWNLOAD

→ »Ich habe als ....

die Bereiche ....

und .... kennen gelernt.«

→ »In meiner Tätigkeit als .... habe ich

.... bearbeitet.«

→ »Ich verfüge über Kenntnisse in ....

und ....«

→ »Bei meinem derzeitigen Arbeitgeber bin ich für ....

und .... zuständig.«

→ »Vor meiner heutigen Tätigkeit habe ich als ....

gearbeitet und die Aufgaben ....

und .... übernommen.«

Demonstrieren Sie Praxiserfahrung und Berufsnähe

Regel ❻: der Joker – Schlüsselbegriffe aus dem Tagesgeschäft benutzen. Personalabteilungen bevorzugen Bewerber, die von ihrem bisherigen Arbeitsplatz her bereits kennen, was in der zu vergebenden Stelle verlangt wird. Bewerber, die hier punkten wollen, müssen Schlüsselbegriffe aus dem Tagesgeschäft benutzen. Es geht darum, genau die Schlagworte zu finden und herauszustellen, die Ihre beruflichen Aufgaben kennzeichnen.

Schlüsselbegriffe nennen

Der Bewerber aus dem Positivbeispiel verwendet die Schlagworte »Leitung von Montageteams«, »Arbeits- und Materialplanung«, »Fertigungsoptimierung«, »Investitionsplanung«, »CAD-Arbeitsplätze«, »Windows XP/NT/8« und »Word«. Falsche Stellenbesetzungen sind teuer und werden später den Personalabteilungen angelastet. Um auf Nummer sicher zu gehen, stellen Personalabteilungen daher lieber Bewerber ein, für die die neuen Aufgaben eine Fortsetzung der bisherigen Tätigkeiten sind. Deshalb sind Schlüsselbegriffe aus dem Tagesgeschäft bei der Ausgestaltung der Selbstpräsentation der Joker, mit dem Sie sich Vorteile gegenüber Mitbewerbern sichern können.

Sie finden die für Ihr Berufsfeld wichtigen Schlüsselbegriffe und Schlagworte in Stellenanzeigen, in Fachzeitschriften, in den Imagebroschüren der Firmen und in den Unternehmensdarstellungen im Internet.

Unser Beispiel »Schlüsselbegriffe für Account-Manager« zeigt Ihnen, auf welche Vielfalt von Schlagworten Sie bei der Selbstpräsentation zurückgreifen können.

Schlüsselbegriffe für Account-Manager

BEISPIEL

Ein Mitarbeiter im Vertriebsaußendienst möchte sich auf die Stelle eines Account-Managers bewerben. In Stellenanzeigen fand er für die Darstellung seiner bisherigen Tätigkeiten diese Schlüsselbegriffe und Schlagworte:

- → **Neukundengewinnung**
- → **Kundenbetreuung**
- → **Verkaufspräsentation**
- → **Beratung**
- → **Marktanalyse**
- → **Angebotserstellung**
- → **Wettbewerbervergleiche**
- → **Analyse der Kundenwünsche**
- → **Workshop-Durchführung**
- → **Mitarbeitertraining**
- → **Produktschulung**
- → **Verkaufsförderung**
- → **Marktbeobachtung**
- → **Umsetzung von Marketingmaßnahmen**
- → **Zielgruppendefinition**
- → **Erarbeitung von Vertriebsstrategien**
- → **Kundenpflege**
- → **Großkundenbetreuung**
- → **Werbemitteleinsatz**
- → **Entwicklung von Planungs- und Steuerungssystemen**
- → **Erschließung neuer Vertriebskanäle**
- → **Unterstützung des Direktvertriebs**
- → **Messedurchführung**
- → **Kongressplanung**
- → **Realisierung von Vertriebszielen**
- → **Kunden- und Gebietsstrukturierung**
- → **Gestaltung der Preis- und Konditionspolitik**
- → **Erstellung von Umsatzprognosen**
- → **Verkaufsprogramm entwickeln**
- → **Markteinführung**

Beschreiben Sie stichpunktartig Ihre beruflichen Erfahrungen

Nun geht es darum, diese Schlüsselbegriffe und Schlagworte in die Selbstpräsentation einfließen zu lassen. Die stichwortartige Beschreibung Ihrer beruflichen Erfahrungen vermittelt Personalverantwortlichen innerhalb kurzer Zeit wichtige Informationen über Ihr Qualifikationsprofil.

Der Bewerber auf die Position Account-Manager hat beispielsweise 30 Begriffe, mit denen er sich darstellen kann. Aus diesen Begriffen muss er für seine Selbstpräsentation die zur neuen Position passenden Schlagworte auswählen und in Satzform bringen. Er könnte sich so beschreiben:

→ **»Ich bin momentan verantwortlich für die Neuakquisition, die Kundenbetreuung und die Kunden- und Gebietsstrukturierung.«**

- → **»Neben meiner Tätigkeit im Außendienst habe ich Umsatzprognosen erstellt, Verkaufsprogramme entwickelt und Maßnahmen der Verkaufsförderung umgesetzt.«**
- → **»Die Markteinführung von Produkten und die Vorstellung der Produkte auf Messen und Fachkongressen habe ich in Projektgruppen mitbegleitet.«**

Die Zusammenfassung der für Sie zutreffenden Schlagworte und Schlüsselbegriffe in einem Satz ist der optimale Einstieg in Ihre Selbstpräsentation und zugleich der Beginn Ihres Anschreibens.

ÜBUNG

Schlüsselbegriffe und Schlagworte finden und einsetzen

Suchen Sie die für Ihr Tätigkeitsfeld geeigneten Schlüsselbegriffe und Schlagworte heraus. Beschränken Sie sich dabei nicht. Notieren Sie auf einem separaten Blatt alle Begriffe, die Ihre Tätigkeiten charakterisieren. Finden Sie mindestens 30 Schlüsselworte.

Formulieren Sie nun drei Sätze mit jeweils zwei bis drei Schlagworten. So erarbeiten Sie sich die Fähigkeit, mit großer Informationsdichte zu kommunizieren, das heißt, in kurzer Zeit oder in wenigen Sätzen möglichst konkrete und aussagekräftige Formulierungen zu benutzen.

---

1. »Ich bin verantwortlich für .... ,
   .... und ....«

---

2. »Zu meinen Aufgaben gehörte .... ,
   .... und ....«

---

3. »Ich habe .... ,
   .... und .... betreut.«

Das typische Problem von Bewerbern, eine zutreffende Beschreibung ihrer Tätigkeiten zu liefern, haben Sie jetzt gelöst. Sie können Ihre beruflichen Erfahrungen komprimiert vermitteln und gleichzeitig ein aussagekräftiges Profil liefern.

Das eigene Profil herausarbeiten

Als Vorarbeit für Ihr Anschreiben und das Vorstellungsgespräch werden Sie jetzt eine individuelle Selbstpräsentation erstellen. Das Aufbauschema für Selbstpräsentationen haben Sie bereits kennen gelernt, ebenso die Überzeugungsregeln für eine optimale Selbstdarstellung. Es kommt nun darauf an, dass Sie Ihre beruflichen Erfahrungen passend zur neuen Stelle aufbereiten.

Suchen Sie sich eine interessante Stellenanzeige heraus, und erarbeiten Sie eine darauf abgestimmte Selbstpräsentation. Schreiben Sie die Anforderungen aus der Stellenanzeige heraus, und finden Sie Belege dafür, dass Sie diese erfüllen. Entwickeln Sie mit geeigneten Schlagworten und Schlüsselbegriffen ein Grundgerüst an Argumenten für Ihre Eignung. Wählen Sie die Schlagworte und Schlüsselbegriffe aus, die sowohl einen Bezug zur neuen Stelle als auch zu Ihrer momentanen Tätigkeit haben. Auf diese Weise wird Ihr individuelles Profil für neue Arbeitgeber deutlich.

Stimmen Sie Ihr Profil auf die ausgeschriebene Stelle ab

Durch den Einsatz verschiedener Schlagworte in Ihrer Selbstpräsentation können Sie Ihr Profil auf unterschiedliche berufliche Positionen ausrichten. Die Koppelung Ihrer bisherigen Tätigkeiten mit der ausgeschriebenen Position wird Personalverantwortliche überzeugen. Mit einem individuell ausgearbeiteten Profil signalisieren Sie, dass Sie sich aktiv mit den Anforderungen der neuen Stelle auseinandergesetzt haben. Ausgewählte Beispiele aus Ihrer beruflichen Praxis belegen Ihre persönlichen Fähigkeiten und Kenntnisse.

Bereiten Sie Ihre beruflichen Qualifikationen auf, indem Sie unsere Übung »Ihre Selbstpräsentation für unterschiedliche Anforderungsprofile« (auf Seite 87) machen. Zuvor möchten wir Ihnen anhand eines Beispiels verdeutlichen, wie Sie diese Übung mit Erfolg einsetzen können.

Vertriebsaußendienstmitarbeiter

BEISPIEL

Ein Bewerber aus dem Vertriebsaußendienst möchte sich beruflich weiterentwickeln. Er will sich für Tätigkeiten als Key-Account-Manager, als Marketingmitarbeiter und als Schulungsreferent bewerben.

Für die Darstellung seiner bisherigen Tätigkeiten hat er die gleichen Schlüsselbegriffe und Schlagworte gefunden wie der Mitarbeiter im Außendienst aus dem vorherigen Beispiel.

Um sich auf die verschiedenen Stellen zu bewerben, muss er jetzt aus seiner Liste die geeigneten Schlagworte und Schlüsselbegriffe herausfiltern.

Vom Vertriebsaußendienst in den Key-Account: Für eine Bewerbung als Key-Account-Manager sind diese Schlüsselbegriffe geeignet: Kundenbetreuung,

→ FORTSETZUNG AUF DER NÄCHSTEN SEITE

Marktanalyse, Analyse der Kundenwünsche, Kundenpflege, Großkundenbetreuung, Erarbeitung von Vertriebsstrategien, Erschließung neuer Vertriebskanäle, Gestaltung der Preis- und Konditionenpolitik.

Entsprechende Formulierungen für die Selbstpräsentation könnten so lauten:

1. »Momentan arbeite ich im Vertriebsaußendienst. Zu meinen Aufgaben gehören die Kundenpflege und die Großkundenbetreuung.«
2. »Meine Aufgaben in der Großkundenbetreuung schließen die Erarbeitung von Vertriebsstrategien in Zusammenarbeit mit dem Kunden ebenso ein wie die Gestaltung der Preise und Konditionen. Durch Marktanalysen und die Erschließung neuer Vertriebskanäle habe ich erfolgreich neue Produkte am Markt eingeführt.«
3. »Die Basis meiner Tätigkeit ist meine erfolgreich abgeschlossene Ausbildung zum Kaufmann im Groß- und Außenhandel.«

Vom Vertriebsaußendienst ins Marketing: Auf Marketingpositionen kann er sich mit diesen Schlüsselbegriffen bewerben: Marktanalyse, Wettbewerbervergleiche, Marktbeobachtungen, Zielgruppendefinition, Verkaufsförderung, Umsetzung von Marketingmaßnahmen, Entwicklung von Verkaufsprogrammen.

In Selbstpräsentationen gemäß unseres Schemas klänge dies dann folgendermaßen:

1. »Zurzeit arbeite ich im Vertrieb und in der Verkaufsförderung. Marktbeobachtungen, Zielgruppendefinitionen und die Umsetzung von Marketingmaßnahmen gehören zu meinen täglichen Aufgaben.«
2. »Neben den oben erwähnten Tätigkeiten habe ich für meine Firma Verkaufsprogramme entwickelt und Wettbewerbervergleiche durchgeführt. Um neue Vertriebskanäle erschließen zu können, habe ich Seminare zum Direktmarketing besucht.«
3. »Die Basis meiner Tätigkeit ist meine erfolgreich abgeschlossene Ausbildung zum Kaufmann im Groß- und Außenhandel.«

Vom Vertriebsaußendienst in die Schulung: Die Bewerbung als Schulungsreferent gelingt mit den folgenden Schlüsselbegriffen: Workshop-Durchführung, Mitarbeitertraining, Produktschulung, Verkaufspräsentation, Messedurchführung, Kongressplanung, Realisierung von Vertriebszielen.

Unter Berücksichtigung unseres Schemas lauten die Formulierungen folglich so:

1. »Ich arbeite zurzeit im Vertrieb. Neben meiner Tätigkeit im Außendienst habe ich bereits Produktschulungen und Mitarbeitertrainings durchgeführt.«
2. »Die Umsetzung von Schulungsmaßnahmen in Workshops und Seminaren ist mir vertraut. Zur besseren Realisierung von Vertriebszielen habe ich mich umfassend in den Bereich der Verkaufspräsentationen eingearbeitet. Für meinen derzeitigen Arbeitgeber habe ich die Schulungsmaßnahmen für den Vertriebsnachwuchs konzipiert.«
3. »Die Basis meiner Tätigkeit ist meine erfolgreich abgeschlossene Ausbildung zum Kaufmann im Groß- und Außenhandel.«

Ihre Selbstpräsentation für unterschiedliche Anforderungsprofile

ÜBUNG

Wie Sie Ihre Selbstpräsentation aufbauen, wissen Sie aus der Übung »Der Aufbau der Selbstpräsentation«. In der Übung »Schlüsselbegriffe und Schlagworte finden und einsetzen« haben Sie Begriffe gesammelt, mit denen Sie Ihre beruflichen Tätigkeiten charakterisieren können. Mit den von Ihnen herausgefundenen Schlagworten haben Sie in der Übung auch schon Sätze formuliert. Nun kommt es darauf an, Ihre Selbstpräsentation auf unterschiedliche Anforderungsprofile hin auszurichten.

Wählen Sie mindestens drei interessante Stellenanzeigen mit unterschiedlichen Tätigkeitsschwerpunkten aus, und schneiden Sie Ihre Selbstpräsentation darauf zu.

---

1. Tätigkeitsschwerpunkt: ....
2. Tätigkeitsschwerpunkt: ....
3. Tätigkeitsschwerpunkt: ....

Suchen Sie für jeden Tätigkeitsschwerpunkt geeignete Schlagworte heraus.

1. Tätigkeitsschwerpunkt: ....
   Schlagwort 1: ....
   Schlagwort 2: ....
   Schlagwort 3: ....

---

2. Tätigkeitsschwerpunkt: ....
   Schlagwort 1: ....
   Schlagwort 2: ....
   Schlagwort 3: ....

---

3. Tätigkeitsschwerpunkt: ....
   Schlagwort 1: ....
   Schlagwort 2: ....
   Schlagwort 3: ....

Verbinden Sie die geeigneten Schlagworte mit aussagekräftigen Beispielen aus Ihrer Berufstätigkeit. Nutzen Sie die geeigneten Schlagworte und die aussagekräftigen Beispiele, um Ihre Selbstpräsentation anhand des von uns vorgestellten Schemas auszuformulieren.

CHECKLISTE

Checkliste für Ihre Selbstpräsentation

- ◯ Ist in Ihrer Selbstpräsentation Ihr individuelles Profil klar zu erkennen?
- ◯ Haben Sie Ihre Selbstpräsentation in einem beschreibenden Stil ausgearbeitet?
- ◯ Verkaufen Sie sich in Ihrer Selbstpräsentation auch nicht unter Wert?
- ◯ Haben Sie auf Übertreibungen verzichtet?
- ◯ Haben Sie die für Ihr Berufsfeld wichtigen Schlüsselbegriffe herausgearbeitet?
- ◯ Sind in Ihrer Selbstpräsentation genug Schlüsselbegriffe enthalten, um eine hohe Informationsdichte zu erreichen?
- ◯ Ist Ihre Selbstpräsentation positiv ausgerichtet? Berichten Sie von Erfolgen und Stärken?
- ◯ Haben Sie Probleme, Krisen und Schwierigkeiten ausgeklammert?
- ◯ Enthält Ihre Selbstpräsentation genügend Beispiele?
- ◯ Sind die Beispiele allgemein verständlich?
- ◯ Haben Sie Ihre Selbstpräsentation passgenau auf die speziellen Wünsche der umworbenen Firma zugeschnitten?

6. Gute Gründe für den Stellenwechsel

Eine wichtige Aufgabe im Bewerbungsprozess ist es, den Stellenwechsel nachvollziehbar zu begründen. Wenn Sie unnötige Spekulationen vermeiden wollen, müssen Sie sich gut vorbereiten. Wir zeigen Ihnen in diesem Kapitel, wie Sie Ihren Umstieg für Personalverantwortliche plausibel machen. Diese Vorbereitung brauchen Sie für Ihr Anschreiben, besonders aber für Telefoninterviews und das Vorstellungsgespräch.

Begründen Sie den Stellenwechsel

Nicht alle Bewerber suchen eine neue Stelle, weil der nächste Karriereschritt ansteht. Dies wissen auch Personalverantwortliche und werden daher hellhörig, wenn Bewerber den Wunsch nach einer neuen Stelle nicht plausibel begründen können. Bei unvorbereiteten Bewerbern entsteht schnell der Eindruck, dass sie im neuen Unternehmen nicht den Wunscharbeitgeber sehen, sondern eher die Notlösung für Probleme am alten Arbeitsplatz. Für die Personalverantwortlichen ist das natürlich keine tragfähige Basis für ein Arbeitsverhältnis.

Weshalb wird gewechselt?

Es gibt die unterschiedlichsten Gründe, warum Menschen einen neuen Arbeitsplatz suchen:

- → **Mit dem neuen Vorgesetzten ist eine Zusammenarbeit unmöglich geworden.**
- → **Eine Kollegin bekommt die intern ausgeschriebene Stelle, auf die man sich selbst beworben hat. Dies geschieht bereits zum zweiten, dritten, vierten Mal.**
- → **Gehaltserhöhungen lassen sich nicht in dem angestrebten Maße durchsetzen.**
- → **Die Firma ist übernommen worden und im Rahmen der Umstrukturierung »rollen Köpfe«.**
- → **Die ständige Belastung durch Überstunden ohne finanziellen oder zeitlichen Ausgleich ist nicht mehr zu bewältigen.**
- → **Der Vorgesetzte, der bisher unterstützt und gefördert hat, hat sich wegbeworben.**

Erarbeiten Sie überzeugende Begründungen

Alle diese Begründungen werden von potenziellen neuen Arbeitgebern nicht gerne gesehen. Deutlich unproblematischer ist es, wenn Sie den Stellenwechsel als Teil Ihrer beruflichen Entwicklung darstellen und ihn auf diese Weise nachvollziehbar machen. Keine Sorge: Mit gutem Argumentationstraining lassen sich für jeden Bewerber entsprechend glaubwürdige Begründungen erarbeiten.

Akzeptierte Wechselgründe

Der Stellenwechsel als konsequenter Schritt

Als Grundregel gilt, dass Stellenwechsel akzeptiert werden, wenn der Bewerber zielgerichtet gewechselt hat, um seine Fähigkeiten auszubauen und so seine berufliche Entwicklung voranzutreiben. Folgende Argumentationslinien sind dazu geeignet, einen Wechsel überzeugend darzustellen:

- → **wenn der Bewerber deutlich macht, dass die Bewerbung erfolgt ist, weil die ausgeschriebene Position eine planmäßige Fortsetzung des eingeschlagenen Berufsziels ist;**
- → **wenn der Bewerber seinen beruflichen Erfolg beim alten Arbeitgeber konkret belegen kann (Umsatz- oder Gewinnsteigerung, Abschlüsse und so weiter) und überzeugend darstellt, dass die neue Firma von diesen Erfahrungen profitieren wird;**
- → **wenn der Bewerber seine fachlichen Kenntnisse und persönlichen Fähigkeiten am alten Arbeitsplatz konsequent weiterentwickelt hat und diese Kenntnisse und Fähigkeiten nun in der neuen Position gebündelt einsetzen möchte.**

Klare Argumentationslinien

Diese Argumentationslinien sollen in Ihrer Bewerbungsstrategie deutlich werden. Sie sollten plausible Begründungen dafür finden, warum der angestrebte Wechsel eine Weiterentwicklung bedeutet und wie die neue Firma von Ihren Kenntnissen profitieren kann. Der Blick nach vorn bewahrt Sie davor, auf Fehlentwicklungen in der Vergangenheit einzugehen. Um diese Strategie gezielt vorzubereiten, sollten Sie die folgende Übung sehr gründlich durcharbeiten.

ÜBUNG

Den Wechsel begründen

In dieser Übung geht es darum, Personalverantwortliche davon zu überzeugen, dass der von Ihnen anvisierte Stellenwechsel eine Fortsetzung Ihrer beruflichen Erfolgsstory ist. Suchen Sie zunächst aus den drei von uns vorgestellten Argumentationslinien diejenige, die auf Sie am ehesten zutrifft. Jetzt brauchen Sie Belege, die diese Argumentation untermau-

DOWNLOAD

ern. Für die gewählte Argumentationslinie müssen Sie jetzt mindestens zwei, besser drei Beispiele finden, die Ihre Behauptung glaubwürdig machen.

Wenn Sie sich beispielsweise für die zweite Argumentationslinie entschieden haben, müssen Sie Zahlen für das Vorstellungsgespräch so aufbereiten, dass Umsatzsteigerungen oder die Erhöhung der Produktionskapazität nachvollziehbar werden.

Das erste Beispiel eines überzeugenden Bewerbers könnte dann lauten: »Im Jahr vor der von mir initiierten Marketingkampagne lag der Produktabsatz bei 50 000 Einheiten im Jahr. Nach dem Produktrelaunch stieg der Absatz auf 60 000 Einheiten. Dieses Wissen möchte ich gerne für Ihre Firma einsetzen. Meine erfolgreiche Arbeit möchte ich als Marketingleiter fortführen.«

Wenn Sie sich dafür entschieden haben, eine Weiterbildung in den Vordergrund zu stellen, könnten Sie so argumentieren: »Ich habe berufsbegleitend zu meiner Tätigkeit als Techniker eine Weiterbildung zum Industriemeister gemacht und möchte jetzt umfassendere berufliche Aufgaben übernehmen.«

Jetzt sind Sie an der Reihe. Nennen Sie zwei bis drei Beispiele, durch die Sie Personalverantwortlichen Ihren Wechselgrund glaubhaft und sich zum interessanten Bewerber machen können.

1. ……………………………………………………………………

……………………………………………………………………

2. ……………………………………………………………………

……………………………………………………………………

3. ……………………………………………………………………

……………………………………………………………………

Auf dem Weg zum Wunschkandidaten

Der »rote Faden« Ihrer beruflichen Entwicklung

Mit Ihrer ausgearbeiteten Selbstpräsentation haben Sie schon die optimale Basis, um potenziellen Arbeitgebern Ihren Stellenwechsel plausibel zu machen. Bewerber, die sich ihrer beruflichen und persönlichen Qualifikationen bewusst sind, strahlen Überzeugungskraft aus, die sie zum Wunschkandidaten von Personalverantwortlichen macht.

Weiter geht es damit, Ihre bisherige berufliche Situation als eine nach oben aufsteigende Entwicklungslinie zu beschreiben. Üblicherweise haben Sie zunächst eine Ausbildung oder ein Studium absolviert und dann bei verschiedenen Arbeitgebern beziehungsweise in verschiedenen Funktionen gearbeitet. Finden Sie konkrete Beispiele dafür, wie Sie Ihre Kenntnisse und Fähigkeiten in den einzelnen Stationen weiterentwickelt haben.

Zielorientierte Kommunikation

Trainieren Sie, zielorientiert zu kommunizieren. Zielorientierung meint in diesem Zusammenhang, Ihre bisherige berufliche Entwicklung so darzustellen, dass diese genau auf die neue Position hinführt. Machen Sie klar, was Sie bisher zum Erreichen von Unternehmenszielen beigetragen haben, und verdeutlichen Sie, dass Sie auch für das neue Unternehmen Erfolge erzielen werden.

Legen Sie beispielsweise dar, welche der Erfahrungen, die Sie in konkreten Projekten gewonnen haben, auch für die neue Position wichtig sind. Machen Sie klar, dass Sie Ihre Fähigkeiten im Lauf der Zeit stetig ausgebaut haben. Zeigen Sie auf, dass Sie in der Berufspraxis Defizite erkannt haben, die Sie durch gezielte Fort- und Weiterbildungsmaßnahmen ausgeräumt haben.

PC-Supporterin

BEISPIEL

Eine Bewerberin, die sich für eine Stelle als PC-Supporterin interessiert, könnte ihren Stellenwechsel so begründen: »Ich bin in meiner jetzigen Firma für die Betreuung der installierten Hardware und die Weiterentwicklung der Bürokommunikationssoftware verantwortlich. Außerdem führe ich Schulungen zur Microsoft-Produktpalette durch. Die Abstimmung von Anforderungen der Fachabteilungen mit den Möglichkeiten der Datenverarbeitung ist ein wesentlicher Aspekt meiner Arbeit, den ich in meiner neuen Position vertiefen möchte. Um diese Aufgabe sicher zu bewältigen, habe ich mich laufend mit den Möglichkeiten neuer Softwarelösungen beschäftigt. Neben meiner Berufstätigkeit habe ich mich in den Bereichen Projektorganisation und Projektverfolgung weitergebildet.«

Werbeassistent

BEISPIEL

Der Stellenwechsel eines Werbeassistenten wird für Personalverantwortliche mit der folgenden Formulierung nachvollziehbar: »Mein Aufgabenbereich in einer Werbeagentur umfasst momentan die Planung und Realisierung von Direktmarketingprojekten. Daneben habe ich Katalogprojekte realisiert. Die Zusammenarbeit mit Druckereien und Lithoanstalten ist mir vertraut. Nach meiner Ausbildung zum Verlagskaufmann habe ich insbesondere den Bereich Erfolgskontrolle von Direktmarketingaktionen vertieft. Ich möchte jetzt zusätzlich die Verantwortung für Kommunikationsbudgets übernehmen und bin deshalb an der ausgeschriebenen Stelle interessiert.«

Berufliche Entwicklung immer vor Kündigung nennen

Auch wenn man Ihnen gekündigt hat, weil Arbeitsplätze abgebaut werden mussten oder weil die gesamte Firma in Insolvenz gegangen ist, sollten Sie immer versuchen, zuerst Ihre berufliche Entwicklung zu beschreiben, und erst dann auf eine Kündigung oder Insolvenz eingehen. Auf die Frage im Vorstellungsgespräch »Warum möchten Sie die Stelle wechseln?« sollten Sie also nicht antworten: »Mein alter Arbeitgeber ist insolvent, deshalb musste ich mich nach einer Alternative umsehen.« Besser wäre die Antwort: »Sie haben in der Stellenanzeige beschrieben, dass Sie einen neuen Mitarbeiter mit Erfahrungen in den Bereichen Angebotserstellung, Angebotsverfolgung und Produktpräsentation suchen. Diese Erfahrungen bringe ich mit. Da mein alter Arbeitgeber in Insolvenz gegangen ist, bin ich froh, dass ich meine beruflichen Fähigkeiten eventuell künftig bei Ihnen einsetzen kann.« Sie merken selbst, dass die zweite Antwort zuerst das berufliche Profil in den Vordergrund stellt. Erst dann geht der Bewerber auf den wahren Wechselgrund ein. Diesen Gestaltungsspielraum sollten auch Sie in Ihren Vorstellungsgesprächen zu Ihrem Vorteil nutzen.

Im Anschreiben selbst muss der Wechselgrund nicht zwingend genannt werden. Auch hier empfiehlt es sich, von der neuen Stelle und den neuen Anforderungen her zu argumentieren. Wie sich dies praktisch umsetzen lässt, sehen Sie anhand der Musteranschreiben, die Sie in Teil 5 ab Seite 272 finden.

Checkliste für Ihren Wechsel

CHECKLISTE

- ◯ Wird aus Ihrer Begründung deutlich, dass Sie sich bewerben, weil die ausgeschriebene Position eine Fortsetzung Ihres Berufsweges ist?
- ◯ Haben Sie Ihren beruflichen Erfolg beim jetzigen Arbeitgeber konkret belegt?
- ◯ Zeigen Sie, wie die neue Firma von Ihren Erfahrungen profitieren wird?

→ FORTSETZUNG AUF DER NÄCHSTEN SEITE

- ◯ Wird deutlich, dass Sie Ihre Hard Skills und Soft Skills am alten Arbeitsplatz konsequent weiterentwickelt haben?
- ◯ Wird erkennbar, dass Sie Ihre fachlichen Kenntnisse und persönlichen Fähigkeiten in der neuen Position gebündelt einsetzen können?
- ◯ Haben Sie Ihre Argumentation mit mindestens zwei Beispielen glaubwürdig belegt?
- ◯ Haben Sie Ihre berufliche Entwicklung so dargestellt, dass sie genau auf die neue Position hinführt?
- ◯ Haben Sie geübt, die Frage »Warum wollen Sie zu uns wechseln?« zuerst mit einem Hinweis auf Ihr berufliches Profil zu beantworten und erst dann den Wechselgrund zu nennen?

7. Das Telefon: die erste Kontaktaufnahme

In diesem Kapitel zeigen wir Ihnen, wie Sie das Telefon nutzen können, um Bewerbungen auf Stellenanzeigen vorzubereiten. Wir erläutern Ihnen, wie Sie sich am Telefon so darstellen, dass die Firmen Sie von Anfang an als interessanten Bewerber einschätzen.

Mehr Erfolg durch telefonischen Kontakt

»Für Vorabinformationen steht Ihnen Frau Müller unter der Telefonnummer 040 1234567 gerne zur Verfügung.« Hinweise wie diesen finden Sie in vielen Stellenanzeigen. Doch Personalverantwortliche und Personalberater klagen darüber, dass lediglich ein sehr kleiner Teil der Bewerber tatsächlich anruft. Und von diesen wenigen ist der größte Teil auch noch unvorbereitet ...

Bewerbungen auf Stellenanzeigen haben aber wesentlich mehr Erfolg, wenn Bewerberinnen und Bewerber die Möglichkeit zum telefonischen Kontakt nutzen und damit Eigeninitiative zeigen. Darüber hinaus lassen sich im Gespräch erfragte Zusatzinformationen später in die Bewerbungsunterlagen einarbeiten.

Positive Aufmerksamkeit erregen

Ihr Vorteil: Schon nach einem kurzen Telefongespräch mit potenziellen Arbeitgebern können Sie einschätzen, ob sich das Anforderungsprofil des Unternehmens und Ihre Qualifikationen grundsätzlich decken. Zudem finden Sie mehr über die Anforderungen der jeweiligen Stelle heraus und erfahren Schlüsselbegriffe, auf die die Firma »anspringt«. Wenn Sie diese Informationen in Ihre Bewerbungsunterlagen einfließen lassen, heben Sie sich wohltuend von passiven Massenbewerbern ab.

Ihr Nachteil: Der erste Eindruck ist prägend. Das bedeutet, dass Sie den besonderen Anforderungen der Selbstdarstellung am Telefon gerecht werden müssen. Handeln Sie deshalb nie nach der Devise: »Mal sehen, was passiert, wenn ich bei der Firma anrufe.« Dies befördert Sie schneller ins Aus, als Ihnen lieb ist.

Die Bewerbung am Telefon unterliegt besonderen Anforderungen, die nicht ohne weiteres ersichtlich sind. Sie sollten die Grundregeln des überzeugenden Telefonierens vor dem Anruf kennen und trainieren.

Die richtige Stimmung

Störfaktoren ausschalten

Vor einem Telefongespräch müssen Sie zunächst die optimalen Rahmenbedingungen herstellen. Überlegen Sie sich, welche Störfaktoren aus Ihrer Umgebung das Telefonat beeinträchtigen könnten.

Telefonieren Sie auf keinen Fall von Ihrem momentanen Arbeitsplatz aus. Sie setzen sich nur unter unnötigen Druck, wenn man am alten Arbeitsplatz erfährt, dass Sie wechseln wollen. Auch Ihr potenzieller neuer Arbeitgeber wird es nicht schätzen, wenn Sie während der Arbeitszeit Bewerbungsaktivitäten entfalten.

Schaffen Sie die nötige Ruhe

Wenn Sie von zu Hause aus anrufen, sollten Sie dafür sorgen, dass Sie konzentriert telefonieren können. Schalten Sie die Wohnungsklingel ab. Informieren Sie die Menschen in Ihrer Umgebung, dass Sie ein wichtiges Telefongespräch führen möchten. Falls Sie die Funktion »Anklopfen« in Ihrem Telefon haben, schalten Sie sie aus. Das Tonsignal, mit dem ein parallel eingehender Anruf gemeldet wird, entnervt sonst Sie und Ihren Gesprächspartner.

Im Telefongespräch gibt es nur einen akustischen und keinen visuellen Eindruck. Das bedeutet, dass über Klang und Ausdruck der Stimme Aufregung, Unsicherheit und Ängstlichkeit genauso wie Sicherheit und Selbstbewusstsein vermittelt werden. Rufen Sie deshalb nur an, wenn Sie sich fit und selbstbewusst fühlen.

Das sollten Sie sich merken:
Telefonieren Sie im Stehen, Sie sind dann länger konzentriert, Ihre Stimme klingt voller, und der Spannungsbogen reißt nicht so schnell ab.

Für das Gespräch sollten Sie immer Stift und Papier bereithalten. Wenn Sie aufgrund einer Stellenanzeige anrufen, sollten Sie diese so positionieren, dass Sie sie im Blick behalten. Notieren Sie sich Datum und Uhrzeit Ihres Telefonats und, falls bekannt, den Namen Ihres Ansprechpartners im Unternehmen.

Notieren Sie alles Wesentliche

Wenn Sie die Rahmenbedingungen geklärt haben, müssen Sie sich noch mit der inhaltlichen Seite des Gesprächs auseinandersetzen. Wir erläutern Ihnen nun im Folgenden, was Sie beachten müssen, wenn Sie aufgrund einer Stellenanzeige anrufen. Anschließend erfahren Sie, welche besonderen Spielregeln gelten, wenn Sie mit einem Telefongespräch eine Initiativbewerbung vorbereiten.

Telefonischer Kontakt bei Stellenanzeigen

Bevor Sie zum Telefonhörer greifen und auf eine Stellenanzeige hin in einer Firma anrufen, müssen Sie Ihre Gesprächsziele präzise definieren, sich intensiv mit den Anforderungen der Stellenanzeige beschäftigen und sich als interessanter Bewerber darstellen.

Gesprächsziele und eigene Fragen

Je umfangreicher die Information, desto individueller die Bewerbung

Aus unserer Beratungspraxis wissen wir, dass Bewerberinnen und Bewerber sich oft über die Ziele, die sie mit einem Anruf bei einer Firma erreichen wollen, nicht im Klaren sind. Die meisten glauben, dass sie am Telefon gleich in ein Vorstellungsgespräch verwickelt werden. Damit bauen sie einen viel zu großen Druck auf und verzichten in der Konsequenz dann lieber auf einen Anruf.

Bei diesem Anruf geht es jedoch nicht um die Beantwortung der Frage »Bekomme ich die ausgeschriebene Stelle oder nicht?«. Im Vordergrund sollte die Vorbereitung der schriftlichen Bewerbung stehen. Im Gespräch erfragte Zusatzinformationen können im Anschreiben und im Lebenslauf aufgegriffen werden. Je individueller Sie auf Firmenanforderungen eingehen, desto größer sind Ihre Chancen, zu einem Vorstellungsgespräch eingeladen zu werden.

Legen Sie vor dem Gespräch fest, in welchen Punkten Sie noch Klärungsbedarf haben:

- → **Möchten Sie mehr Informationen über die ausgeschriebene Stelle haben, weil die Stellenanzeige sehr allgemein formuliert ist?**
- → **Möchten Sie herausfinden, auf welche Kenntnisse und Fähigkeiten die Firma besonderen Wert legt?**
- → **Möchten Sie erfahren, in welchem Verhältnis einzelne Aufgaben des Tätigkeitsbereichs zueinander stehen (Innendienst zu Außendienst, Projekttätigkeiten zu Routineaufgaben, Dienstreisen zu Aufenthalt in der Firma)?**
- → **Möchten Sie herausfinden, ob Sie Ihr Profil ausbauen müssen?**
- → **Möchten Sie im Anschreiben auf ein Telefongespräch verweisen können?**
- → **Möchten Sie wissen, ob noch andere als in der Stellenanzeige genannte Positionen zu besetzen sind?**
- → **Möchten Sie den optimalen Bewerbungszeitpunkt erfragen?**
- → **Möchten Sie Informationen über die Firma anfordern (Produktkataloge, Unternehmensbroschüren, Geschäftsberichte)?**

Bereiten Sie gezielt Fragen vor

Wenn Sie sich über Ihre Gesprächsziele klar geworden sind, sollten Sie dazu passende Fragen entwickeln, durch die Sie die von Ihnen gewünschten Informationen erhalten. Auf diese Weise können Sie Ihren Informationsbedarf im Telefongespräch vermitteln und zeigen, dass Sie sich auf das Gespräch angemessen vorbereitet haben. Sie beeindrucken Ihre Gesprächspartner dann, wenn Sie Fragen stellen, deren Beantwortung am Telefon auch aus Sicht des Unternehmens einen Sinn ergibt.

An Stellenanzeigen anknüpfen

Mit der Auswertung von Stellenanzeigen haben wir Sie in Kapitel 4 vertraut gemacht. Sie wissen, dass sich die Anforderungen der Unternehmen aus einer Mischung von fachlichen Kenntnissen und persönlichen Fähigkeiten zusammensetzen.

Kurze Selbstdarstellung

Bei Ihrer telefonischen Kontaktaufnahme mit dem Unternehmen haben Sie nicht die Möglichkeit, Ihre fachlichen Kenntnisse und persönlichen Fähigkeiten so umfassend darzustellen, wie Sie es im Anschreiben und im Lebenslauf können. In Ihrem Telefongespräch müssen Sie sich beschränken. Sie können Ihrem Gesprächspartner am anderen Ende der Leitung nur eine begrenzte Menge von Informationen über sich vermitteln.

Beim Anruf aufgrund einer Stellenanzeige können Sie Anknüpfungspunkte für Ihr Gespräch aus der Stellenanzeige herauslesen. Es versteht sich von selbst, dass Sie hier nicht die Stellenanzeige vorlesen und behaupten, alle Anforderungen zu erfüllen. Das Interesse der Firmenseite wecken Sie erst in dem Moment, in dem Sie konkrete Beispiele liefern, mit denen deutlich wird, dass Sie einzelne Anforderungen erfüllen.

Account-Manager gesucht

BEISPIEL

Ein Bewerber für die Position »Account-Manager« in einem Telekommunikationsunternehmen hat aus einer Stellenanzeige diese Anforderungen herausgeschrieben:

- → **Erfahrung in der Telekommunikationsbranche,**
- → **Erfahrung in der Großkundenbetreuung,**
- → **selbstständige Initiierung von Kundenprojekten,**
- → **sichere Präsentationstechniken,**
- → **Argumentationsstärke.**

Für diese Anforderungen hat er in seinem Werdegang folgende Belege gefunden:

Anforderung 1:	Erfahrung in der Telekommunikationsbranche
Beleg 1:	Vertriebsinnendienst bei einem Internetserviceprovider
Beleg 2:	Vertrieb von Telefonanlagen an Firmenkunden im Außendienst
Anforderung 2:	Erfahrung in der Großkundenbetreuung
Beleg 1:	Großkundenbetreuung beim Telefonanlagenverkauf
Beleg 2:	Produktpräsentationen auf Fachmessen

Anforderung 3:	Selbstständige Initiierung von Kundenprojekten
Beleg 1:	Projekt »Bonusheft« für Internetproviderkunden
Beleg 2:	Kundenbindung durch Einladungen zu Sportevents
Anforderung 4:	Sichere Präsentationstechniken
Beleg 1:	Produktpräsentationen im Außendienst
Beleg 2:	Produktpräsentationen auf Messen
Anforderung 5:	*Argumentationsstärke*
Beleg 1:	Durchgesetzt auf dem hart umkämpften Markt der Telefonanlagen
Beleg 2:	Steigerung der Kundenzahlen des Internetproviders

Für ein Telefongespräch muss er nun diejenigen Belege heraussuchen, die sein Profil im Hinblick auf die ausgeschriebene Stelle am besten deutlich machen. Geeignete Belege für ein Telefongespräch mit einem Telekommunikationsunternehmen sind:

→ **Großkundenbetreuung beim Telefonanlagenverkauf,**
→ **Projekt »Bonusheft« für Internetproviderkunden,**
→ **Berufserfahrung im Vertriebsinnendienst und -außendienst,**
→ **Vertriebserfolge.**

Damit Sie nicht erst im Telefongespräch mit dem Unternehmen überlegen, wie Sie sich interessant darstellen, müssen Sie sich vorbereiten. Machen Sie dazu die nachfolgende Übung, um eine fundierte Materialsammlung zur Hand zu haben, aus der Sie »zugeschnittene« Belege anführen können.

Bereiten Sie eine fundierte Materialsammlung vor

Belege für die Selbstdarstellung am Telefon

ÜBUNG

Nehmen Sie eine für Sie interessante Stellenanzeige zur Hand. Unterstreichen Sie in der Stellenanzeige alle Anforderungen, und suchen Sie für jede Anforderung mehrere passende Beispiele aus Ihrem Werdegang. Wenn Sie mehrere Beispiele zur Auswahl haben: Am besten geeignet sind die Belege, die möglichst aus derselben Branche sind und Nähe zu den Tätigkeiten der ausgeschriebenen Stelle haben.

Listen Sie hier die Anforderungen aus der für Sie interessanten Stellenanzeige auf und belegen Sie sie:

→ FORTSETZUNG AUF DER NÄCHSTEN SEITE

Anforderung 1: ....

Beleg 1: ....

Beleg 2: ....

Anforderung 2: ....

Beleg 1: ....

Beleg 2: ....

Anforderung 3: ....

Beleg 1: ....

Beleg 2: ....

Die richtige Selbstdarstellung am Telefon

Wecken Sie Interesse

Ihr Hauptziel ist es, das Interesse an Ihnen zu erwecken. Dann können Sie im zweiten Schritt mit der Zusendung Ihrer Bewerbungsunterlagen punkten, weil Sie sich erste Aufmerksamkeit und Sympathie schon am Telefon gesichert haben.

Positiv reagieren die meisten Unternehmen, wenn sich Bewerberinnen und Bewerber als zukünftige Problemlöser für die Aufgaben in der neuen Position anbieten. Es muss auch klar werden, dass Sie aktiv an Ihrer Karriere arbeiten. Argumentieren Sie vom neuen Tätigkeitsfeld her.

Verdeutlichen Sie in wenigen Sätzen Ihre beruflichen Erfolge

Es kommt für Sie im Telefongespräch darauf an, mit wenigen Sätzen zu verdeutlichen, dass Sie in Ihrer bisherigen beruflichen Praxis Erfolg gehabt haben. Machen Sie klar, wie Sie Ihre Kenntnisse und Fähigkeiten bisher eingesetzt haben, um berufliche Aufgaben zu lösen. Beschreiben Sie sich als aktiv und zupackend – dies gelingt Ihnen am besten mit folgenden Formulierungen:

→ **»Ich verfüge über Erfahrungen in ....«**
→ **»Ich habe mich mit .... auseinandergesetzt.«**
→ **»Ich habe bereits als .... gearbeitet.«**
→ **»Die Aufgaben eines .... sind mir bekannt aus ....«**
→ **»In die Bereiche .... und .... habe ich mich neben meinen Aufgaben im Tagesgeschäft eingearbeitet.«**

- → **»Ich habe .... organisiert/geleitet/durchgeführt/koordiniert.«**
- → **»Projektverantwortung konnte ich als .... übernehmen.«**
- → **»Mit den Tätigkeiten einer .... bin ich vertraut.«**
- → **»Ich habe einen Umsatz von .... verantwortet.«**
- → **»Ich habe .... Mitarbeiter geführt.«**
- → **»Ich habe Gewinnsteigerungen realisiert.«**
- → **»Den Markt für .... habe ich erfolgreich erschlossen.«**
- → **»Auf dem umkämpften Markt für .... habe ich mich durchgesetzt.«**

Um Ihnen die Unterschiede von Telefongesprächen klarzumachen, möchten wir Ihnen am Beispiel einer Facheinkäuferin zeigen, wie ein negativer Eindruck und wie ein positiver Eindruck aufseiten des jeweiligen Personalverantwortlichen entsteht. Zuerst das Negativbeispiel: Eine Facheinkäuferin, die sich nach einer abgeschlossenen Fortbildung zur Wirtschaftsingenieurin bei einem Sportwagenhersteller bewerben möchte, präsentiert sich am Telefon als durchschnittliche und uninteressante Kandidatin, wenn sie nicht auf die Anforderungen der zu besetzenden Stelle eingeht. So sollten Sie es nicht machen!

Das unvorbereitete Gespräch

Personalverantwortlicher: »Sportwagen AG, Herbert Holzauer.«
Facheinkäuferin: »Guten Tag, mein Name ist Sabrina Schmidt, ich möchte mich gerne beruflich verändern.«
Personalverantwortlicher: »Guten Tag, Frau Schmidt, wie kann ich Ihnen da weiterhelfen?«
Facheinkäuferin: »In der Zeitung stand doch, Sie suchen eine Facheinkäuferin.«
Personalverantwortlicher: »Welche Fragen kann ich Ihnen zu der Stelle beantworten?«
Facheinkäuferin: »Glauben Sie, dass ich für die Stelle geeignet bin?«
Personalverantwortlicher: »Das weiß ich im Moment nicht, was haben Sie denn bisher gemacht?«
Facheinkäuferin: »Ich habe gerade eine Fortbildung durchlaufen und suche jetzt Arbeit.«
Personalverantwortlicher: »Schicken Sie uns doch Ihre Bewerbungsmappe.«
Facheinkäuferin: »Ja, das mache ich, vielen Dank.«

Die Facheinkäuferin hat die Chance verpasst, das Interesse des Personalverantwortlichen zu wecken. Sie hat am Gesprächsanfang nicht gesagt, um welche Stellenausschreibung es geht, und ist mit keinem

Wort auf die Inhalte der zu besetzenden Position eingegangen. Sie hat keine Verbindung zwischen ihrer Berufspraxis und der neuen Stelle hergestellt, ihre berufliche Entwicklung wird in keiner Weise deutlich und auch nicht, was sie für die neue Position qualifiziert.

Räumen Sie die typischen Bewerberfehler bei Telefongesprächen mit Firmenvertretern durch gezielte Vorbereitung aus. Sie nehmen Personalverantwortliche am Telefon für sich ein, wenn Sie sich an unseren »Regeln für erfolgreiche Telefongespräche« orientieren:

ÜBERSICHT

Regeln für erfolgreiche Telefongespräche

1. Sprechen Sie die Personalverantwortlichen mit Namen an. Den Namen finden Sie üblicherweise in der Stellenanzeige. Sonst fragen Sie in der Telefonzentrale der Firma nach, wer die Stellenausschreibung bearbeitet.
2. Nennen Sie die ausgeschriebene Position, für die Sie sich interessieren, und die Fundstelle der Anzeige.
3. Geben Sie ein oder zwei Beispiele dafür, dass Sie mit den Stellenanforderungen in Berührung gekommen sind, beispielsweise durch Ihre bisherigen Tätigkeitsschwerpunkte, Branchenerfahrung, Sonderaufgaben, Projekte.
4. Stellen Sie ein oder zwei geeignete Fragen, die zeigen, dass Sie sich mit Ihrem Qualifikationsprofil und dem Tätigkeitsfeld auseinandergesetzt haben.
5. Bedanken Sie sich für die gegebenen Informationen.
6. Weisen Sie gegebenenfalls darauf hin, dass Sie in Ihrem Wunsch, sich in diesem Unternehmen zu bewerben, bestärkt worden sind und Ihre Bewerbungsmappe unverzüglich zu Händen Ihres Gesprächspartners schicken werden.

So machen Sie es richtig

Die Umsetzung dieser Regeln für Telefonate mit Unternehmen sieht für das eben dargestellte Beispiel der Facheinkäuferin, die sich bei einem Sportwagenhersteller bewirbt, so aus:

Die vorbereitete Facheinkäuferin

Personalverantwortlicher: »Sportwagen AG, Herbert Holzauer.«
Facheinkäuferin: »Guten Tag, Herr Holzauer, mein Name ist Sabrina Schmidt. Es geht um die Stelle als Facheinkäuferin Elektrik und Elektronik, die am letzten Samstag in der *Kölnischen Rundschau* erschienen ist. Können Sie mir einige Fragen zu der Stelle beantworten?«
Personalverantwortlicher: »Ja, was interessiert Sie?«
Facheinkäuferin: »Ich habe in der Automobilbranche Lieferantenbeurteilungen und Audits durchgeführt und war für Vertragsgestaltung und Preisverhandlungen zuständig, daher war ich viel unterwegs. Ist die ausgeschriebene Stelle denn auch mit intensiver Reisetätigkeit verbunden?«
Personalverantwortlicher: »Da wir vermehrt internationale Zulieferer einbinden, müssen sich unsere Facheinkäufer auch zeitweise im Ausland aufhalten. Diese Aufenthalte betragen insgesamt ungefähr sechs Wochen pro Jahr. Kommen Sie aus dem betriebswirtschaftlichen oder aus dem technischen Bereich?«
Facheinkäuferin: »Ich habe als Diplom-Ingenieurin begonnen und mich dann zur Diplom-Wirtschaftsingenieurin weitergebildet. Als technische Einkäuferin möchte ich mich weiterentwickeln und auch internationale Projekte bearbeiten.«
Personalverantwortlicher: »Diese Möglichkeiten haben Sie bei uns.«
Facheinkäuferin: »Vielen Dank für die Informationen. Darf ich meine Bewerbung direkt an Sie schicken, Herr Holzauer?«
Personalverantwortlicher: »Machen Sie das bitte, und verweisen Sie kurz auf unser Gespräch.«
Facheinkäuferin: »Auf Wiederhören, Herr Holzauer.«
Personalverantwortlicher: »Auf Wiederhören, Frau Schmidt.«

So gewinnen Sie die Sympathie Ihrer Gesprächspartner

Sie sehen an unserem Positivbeispiel, dass Personalverantwortliche durchaus ein Ohr für Sie haben, vorausgesetzt, Sie sind in der Lage, auf die ausgeschriebene Position einzugehen. Dies gelingt, indem Sie kurz auf berufliche Erfahrungen und Erfolge verweisen. Stellen Sie heraus, was Sie für die ausgeschriebene Position mitbringen und wo Sie bereits Erfolge erzielt haben. Sie gewinnen damit die Sympathie Ihrer Gesprächspartner auf der Unternehmensseite.

Und nun sind Sie wieder am Zug: Anhand unserer Ausführungen und Beispiele sollen Sie nun selbst üben, sich überzeugend und mit Verbindung zur ausgeschriebenen Position am Telefon darzustellen.

Überzeugen am Telefon

ÜBUNG

Werten Sie eine für Sie interessante Stellenanzeige aus, und suchen Sie in Ihrem Werdegang nach Belegen für die beruflichen Anforderungen.

→ FORTSETZUNG AUF DER NÄCHSTEN SEITE

Orientieren Sie sich dazu an der Übung »Belege für die Selbstdarstellung am Telefon«. Rufen Sie eine Person Ihres Vertrauens an, und spielen Sie das Telefongespräch mehrmals durch.

Beachten Sie unsere Regeln für erfolgreiche Telefongespräche. Setzen Sie den Namen des in der Anzeige genannten Personalverantwortlichen im Gespräch ein. Stellen Sie Ihre Belege für die Anforderungen aus der Stellenanzeige aktiv, zupackend und berufsnah dar. Stellen Sie eine oder mehrere Fragen. Beenden Sie das Gespräch mit dem Hinweis, dass Sie Ihre Bewerbungsunterlagen zuschicken werden.

CHECKLISTE

Checkliste für den Telefonkontakt

- ◯ Telefonieren Sie von zu Hause aus?
- ◯ Haben Sie alle Störfaktoren vor Beginn des Telefonats beseitigt?
- ◯ Fühlen Sie sich fit und konzentriert genug für das Telefonat?
- ◯ Haben Sie Stift und Papier parat? Liegt die Stellenanzeige, auf die Sie hin anrufen, in Sichtweite?
- ◯ Haben Sie realistische Gesprächsziele definiert?
- ◯ Haben Sie Anknüpfungspunkte an die Stellenanzeige herausgearbeitet?
- ◯ Können Sie in knappen Schlüsselworten darlegen, dass sich Ihr Qualifikationsprofil mit den Anforderungen der Stellenanzeige deckt?
- ◯ Können Sie die Schlüsselworte durch Beispiele belegen?
- ◯ Argumentieren Sie vom neuen Tätigkeitsfeld aus?
- ◯ Zeigen Sie, dass Sie in Ihrer bisherigen beruflichen Praxis Erfolg gehabt haben?
- ◯ Kennen Sie den Namen Ihres Ansprechpartners? Haben Sie ihn mit Namen angesprochen?

- ◯ Haben Sie die konkrete Stellenanzeige, auf die Sie sich beziehen, genannt (inklusive Fundort der Anzeige)?
- ◯ Haben Sie mehrere Fragen vorbereitet, die zeigen, dass Sie sich mit Ihrem Qualifikationsprofil und dem Tätigkeitsfeld auseinandergesetzt haben?
- ◯ Haben Sie sich am Ende des Gesprächs für die erhaltenen Informationen bedankt?
- ◯ Haben Sie das Gespräch vorab mit einem Menschen Ihres Vertrauens mehrfach geübt?

II

Bewerbungsunterlagen

8. Die Bewerbungsmappe: klassisch oder digital

In diesem Kapitel erklären wir Ihnen, wie Sie Ihre Bewerbungsunterlagen für den Versand per Post oder per E-Mail so aufbereiten, dass Sie die erste Stufe der Unterlagensichtung – die formale Prüfung – bestehen und im Bewerberrennen bleiben.

Ihre Bewerbungsunterlagen können Sie klassisch per Post oder digital als E-Mail mit PDF-Anhang versenden. Dies hängt vor allem von den Wünschen der Firmen ab. Üblicherweise finden Sie in der jeweiligen Stellenausschreibung einen Hinweis darauf, welche Form der Bewerbung gewünscht wird. In jedem Fall müssen aber Anschreiben, Lebenslauf und die weiteren Unterlagen inhaltlich überzeugend und ansprechend aufbereitet sein. Wie das geht, erläutern wir nun.

Nur einwandfrei gestaltete Unterlagen

Bei der Aufbereitung Ihrer Bewerbungsunterlagen ist die Unterscheidung zwischen formalen und inhaltlichen Fehlern wesentlich. Durch einwandfrei gestaltete Unterlagen bleiben Sie im Rennen. Aber auch wenn Sie formale Fehler vermeiden, werden Sie noch nicht automatisch zu einem Vorstellungsgespräch eingeladen – erst, wenn auch die inhaltliche Prüfung Ihrer Unterlagen ergibt, dass Sie interessant für das Unternehmen sind, erreichen Sie die nächste Runde. Wie Sie Ihre Bewerbungsunterlagen inhaltlich optimal aufbereiten, erfahren Sie in den jeweiligen Kapiteln ab Seite 119.

Was gehört in die Bewerbungsmappe?

In kleinen Unternehmen findet die formale und inhaltliche Prüfung Ihrer Bewerbungsunterlagen gleichzeitig statt. In vielen mittelgroßen und großen Unternehmen werden jedoch die Massen an Bewerbungen im ersten Schritt nur formal geprüft. Fehler auf dieser Stufe führen zum sofortigen Ausscheiden aus dem weiteren Bewerbungsprozess.

Wichtig: vollständige Unterlagen

Die Vollständigkeit Ihrer Unterlagen ist die erste Prüfungsstufe. Die Formulierungen in den Stellenanzeigen lauten: »Richten Sie bitte Ihre vollständigen Bewerbungsunterlagen an ...«, »Wir freuen uns auf Ihre kompletten Bewerbungsunterlagen« oder auch: »Bewerben Sie sich bitte mit aussagekräftigen Unterlagen«. Was gehört zu vollständigen, kompletten beziehungsweise aussagekräftigen Bewerbungsunterlagen? Vollständige Unterlagen beinhalten:

- **das Anschreiben,**
- **den Lebenslauf,**
- **Arbeitszeugnisse für alle bisher ausgeübten Berufstätigkeiten,**
- **das berufsqualifizierende Zeugnis (Ausbildung oder Hochschulzertifikat) und**
- **sonstige Leistungsnachweise (Weiterbildungsveranstaltungen, Sprach- oder Computerkurse und Ähnliches).**

Ist Ihre Bewerbungsmappe nicht vollständig, wird man kaum bei Ihnen anrufen und fehlende Unterlagen nachfordern. Es gibt genügend andere Kandidaten, die vollständige Mappen einsenden.

Manche Unternehmen wünschen allerdings ausdrücklich eine Kurzbewerbung. Eine Kurzbewerbung besteht aus einem Anschreiben und dem Lebenslauf. Zusätzlich kann noch eine Leistungsbilanz für mehr Aussagekraft sorgen. Also verzichten Sie bei einer Kurzbewerbung auf das Mitschicken von Arbeitszeugnissen, des berufsqualifizierenden Abschlusses, Weiterbildungszertifikaten und sonstigen Leistungsnachweisen.

Die Reihenfolge der Unterlagen

Unterlagen chronologisch rückwärts sortiern

Ihre Unterlagen sortieren Sie sowohl bei einer Bewerbung per Post als auch bei einer E-Mail-Bewerbung mit PDF-Anhang in folgender Reihenfolge: Ganz oben befindet sich das Anschreiben, darunter der Lebenslauf (auch heute noch meist mit Foto). Dann geht es in chronologischer Reihenfolge weiter mit den Arbeitszeugnissen,dem berufsqualifizierenden Abschluss und den sonstigen Leistungsnachweisen. Fangen Sie mit den aktuellen Belegen an und gehen Sie dann zeitlich rückwärts. Sie erleichtern mit dieser Anordnung die Arbeit der Personalverantwortlichen, da nun zuerst die für die Anstellung wesentlichen und damit aussagekräftigsten Unterlagen ins Auge stechen.

Ein Beispiel für diese Form finden Sie in der Übersicht »Die klassische Zusammenstellung«.

ÜBERSICHT

Die klassische Zusammenstellung

❶ Anschreiben	❷ Lebenslauf Seite 1	❸ Lebenslauf Seite 2
❹ Zwischenzeugnis oder selbst erstellte Tätigkeitsbeschreibung oder Referenzen	❺ Arbeitszeugnis des vorherigen Arbeitgebers	❻ Arbeitszeugnis des vor-vorherigen Arbeitgebers
❼ Studienabschluss oder Meisterbrief oder Ausbildungsabschluss	❽ Weiterbildungszertifikat 1	❾ Weiterbildungszertifikat 2
⓫ Weiterbildungszertifikat 3	⓫ Weiterbildungszertifikat 4	⓬ Weiterbildungszertifikat 5

Fügen Sie Ihrer Bewerbung eine Leistungsbilanz hinzu (mehr dazu finden Sie in Kapitel 13), können Sie den Aufbau in der erweiterten Übersicht »Die klassische Zusammenstellung mit Leistungsbilanz« verwenden.

ÜBERSICHT

Die klassische Zusammenstellung mit Leistungsbilanz

❶ Anschreiben	❷ Lebenslauf Seite 1	❸ Lebenslauf Seite 2
❹ Leistungsbilanz	❺ Arbeitszeugnis des vorherigen Arbeitgebers	❻ Arbeitszeugnis des vor-vorherigen Arbeitgebers
❼ Studienabschluss oder Meisterbrief oder Ausbildungsabschluss	❽ Weiterbildungszertifikat 1	❾ Weiterbildungszertifikat 2
⓫ Weiterbildungszertifikat 3	⓫ Weiterbildungszertifikat 4	⓬ Weiterbildungszertifikat 5

Weitere Variationsmöglichkeiten für die Zusammenstellung Ihrer Bewerbungsunterlagen erhalten Sie, wenn Sie zusätzlich noch ein Deckblatt verwenden. Das Deckblatt liegt obenauf und gibt Ihnen die Möglichkeit, ein individuelles Titelblatt für Ihre Bewerbungsmappe zu entwerfen.

Wenn Sie auf dem Deckblatt nur schreiben »Bewerbungsunterlagen von ...« wirkt die Bewerbung allerdings beliebig. Deshalb sollten Sie auf dem Deckblatt die genaue Position angeben, auf die Sie sich bewerben. Es bietet sich außerdem an, schon hier Ihre Kontaktdaten aufzuführen. Verzichten Sie aber nicht darauf, diese Daten auf dem Anschreiben und dem Lebenslauf erneut zu vermerken.

Individualisierung der Unterlagen durch ein Deckblatt

Möglichkeiten, wie Sie Ihre Mappe mit Deckblatt sortieren, finden Sie in den Übersichten »Variation mit Deckblatt vor dem Anschreiben« und »Variation mit Deckblatt nach dem Anschreiben«. Gestaltungsmöglichkeiten für Ihr Deckblatt finden Sie in den darauf folgenden Übersichten.

ÜBERSICHT

Variation mit Deckblatt vor dem Anschreiben

❶ Deckblatt mit persönlichen Daten	❷ Anschreiben	❸ Lebenslauf Seite 1
❹ Lebenslauf Seite 2	❺ Arbeitszeugnis des vorherigen Arbeitgebers	❻ Arbeitszeugnis des vor-vorherigen Arbeitgebers

ÜBERSICHT

Variation mit Deckblatt nach dem Anschreiben

1. Anschreiben
2. Deckblatt mit persönlichen Daten
3. Lebenslauf Seite 1
4. Lebenslauf Seite 2
5. Arbeitszeugnis des vorherigen Arbeitgebers
6. Arbeitszeugnis des vor-vorherigen Arbeitgebers

Muster Deckblatt 1

BEISPIEL

Frank Grenz
Bankkaufmann
Ernst-Barlach-Straße 56
71023 Böblingen
Tel.: 076 1211221
E-Mail: F.Grenz@freenet.de

Bewerbung als **Kreditsachbearbeiter bei der Leipziger Bank AG**

Muster Deckblatt 2

BEISPIEL

Bewerbungsunterlagen für die Firma Prototypenbau GmbH

Katrin Schubert
Frankfurter Chaussee 212
80606 München

Position: Personalassistentin

Tel.: 09292 4563234
Mobil: 0172 3453234
E-Mail: Karin.Schubert@web.de

Ein Anlagenverzeichnis ermöglicht Orientierung

Bei sehr umfangreichen Anlagen bietet es sich an, ein Anlagenverzeichnis zu erstellen, damit der Leser den Überblick behält. Auf dem Anschreiben ist in der Regel zu wenig Platz für eine längere Auflistung, deshalb reicht dort der bloße Vermerk »Anlagen«. Ein ausführliches Anlagenverzeichnis kann als separates Blatt an den Lebenslauf beziehungsweise die Leistungsbilanz anschließen. Das »Muster Anlagenverzeichnis« zeigt Ihnen, wie Sie ein solches Verzeichnis gestalten können.

Muster Anlagenverzeichnis

BEISPIEL

ANLAGENVERZEICHNIS

Arbeitszeugnisse
- Sales AG
- Vertriebs GmbH
- Spedition Meyer GmbH

Zeugnisse über Studium und Ausbildung
- Diplomurkunde Diplom-Volkswirt
- Ausbildungszeugnis Speditionskaufmann

→ FORTSETZUNG AUF DER NÄCHSTEN SEITE

Weiterbildungszertifikate
- Teambildungsseminar
- Kundenbetreuung per Telefon
- Strategischer Key-Account
- Verkaufsförderung
- Verhandlungsführung
- Ausbildereignung

Generell gilt: Was im Anschreiben erwähnt wird, muss auch im Lebenslauf stehen und sollte nach Möglichkeit belegt werden. Nicht weiter nachzuweisen brauchen Sie allgemeine Sprach- oder EDV-Kenntnisse. Hier genügt die Angabe Ihrer Kenntnisse mit Bewertung im Lebenslauf. Mehr dazu finden Sie in den Kapiteln »Der Lebenslauf« (Seite 138) und »Zeugnisse« (Seite 168).

Das richtige Material für die Präsentation

Wählen Sie neutrale Farben

Als Mappe eignen sich stabile Plastikhefter, wobei es egal ist, ob die Unterlagen gelocht und eingeheftet oder mit einer Klemmschiene eingeklemmt werden.Oft ist es Personalverantwortlichen allerdings lieber, wenn sie ungelochte Unterlagen vor sich haben, damit sie diese leichter zur Prüfung voneinander trennen können. Wählen Sie Bewerbungsmappen in neutralen und eher dunklen Farben, beispielsweise Blau, Schwarz oder Grau. Verschicken Sie keine Mappen in Reizfarben wie Rosa oder Lila. Manche Personalverantwortliche vermuten sonst bei Ihnen eine mangelnde Anpassungsbereitschaft oder andere persönliche Auffälligkeiten.

Bei Bewerbungen, die an Personalberatungen gehen, sollten die Mappen so beschaffen sein, dass der Leser mit einer Hand den Telefonhörer halten und mit der anderen in Ihren Unterlagen blättern kann. Problematisch sind Mappen mit durchgehender Klemmleiste beziehungsweise Klemmschiene. Machen Sie im Fachgeschäft den »Telefontauglichkeitstest«, bevor sich ein Personalberater über Ihre Mappe ärgert.

Vorsicht Falle!
Benutzen Sie die gleiche Schriftart, Schriftgröße und Papiersorte für Anschreiben und Lebenslauf. Sonst unterstellt man Ihnen, dass Sie das Anschreiben zwar angepasst, aber einen alten Lebenslauf noch einmal benutzt haben.

Klarsichthüllen stören mehr, als dass sie nützen. Die Unterlagen von Bewerbern, die in die engere Auswahl gekommen sind, werden oft kopiert, um die Kopien an die Fachabteilungen weiterzureichen. Klarsichthüllen stören den Einzelblatteinzug der Kopierer, und das Vervielfältigen Ihrer Bewerbung wird zum unliebsamen Geduldsspiel.

Nur gute Kopien beilegen

Fotokopien von Zeugnissen und sonstigen Leistungsnachweisen sollten Sie immer erstklassig anfertigen lassen. Verwenden Sie nicht die billigen Kopien, die sich durch Streifen oder Schatten auf der Kopie verraten. Die Zusammenfassung von Vorlagen, sodass aus vier DIN-A4-Originalen plötzlich vier auf einem Blatt angeordnete DIN-A6-Verkleinerungen werden, geht auf Kosten der Übersichtlichkeit und Lesbarkeit und ist deshalb nicht zu empfehlen. Kopieren Sie auch doppelseitig bedruckte Originale immer nur einseitig. Da die Personalabteilungen Ihre Unterlagen zumeist per Einzelblatteinzug vervielfältigen, würden die auf der Blattrückseite abgebildeten Belege sonst untergehen. Die Kopien müssen nicht beglaubigt werden (einzige Ausnahme: Bewerbung um einen Arbeitsplatz im öffentlichen Dienst).

CHECKLISTE

Checkliste für Ihre vollständige Bewerbungsmappe

- ◯ Sind die Anlagen in der richtigen Reihenfolge einsortiert?
- ◯ Sind die beigefügten Kopien von guter Qualität?
- ◯ Beinhaltet Ihre Bewerbungsmappe zumindest das Anschreiben, den Lebenslauf und den berufsqualifizierenden Abschluss?
- ◯ Haben Sie ein Zwischenzeugnis beigefügt (kein Muss)?
- ◯ Möchten Sie als Alternative zum Zwischenzeugnis eine selbst verfasste Tätigkeitsbeschreibung über Ihre momentanen Aufgaben beifügen (kein Muss)?
- ◯ Möchten Sie Referenzen von Fürsprechern beilegen (kein Muss)?
- ◯ Haben Sie eine Leistungsbilanz ausgearbeitet (kein Muss)?
- ◯ Liegen die Arbeitszeugnisse früherer Arbeitgeber bei?
- ◯ Haben Sie die Weiterbildungszertifikate ausgewählt, die für die ausgeschriebene Position wichtig sind?

→ FORTSETZUNG AUF DER NÄCHSTEN SEITE

DOWNLOAD

- ◯ Gibt es nicht nur Bestätigungen über fachliche Weiterbildungen, sondern auch über Trainings im Bereich Soft Skills (Verhandlungsführung, Präsentieren, Rhetorik, Moderation)?
- ◯ Haben Sie bei sehr umfangreichen Anlagen ein Anlagenverzeichnis erstellt?
- ◯ Sind die Anlagen insgesamt stimmig und aussagekräftig?
- ◯ Haben Sie für Anschreiben, Lebenslauf und Leistungsbilanz die gleiche Papiersorte, die gleiche Schriftart und -größe benutzt?
- ◯ Haben Sie eine Mappe in seriösen Farben gewählt?

9. Das Anschreiben

Mit dem Anschreiben liefern Sie ein Gutachten über Ihre eigenen Fähigkeiten und Kenntnisse. Das Anschreiben ist das zentrale Schriftstück in Ihrer Bewerbungsmappe; aus ihm muss deutlich hervorgehen, dass Sie die von dem Unternehmen gestellten Anforderungen erfüllen.

Das Anschreiben: die erste Arbeitsprobe

Die Formulierung eines Anschreibens stellt fast alle Bewerberinnen und Bewerber vor große Probleme: Was soll ich schreiben? Wie stelle ich mich überzeugend dar? Diese Schwierigkeiten führen leider häufig dazu, dass Bewerber anfangen zu schludern. In den Personalabteilungen herrscht häufig Entsetzen darüber, wie achtlos manche Bewerber ihre Anschreiben verfassen, obwohl es sich gerade beim Anschreiben um einen besonders wichtigen Bestandteil der Bewerbungsmappe handelt. Aus Sicht der Personalverantwortlichen sollten jede Bewerberin und jeder Bewerber einige Worte über die eigenen Qualifikationen verlieren und die Informationen gut strukturiert in einem Anschreiben unterbringen können.

Mit dem Lesen des Anschreibens beginnt im Unternehmen die Überprüfung der Bewerbungsmappe: Können Bewerber damit nicht überzeugen, steht die weitere Prüfung der Unterlagen von vornherein unter einem schlechten Stern, und der Bewerber hat es schwer, diesen ungünstigen ersten Eindruck zu korrigieren.

Warum überhaupt ein Anschreiben?

Anschreiben sind Gutachten in eigener Sache

Es gibt offensichtlich ein Missverständnis zwischen Bewerbern und Personalverantwortlichen über den Stellenwert des Anschreibens. Bei Bewerbern ist das Anschreiben immer der ungeliebte Teil der Bewerbungsunterlagen. Viele zermartern sich stundenlang den Kopf darüber, was sie schreiben könnten – nur um letztendlich aufzugeben und das Blatt mit einigen belanglosen Sätzen zu füllen. Einige Bewerber verwechseln das Anschreiben auch mit einem Begleitbrief zu den Bewerbungsunterlagen. Sie halten es absichtlich informationsarm und fordern den Leser nur dazu auf, sich die gewünschten Informationen doch (gefälligst) selbst aus den restlichen Unterlagen herauszusuchen.

Bei Personalverantwortlichen hat das Anschreiben jedoch einen herausragenden Stellenwert. Aus ihrer Sicht ist es eine Art Selbstgutachten über die beruflichen Qualifikationen eines Bewerbers. Deshalb sollte schon im Anschreiben die wichtigste Frage (»Passt der Bewerber zur ausgeschriebenen Stelle?«) beantwortet werden – und zwar vom Bewerber selbst. Schließlich bewirbt er sich, und nicht das Unternehmen. Er muss daher den Entscheidern klarmachen, dass er sich zutraut, die neuen Aufgaben zu bewältigen, und dass er sich zielgerichtet auf eine Stelle bewirbt, die zu seinem Profil passt. Das Anschreiben muss also fachliche und persönliche Stärken herausstellen und aussagekräftige Informationen über bisherige berufliche Tätigkeiten liefern.

Das sollten Sie sich merken:
Personalverantwortliche erwarten, dass Sie schon in Ihrem Anschreiben Argumente für Ihre Einstellung finden. Betrachten Sie Ihr Anschreiben als eine Art Gutachten in eigener Sache!

Konkrete Informationen bringen Sie weiter

Statt sich an den Bedürfnissen des Lesers in der Personalabteilung zu orientieren, füllen zu viele Bewerber ihre Anschreiben mit nichtssagenden Floskeln und irrelevanten Angaben. Zwar liefern einige auch detaillierte Informationen über ihre Berufserfahrung im Anschreiben, verfassen diese dann aber oft in einem Fachchinesisch, das nur für Spezialisten aus dem eigenen Arbeitsgebiet verständlich ist. Dieser Versuch, mit fachlicher Autorität den Personalverantwortlichen förmlich zu »erschlagen«, wird jedoch misslingen, da der Bewerber auf diese Weise nur seine mangelnde Kommunikationsfähigkeit unter Beweis stellt. Der häufigste Fehler, den Bewerber im Anschreiben begehen, ist jedoch der, sich mit möglichst dürren Angaben alle Türen offen halten zu wollen. Dies widerspricht aber dem Informationsbedürfnis der Personalprofis, deren Aufgabe es schließlich ist, das Profil des Bewerbers mit den Anforderungen der zu vergebenden Stelle abzugleichen. Verweigert ein Bewerber die Mitarbeit bereits an diesem Punkt, indem er ein nichtssagendes Anschreiben und damit kein deutliches Profil liefert, bringt er die Personalverantwortlichen gegen sich auf.

Tipps für gelungene Anschreiben

Inhaltlich und formal überzeugen

Grundsätzlich müssen Sie zwischen formalen und inhaltlichen Fehlern unterscheiden. Fehlt beispielsweise ein persönlicher Ansprechpartner, ist die Rechtsform des Unternehmens falsch aufgeführt oder häufen sich Rechtschreibfehler, so sind dies formale Fehler, die keinen guten Eindruck hinterlassen. Erweckt das Anschreiben inhaltlich den Eindruck eines Rundschreibens oder wird es zur Abrechnung mit dem momentanen Arbeitgeber genutzt, werden Personalverantwortliche keine Einladung zum Vorstellungsgespräch versenden. Damit Sie in beiden Bereichen punkten, sowohl auf der formalen als auch auf der inhaltlichen Ebene, stellen wir Ihnen nun die wichtigsten Regeln für optimale Anschreiben vor.

Formelles im Griff

Vermeiden Sie formale Fehler

Bewerber, die im Anschreiben Fehler an Fehler reihen, verspielen die Chance auf eine wohlwollende Prüfung. Achten Sie deshalb darauf, dass die Firmenanschrift und die Rechtsform des Unternehmens korrekt angegeben sind. Auch die Abteilung, die sich mit der Prüfung Ihrer Unterlagen befasst, muss so angegeben werden, wie sie auch im Unternehmen bezeichnet wird. Schreiben Sie also nicht »Rudolf Müller Industrie GmbH, Personalabteilung«, wenn Sie Ihre Bewerbung an die »Rudolf Müller Industrie AG, Abteilung Personal« richten sollten. Achten Sie besonders darauf, wie der richtige Name des Personalverantwortlichen lautet. Erkundigen Sie sich im Zweifelsfall lieber noch einmal in der Telefonzentrale der Firma, und lassen Sie sich den Namen buchstabieren.

Ihren Absender können Sie konventionell als Block über der Firmenanschrift angeben, als Kopfzeile aufführen oder auch rechtsbündig neben die Firmenanschrift stellen. Mit den letzten beiden Varianten verschaffen Sie sich gleichzeitig mehr Platz für den eigentlichen Text. Ihre Telefonnummer und eine private (!) E-Mail-Adresse dürfen nicht fehlen. Geben Sie keinesfalls Ihre Durchwahl am Arbeitsplatz oder Ihre Firmen-E-Mail-Adresse an. Abgesehen von dem ungünstigen Eindruck, den Sie damit bei dem Personalverantwortlichen des umworbenen Unternehmens hinterlassen, könnten dadurch auch an Ihrem jetzigen Arbeitsplatz Ihre Wechselabsichten zu früh bekannt werden.

Das gehört in die Betreff- und Bezugzeile

Überkommene Kürzel wie »Betr.«, »Bez.« oder »z. Hd.« gehören nicht in heutige Anschreiben. Sie sollten natürlich eine Betreffzeile genauso wie eine Bezugzeile aufführen, dabei aber auf die vorangestellten Kürzel verzichten. Schreiben Sie in der Betreffzeile nicht bloß »Bewerbung«; besser ist die Angabe, die Sie in der Stellenanzeige gelesen haben, also zum Beispiel »Bewerbung als Sachbearbeiter Export« oder »Bewerbung als Marketingreferentin«. Auf diese Weise machen Sie auch klar, dass Sie Ihr Anschreiben passgenau verfasst haben.

Verwenden Sie am Ende des Anschreibens die übliche Abschlussformel »Mit freundlichen Grüßen«, und kürzen Sie sie keinesfalls als »MfG« ab. Unterschreiben Sie Ihr Anschreiben am besten mit einem Füller; für Ihre E-Mail-Bewerbung können Sie Ihre Unterschrift einscannen und diese dann in das PDF einbinden. Auf die detaillierte Auflistung der mitgesandten Anlagen können Sie im Anschreiben verzichten, dies kostet nur wertvollen Platz. Es genügt der Hinweis »Anlagen« unterhalb der Unterschrift.

Gliedern Sie Ihre Argumente

Ihr Anschreiben muss lesefreundlich verfasst sein. Gliedern Sie den Text dazu in mehrere Absätze. Üblicherweise werden Anschreiben im Block- oder im linksbündigen Flattersatz erstellt. Achten Sie auf die Silbentrennung, damit nicht zu große Lücken den Lesefluss behindern. Die Schriftgröße des Textes sollte nicht zu klein sein; bewährt hat sich eine Schriftgröße zwischen 11 und 12 Punkt.

Inhaltlich überzeugen

Bei der inhaltlichen Ausgestaltung Ihres Anschreibens können Sie auf Ihre Selbstpräsentation zurückgreifen. Das individuelle Profil, das Sie sich in diesem Kapitel erarbeitet haben, werden Sie nun in eine Briefform überführen.

Das Anschreiben: überzeugen Sie mit dem ersten Eindruck

Das Anschreiben ist das Herzstück Ihrer schriftlichen Bewerbungsunterlagen, weil Personalverantwortliche bereits nach einem kurzen Blick auf Ihre Selbstdarstellung auf dem Papier entscheiden, ob Sie ein interessanter Bewerber oder ein Durchschnittskandidat sind.

Das sollten Sie sich merken:
Die abstrakte Erfolgsformel für die Formulierung eines Anschreibens lautet: Sie suchen einen Mitarbeiter für die Tätigkeit als XYZ – ich als Bewerber biete die passenden fachlichen Kenntnisse und persönlichen Fähigkeiten.

Nun ist es an Ihnen, diese Formel für Anschreiben mit Ihrer Selbstpräsentation inhaltlich auszufüllen. Vergegenwärtigen Sie sich noch einmal unsere Anleitung für überzeugende schriftliche Selbstpräsentationen aus der Übung »Der Aufbau der Selbstpräsentation« in Kapitel 5 (Seite 74).

Eine Bewerberin für die Position als Exportsachbearbeiterin kann ihr Anschreiben formulieren wie in dem Beispiel unten.

Selbstpräsentation einer Exportsachbearbeiterin im Anschreiben

BEISPIEL

»Sehr geehrte Frau Kläschen,

zurzeit betreue ich die Steuerung weltweiter Transporte. Daneben bin ich für Kosten- und Serviceoptimierungen zuständig.

In der Exportabteilung der Import-Export GmbH bin ich momentan verantwortlich für die weltweite Transportorganisation inklusive der dazugehörigen Zollabwicklung. In der Kundenbetreuung bearbeite ich die Auftragsabwicklung sowie die Angebotsabgabe und -verfolgung. Im Zollrecht habe ich mich ständig weitergebildet und mir SAP R/3-Kenntnisse in Seminaren angeeignet. Ich spreche verhandlungssicher Englisch und bringe auch gute MS-Office-Kenntnisse mit.

Vor meiner jetzigen Tätigkeit habe ich für die Europaspedition GmbH gearbeitet. Dort habe ich die Ablauforganisation umstrukturiert und europaweit Frachtabschlüsse auf dem Land- und Seeweg vermittelt. Vor meinem Berufseinstieg habe ich eine Ausbildung zur Speditionskauffrau erfolgreich abgeschlossen.«

Der richtige Aufbau

Der erste Satz des Anschreibens, gleich nach der Anrede, sollte Sie bereits von den anderen Bewerbern unterscheiden. Gehen Sie gleich auf die Anforderungen der Firma ein. Zählen Sie Ihre Fähigkeiten und Kenntnisse stichwortartig auf, setzen Sie wichtige Schlüsselbegriffe ein.

Im zweiten Absatz führen Sie auf, was Sie in Ihren bisherigen Positionen getan haben, um auf die Anforderungen der neuen Stelle vorbereitet zu sein. Machen Sie Ihre Leistungsbereitschaft durch die Übernahme von Sonderprojekten deutlich. Stellen Sie Ihre Lernbereitschaft heraus, indem Sie auf geeignete Weiterbildungsseminare verweisen.

Stellen Sie im dritten Absatz Ihres Anschreibens Ihre berufliche Entwicklung dar. Führen Sie die Aufgaben auf, die Sie bei früheren Arbeitgebern übernommen haben. Nennen Sie am Ende des Absatzes auch die Ausbildung oder das Studium, das Sie für Ihren Berufseinstieg qualifiziert hat.

Gehen Sie deutlich auf die gefragten Anforderungen ein

Gehen Sie in Ihrem Anschreiben möglichst ausführlich auf die Anforderungen der ausgeschriebenen Stelle ein. Erwähnen Sie zusätzlich noch ein bis zwei Fähigkeiten oder Kenntnisse, die für die Bewältigung der ausgeschriebenen Position nützlich sind und über die Sie verfügen. So stellt sich beim lesenden Personalverantwortlichen der »Kandidat-denkt-mit-Effekt« ein.

Kandidat-denkt-mit-Effekt

BEISPIEL

In einer ausgeschriebenen Stelle für einen zukünftigen kaufmännischen Mitarbeiter werden folgende Anforderungen genannt:

- **zentraler Ansprechpartner für die kommerzielle Vertragsabwicklung und -verfolgung,**
- **Verantwortung für die Administration und Pflege der Originalverträge,**
- **Klärungsstelle für Rechnungen und Services,**

→ FORTSETZUNG AUF DER NÄCHSTEN SEITE

- → **analytische, strukturierte Arbeitsweise,**
- → **Berufserfahrung im Projektgeschäft (Planung, Monitoring, Abwicklung),**
- → **Eigeninitiative und Durchsetzungsvermögen.**

Ein Bewerber kann die genannten Anforderungen ergänzen durch Belege für seine

- → **Verhandlungs- und Abschlusssicherheit oder**
- → **Kundenorientierung oder**
- → **Überzeugungsfähigkeit oder**
- → **selbstständige Arbeitsweise.**

So sammelt er Pluspunkte und rundet sein Profil ab. Im Anschreiben könnte der Beleg für Verhandlungs- und Abschlusssicherheit so aussehen: »Neben meiner Erfahrung im Projektgeschäft bringe ich aus dem Außendienst Verhandlungs- und Abschlusssicherheit mit. Für meinen derzeitigen Arbeitgeber habe ich Großkunden betreut und konnte den Umsatz deutlich steigern.«

Überzeugungsfähigkeit und selbstständige Arbeitsweise ließen sich so dokumentieren: »Im Rahmen der Lieferantenbetreuung habe ich selbstständig Preisverhandlungen geführt und war für die Vertragsausgestaltung zuständig.«

Trainieren Sie anhand von Stellenanzeigen

Wenn es Ihnen schwerfällt, zusätzliche Kenntnisse und Fähigkeiten zu finden, mit denen Sie den »Kandidat-denkt-mit-Effekt« erzielen können, sollten Sie Stellenanzeigen durcharbeiten. Suchen Sie Anzeigen heraus, in denen Ihre Wunschposition ausgeschrieben wird. Machen Sie eine Liste der in den Stellenanzeigen aufgeführten Anforderungen. So erarbeiten Sie sich einen Fundus an Kenntnissen und Fähigkeiten, die zu Ihrem Berufsfeld passen.

Beschreiben statt bewerten: Vorsicht mit Bewertungen im Anschreiben: Beschreiben Sie Ihre Qualifikationen und bisherigen Tätigkeiten, ohne in Kritik oder Eigenlob zu verfallen. Dies ist der Königsweg, durch den Sie eigene Erfolge belegen, ohne als überheblich oder zur Selbstkritik unfähig abgestempelt zu werden.

Beschreiben Sie Ihre Qualifikationen

Die Überzeugungsregel für gelungene Selbstpräsentationen »Beschreiben statt bewerten« legen wir Ihnen für Ihr Anschreiben noch einmal besonders ans Herz: Beschreiben, beschreiben, beschreiben – die Bewertung stellt sich automatisch beim Leser ein. Wenn Sie sich selbst bewerten, fordern Sie Personalverantwortliche nur heraus, Ihnen zu zeigen, dass Sie sich irren.

Sie erkennen jetzt, warum Ihre Selbstpräsentation zentral für Ihre Bewerbung ist. Alles, was wir Ihnen für die überzeugende Selbstdarstellung vorgestellt haben, ist wichtig für Ihr Anschreiben.

Ein überzeugendes Anschreiben gelingt Ihnen, wenn Sie unsere Überzeugungsregeln für die Präsentation Ihrer Qualifikationen berücksichtigen:

- → **Regel ❶: fachliche Anforderungen erkennen,**
- → **Regel ❷: Aktivität zeigen,**
- → **Regel ❸: individuelles Profil darstellen,**
- → **Regel ❹: Beispiele für persönliche Fähigkeiten geben,**
- → **Regel ❺: beschreiben statt bewerten,**
- → **Regel ❻: der Joker – Schlüsselbegriffe aus dem Tagesgeschäft benutzen.**

Ihr frühestmöglicher Eintrittstermin

Eintrittstermin: Wenn das Unternehmen wissen möchte, ab wann Sie zur Verfügung stehen könnten, müssen Sie in Ihrem Anschreiben Ihren frühestmöglichen Eintrittstermin nennen. Auch wenn Ihre Kündigungsfristen den gesetzlichen Bestimmungen entsprechen, sollten Sie darauf verweisen. Dies können Sie zum Beispiel mit folgender Formulierung machen: »Ich bin zurzeit in ungekündigter Stellung tätig. Meine Kündigungsfristen bemessen sich nach den üblichen gesetzlichen/tarifvertraglichen Vorschriften.«

Viele Unternehmen möchten von Ihnen auch Gehaltsvorstellungen wissen. Dem haben wir ein eigenes Kapitel (»Die Gehaltsfrage«, ab Seite 133) gewidmet, um Ihnen Grundsätzliches zu diesem sensiblen Thema zu vermitteln.

Der gelungene Abschluss

Abschlussformel: Verwenden Sie am Ende Ihres Anschreibens keine Demutsgesten. Vermeiden Sie Formulierungen wie »Sie können mich Tag und Nacht anrufen«, »Wann dürfte ich mich bei Ihnen persönlich vorstellen?« oder »Falls ich Ihr Interesse geweckt haben sollte, würde ich mich über eine Nachricht freuen«.

Zerstören Sie den guten Eindruck Ihres Anschreibens aber auch nicht durch eine Schlussformel, die Personalverantwortliche unter Druck setzen soll. Ungeeignet sind die folgenden Formulierungen: »Wann werden Sie mich zu einem Vorstellungsgespräch einladen?«, »Lernen Sie mich kennen, laden Sie mich ein!«, »Greifen Sie zu, bevor andere es tun!« oder »Lassen Sie mich mit Ihrer Antwort nicht zu lange warten«.

Benutzen Sie deshalb für den Abschluss Ihres Anschreibens Formulierungen, die den realistischen Stil Ihres Anschreibens abrunden:

- → **»Für ein Vorstellungsgespräch stehe ich Ihnen gerne zur Verfügung.«**
- → **»Über die Einladung zu einem persönlichen Gespräch würde ich mich freuen.«**
- → **»Weiterführende Aspekte würde ich gerne in einem persönlichen Gespräch mit Ihnen klären.«**

Witzige und kreative Anschreiben?

Was halten Sie davon: Das Anschreiben an Beiersdorf in einer leeren Niveadose? Oder die Bewerbung per YouTube-Video?

Wir können davon nur abraten. Sie zeigen mit solchen Einfällen nur, dass Sie betriebliche Abläufe – hier in der Personalauswahl – nicht durchschauen. Denn Sie stören den firmeninternen Informationsfluss eher, als dass Sie ihn fördern.

Denken Sie daran: das Anschreiben ist Ihre erste Arbeitsprobe

Ihr Anschreiben ist ein Selbstgutachten über Ihre berufliche Eignung. Auch in Ihrer neuen beruflichen Position werden Sie Aufgaben und Projekte analysieren und bewerten müssen und die Ergebnisse in Entscheidungsvorlagen präsentieren. Zeigen Sie schon jetzt, in und mit Ihrem Anschreiben, dass Sie dazu in der Lage sind.

In Kreativbranchen wie Werbung, Film oder Theater, dürfen Sie die übliche Form verlassen. Dort gilt die Kreativität Ihrer Bewerbung als erste Arbeitsprobe. Ansonsten sollte sich Ihre Kreativität auf die gezielte Abstimmung auf die Firma und die Anforderungen des ausgeschriebenen Tätigkeitsfeldes beschränken: Ihre Fähigkeit, die Einstellungshürden durch detaillierte Auseinandersetzung mit den Anforderungen zu überspringen, ist ein weitaus besserer Beweis für Ihre Kreativität als der Einsatz von Gags.

Kommentierte Anschreiben

In diesem Abschnitt stellen wir Ihnen anhand eines misslungenen Anschreibens vor, welchen Eindruck Flüchtigkeitsfehler, Leerfloskeln und ähnliche Fehler auf Personalverantwortliche machen. Die verbesserte Version dieses Anschreibens zeigt Ihnen, wie Sie mit der richtigen Wortwahl und dem passenden Profil überzeugen.

Sabine Hausmann, Goethestraße 98, 38122 Braunschweig
Tel.: 0531 434456, E-Mail: s.hausmann@autozubehör24.de

Sitzgut Büromöbelgesellschaft
Frau Schmell
Graf-Zeppelin-Allee 112–118
38003 Braunschweig

26.Mai 2014

Meine Bewerbung
Ihre Anzeige

Sehr geehrte Frau Schnell,

ich suche die neue Herausforderung. Die von Ihnen ausgeschriebene Stelle klingt für mich sehr interessant.

Viele der von Ihnen in der Anzeige angesprochenen Tätigkeitsbereiche habe ich bereits kennen gelernt. Meine anayltischen und konzeptionellen Fähigkeiten haben mich auch bisher schon erfolgreich in der Buchhaltung arbeiten lassen. Mit aktivem und kreativem Denken konnte ich neue Wege in der Büroorganisation einführen.

Der von Ihnen ausgeschriebene Posten wäre für mich eine interessante Aufgabe. Bei meinem derzeitigen Arbeitgeber sind mir, wegen der sehr konservativen Strukturen, die Hände gebunden. Ich hoffe, dass ich in der neuen Stelle endlich mein gesamtes Potenzial einsetzen kann. Da ich auch in dem von Ihnen genannten Altersschnitt liege, sollte einem Gespräch nichts im Wege stehen. Rufen Sie mich an!

Hochachtungsvoll

Berufserfahrung herausstellen

Fehler: Massensendung. Hier liegt ein äußerst nichtssagendes Anschreiben vor: Man hat den Eindruck, dass die Bewerberin lieber keine Informationen preisgibt, um nichts Falsches zu sagen – ein großer Fehler. Frau Hausmann hätte ihre Berufserfahrung herausstellen müssen. Die Schlagworte Buchhaltung und Büroorganisation sind nicht genug. Die fehlende Stellenbezeichnung in der Betreffzeile und die vage Angabe »Ihre Anzeige« in der Bezugzeile hinterlassen den Eindruck einer Bewerbungsrundsendung.

Prüfen Sie Ihr Anschreiben sorgfältig

Fehler: Schlampigkeit. Gerade bei einer Stelle in der Finanzbuchhaltung kommt es auf genaues Arbeiten an. Die Bewerberin hat ihr Anschreiben jedoch sehr schlampig verfasst. In der Unternehmensanschrift ist der Name der Personalverantwortlichen falsch geschrieben, statt an »Frau Schnell« adressiert die Bewerberin das Anschreiben an »Frau Schmell«. Auch der Firmenname ist falsch aufgeführt. Bei genauem Lesen hätte Frau Hausmann merken müssen, dass die Rechtsform fehlt und dass die »Sitzgut Büromöbelgesellschaft« eigentlich »Sitzgut Büromöbel GmbH« heißt. Einmal auf die Spur gebracht, wird Frau Schnell weitere Rechtschreibfehler suchen. Finden wird sie das falsch geschriebene Wort »anayltischen«. Zudem fehlt in der Datumsangabe zwischen dem Tagesdatum »26.« und der Monatsangabe »Mai« ein Leerzeichen. Es fällt auch jedem professionellen Leser unangenehm auf, dass die E-Mail-Adresse beim Arbeitgeber angegeben ist. Dies zeigt, dass Frau Hausmann nicht ihre ganze Energie auf ihre

Arbeit konzentriert, sondern während der Arbeitszeit auch anderen Beschäftigungen – hier ihrer Bewerbung – nachgeht.

Nur konkrete Aussagen überzeugen

Fehler: Nullaussagen. Der Anschreibentext liest sich wie eine Aneinanderreihung von Nullaussagen: »Ich suche die neue Herausforderung«, »Mit aktivem und kreativem Denken konnte ich neue Wege in der Büroorganisation einführen« oder »Der ... Posten wäre für mich eine interessante Aufgabe«. Nur einmal wird sie konkret, nämlich bei der Angabe, dass sie im gewünschten Altersschnitt liegt. Wenn dies das einzige Argument ist, das sie in die Waagschale werfen kann, sieht es traurig aus. Der Slogan »Rufen Sie mich an!« krönt das Ganze. Personalverantwortliche werden gern darauf verzichten.

Fehler: Arbeitgeberschelte. Frau Hausmann kreidet in ihrem Anschreiben dem momentanen Arbeitgeber »konservative Strukturen« an, die sie an ihrer Entwicklung hindern. Dies ist sehr problematisch, da sie damit mangelnde Loyalität zu ihrem Arbeitgeber zeigt.

Die eigenen Stärken hervorheben

Fazit: Eine Bewerberin, die sich wenig Mühe gegeben hat. Statt Informationen über ihre berufliche Qualifikation zu geben, verliert sie sich in Allgemeinplätzen. Statt sich positiv darzustellen und eigene Stärken hervorzuheben, greift sie lieber zur Kritik am momentanen Arbeitgeber. Absage!

Sabine Hausmann, Goethestraße 98, 38122 Braunschweig
Tel.: 0531 434456, E-Mail: s.hausmann@web.de

Sitzgut Büromöbel GmbH
Frau Schnell
Graf-Zeppelin-Allee 112–118
38003 Braunschweig

Braunschweig, 26. Mai 2014

Bewerbung als Finanzbuchhalterin
Braunschweiger Zeitung vom 21. Mai 2014, Telefonat von heute

Sehr geehrte Frau Schnell,

über Ihr Interesse an meiner Bewerbung habe ich mich sehr gefreut. Zurzeit arbeite ich als verantwortliche Buchhalterin und berichte direkt an die Geschäftsführung. In der Finanzbuchhaltung verfüge ich über acht Jahre Berufserfahrung. Auch im Office-Management bringe ich fundierte Erfahrungen mit.

Mein Tagesgeschäft besteht momentan in der Debitoren-, Kreditoren- und Anlagenbuchhaltung. Monats- und Jahresabschlüsse bereite ich vor und arbeite dabei eng mit Steuerberatern und Wirtschaftsprüfern zusammen.

Vor meiner jetzigen Position habe ich vier Jahre für die Immobilien KG in Celle gearbeitet. Neben der Projektabrechnung war ich dort für die Betriebsdatenauswertung zuständig. Bei diesem Arbeitgeber habe ich auch das Office-Management mitgestaltet. Nach der Einführung einer neuen Buchhaltungssoftware war es notwendig geworden, Arbeitsabläufe neu zu planen. Mit meinen Vorschlägen konnte ich eine bessere Abstimmung der Teamaufgaben erreichen.

Das MS-Office-Paket beherrsche ich sicher. Auch die Arbeit mit Datenbanken ist mir vertraut. Für meine bisherigen Tätigkeiten habe ich mich auch in die Programme KHK und QuickBooks eingearbeitet. Selbstverständlich bringe ich die notwendige Sicherheit im Schriftverkehr mit.
Für ein persönliches Gespräch stehe ich Ihnen gerne zur Verfügung.

Mit freundlichen Grüßen

Sabine Hausmann

Anlagen

Erleichtern Sie die Prüfung Ihrer Unterlagen

Überzeugend: sorgfältige Detailarbeit. Erste Bonuspunkte erarbeitet sich Frau Hausmann durch ihre sorgfältige Detailarbeit. Die Zuordnung des Anschreibens zur ausgeschriebenen Stelle wird durch die Angabe »Bewerbung als Finanzbuchhalterin« in der Betreffzeile erleichtert. Der Verweis auf ein vorab geführtes Telefonat in der Bezugzeile macht die gute Vorarbeit der Kandidatin deutlich. Das Anschreiben ist lesefreundlich in mehrere Absätze gegliedert, wodurch die Prüfung erleichtert wird. Die angeschriebene Personalverantwortliche wird so positiv eingestimmt auf die eingehendere Prüfung.

Schlüsselbegriffe aus dem Tagesgeschäft aufgreifen

Überzeugend: Anforderungen aufgegriffen. Frau Hausmann hat sich mit den Anforderungen des neuen Arbeitsplatzes auseinandergesetzt. Es werden konkrete Argumente genannt. Die Bewerberin beschreibt anschaulich, womit sie sich im Einzelnen beschäftigt. Sie ist auch zurzeit schon verantwortlich für den Bereich Buchhaltung. Das »direkte Berichten an die Geschäftsführung« zeigt die Wertschätzung, die man ihr im Unternehmen entgegenbringt. Auch die Aufgaben im Tagesgeschäft wie »Debitoren-, Kreditoren- und Anlagenbuchhaltung« sind klar genannt. Die Kandidatin lässt auch erkennen, dass sie weiß, wie wichtig eine enge Zusammenarbeit mit »Steuerberatern und Wirtschaftsprüfern« bei der Erstellung von Abschlüssen ist. Auch ihre EDV-Kenntnisse listet sie stichwortartig auf. Als Zusatzpunkt stellt sie ihre Sicherheit in der Geschäftskorrespondenz heraus. Damit schafft sie es, sich als grundsätzlich geeignete Bewerberin zu empfehlen.

Soft Skills belegen

Überzeugend: Einsatzwille. Da nicht nur Erfahrungen in der Buchhaltung, sondern auch im Office-Management gefordert sind, geht Frau Hausmann auch auf ihre vorherige Stelle ein. Dort hat sie das Office-Management sogar neu strukturiert und Arbeitsabläufe optimiert. Es erscheint plausibel, dass sie erfolgreich im Team arbeiten kann und selbstständig an Arbeitsaufgaben herangeht. Sie ruht sich nicht auf Bestehendem aus, sondern macht auch Vorschläge für Verbesserungen. Eine engagierte und mitdenkende Bewerberin, die bestimmt interessant für jedes Unternehmen wäre.

Fazit: Ein überzeugendes Anschreiben, das mit seiner Passgenauigkeit besticht. Die momentanen Aufgaben werden ebenso klar erkennbar wie die berufliche Ausrichtung. Mit dieser Bewerberin möchte man gerne ins (Vorstellungs-)Gespräch kommen.

Checkliste für Ihr Anschreiben

CHECKLISTE

- ◯ Haben Sie Ihre private Telefonnummer und E-Mail-Adresse angegeben?
- ◯ Stimmt die Firmenanschrift?
- ◯ Sind Erstellungsort und Tagesdatum aufgeführt?
- ◯ Haben Sie in der Betreffzeile die Position aufgeführt, für die Sie sich bewerben?
- ◯ Ist in der Bezugzeile die Fundstelle der Stellenausschreibung genannt?
- ◯ Richtet sich Ihr Anschreiben an einen persönlichen Ansprechpartner? Haben Sie seinen Namen richtig geschrieben?
- ◯ Ist das Anschreiben lesefreundlich aufbereitet (Absätze, Schriftgröße, Schrifttyp, Seitenrand)?
- ◯ Sind Sie auf die Anforderungen der neuen Position eingegangen?
- ◯ Haben Sie Ihre Erfahrungen in Gutachtenform beschrieben und auf unnötige Bewertungen verzichtet?
- ◯ Ist Ihr Anschreiben frei von Problemschilderungen, Thematisierungen persönlicher Krisen oder Vorwürfen an den jetzigen Arbeitgeber?
- ◯ Ist der von Ihnen angegebene Wechselgrund plausibel (sonst lieber darauf verzichten)?
- ◯ Gibt es Beispiele für Ihre erfolgreiche Arbeit?
- ◯ Ist Ihr Anschreiben auch für Fachfremde (Personalverantwortliche) verständlich?
- ◯ Haben Sie Ihre Soft Skills mit aussagekräftigen Praxisbeispielen umschrieben?
- ◯ Erleichtert Ihr Anschreiben dem Leser den Abgleich von Bewerber- und Stellenprofil?

→ FORTSETZUNG AUF DER NÄCHSTEN SEITE

- ◯ Haben Sie Angaben zu Ihrem Eintrittstermin und Ihren Gehaltswünschen gemacht, wenn dies verlangt wurde?
- ◯ Haben Sie eine Endkontrolle durchgeführt, besser: durchführen lassen?
- ◯ Ist Ihr Anschreiben unterschrieben?
- ◯ Finden Sie sich selbst in Ihrem Anschreiben wieder?

DOWNLOAD

In dem Zusatzmaterial zu den Püttjer-und-Schnierda-Bewerbungsratgebern finden Sie weitere Beispiele für Anschreiben, Checklisten und Übungen. Der Weg zum Download ist am Ende des Buches erklärt.

10. Die Gehaltsfrage

Bei der Suche nach einer verantwortungsvolleren und interessanteren Position steht für viele Bewerber auch der Wunsch nach einem höheren Gehalt im Vordergrund. Für andere ist es ein Problem, die oft gestellte Frage nach den Gehaltsvorstellungen im Anschreiben zufriedenstellend zu beantworten. In diesem Kapitel erläutern wir Ihnen, wie Sie mit dem Thema »Gehalt« in Ihren schriftlichen Unterlagen umgehen.

Viele Bewerber machen sich darüber Sorgen, dass sie zu wenig Gehalt beim Stellenwechsel verlangen könnten, sich unter Wert verkaufen und die Chance einer spürbaren Gehaltsverbesserung nicht ausreichend nutzen. Oder sie befürchten, dass sie sich durch zu hohe Gehaltsforderungen frühzeitig selbst ins Aus katapultieren.

Bei der Gehaltsfrage gilt es zunächst, die Ausgangssituation zu berücksichtigen. Bewerber, die nach einer Kündigung freigestellt worden sind oder die schon längere Zeit arbeitssuchend sind, sind in der Regel nicht so sehr an einer Gehaltssteigerung, sondern überhaupt an einer neuen Stelle interessiert. So mancher nimmt dann auch einen Gehaltsabschlag in Kauf, um nicht in der Dauerarbeitslosigkeit zu enden. Aber auch in wirtschaftlich schwierigen Zeiten gilt: Wer sich beruflich weiterentwickelt hat, weil er seine Kenntnisse und Erfahrungen kontinuierlich ausgebaut hat, sollte bei einem Stellenwechsel die Möglichkeiten einer realistischen Gehaltssteigerung ausloten.

Argumentieren Sie inhaltlich

Aus der Sicht der Personalverantwortlichen sollte es Ihnen in diesem Fall vorrangig um Ihr berufliches Vorwärtskommen gehen. Sie müssen gegenüber Ihrem potenziellen Arbeitgeber Fortschritte in der Karriere inhaltlich plausibel machen, das Gehalt dagegen ist nur der formale Rahmen Ihrer zukünftigen Tätigkeit. Argumentieren Sie deshalb inhaltlich: Stellen Sie mit Ihrer Bewerbung heraus, dass Sie ein Gewinn für die neue Firma sind. Heben Sie Ihre Qualifikationen hervor, machen Sie an Beispielen fest, wie Ihnen Ihre persönlichen Fähigkeiten und fachlichen Kenntnisse dabei helfen, berufliche Aufgaben zu lösen. Es sollte klar werden, dass Ihre Arbeitsleistung für die Firma von Anfang an gewinnbringend ist.

Die Gehaltshöhe ermitteln

Beziehen Sie sich immer auf Bruttojahresgehälter

Argumentieren Sie immer mit Bruttojahresgehältern. Wenn Sie Monatsgehälter als Verhandlungsbasis angeben, haben Sie noch nicht die Anzahl der Monatsgehälter (12 oder 13) geklärt. Ebenso wenig haben Sie in Ihre Gehaltsvorstellungen Sonderleistungen und Vergünstigungen einbezogen. Überlegen Sie anhand der folgenden Übersicht, welche Zahlungen und Leistungen Sie in Ihrer momentanen Stelle erhalten, um Ihr Wunschgehalt bei einem neuen Arbeitgeber zu ermitteln.

ÜBERSICHT

Ihr Gehalt

Stellen Sie sich die folgenden Fragen, um Ihr momentanes Jahresgehalt komplett zu erfassen:

- → Erhalten Sie Urlaubs- oder Weihnachtsgeld?
- → Stellt man Ihnen einen Dienstwagen zur Verfügung?
- → Erhalten Sie vermögenswirksame Leistungen?
- → Hat Ihre Firma für Sie Zusatzversicherungen abgeschlossen?
- → Kommen Sie in den Genuss von Firmenrabatten?
- → Erhalten Sie kostengünstiges Mittagessen in der Kantine?
- → Wie sind die Reisekostenvergütungen bemessen?
- → Gibt es eine zusätzliche betriebliche Altersvorsorge?
- → Erhalten Sie Zusatzvergütungen für Außendienst oder Auslandseinsätze?
- → Werden Überstunden ausbezahlt?
- → Welche Weiterbildungskosten werden übernommen?

Als Richtschnur: 15 Prozent mehr

Wenn Sie Ihr momentanes Jahresgehalt komplett erfasst haben, verfügen Sie über eine Basis zur Ermittlung Ihres Wunschgehalts.

Berücksichtigen Sie auch, dass durch einen Arbeitsplatzwechsel höhere finanzielle Belastungen entstehen können. Diese sollten Sie im Blick behalten, damit Sie in der neuen Position trotz nomineller Gehaltssteigerungen nicht finanziell verlieren. Beziehen Sie die folgenden Punkte in Ihre Gehaltsüberlegungen mit ein:

- → **Wie hoch ist Ihre bisherige Mietbelastung, und wie hoch sind die Mietpreise an Ihrem neuen Tätigkeitsort (Stadt-Land-/Nord-Süd-/Ost-West-Gefälle)?**
- → **Entstehen Ihnen höhere Fahrtkosten?**
- → **Haben Sie aus Nebentätigkeiten zusätzliches Einkommen, das bei Ihrer neuen Stelle wegfallen würde?**

→ **Kann Ihre Lebenspartnerin beziehungsweise Ihr Lebenspartner weiterhin beruflich tätig sein?**

Ermitteln Sie die übliche Gehaltshöhe

Nachdem Sie Ihr derzeitiges Gehalt ermittelt haben, sollten Sie Informationen über den Gehaltsrahmen der neuen Stelle einholen. Informieren Sie sich über die in Ihrer Branche und in der von Ihnen angestrebten Position gezahlten Gehälter.

Das sollten Sie sich merken:
Ihre Vertrautheit mit den Anforderungen der neuen Stelle zeigt sich auch daran, dass Sie die übliche Gehaltshöhe kennen.

Nutzen Sie die Veröffentlichungen auf den Berufsseiten großer Tageszeitungen oder in Wirtschaftsjournalen und natürlich das Internet zur Ermittlung der üblichen Gehälter. Geben Sie in Suchmaschinen die Stichworte »Gehalt«, »Beruf« und »Jahr« ein, also beispielsweise »Gehalt«, »Kfz-Mechatroniker«, »2014«. Bekommen Sie keine ausreichenden Treffer, können Sie die Jahreszahl um ein Jahr verringern oder auch ganz weglassen.

Zulagen sind möglich

Gehälter, die für ein und dieselbe berufliche Tätigkeit gezahlt werden, unterliegen einer gewissen Schwankungsbreite. Das Gehalt, das Sie in Ihrer neuen Position erzielen können, hängt davon ab, wie gut Sie es schaffen, Ihren Nutzen für die neue Firma zu verdeutlichen. Bei überzeugenden Kandidaten gibt es durchaus die Möglichkeit, das Grundgehalt durch Zulagen zu erhöhen. Dies können leistungsabhängige Prämien, ein Dienstwagen auch zur privaten Nutzung, Aktienoptionen oder die Übernahme von Weiterbildungskosten sein.

Gehaltsvorstellungen im Anschreiben

Geben Sie Ihre Gehaltsvorstellung konkret an

In vielen Stellenanzeigen steht am Ende: »Bewerben Sie sich bitte unter Angabe Ihrer Gehaltsvorstellung.« Auf diese Forderung müssen Sie in Ihrem Anschreiben eingehen. Fangen Sie Ihr Anschreiben aber nicht gleich mit Ihren Gehaltswünschen an. Ihr Qualifikationsprofil ist für die Einstellung wesentlich wichtiger als eine abstrakte Zahl. Zuerst muss im Anschreiben der Wert Ihrer beruflichen Qualifikationen deutlich werden, erst danach sollten Sie die gewünschte Vergütung Ihrer Qualifikationen thematisieren. Nennen Sie Ihre Gehaltsvorstellung erst am Ende Ihres Anschreibens.

Geben Sie Ihre Gehaltsvorstellung konkret an, beispielsweise mit den folgenden Formulierungen:

- **»Meine Gehaltsvorstellung beträgt 48 500,- Euro brutto im Jahr.«**
- **»Ich strebe ein Bruttogehalt von 48 500,- Euro p. a. an.«**
- **»Mein Gehaltswunsch liegt bei 48 500,- Euro Bruttogehalt pro Jahr.«**

Legen Sie einen Rahmen fest

Wenn Sie noch nicht wissen, was in der neuen Position an Belastungen auf Sie zukommt, können Sie auch einen Gehaltsrahmen angeben. Ist Ihnen unklar, wie umfangreich der Anteil von Dienstreisen, Auslandseinsätzen oder Überstunden sein wird, können Sie die Frage nach Ihrer Gehaltsvorstellung so beantworten: »Zu meinen genauen Gehaltsvorstellungen möchte ich mich erst nach weitergehenden Informationen über die ausgeschriebene Position äußern. Ein Rahmen von 46 000,- bis 51 000,- Euro brutto pro Jahr wäre für mich akzeptabel.«

Aber Vorsicht: Geben Sie nie Ihr letztes Jahresgehalt an. Wenn Sie formulieren: »Mein Bruttogehalt betrug im letzten Jahr 40 900,- Euro«, beantworten Sie nicht die Frage nach Ihrer Gehaltsvorstellung!

Gehen Sie sorgfältig mit firmeninternen Informationen um

Äußerst problematisch ist es, wenn Sie in Ihrem derzeitigen Arbeitsvertrag Stillschweigen über Ihr Gehalt vereinbart haben. Dann dürfen Sie Ihre Gehaltshöhe auf keinen Fall schriftlich Dritten mitteilen. Wenn Personalverantwortliche lesen: »Aus der beiliegenden Kopie meiner Gehaltsabrechnung können Sie meinen Verdienst ersehen«, werden ihnen deutliche Zweifel an der Integrität des Absenders kommen.

Ihr Ziel: die Einladung zum Vorstellungsgespräch

Wenn die Angabe Ihrer Gehaltsvorstellung nicht ausdrücklich gefordert wird, sollten Sie sich im schriftlichen Bewerbungsverfahren bedeckt halten. Vermitteln Sie Personalverantwortlichen erst ein Bild Ihrer Kenntnisse und Fähigkeiten. Überzeugen Sie sie davon, dass Sie ein geeigneter Kandidat sind. Das Ziel Ihrer schriftlichen Bewerbung ist, dass Sie wegen Ihres interessanten Profils zu einem Vorstellungsgespräch eingeladen werden. Im Gespräch lässt sich ein Abgleich Ihrer Gehaltsvorstellungen mit den Vorstellungen der Unternehmensseite besser durchführen.

CHECKLISTE

Checkliste für Ihre Gehaltsangabe im Anschreiben

- ◯ Haben Sie bei der Ermittlung Ihres derzeitigen Gehalts sämtliche geldwerten Vorteile miteinbezogen (Weihnachtsgeld, Urlaubsgeld, Firmenwagen, Reisekostenvergütungen, ausbezahlte Überstunden, Weiterbildungskosten et cetera)?

- ◯ Haben Sie eingerechnet, ob durch den neuen Job höhere Kosten auf Sie zukommen (Miete, Umzug, Wegfall des Einkommens des Partners, Fahrtkosten)?
- ◯ Haben Sie sich über den Gehaltsrahmen informiert, der für die von Ihnen angestrebte Position üblich ist?
- ◯ Liegt Ihr Gehaltswunsch rund 15 Prozent über dem, was Sie nun verdienen (gilt für einen Karriereschritt)?
- ◯ Argumentieren Sie mit Bruttojahresgehältern?
- ◯ Haben Sie Ihren Gehaltswunsch als Spanne wiedergegeben oder einen konkreten Betrag genannt?
- ◯ Haben Sie bedacht, auf keinen Fall Ihr derzeitiges Gehalt anzugeben?
- ◯ Steht Ihre Gehaltsvorstellung am Ende des Anschreibens?

11. Der Lebenslauf

Nach Ihrem Anschreiben wird Ihr Lebenslauf gelesen und ausgewertet. In diesem Kapitel zeigen wir Ihnen, wie Sie Ihre bisherige berufliche Entwicklung in Ihrem Lebenslauf so darstellen, dass Sie zum gefragten »passgenauen« Bewerber werden. Unsere Tipps und Beispiele ermöglichen Ihnen die Ausarbeitung Ihres individuellen Lebenslaufs.

Die berufliche Entwicklung nachvollziehbar machen

Der Lebenslauf ist neben dem Anschreiben das zentrale Element in Ihrer Bewerbungsmappe. Er soll Ihre berufliche Entwicklung nachvollziehbar machen und verdeutlichen, welche Erfahrungen und Kenntnisse Sie mitbringen, und dies nicht nur für Ihren aktuellen Arbeitsplatz, sondern auch für vorhergehende. Darüber hinaus sind Personalverantwortliche auch daran interessiert, welche Ausbildung(en) Sie durchlaufen und in welchen Themengebieten Sie sich fortgebildet haben.

Weg vom Standardlebenslauf

Passgenau und individuell

Verabschieden Sie sich von der Vorstellung, dass Sie mit einem Standardlebenslauf Erfolg haben werden, das heißt: mit ein und demselben Lebenslauf, den Sie unverändert an alle möglichen Firmen verschicken. Ihr individuelles Profil ist auch beim Lebenslauf gefragt. Schließlich möchten Sie sich ja mit Ihren individuellen beruflichen Stärken eine Einladung zum Vorstellungsgespräch erarbeiten.

Ein häufiger Fehler von Bewerbern ist das Aufbereiten alter Lebensläufe, also das stete Hinzufügen von ein paar Zeilen, um ihn im Lauf der Jahre zu aktualisieren. Stehen im Lebenslauf eines Stellensuchenden mit umfassender Berufserfahrung noch die jahrelang zurückliegenden Praktika aus dem Studium, so wirkt dies auf die Leser sehr befremdlich. Zudem ergibt sich beim Recyclingversuch meist auch eine falsche Gewichtung der verschiedenen Blöcke.

Das sollten Sie sich merken:
Nicht nur das Anschreiben, sondern auch der Lebenslauf muss passgenau erstellt werden. Personalverantwortliche wollen daraus ersehen, ob der Bewerber genug Wissen und Erfahrung mitbringt, um die ausgeschriebene Stelle ausfüllen zu können.

Nutzen Sie den Gestaltungsspielraum

Sie haben bei der Ausformulierung Ihres Lebenslaufs einen Gestaltungsspielraum, den Sie nutzen sollten. Haben Sie in den vergangenen Jahren beispielsweise an vier verschiedenen Arbeitsplätzen gewirkt, sollten Sie bei der Darstellung der dazugehörigen Arbeitsinhalte den Schwerpunkt auf die letzten beiden Stellen legen und diese wesentlich ausführlicher beschreiben als weiter zurückliegende.

Gehen Sie auf ihre beruflichen Tätigkeiten ein

Bei der Darstellung der beruflichen Stationen ist die bloße Angabe des Arbeitgebers und der Berufsbezeichnung viel zu wenig. Schreiben Sie also nicht »10/2010 bis 04/2014, Fa. Müller, Einzelhandelskaufmann«. Sie wissen bestimmt selbst, wie sehr heutige Arbeitsfelder spezialisiert sind. Gehen Sie daher auch auf die von Ihnen ausgeübten Tätigkeiten ein. Im vorliegenden Beispiel wäre daher diese Version besser: »10/2010 bis 04/2014, Müller Handelsgesellschaft mbH, Abteilung Einkauf, Einkäufer; Tätigkeiten: Lieferantenauswahl, Preisverhandlungen, Bedarfsermittlung, Festlegung von Produktspezifikationen«. Und beachten Sie: Personalverantwortliche legen viel Wert auf korrekte Angaben im Lebenslauf. Dazu gehört auch der volle Firmenname mit der richtigen Rechtsform.

Viele Lebensläufe sind schlichtweg zu umfangreich. Wer in seinem Lebenslauf Wichtiges nicht von Unwichtigem unterscheiden kann, setzt sich dem Verdacht aus, dass ihm dies auch im Berufsalltag nicht gelingt. Sie müssen deshalb vorwiegend diejenigen Informationen herausstellen, die für die angeschriebenen Unternehmen interessant sind.

Übersicht und Struktur

Die Übersichtlichkeit von Lebensläufen leidet häufig auch darunter, dass Bewerber einfach ihren Lebensweg nacherzählen. Dies ist aus Sicht der Personalprofis jedoch ein großer Fehler, denn der Lebenslauf muss schließlich ein berufliches Profil erkennen lassen. Informationen müssen strukturiert werden, damit der Leser sie aufnehmen und verwerten kann. Daher ist eine sinnvolle Blockbildung als Strukturierung des Lebenslaufs unerlässlich.

Lückenlos und plausibel

Die Überprüfung von Lebensläufen in der Personalabteilung beinhaltet auch eine Rechenaufgabe: Es wird untersucht, ob der Bewerber etwas verschweigen will. Deshalb sind Lücken im Lebenslauf immer sehr problematisch. Führen Sie deshalb in einer Zeitleiste lückenlos Ihre Verweildauer in den einzelnen Stationen an. Geben Sie den Personalprofis keinen Anlass zum Grübeln, und füllen Sie eventuelle Lücken mit sinnvollen Tätigkeiten auf.

Vorsicht Falle!
Geben Sie die Zeiten im Lebenslauf in Monaten und nicht nur in Jahreszahlen an, sonst fangen Personalprofis zu rechnen und dann zu spekulieren an – in der Regel zu Ihren Ungunsten!

So gelingt Ihr Lebenslauf

Wichtig: die Nähe zur neuen Stelle

Tun Sie den ersten wichtigen Schritt: Füllen Sie Ihre beruflichen Stationen durch Tätigkeitsangaben mit Leben. Achten Sie darauf, dass Sie die ausgeschriebene Stelle im Blick haben, und stellen Sie diejenigen Erfahrungen besonders heraus, die eine Nähe zur angestrebten neuen Stelle aufweisen. Sie haben in Ihrer Vorbereitung schließlich schon eine Bilanz darüber erstellt, was Sie sich in Ihren einzelnen beruflichen Stationen an Kenntnissen und Fähigkeiten erarbeitet haben. Diese Bestandsaufnahme sollten Sie nun für Ihren Lebenslauf nutzen.

Untergliedern Sie Ihren Lebenslauf in Blöcke, um für Übersichtlichkeit und Prüfungsfreundlichkeit zu sorgen. Nicht alle Lebensläufe müssen nach der gleichen Struktur verfasst sein. Manch einer hat erst eine Ausbildung gemacht und dann die Fachhochschulreife nachgeholt, andere haben ein Studium an einer Universität abgebrochen, um dann das Diplom an der Fachhochschule zu machen. Je nach individuellem Werdegang ist der Lebenslauf anzupassen. Bewährt haben sich die Blöcke:

→ **persönliche Daten,**
→ **Berufstätigkeit,**
→ **Ausbildung/Studium,**
→ **Schule,**
→ **eventuell Wehrdienst, Zivildienst, soziales Jahr, Au-pair,**
→ **Weiterbildung,**
→ **Zusatzqualifikationen.**

Persönliche Daten: Bei den persönlichen Daten führen Sie Ihren Namen, Ihren Geburtstag und -ort sowie Ihren Familienstand und eventuell Ihre Kinder auf. Ihre vollständige Adresse mit Telefonnummer und privater E-Mail-Adresse können Sie ebenfalls in diesen Block stellen oder oberhalb als Kopfzeile einfügen. Wie dies im Einzelnen aussehen kann, zeigen wir Ihnen später an ausgewählten Beispielen.

Besonders wichtig: der Block »Berufstätigkeit«

Berufstätigkeit: Dieser Block hat eine zentrale Bedeutung. Geben Sie Ihre beruflichen Stationen immer nach dem folgenden Schema an: Firma (mit richtiger Rechtsform), Bereich oder Abteilung, Tätigkeitsbezeichnung (wie im Arbeitszeugnis), ausgewählte Aufgaben. Mit dieser Form der Beschreibung Ihrer beruflichen Stationen sorgen Sie für Aussagekraft. Beschränken Sie sich nicht nur auf Ihre Tätigkeiten im Tagesgeschäft. Wenn Sie besondere Aufgaben übernommen oder in Projekten mitgewirkt haben, sollten Sie diese ebenfalls aufnehmen. Eine Zusammenstellung Ihrer Tätigkeiten haben Sie bereits in Ihrer Bestandsaufnahme erarbeitet. Orientieren Sie sich daran und nehmen

Sie die erarbeiteten Schlüsselbegriffe auf, die Sie in Kapitel 5 (»Warum sollten wir gerade Sie einstellen? Ihre Selbstpräsentation«) in der Übung »Schlüsselbegriffe und Schlagworte finden und einsetzen« zusammengestellt haben.

Bewerbung als Abteilungsleiter Einkauf

BEISPIEL

Ein Bewerber, der sich von der Position des stellvertretenden Abteilungsleiters Einkauf auf die Stelle eines Abteilungsleiters Einkauf bewirbt, formuliert überzeugend, wenn er diese Beschreibung wählt:

3/2010 – heute	Import AG, Bremen, Abteilung Einkauf, stellvertretender Abteilungsleiter – Leitung des Einkaufs für die Teilsortimente Textil- und Hartwaren, Sortimentsanalyse und -planung für die Niederlande, Österreich und Deutschland – Projektgruppe: Zentralisierung des europäischen Beschaffungsmanagements – verantwortlich für die Führung von zwölf Mitarbeitern
01/2005 – 02/2010	Hans-Jörg Müller GmbH, Bielefeld, Abteilung Einkauf und Vertrieb, kaufmännischer Angestellter – Warenwirtschaft, Planung und Beschaffung, Kostenkontrolle Einkauf – Betreuung von Einkaufszentralen und Großhändlern

Alle im Lebenslauf angegebenen Tätigkeiten müssen Sie mit Beispielen aus Ihrer Berufstätigkeit belegen können – spätestens im Vorstellungsgespräch. Geben Sie daher keine Tätigkeiten an, die Ihnen nur aus der Beobachtung bekannt sind, bei denen Sie etwa Ihrem Kollegen »über die Schulter geschaut« haben! Dennoch sollten Sie sich bei der Ausarbeitung Ihres Lebenslaufs nicht zu sehr beschränken. Wenn Sie eine Tätigkeit angeben, heißt dies nicht, dass Sie sie durchgehend im Tagesgeschäft ausgeübt haben. Sie können durchaus Tätigkeiten nennen, mit denen Sie in einem zeitlich begrenzten Projekt in Berührung gekommen sind. Es gilt die Regel: Wenn Sie für eine Tätigkeit ein Beispiel aus Ihrer Berufspraxis finden, dürfen Sie sie auch im Lebenslauf anführen.

Heben Sie Ihre berufliche Entwicklung deutlich hervor

Ein häufiger Bewerberfehler ist die mangelhafte Darstellung einer beruflichen Entwicklung, wenn ein größerer Zeitraum in ein und derselben Firma verbracht wurde. Wenn im Lebenslauf nur die aktuelle Position angegeben und nicht näher auf die Entwicklung, die der Bewerber im Lauf seiner Verweildauer in der Firma gemacht hat, eingegangen wird, vermuten Personalverantwortliche einen jahrelangen Stillstand in der Entwicklung.

Zwölf Jahre Stillstand?

BEISPIEL

Eine Bewerberin macht in ihrem Lebenslauf die folgende Angabe:

10/2001– 03/2014	Auto AG, Assistentin im Vertrieb

Dies gibt Anlass zu Spekulationen. Wenn Personalverantwortliche diese knappe Angabe über einen Zeitraum von zwölf Jahren im Lebenslauf lesen, stellen sie sich automatisch die folgenden Fragen:

- → **Ist die Bewerberin zwölf Jahre auf ihrer Einstiegsposition als Vertriebsassistentin hängen geblieben?**
- → **Hat man die Bewerberin wegen schlechter Leistungen zurückgestuft?**
- → **Ist die Bewerberin unflexibel, nicht lernfähig und nicht aufstiegsorientiert?**
- → **Hat man der Bewerberin gekündigt, weil man sie nicht in eine Position mit neu definierten Aufgaben einbinden kann?**
- → **Hat man die Bewerberin von einer anderen Position entbunden und sie auf der Assistentinnenposition kaltgestellt, damit sie von sich aus kündigt?**

Die Chance, Missverständnisse auszuräumen, hätte diese Bewerberin erst im Vorstellungsgespräch. Dazu wird es aufgrund der Zweifel aber üblicherweise nicht kommen.

Besser ist es für die Bewerberin, in ihrem Lebenslauf ihre Tätigkeit für die Firma Auto AG in einzelne Entwicklungsschritte zu untergliedern und jeden Schritt inhaltlich mit Tätigkeitsbeschreibungen zu füllen. Dadurch wird auch deutlich, dass sich hinter der Berufsbezeichnung »Assistentin im Vertrieb« keine Vertriebsassistentin, sondern die Assistentin des Konzernvertriebschefs verbirgt. Die überarbeitete Darstellung lautet:

10/2001 – 03/2014	Auto AG, Stuttgart
09/2009 – 03/2014	Assistentin des Konzernvertriebschefs; Planung und Umsetzung internationaler Vertriebsaktivitäten, Aufbau und Betreuung internationaler Handelspartner, Organisation internationaler Verkaufsmessen, Leitung des Key-Account-Teams
01/2004 – 08/2009	Account-Managerin; aktives Kunden-Beziehungsmanagement, Messeplanung und Koordination, Produktpotenzialanalysen, Projektleitung »Strategische Geschäftsentwicklung«
10/2001 – 12/2004	Vertriebsassistentin; Markt- und Wettbewerberbeobachtung, Außendienstunterstützung, Kundenakquisition

Ihr Studium, Ihre Ausbildung im Verhältnis zur Berufserfahrung

Ausbildung/Studium: Wenn Sie bereits über mehrere Jahre Berufserfahrung verfügen, können Sie die Angaben in diesem Block knapp halten. Geben Sie entweder die Ausbildungsfirma, den Ausbildungsgang und den Abschluss an, oder nennen Sie die Hochschule, den Studiengang und den erworbenen Studienabschluss.

Bewerber mit mehr als drei Jahren Berufserfahrung

BEISPIEL

09/2005 – 10/2009	Universität Münster, Studium der Betriebswirtschaftslehre
15.10.2009	Diplom-Kaufmann, Gesamtnote »gut«

Bewerber mit Hochschulabschluss und weniger als drei Jahren Berufserfahrung

09/2007 – 10/2012	Universität Münster, Studium der Betriebswirtschaftslehre, Schwerpunkte: Distribution, Handel und Marketing
15.10.2012	Diplom-Kaufmann, Gesamtnote »gut«

Bewerberin mit Berufsausbildung und weniger als drei Jahren Berufserfahrung

08/2009 – 07/2013	ABC-Bank AG, Hamburg, Ausbildung zur Bankkauffrau, Mitarbeit in den Abteilungen Privatkredite und Wertpapiere
15.07.2013	Abschlussprüfung Bankkauffrau, Gesamtnote »gut«

Schule: Dieser Block ist nur für Berufseinsteiger relevant. Für Stellensuchende mit mehrjähriger Berufserfahrung ist es besser, die Schule mit dem Block Ausbildung/Studium zusammenzufügen. Sie brauchen dann nur den letzten erworbenen Schulabschluss zu nennen, denn ihre Grundschulzeit interessiert Personalverantwortliche wirklich nicht mehr.

Wehrdienst, Zivildienst, soziales Jahr, Au-pair: Damit keine Lücken im Lebenslauf auftauchen, sollten Sie Angaben in diesem Block machen, sofern Sie hier auf Erfahrungen zurückblicken können; ansonsten kann er jedoch entfallen.

Zeigen Sie Ihre Leistungsbereitschaft

Weiterbildung: Unternehmen sind immer auf der Suche nach Bewerbern, die fachlich am Ball bleiben. Aber auch Trainings und Seminare im Soft-Skill-Bereich werden gerne gesehen. Die Kurse werden mit dem Träger, also der für die Durchführung verantwortlichen Organisation, und dem Originaltitel des Kurses angegeben. Die Inhalte brauchen Sie nur anführen, wenn der Seminartitel nicht aussagekräftig ist. Nennen Sie auch bei Weiterbildungsmaßnahmen eine Zeitangabe, damit man erkennen kann, dass Ihr Wissen aktuell ist.

Auf dem neuesten Stand

BEISPIEL

10/2012	Haus der Technik e.V. Außeninstitut der RWTH Aachen, Seminar: Autonome Arbeitsgruppen in der Produktion, Inhalt: Minimierung der Rüstzeiten bei Produktionsumstellungen
04/2013	Bildungswerk für Gesundheitsberufe e.V., Workshop: Akupressur
09/2013	Allfinanz Akademie, Seminar: Kundengespräche erfolgreich führen

Sprach- und EDV-Kenntnisse bewerten

Zusatzqualifikationen: Hier führen Sie Ihre Sprach- und EDV-Kenntnisse auf. Denken Sie daran, dass Sie Ihre Kenntnisse bewerten. Gängige Abstufungen sind »Grundkenntnisse«, »gut«, »sehr gut« und als höchste Stufe »verhandlungssicher« bei Sprachen oder »ständig in Anwendung« bei Computerprogrammen.

Zusätzlich zu den genannten Blöcken können Sie in einem Block »Sonstiges« noch Ihr ehrenamtliches Engagement und Ihre (berufsbezogenen) Vereinsmitgliedschaften sowie Hobbys aufführen. Sehen Sie sich jedoch vor bei der Darstellung Ihrer Hobbys: Führen Sie nicht zu viele auf, sonst nimmt der Personalverantwortliche leicht an, dass Sie lieber in der Freizeit als am Arbeitsplatz aktiv sind.

Vorsicht Falle!
Geben Sie keine Hobbys an, aus denen man schließen könnte, dass sie in irgendeiner Form Ihre Berufstätigkeit negativ beeinflussen. Dazu gehören Risikosportarten (hohe Verletzungsgefahr), Leistungssport (keine Zeit für den Beruf) und Sportarten, die an geografische Vorgaben gebunden sind (Skifahren, Klettern oder Segeln).

Unterschreiben Sie mit Ort und Datum

Versehen Sie Ihren Lebenslauf am Ende mit Erstellungsort und Tagesdatum, und unterschreiben Sie ihn. So wirkt er bis zuletzt individuell erstellt und passgenau für die ausgeschriebene Stelle aufbereitet.

Lücken im Lebenslauf

Füllen Sie Lücken mit sinnvollen Tätigkeiten

Gestalten Sie Ihren Lebenslauf immer so, dass links auf dem Blatt eine Zeitachse zu erkennen ist. Die Vorprüfung von Lebensläufen in Personalabteilungen ist auch eine Rechentätigkeit: Es sollen Fehlzeiten aufgespürt und Lücken entdeckt werden. Lücken sind Zeiträume von über zwei Monaten, für die Sie keine Tätigkeiten angeben. Versuchen Sie, eventuelle Lücken mit sinnvollen Tätigkeiten auszufüllen.

Wenn Sie zwischen zwei Stellen einen mehrmonatigen Leerlauf haben, sollten Sie darstellen, was Sie in dieser Zeit gemacht haben. Beispielsweise sind Bewerber durchaus gefragt, die größere Zeiträume zur eigenen Verfügung haben und von sich aus tätig werden, um sich sinnvoll zu beschäftigen. Es spricht für Ihre Berufsorientierung und Ihren Einsatzwillen, wenn Sie innerhalb Ihrer sechsmonatigen Arbeitslosigkeit Computer-, Sprach- und Fachkurse belegt haben, um die Chancen für einen Neueinstieg in Ihrem Berufsfeld zu erhöhen.

Aktiv statt arbeitslos

BEISPIEL

Statt eine unfreiwillige Wartezeit einfach so darzustellen: »10/2011 – 02/2012 arbeitslos«, beschreiben Sie, was Sie getan haben:

10/2013 – 02/2014	arbeitsuchend, parallel dazu Besuch von EDV-Schulungen (Excel und PowerPoint) und Sprachkursen (Business-Englisch)

Belegen Sie Ihre Eigeninitiative

Bewerberinnen, die ihre Berufstätigkeit wegen der Erziehung ihrer Kinder unterbrochen haben, sollten dies auch im Lebenslauf erwähnen. Die bloße Angabe von Kindern im Block »Persönliche Daten« ist dazu nicht ausreichend. Stellen Sie nach Möglichkeit dar, dass Sie nach einer gewissen Auszeit wieder damit begonnen haben, sich mit beruflichen Inhalten auseinanderzusetzen. Dies kann eine Aushilfstätigkeit beim alten Arbeitgeber sein, aber auch der Besuch von Computerkursen. Wenn Sie sich zur Vorbereitung auf Ihren Wiedereinstieg in Eigenarbeit PC-Programme erschlossen haben, sollten Sie dies mit einem passenden Zeitrahmen im Lebenslauf angeben. Am meisten geeignet sind die letzten zwölf Monate vor Ihrer Bewerbung. Zeigen Sie, dass Sie sich für die Neuaufnahme Ihrer beruflichen Tätigkeit fit gemacht und den Anschluss an aktuelle Entwicklungen gefunden haben.

Aktive Elternzeit

BEISPIEL

Die Darstellung »05/2007 – 03/2014 Erziehung meiner Kinder« ist zu wenig. Aussagekräftiger ist eine Darstellung, die auch auf Weiter-/Fortbildung und Aushilfstätigkeiten Bezug nimmt und damit zeigt, dass sich die Bewerberin auf einen Wiedereinstieg in das Berufsleben vorbereitet hat. Beispielsweise so:

05/2007 – 03/2014	Erziehung meiner Tochter Andrea und meines Sohnes Patrick
02/2013 – 09/2013	Vertiefung der PC-Kenntnisse, insbesondere Textverarbeitung und Datenbanken
10/2013 – 03/2014	Rechtsanwaltskanzlei Meyer & Schmidt, Aushilfstätigkeiten im Sekretariat
seit 01/2014	Einarbeitung ins Internet (Anwendung und HTML)

Kommentierte Lebensläufe

Wir werden Ihnen nun anhand eines Praxisbeispiels erläutern, wie sich Bewerber mit ihren Lebensläufen ins Abseits stellen. Sie werden den Lebenslauf von Jörg Rusitzki sehen, der als kaufmännisch-technischer Sachbearbeiter tätig ist und das Unternehmen wechseln möchte.

Die Sicht der Personalverantwortlichen

Da Kritik allein Ihnen natürlich nicht weiterhilft, liefern wir Ihnen nach dem misslungenen Beispiel eine überarbeitete Version. Sowohl das Negativ- als auch das Positivbeispiel erläutern wir Ihnen aus der Sicht von Personalverantwortlichen, damit Ihnen klar wird, worauf es im Lebenslauf ankommt und worauf der professionelle Leser von Bewerbungsunterlagen achtet.

DOWNLOAD

In dem Zusatzmaterial zu den Püttjer-und-Schnierda-Bewerbungsratgebern finden Sie weitere Checklisten und Übungen zum Erstellen von Lebensläufen. Der Weg zum Download ist am Ende des Buches erklärt.

Lebenslauf

Persönliche Daten

Vor- und Familienname:	Jörg Rusitzki
Adresse:	Schaffhauser Gasse 18
Geburtstag:	12. Oktober 1978
Geburtsort:	Darmstadt
Familienstand:	geschieden

Schulausbildung

7/84–7/88	Grundschule Darmstadt IV
8/88–7/90	Adenauer Gymnasium Darmstadt
8/90–6/96	Realschule Darmstadt

Wehrdienst

7/96–10/79	Heer

Berufsausbildung

9/98–7/01	Ausbildung zum Bürokaufmann bei der Glasbau GmbH & Co. KG, Darmstadt

Beruf

8/01–7/02	Weiterbeschäftigung als Bürokraft bei der Ausbildugsfirma
10/02–9/05	Einkäufer bei der Metallproduktion GmbH
10/05–12/10	Mitarbeiter in der Materialwirtschaft bei der Baumaschinen GmbH & Co. KG, Mitarbeit an diversen Projekten

→ FORTSETZUNG AUF DER NÄCHSTEN SEITE

1/10–heute	Kaufmännisch-technischer Sachbearbeiter bei der Handelsgesellschaft mbH, Abwicklung von Aufträgen, Teilnahme an Weiterbildungsveranstaltungen
Fremdsprachen	Englisch
EDV-Kenntnisse	Word, Excel
Hobbys	Rad fahren, Autorennen

Augsburg, 25. Mai 2014

Wichtig: der richtige Aufbau

Fehler: falscher Aufbau. Nur auf den ersten Blick hat der Bewerber seinen Lebenslauf gut gegliedert. Er beginnt mit den persönlichen Daten, beschreibt dann Schule, Wehrdienst, Berufsausbildung und Beruf. Der Lebenslauf schließt mit der Angabe von Fremdsprachen, EDV-Kenntnissen und Hobbys. Diese chronologische Gliederung empfiehlt sich in der Regel nicht für eine Person, die mitten im Berufsleben steht, sondern eher für Schulabgänger. Denn sämtliche Informationen auf der ersten Seite des Lebenslaufs bringen Personalverantwortliche bei der Überprüfung der Bewerberqualifikation nicht weiter. Es wäre besser gewesen, wenn Herr Rusitzki zu einem rückwärts-chronologischen Aufbau gegriffen hätte, also nach den persönlichen Daten gleich in den Block »Beruf« eingestiegen wäre. Dort hätte er dann die aktuelle Position als Erstes nennen sollen, um dann Schritt für Schritt weiter zurück bis zur Einstiegsposition zu gehen.

Zeigen Sie Ihre Stärken

Fehler: übertriebene Ehrlichkeit. Bereits im Block Schulausbildung kommt der professionelle Leser ins Grübeln: Warum hat Herr Rusitzki vom Gymnasium auf die Realschule wechseln müssen? Der Wechsel an sich ist nicht problematisch, aber dass Herr Rusitzki meint, dies so deutlich angeben zu müssen, lässt vermuten, dass er seinen »Abstieg« bis zum heutigen Tag nicht verwunden hat. Einmal auf die Fährte gebracht, werden Personalverantwortliche nach weiteren Ungereimtheiten suchen. Schnelles Kopfrechnen macht klar: Zwischen dem Ende des Wehrdienstes und dem Beginn der Berufsausbildung klafft eine Lücke von einem Jahr. Hierzu fehlen Angaben. Will der Bewerber etwa verbergen, dass ihn zunächst keine Ausbildungsfirma haben wollte?

Lassen Sie auch Ihren Lebenslauf gegenlesen

Fehler: Flüchtigkeit. Je nach angestrebtem Tätigkeitsfeld werden einzelne Rechtschreib- oder Kommafehler mehr oder weniger großzügig verziehen. Dass der Bewerber »Ausbildugsfirma« statt »Ausbildungsfirma« schreibt, könnte also noch durchgehen. Treten daneben aber noch weitere Flüchtigkeitsfehler auf, wird man dem Bewerber eine grundsätzlich mangelhafte Sorgfalt unterstellen. In diesem Fall fehlt im Block »Persönliche Daten« die Angabe des Wohnorts mit Postleitzahl. Auf eine Ortsangabe verzichtet Herr Rusitzki auch bei allen seinen Arbeitgebern. Und dann hat sich noch im Block Wehrdienst ein Zahlendreher eingeschlichen. Sicherlich dauerte der Wehrdienst bis 10/97 und nicht bis 10/79.

Berufliche Erfahrungen hervorheben

Fehler: Informationsarmut. Der Bewerber ist nicht in der Lage, die für Personalverantwortliche wirklich wichtigen Informationen in den Vordergrund zu stellen. Seine Grundschulzeit interessiert nun wirklich nicht mehr. Diesen verschwendeten Platz hätte er lieber für eine ausführlichere Darstellung seiner beruflichen Stationen verwenden sollen. Im Block »Beruf« gibt er fast keine Informationen zu den Aufgaben, die er bei den verschiedenen Arbeitgebern bewältigt hat. Die Angabe »Abwicklung von Aufträgen« ist viel zu knapp, um seine momentane Tätigkeit erfassen zu können. Auch die Beschreibungen »Mitarbeit an diversen Projekten« und »Teilnahme an Weiterbildungsveranstaltungen« sind ohne eine konkrete Auflistung von Projekten oder Seminaren nichtssagend. Besondere berufliche Erfahrungen werden aus dem Lebenslauf von Herrn Rusitzki nicht deutlich.

Konkrete Angaben bringen Sie weiter

Fehler: Fremdsprachen- und EDV-Kenntnisse nicht bewertet. Aus der bloßen Nennung von Sprach- und EDV-Kenntnissen lässt sich für Personalverantwortliche noch nicht erschließen, wie gut diese sind. Eine Bewertung durch den Bewerber ist daher unerlässlich. Herr Rusitzki verzichtet darauf. Man ist also gezwungen, Vermutungen anzustellen. Seine Englischkenntnisse könnten durchaus noch Restbestände der Schulbildung sein. Vielleicht beschränken sich auch seine EDV-Kenntnisse auf veraltete Programmversionen, die er vor vielen Jahren einmal bedient hat.

Wählen Sie auch Ihre Hobbys sorgfältig aus

Fehler: mehrdeutige Hobbys. Dass sich Herr Rusitzki mit Radfahren fit hält, ist prima. Warum er aber seine Gesundheit bei Autorennen aufs Spiel setzt, ist weniger verständlich. Wieder einmal wirkt sich die mangelnde Detailarbeit des Bewerbers zu seinen Ungunsten aus. Wohlmeinende Personalverantwortliche könnten zwar vermuten, dass Herr Rusitzki eher als Zuschauer an Autorennen teilnimmt oder eine Carrerabahn in seinem Hobbykeller aufgebaut hat. Geschrieben hat er es aber nicht. Und nicht alle Personalverantwortlichen sind wohlmeinend.

Aktive Weiterentwicklung ist wichtig

Fehler: Stillstand. Detaillierte Angaben zu Weiterbildungen fehlen völlig. Es genügt nicht, dass der Bewerber bei seiner jetzigen Tätigkeit »Teilnahme an Weiterbildungsveranstaltungen« vermerkt. Arbeitnehmer, die nicht zum Stillstand gekommen sind, sondern sich aktiv um ihre Entwicklung kümmern, sind in den Unternehmen gern gesehen. Schade, dass Herr Rusitzki diese Chance hat verstreichen lassen.

Fazit: Ein Standardlebenslauf, mit dem der Bewerber sich nicht von der Masse abheben kann. Ein individuelles Profil und besondere Stärken werden nicht deutlich. Wegen des nur eingeschränkten Informationsgehalts fallen die groben Schnitzer, die sich Herr Rusitzki geleistet hat, umso schwerer ins Gewicht. Eine Einladung zum Vorstellungsgespräch wird nicht erfolgen.

Damit Sie sehen, wie sich Missverständnisse vermeiden lassen, zeigen wir Ihnen nun eine zweite, verbesserte Version des Lebenslaufs.

Persönliche Daten

Jörg Rusitzki
Schaffhauser Gasse 18, 86878 Augsburg
geb. am 12. Oktober 1978 in Darmstadt, geschieden
Tel.: 0821 1234567
E-Mail: j.rusitzki@web.de

Lebenslauf

Berufstätigkeiten

01/2011 – heute	Kaufmännisch-technischer Sachbearbeiter bei der Handelsgesellschaft mbH, Augsburg Stellvertretender Leiter der Abwicklungsabteilung Tätigkeiten: Koordinierung von Vertrieb und Produktion, Auftragsabwicklung, Produktübergabe an den Kunden, Gestaltung von Kundenbeziehungen
10/2005 – 12/2011	Kaufmann in der Materialwirtschaft bei der Baumaschinen GmbH & Co. KG, Augsburg Tätigkeiten: Planung und Steuerung der Materialwirtschaft, Lagerbestandskontrolle, Materialplanung, Versandabwicklung Projekte: Einführung eines neuen Materialwirtschaftssystems, Inbetriebnahme eines hochautomatisierten Lagers
10/2002 – 09/2005	Einkäufer bei der Metallproduktions GmbH, Darmstadt Tätigkeiten: Lieferantenauswahl, Konditionenverhandlung, Sicherstellung von Lieferterminen, Bedarfsermittlung, Verantwortung für die Warengruppe Kleinteile
08/2001 – 07/2002	Vertriebsmitarbeiter im Innendienst bei der Glasbau GmbH & Co. KG, Darmstadt Tätigkeiten: Datenpflege, Terminvereinbarung, Projektverfolgung

→ FORTSETZUNG AUF DER NÄCHSTEN SEITE

Ausbildung, Wehrdienst, Praktikum, Schule

09/1998 – 07/2001	Ausbildung zum Bürokaufmann bei der Glasbau GmbH & Co. KG, Darmstadt
01/1998 – 07/1998	Praktikum bei der Im- und Export AG, Darmstadt
07/1996 – 10/1997	Wehrdienst beim Heer
25.06.1996	Realschulabschluss
Weiterbildung	1/2014, IHK Darmstadt, Lotus Notes 05/2013, PC-Akademie, MS Project für Praktiker 08/2012, PC-Akademie, Excel für Fortgeschrittene 05/2011, Karriereakademie, Verhandlungsführung
Fremdsprachen	Englisch (gut)
EDV-Kenntnisse	Word und Excel (beide ständig in Anwendung) MS Project (gut) Lotus Notes (gut)
Hobbys	Rad fahren, Besuch von Oldtimer-Rennveranstaltungen

Augsburg, 25. Mai 2014

Stimmen Sie Ihren Lebenslauf auf die neue Position ab

Überzeugend: wichtige Informationen zuerst. Herr Rusitzki führt nun die persönlichen Daten direkt neben dem Bewerbungsfoto auf, womit er zusätzlichen Platz gewinnt. Er beginnt die Darstellung seiner Berufserfahrung mit der Beschreibung der Arbeitsinhalte in seiner momentanen Position. Die für den neuen Arbeitgeber wichtigen Tätigkeiten beschreibt er ausführlich. Ausgewählte Projekte, die Herr Rusitzki bei seinem vorherigen Arbeitgeber durchgeführt hat, werden ebenfalls hervorgehoben. Auf einen Blick wird klar, in welchen Bereichen er im Tagesgeschäft gearbeitet hat und in welchen er zusätzliche Verantwortung übernommen hat.

Unterscheiden Sie Wesentliches von Unwesentlichem

Überzeugend: roter Faden im Lebenslauf. Der berufliche Werdegang von Herrn Rusitzki lässt einen roten Faden erkennen. Im Berufsleben hat er Schritt für Schritt anspruchsvollere Aufgaben übernommen. Mit den von ihm in allen vier Stationen im Block »Berufstätigkeiten«

angegebenen Tätigkeiten macht er dies auch für Personalverantwortliche nachvollziehbar. Er gibt geschickt ausgewählte Tätigkeiten an, die zeigen, dass er sich weiterentwickelt hat. Die momentane und die davor liegende Position werden ausführlicher beschrieben. Die Einstiegsposition und die danach folgende werden knapp, aber aussagekräftig abgehandelt. So wird schon optisch deutlich, dass Herr Rusitzki seinen Erfahrungsschatz immer weiter ausgebaut hat.

Engagement statt Leerlauf

Überzeugend: Lücken und Stolpersteine aus dem Weg geräumt. In der ersten Version des Lebenslaufs gab die Lücke zwischen Wehrdienst und Berufsausbildung Anlass zu Spekulationen. Diese Lücke ist nun geschlossen: Herr Rusitzki hat in dem fraglichen Zeitraum ein Praktikum abgeleistet. Dadurch können Personalverantwortliche auch erkennen, dass er die Wahl seines kaufmännischen Ausbildungsplatzes zielgerichtet durch ein Praktikum vorbereitet hat.

Zahlendreher, Rechtschreibfehler und andere Flüchtigkeitsfehler sind in diesem Lebenslauf nicht mehr zu finden. Herr Rusitzki hat eine sorgfältige Endkontrolle durchgeführt und vermeidet es dadurch, dass Spekulationen über mangelnde Sorgfalt überhaupt erst entstehen können. Auch der Stolperstein des Wechsels vom Gymnasium auf die Realschule ist verschwunden.

Dokumentieren Sie Ihre Lernbereitschaft

Überzeugend: Lernbereitschaft. Herr Rusitzki hat sich gezielt weitergebildet. Dies belegt er mit dem neu hinzugekommenen Block »Weiterbildung«. Aus den aufgeführten Weiterbildungen ist zu erkennen, dass er insbesondere im schnelllebigen EDV-Bereich stets am Ball bleibt. Zusätzlich hat er ein Seminar aus dem Bereich Soft Skills, nämlich die Verhandlungsführung, angegeben. Dadurch runden die Seminare und Trainings sein berufliches Profil ab. Denn auch im Block »Berufstätigkeiten« hat Herr Rusitzki Flexibilität und seine Fähigkeit, sich auf veränderte Anforderungen einstellen zu können, bewiesen. Mit den Weiterbildungen belegt er nun, dass auch weiterhin noch viel von ihm zu erwarten ist.

Zeigen Sie, was Sie bieten

Überzeugend: Bewertung der Sprach- und EDV-Kenntnisse. Die Sprach- und EDV-Kenntnisse sind diesmal bewertet. Die Angabe »Englisch (gut)« bedeutet zwar, dass er Englisch nicht sofort im Beruf einsetzen könnte. Es ist aber dennoch für Personalverantwortliche interessant, dass der Bewerber über ausbaufähige Grundlagen und eine ausgeprägte Weiterbildungsbereitschaft verfügt. Mit der Bewertung »ständig in Anwendung« für die Programme Word und Excel unterstreicht der Bewerber, dass er diese Software täglich für seine Arbeit nutzt. Die ebenfalls aufgeführten und bewerteten Programme MS Project und Lotus Notes sind spezieller und heben ihn aus der Masse der Mitbewerber heraus.

Fazit: Herr Rusitzki gehört mit seinem überarbeiteten Lebenslauf zur Minderheit der Bewerber, die Profil zeigen. Glückwunsch, die Einladung zum Vorstellungsgespräch wird folgen!

CHECKLISTE

Checkliste für Ihren Lebenslauf

- ◯ Ist der erste Eindruck von Ihrem Lebenslauf gefällig?
- ◯ Haben Sie Ihre Kontaktdaten aufgeführt (Name, Anschrift, Telefon, private E-Mail-Adresse, Handy)?
- ◯ Sind die persönlichen Daten vollständig (Geburtsdatum, -ort, Familienstand, Kinder, Nationalität)?
- ◯ Haben Sie aussagekräftige Blöcke gebildet (beispielsweise Berufstätigkeit, Studium/Ausbildung, Weiterbildung, Fremdsprachen, EDV-Kenntnisse, Hobbys)?
- ◯ Sind die Zeitangaben zu den einzelnen Stationen in den jeweiligen Blöcken (rückwärts-)chronologisch?
- ◯ Haben Sie die Zeitangaben in Monat und Jahr aufgeführt?
- ◯ Ist der Lebenslauf lückenlos (keine Fehlzeiten)?
- ◯ Haben Sie berufliche Stationen korrekt angegeben (Firma mit richtiger Rechtsform, Ort, Unternehmensbereich, Abteilung, Positionsbezeichnung)?
- ◯ Sind die von Ihnen in den einzelnen beruflichen Stationen wahrgenommenen Aufgaben stichwortartig beschrieben?
- ◯ Nennen Sie auch Sonderaufgaben und/oder Projekte?
- ◯ Falls Sie über Führungserfahrung verfügen: Geben Sie die Anzahl der Ihnen zugeordneten Mitarbeiter an? Stellen Sie Ihre Führungsaufgaben deutlich genug heraus (Projektleitung, Stellvertretung von Führungskräften, Weisungsbefugnisse)?
- ◯ Sind die wichtigsten beruflichen Stationen (üblicherweise die letzten beiden) ausführlich genug beschrieben?

- ◯ Wird ein roter Faden im Lebenslauf deutlich, der auf die ausgeschriebene Position hinführt?
- ◯ Haben Sie berufliche Erfolge konkret genug herausgestellt (Umsatz- und Gewinnsteigerungen, Qualitätsverbesserungen, Ausweitung des Kundenstamms)?
- ◯ Haben Sie längere Verweildauern bei einem Arbeitgeber unterteilt und so Ihren innerbetrieblichen Aufstieg deutlich gemacht?
- ◯ Sind die von Ihnen angegebenen Weiterbildungsmaßnahmen relevant für die neue Position?
- ◯ Wird deutlich, dass Sie nicht nur Ihre Fachkenntnisse, sondern auch Ihre Soft Skills in Seminaren und Trainings weiterentwickelt haben?
- ◯ Haben Sie sowohl auf weitschweifige Umschreibungen wie auch auf unverständliche Abkürzungen verzichtet?
- ◯ Sind Ihre Sprach- und EDV-Kenntnisse bewertet?
- ◯ Ist der Lebenslauf von Ihnen unterschrieben worden und haben Sie Erstellungsort und -datum angegeben?

12. Das Bewerbungsfoto

Mit dem Bewerbungsfoto liefern Sie einen ersten persönlichen Eindruck von sich. Sie zeigen, wie Sie Ihre zukünftige Position einschätzen und wie Sie das Unternehmen nach außen darstellen wollen. Diese Tatsache sollten Sie sich auch bei der Auswahl Ihrer Kleidung bewusst machen.

Ein wesentlicher Bestandteil Ihrer Bewerbungs unterlagen

Personalprofis sind darauf spezialisiert, einzelne Detailinformationen aus der Bewerbungsmappe so zusammenzufügen, dass ein positiver oder negativer Gesamteindruck des Bewerbers entsteht. Hierbei spielt das Bewerbungsfoto eine wichtige Rolle. Ist es beispielsweise abgegriffen oder zerknickt, entstehen Spekulationen darüber, wie oft der Bewerber bereits abgelehnt worden ist. Auch auf eingescannte und direkt auf den Lebenslauf gedruckte Fotos sollten Sie verzichten. Studenten wird vielleicht noch nachgesehen, dass sie bei dem Bewerbungsfoto Kosten sparen möchten. Um- und Aufsteiger sollten aber nicht den Eindruck erwecken, dass sie ihre Bewerbung als kostengünstige Massendrucksache abwickeln möchten.

Seit dem Jahr 2006 gilt in Deutschland das Allgemeine Gleichbehandlungsgesetz (AGG), seitdem gehen viele Firmen davon aus, dass sie von Bewerbern keine Fotos mehr verlangen dürfen. Es ist aber weiterhin durchaus erlaubt, Bewerbungsunterlagen freiwillig ein Foto beizulegen – und das sollten Sie auch unbedingt tun. Schließlich liefern Sie mit dem Foto einen ersten persönlichen Eindruck von sich und beantworten Unternehmen die Frage: »Wollen wir sie oder ihn hier jeden Tag in der Firma sehen?«

Beispiele für ungünstige und gelungene Bewerbungsfotos

Verwenden Sie nur gute und aktuelle Fotos

Damit Sie erkennen, was alles schiefgehen kann und wie gute Fotos aussehen sollten, werden wir nun sechs Bewerbungsfotos besprechen. Bei jedem Bewerber beziehungsweise jeder Bewerberin ist eine Aufnahme ungünstig und die andere zeigt, welchen Ansprüchen ein gutes Bewerbungsfoto genügen sollte.

Eine zu offenherzige Teamsekretärin

Frau Kauselmann bewirbt sich als Teamsekretärin mit dem rechts oben abgebildeten Foto – eine schlechte Wahl. Ein häufiger Fehler bei Bewerbungsfotos, der zu dunkle Hintergrund, findet sich auch hier. Zusammen mit dem trüben Gesichtsausdruck der Bewerberin wird nicht der Eindruck einer zupackenden und engagierten Teamsekretärin entstehen. Die weit aufgerissenen Augen lassen eher Unsicherheit vermuten und erinnern fatal an Automatenfotos. Ein Übriges tut die gewählte Kleidung: Sie ist der Position nicht angemessen und viel zu offenherzig für diesen Job. Insgesamt stellt dieses Foto keine Empfehlung dar!

Das Foto muss zur angestrebten Position passen

Einen ganz anderen Eindruck hinterlässt Frau Kauselmann mit folgendem gelungenen Bewerbungsfoto. Nicht nur der Hintergrund ist aufgehellt, sondern auch die Stimmung, die die Bewerberin transportiert. Mit wachem Blick und einem angedeuteten, aber nicht übertriebenen Lächeln signalisiert Frau Kauselmann Ausdauer und ein freundliches Wesen. Der Betrachter wird diesmal angesehen und nicht angestarrt. Die gelungene Ausleuchtung des Hintergrunds bringt Lebendigkeit ins Bild. Mit Jackett und Bluse hat die Kandidatin diesmal eine Kleidung gewählt, in der sie überzeugend, aber nicht steif wirkt. Dieses Foto schafft Sympathie beim Betrachter. Man kann sich Frau Kauselmann ohne Schwierigkeiten als Mitarbeiterin vorstellen, die sich ohne Reibungsverluste ins Team integrieren und von den Mitarbeitern geschätzt werden wird.

Zeigen Sie sich souverän

Auf der Suche nach Beamtenstatus?

Beachten Sie Ihre Körperhaltung

Unten stehendes Foto hat Herr Müller seinen Unterlagen beigefügt, um sich vom kaufmännischen Angestellten zum Assistenten der Geschäftsleitung weiterzuentwickeln. Ungewöhnlich sind das fehlende Jackett und die unkonventionell über der Weste hängende Krawatte. Er wirkt dadurch wie ein auf die Mittagspause wartender Beamter alten Schlages. Mit gesenktem Kopf blinzelt er den Betrachter über den Brillenrand hinweg an. Die Körperhaltung wirkt durch die nach vorn gezogenen Schultern eingefallen, und der Lichtreflex auf seinem Kopf betont seine eher spärliche Haarpracht. Zusammen mit dem zu dunklen Hintergrund strahlt das Bewerbungsfoto eher Trübsinn als Dynamik aus, auf jeden Fall keinerlei Motivation. Damit ist es völlig ungeeignet für eine Bewerbung!

So gewinnen Sie Sympathiepunkte

Auf dem nächsten Foto wird Herr Müller dem Erscheinungsbild eines verlässlichen Assistenten der Geschäftsleitung besser gerecht. Das Format hat der Bewerber diesmal bewusst anders gewählt. Damit wirkt er nicht mehr so bedrängt wie auf dem schlechten Foto und hat genügend Raum, sich dem Betrachter zu präsentieren. Der Hintergrund ist

gut strukturiert und professionell ausgeleuchtet. Mit offenem Blick und freundlichem Lächeln bringt sich ein leistungsbereiter Bewerber ins Gespräch. Bei der Kleidung gibt sich Herr Müller diesmal bewusst konventionell: Er hat Businesskleidung gewählt, so wie sie auch bei Repräsentationspflichten in seiner Wunschposition angemessen ist. Der Sinn eines Bewerbungsfotos ist es, zu verdeutlichen, wie ein Bewerber sich im Außenkontakt präsentieren will. Diesen Kandidaten möchte man auch persönlich kennen lernen.

Kein Paradies für diesen Vogel

Im Zweifelsfall konservativ

Herr Genz, der sich um eine Stelle als Assistent im Vertrieb und Marketing bewirbt, scheint sich gerne als Paradiesvogel zu präsentieren: Mit Hawaiihemd und Yuppie-Tolle blickt er den Betrachter schmunzelnd an. Auch wenn es in seiner Branche genügend Plätze für Individualisten gibt: Beim Bewerbungsfoto dürfen keine Zweifel an der Anpassungsfähigkeit des Bewerbers aufkommen. In der von Herrn Genz gewählten Kleidung wird kein Unternehmen ihn gerne zum Kunden schicken. Problematisch ist auch, dass der Freizeittouch vermuten lässt, dass der Bewerber nicht besonders an einem harten Berufsalltag interessiert ist. Das Lächeln ist fast schon spöttisch. Es scheint so, dass das Foto nicht mit der für den Bewerbungsprozess angemessenen Ernsthaftigkeit angefertigt wurde. Dieses Foto wird den Bewerber daher nicht weiterbringen.

Individualität und Dynamik werden sichtbar

Erstaunlich ist die Verwandlungsfähigkeit von Herrn Genz – auf dem gelungenen Bewerbungsfoto scheint ein anderer Mensch abgebildet zu sein! Trotzdem ist der Bewerber seinem individuellen Stil treu geblieben. Mit der zum Betrachter hin abgesenkten Schulter nimmt er eine sehr dynamische Körperhaltung ein. Das ausgeprägte Lächeln unterstützt den Eindruck eines Bewerbers, der zupackend ist und endlich loslegen will. Im klassischen Business-Look mit Hemd und Krawatte wäre Herr Genz jederzeit ein angemessener Repräsentant des Unternehmens. Es werden also die Eigenschaften vermittelt, die von einem zukünftigen Assistenten im Vertrieb und Marketing erwartet werden. Hier empfiehlt sich ein kontaktstarker Bewerber, der auch Vertriebsaufgaben problemlos in den Griff bekommen wird.

CHECKLISTE

Checkliste für Ihr Bewerbungsfoto

- ○ Ist das Bewerbungsfoto aktuell?
- ○ Ist Ihr Gesichtsausdruck freundlich, aber nicht anbiedernd?
- ○ Wirkt Ihre Mimik und Gestik auf dem Foto nicht aufgesetzt, sondern glaubwürdig?
- ○ Sind Freunde, Bekannte, Lebenspartner der Meinung, dass Sie auf dem Foto gut getroffen sind?
- ○ Wirken Sie – je nach den Bedürfnissen der Position – auf dem Foto dynamisch, souverän, verlässlich oder zielstrebig?
- ○ Passt die Kleidung auf dem Foto zur Position?
- ○ Ist der Hintergrund hell genug?
- ○ Ist Ihr Gesicht gut ausgeleuchtet?
- ○ Bei Frauen: Sind Make-up und Schmuck dezent?
- ○ Bei Männern: Ist kein Bartschatten zu sehen? Ist ein Haarschnitt zu erkennen?
- ○ Hat der Fotograf ein Porträtfoto angefertigt (auch ein Teil der Schultern ist zu sehen)?

- ◯ Ist das Foto groß genug (etwas größer als ein Passfoto)?
- ◯ Haben Sie auf der Rückseite des Fotos Namen und Adresse angegeben?
- ◯ Ist das Foto mit wieder ablösbaren Haftpunkten, Montagekleber oder Fotoecken auf dem Lebenslauf beziehungsweise Deckblatt befestigt?
- ◯ Sind ausreichend Fotos vorhanden, um auf interessante Anzeigen schnell genug reagieren zu können?

Diese Checkliste steht Ihnen auch noch einmal im Zusatzmaterial zu den Püttjer-und-Schnierda-Bewerbungsratgebern zur Verfügung. Den Weg zum Download finden Sie am Ende des Buches.

DOWNLOAD

13. Die Leistungsbilanz

Eine zusätzliche Seite, die an den Lebenslauf anschließt, kann sinnvoll sein, wenn sie einen zusätzlichen Informationswert hat. Diese Form der Extraseite haben wir in unserer Beratungspraxis entwickelt und nennen sie »Leistungsbilanz«. Sie unterscheidet sich von herkömmlichen »dritten Seiten« dadurch, dass sie das Profil eines Bewerbers unterstützt und vorrangig die Berufspraxis thematisiert.

Profil durch eine Leistungsbilanz

In unserer Beratungspraxis werden wir häufig gefragt, ob es nicht möglich sei, über das Anschreiben und den Lebenslauf hinaus in der Bewerbungsmappe etwas über sich mitzuteilen. Grundsätzlich ist dies eine legitime Überlegung, denn die Mappen müssen schließlich nicht nach einer starren Norm verfasst werden. Letztendlich besteht die Grundanforderung an eine Bewerbungsmappe darin, dass sie ein aussagekräftiges Profil des Bewerbers liefern soll.

An dieser Stelle tauchen allerdings schon die ersten Probleme mit einer zusätzlichen Seite auf: Wer seine Energie ganz auf dieses neue Element konzentriert, vernachlässigt oft das Engagement für ein wirklich gutes Anschreiben und einen passgenauen Lebenslauf – dabei sind dies die zentralen Dokumente! Aus diesem Grund ist Personalverantwortlichen auch die manchmal propagierte »dritte Seite« eher suspekt. Auf diesen Seiten wird selten individuelle Überzeugungsarbeit geleistet, stattdessen reiht sich Floskel an Floskel – manchmal sogar garniert mit besserwisserischen Phrasen. Schon so mancher Bewerber musste nach zahlreichen Absagen einsehen: So lassen sich Personalverantwortliche nicht überzeugen.

Eine Extraseite in der Bewerbungsmappe

Zusätzliche Argumente für Ihre Einstellung

Es gibt aber durchaus eine Möglichkeit, zusätzliche Argumente für eine Einstellung zu liefern. Die von uns entwickelte »Leistungsbilanz« greift den Trend zur immer individuelleren und passgenaueren Bewerbung auf. Sie unterscheidet sich von der dritten Seite dadurch, dass sie das Profil eines Bewerbers unterstützt und vorrangig die Berufspraxis thematisiert. Solch eine Leistungsbilanz empfiehlt sich beispielsweise, wenn ein Bewerber so viele Projekte und Sonderaufgaben bewältigt hat, dass ihre Auflistung den Lebenslauf sprengen würde, oder wenn ein Bewerber in verschiedenen Berufen tätig war und nun die Gemeinsamkeiten der einzelnen Tätigkeiten herausstellen will. Dies ist im Lebenslauf manchmal nur auf Kosten der Übersichtlichkeit möglich und daher dort nicht immer ratsam. Damit die für eine Einstellung relevanten Argumente dem Leser im Unternehmen sofort ins Auge springen, bietet es sich in diesen Fällen an, eine zusätzliche Seite in die Mappe einzufügen.

Das sollten Sie sich merken:
Die von uns entwickelte »Leistungsbilanz« als zusätzliche Seite berücksichtigt den Trend zur immer individuelleren und passgenaueren Bewerbung. Deshalb thematisiert sie vorrangig die Berufspraxis und unterstützt damit das Profil eines Bewerbers.

Unterstreichen Sie Ihre Erfolge

Ihre Leistungsbilanz überzeugt aber nur dann, wenn Sie konkret werden. Liefern Sie Angaben zu den Inhalten Ihrer bisherigen Berufstätigkeit: Listen Sie spezielle Projekterfahrungen auf, machen Sie Ihr Engagement in Sonderaufgaben deutlich, verweisen Sie auf Qualitätsverbesserungen, oder streichen Sie Umsatz- und Gewinnsteigerungen heraus. Auch mehrmalige Auslandseinsätze lassen sich gut in der Leistungsbilanz zusammenfassen.

Wie sich dies im Detail umsetzen lässt, werden wir Ihnen anhand einer Gegenüberstellung von einer misslungenen dritten Seite und einer gelungenen Leistungsbilanz zeigen.

Klaus Wildhorn, Berghauser Str. 88, 42859 Remscheid

Ich über mich

Zu meiner Bewerbung: Meine Aufenthalte in vielen Ländern dieser Welt prägten nachhaltig meinen Wunsch, in Ihrem international ausgerichteten Unternehmen tätig zu werden. Ich freue mich auf den interkulturellen Austausch und auf Kollegen aus aller Herren Länder.

Meine Motivation: Stets habe ich die Interessen meines Arbeitsbereichs fest, aber auch mit Einfühlungsvermögen vertreten. Die häufige Praktizierung der Teamarbeit schulte meine Überzeugungskraft. Mit dem notwendigen Maß an Offenheit und Kreativität treibe ich mit aller Kraft Weiterentwicklungen voran.

Was Sie noch über mich wissen sollten: Gerne beschäftige ich mich auch in meiner Freizeit mit intelektuellen Herausforderungen. Engagement ist für mich kein Fremdwort. Schon seit frühester Jugend bin ich sehr an der Lösung technischer Aufgaben interessiert.

→ FORTSETZUNG AUF DER NÄCHSTEN SEITE

Mein Motto: Keep discovering!

Remscheid, im Frühjahr 2014

Machen Sie Ihr Profil deutlich

Mit dieser dritten Seite beweist der Bewerber nur, dass er mit den Gegebenheiten des Bewerbungsverfahrens nicht vertraut ist, denn der Erkenntnisgewinn, den man aus dieser Zusatzseite ziehen könnte, ist gleich null. Damit verkehrt sich die gute Absicht des Bewerbers ins Gegenteil, denn er weckt mehr Zweifel an seiner Persönlichkeit, als Antworten zu geben. Es drängt sich der Eindruck auf, dass Herr Wildhorn nicht zu einer echten Auseinandersetzung mit seinen beruflichen Fähigkeiten und seinen persönlichen Stärken in der Lage war. Er versteckt sich lieber hinter Floskeln, als Aussagen zu seinem individuellen Profil zu machen, und hat anscheinend Probleme, auf den Punkt zu kommen.

Aber nicht nur, dass der Bewerber die Seite mit Belanglosigkeiten füllt. Er schafft es sogar, Zweifel an seiner beruflichen Eignung zu wecken. Waren seine »Aufenthalte in vielen Ländern dieser Welt« Arbeitsaufenthalte oder eher Urlaubsreisen? Hat der »interkulturelle Austausch« sich vielleicht nur auf gastronomische Erlebnisse beschränkt? Seine beruflichen Erfahrungen werden auf jeden Fall nicht thematisiert.

Im Block »Meine Motivation« folgen die von Personalverantwortlichen gefürchteten Platitüden zum Soft-Skill-Potenzial. Auch hier muss man dem Bewerber vorwerfen, dass er sich nicht wirklich mit sich selbst auseinandergesetzt hat, sondern einfach nur gängige Floskeln herunterbetet. Der Sprachstil ist dabei so gestelzt, dass sich sogar der Verdacht einstellt, dass Herr Wildhorn diesen Absatz irgendwo abgeschrieben hat.

Argumente statt Floskeln

Auch dass Herr Wildhorn sich gerne »intelektuellen Herausforderungen« stellt, wirkt bei dem Rechtschreibfehler, dem fehlenden zweiten »l«, unfreiwillig komisch. Dass frühkindliches Technikinteresse aber der Beleg für eine gezielte Entwicklung einer gestandenen Arbeitskraft im technischen Bereich sein soll, ist nicht mehr lustig. Hier hätte es praxisnaher Belege bedurft.

Alles in allem spricht diese informationslose dritte Seite eher gegen den Bewerber als für ihn.

Klaus Wildhorn, Berghauser Str. 88, 42859 Remscheid
Tel.: 02191 1233244, Mobil 0172 1988976

LEISTUNGSBILANZ

Branchenerfahrung
10 Jahre Branchenerfahrung im Sondermaschinenbau

Tätigkeitsschwerpunkt
Konstruktion und Inbetriebnahme von CNC-Bearbeitungszentren

Weitere Arbeitsschwerpunkte
- Kundenschulung
- Service
- Lieferanteneinbindung
- Messepräsentationen
- Endmontage
- Realisierung kundenspezifischer Umbauten und Erweiterungen

Auslandseinsätze
- Inbetriebnahme von Kunststoffbearbeitungsmaschinen in Italien und Spanien
- Erweiterung eines Bearbeitungszentrums für Kunststoffe in Polen
- Internationale Serviceeinsätze vor Ort
- Kundenbetreuung in englischer Sprache

Klaus Wildhorn

Stellen Sie Ihre Kenntnisse heraus

Diese Leistungsbilanz unterscheidet sich deutlich von der dritten Seite zuvor. Herr Wildhorn hat seine beruflichen Kenntnisse und Erfahrungen auf einer Extraseite deutlich herausgestellt. Er hat einen guten Aufbau gewählt: Seine Leistungsbilanz ist untergliedert in die Abschnitte »Branchenerfahrung«, »Tätigkeitsschwerpunkt«, »Weitere Arbeitsschwerpunkte« und »Auslandseinsätze«. Damit greift er diejenigen Punkte seines beruflichen Profils auf, die für Personalverantwortliche besonders interessant sind und die ihn von seinen Mitbewerbern unterscheiden werden.

Herr Wildhorn kann auf einer Seite Antworten auf die zentralen Fragen eines jeden Unternehmens liefern: Kennt sich der Bewerber in unserer Branche aus? Qualifizieren ihn seine bisherigen Tätigkeiten für die ausgeschriebene Stelle? Bringt der Bewerber die gewünschte räumliche Mobilität mit? Die sehr umfassenden beruflichen Erfahrungen von Herrn Wildhorn rechtfertigen diese zusätzliche Seite zu Anschreiben und Lebenslauf. Alle wesentlichen Informationen werden stichwortartig und klar herausgestellt. Auf Überflüssiges ist bewusst verzichtet worden, um die Seite übersichtlich zu halten.

Bündeln Sie Ihre beruflichen Erfahrungen

Es ist zudem zu erkennen, dass sich die beruflichen Erfahrungen rund um die »Konstruktion und Inbetriebnahme von CNC-Bearbeitungszentren« gruppieren. Die weiteren Arbeitsschwerpunkte haben alle etwas mit dieser Kernaufgabe zu tun. Somit gelingt es dem Bewerber, seine vielfältigen beruflichen Erfahrungen zu bündeln. Personalverantwortliche können schnell ersehen, dass sich Herr Wildhorn um eine umfassende Qualifikation für seinen Arbeitsbereich gekümmert hat.

Neben den fachlichen Stärken werden auch die Soft Skills deutlich, ohne dass sie explizit erwähnt werden müssen. »Lieferanteneinbindung« kann ohne Teamfähigkeit nicht funktionieren, »Messepräsentationen« lassen auf rhetorisches Geschick schließen, und bei der »Kundenschulung« muss man pädagogisches Können vorweisen.

Im letzten Block »Auslandseinsätze« wird der Bewerber ebenfalls konkret: Er benennt die beruflichen Aufgaben und die Länder, in denen er bereits eingesetzt wurde. Seine Englischkenntnisse koppelt er mit der Aufgabe »Kundenbetreuung«, wodurch er zeigt, dass seine Sprachkenntnisse nicht nur auf dem Papier stehen.

Unterstreichen Sie Ihre Persönlichkeit

Diese Art der Darstellung seiner Fähigkeiten lässt die Persönlichkeit des Bewerbers viel besser erkennen als der unreflektierte Einsatz von belanglosen Floskeln, die Herr Wildhorn noch in seiner misslungenen Version der dritten Seite benutzt hatte.

Vorsicht Falle!
Wenn Sie sich entschließen, Ihrer Bewerbung eine Leistungsbilanz hinzuzufügen, dürfen Sie auf keinen Fall in Ihren Anstrengungen bei Anschreiben und Lebenslauf nachlassen. Denn nur wenn Anschreiben und Lebenslauf überzeugt haben, wird sich ein Personalverantwortlicher noch weitere Elemente Ihrer Mappe ansehen.

DOWNLOAD

Eine Checkliste zur Leistungsbilanz finden Sie im Zusatzmaterial zu den Püttjer-und-Schnierda-Bewerbungsratgebern. Der Weg zum Download ist am Ende des Buches erklärt.

CHECKLISTE

- ◯ Ist in Ihrer Leistungsbilanz Ihr individuelles Profil klar zu erkennen?
- ◯ Welche Arbeiten haben Sie bisher übernommen?
- ◯ Wo lagen Ihre besonderen Arbeitsschwerpunkte?
- ◯ Welche Branchenerfahrung bringen Sie mit?
- ◯ Haben Sie an Projekten mitgearbeitet?
- ◯ Gibt es Sonderaufgaben, die Sie übernommen haben?
- ◯ Konnten Sie besondere Erfolge in Ihrer täglichen Arbeit erzielen?
- ◯ Haben Sie die Möglichkeit, Ihre Erfolge in Zahlen auszudrücken (Kostensenkung, Qualitätsverbesserung, Umsatzsteigerung)?
- ◯ Gab es Gelegenheiten, bei denen Sie das Unternehmen in der Öffentlichkeit vertreten haben?
- ◯ Haben Sie Projekte aufgeführt, die Sie in Zusammenarbeit mit Unternehmensberatungen bewältigt haben (Umstrukturierungen, Rationalisierungsmaßnahmen, Ausweitung der Geschäftstätigkeit)?
- ◯ Können Sie auf besondere Initiative in der Mitarbeiterbetreuung verweisen (Auszubildendenbetreuung, Mitarbeiterschulung)?
- ◯ Haben Sie die Aufgaben von Kollegen miterledigt?
- ◯ Sind Sie offiziell mit Aufgaben außerhalb Ihres Arbeitsbereichs betraut worden (Weisung, Besetzungssperre, Krankheit oder Urlaub von Kollegen)?
- ◯ Bringen die Angaben in der Leistungsbilanz dem Leser in der Personalabteilung einen Mehrwert gegenüber dem Lebenslauf?
- ◯ Sind alle aufgeführten Projekte und Sonderaufgaben für die ausgeschriebene Stelle von Bedeutung?

14. Zeugnisse

Welche Zeugnisse gehören zwingend zu den Bewerbungsunterlagen? Ist es unbedingt notwendig, ein aktuelles Zwischenzeugnis beizulegen? Welche Ausbildungszeugnisse und Weiterbildungsbescheinigungen sollte man auswählen? Diese und weitere Fragen beantworten wir Ihnen in diesem Kapitel.

In die Bewerbungsmappe gehören zusätzlich zum Anschreiben und zum Lebenslauf Kopien

→ **Ihrer bisherigen Arbeitszeugnisse,**
→ **Ihres berufsqualifizierenden Zeugnisses und**
→ **Ihrer Weiterbildungsbelege.**

Bezüglich der Reihenfolge der beizulegenden Zeugnisse können Sie sich am Aufbau dieses Kapitels orientieren: Je nach Berufserfahrung kommen zunächst die Arbeitszeugnisse, dann das neueste berufsqualifizierende Abschlusszeugnis und dann die verschiedenen Weiterbildungsnachweise. Welche Zeugnisse Sie wann beilegen und wann Sie sie weglassen können, erläutern wir Ihnen im Folgenden.

Vorsicht Falle!
Versenden Sie niemals Originaldokumente. Dies ist nicht nur unnötig, sondern auch gefährlich, denn es besteht die Möglichkeit, dass auf dem Postwege unersetzliche Dokumente verloren gehen. Deshalb sollten Sie Ihre Zeugnisse und Bescheinigungen stets nur in Kopie beilegen.

Genaue Informationen über Arbeitszeugnisse finden Sie in Teil 10 ab Seite 547. Dort erläutern wir Ihnen, wie ein Arbeitszeugnis aufgebaut ist und was welche Formulierungen wirklich bedeuten; außerdem finden Sie dort mehrere Beispiele für gelungene Arbeitszeugnisse.

Arbeitszeugnisse

Strategische Vorüberlegungen

Viele Bewerber möchten ihren aktuellen Arbeitgeber im schriftlichen Bewerbungsverfahren so lange wie möglich ungenannt lassen, damit am derzeitigen Arbeitsplatz keine Unruhe aufkommt. Wenn Sie ein Zwischenzeugnis Ihres jetzigen Arbeitgebers in die Bewerbungsmappe legen, kann es passieren, dass der neue Arbeitgeber in der aktuellen Firma anruft und Auskünfte über Sie einholen will. Das könnte dazu führen, dass Sie aufgrund der entstehenden Abwanderungsgerüchte Einschränkungen in Ihrer täglichen Arbeit hinnehmen müssten.

Wenn Sie also befürchten, dass die angeschriebene Firma an Ihrem jetzigen Arbeitsplatz Informationen über Sie einholen könnte, müssen Sie Ihren derzeitigen Arbeitgeber auch im Anschreiben und im Lebenslauf umschreiben, beispielsweise als »mittelständisches Unternehmen« der XYZ-Branche. Auch sollten Sie zu diesem Zweck den Briefkopf von – eventuell bereits vorhandenen – Zwischenzeugnissen auf den Kopien unkenntlich machen.

Eine Alternative: die selbst verfasste Tätigkeitsbeschreibung

Nur wenigen Bewerbern ist bekannt, dass sie statt eines Zwischenzeugnisses auch eine selbst verfasste Tätigkeitsbeschreibung beilegen können. Diese Tätigkeitsbeschreibung sollte stichwortartig Ihre Arbeitsbereiche, Ihre Haupttätigkeiten und eventuell von Ihnen durchgeführte Projekte und wahrgenommene Sonderaufgaben enthalten. Auf eine Bewertung Ihrer Leistungen, wie in einem Arbeitszeugnis, verzichten Sie selbstverständlich. Eine Alternative zu dieser Tätigkeitsbeschreibung ist eine von Ihnen angefertigte Leistungsbilanz. Sowohl die selbst erstellte Tätigkeitsbeschreibung als auch die Leistungsbilanz sollte dem Leser jedoch einen echten Mehrwert gegenüber den Angaben im Lebenslauf bieten. Sonst verzichten Sie lieber darauf.

Ausbildungszeugnisse

Wichtig: der neueste berufsqualifizierende Abschluss

Der letzte berufsqualifizierende Abschluss muss den Bewerbungsunterlagen ebenfalls in Kopie beigefügt werden. Wenn Sie eine Berufsausbildung erfolgreich abgeschlossen haben, gehört das entsprechende Zertifikat, beispielsweise der Facharbeiterbrief, in die Bewerbungsmappe. Das Berufsschulzeugnis brauchen Sie als berufserfahrener Bewerber nicht beizulegen. Wenn Sie studiert haben, legen Sie eine Kopie der Bachelor-, Master-, Diplom-, Examens- oder Magisterurkunde *und* des entsprechenden Zeugnisses bei. Das Zeugnis ist nur eine Aufstellung der Leistungen, der berufsqualifizierende Abschluss wird dagegen in der Urkunde dokumentiert.

Wenn Sie eine Berufsausbildung oder ein Studium absolviert haben, dies im Lebenslauf auch angeben, Ihrer Mappe aber keine Zeugnisse beifügen, dann vermuten Personalverantwortliche automatisch, dass Ihre Noten schlecht gewesen sind. Personalverantwortliche sind auf der Suche nach konstant leistungsbereiten Bewerberinnen und Bewerbern. Ihre Wunschkandidaten haben sowohl in der Ausbildung beziehungsweise im Studium als auch im sich anschließenden Berufsleben durchgehend befriedigend bis gute Noten erzielt. Den Stellenwert der Noten aus der Ausbildung oder dem Studium sollten Sie aber auch nicht überbewerten. Die Beurteilung Ihrer Arbeitsleistungen ist für Personalverantwortliche am wichtigsten, wenn es darum geht, Ihre zukünftige Leistungsfähigkeit einzuschätzen.

Mit dem Schulabgangszeugnis auf der sicheren Seite

Beim Schulabgangszeugnis gibt es keine eindeutige Linie in den Personalabteilungen. Manche Personalverantwortliche finden, dass das Schulabgangszeugnis nach fünf Jahren Berufserfahrung nun wirklich keine Aussagekraft mehr hat. Andere dagegen haben sich schon bei Bewerbern mit acht Jahren Berufserfahrung und vorhergehendem fünfjährigen Studium beschwert, dass das Abiturzeugnis fehlt. Wiederum andere finden das Schulabgangszeugnis grundsätzlich nicht aussagekräftig, möchten es aber dennoch sehen. Damit Sie auf der sicheren Seite sind, sollten Sie Ihr Schulabgangszeugnis also lieber beilegen. Hierbei genügt der letzte Schulabschluss, den Sie erworben haben. Haben Sie beispielsweise nach der mittleren Reife die Fachhochschulreife erworben, genügt das Zeugnis der Fachhochschulreife. Bei sehr langer Berufstätigkeit wiederum dürfen Sie ruhig auf das Zeugnis verzichten.

Sonstige Leistungsnachweise

Wählen Sie berufsbezogene Bescheinigungen

Bescheinigungen über Computerkurse, Sprachkurse und Seminare in Rhetorik, Präsentations- und Arbeitstechniken oder Zeitmanagement gehören dann zu Ihren schriftlichen Bewerbungsunterlagen, wenn diese Kurse für die ausgeschriebene Position wichtig sind.

Fortbildungsnachweise: Viele Bewerberinnen und Bewerber verwechseln Fortbildungsnachweise mit Weiterbildungsnachweisen. Bei Fortbildungen geht es darum, sich beruflich neu zu positionieren und einen weiteren beruflichen Abschluss zu erwerben. Bei Fortbildungen müssen Sie sowohl Ihren Ausbildungsabschluss als auch die Fortbildungsurkunde Ihrer Mappe beilegen. Das Gleiche gilt für Umschulungen: Auch hier müssen Sie die ursprünglich erworbene Ausbildungsurkunde und die Urkunde über den in einer Umschulung zusätzlich gemachten Abschluss beifügen.

Verweise auf Eigeninitiative

Weiterbildungsnachweise: Weiterbildungen sind Schulungen, die nicht zu einem weiteren Berufsabschluss führen, beispielsweise Seminare zum Qualitätsmanagement, zur Kostenrechnung oder zum Direktmarketing. Auch der Erwerb der Ausbildereignung oder die Weiterbildung zum Gefahrengutbeauftragten gehören in diese Kategorie. Bei Weiterbildungsnachweisen müssen Sie sehr sorgfältig auswählen, denn nur die Nachweise, die im Zusammenhang mit dem neuen Arbeitsplatz interessant sind, gehören auch in die Bewerbungsmappe.

Bescheinigungen über Sprachkurse: Bei der Darstellung der Sprachkenntnisse herrscht oft Unsicherheit darüber, ob man mit einem Nachweis belegen muss, dass man wirklich Englisch sprechen und verstehen kann. An diesem Punkt zeigen sich die Personalprofis großzügig. Generell gilt, dass man Ihnen die Angabe Ihrer Sprachkenntnisse im Lebenslauf zunächst einmal glaubt. Waren Sie bereits im Ausland tätig, wird man ohnehin davon ausgehen, dass Sie über gute Sprachkenntnisse verfügen. Deshalb können Sie auf Bescheinigungen über Sprachkurse verzichten, es sei denn, Sie haben anerkannte Zertifikate wie beispielsweise den TOEFL erworben.

Heben Sie besondere Kenntnisse hervor

Bescheinigungen über Computerkurse: Für Computerkurse gilt das Gleiche wie für Sprachkurse. Die Beherrschung gängiger Softwareprogramme wie Word, PowerPoint oder Excel wird man Ihnen zutrauen, wenn Sie dies im Lebenslauf angeben. Auch wenn bestimmte Programmierkenntnisse zu Ihrem Beruf gehören, genügt es, wenn Sie diese im Lebenslauf aufführen. Bescheinigungen sollten Sie nur dann beilegen, wenn es sich um den Erwerb herausragender Kenntnisse handelt, die nicht selbstverständlich vorausgesetzt werden, beispielsweise, wenn Sie sich zum Systemadministrator weiterqualifiziert haben.

CHECKLISTE

Checkliste für Ihre Zeugnisse

- ◯ Sind die Zeugnisse in der richtigen Reihenfolge einsortiert?
- ◯ Haben Sie ausschließlich Kopien beigelegt?
- ◯ Sind die beigefügten Kopien von guter Qualität?
- ◯ Haben Sie ein Zwischenzeugnis hinzugefügt (kein Muss)?
- ◯ Möchten Sie als Alternative zum Zwischenzeugnis eine selbst verfasste Tätigkeitsbeschreibung über Ihre momentanen Aufgaben beifügen (kein Muss)?
- ◯ Liegen die Arbeitszeugnisse früherer Arbeitgeber bei?

→ FORTSETZUNG AUF DER NÄCHSTEN SEITE

- ◯ Haben Sie die Urkunde über Ihren berufsqualifizierenden Abschluss beigefügt?
- ◯ Haben Sie Weiterbildungszertifikate ausgewählt, die für die ausgeschriebene Position wichtig sind?
- ◯ Gibt es nicht nur Bestätigungen über fachliche Weiterbildungen, sondern auch über Trainings im Bereich Soft Skills (Verhandlungsführung, Präsentieren, Rhetorik, Moderation)?

15. Nach der schriftlichen Bewerbung

In diesem Kapitel erklären wir Ihnen, wann Sie sich bei Firmen in Erinnerung bringen sollten und wie Sie dies am geschicktesten anstellen. Damit Sie auf Anrufe von angeschriebenen Firmen souverän reagieren können, dürfen Sie nicht den Überblick verlieren. Wir zeigen Ihnen, was dabei zu beachten ist.

Bleiben Sie aktiv

Mithilfe unserer Profil-Methode® haben Sie passgenaue, stärkenorientierte und glaubwürdige Anschreiben und Lebensläufe erstellt und können diese nun an die Personalabteilungen versenden – Sie sind Ihrem Ziel also ein gutes Stück näher gekommen. Und was passiert nun? Es wäre doch schade, wenn Sie nach diesem guten Start einbrechen würden! Legen Sie deshalb nach dem Versand Ihrer Bewerbungsmappe die Hände nicht in den Schoß: Bleiben Sie am Ball, und sorgen Sie dafür, dass Sie den Überblick behalten.

Behalten Sie den Überblick

In der Regel werden Sie sich bei mehreren Firmen gleichzeitig bewerben. Deshalb müssen Sie darauf achten, dass Sie die einzelnen Etappen im Bewerbungsverfahren der jeweiligen Firmen auch nachvollziehen können. Denn es ist mehr als peinlich, wenn sich eine Firma bei Ihnen meldet und Sie nicht wissen, um welche Stellenausschreibung es sich eigentlich handelt. Auch wenn Sie voller Eifer den Personalverantwortlichen mit Namen ansprechen, dabei aber Firma und den dazugehörigen Personalreferenten durcheinanderbringen, bekommt das durch Ihre guten Unterlagen erarbeitete positive Bild sehr schnell deutliche Risse. Damit Ihnen dies nicht passiert, sollten Sie weiterhin gut vorbereitet sein.

Halten Sie Ihre Unterlagen sortiert und griffbereit

Wir empfehlen Ihnen, ein Bewerbungsregister – beispielsweise als Ordner – anzulegen. Für jede einzelne Firma sollten Sie dort die Stellenanzeige, das passgenaue Anschreiben und den speziellen Lebenslauf einheften. Hinzu kommen noch Notizen nach Telefongesprächen mit Firmenvertretern und die gesammelte Korrespondenz. Auf diese Weise behalten Sie den Überblick und können sich jederzeit auf weitere Bewerbungsschritte einstimmen, beispielsweise vor angekündigten telefonischen Interviews oder persönlichen Vorstellungsgesprächen.

Der Ordner, den Sie angelegt haben, gehört neben das Telefon, denn er ist nur wenig hilfreich, wenn Sie ihn erst suchen müssen, während ein Firmenvertreter am anderen Ende der Telefonleitung wartet. Aus diesem Grund genügt es auch nicht, die Unterlagen nur im PC zu archivieren. Ein weiterer ganz wichtiger Vorteil des Ordners liegt darin, dass Sie beim gelegentlichen Durchblättern immer wieder auf Ihr ausgearbeitetes Profil stoßen. So werden sich die Formulierungen bezüglich Ihrer beruflichen Erfahrungen und Stärken mit der Zeit immer besser in Ihr Gedächtnis einprägen. Dazu genügt es sogar, wenn Sie Anschreiben und Lebenslauf einfach von Zeit zu Zeit überfliegen. Diese Stärkung Ihres Selbstbewusstseins wird Ihnen für die nächsten Schritte noch nutzen.

Das Unternehmen meldet sich: Telefoninterviews

Zusatzinformationen für Personalentscheider

Der Griff zum Telefon bringt nicht nur Ihnen als Bewerber Vorteile. Auch Personalverantwortliche nutzen das Telefon, um sich ein umfassenderes Bild zu machen, als dies mit der Durchsicht von schriftlichen Unterlagen möglich ist. Selbstverständlich werden sich Unternehmen vor einer Einstellungsentscheidung noch einen persönlichen Eindruck in einem Vorstellungsgespräch vom Bewerber machen. Ein vorgeschaltetes telefonisches Jobinterview vermittelt Personalverantwortlichen aber bereits Informationen, die aus der Bewerbung nicht direkt herauszulesen sind: Ob ein Bewerber im Gespräch auf andere Menschen eingehen, sich verständlich ausdrücken, berufliche Ziele äußern, mit schwierigen Fragen umgehen, Dinge auf den Punkt bringen und in allen Gesprächssituationen gelassen bleiben kann, lässt sich anhand der Bewerbungsunterlagen nur schwer einschätzen. Im telefonischen Jobinterview werden diese kommunikativen Fähigkeiten des Bewerbers jedoch sehr schnell deutlich.

Ein ganz wichtiger Punkt ist für Personalverantwortliche, am Telefon die Ernsthaftigkeit der Bewerbung zu überprüfen und die Gründe für den Stellenwechsel zu hinterfragen. Personalverantwortliche wissen, dass Bewerbungen immer wieder zu Testzwecken verschickt werden. Zum einen, um die Höhe des eigenen Marktwerts zu überprüfen, und zum anderen aus einer Wechseleuphorie heraus, die oft aber schnell wieder abklingt, wenn am derzeitigen Arbeitsplatz alles wieder seinen gewohnten Gang geht.

Das Ziel vor Augen

Stellen Sie sicher, dass Sie telefonisch erreichbar sind: Verschicken Sie also Ihre Bewerbung nicht, bevor Sie in Urlaub gehen. Haben Sie Personalverantwortlichen für eine telefonische Kontaktaufnahme eine bestimmte Zeit genannt, sollten Sie auch tatsächlich anwesend sein.

Rechtzeitige Vorbereitung

Üblicherweise werden telefonische Jobinterviews von den Unternehmen angekündigt. Personalverantwortliche lassen mit Ihnen einen Termin vereinbaren, an dem sie anrufen werden, um sich mit Ihnen zu unterhalten. Da diese Termine in der Regel sehr kurzfristig anberaumt werden, sollten Sie mit Ihrer Vorbereitung rechtzeitig beginnen.

Steht der Termin fest, legen Sie das Anschreiben und den Lebenslauf, die Sie an das Unternehmen versandt haben, heraus. Papier und Stift für Notizen während des Telefonats sollten Sie ebenfalls bereithalten. Sorgen Sie dafür, dass Sie nicht gestört werden, die Akkus Ihres schnurlosen Telefons geladen sind, und schalten Sie unbedingt Komfortmerkmale Ihres Telefonanschlusses, wie »Anklopfen bei laufendem Gespräch«, aus.

Machen Sie sich Ihr Bewerberprofil bewusst

Für die inhaltliche Ausgestaltung des telefonischen Jobinterviews ist Ihr Bewerberprofil, so wie Sie es in Ihrem Anschreiben aufbereitet haben, von zentraler Bedeutung. Die entscheidende Frage, die sich Personalverantwortliche während einer Bewerbersichtung stellen, lautet: »Warum sollten wir gerade diesen Bewerber einstellen?« Die Verpflichtung, ein überprüfungswürdiges Bewerberprofil zu liefern, liegt bei Ihnen.

Nutzen Sie für die Beantwortung der zentralen Frage »Warum gerade Sie?« die Arbeit, die Sie in Kapitel 5 geleistet haben. Der Inhalt der von Ihnen entwickelten Selbstpräsentation ist nicht nur die Antwort darauf, warum man gerade Sie einstellen sollte, sie dient auch als Antwort auf die Fragen: »Was unterscheidet Sie von anderen Bewerbern?«, »Welche Kenntnisse und Fähigkeiten bringen Sie für die neue Position mit?«, »Können Sie Ihren Werdegang in wenigen Sätzen beschreiben?« oder »Gibt es einen roten Faden in Ihrer beruflichen Entwicklung?«.

Vermitteln Sie Ihre Kernpunkte in wenigen Sätzen

Der nächste wichtige Punkt, über den Sie sich jetzt Gedanken machen sollten, sind die Schnittstellen, die zwischen Ihren bisherigen Tätigkeiten und der neuen Position bestehen. Je überzeugender Sie argumentieren können, dass Sie bereits mit den Aufgaben der von Ihnen angestrebten neuen Berufstätigkeit in Berührung gekommen sind, desto erfolgreicher wird das telefonische Jobinterview für Sie verlaufen. Führen Sie sich Ihren Lebenslauf vor Augen und machen Sie sich noch einmal klar, welche Tätigkeiten Sie in Ihren verschiedenen beruflichen Positionen ausgeübt haben. Suchen Sie noch einmal die Schlüsselbegriffe heraus, die belegen, dass Sie die Anforderungen der Wunschposition kennen.

Mit diesen Fragen sollten Sie rechnen

Nachdem Sie Ihre Selbstpräsentation und Ihren Lebenslauf erneut durchgegangen sind, sollten Sie sich mit weiteren Fragen, die Ihnen von Personalverantwortlichen gestellt werden könnten, befassen.

Trainieren Sie dies anhand unserer Übung »Drängende Fragen und Ihre Antworten«.

ÜBUNG

Drängende Fragen und Ihre Antworten

»Warum suchen Sie einen neuen Arbeitsplatz?«
Unser Tipp: Erweiterte Gestaltungsspielräume, Ausbau vorhandener Qualifikationen.

Ihre Antwort: ....

»Welche Berufsausbildung bringen Sie mit?«
Unser Tipp: Nicht nur Titel (formale Bezeichnung) nennen, sondern ganz kurz die bisherige berufliche Entwicklung skizzieren (Stationen und jeweils ein bis zwei Tätigkeiten).

Ihre Antwort: ....

»Was versprechen Sie sich davon, bei uns zu arbeiten?«
Unser Tipp: Tätigkeiten fortführen, die eine Nähe zur Wunschposition haben, berufliche Erfolge wiederholen.

Ihre Antwort: ....

»Welche Unterstützung brauchen Sie für Ihre Arbeit?«
Unser Tipp: Keine finanziellen oder personellen Forderungen stellen, besser auf gute Einbindung in Informations- und Entscheidungswege verweisen.

Ihre Antwort: ....

»Warum haben Sie sich gerade bei uns beworben?«
Unser Tipp: Verweisen Sie nicht einfach auf die Stellenanzeige, sondern zeigen Sie, dass Ihnen das Unternehmen bereits vorher aufgefallen ist, beispielsweise durch Presseveröffentlichungen, persönliche Kontakte, Internetrecherchen, Fachmessen und Ähnliches.

Ihre Antwort: ....

»Wie würden Sie sich beschreiben?«
Unser Tipp: Profil aus der Selbstpräsentation verwenden.

Ihre Antwort: ....

»Warum wollen Sie in unserem Unternehmen arbeiten?«
Unser Tipp: Branchenkenntnisse und Berufserfahrung hervorheben, Überschneidungen bisheriger Tätigkeiten mit den Anforderungen der Wunschposition betonen.

Ihre Antwort: ....

»Kennen Sie Produkte/Dienstleistungen unseres Unternehmens?«
Unser Tipp: Im Internet recherchieren.

Ihre Antwort: ....

»Interessieren Sie auch andere Tätigkeiten in unserem Unternehmen?«
Unser Tipp: Prinzipiell offen sein, aber betonen, dass Ihr Profil nutzbringend einsetzbar sein muss.

Ihre Antwort: ....

»Haben Sie Fragen an uns?«
Unser Tipp: Interesse und Ernsthaftigkeit demonstrieren. Zwei bis drei geeignete Fragen stellen, beispielsweise: »Wer ist mein zukünftiger Vorgesetzter?«, »Wie ist das Verhältnis von Innen- zu Außendienst?« oder »Mit wem werde ich zusammenarbeiten?«.

Ihre Antwort: ....

Setzen Sie sich mit möglichen Fragen auseinander

Mit diesen und weiteren Fragen sollten Sie sich vor einem telefonischen Jobinterview unbedingt auseinandersetzen, denn spontane Antworten fallen den meisten Bewerbern schwer. Das telefonische Interview wird zäh und zieht sich in die Länge, wenn Bewerber zu oft bei einer Antwort passen müssen, weil sie nicht wissen, worauf die Frage abzielt. Personalverantwortliche werden dann schnell das Interesse an Ihnen verlieren.

Selbstverständlich können Personalverantwortliche Ihnen noch mehr Fragen bieten. Lesen Sie zur weiteren Vorbereitung besonders Teil 6 dieses Buches. Dort finden Sie Beispielfragen mit ungeeigneten und geeigneten Antworten. Informationen zu den einzelnen Frageblöcken »Leistungsmotivation«, »beruflicher Werdegang«, »Führungserfahrung«, »Persönlichkeit« und »private Lebensgestaltung« legen Ihnen ausführlich dar, warum Personalverantwortliche gerade diese Fragen stellen. Sie lernen, Gesprächsstrategien der Unternehmensseite zu durchschauen und auch auf Stressfragen angemessen zu reagieren.

Richtig nachgehakt

Wenn Sie selbst telefonischen Kontakt zu Firmenvertretern aufnehmen, sollten Sie immer bedenken, dass das Bewerbungsverfahren noch läuft und dass Sie mit einem an der Entscheidung Beteiligten telefonieren. Bleiben Sie deshalb freundlich, und treten Sie auch beim Nachhaken souverän auf. Manche Firmen werden Verständnis für Ihren Informationsbedarf haben, andere dagegen werden eher kühl reagieren und sich keine weiteren Auskünfte entlocken lassen.

Das sollten Sie sich merken:
Bewerbungsverfahren sind nicht nur für Sie, sondern auch für die Personalabteilungen mit Stress verbunden.

Jedes Unternehmen hat seinen Rhythmus

Wann man sich bei Ihnen meldet, unterscheidet sich von Firma zu Firma recht deutlich. In manchen Personalabteilungen werden die Bewerbungen erst einmal gesammelt, bevor es an die Auswertung geht. Andere wiederum beginnen sofort mit der Auswertung, um interessante Kandidaten schnellstmöglich kontaktieren zu können.

Wenn auf Ihre Bewerbung zu lange keine Reaktion kommt, sollten Sie selbst aktiv werden und sich in Erinnerung bringen. Dies können Sie beispielsweise mit einem Nachfassbrief oder einem Anruf in der Personalabteilung tun. Die eigentliche Entscheidung darüber, welcher Bewerber wann zu einem Vorstellungsgespräch eingeladen wird, werden Sie natürlich nicht beeinflussen können. Aber Sie können deutlich machen, dass Sie nach wie vor an der Stelle interessiert sind. Manche Anrufer haben dadurch auch schon erreicht, dass ihre Bewerbungsmappen noch einmal zur Hand genommen und besonders gründlich überprüft wurden.

Beschränken Sie sich auf formale Fragen

Mit einem kurzen Anruf verschaffen Sie sich außerdem Informationen darüber, wie es im Auswahlverfahren weitergeht. Sie sollten sich jedoch auf Fragen nach dem weiteren Verlauf des Bewerbungsverfahrens beschränken. Denn ganz besonders unangenehm fallen Bewerber auf, die patzig eine Entscheidung einfordern oder Mitleid erwecken wollen. Es würde ein schlechtes Licht auf Ihre Soft Skills Kommunikationsstärke und Einfühlungsvermögen werfen, wenn Sie eine Entscheidung erzwingen wollten. Und Sie wissen ja: Noch ist das Verfahren nicht abgeschlossen und Sie sprechen mit einer beteiligten Person.

Vorsicht Falle!
Bei Ihren Nachfassaktionen ist Sensibilität gefragt. Auch wenn Sie bei Ihrer Stellensuche unter starkem Druck stehen: Bringen Sie sich in Erinnerung, ohne aufdringlich zu wirken. So mancher hat sich noch beim Nachfassen ins Aus katapultiert!

Fragen Sie also lieber nach dem Fortgang des Entscheidungsprozesses in der Firma, beispielsweise so: »Bis wann ist eine Entscheidung geplant?« Es bietet sich natürlich auch an, nach den weiteren Auswahlschritten zu fragen. Dann können Sie sich rechtzeitig auf ein Assessment-Center oder ein Vorstellungsgespräch vorbereiten. Fragen Sie »Welche weiteren Auswahlverfahren sind vorgesehen?« oder »Wie ist der weitere Fortgang in der Firma? Gibt es bereits eine grobe Terminplanung?«.

Bringen Sie sich freundlich in Erinnerung

Haben Sie nach circa drei bis fünf Wochen noch nichts von der Firma gehört, sollten Sie sich mit diesen Fragen zum weiteren Fortgang in Erinnerung bringen. Haben Sie bereits ein Angebot einer Firma erhalten, möchten aber noch die Entscheidung eines anderen Unternehmens abwarten, dürfen Sie auch früher anrufen. Signalisieren Sie, dass Sie sich um die Dinge kümmern, die Ihnen am Herzen liegen. Ihre freundliche Beharrlichkeit wird den Personalverantwortlichen zeigen, dass Sie sich aktiv für Ihre berufliche Zukunft einsetzen.

Checkliste für Ihre Aktivitäten nach der schriftlichen Bewerbung

CHECKLISTE

- ◯ Haben Sie einen Ordner angelegt, in dem sich alle wichtigen Unterlagen zu Ihren einzelnen Bewerbungen befinden?
- ◯ Liegt dieser Ordner griffbereit neben dem Telefon?
- ◯ Ist ein telefonisches Vorabinterview vereinbart worden? Sind Sie zum vereinbarten Termin erreichbar und ungestört?
- ◯ Funktioniert Ihr Telefon einwandfrei?
- ◯ Haben Sie Anschreiben und Lebenslauf noch einmal durchgelesen?
- ◯ Haben Sie Ihre Selbstpräsentation vorbereitet?

→ FORTSETZUNG AUF DER NÄCHSTEN SEITE

- ◯ Können Sie die Schnittstellen zwischen Ihrer jetzigen Position und der anvisierten Stelle darlegen?
- ◯ Können Sie anhand von Schlüsselbegriffen belegen, dass Sie die Anforderungen Ihrer Wunschposition erfüllen?
- ◯ Haben Sie sich mit den Fragen auseinandergesetzt, die Sie im telefonischen Jobinterview erwarten?
- ◯ Wissen Sie, welche Motivation hinter den verschiedenen Fragen von Personalverantwortlichen steckt?
- ◯ Haben Sie zwei bis drei Fragen vorbereitet, die Sie selbst stellen werden?
- ◯ Haben Sie freundlich und souverän bei Unternehmen nachgehakt, bei denen Sie sich beworben haben?
- ◯ Wissen Sie, was das weitere Auswahlverfahren des Unternehmens beinhaltet?

III

Initiativbewerbungen

16. Initiative zeigen und das eigene Profil vermitteln

Initiativbewerbungen eignen sich vorzüglich, um die jeweilige Wunschposition zu erreichen. Für den Erfolg ist eine gute Vorbereitung allerdings unabdingbar. Um bei Personalverantwortlichen Interesse zu wecken, sollten Sie professionell vorgehen. Werden Sie Ihr eigener Personalberater.

Firmen erwarten heutzutage immer mehr Eigeninitiative von Bewerbern. Verlassen Sie sich deshalb nicht allein auf das, was man Ihnen anbietet, sondern suchen Sie nach anderen Möglichkeiten, um (Wunsch-)Firmen anzusprechen. Hierbei ist die Initiativbewerbung das Mittel erster Wahl.

Mitarbeitersuche durch Empfehlungen

Es gibt einige Gründe dafür, dass Unternehmen nicht alle freien Stellen ausschreiben. Nicht an letzter Stelle steht hierbei, die Kosten von Anzeigen und Auswahlverfahren zu sparen. Vor allem in kleineren Firmen ist zudem auch personell gesehen die große Flut an eingehenden Bewerbungen nach einer Stellenanzeige ein Problem. Aber auch Firmen mit größerer Personalabteilung haben schon die Erfahrung gemacht, von Bewerbern überrannt zu werden. Daher verzichten viele Firmen ganz bewusst darauf, ihre freien Stellen extern zu veröffentlichen – insbesondere dann, wenn sie gutes Personal schon auf anderen Wegen gefunden haben, beispielsweise durch Empfehlungen von Mitarbeitern, Kontakte zu Lieferanten oder Kunden, deren Mitarbeiter einen Wechselwunsch äußern, oder schlichtweg durch unaufgeforderte Bewerbungen. Einige Firmen legen sogar einen sogenannten Bewerberpool an: Sie sammeln interessante Bewerbungen, um sich dann, wenn Stellen frei werden, mit den jeweiligen Absendern in Verbindung zu setzen.

Initiativbewerbungen brauchen Vorarbeit

Machen Sie sich jedoch gleich zu Anfang eines klar: Eine Initiativbewerbung ist keine Blindbewerbung. In Blindbewerbungen sind in der Regel kein berufliches Profil des Bewerbers und erst recht kein Abgleich mit den Anforderungen des Unternehmens oder der Stelle zu erkennen. Zumeist werden dann Anschreiben mit Standardfloskeln und schablonenhafte Lebensläufe an viele Unternehmen verschickt, in der Hoffnung, dass irgendjemand sich daraufhin meldet. Eine Initiativbewerbung unterscheidet sich davon ganz erheblich, vor allem durch die geleistete Vorarbeit.

Das sollten Sie sich merken:
Wer mit seiner Initiativbewerbung Erfolg haben will, muss anhand seiner Bewerbungsmappe deutlich machen, dass er Initiative gezeigt hat – und zwar schon *vor* dem Versand seiner Unterlagen.

Personalberater in eigener Sache

So eröffnen Sie sich neue Horizonte

Um Ihnen die Vorteile einer guten Vorbereitung vor Augen zu führen, möchten wir Sie bitten, einmal in die Rolle eines Personalberaters oder Headhunters zu schlüpfen. Deren Vorgehensweise ist sehr systematisch, weshalb Sie sich daran ein Beispiel nehmen können.

Zunächst klärt der Personalberater mit der Fachabteilung, über welches Fachwissen, welche Branchenerfahrung und welche speziellen Berufskenntnisse der Wunschkandidat verfügen sollte. Anschließend wird er von der Personalabteilung erfragen, welche Arbeitsabläufe typisch sind und wie die Unternehmenskultur ausgestaltet ist. Daraus werden Anforderungen an die Persönlichkeit des neuen Mitarbeiters formuliert. Nachdem die fachlichen Voraussetzungen und die Soft Skills geklärt sind, wird auf dieser Basis ein Profil entworfen, mit dem sich der Personalberater auf die Suche begibt.

In persönlichen oder telefonischen Kontakten wird der Personalberater dann Kurzprofile von potenziellen Kandidaten einfordern und diese mit den Anforderungen der Firma abgleichen. Erst wenn ein Kandidat grundsätzlich geeignet erscheint, werden dessen schriftliche Bewerbungsunterlagen angefordert. Bei seinen Gesprächen mit der suchenden Firma wird der Personalberater immer sehr knapp und präzise vorgehen und das Profil des Bewerbers mit geeigneten Schlagworten umreißen, um die Besonderheiten herauszustellen. Da die Entscheider auf Unternehmensseite nur wenig Zeit haben, muss er mit einer hohen Informationsdichte vorgehen. Man wird ihm nur dann zuhören wollen, wenn seine Ausführungen im Hinblick auf eine Einstellungsentscheidung relevant sind.

Gehen Sie wie ein Personalberater vor

Von der professionellen Arbeitsweise der Personalberater können Sie sich einiges abschauen: Dazu gehört, dass Sie Initiativbewerbungen durch persönliche oder telefonische Kontakte vorbereiten sollten. Außerdem ist eine gründliche Analyse Ihrer fachlichen und persönlichen Fähigkeiten nötig, denn zuerst müssen Sie selbst wissen, was Sie zu bieten haben. Zudem sollten Sie bereits im Vorfeld mögliche Anforderungen der Fach- und Personalabteilung herausfinden, damit Sie sich mit einem Kurzprofil präsentieren können, welches neugierig auf mehr Informationen macht. Erst danach ist der Zeitpunkt gekommen, um mit ausführlichen und aussagekräftigen schriftlichen Unterlagen zu punkten.

Sie sehen, dass Sie einen großen Teil Ihrer Arbeit für eine erfolgreiche Initiativbewerbung schon vor dem Versand der Bewerbungsmappe leisten müssen. Welche vielfältigen Möglichkeiten Sie bei der Vorbereitung Ihrer Initiativbewerbung haben und wie Sie diese optimal nutzen, werden wir Ihnen im weiteren Verlauf dieses dritten Teils vorstellen.

Die heimlichen Wünsche der Personalverantwortlichen

Wer von sich aus auf eine Firma zugeht, um seine Kenntnisse anzubieten, zeigt eine ganz andere Motivation als derjenige, der nur auf eine Stellenanzeige reagiert. Darum ist er für Personalverantwortliche besonders interessant. Geht ein Initiativbewerber dann auch noch zielgerichtet vor, hat er sich die ersten Pluspunkte erarbeitet.

Vergessen Sie aber nicht, dass eine Initiativbewerbung für die Mitarbeiter in Personalabteilungen einen größeren Arbeitseinsatz bedeutet. Schließlich müssen sie neben der Einschätzung des Bewerberprofils auch noch die potenziellen Einsatzmöglichkeiten im Unternehmen überprüfen. Dieser höhere Arbeitsaufwand wird deshalb nur dann in Kauf genommen, wenn es sich um eine vielversprechende Bewerbung handelt.

Wecken Sie den Bedarf nach Ihrer Arbeitskraft

Aus diesem Grund können die Bewerber, die von sich aus deutlich machen können, dass sie wissen, was die Firma von ihnen erwartet und in welchen Arbeitsbereichen sie einsetzbar wären, mit besonderer Aufmerksamkeit rechnen – schließlich signalisieren sie, dass sie Personalverantwortlichen die Arbeit nicht erschweren, sondern leichter machen wollen. Außerdem erbringen sie damit eine Leistung, die als »realistische Tätigkeitsvorausschau« bezeichnet wird. Untersuchungen haben ergeben, dass diejenigen, die bereits vor dem Arbeitsantritt genau wissen, was sie erwartet, besser motiviert, belastbarer und loyaler sind als diejenigen, die sich allzu naiv ins kalte Wasser stürzen. Deshalb werden Initiativbewerbungen von Personalverantwortlichen durchaus geschätzt – immer vorausgesetzt, dass sie gut vor- und aufbereitet sind.

Ihr unverwechselbares Profil

Was wollen Sie erreichen?

In Teil 1 dieses Buches haben Sie sich bereits mit Ihrem beruflichen Werdegang, Ihren Stärken und Ihren Schwächen auseinandergesetzt. Die Ergebnisse Ihrer Bestandsaufnahme sowie Ihre dort erarbeitete Selbstpräsentation sind die Basis für Ihr individuelles Stellenprofil. Mit einer Initiativbewerbung haben Sie die Chance, genau die Stelle zu finden, die Sie sich wünschen. Um Erfolg zu haben, müssen Sie diese Traumstelle möglichst klar umreißen können. Überlegen Sie sich genau, was Sie mit Ihrem Stellenwechsel beabsichtigen. Machen Sie sich klar, welche Tätigkeiten Sie in Zukunft intensiver ausüben möchten, auf welche Sie verzichten wollen und welche neuen Aufgaben Sie gern übernehmen würden.

Der Blick nach vorn: Ihre Wünsche

Seien Sie sich über Ihre Bedürfnisse im Klaren

Im Rahmen Ihrer Bestandsaufnahme werden Sie erkannt haben, was Sie gerne tun und was weniger gerne. Vor der Ausarbeitung Ihrer Unterlagen sollten Sie sich deshalb auch darüber klar werden, welche Wünsche Sie an die neue Stelle haben. Zu schnell trifft derjenige, der sich nicht über seine eigenen Bedürfnisse im Klaren ist, am neuen Arbeitsplatz auf die alten Probleme. Finden Sie deshalb heraus, in welchen Bereichen Sie gerne arbeiten, welche Kenntnisse Sie vertiefen möchten, welche Aufgaben Sie gerne übernehmen würden – aber auch, welche Tätigkeiten Ihnen weniger liegen.

Das sollten Sie sich merken:
Die Auseinandersetzung mit Ihren Wünschen bedeutet, dass Sie im Bewerbungsverfahren glaubwürdiger auftreten. Firmenvertreter lassen sich nur beeindrucken, wenn Bewerber wissen, was sie können und wollen – und was nicht.

Die Wunschposition im Blick

Machen Sie sich Ihre Wünsche klar. Die Übersicht »Wünsche an die neue Stelle« kann Ihnen dabei helfen, Ihre Ansprüche an den neuen Arbeitsplatz herauszuarbeiten. Natürlich gibt es nicht den perfekten Arbeitsplatz, auch Sie werden an irgendeiner Stelle Kompromisse machen müssen. Dies sollte Sie aber nicht davon abhalten, Ihrer Wunschposition so nah wie möglich zu kommen.

ÜBERSICHT

Wünsche an die neue Stelle

- → Welche Tätigkeiten möchten Sie in der neuen Stelle auf jeden Fall fortführen?
- → Welche Aufgaben würden Sie nicht vermissen?
- → Wo könnten Sie ohne Einarbeitung sofort einsteigen?
- → Auf welchen Fachgebieten sind Sie Experte, und wann fragt man Sie um Rat?
- → Möchten Sie, dass bisherige Sonderaufgaben zu einem regelmäßigen Bestandteil der Arbeit werden?
- → Möchten Sie stets mit den gleichen Menschen zusammenarbeiten oder bevorzugen Sie wechselnde Arbeitsgruppen?

- → Liegt Ihnen eher ein aufregendes oder ein beschauliches Arbeitsumfeld?
- → Arbeiten Sie lieber an einem Ort oder reisen Sie gerne?
- → Möchten Sie einen Teil der Arbeit zu Hause erledigen oder arbeiten Sie lieber im Büro?
- → Strukturieren Sie Ihre Arbeit selbst oder brauchen Sie Vorgaben?
- → Sind Ihnen ein regelmäßiges Feedback und eine schnelle Rückmeldung wichtig?
- → Sehen Sie sich eher als Spezialisten oder als Allround-Talent?
- → Macht es Ihnen Spaß, anderen etwas beizubringen?
- → Welche Aufgaben würden Sie auch ohne Bezahlung gerne tun?
- → Möchten Sie im Ausland arbeiten?
- → Wollen Sie eine Führungsposition übernehmen?
- → Sind Sie bereit, auch spätabends oder am Wochenende zu arbeiten?
- → Ist Gleitzeit für Sie wichtig?
- → Kommt es für Sie infrage, für eine neue Stelle umzuziehen?
- → Sind interessante berufliche Aufgaben oder ein möglichst hohes Gehalt für Sie wichtig?
- → Ist für Sie eine hohe Identifikation mit Ihrem Beruf oder Ihrem Arbeitgeber wichtig?

Nach Ihrer fundierten Selbsteinschätzung wissen Sie, wo Ihre Stärken liegen, auf welchen Gebieten Sie am meisten leisten und welche persönlichen Fähigkeiten Ihr Profil abrunden. Weiterhin haben Sie für sich geklärt, welche Anforderungen Sie an Ihre Wunschposition stellen. Im nächsten Schritt geht es darum, Ihren Wunscharbeitgeber herauszufinden, um Ihr Profil passgenau auf ihn abzustimmen.

Ihr Wunscharbeitgeber

Finden Sie heraus, welche Unternehmensform Ihnen liegt

Machen Sie sich Gedanken über den richtigen Arbeitgeber, damit Sie mit Ihrer Initiativbewerbung Ihre berufliche Entwicklung gezielt vorantreiben können. Nicht jedes Unternehmen wird für Sie geeignet sein. Zunächst sollten Sie Präferenzen hinsichtlich der Unternehmensform festlegen. Es macht einen Unterschied, ob Sie zukünftig in einem Konzern oder in einem mittelständischen Unternehmen arbeiten werden. Auch die Entscheidung zwischen freier Wirtschaft und öffentlichem Dienst hat weitreichende Konsequenzen für Ihren Berufsalltag. Bevor Sie sich über einzelne Unternehmen informieren, sollten Sie also entscheiden, welche Unternehmensform Ihnen grundsätzlich am meisten liegt. Wo möchten Sie lieber arbeiten:

→ **in einem Konzern,**
→ **einem mittelständischen Unternehmen,**
→ **einem neu gegründeten Kleinbetrieb oder**
→ **im öffentlichen Dienst?**

Alle diese Unternehmensformen unterscheiden sich deutlich in ihren Arbeitsabläufen, der hierarchischen Strukturierung, den Entscheidungswegen, den Karriereoptionen und den Gestaltungsspielräumen.

In Konzernen finden Sie zahlreiche Aufstiegswege

Konzerne: Konzerne bieten oft vielfältige Einsatzmöglichkeiten, die von Tätigkeiten im Ausland bis zur Übernahme von Verantwortung in Niederlassungen reichen. Der Wechsel von einem Unternehmensbereich in einen anderen ist möglich. Generell sind die Aufstiegswege und Karriereoptionen in Konzernen allein wegen ihrer Größe zahlreich. Konzerne haben eine eigene Abteilung für Personalentwicklung, die sich um den eigenen Führungsnachwuchs kümmert, Weiterbildungsprogramme bereitstellt und den Wechsel zu Konzerntöchtern oder in Auslandsniederlassungen koordiniert.

Da die Entscheidungsprozesse in Konzernen recht lange dauern, lassen sich eigene Ideen nicht immer so leicht wie gewünscht umsetzen. Wer hier arbeitet, braucht ein gutes Durchhaltevermögen. Die einzelnen Arbeitsbereiche sind oft scharf voneinander abgegrenzt. Es fällt schwer, Innovationen außerhalb des Dienstwegs voranzutreiben. Berührungspunkte zu anderen Abteilungen ergeben sich häufig nur in Projektgruppen. Ein gutes Selbstmarketing ist in Konzernen unerlässlich; die interne Konkurrenz ist groß, und es ist nicht einfach, aus der Anonymität der Masse herauszutreten.

Demgegenüber stehen gute Weiterbildungs- und Entwicklungsmöglichkeiten. Eine systematische Personalentwicklung und Unterstützung beim Erreichen selbst gesteckter beruflicher Ziele ist kennzeichnend für Großunternehmen. Die Chancen, interne Karrieresprünge zu schaffen, sind – entsprechendes Engagement vorausgesetzt – groß. Auch die guten Sozial- und Sonderleistungen sowie ein überdurchschnittlicher Verdienst sind nicht zu verachten und sprechen für Konzerne.

Mittelständische Unternehmen: Da eine eigene Personalentwicklung in mittelständischen Unternehmen noch lange nicht selbstverständlich ist, sind die Anforderungen an die Eigeninitiative der Mitarbeiter höher: Systematische Förderprogramme und konsequente Karrierepläne fehlen in der Regel. Sonderleistungen sind oft nicht festgelegt, sondern müssen vom Mitarbeiter ausgehandelt werden. Die Arbeitsbelastung kann im Mittelstand sehr hoch sein. Einer internen Karriere steht oft die nur geringe Zahl an Führungspositionen im Weg.

Ein Wechsel in den Mittelstand kann aber dennoch interessant sein, da Mitarbeiter dort umfangreiche Gestaltungsmöglichkeiten vorfinden. Es wird schnell Verantwortung übernommen, und die Trennung der einzelnen Unternehmensbereiche ist nicht so ausgeprägt wie in Konzernen. Bei komplexen Aufgaben muss nicht so arbeitspolitisch vorgegangen werden wie in Großunternehmen. Die Berührungsängste zwischen den Abteilungen sind weniger stark ausgeprägt – damit lassen sich neue Entwicklungen schneller vorantreiben. Rückmeldungen über den Erfolg der Arbeit sind direkter.

Hier übernehmen Sie schnell Verantwortung

Neu gegründete Kleinbetriebe: Das Besondere an Kleinbetrieben ist das ausgeprägte unternehmerische Denken: Individuelle Leistung wird großgeschrieben. Die Möglichkeiten, direkt mit den anderen Unternehmensbereichen zusammenzuarbeiten, sind vielfältig. Entscheidungen werden nicht vertagt, sondern getroffen. Top-Positionen sind schneller zu erreichen, und das besondere Pioniergefühl ist für viele Mitarbeiter ein zusätzlicher Anreiz. Eine Portion Risikobereitschaft gehört dazu. Die Kehrseite der großen Verantwortungsspielräume ist, dass die Mitarbeiter von wirtschaftlichen Misserfolgen selbst betroffen sind. Bei schlechter Geschäftsentwicklung leiden die variablen Gehaltsbestandteile. Hinzu kommt, dass das Arbeitspensum sehr hoch gesteckt ist. Ein Privatleben findet nur eingeschränkt statt.

Kurze Wege und individuelle Leistung

Öffentlicher Dienst: Die Elemente der Personalentwicklung im öffentlichen Dienst lauten: Laufbahn und Dienstalter. Beginnend mit dem Vorbereitungsdienst und endend mit der Pensionierung ist der berufliche Werdegang weitestgehend vorherbestimmt. Es gibt nur wenig individuelle Gestaltungsspielräume. Der öffentliche Dienst akzeptiert erst langsam die Idee der leistungsbezogenen Elemente. Generell gibt es aber wenig Möglichkeiten, mit besonderem Engagement zu punkten. Wer auf Innovation und Veränderung setzt, dürfte sich im öffentlichen Dienst schlecht aufgehoben fühlen.

Gut planbare Arbeitsbelastungen und feste Arbeitszeiten sind für manche Bewerber ein Wert an sich. Es gibt immer wieder Mitarbeiter, die froh sind, den Wechsel vom hektischen Berufsalltag im Kleinunternehmen zum überschaubaren Arbeitspensum im öffentlichen Dienst geschafft zu haben. Durch das System der Gehaltszuschläge lässt sich in höheren Positionen durchaus gut verdienen, wenn auch das Gehalt unter dem vergleichbarer Positionen in der freien Wirtschaft liegt.

Verlässlichkeit ist ein wichtiger Wert

Nach den strategischen Überlegungen, in welcher Unternehmensform Sie Ihre berufliche Entwicklung fortsetzen wollen, müssen Sie sich auf die Suche nach geeigneten Arbeitgebern machen. Welche Suchwege

Sie dabei nutzen können, haben wir Ihnen in Kapitel 3 (»Die Suche nach potenziellen Arbeitgebern«) vorgestellt.

Die Entwicklung Ihres Stellenprofils

Bringen Sie Ihr Kurzprofil ins Gespräch

Nun geht es darum, mit Ihrem beruflichen Profil erstes Interesse zu erwecken. Wie Sie wissen, sollten Sie schon im Vorfeld Ihrer Initiativbewerbung Kontakte in Richtung Ihrer Wunschunternehmen knüpfen – sei es per Telefon oder durch einen persönlichen Kontakt auf einer Messe oder auch bei Weiterbildungsveranstaltungen. Die Kontaktaufnahme dient zum einen dazu, Ihr individuelles Profil ins Gespräch zu bringen. Zum anderen können Sie aber auch etwas mehr über die konkreten Wünsche der Firmen an Bewerber, den aktuellen Einstellungsbedarf oder auch die mittelfristige Personalplanung erfahren.

Damit man Ihnen überhaupt zuhört, müssen Sie Ihre Zuhörer neugierig machen und ein Interesse an Ihren beruflichen Qualifikationen hervorrufen, das heißt, Sie müssen sich so präsentieren, dass man Ihre beruflichen Stärken erkennen und diese in Verbindung mit den Anforderungen Ihrer Wunschposition bringen kann.

Anforderungen der Wunschposition erkennen

Definieren Sie die Aufgaben Ihrer Position

Die Arbeit, die jede Firma für eine Stellenausschreibung leistet, muss ein Initiativbewerber in Eigenregie bewältigen: die Definition der Aufgaben, die zu bewältigen sind, und das Bestimmen der fachlichen und persönlichen Fähigkeiten, die der optimale Stelleninhaber dazu mitbringen sollte. Deshalb ist es unbedingt ratsam, dass Sie sich ein Stellenprofil für Ihre Wunschposition erarbeiten.

Ein gelungenes Stellenprofil beginnt zunächst mit allgemeinen Informationen über das Unternehmen. Recherchieren Sie deshalb alles Wissenswerte über das Unternehmen: die Größe und Struktur, die Standorte, die wichtigsten Dienstleistungen und Produkte, die Unternehmenskultur und aktuelle Entwicklungen. Personalverantwortliche reagieren zumeist ungehalten, wenn Bewerber sich vorher nicht mit dem Unternehmen auseinandergesetzt haben.

Argumentieren Sie aus Sicht des Unternehmens

Im nächsten Schritt geht es um die zukünftigen Aufgaben in der anvisierten Position. Wenn Sie aus der Perspektive des Unternehmens argumentieren können, also möglichst viele Überschneidungen zwischen den zukünftigen und Ihren bisherigen Aufgaben herstellen, haben Sie gute Argumente für Ihre Kontaktaufnahme und Ihre späteren schriftlichen Unterlagen. Zudem zeigen Sie damit schon Ihre Kundenorientierung, indem Sie Ihren Ansprechpartnern echte Entscheidungsgrundlagen liefern.

Das sollten Sie sich merken:
Klären Sie zunächst die Anforderungen, die in der anvisierten Stelle auf Sie zukommen werden – damit Sie später belegen können, dass Sie diese Anforderungen erfüllen werden.

Werten Sie Stellenanzeigen aus

Sichten Sie deshalb in Zeitungen und im Internet Unternehmensinformationen und Stellenanzeigen. Sammeln Sie Anzeigen, in denen Stellen beschrieben werden, die Ihrer anvisierten Wunschposition möglichst nahe kommen. Je detaillierter Ihre Informationen über die zukünftigen Tätigkeiten sind, desto besser ist Ihre Ausgangsposition. Halten Sie nicht nur die zukünftigen Aufgaben fest, sondern auch, welche fachlichen Kenntnisse und welche Soft Skills verlangt werden. Werten Sie die gesammelten Stellenanzeigen jeweils nach folgendem Schema aus.

→ **Stellenanzeige 1:**
  - **Aufgaben,**
  - **geforderte fachliche Kenntnisse,**
  - **geforderte Soft Skills.**

→ **Stellenanzeige 2:**
  - **Aufgaben,**
  - **geforderte fachliche Kenntnisse,**
  - **geforderte Soft Skills.**

Die gefundenen fachspezifischen Schlagworte und Formulierungen sollten Sie in Ihr Kurzprofil einfließen lassen, denn damit zeigen Sie Ihren Gesprächspartnern, dass Sie wissen, welche Aufgaben Sie in der neuen Stelle erwarten. Zudem signalisieren Sie, dass Sie zu einer realistischen Tätigkeitsvorausschau in der Lage sind – und das sind alles Voraussetzungen, die man bei zukünftigen Mitarbeitern zu schätzen weiß.

Die Kernbotschaft formulieren

Ihre Kontaktaufnahme mit dem Wunschunternehmen wird Ihnen besser gelingen, wenn Sie sich schon im Vorfeld ein Kurzprofil erarbeiten. In unserer Beratungspraxis trainieren wir mit Initiativbewerbern, wie sie mit wenigen Sätzen die eigene berufliche Qualifikation herausstellen können. Dazu sollte man zwei bis drei Kernbotschaften heraussuchen, die die beruflichen Kenntnisse und Fähigkeiten deutlich machen. Diese Kernbotschaften sollten ausformuliert werden und in jedes Kontaktgespräch einfließen.

Bringen Sie Ihr Profil auf den Punkt

Nehmen Sie Ihre Bestandsaufnahme und das von Ihnen herausgefundene Stellenprofil Ihrer Wunschposition zur Hand, und suchen Sie nach prägnanten Überschneidungen. Entscheiden Sie sich für drei bis vier Schlüsselbegriffe, die Ihre berufliche Qualifikation am ehesten charakterisieren. Daraus formulieren Sie zwei, drei Sätze, welche dann die Kernbotschaft Ihrer Selbstpräsentation bilden.

In Kapitel 6 (»Gute Gründe für den Stellenwechsel«) haben Sie bereits erfahren, wie Sie Ihren Wunsch nach einer neuen Position am besten begründen können. Ziehen Sie die von Ihnen erarbeiteten Wechselgründe für Ihr Kurzprofil heran.

Damit Sie sich besser vorstellen können, welche Inhalte ein gelungenes Kurzprofil umfasst, haben wir für Sie einige Beispiele zusammengestellt. Orientieren Sie sich an den aufgeführten Kurzprofilen einer Kundenberaterin, eines Technikers und eines Marketingmitarbeiters, um Ihr eigenes Kurzprofil zu erstellen.

Kurzprofil einer Kundenberaterin

BEISPIEL

»Ich arbeite seit sechs Jahren als Kauffrau in der Kundenbetreuung. Zu meinen Aufgaben gehören die Pflege von Kundenbeziehungen, die telefonische Akquisition und die Abwicklung der eingehenden Aufträge. Ich betreue und berate einen eigenen Kundenstamm, den ich stetig ausgebaut habe. Meine Erfahrungen würde ich gerne in Ihrem Unternehmen einsetzen.«

Kurzprofil eines Technikers

»Ich arbeite als Techniker in der Holz- und Möbelbranche. Neben der Arbeitsvorbereitung und der Endmontage beim Kunden übernehme ich auch die Unterstützung von Gebietsverkaufsleitern. Die Schulung von Händlerverkäufern gehört ebenfalls zu meinen Aufgaben. Ich möchte noch stärker als bisher in der Kundenberatung tätig werden und suche daher in diesem Bereich eine Stelle als Anwendungstechniker.«

Kurzprofil eines Marketingmitarbeiters

»Ich möchte mich im Marketing weiterentwickeln. Bisher betreue ich die Auswertung von Verkaufsstatistiken, das Benchmarking und die Erstellung von Präsentationsunterlagen. Daneben bin ich für die Anzeigenschaltung zuständig. Im

Bereich Channel-Marketing habe ich mich weitergebildet und dort den Schwerpunkt auf das Erkennen von Wachstumspotenzialen im Markt gelegt. Ich würde gerne mit Ihrer Firma in Kontakt kommen. Welche Möglichkeiten gibt es dafür?«

An den Beispielen können Sie erkennen, dass man mit zwei, drei Sätzen schon eine ganze Menge an Informationen vermitteln kann – vorausgesetzt, man baut die richtigen Schlüsselbegriffe zu den bisherigen beruflichen Tätigkeiten ein. Wenn Sie sich solch ein aussagekräftiges Kurzprofil erarbeiten, präsentieren Sie sich stets mit Ihren Stärken. Dadurch erreichen Sie, dass man Ihre Fähigkeiten und Ihr Interesse an der neuen Stelle ernst nimmt.

Trainieren Sie den Einsatz Ihres Kurzprofils

Trainieren Sie den Einsatz Ihres Kurzprofils, damit Sie es stets parat haben. Gewöhnen Sie sich an, bei jeder persönlichen Kontaktaufnahme stets auch Aussagen zu Ihrem beruflichen Profil zu machen. Ihre Kurzpräsentation sollten Sie vor allem im Umkreis Ihres Berufsfeldes einsetzen, beispielsweise auf Messen, Weiterbildungsveranstaltungen, im Gespräch mit Kunden oder Lieferanten und natürlich auch bei Kontakten, die sich aus ehrenamtlichen Tätigkeiten ergeben.

Ihr Kurzprofil ist auch im Telefonat mit Firmenvertretern der richtige Aufhänger, um ins Gespräch zu kommen. Geben Sie Ihren Kontaktpersonen im Wunschunternehmen einen kurzen Einblick in Ihre berufliche Leistungsfähigkeit. Sie leiten damit das Gespräch von Anfang an in die richtigen Bahnen. Welche weiteren Aspekte im Telefonkontakt mit Firmenvertretern wichtig sind, erfahren Sie im Kapitel 18 (»Mit dem Telefon zum Erfolg«). Machen Sie mithilfe Ihres Kurzprofils auch am Telefon noch einmal auf Ihre beruflichen Stärken aufmerksam – so öffnen Sie Ihrer Initiativbewerbung die richtigen Türen.

Checkliste für Ihr Kurzprofil

CHECKLISTE

- ○ Haben Sie Stellenanzeigen (anderer Unternehmen) in Zeitungen oder Zeitschriften gesammelt, die Ihrer Wunschposition ähnlich sind?
- ○ Haben Sie Jobbörsen im Internet abgefragt, um Stellenausschreibungen (anderer Unternehmen) zu finden, die inhaltlich Ihrer Wunschposition entsprechen?

→ FORTSETZUNG AUF DER NÄCHSTEN SEITE

- ◯ Wissen Sie aus persönlichen Gesprächen mit Branchenkollegen, Kunden und Unternehmensvertretern, worauf es in der angestrebten Stelle ankommt?
- ◯ Können Sie mindestens zehn fachliche Anforderungen definieren, die für Ihre Wunschposition wichtig sind?
- ◯ Können Sie mindestens fünf persönliche Fähigkeiten nennen, die den Erfolg in der angestrebten Position ausmachen?
- ◯ Welche Aufgaben wollen/sollen Sie in der neuen Position übernehmen? Nennen Sie mindestens fünf!
- ◯ Welche EDV-Kenntnisse sind für die angestrebte Stelle wichtig?
- ◯ Müssen Sie bestimmte Sprachkenntnisse mitbringen?
- ◯ Ist ein bestimmter Ausbildungs-/Studienabschluss Voraussetzung für die angestrebte Stelle?
- ◯ Wie umfassend muss die Berufserfahrung sein?
- ◯ Spielt die Branchenerfahrung eine Rolle?
- ◯ Welchen (zeitlichen) Anteil haben Geschäftsreisen in der neuen Position?
- ◯ Werden Sie Auslandseinsätze übernehmen dürfen/müssen?
- ◯ Sind auch Führungsfähigkeiten wichtig (Aufbauarbeit, Vertriebsorganisation, Mitarbeitercoaching, Teambuilding, Repräsentation)?
- ◯ Handelt es sich beim anvisierten Unternehmen um einen Konzern, ein mittelständisches Unternehmen, einen neu gegründeten Kleinbetrieb oder den öffentlichen Dienst?
- ◯ Kennen Sie das Unternehmen oder haben Sie schon einmal etwas darüber gehört?
- ◯ Für welche besonderen Produkte oder Dienstleistungen steht das Unternehmen?
- ◯ An welchen Standorten ist das Unternehmen vertreten (weltweit, europaweit, deutschlandweit)?

- ◯ Ist die Homepage des Unternehmens von Ihnen sorgfältig ausgewertet worden?
- ◯ Haben Sie alle Möglichkeiten genutzt, um an Informationen über das Unternehmen zu kommen?
- ◯ Können Sie Ihr Profil in drei bis vier Sätzen zusammenfassen?
- ◯ Haben Sie die Präsentation Ihres Kurzprofils geübt?

17. Networking: Strecken Sie die Fühler aus

Der Aufbau neuer und das Auffrischen bestehender Kontakte ist ein vielversprechender Weg, um seine Wunschposition zu erreichen. Persönliche Kontakte heben Initiativbewerber aus der Anonymität heraus. Zudem lassen sich auf diese Weise Informationen über das neue Unternehmen in Erfahrung bringen, die sonst nicht zugänglich wären. Wir zeigen Ihnen, wie Sie Networking – den gezielten Aufbau von Kontakten – für Ihre Bewerbungsaktivitäten nutzen können.

Sie lernen im Beruf und auch privat immer wieder neue Menschen kennen. Es lohnt sich, diese Kontakte zu pflegen und auszubauen, um sich eine Vielzahl persönlicher Beziehungen zu schaffen. Dieses Netzwerk ermöglicht Ihnen, fachlich auf dem Laufenden zu bleiben, auf neue Ideen zu kommen, über die eigene Arbeit zu reflektieren, die Arbeitsweise anderer kennen zu lernen und Informationen einzuholen, die Ihnen sonst verschlossen bleiben würden.

Das sollten Sie sich merken:
Gehen Sie in die Offensive, und sprechen Sie andere an, beispielsweise auf Tagungen, Messen und Fortbildungsveranstaltungen. Mit der Zeit wird Ihr Netzwerk persönlicher Beziehungen immer größer werden.

Bauen Sie Kontakte auf und pflegen Sie sie

Den Aufbau von Kontakten sollten Sie nicht dem Zufall überlassen, sondern es aktiv anpacken, innerhalb und außerhalb des eigenen Unternehmens für Sie relevante Gesprächspartner zu finden. Wenn Sie Ihre Kontakte pflegen und anderen auch einmal einen Gefallen tun, kann Ihnen das bei Ihrer Initiativbewerbung helfen.

Knüpfen Sie ein Netzwerk

Der Sprung auf die Wunschposition

Der Zeitraum von der ersten Bedarfsmeldung nach einem neuen Mitarbeiter bis zur veröffentlichten Stellenausschreibung kann in einem Unternehmen recht lang sein – dieser Umstand bietet Ihnen als Initiativbewerber vielfältige Möglichkeiten, sich ins Gespräch zu bringen, bevor andere Bewerber davon erfahren, dass überhaupt eine Stelle zu besetzen ist. Da Vertreter der Fachabteilung üblicherweise die Ersten sind, die Personalbedarf spüren, lohnt es sich, ein Netzwerk aus Informanten aufzubauen.

Sie erfahren, wie die momentane Personalpolitik des Unternehmens aussieht, wann Umstrukturierungen anstehen, ob sich ein Mitarbeiter aus der Fachabteilung mit Abwanderungsgedanken trägt oder ob eine Ausweitung der Geschäftstätigkeit geplant ist. Neben diesen Informationen, die Ihnen Möglichkeiten zum Arbeitgeberwechsel signalisieren, erhalten Sie durch Ihr Netzwerk auch Hinweise auf Trends in Ihrer Branche. Sie können rechtzeitig auf neue Anforderungen reagieren und eventuell Ihr Profil ausbauen.

Multiplizieren Sie Ihre Kontakte

Ihre Kontakte im Netzwerk werden sich rasch multiplizieren, und schon bald werden Sie einen umfangreichen Fundus an Ansprechpartnern für Ihre Bewerbungsaktivitäten aufgebaut haben. Machen Sie den ersten Schritt, überlegen Sie sich jetzt, welche Kontakte Sie für Ihr Karriere-Networking intensivieren und welche Sie neu knüpfen sollten.

Die richtigen Verbindungen

Welche Kontakte nutzen Ihnen?

Wie können Sie nun konkret beim Aufbau Ihres Netzwerks vorgehen? Wen können Sie ansprechen? Wer kann Ihre Karriere beflügeln? Sie können auf private Kontakte oder berufliche Beziehungen zurückgreifen; auch durch ein Ehrenamt lassen sich vielversprechende Verbindungen aufbauen. Für ein systematisches Networking sollten Sie folgende Kontaktmöglichkeiten berücksichtigen:

- → **Kontakte zu Unternehmensvertretern (Kunden, Zulieferer, Serviceunternehmen und Ähnliche),**
- → **Messekontakte (Fachmessen, Karrieretage, Produktschauen, Branchenevents),**
- → **Kontakte aus ehrenamtlichen Tätigkeiten,**
- → **Kontakte aus Weiterbildungsmaßnahmen,**
- → **Kontakte zu ehemaligen Kollegen und Vorgesetzten und**
- → **private Kontakte.**

Gehen Sie diplomatisch vor

Stellen Sie jedoch Ihre Bewerbungsabsichten nicht bei jeder Gelegenheit zur Schau. Wenn es um berufliche Kontakte geht, schalten Gesprächspartner oft auf stur, sobald sie das Gefühl haben, als Steigbügel für eine neue Position benutzt zu werden. Bei privaten Kontakten und bei Kontakten zu ehemaligen Kollegen und Vorgesetzten können Sie schneller auf den Punkt kommen. Wer Sie und Ihre Qualifikationen kennt, wird sich leichter dazu bewegen lassen, Ihnen weiterzuhelfen.

Wenn Sie Kontakte zu Unternehmensvertretern aufbauen wollen, sollten Sie zunächst das Interesse an der repräsentierten Firma und an

Entwicklungen in Ihrer eigenen Branche thematisieren. Kommunizieren Sie gleichberechtigt von Kollege zu Kollege. Zukunftsaussichten sind immer ein geeignetes Thema; auch Ihr Interesse an bestimmten Produkten und Dienstleistungen wird sicherlich ein Gespräch in Gang bringen.

Üben Sie sich in der Kunst des Small Talks

Sollte sich ein derartiges »Fachgespräch« positiv entwickeln, können Sie nach einiger Zeit zu erkennen geben, dass Sie mittelfristig an einer neuen Position interessiert sind. Vorher sollten Sie jedoch kurz Ihre momentanen Aufgabenfelder umreißen, um Ihrem Gesprächspartner eine Einordnung Ihrer beruflichen Qualifikationen zu ermöglichen. Auf keinen Fall dürfen Sie versuchen, Ihre Wechselabsichten mit Gewalt jedem Interessierten oder Nichtinteressierten aufzudrängen. Üben Sie sich in der Kunst des Small Talks; beginnen Sie Gespräche positiv, und zeigen Sie sich an Ihrem Gegenüber interessiert.

Die Kunst des Small Talks

BEISPIEL

Eine Kontaktaufnahme während einer Messe könnte so aussehen: »Guten Tag, Herr Schmidt, mein Name ist Renate Kützer, als Multimedia-Projektleiterin bin ich sehr an Ihren Internet-Tools interessiert. Ihr Unternehmen hat in diesem Bereich in den letzten Jahren ja wirklich tolle Arbeit geleistet. Auf welche Rechnerarchitekturen sind denn Ihre Produkte zugeschnitten?«

Auch während einer Weiterbildungsveranstaltung kann man Karrierekontakte knüpfen: »Die Möglichkeiten der Zuliefererintegration hat unser Referent gut ausgeführt, finden Sie nicht? In unserer Firma sind wir schon seit längerem an diesem Thema dran. Ich bereite gerade die Integration der Zulieferer in unser Qualitätsmanagement vor. Sind Ihre Erwartungen an die Veranstaltung erfüllt worden?«

Bauen Sie eine Netzwerkkartei auf

Wenn Sie einen Draht zu Ihrem Gesprächspartner gefunden haben, sollten Sie sich die Möglichkeit sichern, auch in Zukunft Kontakt zu ihm aufnehmen zu können. Geben Sie ihm Ihre Visitenkarte, und bitten Sie um seine. Bauen Sie eine Netzwerkkartei auf: Nach dem Gespräch vermerken Sie auf der Visitenkarte Ort und Zeitpunkt Ihres Zusammentreffens. So haben Sie einen Anknüpfungspunkt für alle weiteren Kontakte.

Bei interessanten Kontakten können Sie sich nach einiger Zeit telefonisch melden. Erinnern Sie an das persönliche Gespräch und betonen Sie kurz Ihr Interesse an neuen beruflichen Aufgaben. Zeigt Ihr Gesprächspartner prinzipielles Interesse, schicken Sie ihm Ihre Bewerbungsunterlagen zu.

Gekonnte Kontaktaufnahme

Legen Sie Teilziele fest

Ein gelungener Kontakt auf einer Messe oder einer Weiterbildungsveranstaltung ist nicht ohne Vorbereitung möglich. Auch wenn Sie später bei Ihrem Gesprächspartner nachhaken, sollten Sie wissen, wie Sie vorgehen können. Die meisten Gesprächsfehler resultieren daraus, dass Initiativbewerber ein Gespräch mit Firmenvertretern führen – ohne eine genaue Vorstellung davon zu haben, was sie mit diesem Gespräch eigentlich erreichen wollen. Deshalb sollten Sie unbedingt Gesprächsziele festlegen, schon allein, um etwas von dem Druck abzubauen, unter dem Sie wahrscheinlich stehen. Machen Sie sich bewusst, dass die Vorabkontakte keine Einstellungsgespräche sind. Die Definition von Teilzielen bringt Sie hier weiter: Sie können sich beispielsweise vornehmen herauszufinden, wer persönlicher Ansprechpartner für eine schriftliche Bewerbung ist, ob es kurz- oder mittelfristig Einstellungsbedarf gibt, welche Zusatzqualifikationen besonders gefragt sind und ob Ihnen die Unternehmenskultur zusagt. Stellen Sie sich also die grundlegende Frage: Was möchten Sie mit Ihrem Gespräch erreichen?

- → **Benötigen Sie Zusatzinformationen über Produkte oder Dienstleistungen des Unternehmens?**
- → **Möchten Sie wissen, ob eine Bewerbung über Internet oder per Post gefragt ist?**
- → **Wollen Sie sich schon einmal positionieren, weil Sie mittelfristig einen Wechsel planen?**
- → **Möchten Sie Ihr berufliches Profil vorstellen?**
- → **Wollen Sie wissen, auf welche Kenntnisse und Fähigkeiten die Firma besonderen Wert legt?**
- → **Sind Sie daran interessiert, einen bestehenden Kontakt aufzufrischen?**

Damit Sie sich nicht nur mit der Theorie, sondern auch mit den Tücken der Praxis konstruktiv auseinandersetzen, stellen wir Ihnen anhand eines Beispiels vor, was Bewerber bei der Kontaktaufnahme falsch machen und wie es besser geht.

Der unvorbereitete Messekontakt

Der Bewerber Dirk Weber hat für sich entschieden, dass ein Stellenwechsel für seine weitere Karriereentwicklung notwendig ist. Seit drei Jahren arbeitet er im Außendienst. Ein Aufstieg bei seinem jetzigen Arbeitgeber ist eher unwahr-

→ FORTSETZUNG AUF DER NÄCHSTEN SEITE

scheinlich, denn die Regionalleiterposten sind langfristig mit verdienten Mitarbeitern besetzt worden. Um den Sprung zu einem anderen Unternehmen zu vollziehen, hat Herr Weber eine Initiativbewerbung verfasst. Diese möchte er nun auf einer Karrieremesse, die sich dem Thema »Sales & Account« widmet, an den Mann oder die Frau bringen.

Bewerber: »Guten Tag. Na, wie läuft das Geschäft?«

Unternehmensvertreterin: »Wir sind sehr zufrieden mit dem Zuspruch, den unser Messestand findet.«

Bewerber: »Das freut mich, aber ich sehe da doch einige Mängel in Ihrer Präsentation. Zum Beispiel fehlt mir der Eyecatcher für Ihre Angebote. Und mit dem Werbematerial haben Sie sich ja auch sehr zurückgehalten. Die anderen Aussteller bieten viel wertigere Give-aways.«

Unternehmensvertreterin: »Wissen Sie, wir versuchen, Interessenten nicht zu blenden. Bei der Marktposition unseres Unternehmens ist das auch gar nicht notwendig. Wir haben gute Angebote für alle Interessenten. Wofür interessieren Sie sich denn?«

Bewerber: »Ich bin gekommen, weil ich dachte, ich sollte Ihre Vertriebsmannschaft mal ein bisschen unterstützen.«

Unternehmensvertreterin: »Kennen Sie unser Unternehmen schon? Ich gebe Ihnen gerne einige Prospekte, mit denen Sie sich umfassend über berufliche Einstiegsmöglichkeiten informieren können.«

Bewerber: »Na, mir können Sie nichts vormachen. Vertrieb ist Vertrieb, und wie Sie sich hier mit Ihrem Stand präsentieren, da wird in Ihrer Firma doch einiges im Argen liegen. Da brauche ich mich nicht weiter zu informieren. Wo kann ich denn meine Bewerbung loswerden?«

Unternehmensvertreterin: »Ihre Art der Kundenansprache ist ja recht erfrischend. Damit feiern Sie also große Erfolge im Vertrieb?«

Bewerber: »Das haben Sie gut erkannt! Würden Sie nun meine Bewerbung an Ihren Chef dort hinten weitergeben, oder soll ich sie besser gleich selber zum Entscheidungsträger bringen?«

Unternehmensvertreterin: »Gehen Sie ruhig, mein Assistent wird Ihre Bewerbung auch in Empfang nehmen.«

Bewerber: »Ach so – dann sind Sie also die Chefin hier?!?«

Unternehmensvertreterin: »In der Tat.«

Bewerber: »Nichts für ungut, ich bin nun mal eine Frohnatur. Schauen Sie sich meine Bewerbung doch einmal an. Ich habe auch eine Visitenkarte beigelegt. Da können Sie sich ja bei Interesse melden.«

Unternehmensvertreterin: »Sicher. Wollen Sie noch einen Kugelschreiber mitnehmen?«

Bewerber: »Ach, na ja, aber nur, weil Sie es sind. Tschüss.«

Unternehmensvertreterin: »Tschüss.«

Vorrangiges Ziel: Interesse wecken

Fehler: falsche Zielsetzung. Statt ein Kernprofil für seine Kontaktaufnahme zu erarbeiten, hat sich Herr Weber anscheinend vorgenommen, sich mit seinem persönlichen Auftritt in den Vordergrund zu spielen. Der unnötige Druck, dem er sich dadurch aussetzt, lässt ihn im Gespräch leider immer wieder über die Stränge schlagen. Herr Weber hat die grundsätzliche Funktion von Messegesprächen nicht erkannt: Es geht nicht darum, Bewerbungsmappen in möglichst viele Hände zu drücken. Der Auftritt auf einer Messe dient vorrangig der persönlichen Kontaktanbahnung und dem Ziel, erstes Interesse am eigenen beruflichen Profil zu erwecken.

Fehler: Vertriebsgenie von eigenen Gnaden. Schon beim Gesprächseinstieg verwechselt Herr Weber Lockerheit mit Flapsigkeit. Er drängt die Unternehmensvertreterin von Anfang an in die Defensive. Mit seiner Überrumpelungstaktik erzeugt er nur Skepsis statt eine Bereitschaft zum Dialog. Eine gewisse Anfangsnervosität wird gewiss jedem Interessenten zugestanden, Herr Weber aber zieht seinen »Stil« weiter durch und zeigt damit leider auch, dass er die für eine Führungsposition im Vertrieb notwendigen Soft Skills (hier: Kontaktstärke, Flexibilität, Kundenorientierung) nicht mitbringt.

Vorwürfe kosten Sympathiepunkte

Fehler: Kampf statt Kooperation. Frei nach dem Motto »Angriff ist die beste Verteidigung« prügelt Herr Weber verbal auf die Unternehmensvertreterin ein. Was er sich dadurch erhofft, bleibt sein Geheimnis. Vermutlich möchte er nur Möglichkeiten zur Optimierung der Unternehmenspräsentation am Stand aufzeigen. Dabei missachtet er jedoch elementar die geltenden Regeln im zwischenmenschlichen Kontakt: Mit einem Angriff lässt sich nur ein Gegenangriff oder der Rückzug in eine Verteidigungsstellung provozieren. Aber ein Informationsaustausch wird dadurch massiv erschwert. Zudem wertet Herr Weber das Unternehmen durch den Vergleich der bereitgehaltenen Werbemittel ab. Es stellt sich sofort die Frage, warum er sich nicht bei den seiner Meinung nach »besseren« Unternehmen bewirbt.

Eine sorgfältige Vorbereitung bringt Sie weiter

Fehler: Abwertung des Gesprächspartners. Mit dem Spruch »mir können Sie nichts vormachen« stellt sich Herr Weber vollends ins Abseits. Trotzdem will er noch auf Teufel komm raus seine Bewerbung loswerden. Die Unternehmensvertreterin schaltet auf Ironie um. Tatsächlich missversteht Herr Weber ihre Spitze mit der »erfrischenden Kundenansprache« und fühlt sich gebauchpinselt. Im trügerischen Gefühl der Sicherheit entwischt ihm sogar noch seine Ansicht, dass Frauen nichts zu entscheiden haben. Der einzige Mann am Stand wird sogleich zum Chef deklariert, der für notwendige Entscheidungen zuständig ist. Die Erkenntnis, dass er bereits mit der für seine Bewerbung entscheidenden Person spricht, trifft ihn unvorbereitet.

Fazit: Die Bewerbungsmappe wird auf keinen Fall ihren Weg ins Unternehmen finden: Ab in den Papierkorb damit!

Überzeugende Kontaktaufnahme am Messestand

Im folgenden Beispiel hat sich Herr Weber vor seinem Besuch der Karrieremesse mehr Gedanken über seinen Auftritt gemacht. Er hat sich auf Basis seines Stellenprofils ein Kurzprofil erarbeitet, um Gesprächen den richtigen Input geben zu können. Wichtige Schlüsselbegriffe in seinem Kurzprofil sind die Schlagworte »Vertrieb neu strukturiert«, »an Projektgruppen beteiligt«, »Effizienzsteigerung im Vertrieb« und »Kundenstamm aufgebaut«. Diese Schlüsselbegriffe setzt er im Gespräch mit Unternehmensvertretern ein, um sich elegant in Szene zu setzen. Auf das Aushändigen von standardisierten Bewerbungsmappen verzichtet er bewusst. Sein Ziel ist es, Informationen zu erfragen, mit denen er anschließend seine Initiativbewerbung passgenau auf das Wunschunternehmen zuschneiden kann.

Bewerber: »Guten Tag, ich hätte gar nicht gedacht, dass ich auf dieser Messe auf so viele interessante Unternehmen stoße. Sind Sie denn auch zufrieden?«

Unternehmensvertreterin: »Ja, wir sind jetzt zum zweiten Mal auf dieser Karrieremesse vertreten. Der Besucherzuspruch ist gegenüber dem letzten Jahr nochmals gestiegen. Wir werden auch weiterhin die Chance nutzen, unser Unternehmen auf dieser Messe vorzustellen. Was kann ich denn für Sie tun?«

Bewerber: »Ich habe schon einige Informationen über Ihr Unternehmen gesammelt (unauffälliger Blick auf das Namensschild!), Frau Steffen. Besonders die Struktur Ihres Vertriebs interessiert mich. Arbeiten Sie eher mit Vertriebsteams oder mit einzelnen Vertretern, die von einem Regionalleiter koordiniert werden?«

Unternehmensvertreterin: »Oh, Sie haben ja ganz spezielle Fragen. Ich entnehme Ihren Äußerungen, dass Sie selbst im Vertrieb tätig sind. Ist das richtig?«

Bewerber: »Ja, Sie haben mich gleich durchschaut. Ich heiße Dirk Weber und bin seit drei Jahren im Vertrieb tätig. Bei meinem Einstieg hätte ich gar nicht mit der Vielfalt der Aufgaben gerechnet. Ich habe zu einer Zeit angefangen, als der Vertrieb meiner jetzigen Firma neu strukturiert wurde. Da ergaben sich für mich interessante Möglichkeiten, mich an Projektgruppen zur Effizienzsteigerung im Vertrieb zu beteiligen. Die Startphase war schon anstrengend, ein neuer Kundenstamm musste aufgebaut werden, und die notwendigen Abstimmungsprozesse haben sehr viel Zeit in Anspruch genommen. Dennoch, ich hätte mir keinen spannenderen Einstieg wünschen können.«

Unternehmensvertreterin: »Und Sie möchten auch weiterhin im Vertriebsbereich arbeiten, Herr Weber?«

Bewerber: »Ja, auf jeden Fall, Frau Steffen. Momentan suche ich so ein bisschen nach der neuen Herausforderung.«

Unternehmensvertreterin: »Gute Vertriebsleute können wir immer gebrauchen. Ich werde Ihnen einmal ein paar Unterlagen zusammenstellen. Ich selbst bin in der Personalentwicklung tätig, spezielle Fragen sollten Sie, glaube ich, einmal mit unserem Außendienstleiter Herrn Hall besprechen. Der kann Ihnen Ihre Fragen sicherlich genauer beantworten, als ich es jetzt könnte.«

Bewerber: »Das klingt sehr interessant. Ist Herr Hall auch hier?«

Unternehmensvertreterin: »Nein, er hat andere Verpflichtungen. Sie sollten es telefonisch versuchen.«

Bewerber: »Das mache ich gerne. Ist das aus Ihrer Sicht denn schon ein Schritt in Richtung einer Bewerbung bei Ihnen? Ich gestehe Ihnen ganz offen, dass mich Ihr Unternehmen schon einige Zeit interessiert. Es muss ja nicht jetzt sofort sein, aber in der nächsten Zeit könnte ich mir einen Unternehmenswechsel durchaus vorstellen.«

Unternehmensvertreterin: »Sehen Sie, ich habe Ihnen ja schon ganz zu Anfang gesagt, dass sich die Präsentation unseres Unternehmens auf dieser Messe lohnt. Es hat sich doch gerade ein interessanter Kontakt ergeben.«

Bewerber: »Toll, ich freue mich über Ihr Interesse. Wie erreiche ich Sie denn im Unternehmen? Vielleicht brauche ich ja einmal eine Fürsprecherin für meine Bewerbungsaktivitäten.«

Unternehmensvertreterin: »Hier ist meine Karte. Lassen Sie uns gleich das weitere Vorgehen abstecken. Sie nehmen Kontakt zu Herrn Hall auf. Ich schreibe Ihnen die Durchwahl hinten auf meine Karte. Wenn Sie und Herr Hall zu der Entscheidung gelangen, dass Sie miteinander auskommen könnten, sollten Sie sich bei mir melden. Dann besprechen wir die weiteren Schritte.«

Bewerber: »Diese Möglichkeit werde ich auf jeden Fall nutzen. So wie ich Ihr Unternehmen bisher kennen gelernt habe, bin ich mir sicher, dass Sie in nächster Zeit von mir hören werden, Frau Steffen.«

Unternehmensvertreterin: »Ich kann Ihnen natürlich nichts versprechen. Rufen Sie mich aber auf jeden Fall nach dem Gespräch mit Herrn Hall an.«

Bewerber: »Damit sich meine Kinder genauso freuen wie ich jetzt, würde ich gerne noch ein paar von den Kugelschreibern und Luftballons mitnehmen.«

Unternehmensvertreterin: »Wie alt sind Ihre Kinder denn?«

Bewerber: »Ich habe eine Tochter, die ist jetzt ein Jahr alt, und mein Sohn ist drei Jahre alt. Die beiden halten mich zu Hause ganz schön auf Trab.«

Unternehmensvertreterin: »Ich schau mal eben, ob wir nicht noch etwas Besonderes für Ihre Kinder haben. Kugelschreiber und Luftballons können Sie sich natürlich gerne mitnehmen, keine falsche Bescheidenheit.«

Bewerber: »Vielen Dank für das Gespräch, Frau Steffen.«

Unternehmensvertreterin: »Wir bleiben in Kontakt, Herr Weber.«

Treten Sie höflich und entgegenkommend auf

Überzeugend: Small Talk zum Einstieg. Herr Weber startet diesmal unverfänglich in das Gespräch am Messestand. Er weiß, dass es zuerst darum geht, überhaupt in eine Unterhaltung einzusteigen. Um das Eis zu brechen, wählt er einen lockeren und positiven Gesprächseinstieg. Er lobt die Messe im Allgemeinen und macht mit dem Hinweis auf die vielen interessanten Unternehmen deutlich, dass er die Kunst des Small Talks beherrscht. Statt gleich von sich und seinen Wünschen zu sprechen, erkundigt er sich zunächst nach dem Eindruck der Unternehmensvertreterin. Das Gespräch kann sich dadurch unbelastet weiterentwickeln.

Überzeugend: vom Monolog zum Dialog. Die Unternehmensvertreterin nimmt den zugespielten Ball auf. Auch sie stellt die positiven Aspekte der Messe in den Vordergrund. Dass sie lockerer ist als im Negativbeispiel, zeigt ihre längere Antwort. Sie verhält sich neutral, aber aufgeschlossen und fragt den Bewerber nach seinen Wünschen. An dieser Stelle wird der Einstieg in das eigentliche Informationsgespräch vollzogen.

Stellen Sie sich als interessanten Bewerber mit individuellem Profil dar

Überzeugend: Kommunikationsgeschick in Aktion. Den ersten sympathischen Eindruck baut Herr Weber weiter aus. Er stellt sich gleich als informierter Interessent dar und redet die Unternehmensvertreterin mit ihrem Namen an. Diesen hat er mit einem Blick auf das Namensschild erfasst und setzt sein Wissen nun ein, um Verbundenheit herzustellen. Die Ansprache mit dem Namen ist ein wirkungsvolles Mittel, um Menschen aus der Anonymität herauszuholen und einen persönlichen Kontakt herzustellen. Mitarbeitern aus den Bereichen Vertrieb, Marketing und Public Relations sollte diese Vorgehensweise ganz besonders vertraut sein. Herr Weber besteht diesen ersten Test in Sachen Kommunikationsstärke.

Fragen dokumentieren Interesse

Überzeugend: ernsthafter Bewerber. Damit von Anfang an klar ist, dass Herr Weber kein Broschürensammler und Kugelschreiberjäger, sondern ein ernsthafter Bewerber ist, stellt er gleich zu Beginn eine gezielte Frage, die wichtig für seinen eigenen Arbeitsbereich ist. Damit erlaubt er der Unternehmensvertreterin eine erste Einordnung seiner beruflichen Aufgaben. Sie reagiert prompt und entnimmt der Frage die beabsichtigte Information. Da nun die Unternehmensvertreterin von sich aus sein Qualifikationsprofil anspricht, kann Herr Weber schon an dieser Stelle Informationen über seine momentane Tätigkeit geben.

Die richtigen Schlüsselbegriffe belegen Kompetenz

Überzeugend: die richtigen Schlagworte. Die Chance, sich als interessante Vertriebspersönlichkeit darzustellen, lässt Herr Weber sich natürlich nicht entgehen. Er nennt seinen Namen und liefert eine prägnante Kurzbeschreibung seiner bisherigen beruflichen Erfahrungen. Hier achtet er darauf, dass die von ihm vorab erarbeiteten richtigen Schlüsselbegriffe fallen: »Vertrieb ... neu strukturiert«, »an Projektgruppen beteiligt«, »Effizienzsteigerung im Vertrieb« und »Kundenstamm aufgebaut«. Diese Schlüsselbegriffe bleiben auch bei Frau Steffen hängen. Durch die engagierte Schilderung seiner Tätigkeiten erreicht Herr Weber außerdem, dass sie ihm den Spaß an der Vertriebsarbeit abnimmt. Sie erkundigt sich, ob er weiterhin im Vertrieb arbeiten möchte. Dies ist jedoch eher eine rhetorische Frage. Mit dieser Vorlage ermöglicht sie es dem Bewerber, zu seinen weiteren Karrierewünschen Stellung zu nehmen.

Überzeugend: Wechselwünsche ohne Druck. Das Interesse der Unternehmensvertreterin ist Herrn Weber nicht entgangen. Nun kann er seine Bewerbungsabsichten offenlegen. Sein Profil steht schließlich im Raum. Es geht nicht mehr um irgendeine Tätigkeit, sondern ganz gezielt um seine persönliche Entwicklung. Um zu verdeutlichen, dass er am momentanen Arbeitsplatz nicht unter Druck steht, formuliert Herr Weber seine Wechselabsichten vorsichtig und stellt die »neue Herausforderung« als Antrieb für eine Veränderung dar.

Der souveräne Auftritt zahlt sich aus

Überzeugend: Zusatzinformationen bekommen. Das Gespräch ist jetzt in die Phase eingetreten, in der die Beteiligten offener miteinander umgehen. Nachdem Herr Weber seine Bewerbungsabsichten ausgesprochen hat, reagiert die Unternehmensvertreterin und weist auf die Möglichkeit eines Einstiegs in ihrem Unternehmen hin. Besonders interessant wird es für Herrn Weber dadurch, dass Frau Steffen den Außendienstleiter ins Gespräch bringt. Der souveräne Auftritt des Bewerbers zahlt sich jetzt aus. Frau Steffen scheint bereit zu sein, ihm abseits der üblichen Bewerbungswege eine besondere Chance zu geben: Im Gespräch mit dem Leiter der Fachabteilung, Herrn Hall, kann Herr Weber über für ihn geeignete Positionen sprechen. Eine Bewerbung an die Personalabteilung ließe sich mit diesen Vorgaben dann treffsicher formulieren. Die Voraussetzung ist selbstverständlich, dass Herr Weber sein Telefonat mit dem Außendienstleiter genauso souverän führt wie sein momentanes Kontaktgespräch am Messestand.

Überzeugend: Selbstmarketing für mehrere Adressaten. Herr Weber verlässt sich aber nicht nur auf den Kontakt zu Herrn Hall. Er nutzt das gute Verhältnis, um auch die Unternehmensvertreterin in seine Bewerbungsaktivitäten einzubeziehen. Ein weiteres Mal betont er sein Interesse an dem Unternehmen und bittet um Frau Steffens Kontaktdaten. Die wichtigen Punkte sind geklärt, das Gespräch könnte nun auslaufen.

Pluspunkte durch Persönliches

Überzeugend: souverän bis zum Schluss. Um der Unternehmensvertreterin auf jeden Fall im Gedächtnis zu bleiben und die gegenseitige Sympathie weiter zu verstärken, bringt Herr Weber noch Persönliches ins Gespräch: Mit der Bitte um Kugelschreiber und Luftballons für seine Kinder kehrt er zum Small Talk zurück. Auch diesmal lässt es sich die Unternehmensvertreterin nicht nehmen, ihm etwas Besonderes anzubieten. Beim Abschied bedankt sich Herr Weber noch einmal bei Frau Steffen. Diese bekräftigt daraufhin ihr Interesse an ihm als außergewöhnlichem Bewerber.

Fazit: Aus Sicht der Unternehmen sind Messegespräche mit Bewerberinnen und Bewerbern ein Schnelltest in Sachen Soft Skills. Herr Weber hat diesen Test souverän gemeistert. Trotz knapper Zeitvorgaben hat er seine Stärken im Berufsfeld Vertrieb nachvollziehbar vermitteln können. Damit empfiehlt er sich als Wunschkandidat, den man unbedingt wiedersehen möchte!

CHECKLISTE

Checkliste zum Aufbau von Kontakten

- ◯ Haben Sie Ihre Initiativbewerbung durch eine persönliche Kontaktaufnahme vorbereitet?
- ◯ Sind Sie auf Fachmessen, Kongressen, Tagungen oder Weiterbildungsveranstaltungen ins Gespräch mit Unternehmensvertretern gekommen?
- ◯ Welche Gesprächsziele wollen Sie erreichen?
- ◯ Können Sie Ihre Soft Skills bei persönlichen Kontakten geschickt in Szene setzen?
- ◯ Können Sie mit Ihrem Kurzprofil aktive Informationsarbeit betreiben?
- ◯ Haben Sie plausible Wechselgründe parat?
- ◯ Sind Sie in der Lage, Überschneidungen zwischen den Anforderungen der Wunschposition und Ihren momentanen Tätigkeiten darzustellen?
- ◯ Können Sie eigene Fragen stellen?
- ◯ Achten Sie darauf, Ihre Kontaktperson mit Namen anzusprechen, damit sich ein persönlicher Draht entwickelt?
- ◯ Haben Sie die vollständigen Kontaktdaten Ihres Ansprechpartners notiert beziehungsweise sich eine Visitenkarte geben lassen?
- ◯ Wissen Sie, in welcher Form Ihre Initiativbewerbung erwünscht ist (Kurzbewerbung, vollständige Bewerbung, E-Mail)?
- ◯ Haben Sie Ihre Initiativbewerbung zügig nach der ersten Kontaktaufnahme auf den Weg gebracht?

18. Mit dem Telefon zum Erfolg

Der gezielte Einsatz des Telefons ist bei Initiativbewerbungen unverzichtbar. Die Anknüpfungspunkte, die Sie sich mit einem Telefonat erarbeiten, sorgen dafür, dass Sie sich nicht als gesichtsloser Durchschnittsbewerber, sondern als Wunschkandidat mit Profil präsentieren können. Um sich am Telefon überzeugend in Szene zu setzen, müssen Sie Vorarbeit leisten. Werden Sie sich über Ihre Gesprächsziele klar, und finden Sie den richtigen Aufhänger für das Telefonat.

Was für eine Art von Bewerbung wünscht das Unternehmen?

Zumeist lässt die Angst davor, sich schlecht darzustellen, Initiativbewerber vor dem Griff zum Telefon zurückschrecken. Die Vorteile, die Sie sich für Ihre Initiativbewerbung mit einem Telefonat erarbeiten können, sind aber so vielfältig, dass Sie auf einen Anruf bei Ihrem Wunschunternehmen auf gar keinen Fall verzichten sollten. Wenn Ihr Gespräch gut vorbereitet ist, werden Sie nicht in Gefahr geraten, sich zu blamieren. Im Gegenteil: Sie erhalten die Chance, Sympathiepunkte zu erzielen, die sich bei der späteren Prüfung Ihrer Unterlagen zu Ihren Gunsten auswirken werden. Ein weiterer Vorteil für Sie ist, dass Sie am Telefon Zusatzinformationen erfragen können, die dafür sorgen, dass Sie Ihre Initiativbewerbung noch passgenauer auf die Wunschposition zuschneiden können.

Nicht nur inhaltlich, auch auf formaler Ebene werden Sie punkten. Mit dem Telefon können Sie schnell herausfinden, wie Sie am besten mit dem Unternehmen in Kontakt treten und in welcher Form Ihre Initiativbewerbung versendet werden sollte. Wünscht sich das Unternehmen eine komplette Bewerbungsmappe auf dem Postweg? Erwartet es, dass Sie ein knappes Anschreiben und einen Lebenslauf per E-Mail schicken? Ist es vorrangig an einer Kurzbewerbung in Papierform interessiert?

Positive Konsequenzen des Telefonkontakts

Neben diesen Hauptinformationen, die Sie für Ihre Initiativbewerbung brauchen, ergeben sich für Sie aus dem Anruf weitere positive Nebeneffekte: Personalverantwortliche werden Sie als initiativfreudig einschätzen, Sie können in Ihrem Anschreiben auf einen telefonischen Kontakt hinweisen, und Sie können sicherstellen, dass Ihre Initiativbewerbung auch bei einem zuständigen Bearbeiter landet.

Manchmal ergibt sich sogar die Möglichkeit, einen kurzen Profilabgleich am Telefon durchzuführen. Ein kurzer gegenseitiger Informationsaustausch hilft sowohl dem Personalverantwortlichen als auch Ihnen dabei, zu klären, ob sich Ihr Bewerberprofil und das Anforderungsprofil Ihrer Wunschposition überhaupt decken.

Der geeignete Ansprechpartner

Grundregeln des überzeugenden Telefonierens

Den vielfältigen Chancen, die Ihnen ein Telefonanruf bietet, steht ein Risiko gegenüber: Bedenken Sie, dass es niemals eine zweite Chance für den ersten Eindruck gibt. Sie sollten darum die Grundregeln des überzeugenden Telefonierens trainieren. Wir haben Sie Ihnen bereits in Kapitel 7 (»Das Telefon: die erste Kontaktaufnahme«) vorgestellt. Bevor Sie zum Hörer greifen, müssen Sie

→ **Störfaktoren ausschalten und**
→ **Gesprächsziele definieren.**

Im Rahmen einer Initiativbewerbung kommt ein weiterer Punkt hinzu: Sie müssen den geeigneten Ansprechpartner herausfinden. Wie das geht, lesen Sie in der Übersicht »So finden Sie den richtigen Ansprechpartner«.

ÜBERSICHT

So finden Sie den richtigen Ansprechpartner

→ Die meisten Unternehmenspräsentationen im Internet enthalten die Telefonnummern von Kontaktpersonen.
→ In Stellenausschreibungen werden immer wieder Durchwahlnummern von Personalreferenten angegeben.
→ Im Informationsmaterial, das Sie von Unternehmen anfordern können, finden Sie häufig für Bewerbungen zuständige Ansprechpartner.
→ Bauen Sie sich ein Beziehungsnetz auf, betreiben Sie aktives Networking: Sammeln Sie die Visitenkarten von Kollegen aus der gleichen Branche. Besuchen Sie Veranstaltungen, die eine Kontaktaufnahme ohne Bewerbungsabsichten ermöglichen (Messen, Tagungen, Seminare, Fachvorträge).
→ Nutzen Sie Kontakte aus ehrenamtlichen Tätigkeiten. Lassen Sie sich Ansprechpartner in Unternehmen empfehlen.
→ Gehen Sie Ihre beruflichen Kontakte durch. Auf welche Ansprechpartner kann man für eine Bewerbung zurückgreifen? Denken Sie an Zulieferer, Kunden, Einkäufer, Verkäufer, Berater.

Sie können auch einfach die Telefonzentrale eines Unternehmens anrufen und sich die Durchwahlnummer eines geeigneten Ansprechpartners nennen lassen, beispielsweise so: »Ich habe eine Nachfrage wegen einer Bewerbung. Welche Abteilung ist bei Ihnen für Bewerber aus dem Bereich ... zuständig? Könnten Sie mir bitte einen Ansprechpartner und seine Durchwahl nennen?«

Bleiben Sie freundlich, aber hartnäckig

Wenn Sie einen Ansprechpartner gefunden haben und bei ihm anrufen, sollten Sie sich nicht zu schnell abwimmeln lassen. Betonen Sie ausdrücklich, dass Sie Verständnis dafür haben, wenn Ihr Gesprächspartner stark eingebunden ist und wenig Zeit hat. Weisen Sie jedoch dezent darauf hin, dass eine intensive Prüfung Ihrer Bewerbungsunterlagen weitaus mehr Zeit, Mühe und Kosten verursacht als ein kurzes Telefongespräch. Der Widerstand am anderen Ende der Leitung ist dann meistens nicht sehr groß. Schlimmstenfalls fragen Sie, ob Sie zu einem anderen Zeitpunkt, an dem es besser passt, noch einmal anrufen können.

Interesse für Ihr Qualifikationsprofil wecken

Bringen Sie Substanz in das Telefongespräch

Das Problem bei Initiativbewerbungen ist, dass Ihnen keine Stellenbeschreibung vorliegt, auf die Sie sich im Telefongespräch beziehen können. Argumentieren Sie darum im Telefongespräch immer von der Wunschposition aus, die Sie anstreben. Vermeiden Sie es aber, Ihren Gesprächspartner mit Informationen zu überschütten. Für Personalverantwortliche und andere Unternehmensvertreter ist es wichtig, dass sie komprimierte Informationen bekommen, die es ihnen erlauben, Ihre Nützlichkeit für das Unternehmen einzuschätzen. Stellen Sie Tätigkeiten in den Vordergrund, die besonders gut Ihr individuelles Qualifikationsprofil charakterisieren. Gleich am Anfang des Telefonats sollten Sie Substanz in das Gespräch bringen und einen kurzen Ausschnitt aus Ihrer Bestandsaufnahme präsentieren.

Greifen Sie bei der Selbstdarstellung am Telefon auf konkrete Erfahrungen aus Ihrer Berufspraxis zurück. Unsere Beispiele zeigen Ihnen, wie Sie nach der üblichen Begrüßung mittels eines Aufhängers das Interesse Ihres Gesprächspartners an Ihrer Person wecken können.

Ingenieurin im Management

BEISPIEL

Eine Ingenieurin kann in ihren Telefongesprächen mit ihren Erfahrungen in der Projektmitarbeit Interesse wecken. Sie hat Anlagenpläne entworfen, technische Fragen mit Kunden geklärt und die Verkaufsabteilung unterstützt. Am Telefon benutzt sie den Gesprächsaufhänger: »Ich würde gern für Sie als Projektmana-

→ FORTSETZUNG AUF DER NÄCHSTEN SEITE

gerin arbeiten. Bisher habe ich projektbezogene Anlagenpläne mittels CAD/CAE erstellt und die Konfigurationsunterlagen angefertigt. Daneben habe ich technische Fragen mit Kunden und Zulieferern geklärt und für die Verkaufsabteilung Aufträge kalkuliert.«

PR in eigener Sache

Ein Marketingmitarbeiter hat sich im PR-Bereich bereits um nationale und internationale Events gekümmert. Sein Aufhänger für das Telefongespräch lautet: »Für die Position als Eventmanager bringe ich Erfahrungen in der Durchführung von nationalen und internationalen Events mit. Ich war für die Budgets verantwortlich und habe die Medienwirksamkeit von Events bewertet.«

Investitionen in den Webauftritt

Ein Bankkaufmann hat neben seiner Tätigkeit im Investmentbanking eng mit der Anwendungsentwicklung zusammengearbeitet und Webprojekte betreut. Diese Erfahrungen stellt er im Telefongespräch mit folgenden Sätzen in den Vordergrund: »Ich arbeite bereits im webgestützten Investmentbanking, kenne mich sehr gut mit Beratungs- und Börseninformationssystemen aus. Die Koordination von Webprojekten ist mir vertraut. Daher möchte ich bei Ihnen als Produktmanager Webservices im Investmentbanking tätig werden.«

Beschreiben Sie sich als aktiv und zupackend

Sie werden bei Telefonkontakten zur Vorbereitung Ihrer Initiativbewerbung nicht umhinkommen, Ihr Profil zum Gegenstand des Gesprächs zu machen. Erarbeiten Sie sich einen gezielten Einstieg in Telefonate, damit Sie im Ernstfall nicht nach Worten ringen müssen. Beschreiben Sie sich als aktiv und zupackend; das gelingt Ihnen mit den Formulierungen, die wir Ihnen in Kapitel 7 (»Das Telefon: die erste Kontaktaufnahme«, Abschnitt: »Die richtige Selbstdarstellung am Telefon«) vorgestellt haben.

Wenn Sie diese Formulierungen nutzen, brauchen Sie sich weder unnötig aggressiv in den Vordergrund zu spielen, noch müssen Sie Ihr Licht unter den Scheffel stellen. Sie beschreiben einfach, was Sie an besonderen Kenntnissen und Erfahrungen vorzuweisen haben, und ermöglichen Ihrem Gesprächspartner am anderen Ende der Leitung, vorurteilsfrei und unvoreingenommen zuzuhören. Schneiden Sie jetzt unsere Formulierungen auf Ihre individuellen Bedürfnisse zu. Füllen

Sie sie mit konkreten Beispielen, damit Ihr Telefongespräch von Anfang an erfolgversprechend verläuft.

Ein gelungener Einstieg

ÜBUNG

Greifen Sie auf Ihre Bestandsaufnahme zurück. Überlegen Sie sich Highlights aus Ihrer bisherigen Berufstätigkeit. Ihren Gesprächspartner werden diejenigen Tätigkeiten am meisten interessieren, die einen Bezug zu Ihrer Wunschposition haben.

Entscheiden Sie sich dann für drei bis vier Schlagworte, die Ihre Highlights am besten charakterisieren, und versuchen Sie, diese in wenigen Sätzen unterzubringen, so wie wir es Ihnen in unseren Beispielen vorgestellt haben.

Highlight 1:

Schlagwort 1:

Schlagwort 2:

Schlagwort 3:

Highlight 2:

Schlagwort 1:

Schlagwort 2:

Schlagwort 3:

Meine Einstiegssätze:

Wenn Ihnen nach der Gesprächseröffnung Fragen von der Unternehmensseite gestellt werden, können Sie davon ausgehen, dass man sich ernsthaft für Sie interessiert. Üblicherweise wird man Sie fragen:

→ **»Wie kommen Sie auf unser Unternehmen?«**
→ **»Warum wollen Sie wechseln?«**
→ **»Was versprechen Sie sich davon, bei uns zu arbeiten?«**

- → **»Welche Berufsausbildung bringen Sie mit?«**
- → **»Interessieren Sie auch andere Tätigkeiten in unserem Unternehmen?«**

Setzen Sie sich vor Telefongesprächen mit diesen Fragen auseinander. Antworten Sie konkret mit der Aufzählung positiver Beispiele aus Ihrem beruflichen Werdegang. Beim telefonischen Erstkontakt wird kein tiefergehendes Vorstellungsgespräch mit Ihnen geführt. Dennoch sollten Sie plausibel argumentieren können, damit das Interesse an Ihnen weiter bestehen bleibt. Anregungen für überzeugende Antworten bekommen Sie in Teil 6 (»Vorstellungsgespräch«) dieses Buches.

Fassen Sie am Ende das Ergebnis zusammen

Sie müssen das Telefongespräch aktiv beenden. Im Idealfall fassen Sie das Ergebnis kurz zusammen und halten fest, dass Sie dem Unternehmen gern Ihre Bewerbungsunterlagen zusenden möchten. Bedanken Sie sich bei Ihrem Gegenüber für die in Anspruch genommene Zeit und für die Informationen, die Sie erhalten haben.

Wenn Sie merken, dass Sie den Namen Ihres Gesprächspartners am Ende des Telefonats nicht mehr präsent haben, bitten Sie ihn, diesen noch einmal zu nennen und eventuell zu buchstabieren.

Vorsicht Falle!
Unvorbereiteten Initiativbewerbern passiert es immer wieder, dass Telefongespräche positiv verlaufen, sie ihre Bewerbungsunterlagen aber unpersönlich adressieren müssen, da sie den Namen des Unternehmensvertreters wieder vergessen haben. Damit verspielen sie leichtfertig die durch den telefonischen Kontakt erarbeiteten Vorteile.

Ihre Unterlagen sollten nach zwei Tagen eintreffen

Erinnern Sie im Anschreiben Ihrer Initiativbewerbung mit einer persönlichen Anrede und dem Hinweis auf Ihren telefonischen Erstkontakt an das vorab geführte Gespräch. Um den Startvorteil, den Sie sich aufgebaut haben, zu nutzen, sollten Ihre Bewerbungsunterlagen spätestens zwei Tage nach dem Telefonat beim Gesprächspartner ankommen. Sonst verblasst die Erinnerung an Sie.

Nun geht es zur Praxis des Telefonierens. Wir haben für Sie ein günstig verlaufendes Telefongespräch mitgeschnitten. Die Bewerberin schafft es, Interesse für ihr Qualifikationsprofil zu wecken und für ihre Initiativbewerbung verwertbare Informationen zu erfragen.

Souverän überzeugen

BEISPIEL

Frau Meinel hat sich intensiv auf das Telefongespräch vorbereitet. Im Vorfeld hat sie ein Stellenprofil erarbeitet und sich mit ihrem Qualifikationsprofil auseinandergesetzt. Sie weiß, wie sie die richtigen Impulse setzen kann, um an verwertbare Informationen heranzukommen und erste Sympathie zu wecken. Sie hat sich Argumente überlegt, um ihren Wechselwunsch plausibel zu begründen. Als Gesprächsaufhänger hat sie ein Kurzprofil vorbereitet, das ihre Qualifikation in wenigen Sätzen umreißt. So kann sie das Gespräch von Anfang an in die gewünschte Richtung lenken. Um gezielt an Informationen zu kommen, hat sie sich eigene Fragen überlegt. Dank dieser guten Vorbereitung entwickelt sich das Gespräch so günstig, dass Frau Meinel für ihre Initiativbewerbung einen persönlichen Adressaten gewinnt, den sie positiv einstimmen konnte.

Personalverantwortlicher: »Personalabteilung der European Industries AG, mein Name ist Stefan Timm. Was kann ich für Sie tun?«

Bewerberin: »Guten Tag, Herr Timm, mein Name ist Sina Meinel. Ich arbeite als Consultant im IT-Bereich und interessiere mich für einen beruflichen Einstieg in Ihr Unternehmen.«

Personalverantwortlicher: »Welche konkreten beruflichen Vorstellungen haben Sie denn?«

Bewerberin: »Ich würde gerne als Projektmanagerin im Business-Support arbeiten. Momentan arbeite ich bei einem Consulting Unternehmen und habe SAP-Einführungen betreut. Dabei musste ich eng mit den Abteilungsleitern der betreffenden Unternehmen zusammenarbeiten und die Projektkalkulation übernehmen. Aufgrund meiner Erfahrungen möchte ich nun in den internen IT-Support eines Unternehmens wechseln.«

Personalverantwortlicher: »Warum wollen Sie nicht mehr als Consultant tätig sein?«

Bewerberin: »Ich möchte auch weiterhin als Consultant arbeiten. Da mir die kontinuierliche Zusammenarbeit mit Fachabteilungen sehr am Herzen liegt und ich die Notwendigkeit der ständigen Optimierung sehe, würde ich gerne im Business-Support eines Unternehmens Aufgaben im IT-Consulting wahrnehmen.«

Personalverantwortlicher: »Was ich bis jetzt gehört habe, klingt sehr interessant. Sie sollten sich auf jeden Fall bei uns bewerben.«

Bewerberin: »Das mache ich gerne, Herr Timm. Wie wichtig sind Ihnen denn die Programmierkenntnisse bei Projektleitern im IT-Bereich?«

Personalverantwortlicher: »Sie sollten sich schon auskennen. Allerdings würde es mir weniger um die eigentliche Programmierung gehen, sondern mehr um die Beurteilung von Tools und Applikationen. Also die Frage, wie anwenderfreundlich sind sie und was ist technisch machbar?«

Bewerberin: »Mit diesen Fragen setze ich mich auch momentan schon intensiv auseinander. Gibt es etwas, das ich in meiner Bewerbung unbedingt herausstellen sollte?«

Personalverantwortlicher: »Nennen Sie ganz konkret die Tätigkeiten, die Sie momentan wahrnehmen. Neben der Betreuung von Fachabteilungen sollten Sie auch Ihre Kenntnisse in der Kostenkalkulation erwähnen. Dass Sie über umfassende SAP R/3-Kenntnisse verfügen, setze ich mal voraus. Dennoch müssen auch diese Angaben in Ihrer Bewerbung auftauchen.«

Bewerberin: »Vielen Dank für die Informationen, Herr Timm. Ich würde mich freuen, wenn ich Ihnen in einem persönlichen Gespräch weitere Informatio-

→ FORTSETZUNG AUF DER NÄCHSTEN SEITE

nen über mein Profil geben könnte. Soll ich Ihnen eine vollständige Bewerbung schicken, oder möchten Sie zuerst eine Kurzbewerbung erhalten? Vielleicht über das Internet?«

Personalverantwortlicher: »Schicken Sie ruhig vollständige Bewerbungsunterlagen, Frau Meinel, und versenden Sie sie per Post. E-Mail-Bewerbungen sind bei uns nicht so gern gesehen, ich müsste die Unterlagen dann auch wieder ausdrucken.«

Bewerberin: »Das mache ich gerne. Darf ich meine Bewerbung direkt an Sie adressieren?«

Personalverantwortlicher: »Machen Sie das. Senden Sie Ihre Bewerbungsunterlagen an Stefan Timm in der Personalabteilung der European Industries AG.«

Bewerberin: »Vielen Dank für die Zeit, die Sie sich für mich genommen haben, Herr Timm. Die Unterlagen sind in den nächsten Tagen bei Ihnen. Schreiben Sie Ihren Nachnamen mit zwei oder mit einem ›m‹?«

Personalverantwortlicher: »Mit zwei ›m‹. Timm, wie ›nimm‹.«

Bewerberin: »Okay, auf Wiederhören, Herr Timm.«

Personalverantwortlicher: »Auf Wiederhören, Frau Meinel.«

Schlüsselbegriffe wecken Interesse

Überzeugend: Stellenprofil im Blick. Frau Meinel gibt nach der Begrüßung gleich Informationen zur Einordnung ihrer Qualifikation. Sie stellt die beiden Schlüsselbegriffe »Consultant« und »IT-Bereich« in den Raum, um Interesse zu wecken. Der Personalverantwortliche reagiert mit der Frage nach den weiteren beruflichen Vorstellungen. Als Bewerberin, die weiß, was sie will, kann Frau Meinel ihm diese Frage selbstverständlich beantworten: Sie möchte als »Projektmanagerin im Business-Support« arbeiten. Durch eine Vorabrecherche im Internet hat sie herausgefunden, dass das Unternehmen SAP einsetzt. Daher fehlt auch nicht der Hinweis auf ihre Tätigkeit im Rahmen von »SAP-Einführungen«. Sie achtet darauf, die in ihrer Vorbereitung erarbeiteten Bezüge zwischen ihren momentanen Aufgaben und der von ihr angestrebten Stelle herauszustellen, wie beispielsweise Erfahrungen in der »Projektkalkulation« und die »Wahrnehmung des IT-Supports«.

Argumentieren Sie ergebnisorientiert

Überzeugend: Wechsel plausibel gemacht. Die informative Art der Gesprächsführung von Frau Meinel lässt den Personalverantwortlichen ebenso konzentriert zu Werke gehen. Natürlich erspart er Frau Meinel auch hier nicht die Frage, warum sie denn ihre jetzige Stelle aufgeben möchte. Aber darauf ist Frau Meinel vorbereitet und macht die von ihr beabsichtigte Kontinuität in ihrer Entwicklung deutlich. Sie betont, dass sie ihre bisherigen Aufgaben weiterführen möchte, stellt aber gleichzeitig heraus, dass sie sich eine Ausweitung ihrer Verantwortungsbereiche wünscht. Damit argumentiert sie nicht problemorientiert, sondern ergebnisorientiert, was jeden Unternehmensvertreter freuen würde. Ihr Blick ist nach vorn gerichtet.

Überzeugend: Rückfragen stellen. Der konstruktive Informationsinput von Frau Meinel und die plausible Begründung ihres Wechselwunsches überzeugen den Personalverantwortlichen. Er fordert Frau Meinel zu einer Bewerbung auf und äußert, dass er das Profil, so wie es bisher vermittelt wurde, sehr interessant finde. Frau Meinel hat jetzt bereits einen Fuß in der Tür. Sie weiß, dass ihr Gesprächspartner ihren Wunsch nach dem Wechsel in ein anderes Unternehmen akzeptiert. Jetzt ist die Bewerberin am Zug. Mit der Frage nach der Bedeutung von Programmierkenntnissen überprüft Frau Meinel, ob sie und der Personalverantwortliche die gleichen Tätigkeitsbereiche im Blick haben. Schließlich beabsichtigt sie, vorwiegend im Projektmanagement zu arbeiten. Eine Tätigkeit als Programmiererin liegt nicht in ihrem Interesse. Die Antwort des Personalverantwortlichen verdeutlicht, dass er das Profil von Frau Meinel ähnlich sieht. Er beschränkt die geforderten Programmierkenntnisse auf die Fähigkeit zur Einschätzung der Anwenderfreundlichkeit und technischen Machbarkeit.

Stellen Sie gezielte Fragen

Überzeugend: Zusatzinformationen. Um das gute Bild, das der Personalverantwortliche von ihr gewonnen hat, noch zu verstärken, weist Frau Meinel darauf hin, dass sie sich auch jetzt schon mit der Beurteilung von Tool- und Applikationsprogrammierungen beschäftigt. Auf der Grundlage der gewonnenen Akzeptanz kann sich Frau Meinel jetzt auch direkt nach Tipps für die Bewerbung erkundigen. Der Personalverantwortliche gibt ihr daraufhin konkrete Empfehlungen: Sie solle doch die »Betreuung von Fachabteilungen« herausstellen und ihre Kenntnisse in der »Kostenkalkulation« in den Vordergrund stellen.

Überzeugend: beim Namen genannt. Immer wieder setzt Frau Meinel gezielt den Namen des Personalverantwortlichen ein, um den persönlichen Draht nicht abreißen zu lassen, so auch bei der Frage nach der erwünschten Bewerbungsform. Der Personalverantwortliche, Herr Timm, empfiehlt ihr eine vollständige Bewerbung per Post. Da er sehr zufrieden mit dem ersten Profilabgleich ist, beabsichtigt er, in eine intensive Prüfung einzusteigen.

Sprechen Sie Ihren Gesprächspartner persönlich an

Überzeugend: Formales im Griff. Auch die letzte Hürde im Telefongespräch überspringt Frau Meinel. Sie stellt sicher, dass sie den Personalverantwortlichen direkt anschreiben kann und dass sie seinen Namen richtig schreibt. Die Antwort des Personalverantwortlichen auf die Frage nach der Schreibweise seines Namens macht deutlich, dass Frau Meinel bereits auf Sympathie hoffen kann.

Überzeugend: Detailarbeit lohnt sich. Für ihre Initiativbewerbung hat sich Frau Meinel mit dem Anruf viele Vorteile erarbeitet. Sie hat nun einen konkreten Ansprechpartner in der Personalabteilung ihres

Zusatzinformationen verhelfen zu einer passgenauen Bewerbung

Wunschunternehmens, mit dem sie auch nach dem Abschicken ihrer Bewerbungsunterlagen wieder in Kontakt treten kann. Die erfragten Zusatzinformationen erlauben es ihr, die Initiativbewerbung passgenau auszuformulieren. Der Personalverantwortliche hat bereits erstes Interesse an ihrem Qualifikationsprofil gezeigt. Auch durch ihre Frage nach der Bewerbungsform – vollständige Unterlagen oder Kurzbewerbung – hat sie von vornherein Fehler vermieden.

Fazit: Die mit einem Telefongespräch verbundenen Chancen hat Frau Meinel optimal genutzt. Sie ist auf dem Weg ihrer erfolgreichen Initiativbewerbung einen entscheidenden Schritt weitergekommen.

CHECKLISTE

Checkliste für Ihre Telefonkontakte

- ○ Haben Sie optimale Rahmenbedingungen geschaffen?
- ○ Liegen Stift, Papier, Ihr Lebenslauf und Ihre Selbstpräsentation bereit?
- ○ Haben Sie Ihre Gesprächsziele definiert?
- ○ Kennen Sie den Namen Ihres Ansprechpartners? Wissen Sie, wie man den Namen schreibt?
- ○ Haben Sie im Gespräch Ihren Kommunikationspartner mit Namen angesprochen?
- ○ Können Sie in prägnanten Begriffen Ihr Qualifikationsprofil darstellen?
- ○ Argumentieren Sie von Ihrer Wunschposition aus?
- ○ Haben Sie Ihre Einstiegssätze formuliert?
- ○ Können Sie mit drei bis vier Schlagworten die Highlights Ihrer bisherigen Berufstätigkeit umreißen?
- ○ Können Sie Ihren Wunsch nach einer neuen Arbeitsstelle plausibel begründen?
- ○ Haben Sie sich auf die Fragen vorbereitet, die man Ihnen wahrscheinlich stellen wird?

- ◯ Haben Sie sich am Ende des Telefonats für die erhaltenen Informationen bedankt?
- ◯ Wissen Sie, welche Bewerbungsform Ihr Wunschunternehmen bevorzugt?
- ◯ Sind Ihre Bewerbungsunterlagen so weit vorbereitet, dass Sie innerhalb von zwei Tagen die gewünschten Unterlagen verschicken können?
- ◯ Haben Sie das Gespräch vorab mehrmals mit einer Person Ihres Vertrauens geübt?

19. Stellengesuche: Bringen Sie Ihr Profil ins Gespräch

Sie können Ihre Initiative im Bewerbungsverfahren auch in Stellengesuche einbringen. Präsentieren Sie sich möglichen Arbeitgebern damit in Printmedien und in Jobbörsen im Internet. Wichtig dabei ist, auf begrenztem Platz möglichst aussagekräftige Informationen zu vermitteln – schließlich soll Ihr Stellengesuch als Appetithappen wirken und Unternehmen dazu veranlassen, sich bei Ihnen zu melden!

Bewerbersuche im Internet

Stellengesuche in Printmedien und in Jobbörsen sollten Sie immer nur als zusätzliche Möglichkeit in Anspruch nehmen. Sie haben mehr Erfolg, wenn Sie auf Ihr Wunschunternehmen aktiv zugehen. Doch falls Unternehmen Stellengesuche sichten, dann meist lieber in Internet-Jobbörsen als in Printmedien. Das hat pragmatische Gründe: Nach dem Eingeben bestimmter Suchkriterien können Personalverantwortliche schnell auf entsprechende Bewerberprofile zugreifen. Das mühsame Blättern in diversen Zeitungen und Zeitschriften ist dagegen sehr zeitaufwändig.

Nutzen Sie Jobbörsen im Internet

Wir empfehlen Initiativbewerbern, Stellengesuche in Internet-Jobbörsen zu nutzen. Sie berücksichtigen damit nicht nur das mittlerweile gängige Vorgehen von Personalverantwortlichen bei der Suche nach neuen Mitarbeitern, sondern haben auch mehr Platz für die Darstellung Ihres Profils, was hier zudem länger präsent ist als in einer einmalig erscheinenden Zeitungsausgabe. Auch die Kostenvorteile sprechen ganz eindeutig für Stellengesuche in Internet-Jobbörsen. Für Bewerber sind Stellengesuche dort üblicherweise kostenlos.

Werbeanzeigen in eigener Sache

Der Platz bei Stellengesuchen ist äußerst begrenzt. Dies gilt aus Kostengründen besonders für Stellengesuche in Printmedien, doch auch in Internet-Jobbörsen ist der Platz zur Selbstdarstellung oft normiert.

Verwenden Sie Schlüsselworte

Damit Ihre Individualität nicht auf der Strecke bleibt, müssen Sie genau überlegen, welche Inhalte Ihre Werbeanzeige in eigener Sache vermitteln soll. In keinem Fall kommen Sie darum herum, mit extrem verdichteten Informationen zu operieren. Allgemein gehaltene Stellengesuche bringen Sie nicht weiter. Personalverantwortliche müssen in Ihrer Anzeige auf interessante Schlüsselworte stoßen, sonst entsteht gar nicht erst Interesse.

Dies erreichen Sie mit der stichwortartigen Aufzählung der beruflichen Erfahrungen. In der Überschrift sollte die momentane Berufsbezeichnung genannt werden. Wer einen zu weiten Tätigkeitsbereich angibt, erschwert Personalverantwortlichen die Zuordnung des Bewerberprofils zu einer offenen Stelle im Unternehmen.

Die inhaltliche Ausgestaltung des Anzeigentextes gelingt am besten, wenn Sie den für Ihre Wunschposition ausgearbeiteten Lebenslauf als Arbeitshilfe heranziehen. Die Tätigkeitsangaben zu den einzelnen beruflichen Positionen sind das Material, das Sie für Stellengesuche verwenden können. Entscheiden Sie sich für besonders prägnante Angaben, um ein Profil in den Raum zu stellen, das für Unternehmen interessant ist.

Auf den Punkt gebracht im Printmedium

BEISPIEL

Logistikmanager

12 J. Berufserfahrung in der Automobilbranche: Aufbau von Zuliefererparks im Ausland, Bedarfsanalyse, Beschaffungsmarktforschung im In- und Ausland, Preisermittlung, Lieferantenauswahl, SAP R/3 und führungserfahren, 38 J., örtlich ungebunden. Chiffre ABC 3214

Geben Sie Ihren bevorzugten Einsatzort an

Vergessen Sie nicht die Angabe Ihres Alters und des von Ihnen bevorzugten Einsatzorts (eventuell nur die Postleitzahl oder die Kennbuchstaben von Kfz-Nummernschildern). Falls Ihr Geschlecht nicht aus der Überschrift deutlich wird, sollten Sie hinter der Altersangabe noch »w.« oder »m.« vermerken.

Bei der Wahl des Printmediums sollten Sie bedenken, dass Entscheider in Unternehmen bei der Suche nach bestimmten Zielgruppen auf die gängigen Spezialzeitschriften und Branchenmagazine für bestimmte Fachgebiete zurückgreifen. Bei den überregionalen Zeitungen gilt noch immer die Regel, dass in den *VDI nachrichten* hauptsächlich Ingenieure und Naturwissenschaftler gehandelt werden, im *Handelsblatt* sind vorwiegend Wirtschaftswissenschaftler zu finden. *Die Zeit* hat besonders Forschungspersonal und Geisteswissenschaftler im Angebot. *Frankfurter Allgemeine Zeitung*, *Die Welt/Welt am Sonntag*, *Süddeutsche Zeitung* und *Frankfurter Rundschau* haben ein breiter gefächertes Angebot. Wer gezielt in einer bestimmten Region auf sich aufmerksam machen möchte, sollte sein Stellengesuch in regionalen Tageszeitungen schalten.

Stellengesuche in Internet-Jobbörsen

Nutzen Sie Freiräume

Bei Stellengesuchen in Internet-Jobbörsen geben Sie Ihr Profil in eine Datenbank ein. Diese Datenbank können Unternehmen dann nach interessanten Mitarbeitern durchsuchen. Ob Sie in einem Stellengesuch Ihr Profil aussagekräftig darstellen können, hängt von den Bewerbungsformularen ab, die Ihnen vorgegeben werden. In manchen Jobbörsen finden Sie als Formular nur Listen, aus denen Sie vorgegebene Stichworte auswählen dürfen. In anderen Jobbörsen gibt es Formulare, in denen Sie Ihre beruflichen Erfahrungen, Ihre Berufsausbildung und speziellen Kenntnisse in Freitextfeldern umfassender beschreiben können. Manchmal ist es sogar möglich, einen eigenen Lebenslauf zu verfassen und ein kurzes Anschreiben ins Netz zu stellen. Klicken Sie einmal die in der Übersicht »Platz für Ihr Stellengesuch« aufgeführten Jobbörsen durch, und lernen Sie die Möglichkeiten kennen, die Sie für die Aufgabe eines Stellengesuchs haben. Weitere Internetadressen finden Sie auf unserer Homepage www.karriereakademie.de.

ÜBERSICHT

Platz für Ihr Stellengesuch

www.jobpilot.de	www.stepstone.de
www.jobscout24.de	www.monster.de
www.jobware.de	www.consultants.de
www.stellenanzeigen.de	www.jobonline.de

Heben Sie Ihren Wert für das Unternehmen hervor

Arbeiten Sie stets mit plakativen Schlüsselbegriffen, um Ihr Profil deutlich zu machen. Nutzen Sie Freitextfelder, um stichwortartig Ihre Qualifikationen aufzuzählen. Personalverantwortliche werden nur dann auf Sie aufmerksam, wenn in Ihrem Stellengesuch die richtigen Suchbegriffe auftauchen. Das folgende Beispiel zeigt Ihnen, wie Sie überzeugend und prägnant formulieren.

Knapper Platz optimal genutzt

BEISPIEL

Letzte Tätigkeit:	Werkzeugmaschinen GmbH, Neuss; Vertriebsabteilung, Fachberater; Tätigkeiten: Neukundenakquisition, Projektverfolgung, Warendisposition, Durchführung von Direktmailing-

	Aktionen, Erstellung von Produktpräsentationen, Unterstützung des Außendienstes, telefonische Kundenberatung
Besondere Kenntnisse:	Absatz- und Verkaufsförderung, Direktmarketing, logistische Abwicklung, Sicherstellung von Lieferterminen und Qualität, Veranstaltungsorganisation, MS Office Pro, PC-Tourenplanung, gutes Englisch

Die knappen Möglichkeiten zur Darstellung seines Profils hat der Bewerber in diesem Beispiel optimal genutzt. Er arbeitet mit aussagekräftigen Schlüsselbegriffen, sein individuelles Profil wird durch die Aufzählung der von ihm bewältigten beruflichen Aufgaben im Feld »Letzte Tätigkeit« deutlich. Die Angaben im Feld »Besondere Kenntnisse« ergänzen das Profil und liefern weitere Stichworte, auf die bei der elektronischen Auswertung zugegriffen werden kann. Der Bewerber hat damit gute Chancen, Unternehmen bei ihrer Suche nach neuen Mitarbeitern im Vertrieb aufzufallen.

Checkliste für Ihr Stellengesuch

CHECKLISTE

- ○ Haben Sie Ihr Profil mit prägnanten Schlüsselwörtern verdichtet?
- ○ Haben Sie Ihre Berufsbezeichnung konkret benannt?
- ○ Nennen Sie Ihr Alter, Geschlecht und die Region, in der Sie arbeiten möchten?
- ○ Kennen Sie Ihre Zielgruppe?
- ○ Haben Sie das passende Printmedium für Ihre Stellenanzeige ausgewählt?
- ○ Haben Sie verschiedene Jobbörsen im Internet geprüft?
- ○ Gehört Ihr Wunscharbeitgeber zur Zielgruppe dieser Jobbörse?
- ○ Untermauern Sie Ihr individuelles Profil mit aussagekräftigen Schlüsselbegriffen aus Ihrer beruflichen Tätigkeit?

20. Initiativanschreiben

Mit einer guten inhaltlichen Ausgestaltung des Initiativanschreibens werden Sie Personalverantwortliche für sich einnehmen und Ihrer Wunschposition einen entscheidenden Schritt näher kommen. In diesem Kapitel zeigen wir, wie Ihnen das gelingt.

Machen Sie Ihren Nutzen für die Firma deutlich

Das Anschreiben ist ein wichtiges Element in Ihrer Bewerbungsmappe, denn hier erstellen Sie ein Kurzgutachten über Ihre berufliche Qualifikation. Initiativbewerber überzeugen Personalverantwortliche dann mit ihrem Anschreiben, wenn sie das eigene Profil so darstellen, dass tatsächlich ein Nutzen für das umworbene Unternehmen sichtbar wird.

Das sollten Sie sich merken:
Bei Initiativbewerbungen bewerben Sie sich nicht auf eine Stellenanzeige hin, sondern Sie müssen die Nachfrage nach sich und Ihren Fähigkeiten erst schaffen!

Initiativbewerber müssen von sich aus deutlich machen, was sie bisher geleistet haben und welche Ziele sie für ihre weitere berufliche Zukunft haben. Ihr Anschreiben sollte Ihre Kompetenz zeigen und so viel Interesse bei Personalverantwortlichen wecken, dass Sie eine Einladung zum Vorstellungsgespräch erhalten.

Zeigen Sie Ihre Kompetenz

Um sich ein optimales Anschreiben zu erarbeiten, müssen Sie sowohl die formale als auch die inhaltliche Seite meistern. Für das Initiativanschreiben gelten auf der formalen Ebene die gleichen Regeln wie für das Anschreiben in der Bewerbung auf Stellenanzeigen. Was es dabei zu beachten gibt, haben wir Ihnen bereits in Kapitel 9 (»Das Anschreiben«, Abschnitt »Vermeiden Sie formale Fehler«) vorgestellt. Beim Initiativanschreiben ist vor allem die inhaltliche Überzeugungsarbeit entscheidend. Sie steht im Folgenden deshalb klar im Vordergrund.

Inhaltlich überzeugen mit dem Initiativanschreiben

In Kapitel 9 (»Das Anschreiben«) haben wir Ihnen das Schema zum Aufbau von Anschreiben vorgestellt. Dieses gilt auch für Ihr Initiativanschreiben – allerdings in einer besonderen Modifikation. Sie müssen von Ihrer Wunschposition her argumentieren:

- → **Heben Sie besondere Kenntnisse und Fähigkeiten hervor, die für Ihre Wunschposition wichtig sind.**
- → **Stellen Sie die Aufgaben, die Sie in Ihrer momentanen Position (auch in Sonderaufgaben oder Projekten) bearbeiten, so dar, dass sich ein Bezug zur Wunschposition ergibt.**
- → **Skizzieren Sie Ihre berufliche Entwicklung.**

Besondere Kenntnisse und Fähigkeiten hervorheben: Beginnen Sie Ihr Anschreiben damit, dass Sie stichwortartig die Kompetenzen aufzählen, die es Ihnen ermöglichen, in Ihrer Wunschposition zu arbeiten. Wählen Sie die Kenntnisse und Fähigkeiten, die für die Ausübung der neuen Stelle elementar sind. Dabei muss es sich nicht unbedingt um die Hauptaufgaben in Ihrer momentanen Position handeln. Sie können auch Erfahrungen aus Sonderaufgaben, projektbezogenen Tätigkeiten oder Weiterbildungsmaßnahmen aufführen. Es kommt vor allem darauf an, dass Sie aus dem Blickwinkel Ihrer Wunschposition heraus formulieren.

Stellen Sie Ihr berufliches Profil in den Vordergrund

Das Profil der Wunschposition

BEISPIEL

»In meiner mehrjährigen Berufstätigkeit in der Kfz-Industrie habe ich umfassende Praxiserfahrung in den Bereichen Karosseriebau und Kunststofftechnik gesammelt. Die Beratung interner Engineering-Units gehört schon seit längerem zu meinen Aufgaben. In einem Sonderprojekt habe ich meine Verantwortung auf den Bereich der Zuliefererintegration ausgeweitet. Daneben habe ich mich in der Moderation von Workshops weitergebildet.«

Momentane Aufgaben in Bezug zur Wunschposition darstellen. Nachdem Sie im ersten Schritt einen Aufriss Ihres Profils geliefert haben, sollten Sie jetzt Ihre momentane Position erläutern. Achten Sie darauf, dass Sie die Erfahrungen und Kenntnisse in den Vordergrund stellen, die auch in Ihrer Wunschposition zum Tragen kommen werden.

Beschreiben Sie Ihre momentane Position

Aktuelle Aufgaben

BEISPIEL

»Momentan arbeite ich als Projektleiter im Bereich der Kunststofftechnik. Die Entwicklung innovativer Lösungen und deren konstruktive und fertigungstechnische Umsetzung ist mein Hauptaufgabenbereich. Dazu gehören die Koordination der einzelnen Engineering-Units und die umfassende Zusammenarbeit mit den anderen Unternehmensbereichen. Ich trage Führungsverantwortung für zehn Mitarbeiter. In einem Projekt zur Bauteilstandardisierung habe ich meine Erfahrung in der internen Beratung auf die Beratung von Zulieferern hinsichtlich Qualitätsstandards und Fertigungsinnovationen übertragen.«

Berufliche Entwicklung skizzieren. Nennen Sie jetzt weitere Stationen Ihrer beruflichen Entwicklung und Ihre für den Berufseinstieg erworbene Qualifikation, also Ihre Ausbildung oder Ihr Studium. Gehen Sie dabei von Ihrer momentanen Position aus chronologisch rückwärts vor.

Die beruflichen Stationen

BEISPIEL

»Vor meiner Tätigkeit als Projektleiter habe ich als Konstruktions- und Berechnungsingenieur gearbeitet und Bauteile mittels 3D-CAD konstruiert. Ich habe mich schon damals immer wieder an abteilungsübergreifenden Projekten beteiligt, um die bessere Aufgabenkoordination voranzutreiben. Mit einem Studium des Maschinenbaus an der TU Braunschweig hatte ich mich für diese Einstiegsposition qualifiziert.«

5 Regeln für die überzeugende Selbstdarstellung

Ihre Werbung in eigener Sache wird Ihnen gelingen, wenn Sie die Überzeugungsregeln anwenden, die wir Ihnen schon in Kapitel 5 (»Warum sollten wir gerade Sie einstellen? Ihre Selbstpräsentation«) vorgestellt und in Kapitel 9 (»Das Anschreiben«) eingesetzt haben. Für das Initiativanschreiben lauten sie:

- **Regel ❶: fachliche Anforderungen erkennen,**
- **Regel ❷: individuelles Profil darstellen,**
- **Regel ❸: Beispiele für persönliche Fähigkeiten geben,**
- **Regel ❹: beschreiben statt bewerten,**
- **Regel ❺: Schlüsselbegriffe aus dem Tagesgeschäft verwenden.**

Erstellen Sie ein Basisprofil Ihrer Wunschposition

Regel ❶: fachliche Anforderungen erkennen. Ihr Anschreiben muss verdeutlichen, dass Sie sich gezielt auf die Wunschposition bewerben. Das bedeutet: Sie müssen das Anforderungsprofil Ihrer Traumstelle zum großen Teil selbst definieren. Dabei kann es sehr hilfreich sein, Stellenanzeigen, in denen ähnliche Positionen beschrieben werden, zu sichten. Suchen Sie die gängigen Anforderungen heraus, und fixieren Sie sie schriftlich. So erstellen Sie sich ein Basisprofil. Einzelne Punkte daraus sollten Sie in Ihrem Initiativanschreiben aufgreifen und beispielhaft belegen.

Anforderungen an eine Controllerin

BEISPIEL

Wenn eine Controllerin bei der Auswertung von Stellenanzeigen, die sie in Zeitungen oder Internet-Jobbörsen gefunden hat, öfter auf die gleichen Anforderungen stößt, sollte sie sie zunächst fixieren, beispielsweise so:

Basisprofil Controllerin: Ausarbeitung und Durchführung der jährlichen operativen Planung, Durchführung von Wirtschaftlichkeitsrechnungen, Planung und Analyse von Kostenarten, Vorbereitung des Berichtswesens, Koordination der Planungs- und Reportingprozesse.

Im Anschreiben kann man folgendermaßen auf dieses Basisprofil eingehen: »Ich habe mehrere Jahre als Controllerin in einem mittelständischen Unternehmen gearbeitet. Die Durchführung von Wirtschaftlichkeitsrechnungen, die Planung und Analyse von Kostenarten sowie die Koordination der Planungs- und Reportingprozesse sind mir vertraut.«

Regel ❷: individuelles Profil darstellen. Nehmen Sie Ihre Bestandsaufnahme zur Hand, und arbeiten Sie die Verbindungen, die zwischen dem Basisprofil Ihrer Wunschposition und Ihren bisherigen Tätigkeiten bestehen, heraus. Gehen Sie beispielsweise auf Branchenerfahrung, Berührungspunkte mit der von Ihnen angestrebten Wunschposition oder interessante Zusatzqualifikationen ein.

Individuelles Profil eines Grafikdesigners

BEISPIEL

Die besondere Qualifikation eines Initiativbewerbers wird durch diese Aussagen deutlich: »Als Grafikdesigner bei der Food AG war ich für Verpackungsdesigns verantwortlich und habe mehrere Markteinführungen begleitet. Dabei habe ich die Erkenntnisse aus der Marktforschung ins Design umgesetzt.«

Machen Sie persönliche Fähigkeiten an Beispielen fest

Regel ❸: Beispiele für persönliche Fähigkeiten geben. Benennen Sie die beruflichen Situationen, die Sie mithilfe Ihrer persönlichen Fähigkeiten bewältigt haben, und belegen Sie sie mit Beispielen. Personalverantwortliche ordnen Ihnen die geforderten Fähigkeiten von sich aus zu.

Persönliche Fähigkeiten einer Projektleiterin

BEISPIEL

Sieht das Basisprofil so aus, dass die meisten Unternehmen an die Position einer Projektleiterin bestimmte Forderungen nach persönlichen Fähigkeiten koppeln, ist dies ein aussagekräftiges Beispiel: »Als Projektleiterin in der Produktentwicklung war ich das Bindeglied zwischen den einzelnen Abteilungen. Meine Aufgabe bestand darin, die jeweiligen Vorschläge in ein realisierbares Konzept umzusetzen.«

Regel ❹: beschreiben statt bewerten. Dieser Überzeugungsregel sind Sie bereits mehrmals begegnet. Machen Sie zur Vorbereitung Ihres Initiativanschreibens noch einmal die Übung »Beschreiben statt bewerten« (Kapitel 5, Abschnitt »Überzeugungsregeln für die Selbstpräsentation«), um Ihr Qualifikationsprofil überzeugend zu belegen.

Regel ❺: Schlüsselbegriffe aus dem Tagesgeschäft verwenden. Personalverantwortliche bevorzugen Bewerber, die wissen, was in ihrer Wunschposition verlangt wird. Initiativbewerber, die punkten wollen, müssen in ihrem Anschreiben Schlüsselbegriffe aus dem Tagesgeschäft benutzen, die ihre beruflichen Aufgaben kennzeichnen.

Schlüsselbegriffe helfen, Informationen zu strukturieren

Sie finden die für Ihr Berufsfeld wichtigen Schlüsselbegriffe und Schlagworte in Stellenanzeigen in Printmedien und im Internet. Verwenden Sie zum Einsatz der Schlüsselbegriffe, die für Ihre Wunschposition zutreffen, erneut die Übung »Schlüsselbegriffe und Schlagworte finden und einsetzen« (Kapitel 5, Abschnitt »Überzeugungsregeln für die Selbstpräsentation«). Die stichwortartige Aufzählung von beruflichen Erfahrungen vermittelt Personalverantwortlichen innerhalb kurzer Zeit wichtige Informationen zu Ihrem Bewerberprofil.

So gelingt Ihr Initiativanschreiben

Anhand eines Initiativanschreibens aus unserer Beratungspraxis werden wir Ihnen nun im Detail vorstellen, welche Fehler häufig gemacht werden und wie Sie sie vermeiden können. Es handelt sich um Susanne Kist, die sich um eine Stelle als Sekretärin bewirbt.

Susanne Kist
Kronenstr. 14
79100 Freiburg
Tel.: 0761 434456
E-Mail: s.kist@industriekomponenten24.de

Handelsgesellschaft GmbH
Personalabteilung
Schwarzwaldblik 111
79112 Freiburg

25. März2014

Bewerbung

Sehr geehrte Damen und Herren,

eine erfahrene Schreibkraft und Sekretärin möchte sich Ihnen vorstellen. Ich hoffe, dass Sie Einsatzmöglichkeiten für mich in Ihrem Unternehmen sehen.

Mein Erfahrungsschatz: Langjährige Erfahrungen im Bürobereich sprechen eigentlich für sich. Meine bisherigen Vorgesetzten waren immer sehr zufrieden mit mir. Selbstverständlich weiß ich auch, wie wichtig die aktuellen Anforderungen an Mitarbeiter sind. Daher verfüge ich selbstverständlich über hohe Teamfähigkeit und kann auch gut analytisch denken.

Einige Worte zu meiner beruflichen Entwicklung: Nach einem Realschulabschluss habe ich mich nach intensiven Gesprächen mit einem Berufsberater dafür entschieden, eine Ausbildung zu wählen, in der meine Stärken zum Tragen kommen. Auch heute noch macht mir mein Beruf im Großen und Ganzen Spaß.

Was ich mir wünsche: Nette Kollegen und eine offene und ehrliche Art des Umgangs miteinander. Das ist bei meinem jetzigen Arbeitgeber nämlich nicht mehr der Fall, seit ein neuer Abteilungsleiter eingestellt worden ist. Ich kann sicherlich mehr leisten, als es mir momentan möglich ist. Am liebsten bei Inen.

Mit freundlichen Grüßen

Susanne Kist

Demonstrieren Sie Ihre Professionalität

Fehler: 08/15-Bewerbung. Auf den ersten Blick ist hier zu erkennen, dass die Bewerbung ohne wirklichen Einsatz einfach »heruntergeschrieben« ist. Sowohl die fehlende persönliche Anrede als auch der Betreff »Bewerbung« sprechen leider gleich gegen Frau Kist. Um welche Bewerbung und um welche Stelle geht es? Hier hätte der Aufhänger »Initiativbewerbung als Sekretärin« von Anfang an für mehr Klarheit gesorgt. Eine Bewerberin aus dem Sekretariat müsste zudem wissen, dass eine aussagekräftige Betreffzeile zu den Grundanforderungen im professionellen Schriftverkehr gehört.

Sorgfalt überzeugt

Fehler: Flüchtigkeitsfehler. Natürlich wird das Anschreiben von Frau Kist als erste Arbeitsprobe gewertet werden. Daher ist es sehr problematisch, dass sich in ihrem Schreiben zahlreiche Flüchtigkeitsfehler finden lassen. So hat sie in der Datumsangabe ein Leerzeichen vergessen. Schwerer noch wiegt, dass sie in der Firmenanschrift einen Bock geschossen hat. Dort fehlt das »c« in »Schwarzwaldblik«. Fehler in der Anschrift führen sofort zu einer schlechten Grundstimmung bei der Prüfung von Anschreiben. Personalverantwortliche erwarten, dass die Bewerber wenigstens die Formalien des Anschreibens im Griff haben – natürlich erst recht im Bereich Sekretariat. So schlecht wie das Anschreiben anfängt, hört es auch auf. Der letzte Satz »Am liebsten bei Inen« enthält wieder einen Rechtschreibfehler.

Aussagekräftige Argumente

Fehler: fehlende Argumente. Echte Argumente, die für eine Einstellung sprechen, fehlen im Anschreiben von Frau Kist. Über welche Erfahrungen sie verfügt, erwähnt sie nicht. Dabei ist es ein offenes Geheimnis, dass gerade die Tätigkeiten im Sekretariat sich sehr stark voneinander unterscheiden können. Hier reicht die Spanne von reinen Schreibtätigkeiten bis hin zu anspruchsvollen Assistenzaufgaben.

Fehler: Zweifel an den Soft Skills. Mit ihren Tippfehlern hat Frau Kist schon Zweifel an ihrer Sorgfalt und Konzentrationsfähigkeit geweckt. Es geht aber noch weiter. Sie erwähnt, dass ihr die Arbeitsatmosphäre bei ihrem momentanen Arbeitgeber nicht mehr gefällt, weil »ein neuer Abteilungsleiter eingestellt worden ist«. Die Frage, die sich einem Personalverantwortlichen dadurch zwangsläufig aufdrängt, ist: »Warum tut sie nicht selbst etwas für die Gestaltung der Arbeitsatmosphäre?« Vielleicht ist Frau Kist ja eine Bewerberin, die nur dann zuverlässig arbeiten kann, wenn alles im ewig gleichen Trott abläuft. Solch eine unflexible Mitarbeiterin möchte man aber nicht im eigenen Unternehmen haben.

Fazit: Dieses Anschreiben einer Initiativbewerbung wurde offensichtlich mit der heißen Nadel gestrickt. Auf eine nähere Beschäftigung mit den weiteren Unterlagen wird sich kein Personalverantwortlicher einlassen.

Susanne Kist, Kronenstr. 14, 79100 Freiburg
Tel.: 0761 434456, E-Mail: s.kist@gmx.de

Handelsgesellschaft mbH
Personalabteilung
Frau Rysi
Schwarzwaldblick 111
79112 Freiburg

Freiburg, 25. März 2014

Initiativbewerbung als Sekretärin

Unser Telefonat von heute

Sehr geehrte Frau Rysi,

ich freue mich, dass Sie grundsätzlich Einstellungsbedarf im Sekretariat haben. Hier sind die näheren Angaben zu meiner bisherigen Berufserfahrung. Neben den im Tagesgeschäft anfallenden Sekretariatsaufgaben übernehme ich bei meinem jetzigen Arbeitgeber auch Aufgaben in der Projektkoordination und -abrechnung.

Als Abteilungssekretärin bin ich mit den folgenden Aufgaben betraut: Ich übernehme die Terminkoordination, die allgemeine Büroorganisation, die Korrespondenz und die Reiseorganisation und -planung. Abteilungssitzungen werden von mir vorbereitet. Daneben übernehme ich auch die Organisation abteilungsübergreifender Projektsitzungen.

Meine berufliche Entwicklung habe ich mit einer erfolgreich abgeschlossenen Ausbildung zur Rechtsanwalts- und Notargehilfin begonnen. Das MS-Office-Paket beherrsche ich sicher. Für meinen Vorgesetzten erstelle ich auch Vortragsfolien mittels PowerPoint. In das Programm MS Project habe ich mich ebenfalls eingearbeitet.

Gerne würde ich mich Ihnen in einem persönlichen Gespräch vorstellen.

Mit freundlichen Grüßen

Susanne Kist

Anlagen

Zusatzinformationen zielgerecht verwendet

Überzeugend: Telefonkontakt vorab. Frau Kist hat sich mit ihrem Profil bei ihrem Wunschunternehmen mithilfe eines vorab geführten Telefonats ins Gespräch gebracht. So versandet die Initiativbewerbung nicht irgendwo im Unternehmen, sondern landet direkt auf dem Schreibtisch der zuständigen Personalreferentin Frau Rysi. Viele wertvolle Informationen aus diesem Vorabkontakt fließen nun ins Anschreiben ein. Da Frau Kist im Telefonat erfahren hat, dass die Handelsgesellschaft mbH auf »MS-Project-Kenntnisse« Wert legt, stellt sie diese auch im Anschreiben klar heraus.

Liefern Sie konkrete Einstellungsargumente

Überzeugend: die neue Stelle im Blick. Frau Kist kann auf ein breites Spektrum an Erfahrungen zurückgreifen. Diesmal macht sie auch ganz klar deutlich, wo ihre Stärken liegen. Sie verliert sich nicht mehr in Allgemeinplätzen, sondern liefert konkrete Einstellungsargumente. Durch das vorbereitende Telefonat kann sie nun besonders diejenigen Erfahrungen hervorheben, die auch in der anvisierten Stelle zum Tragen kommen. Dies ist insbesondere die »Projektkoordination und -abrechnung«. Natürlich macht Frau Kist ebenfalls deutlich, dass sie das Tagesgeschäft im Sekretariat sicher im Griff hat. Sie ist auch jetzt schon zuständig für die »Terminkoordination«, die »allgemeine Büroorganisation«, die »Korrespondenz und die Reiseorganisation und -planung«. Vor den Augen der Personalverantwortlichen entsteht ein plastisches Bild des Erfahrungsschatzes von Frau Kist.

Überzeugend: Soft Skills plausibel gemacht. Das aussagekräftig gehaltene Anschreiben von Frau Kist lässt auch auf ihre Soft Skills schließen: Da sie beim momentanen Arbeitgeber Aufgaben in der »Projektkoordination und -abrechnung« übernimmt, kann vermutet werden, dass sie sich auch bei anspruchsvollen Aufgaben bewährt. Die Vorbereitung von »Abteilungssitzungen« und »Projektsitzungen« stellt das Organisationstalent von Frau Kist unter Beweis. Präsentationsgeschick bringt Frau Kist ebenfalls mit. Ihr Vorgesetzter überlässt ihr die Erstellung von »Vortragsfolien mittels PowerPoint« – sicherlich nicht ohne Grund. Ganz ersichtlich bringt die Bewerberin die für eine Tätigkeit im Sekretariat wichtigen Soft Skills mit.

Fazit: Anschreiben zu Initiativbewerbungen wie dieses bekommen Personalverantwortliche selten zu sehen. Es besticht mit seiner Passgenauigkeit, denn die momentanen Aufgaben sind ebenso klar erkennbar wie die berufliche Ausrichtung. Eine engagierte Bewerberin, die man gerne im Vorstellungsgespräch näher kennen lernen möchte.

Checkliste für Ihr Initiativanschreiben

CHECKLISTE

- ◯ Haben Sie eine private Telefonnummer und E-Mail-Adresse angegeben?
- ◯ Stimmt die Firmenanschrift?
- ◯ Sind Erstellungsort und Tagesdatum aufgeführt?
- ◯ Haben Sie in der Betreffzeile die Position aufgeführt, für die Sie sich bewerben?
- ◯ Verweisen Sie in der Bezugzeile auf ein vorab geführtes Telefonat oder einen persönlichen Kontakt (Messe, Tagung, Weiterbildung)?
- ◯ Richtet sich Ihr Anschreiben an einen persönlichen Ansprechpartner? Haben Sie seinen Namen richtig geschrieben?
- ◯ Ist das Anschreiben lesefreundlich aufbereitet (Absätze, Schriftgröße, Schrifttyp, Seitenrand)?
- ◯ Haben Sie eine Endkontrolle durchgeführt, besser durchführen lassen?
- ◯ Ist Ihr Anschreiben unterschrieben?
- ◯ Sind Sie auf die Anforderungen der neuen Position eingegangen?
- ◯ Haben Sie Ihre Erfahrungen in Gutachtenform beschrieben und auf unnötige Bewertungen verzichtet?
- ◯ Ist Ihr Anschreiben frei von Problemschilderungen, Thematisierungen persönlicher Krisen oder Vorwürfen an den jetzigen Arbeitgeber?
- ◯ Ist der von Ihnen angegebene Wechselgrund plausibel (sonst lieber darauf verzichten)?
- ◯ Gibt es Beispiele für Ihre erfolgreiche Arbeit?
- ◯ Ist Ihr Anschreiben auch für Laien (Personalverantwortliche) verständlich?

→ FORTSETZUNG AUF DER NÄCHSTEN SEITE

- ◯ Haben Sie Ihre Soft Skills mit aussagekräftigen Praxisbeispielen umschrieben?
- ◯ Erleichtert Ihr Anschreiben dem Personalverantwortlichen die Entscheidung, in welchem Arbeitsgebiet Sie optimal einzusetzen wären?
- ◯ Finden Sie sich selbst in Ihrem Anschreiben wieder?

21. Der Lebenslauf in der Initiativbewerbung

Das Interesse, das Sie mit Ihrer Initiativbewerbung geweckt haben, müssen Sie nun mit dem Lebenslauf verstärken. In diesem Kapitel zeigen wir Ihnen, wie Sie die Angaben, die Sie im Anschreiben gemacht haben, durch die tätigkeitsbezogene Ausgestaltung Ihres Lebenslaufs verstärken. Personalverantwortliche müssen auf einen Blick erfassen können, was Sie an beruflichen Qualifikationen und Erfahrungen mitbringen.

Bringen Sie Ihren Lebenslauf auf den Punkt

Bei Initiativbewerbungen ist der Lebenslauf ein sehr wichtiges Element: Er muss die Informationen aus dem Initiativanschreiben unterstützen, aber zusätzlich noch weitere Einstellungsargumente liefern. Erläutern Sie deshalb Ihre berufliche Entwicklung, und stellen Sie heraus, welche Kenntnisse und Erfahrungen Sie erworben haben. Zentral für Initiativbewerbungen ist, dass Personalverantwortliche erkennen, dass Sie sich nicht aus einer Laune heraus bewerben, sondern dass es gute Gründe für Ihre Wechselabsichten gibt.

Das sollten Sie sich merken:
Der Lebenslauf in der Initiativbewerbung muss auf die Wunschposition ausgerichtet sein. Eine bloße Auflistung beruflicher Stationen genügt nicht; vielmehr müssen die speziellen Kenntnisse und Erfahrungen des Bewerbers ebenfalls aufgeführt werden.

Individualität und Passgenauigkeit

Zeigen Sie Ihre spezifischen beruflichen Stärken

Die wichtigste Regel, die Sie bei der Erstellung von Lebensläufen beachten müssen, lautet: Es gibt keinen »Standardlebenslauf«, den Sie bei jeder Bewerbung einfach beilegen können. Sie werden nur Erfolg haben, wenn Sie das individuelle berufliche Profil, das Sie im Anschreiben schon erkennen ließen, mit Ihrem Lebenslauf unterstützen. Das heißt, Sie müssen zu jeder einzelnen Bewerbung einen neuen Lebenslauf anfertigen, der Ihre spezifischen beruflichen Stärken, wie Sie bei der jeweiligen Firma gefordert sind, erkennen lässt.

Wie Sie Ihren Lebenslauf sinnvoll strukturieren, haben wir Ihnen bereits in Kapitel 11 (»Der Lebenslauf«) erläutert. Bei Ihrem Lebenslauf für Ihre Initiativbewerbung kommt es vor allem darauf an, dass Sie ihn auf Ihre Wunschposition hin ausrichten.

Das sollten Sie sich merken:
Achten Sie darauf, dass Sie stets die angestrebte Position im Blick haben. Stellen Sie diejenigen beruflichen Erfahrungen, Fort- und Weiterbildungen besonders heraus, die eine Nähe zu den dort verlangten Kenntnissen haben.

Richtig ins Bild gesetzt

Natürlich sollten Sie Ihre Initiativbewerbung auch mit einem Foto versehen. Hinweise für das optimale Bewerbungsfoto finden Sie in Kapitel 12 (»Das Bewerbungsfoto«). Auch Ihr Foto sollten Sie im Hinblick auf Ihr angestrebtes Berufsfeld erstellen: Je nach Anforderung der Wunschposition sollten Sie dynamisch, zupackend, souverän, verlässlich oder zielstrebig wirken.

Das Foto können Sie entweder Ihrem Lebenslauf beifügen oder auf einem speziellen Deckblatt platzieren. Mögliche Gestaltungsvariationen finden Sie in Kapitel 8 (»Die Bewerbungsmappe: klassisch oder digital«).

Unterstreichen Sie Ihr Qualifikationsprofil

Um Ihre Initiativbewerbung noch aussagekräftiger zu gestalten, steht es Ihnen frei, eine Leistungsbilanz beizufügen. Dies bietet sich bei Initiativbewerbungen besonders an, da Sie in Ihrer Leistungsbilanz Ihr individuelles Qualifikationsprofil noch einmal unterstreichen können. Wie diese am besten gelingt, erfahren Sie in Kapitel 13 (»Die Leistungsbilanz«). Denken Sie auch hierbei daran, Ihr Profil auf Ihre Wunschposition zuzuschneiden.

Kommentierte Beispiele

Im Folgenden zeigen wir Ihnen als Negativbeispiel einen misslungenen Lebenslauf und im Anschluss daran die verbesserte und korrigierte Version. Beide Versionen kommentieren wir für Sie, damit Sie nicht die typischen Fehler machen und die von uns genannten Tipps überzeugend umsetzen können.

LEBENSLAUF von PATRICK GENZ

●●● Zu meiner Person:	verheiratet mit Jacqueline Genz geb. Krause, keine Kinder, geb. in Zwickau (damalige DDR), Geburtstag: 3. August 1983
●●● Ehrenamt:	2. Vorsitzender des Schweriner Vereins zur Pflege volkstümlichen Brauchtums, unter anderem habe ich mit meinen Vereinskollegen Volkstanzaufführungen an Schulen veranstaltet und konnte neue Mitglieder gewinnen
●●● Schule:	Besuch der Grundschule 1989 – 1993 Besuch der Mittelschule Ernst Thälmann 1993 – 1998 Besuch der Mittelschule Schwerin 1998 – 2000
●●● Ausbildungsdaten:	Ausbildung zum WKS-Gesellen 2000 – 2003 Ausbildung zum Betriebswirt des Handwerks 2004 – 2005 Ausbildung zum WKS-Meister 2009
●●● Arbeit:	WKS-Facharbeiter bei der Fa. Technik 2003 – 2008, ein regional ansässiger, traditionsbewusster Familienbetrieb, der Technikkomponenten anbietet, hier habe ich im kaufmännischen Auftragswesen gearbeitet Facharbeiter mit Projektabordnung bei der Fa. Lichtkonzept 2009 – jetzt, ich wechselte zu diesem Anbieter, um beruflich weiterzukommen, neben meinen kaufmännischen Erfahrungen kam auch meine technische Ausrichtung in Aufgaben mit Projektcharakter hier wieder mehr zum Tragen
●●● Hobbys:	Kultur, PC
●●● Sonstiges:	Seminare und Trainingseinheiten zur Entwicklung der persönlichen und fachlichen Vorzüge
●●● Computer:	gute Anwendungssicherheit erworben im Beruf und in der Freizeit

Klarheit durch Struktur

Fehler: schlechte Gestaltung. Es macht keinen Spaß, sich durch den Lebenslauf von Patrick Genz zu kämpfen. Schon sein schlechtes Layout wird den Leser in der Personalabteilung abschrecken. Die doppelt unterstrichene Überschrift »Lebenslauf von Patrick Genz« ist wenig ansprechend. Außerdem hat Herr Genz das zu kleine Bewerbungsfoto ganz links an den Rand gequetscht. Warum er schließlich drei Punkte vor den einzelnen Blocküberschriften eingefügt hat, wird wohl sein Geheimnis bleiben. Der Strukturierung der Angaben dient es jedenfalls nicht.

Fehler: Formalien nicht im Griff. Initiativbewerber sollten darauf achten, dass sie gut erreichbar sind. Dazu gehört auch, auf dem Lebenslauf die vollständigen Kontaktdaten, insbesondere eine Telefonnummer, anzugeben. Diese Angaben fehlen im Lebenslauf von Herrn Genz. Zudem fehlen Erstellungsort und -datum sowie die Unterschrift des Bewerbers. Rückschlüsse auf den momentanen Wohnort können somit nicht gezogen werden. Ist Herr Genz ein Bewerber aus der Region? Welche Kosten fallen auf der Unternehmensseite an, wenn man ihn zu einem Gespräch einladen würde?

Wählen Sie Informationen sorgfältig aus

Fehler: persönliche Angaben. Es ist nicht ungewöhnlich, einen Lebenslauf mit persönlichen Angaben zum Familienstand, Geburtstag und -ort zu beginnen. Diese Angaben sind erwünscht. Ungewöhnlich ist es aber, wenn ein Bewerber betont, dass er »keine Kinder« hat und dass er in der »damaligen DDR« geboren worden ist. Warum erwähnt Herr Genz diese beiden Punkte? Wieder wird ein Personalverantwortlicher ins Grübeln kommen. Empfindet Herr Genz die Kinderlosigkeit seiner Ehe als Makel? Wird er dadurch so stark belastet, dass dies Auswirkungen auf seine beruflichen Leistungen haben könnte? Und leidet er noch heute darunter, dass er seine frühe Kindheit in der DDR verbracht hat? Oder vermisst er die damaligen Lebensumstände?

Fehler: Ehrenamt wichtiger als Beruf. Prinzipiell wird es gerne gesehen, wenn sich Bewerber auch gesellschaftlich engagieren. Beim Lebenslauf sollte aber die Darstellung der beruflichen Qualifikation im Vordergrund stehen. Zunächst müssen Fakten geliefert werden, die begründen, warum der Bewerber für eine bestimmte Stelle infrage kommt. Bei seinem Lebenslauf hat Herr Genz das Ehrenamt jedoch ganz nach vorn gestellt, sodass man vermuten muss, dass ihm sein »Verein zur Pflege volkstümlichen Brauchtums« wichtiger ist als seine beruflichen Aufgaben.

Klare und korrekte Angaben sind unerlässlich

Fehler: ewiger Azubi. Mit dem Block Ausbildungsdaten präsentiert sich Herr Genz als »ewiger Azubi«. Dreimal taucht der Begriff Ausbildung auf: zum »WKS-Gesellen«, zum »Betriebswirt des Handwerks« und zum »WKS-Meister«. Diese Angaben sind nicht korrekt, denn bei der zweiten Angabe handelt es sich um eine Fortbildung, und die dritte bezeichnet eine Weiterbildung auf der Grundlage seiner Berufsausbildung. Ein ihm wohlgesonnener und erfahrener Personalverantwortlicher wird diese Angaben vielleicht übersetzen, aber die Mehrheit wird von zumindest zwei abgebrochenen Ausbildungen ausgehen.

Übersichtlichkeit wahren

Fehler: fehlende Zeitleiste. Mühsam muss der Leser die Verweildauer in den einzelnen Stationen heraussuchen. Beim Lebenslauf von Herrn Genz fehlt eine durchgehende Zeitleiste. Damit wird der Lebenslauf sehr prüfungsunfreundlich. Gerade bei einer Initiativbewerbung lassen sich Personalverantwortliche aber nicht gerne zu unnötiger (Mehr-)Arbeit bewegen. Herr Genz hätte den zeitlichen Ablauf seiner bisherigen Entwicklung viel deutlicher aufzeigen sollen.

Fehler: Lücken. Eine Frage, die sich Personalprofis immer stellen, lautet: »Sind Lücken im Lebenslauf?« Mit den Jahreszahlen als Zeitangabe erweist sich Herr Genz einen schlechten Dienst. Hier klingeln die Alarmglocken: Hat der Bewerber beispielsweise seine erste Berufstätigkeit im Januar 2008 beendet und die anschließende womöglich erst im Dezember 2009 angetreten? Wie immer bei der ausschließlichen Verwendung von Jahresangaben im Lebenslauf werden Spekulationen Tür und Tor geöffnet, im Zweifel immer negativen.

Belegen Sie Ihre berufliche Kompetenz

Fehler: Inhaltsleere. Bei den Angaben zur Person und zum Ehrenamt schreibt Herr Genz eher zu viel. Bei den beruflichen Stationen, die er »Arbeit« nennt, geht er dagegen viel zu knapp vor. Hier lässt sich nicht erkennen, worin die beruflichen Aufgaben im Einzelnen bestanden. Obwohl Herr Genz drei bis vier Zeilen füllt, bietet er doch nur Inhaltsleere an. Woran zeigt sich seine »technische Ausrichtung«? Was sind Aufgaben mit »Projektcharakter«? Hinzu kommt die wiederholte Verwendung des Kürzels »WKS«, das für die meisten Personalverantwortlichen unverständlich ist. Wer vermutet dahinter schon das Wärme-, Kälte- und Schallschutzisolierer-Handwerk? Kommunikatives Geschick scheint dieser Bewerber nicht mitzubringen.

Fehler: mangelhafte zusätzliche Angaben. Im Block »Sonstiges« erwähnt Herr Genz zwar Seminare und Trainingseinheiten. Welche »persönlichen und fachlichen Vorzüge« dadurch entwickelt wurden, erschließt sich aber nicht. Zudem wird auch nicht klar, welche Computerkenntnisse der Bewerber tatsächlich hat. Die »gute Anwendungssicherheit« möchte man ihm vielleicht glauben, vielleicht beschränkt sie sich aber auf Computerspiele und Internetauktionen.

Fazit: Zu knapp, zu wenig Aussagekraft, zu viele überflüssige Angaben. Ein hingepfuschter Lebenslauf, der schnell zurückgesandt werden wird. Absage!

Patrick Genz, Kastanienallee 87, 19058 Schwerin
Tel.: 0385 124387, E-Mail: Patrick.Genz@aol.de

Lebenslauf

Persönliche Daten	geb. am 03.08.1983 in Zwickau, verheiratet
Berufserfahrung	
01/2009 bis heute	Projektleiter bei der Lichtkonzept GmbH, Schwerin Produktionsplanung Wirtschaftlichkeitsrechnung Erstellung von Investitions- und Finanzplänen Vertriebsunterstützung
08/2003 bis 12/2008	Projektleiter bei der Technik GmbH, Rostock Kosten- und Leistungsrechnung Angebotswesen Auftragsakquise Betreuung von Ausschreibungen Personalentwicklung
Fort- und Weiterbildung	
03/2009 bis 08/2009	Weiterbildung zum Isoliermeister an der Handwerkskammer Rostock
13.08.2009	Meister im Wärme-, Kälte- und Schallschutzisolierer-Handwerk
02/2004 bis 07/2005	Fortbildung zum Betriebswirt des Handwerks an der Handwerkskammer Lübeck
04.07.2005	Betriebswirt des Handwerks

Patrick Genz, Lebenslauf Seite 2

Ausbildung und Schule

09/2000 bis 07/2003	Ausbildung zum Wärme-, Kälte- und Schallschutzisolierer
28.07.2003	Geselle in der Wärme-, Kälte- und Schallschutzisolierung
03.07.2000	Realschulabschluss an der Mittelschule Schwerin

Seminare und Trainings

03/2014	Wirtschaftsakademie Lübeck: »Kostensenkungsprogramme«
10/2013	Transferzentrum der Fachhochschule Kiel: »Controlling schlanker Geschäftsprozesse«
06/2012	Handwerkskammer Rostock: »Potenzialanalyse im Einkauf«
01/2011	Management-Consult Hamburg: »Reengineering von Geschäftsprozessen«

Zusatzqualifikationen

EDV-Kenntnisse	Plattformen: System i, Unix-Workstations, PC-Netze (alle sehr gut) Betriebssysteme: Unix, Windows Vista (beide sehr gut) Anwendungssoftware: Word, Excel, PowerPoint, Lotus-Notes (alle ständig in Anwendung) Konstruktion: LogoCAD (gut)
Sprachen	Englisch (gut) Russisch (Grundlagen)

Schwerin, 11.05.2014

Überzeugend: persönlicher Auftritt. Seinen verbesserten Lebenslauf beginnt Herr Genz mit vollständigen Kontaktdaten. Nicht nur die Telefonnummer, auch eine private E-Mail-Adresse gewährleistet eine schnelle Erreichbarkeit. Gleich nach den Kontaktdaten folgt das Bewerbungsfoto. Hier präsentiert sich ein sympathischer Bewerber. Zwar beginnt Herr Genz seinen Lebenslauf mit dem zentrierten Foto etwas ungewöhnlich, er hinterlässt aber einen überzeugenden ersten Eindruck.

Gewährleisten Sie Ihre Erreichbarkeit

Überzeugend: prüfungsfreundlich. Der gesamte Lebenslauf ist prüfungsfreundlich gestaltet. Dies beginnt bei den fett formatierten Blocküberschriften und setzt sich in der Zeitleiste fort. In passenden Blöcken sind die relevanten Informationen untergebracht und werden gut strukturiert dargeboten. Herr Genz baut seinen Lebenslauf rund um seine beruflichen Qualifikationen auf. Er verzettelt sich nicht mehr in unnötigen Angaben und schafft es, ein individuelles Profil zu vermitteln.

Dokumentieren Sie Ihre Fortschritte

Überzeugend: Profil zu erkennen. Für Personalverantwortliche ist es besonders wichtig, schnell zu erfassen, mit welchen Aufgaben Bewerber aktuell vertraut sind und in der Vergangenheit betraut waren. Herr Genz wird diesem Informationsbedürfnis diesmal gerecht. Im Block »Berufserfahrung« gibt er ausgewählte Tätigkeiten an. Ein Personalverantwortlicher kann erkennen, dass er die »Produktionsplanung«, »Wirtschaftlichkeitsrechnung«, »Erstellung von Investitions- und Finanzplänen« sowie die »Vertriebsunterstützung« beim momentanen Arbeitgeber übernimmt. Die jetzigen Tätigkeiten ergänzen sich gut mit den vorher bearbeiteten Aufgaben »Kosten- und Leistungsrechnung«, »Auftragsakquise« und »Betreuung von Ausschreibungen«. Es wird klar, dass Herr Genz sich weiterentwickelt hat und mit immer anspruchsvolleren Aufgaben betraut worden ist.

Überzeugend: berufliche Entwicklung. Diesmal erscheint der Bewerber nicht als »ewiger Azubi«. Im Gegenteil: Sowohl Leistungsbereitschaft als auch Lernwilligkeit von Herrn Genz sind deutlich zu erkennen. Die Ausbildung zum »Wärme-, Kälte- und Schallschutzisolierer« wird von ihm zusammen mit dem Realschulabschluss im Block »Ausbildung und Schule« angegeben. So macht er die Basis für seine weitere berufliche Entwicklung gut sichtbar. Fort- und Weiterbildung erscheinen jetzt in einem eigenen Block und werden richtig bezeichnet. Dass Herr Genz eine Brücke zwischen technischen und kaufmännischen Aufgaben schlagen kann, beweisen seine Fortbildung zum »Betriebswirt des Handwerks« und seine Weiterbildung zum »Meister im Wärme-, Kälte- und Schallschutzisolierer-Handwerk«. Alle drei Qualifikationsgänge hat Herr Genz erfolgreich abgeschlossen, was durch die Angabe der erfolgreichen Abschlüsse mit dem jeweiligen Tagesdatum dokumentiert wird.

Prüfungsfreundlichkeit durch Zeitleiste

Überzeugend: lückenlose Zeitangaben. Nicht nur die Abschlussprüfungen sind diesmal klar gekennzeichnet. Mit Monats- und Jahreszahlen macht Herr Genz diesmal auch unmissverständliche Zeitangaben. Musste man in seinem schlecht gestalteten Lebenslauf noch vermuten, dass er Leerlaufzeiten kaschieren wollte, wird jetzt deutlich, dass es in seinem Werdegang keine Lücken gibt.

Überzeugend: Lernwille. Eigentlich würden die von Herrn Genz absolvierten Fort- und Weiterbildungen zum Betriebswirt und Meister schon ausreichen, um sein Entwicklungspotenzial sichtbar zu machen. Seine Lust am Lernen unterfüttert Herr Genz jedoch noch durch die Angaben zu ausgewählten Seminaren und Trainings. Er hat sich für die Darstellung von Schulungen der letzten vier Jahre entschieden, um die Aktualität seiner hinzugewonnenen Kenntnisse zu betonen. Als Projektleiter kommen ihm die Seminare »Reengineering von Geschäftsprozessen«, »Controlling schlanker Geschäftsprozesse« und »Kostensenkungsprogramme« sicherlich zugute.

Relevante Zusatzqualifikationen

Überzeugend: EDV im Griff. Genauso aussagekräftig wie der Lebenslauf begonnen hat, endet er auch. Im Block »Zusatzqualifikationen« entfaltet Herr Genz jetzt sein EDV-Profil. Auf vage Angaben hat er diesmal verzichtet und führt stattdessen detailliert die »Rechnerplattformen«, »Betriebssysteme« und »Anwendungssoftware« auf. Neben den Produktnamen ordnet er auch seine Kenntnisse ein. Der tägliche Umgang mit der EDV rundet sein Profil als »Technischer Projektleiter« ab. Auch ein Hinweis auf seine »CAD-Kenntnisse« in der Konstruktion fehlt nicht.

Fazit: Ein interessanter Initiativbewerber mit einem gut dargestellten Qualifikationsprofil. Lebensläufe wie diese ersehnt man sich in der Personalabteilung. Eine Einladung zum Vorstellungsgespräch wird Herr Genz in den nächsten Tagen erhalten.

Checkliste für Ihren Initiativlebenslauf

CHECKLISTE

- ○ Ist der erste Eindruck Ihres Lebenslaufs gut?
- ○ Haben Sie Ihre Kontaktdaten aufgeführt (Name, Anschrift, Festnetz- und Mobilnummer, private E-Mail-Adresse)?
- ○ Sind die persönlichen Daten vollständig (Geburtsdatum, -ort, Familienstand, Kinder, gegebenenfalls Nationalität)?
- ○ Haben Sie aussagekräftige Blöcke gebildet (beispielsweise Berufstätigkeit, Studium/Ausbildung, Weiterbildung, Fremdsprachen, EDV-Kenntnisse, Hobbys)?
- ○ Sind die Zeitangaben zu den einzelnen Stationen in den jeweiligen Blöcken chronologisch?

→ FORTSETZUNG AUF DER NÄCHSTEN SEITE

- ◯ Haben Sie Zeitangaben in Monat und Jahr aufgeführt?
- ◯ Ist der Lebenslauf lückenlos (keine Fehlzeiten)?
- ◯ Haben Sie berufliche Stationen korrekt angegeben (Firma mit richtiger Rechtsform, Ort, Unternehmensbereich, Abteilung, Positionsbezeichnung)?
- ◯ Sind die von Ihnen in den einzelnen beruflichen Stationen wahrgenommenen Aufgaben stichwortartig beschrieben?
- ◯ Werden Sonderaufgaben und/oder Projekte genannt?
- ◯ Falls Sie über Führungserfahrung verfügen: Haben Sie die Anzahl der Ihnen zugeordneten Mitarbeiter angegeben? Ist Ihre Führungserfahrung (Projektleitung, Stellvertretung von Führungskräften, Weisungsbefugnisse) deutlich genug herausgestellt?
- ◯ Sind die wichtigsten beruflichen Stationen (üblicherweise die letzten beiden) ausführlich genug beschrieben?
- ◯ Wird ein roter Faden im Lebenslauf deutlich, der auf die Wunschposition hinführt?
- ◯ Haben Sie berufliche Erfolge konkret herausgestellt (Umsatz- und Gewinnsteigerungen, Qualitätsverbesserungen, Ausweitung des Kundenstamms)?
- ◯ Haben Sie längere Verweildauern bei einem Arbeitgeber unterteilt und so Ihren innerbetrieblichen Aufstieg deutlich gemacht?
- ◯ Sind die von Ihnen angegebenen Weiterbildungsmaßnahmen relevant für die neue Position?
- ◯ Ist ersichtlich, dass Sie nicht nur Ihre Fachkenntnisse, sondern auch Ihre Soft Skills in Seminaren und Trainings weiterentwickelt haben?
- ◯ Haben Sie sowohl auf weitschweifige Umschreibungen als auch auf unverständliche Abkürzungen verzichtet?
- ◯ Haben Sie Ihre Sprach- und EDV-Kenntnisse bewertet?
- ◯ Ist der Lebenslauf von Ihnen unterschrieben worden, und haben Sie Erstellungsort und -datum angegeben?

22. Nachfassaktionen und Telefoninterviews

Besonders bei Initiativbewerbungen sollten Ihre Bewerbungsaktivitäten nicht mit dem Versand der Unterlagen enden, sondern Sie sollten am Ball bleiben und sich rechtzeitig wieder ins Gespräch bringen. Wenn sich das Unternehmen bei Ihnen meldet und einen Termin für ein telefonisches Interview mit Ihnen vereinbart, hat es angebissen. Sie haben es geschafft, Interesse zu wecken. Wir zeigen Ihnen, wie Sie dieses Interesse weiter verstärken.

Zeigen Sie die Ernsthaftigkeit Ihrer Bewerbung

Sie wissen, dass Sie bei einer Initiativbewerbung mehr Einsatz bringen müssen als bei einer Bewerbung auf eine Stellenanzeige. Dies gilt auch für die Zeit nach dem Versand Ihrer Unterlagen. Bleiben Sie aktiv und bringen Sie sich in Erinnerung. Aber Vorsicht: Hier ist es wichtig, die richtige Balance zwischen Ihren Zielen und den in den Firmen üblichen Abläufen zu finden. Es lohnt sich deshalb, sich darüber Gedanken zu machen, wie Sie diplomatisch nachfassen könnten.

Diplomatisch nachfassen

Machen Sie Ihr bestehendes Interesse deutlich

Verhalten Sie sich bei Ihrem Nachhaken freundlich und souverän, auch wenn Sie voller Spannung und Unruhe auf eine Reaktion des Unternehmens warten. Vergessen Sie nicht: Nicht nur bei Ihnen, auch in den Personalabteilungen ist die Bewerbungsarbeit mit einigem Aufwand verbunden – und zudem kommt Ihre Mappe unaufgefordert auf den Tisch. Es hilft also nicht weiter, wenn Sie ungeduldig werden und schon zwei Tage nach dem Versand Ihrer Unterlagen anrufen und fragen, ob es eine Stelle für Sie gibt. Zwei Wochen sollten Sie der angeschriebenen Firma mindestens geben, bevor Sie sich erneut in Erinnerung bringen.

Vor einem entsprechenden Telefonat mit dem Firmenvertreter rufen Sie sich noch einmal Ihr Kurzprofil in Erinnerung. Legen Sie sich die Kopie Ihres Anschreibens bereit, und vergewissern Sie sich, dass Sie den Personalverantwortlichen mit dem richtigen Namen ansprechen. Liefern Sie gleich zu Beginn ein paar Schlagworte, damit Ihr Gesprächspartner Ihr berufliches Profil schnell erkennen und einordnen kann.

Vorsicht Falle!
Verzichten Sie unbedingt auf Fragen wie »Glauben Sie, dass ich eine Chance habe?« oder »Seien Sie bitte ehrlich, kann ich mit einer Einladung zum Vorstellungsgespräch rechnen?«. Damit würden Sie Ihre Gesprächspartner nur unnötig unter Druck setzen.

Betonen Sie Gemeinsamkeiten

Betonen Sie zunächst Gemeinsamkeiten, und wecken Sie auf diese Weise das Interesse Ihres Gesprächspartners. Verweisen Sie auf frühere Telefonate, Gespräche auf Fachmessen oder Kontakte zu Vertretern der Fachabteilungen. Beispielsweise so: »Vorletzten Monat führte ich auf der Industriemesse ein Gespräch mit Herrn Breitenbach, Ihrem Vertriebsleiter. In diesem Gespräch erfuhr ich, dass Ihre Firma viel Wert auf eine qualifizierte Betreuung der Fachmärkte legt. Gerade in diesem Bereich verfüge ich über eine langjährige Erfahrung. Deshalb habe ich mich bei Ihnen initiativ für eine Tätigkeit im Vertrieb von Garten- und Landschaftsbaustoffen beworben und wollte nun nachfragen, ob Sie schon Zeit hatten, einmal einen Blick in meine Bewerbungsunterlagen zu werfen, die ich Ihnen vorletzte Woche zugesandt habe?«

Berücksichtigen Sie die Hinweise, die wir Ihnen in Kapitel 18 (»Mit dem Telefon zum Erfolg«) gegeben haben. Setzen Sie sich vor allen Dingen realistische Gesprächsziele, um sich Schritt für Schritt vorzuarbeiten. Sie können am Telefon noch einmal unterstreichen, dass Sie ernsthaftes Interesse an einer Mitarbeit haben und dass die Firma von Ihren Kenntnissen und Erfahrungen sicherlich profitieren wird.

Das Unternehmen meldet sich

Wenn sich Unternehmen mit Initiativbewerbern auseinandersetzen, sind sie natürlich auch an einem persönlichen Eindruck interessiert. Es bietet sich also der Griff zum Telefon an, um sich durch ein Vorabinterview ein tiefergehendes Bild vom Bewerber zu verschaffen.

Ihre Persönlichkeit ist gefragt

Die von den Unternehmen gefragten Soft Skills lassen sich am Telefon durchaus einer ersten Prüfung unterziehen: Kann sich der Bewerber auf seinen Gesprächspartner einstellen (Einfühlungsvermögen und Flexibilität)? Bringt er Informationen auf den Punkt (Kommunikationsstärke und analytische Fähigkeiten)? Bleibt er geduldig (Stressresistenz)? Kann er auch im Gespräch sein Profil adressatenorientiert vermitteln (Kundenorientierung)?

In Kapitel 18 (»Mit dem Telefon zum Erfolg«) haben wir Sie darauf vorbereitet, in telefonischen Interviews zu überzeugen. Jetzt werden Sie sehen, wie wichtig die gute Vorbereitung von Telefoninterviews ist.

Erfolg durch passgenaue Vorbereitung

Peter Sönnichsen arbeitet seit einigen Jahren als Personalreferent. Er hat sich bei seinem Wunschunternehmen mit einer Initiativbewerbung als Human Resources Manager beworben. Vor drei Tagen erhielt er einen Anruf der Sekretärin des Personalverantwortlichen Herrn Kleinschmidt, in dem sie mit ihm einen Termin für ein Telefoninterview vereinbarte.

Pluspunkte durch Vertiefung des Profils

Als Strategie wählt Herr Sönnichsen die vertiefende Beschreibung seines Profils. Er bestätigt telefonisch seine Angaben aus seinem Initiativanschreiben sowie Lebenslauf und liefert wichtige Zusatzinformationen. Insbesondere achtet er darauf, dass die Ernsthaftigkeit seiner Bewerbung deutlich wird.

Gelungene Überzeugungsarbeit

BEISPIEL

Personalverantwortlicher: »International AG, Hans Kleinschmidt. Guten Tag, Herr Sönnichsen.«

Bewerber: »Guten Tag, Herr Kleinschmidt.«

Personalverantwortlicher: »Schön, dass wir einmal persönlich über Ihre Bewerbung bei uns sprechen können. Damit ich mir ein besseres Bild von Ihnen machen kann, würde ich Ihnen gern einige Fragen stellen.«

Bewerber: »Vielen Dank für Ihr Interesse an meiner Bewerbung. Selbstverständlich beantworte ich Ihnen gern Ihre Fragen.«

Personalverantwortlicher: »Wie sind Sie auf unser Unternehmen gestoßen?«

Bewerber: »In meiner momentanen Tätigkeit als Personalreferent bin ich in letzter Zeit vermehrt mit Aufgaben der Personalentwicklung betraut worden. In einem Projekt habe ich an der Optimierung des Mitarbeiterentwicklungssystems gearbeitet. Daher habe ich nach einer Möglichkeit gesucht, noch intensiver in die Bereiche Personalentwicklung, Mitarbeiterschulung und internationales Personalmarketing einzusteigen. Ich wusste von der internationalen Ausrichtung Ihres Unternehmens. In einem ersten persönlichen Kontakt mit Frau Friedl aus dem Marketing, die ich auf einer Messe getroffen habe, bin ich dann in meiner Entscheidung bestätigt worden, mich bei Ihnen bewerben zu wollen.«

Personalverantwortlicher: »Ist ein Aufstieg in die von Ihnen angestrebte Position nicht auch in Ihrem Unternehmen möglich?«

Bewerber: »Ein wesentlicher Punkt ist, dass mein jetziges Unternehmen nicht international ausgerichtet ist. Meine Berührungspunkte mit dem internationalen Personalmarketing stammen aus meiner vorangegangenen Tätigkeit als Personalassistent in einem internationalen Konzern. Dort habe ich den Inter-Company-Personalwechsel betreut und eine Corporate-Skill-Datenbank mit aufgebaut. Während meiner jetzigen Tätigkeit habe ich mich in Eigeninitiative in der internationalen Personalarbeit auf Fachtagungen und in speziellen Seminarangeboten weitergebildet.«

Personalverantwortlicher: »Mit welchen Tätigkeiten könnten wir Sie sofort beauftragen, und wo sehen Sie noch Weiterbildungsbedarf?«

Bewerber: »Im operativen Tagesgeschäft wäre ich sofort einsetzbar. Im internationalen Personalmanagement müsste ich sicherlich die Struktur Ihres Unter-

→ FORTSETZUNG AUF DER NÄCHSTEN SEITE

nehmens noch besser kennen lernen. Für mich persönlich wäre auch eine tiefer gehende Beschäftigung mit Maßnahmen des Bildungscontrollings interessant.«

Personalverantwortlicher: »Wieso interessiert Sie besonders dieser Punkt?«

Bewerber: »Um die aus der Potenzialerfassung resultierenden Schulungsvorschläge gezielt umsetzen zu können, möchte ich nicht nur geeignete Trainer oder Maßnahmen auswählen, sondern auch den geleisteten Wissenstransfer und Veränderungen im Verhalten überprüfen können. Um die Controllingaspekte kümmere ich mich schon momentan neben meiner Berufstätigkeit. Für mich wäre es schön, wenn ich die Relevanz der Ergebnisse einmal im Unternehmen besprechen könnte.«

Personalverantwortlicher: »Bei uns ließe sich dafür eine Möglichkeit einrichten. Wie wichtig ist denn Führungsverantwortung für Sie, Herr Sönnichsen?«

Bewerber: »Nur insoweit, als ich für die Umsetzung der Unternehmensinteressen Unterstützung durch Mitarbeiter brauche. Momentan arbeiten mir drei Personalassistenten zu; insbesondere Fragen der Bewerberauswahl, aber auch Aufgaben in der reinen Personalverwaltung delegiere ich an meine Mitarbeiter. In leitenden Positionen in der Personalarbeit braucht man zuverlässige Leute. Auch in einer neuen Position möchte ich mich natürlich auf tatkräftige Unterstützung verlassen können.«

Personalverantwortlicher: »In der für Sie infrage kommenden Stelle würden Ihnen fünf Mitarbeiter zugeordnet werden. Hinzu kämen Referenten, die für Sie an unseren Auslandsstandorten tätig wären.«

Bewerber: »Eine reizvolle Perspektive.«

Personalverantwortlicher: »Ich finde, wir sollten uns persönlich treffen. Haben Sie die Möglichkeit, zu uns nach Aachen zu kommen?«

Bewerber: »Das könnte ich sicherlich einrichten. Welcher Termin wäre für Sie gut geeignet?«

Personalverantwortlicher: »Ich stelle Sie gleich zu meiner Sekretärin durch, vereinbaren Sie doch bitte einen Termin mit ihr. Ich werde ihr mitteilen, dass Sie berufliche Verpflichtungen haben und Ihre Möglichkeiten zu einem Treffen daher eingeschränkt sind. Wir finden sicherlich einen für beide Seiten geeigneten Termin.«

Bewerber: »Ich freue mich darauf, Sie persönlich kennen lernen zu können, Herr Kleinschmidt.«

Personalverantwortlicher: »Auf Wiederhören, Herr Sönnichsen.«

Bewerber: »Bis bald, Herr Kleinschmidt.«

Machen Sie Ihren Wert für das Unternehmen deutlich

Herr Sönnichsen verstärkt durch das Telefonat wirkungsvoll das Interesse an seiner Person. Er relativiert weder seine Kenntnisse und Fähigkeiten, noch verwendet er nichtssagende Formulierungen. Auf eine Problematisierung seiner momentanen Tätigkeit verzichtet Herr Sönnichsen bewusst. Damit kann der Personalverantwortliche sich darauf konzentrieren, einen detaillierten Eindruck von den Fähigkeiten des Bewerbers zu gewinnen. Ohne dass der Personalverantwortliche ausdrücklich nachfragen muss, macht der Bewerber seinen Wert für das Unternehmen deutlich. Mit geeigneten Schlüsselbegriffen dokumentiert Herr Sönnichsen seine besonderen Kenntnisse und seine Praxisorientierung.

Gleich zu Anfang des Gesprächs schafft Herr Sönnichsen die Voraussetzungen für eine persönliche Atmosphäre, indem er den Personalverantwortlichen mit Namen anredet und anklingen lässt, dass er nach wie vor sehr an einem Einstieg in das Unternehmen interessiert ist. Bei der Frage, wie er auf das Unternehmen gestoßen ist, bringt er sein Profil ins Gespräch und betont die Überschneidungen mit seiner Wunschposition. Zusätzlich weist er auf ein vor der Bewerbung geführtes persönliches Gespräch mit einer Mitarbeiterin aus dem Marketing hin. Seine Wechselabsichten macht Herr Sönnichsen für den Personalverantwortlichen plausibel. Er stellt sicher, dass der Gedanke, es gäbe andere Wechselgründe als das Interesse an der neuen Stelle, gar nicht erst aufkommen kann.

Zeigen Sie Ihr berufliches Engagement

Mit der Thematisierung des Bildungscontrollings liefert Herr Sönnichsen Informationen über sein berufliches Engagement, die er nicht ausführlich in der schriftlichen Bewerbung dargestellt hat. Sein Kostenbewusstsein und seine Absicht, die Ziele des Unternehmens konsequent zu verfolgen, werden dem Personalverantwortlichen damit deutlich. Herr Kleinschmidt reagiert umgehend. Mit seiner Aussage »Bei uns ließe sich dafür (für das Bildungscontrolling) eine Möglichkeit einrichten« unterstreicht er, dass er das Profil von Herrn Sönnichsen für sehr interessant hält.

Die Frage nach der gewünschten Führungsverantwortung dient Herrn Kleinschmidt zur Überprüfung, ob er mit einem Bewerber spricht, der eher formal Karriere machen will, oder mit einem Bewerber, der vorrangig an der inhaltlichen Seite der Tätigkeit interessiert ist. Auch diese Hürde nimmt Herr Sönnichsen souverän. Daraufhin erfolgt eine eindeutige Werbebotschaft des Personalverantwortlichen: Um die zu vergebende Stelle für Herrn Sönnichsen interessant zu machen, erwähnt er, dass er hier seine Führungsverantwortung noch weiter ausbauen könnte. Herr Sönnichsen, der das Angebot als reizvolle Perspektive einschätzt, wird daraufhin zu einem persönlichen Gespräch eingeladen. Durch sein überzeugendes Verhalten im telefonischen Interview ist er seiner Wunschposition um einen entscheidenden Schritt näher gekommen.

Fragen und die dahinterstehenden Motive

Ein souveräner Auftritt bringt Sie weiter

Wenn Sie die Fragen des Personalverantwortlichen in unserem nachgezeichneten Telefoninterview aufmerksam gelesen und für sich beantwortet haben, werden Sie sich sicher an der einen oder anderen Stelle unsicher gewesen sein, welche Absichten mit den jeweiligen Fragen verbunden waren. Damit Sie hier mehr Sicherheit bekommen, sollten Sie Kapitel 30, 31, 32 und 33 durcharbeiten. Dort finden Sie typische Fragen, die sowohl in Telefoninterviews als auch in Vorstellungsgesprächen gestellt werden, sowie die Motive, die Personalverantwortliche mit diesen Fragen verfolgen.

CHECKLISTE

Checkliste für Ihre Nachfassaktionen und Telefoninterviews

- ◯ Haben Sie Gesprächsziele für Ihre Nachfassaktion definiert?
- ◯ Haben Sie zwei Wochen gewartet, bis Sie sich bei Ihrem Wunschunternehmen gemeldet haben?
- ◯ Wissen Sie, wie Ihr Ansprechpartner heißt und wie sich der Name richtig ausspricht?
- ◯ Haben Sie auf frühere Telefonate, Gespräche auf Fachmessen oder Kontakte zu Vertretern in Fachabteilungen verwiesen?
- ◯ Ist ein telefonisches Vorabinterview vereinbart worden? Sind Sie zum vereinbarten Termin erreichbar und ungestört?
- ◯ Funktioniert Ihr Telefon einwandfrei?
- ◯ Haben Sie Anschreiben, Lebenslauf und Kurzporträt noch einmal durchgelesen?
- ◯ Können Sie die Schnittstellen zwischen Ihrer jetzigen Position und der anvisierten Stelle darlegen?
- ◯ Können Sie anhand von Schlüsselbegriffen belegen, dass Sie die Anforderungen Ihrer Wunschposition erfüllen?
- ◯ Haben Sie sich mit den Fragen auseinandergesetzt, die Sie im telefonischen Jobinterview erwarten?
- ◯ Wissen Sie, welche Motivation hinter den verschiedenen Fragen von Personalverantwortlichen steckt?
- ◯ Haben Sie zwei bis drei Fragen vorbereitet, die Sie selbst stellen werden?

IV

Online-Bewerbungen

23. Die Besonderheiten der Online-Bewerbung

Zwar hat sich die Online-Bewerbung bei der Masse der Firmen als bevorzugte Bewerbungsart durchgesetzt, doch das Bewerbungsverfahren wird in jeder Firma anders gehandhabt. Auch im Internetzeitalter gibt es immer noch Firmen, die keine Online-Bewerbung wünschen, andere wiederum senden per Post eingesandte Bewerbungsunterlagen umgehend und unbearbeitet zurück. Große Firmen dagegen setzen bei der Bewerbung immer mehr auf Online-Formulare und wünschen keine E-Mail-Bewerbung mit Anschreiben, Lebenslauf und Zeugnissen als PDF-Anhang. In diesem Kapitel zeigen wir Ihnen, auf welche Besonderheiten Sie bei Ihrer Online-Bewerbung achten müssen.

Nicht immer führen Online-Bewerbungen zum Erfolg. In einigen Branchen und Firmen ist das Online-Bewerbungsverfahren inzwischen gang und gäbe, andere wünschen sich jedoch die Unterlagen nach wie vor per Post. Zwischen diesen beiden Polen liegen Firmen, die Online-Bewerbungen zwar akzeptieren, ihnen aber keinen besonderen Vorrang einräumen. Sie drucken die online übermittelte Bewerbung aus und bearbeiten sie weiter wie eine per Post zugesandte Bewerbungsmappe.

Welche Form wünscht das Unternehmen?

Sie müssen bei Ihrer Bewerbung wissen, welche Form der Bewerbung in den Firmen verlangt wird – sonst setzen Sie sich dem Risiko aus, dass Ihre Bewerbung einfach untergeht. Die Tatsache, dass eine Firma im Internet mit einer eigenen Homepage vertreten ist, bedeutet nicht automatisch, dass Online-Bewerbungen erwünscht sind. Woran Sie erkennen können, ob eine Firma Ihre Online-Bewerbung wünscht und wie umfangreich Sie sie ausgestalten sollten, werden wir Ihnen jetzt erläutern.

Bewerbung online oder per Post

Achten Sie auf eindeutige Botschaften

Ist in einer Stellenanzeige keine E-Mail-Adresse genannt, ist die Botschaft an Sie eindeutig: Online-Bewerbungen sind hier unerwünscht. Genauso eindeutig ist die Aufforderung »Bewerbungen bitte nur per E-Mail«. Dann können Sie Ihr Anschreiben, Ihren Lebenslauf und weitere Unterlagen, wie von uns empfohlen, als PDF-Anhang übermitteln. Viele kleinere und mittelständische Unternehmen überlassen die Entscheidung zwischen Post und E-Mail auch den Bewerbern. Dann werden Sie auf Formulierungen stoßen wie: »Übersenden Sie Ihre Unterlagen bitte per Post oder per E-Mail an uns.« Die Mehrzahl der Bewerber entscheidet sich dann für E-Mail-Bewerbungen. Diese sind preislich günstiger, da keine Kosten für Bewerbungsmappen, Briefumschlag oder Porto anfallen; außerdem lassen sie sich schneller auf den Weg bringen. Sie müssen auch kein kostbares Bewerbungsfoto verschicken, sondern können es einfach einscannen.

Ein Sonderfall sind die Online-Formulare großer Konzerne. Für die Personalarbeit haben diese Formulare aus Sicht der Firmen den »Vorteil«, dass ungeeignete Bewerberinnen und Bewerber schneller »aussortiert« werden können. Mithilfe geeigneter Software lassen sich Bewerbungsformulare schnell und kostengünstig auswerten. Deshalb sollten Sie in diesem Fall nicht aus dem Stegreif reagieren. Wenn Sie hier nicht in der Masse untergehen wollen, müssen Sie auch mit Ihren Angaben in Bewerbungsformularen für Aufmerksamkeit sorgen. In Kapitel 24 (»Bewerbungsformulare im Internet«) zeigen wir Ihnen, wie Sie vorgehen sollten.

Kurzbewerbung oder vollständige Unterlagen?

Auch bei der Online-Bewerbung haben Sie mehrere Möglichkeiten, was den Umfang Ihrer Unterlagen betrifft. Formen der Online-Bewerbung per E-Mail sind:

→ **vollständige Online-Bewerbung mit Anschreiben, Lebenslauf und eingescannten Zeugnissen (eventuell gescanntes Foto, eventuell Leistungsbilanz);**
→ **Online-Kurzbewerbung mit Anschreiben, Lebenslauf (eventuell eingescanntes Foto, eventuell Leistungsbilanz);**
→ **Online-Kurzbewerbung nur mit Lebenslauf (eventuell eingescanntes Foto) und mit knapper Begleitmail.**

Berücksichtigen Sie die Wünsche des Unternehmens

Natürlich müssen Sie stets vorrangig die Firmenwünsche berücksichtigen. Gestalten Sie Ihre Online-Bewerbung per E-Mail so, wie es die Firmen auf Ihren Firmenhomepages oder in den Jobbörsen vorgeben. Ist die Rede von »vollständigen«, »aussagekräftigen« oder »aussagefähigen« Unterlagen, die per E-Mail übermittelt werden sollen, wünscht sich die Firmenseite zusätzlich zu Anschreiben und Lebenslauf auch Scans von Arbeitszeugnissen, Ausbildungszeugnissen und Zertifikaten über Fort- und Weiterbildungen. Wird dagegen eine »Kurzbewerbung« per E-Mail angefordert, würden wir Ihnen raten, nur Anschreiben und Lebenslauf (eventuell mit eingescanntem Foto) auf den Weg zu bringen. Haben Sie sich für eine Leistungsbilanz entschieden, beispielsweise, weil Sie viel Projektarbeit durchgeführt haben oder Ihr Profil noch einmal überblicksartig zusammenfassen möchten, empfehlen wir, Ihrer Online-Kurzbewerbung auch diese Leistungsbilanz beizufügen. Gelegentlich wünschen Firmen eine Online-Kurzbewerbung, der kein Anschreiben, sondern nur ein Lebenslauf angehängt ist. Dies kommt in gewerblichen Berufen vor, aber auch dann, wenn die Firmenseite erst in einem zweiten Schritt von ausgewählten Bewerbern vollständige Unterlagen anfordert. Auch diesen Wunsch der Firmenseite sollten Sie dann natürlich ernst nehmen.

E-Mail-Bewerbung mit Anhang

Verwenden Sie stets Ihre private E-Mail-Adresse

Vorsicht mit Ihrem elektronischen Absender: Ihre Firmen-E-Mail-Adresse sollten Sie auf gar keinen Fall verwenden. Benutzen Sie immer Ihre private E-Mail-Adresse. Es kann sich lohnen, für die Bewerbung eine zweite private E-Mail-Adresse einzurichten, besonders dann, wenn Ihre bisherige nicht konservativ genug ist. Ihre E-Mail-Adresse bei Bewerbungen sollte einer für Geschäftsbeziehungen üblichen Form entsprechen. Der Bewerber Helmut Schnell könnte die Adresse helmutschnell@t-online.de oder hschnell@t-online.de verwenden.

Vorsicht Falle!
Auf ausgefallene und unkonventionelle E-Mail-Adressen, wie beispielsweise badgirl@web.de, spaceboy@aol.de oder topseller@gmx.de, sollten Sie verzichten. Personalverantwortliche nehmen Sie sonst schon beim Öffnen Ihrer E-Mail nicht ernst, der wichtige erste Eindruck ist damit schnell verspielt.

Füllen Sie immer die Betreffzeile aus, und machen Sie auf den ersten Blick ersichtlich, dass es sich um eine Bewerbung handelt, indem Sie beispielsweise »Bewerbung als Industriemechaniker« oder »Ihre Stellenausschreibung Logistiksachbearbeiterin« in den Betreff schreiben. E-Mails ohne klare Betreffzeile erschweren dem Empfänger die schnelle Einordnung.

Wie wir bereits häufiger ausgeführt haben, ist es eine gute und sichere Möglichkeit, die Bewerbungsanhänge im Portable Document Format (Dateiendung .pdf) zu versenden, da diese Anhänge in der Formatierung wiedergegeben werden, in der Sie sie erstellt haben. Ein entsprechender Reader (Adobe Acrobat Reader) ist eigentlich in allen Firmen vorhanden. Im Internet finden Sie Freeware, also kostenlose Programme, die Ihnen die Erstellung von PDF-Dateien ermöglichen (beispielsweise auf der Seite der Computerzeitschrift www.chip.de mit dem Suchwort »pdfcreator« oder unter www.freeware.de).

Den Versand von Word-Dateien mit der Kennung .doc oder .docx sehen viele Firmen kritisch, seit diese als berüchtigte Virenträger verschrien sind. Abgesehen von der Angst vor Viren können aber auch in der Formatierung Probleme auftreten. Bei unterschiedlichen Grundeinstellungen bei Absender und Empfänger können Zeilen und Seitenumbrüche verändert dargestellt werden.

Überfordern Sie die Firmenseite nicht, indem Sie viele verschiedene Dateianhänge mixen. Idealerweise fassen Sie Anschreiben und Lebenslauf (eventuell mit Deckblatt, Foto und/oder Leistungsbilanz) in einer PDF-Datei zusammen, die Sie auch mit dem Dateinamen »Anschreiben und Lebenslauf« oder »Fabian Müller Anschreiben und Lebenslauf« versehen sollten. Ein zweites PDF bilden Scans von Arbeits- und Ausbildungszeugnissen sowie von Weiterbildungszertifikaten; es könnte mit »Zeugnisse« oder »Fabian Müller Zeugnisse« bezeichnet werden.

Das sollten Sie sich merken:
Die Datenmengen, die von den Firmen akzeptiert werden, sind in den letzten Jahren gestiegen. Sprach man früher von maximal einem Megabyte, liegt die Grenze heute bei zwei bis drei Megabyte.

Verschicken Sie Probe-Mails

Führen Sie einen Testlauf durch, um technische Probleme auszuschließen, und übersenden Sie Ihre Bewerbungsunterlagen vorab an einen Freund oder Bekannten: Ist die Zeit des Hochladens auf der Empfängerseite akzeptabel? Sind die Auflösungen der Scans gut genug? Und lassen sich alle Anhänge problemlos öffnen? Erst, wenn sich all diese Fragen mit »Ja« beantworten lassen, sollten Sie Ihre E-Mail-Bewerbung auf den Weg bringen.

CHECKLISTE

Checkliste für Ihre Online-Bewerbung

- ◯ Haben Sie vorab geklärt, in welcher Form Ihre Wunschfirma Ihre Unterlagen erhalten möchte (vollständige Unterlagen per Mail oder nur Anschreiben und Lebenslauf als Kurzbewerbung)?
- ◯ Haben Sie eine private und seriöse E-Mail-Adresse verwendet?
- ◯ Haben Sie in der Betreffzeile Ihrer E-Mail vermerkt, dass es sich um eine Bewerbung handelt, und die anvisierte Position genannt?
- ◯ Versenden Sie Anschreiben und Lebenslauf im PDF-Format? Oder wünscht die Firma ausdrücklich andere Dateiformate?

- ◯ Haben Sie zwei Dateianhänge erstellt (einen für Anschreiben und Lebenslauf, einen zweiten für Zeugnisse)?
- ◯ Sind die Dateinamen Ihrer Anhänge aussagekräftig und eindeutig Ihrer Bewerbung zuzuordnen?
- ◯ Sind Sie bei Ihren Bewerbungsunterlagen sorgfältig vorgegangen, wie Sie es bei einer Bewerbung per Post getan hätten?
- ◯ Haben Sie Anschreiben und Lebenslauf vor dem E-Mail-Versand ausgedruckt und auf Rechtschreibfehler geprüft, besser: prüfen lassen?

24. Bewerbungsformulare im Internet

Online-Bewerbungsformulare dienen Unternehmen dazu, Informationen über Bewerber zu standardisieren und damit besser auswerten zu können. Für Bewerber sind sie eine Möglichkeit, Stellengesuche ins Internet zu stellen. Auch in diesen Formularen müssen Sie die für Unternehmen interessanten Schlüsselworte unterbringen. Nutzen Sie immer die Möglichkeiten für freie Angaben, um Ihr individuelles Profil deutlich zu machen.

Fragebögen zur Vorselektion von Bewerbern

Bewerbungsformulare sind standardisierte Fragebögen, die den Unternehmen zur Vorselektion der Bewerber dienen. Dazu wurden Masken erstellt, die eine Speicherung der Angaben in Datenbanken ermöglichen. Diese Datenbanken können dann von den Personalverantwortlichen mit definierten Suchbegriffen ausgewertet werden.

Bewerbungsformular als Online-Bewerbung

Bewerbungsformulare zur Online-Bewerbung begegnen Ihnen normalerweise auf den Homepages der Unternehmen. Der Internetauftritt größerer Unternehmen enthält zumeist das Special »Jobs und Karriere«. Nachdem Sie die dort aufgelisteten Jobangebote gesichtet haben, können Sie über einen Button mit dem Unternehmen in Kontakt treten. Klicken Sie den Button an, öffnet sich ein Bewerbungsformular. Auch Stellenausschreibungen in den Jobbörsen sind häufig mit einem Button versehen, der Sie zu einem Bewerbungsformular weiterleitet.

Dies bedeutet nicht in jedem Fall, dass Sie sich ausschließlich mit dem Bewerbungsformular bewerben müssen. Oft bieten Ihnen die Firmen mehrere Bewerbungswege an.

Das sollten Sie sich merken:
Wenn Sie die Wahl haben, statt eines Bewerbungsformulars eine E-Mail-Bewerbung mit Dateianhängen für Anschreiben, Lebenslauf und weitere Zeugnisse zu versenden, so sollten Sie sich für diese Möglichkeit entscheiden. Ziehen Sie immer diejenige Bewerbungsform vor, die Ihnen den größten Freiraum für eine individuelle Selbstdarstellung bietet.

Manchmal kommen Sie nicht an einem Bewerbungsformular vorbei. Hier sollten Sie nicht den Schnellschuss abgeben und das Bewerbungsformular sofort online ausfüllen. Vielleicht können Sie es speichern oder ausdrucken und sich erst einmal in aller Ruhe mit den Anforderungen beschäftigen und sich genau überlegen, wie Sie Ihr Profil am besten darstellen. Auch in Standardformularen sind durchaus Freiräume für eine individuelle Selbstdarstellung vorhanden. Damit Sie diese Möglichkeiten nutzen können, stellen wir Ihnen jetzt die Besonderheiten vor, die beim Ausfüllen von Bewerbungsformularen zu beachten sind.

Bearbeiten Sie das Bewerbungsformular stets offline

Die Tücken der Formulare

Beim Einsatz von Bewerbungsformularen wird die Forderung nach Prägnanz und Informationsdichte auf die Spitze getrieben. Der Platz für freie Angaben ist sehr begrenzt, Sie werden nur dann einen Schritt weiterkommen, wenn Sie diese eingeschränkten Möglichkeiten optimal nutzen. Dies gelingt Ihnen, indem Sie gezielt Schlüsselworte einsetzen, die einen klaren Bezug zu den Firmenwünschen haben und Ihr berufliches Profil verdeutlichen.

Der Einsatz von Schlüsselworten ist besonders wichtig

Schlüsselworte im Bewerbungsformular

BEISPIEL

Gibt eine Online-Bewerberin in der Rubrik »Letzte Tätigkeit« in einem Bewerbungsformular nur ihre Berufsbezeichnung »Referentin Marketing & Communications« an, bringt sie sich um die Möglichkeit, die Besonderheiten ihrer Qualifikation herauszustellen. Mithilfe von Schlüsselworten wird das Profil der Bewerberin deutlich, beispielsweise so: »Referentin Marketing & Communications, Tätigkeiten: Erarbeitung von Marketingstrategien, Betreuung aller Marketingaktivitäten, Organisation der Pressearbeit, Veranstaltungsorganisation, Etablierung eines Community Services.«

Wenn Sie die bisher von Ihnen ausgeübten Tätigkeiten in Bewerbungsformularen angeben, sollten Sie sich an die Empfehlungen halten, die wir Ihnen schon für die Ausarbeitung Ihres Lebenslaufs gegeben haben: Formulieren Sie stichwortartig, geben Sie zu jeder Position die Tätigkeiten an, die Sie ausgeübt haben, und stellen Sie diejenigen Aufgaben heraus, die eine Nähe zur ausgeschriebenen Stelle haben.

Besonders schwer tun sich viele Bewerber mit den Freiräumen, die ihnen in Bewerbungsformularen in der Rubrik »Sonstiges«, »Bemerkungen« oder »Zusatzinformationen« eingeräumt werden. Entweder bleiben diese Felder leer, oder es tauchen die üblichen Leerfloskeln zu

Nutzen Sie die Freiräume des Online-Bewerbungsformulars

persönlichen Fähigkeiten auf. Diese Freiräume sollten Sie dazu nutzen, sich positiv in Szene zu setzen.

Die folgende Formulierung ist als Zusatzinformation im Online-Bewerbungsformular für die Position »Produktmanager« nichtssagend und sollte deshalb unterbleiben: »Einsatzfreude und Belastbarkeit sind wichtige Aspekte meiner Persönlichkeit.« Überzeugender klingt eine Zusatzinformation, die besondere berufliche Aufgaben in den Vordergrund stellt: »Teilnahme am Projekt kundenorientiertes Qualitätsmanagement. Erarbeitung von Qualitätsstandards. Zusammenarbeit mit F&E, Konstruktion, Produktion und Service.«

Bewerbungsformulare richtig ausfüllen

Damit Sie sehen, welche Fehler Bewerbern beim Ausfüllen von Bewerbungsformularen unterlaufen können, stellen wir Ihnen nun ein Negativbeispiel vor. Nach unserer Kommentierung der Fehler zeigen wir Ihnen anhand eines Positivbeispiels, wie es der Bewerber hätte besser machen können. Beide Versionen beziehen sich auf eine Stellenausschreibung, in der ein Technischer Verkaufsberater in der Dentalbranche gesucht wird.

Bewerbungsformular Technischer Verkaufsberater in der Dentalbranche

Anrede:	◉ Herr ○ Frau
Vorname:	Robert
Name:	Galenus
Geburtsdatum:	09.11.1973
Straße:	Gänseweg 14
PLZ:	44555
Wohnort:	Mönchengladbach
Telefon:	0211 44456–12
E-Mail:	galenus.vertrieb@Sales-AG.de
Ausbildung/Abschlüsse:	Ausbildung zum Kaufmann im Groß- und Außenhandel, Wirtschaftsstudium an der Fachhochschule
Letzte Tätigkeit:	Fachberater im Vertrieb
(Kurzdarstellung):	
Frühestes Eintrittsdatum:	sofort
Gewünschter Einsatzort:	Mönchengladbach und nähere Umgebung

Besondere Kenntnisse:	Teamfähigkeit, Motivation
Bemerkungen:	Wünsche mir mehr Eigenverantwortung bei der Arbeit

Fehler: Illoyalität. Diese Online-Bewerbung lässt Ernsthaftigkeit und Aussagekraft vermissen. Mit der Angabe seiner Telefonnummer am Arbeitsplatz (Firmendurchwahl!) und der E-Mail-Adresse der Firma signalisiert Robert Galenus, dass er berufliche Aufgaben und Bewerbungsaktivitäten nicht sauber trennt, sondern seine Zeit am Arbeitsplatz mit Recherchen zu potenziellen neuen Arbeitsplätzen verbringt – damit empfiehlt er sich nicht für einen neuen Arbeitgeber. Er muss sich zudem den Vorwurf gefallen lassen, seiner Firma gegenüber nicht loyal zu sein.

Geben Sie nur Ihre private Telefon- und Faxverbindung an

Fehler: Nichtssagend. Die inhaltlichen Angaben in den Blöcken »Ausbildung/Abschlüsse«, »Letzte Tätigkeit«, »Frühestes Eintrittsdatum«, »Besondere Kenntnisse« und »Bemerkungen« unterstützen die Einschätzung, dass es sich nicht um eine ernsthafte Bewerbung handelt. Der zur Verfügung gestellte Platz wird nicht annähernd genutzt. Obwohl die Angabe von Abschlüssen ausdrücklich gefordert ist, gibt Robert Galenus keinen Ausbildungsabschluss an, ebenso fehlt der Studienabschluss. In der Rubrik »Letzte Tätigkeit« wird nur die Position angegeben. Obwohl Platz für eine Kurzdarstellung wäre, fehlen nähere Informationen zu den ausgeübten Tätigkeiten.

Füllen Sie alle Rubriken gewissenhaft aus

Fehler: Platz für Spekulationen. Die Angabe »sofort« als frühestes Eintrittsdatum legt die Vermutung nahe, dass er an seinem Arbeitsplatz bereits »kaltgestellt« ist. Eine Kündigung wäre auch eine Erklärung dafür, dass er am Arbeitsplatz Bewerbungsaktivitäten nachgeht. Hier stellt sich die Frage, warum es zur Kündigung gekommen ist, und Skepsis drängt sich auf.

Fehler: kein berufliches Profil. Die Angaben in der Rubrik »Besondere Kenntnisse« sind nicht aussagekräftig. Automatische Suchroutinen werden über die Angaben hinweglaufen und keine besonderen Kenntnisse melden. Bei der persönlichen Durchsicht des Bewerbungsformulars wird dem Bewerber angekreidet werden, dass er fachliche Kenntnisse mit persönlichen Fähigkeiten verwechselt. Gefragt ist in dieser Rubrik die Angabe fachlicher Qualifikationen. Ein individuelles Profil wird jedoch nicht deutlich. Im Gegenteil: Robert Galenus bewirbt sich ohne berufliches Profil.

Besondere Kenntnisse machen Ihr Profil aus

Nutzen Sie Ihren Spielraum

Fehler: fehlende Schlüsselworte. Auch in der Rubrik »Bemerkungen« wäre Platz für eine individuelle und aussagekräftige Selbstdarstellung mit geeigneten Schlüsselworten gewesen. Der Bewerber verspielt auch diese Chance. Sein Wunsch nach mehr Eigenverantwortung drückt eher aus, dass er bisher noch nicht eigenverantwortlich gearbeitet hat.

Fazit: Dieser Bewerber hat sich mit der oberflächlichen Art, mit der er dieses Bewerbungsformular ausgefüllt hat, keinen Gefallen getan. Mit einer weiteren Prüfung seiner Unterlagen kann er nicht rechnen.

Bewerbungsformular Technischer Verkaufsberater in der Dentalbranche

Anrede:	◉ Herr ○ Frau
Vorname:	Robert
Name:	Galenus
Geburtsdatum:	09.11.1973
Straße:	Gänseweg 14
PLZ:	44555
Wohnort:	Mönchengladbach
Telefon:	0201 1234567
E-Mail:	robertgalenus@gmx.de
Ausbildung/Abschlüsse:	Ausbildung zum Kaufmann im Groß- und Außenhandel bei einem Werkzeugmaschinenhersteller, Abschluss Kaufmann im Groß- und Außenhandel BWL-Studium an der FH Düsseldorf, Abschluss Diplom-Betriebswirt
Letzte Tätigkeit	Dentaldepot GmbH, Vertriebsabteilung
(Kurzdarstellung):	Fachberater Tätigkeiten: Neukundenakquisition, Auftragsbearbeitung, Projektverfolgung, Warendisposition, Durchführung von Direktmailing-Aktionen, Unterstützung des Außendienstes, Erstellung von Produktpräsentationen, telefonische Kundenberatung
Frühestes Eintrittsdatum:	01.10.2014 (übliche Kündigungsfrist)
Gewünschter Einsatzort:	nach Absprache
Besondere Kenntnisse:	Absatz- und Verkaufsförderung, Direktmarketing, Zusammenarbeit mit Speditionen, Sicherstellung der Liefertermine und der gelieferten Qualität, Organisation von Veranstaltungen zur Kundenbindung, MS Office (Word, Excel, Access, PowerPoint), gutes Englisch

Bemerkungen:	Erfahrungen in der Dentalbranche, sichere Zielgruppenansprache, ständige Weiterbildung im Produktbereich

Überzeugend: Schlüsselworte. Die Möglichkeiten, die sich auch beim Ausfüllen von Bewerbungsformularen bieten, hat der Bewerber in diesem Beispiel besser genutzt. Robert Galenus hat in dieser Version mit aussagekräftigen Schlüsselworten gearbeitet und den Platz im Block »Letzte Tätigkeit« optimal ausgenutzt.

Überzeugend: kostbare Zusatzinformationen. Auch seine besonderen Kenntnisse sind nun wirklich als solche zu bezeichnen – anstatt mit Leerfloskeln um sich zu werfen, nennt er nun konkrete Beispiele, die seine Soft Skills und seine Qualifikationen belegen. Sämtlichen Spekulationen, die im Negativbeispiel noch möglich waren, wurde hier der Nährboden entzogen – die Angabe der privaten E-Mail-Adresse und der üblichen Kündigungsfrist sind Indizien für die Ernsthaftigkeit und die Loyalität des Bewerbers.

Geben Sie den Personalverantwortlichen genügend Informationen

Überzeugend: individuelles Profil. Durch die Aufzählung der von ihm bewältigten beruflichen Aufgaben wird sein individuelles Profil für Personalverantwortliche deutlich. Die Freiräume, die das Bewerbungsformular bietet, hat der Bewerber konsequent genutzt – auch im Block »Bemerkungen« stehen nun weitere Schlüsselworte, die seine Professionalität untermauern.

Fazit: Diese Bewerbung erscheint gut vorbereitet und bietet die nötige Informationsdichte. Sie wird sowohl einer automatischen Auswertung als auch einer Begutachtung durch Personalverantwortliche standhalten.

Bewerbungsformular als Stellengesuch

Das eigene Stellengesuch im Internet

Viele Jobbörsen bieten Ihnen die Möglichkeit, kostenlos ein Stellengesuch aufzugeben, das in eine Datenbank aufgenommen wird. Diese Datenbank können Unternehmen abfragen. Hat man Interesse an Ihnen, wird man sich bei Ihnen melden. Die Wunschvorstellung, aus mehreren Angeboten auswählen zu können und auf diese Weise die Rollen im Bewerbungsverfahren einmal zu vertauschen, ist für Arbeitssuchende natürlich reizvoll.

Für die Mehrheit der Personalverantwortlichen im deutschsprachigen Raum ist die Vorstellung aber immer noch befremdlich, selbst auf die Suche zu gehen. Dies hat mehrere Gründe. Die Unternehmen müssen in der Regel dafür bezahlen, in Bewerberdatenbanken suchen zu dürfen. Um sich einen Überblick zu verschaffen, müssen sie natürlich in den Datenbanken unterschiedlicher Anbieter recherchieren. Die aktive Bewerberansprache kommt zu den üblichen Personalrekrutierungsmaßnahmen hinzu und ist eine zusätzliche Arbeitsbelastung. Diese Mehrarbeit nehmen Personalexperten nur für bestimmte, besonders gefragte Bewerberzielgruppen in Kauf.

Ob Sie in einem Stellengesuch genügend Informationen über sich vermitteln können und ob es Ihnen überhaupt möglich ist, ein individuelles Profil deutlich zu machen, hängt von den Bewerbungsformularen ab, die Ihnen für die Aufgabe eines Stellengesuchs vorgegeben werden. In manchen Jobbörsen finden Sie als Formular nur Listen, aus denen Sie vorgegebene Stichworte auswählen dürfen. In anderen Jobbörsen finden Sie Formulare, in denen Sie Ihre beruflichen Erfahrungen, Ihre Berufsausbildung und speziellen Kenntnisse in Freitextfeldern umfassender beschreiben können. Manchmal ist es sogar möglich, einen eigenen Lebenslauf zu verfassen sowie ein kurzes Anschreiben mitzuliefern und diese Zusatzinformationen hochzuladen.

Mit Schlüsselworten die Qualifikation herausstellen

Knüpfen Sie beim Ausfüllen von Stellengesuchen an die Hinweise an, die wir Ihnen für Bewerbungsformulare auf den Homepages der Firmen gegeben haben. Arbeiten Sie mit aussagekräftigen Schlüsselworten, die Ihr Profil deutlich werden lassen. Nutzen Sie Freitextfelder, um stichwortartig Ihre Qualifikationen aufzuzählen.

CHECKLISTE

Checkliste für Online-Formulare

- ◯ Haben Sie das Online-Formular gespeichert und/oder ausgedruckt, um es gründlich offline auszuwerten?
- ◯ Haben Sie Ihre beruflichen Tätigkeiten im Formular stichwortartig umrissen?
- ◯ Haben Sie die Tätigkeiten in den Vordergrund gestellt, die eine Nähe zur ausgeschriebenen Stelle haben?
- ◯ Haben Sie die Rubriken »Sonstiges«, »Bemerkungen« oder »Zusatzinformationen« genutzt, um Ihr Qualifikationsprofil mit Beschreibungen besonderer beruflicher Aufgaben zu untermauern?
- ◯ Haben Sie die Möglichkeit genutzt, bei Jobbörsen ein Stellengesuch aufzugeben?

- ◯ Verdichten Sie Ihr Profil in Ihrem Stellengesuch mit aussagekräftigen Schlagworten?
- ◯ Falls möglich: Haben Sie Anschreiben und Lebenslauf hochgeladen?

25. Zusätzliche Online-Aktivitäten

Abgesehen von der vorgestellten Online-Bewerbung kommen noch zwei Aktivitäten im Netz hinzu, die jedoch nicht für jeden Bewerber infrage kommen: Online-Assessments und Bewerberhomepages. Sie erfahren in diesem Kapitel, wie Sie Ihre Stärken im Online-Assessment geschickt in Szene setzen und für wen die Konstruktion einer eigenen Bewerberhomepage Sinn macht.

Im Internet gibt es für Unternehmen und Bewerber mehr Möglichkeiten, als Stellenausschreibungen zu schalten und sich per Online-Bewerbung ins Gespräch zu bringen. Zwei dieser zusätzlichen Aktivitäten, das Online-Assessment und die Bewerberhomepage, möchten wir Ihnen vorstellen.

Online-Assessment

Standardisierte Auskünfte

Genauso wie Bewerbungsformulare werden Online-Assessments dazu genutzt, die Auskünfte der Bewerber zu standardisieren. Gleichzeitig soll auch die Bewerberflut eingedämmt werden. Eine Einladung zum Vorstellungsgespräch oder zu einem Gruppenauswahlverfahren (Assessment-Center) erfolgt nur, wenn der Bewerber nicht durch das Raster des Online-Assessments fällt. Auch hier gilt, dass Sie sich durch Vorbereitung wappnen können.

Einsatz von Online-Assessments

Online-Assessments richten sich vorwiegend an Ausbildungsplatzsuchende und Hochschulabsolventen. Da diese Bewerbergruppe über nur geringe Berufserfahrung verfügt, versuchen die Unternehmen, andere Auswahlkriterien einzusetzen.

Eine Einschätzung Ihrer Soft Skills ist gefragt

Die Nähe der Online-Assessments zu Online-Bewerbungsformularen ist nicht zu übersehen. Allerdings werden von den Bewerbern auch Angaben zu ihren persönlichen Fähigkeiten eingefordert. Zu den Fragen nach ersten beruflichen Erfahrungen, EDV-Kenntnissen, Sprachen und Berufsabschlüssen treten Fragen, aus deren Beantwortung Belastbarkeit, Teamfähigkeit und andere persönliche Fähigkeiten deutlich werden sollen.

Das Verfahren des Online-Assessments ist nicht unumstritten, da die Aussagekraft der durchgeführten Tests mitunter fragwürdig ist.

Es kann sich für Sie aber durchaus lohnen, Online-Assessments im Internet zu bearbeiten. Einige Unternehmen und Personalberatungen sichten über Online-Assessments das ganze Jahr über Bewerber. Wer den Test bewältigt, wird in eine Datenbank aufgenommen, die bei frei werdenden Stellen durchsucht wird.

Fragen im Online-Assessment

Wir stellen Ihnen jetzt 20 Fragen aus einem Online-Assessment vor. Arbeiten Sie sich einmal selbst durch, damit Sie eine erste Vorstellung von Online-Assessments bekommen.

Ausgewählte Fragen im Online-Assessment

ÜBUNG

Charakterisieren Sie Ihr übliches Verhalten, Ihre Einstellungen und Gewohnheiten. Lesen Sie jede Aussage gründlich durch, und entscheiden Sie, ob diese Aussage auf Sie zutrifft. Sie können folgende Antworten ankreuzen:

1 trifft absolut nicht zu
2 trifft meistens nicht zu
3 trifft zum Teil zu, zum Teil aber auch nicht
4 trifft meistens zu
5 trifft absolut zu

Lassen Sie keine Aussage aus, entscheiden Sie sich immer für eine Antwortmöglichkeit.

		1	2	3	4	5
1.	Jeder sollte eine zweite Chance erhalten.					
2.	Probleme gehe ich direkt an.					
3.	Es fällt mir schwer, mich zu entspannen.					
4.	In meiner Freizeit bin ich lieber allein.					
5.	Ich mag keine Konflikte.					

→ FORTSETZUNG AUF DER NÄCHSTEN SEITE

		1	2	3	4	5
6.	Lange Diskussionen finde ich überflüssig.					
7.	Ich rege mich leicht auf.					
8.	Es fällt mir schwer, anderen meine Meinung zu sagen.					
9.	Es fällt mir schwer, Gefühle zu zeigen.					
10.	Ich arbeite lieber schnell als sorgfältig.					
11.	Auch in der Freizeit übernehme ich gerne eine Führungsrolle.					
12.	Ich neige zu Perfektionismus.					
13.	Zu anderen Menschen finde ich leicht Kontakt.					
14.	Ich bin ein sehr einfühlsamer Zuhörer.					
15.	Ich lasse mich ab und zu ausnutzen.					
16.	Ich mache mir schnell ein Bild über andere Menschen.					
17.	Ich gehe immer den direkten Weg.					
18.	Ich bin immer gut gelaunt.					
19.	Gegen Kritik bin ich immun.					
20.	Ich bin unternehmungslustig.					

Wir stehen solchen Tests eher kritisch gegenüber, denn die menschliche Persönlichkeit lässt sich nicht durch ein paar Kreuze in einem Online-Fragebogen erfassen. Aber die Entscheidung, wie ehrlich Sie beim Bearbeiten von Online-Assessments sein möchten, überlassen wir selbstverständlich Ihnen.

Bewerberhomepage

Für die IT-Branche besonders interessant

Eine Bewerberhomepage muss in andere Online-Bewerbungsmaßnahmen eingebunden werden. Es genügt nicht, einfach die eigene Homepage ins Netz zu stellen und Serienmails mit einem Verweis auf die Homepage zu streuen. Mit der Mitteilung »Hier finden Sie einen interessanten Bewerber! Klicken Sie auf www.hans-peter.mueller.de« werden Sie es nicht schaffen, Personalverantwortliche auf Ihre Homepage zu locken. Sie müssen mit einer Online-Bewerbung bereits Interesse geweckt haben. Nur dann wird man sich eingehender mit Ihrem Profil beschäftigen.

Nur bewerbungsrelevante Informationen!

Auch für Ihre Bewerberhomepage gilt, dass sie den Anforderungen der Online-Bewerbung standhalten muss. Wichtige Informationen müssen schnell zu erkennen sein, und eine für Geschäftsbeziehungen übliche Form muss gewahrt bleiben. Müssen sich Personalverantwortliche durch endlose Links klicken, um zu einem Lebenslauf zu gelangen, wird das Interesse schnell erlahmen. Informationen, die für eine Bewerbung nicht relevant sind, sollten Sie unter einer anderen Adresse ins Netz stellen. Vermengen Sie Bewerbungsinformationen nicht mit Reiseberichten, Familienstammbäumen, Clubengagements oder Verkaufsangeboten.

Achten Sie auch bei Ihrer Bewerberhomepage darauf, keine witzige Netzadresse zu benutzen. Die Domains www.ein-toller-Bewerber.de oder www.alleskoenner.com lassen nur Zweifel an Ihrer Anpassungsfähigkeit im Berufsalltag aufkommen. Stecken Sie Ihre Kreativität lieber in die Ausgestaltung der Seite. Versuchen Sie eine Domain zu reservieren, die Ihren Namen oder Namensbestandteile enthält, beispielsweise www.janaschmidt.de oder www.jschmidt-info.de.

Unterlagen sollten leicht herunterzuladen sein

Ihre Homepage könnte ein Bewerbungsfoto, einen allgemeinen Lebenslauf, eine Leistungsbilanz und eine Zusammenfassung Ihrer Qualifikation in Form eines Anschreibens enthalten. Gestalten Sie alles so, dass interessierte Besucher sowohl den Lebenslauf und das Leistungsprofil als auch das Anschreiben mühelos herunterladen oder ausdrucken können. Wenn Sie den Charakter der Homepage als Arbeitsprobe intensivieren möchten, können Sie Projektberichte, Designstudien, Veröffentlichungen, Presseberichte über Sie oder Ihre Arbeit in die Homepage integrieren.

Falls Sie jetzt Bedenken haben, so viele Informationen über sich ins Netz zu stellen, können wir Ihnen nur zustimmen. Das Internet ist dafür bekannt, dass es nichts vergisst. Eine gute Internetreputation ist wichtig und wird in Zukunft noch wichtiger. Je nach Bedeutung der zu vergebenden Stelle geben Personalverantwortliche auch heute schon den Bewerbernamen in verschiedene Suchmaschinen oder Online-Netzwerke ein. Enthält das Suchergebnis dann Detailinformationen über aktuelle Projekte beim Arbeitgeber, patzige Statements über frühere Vorgesetzte oder peinliche Partyfotos, wird eine Einladung zum Vorstellungsgespräch womöglich unterbleiben.

Gehen Sie auf Nummer sicher: Homepage mit Passwort

In diesem Zusammenhang sollten Sie daher auch Ihre Entscheidung für oder gegen eine Bewerberhomepage treffen. Eine Alternative ist eine Bewerberhomepage, die nur mithilfe eines Passworts freigegeben wird. Es gibt Bewerber, die ihre Unterlagen als E-Mail-Kurzbewerbung an ausgewählte Firmen schicken und darauf hinweisen, dass – Interesse auf der Firmenseite vorausgesetzt – ausführlichere Informationen auf der Bewerberhomepage enthalten sind. Allerdings muss die Firmenseite dann erst beim Bewerber das Passwort anfordern.

CHECKLISTE

Checkliste für Ihre zusätzlichen Online-Aktivitäten

- ◯ Erwartet Ihre Wunschfirma von Ihnen, dass Sie sich einem Online-Assessment unterziehen?
- ◯ Haben Sie sich im Online-Assessment als aktiv und zupackend präsentiert?
- ◯ Gehören Sie zu den Bewerbergruppen, für die die Einrichtung einer eigenen Homepage sinnvoll ist?
- ◯ Möchten Sie überhaupt Ihre beruflichen Daten frei ins Internet stellen (Internetreputation)?
- ◯ Haben Sie sich eine seriöse Domain gesichert?
- ◯ Sind wichtige Informationen zu Ihrem Qualifikationsprofil schnell erkenntlich und durch aussagekräftige Schlagworte verdichtet?
- ◯ Ist Ihre Homepage ausschließlich auf Ihre Bewerbung ausgerichtet? Verzichten Sie auf private Informationen?
- ◯ Enthält Ihre Bewerberhomepage ein Bewerbungsfoto, einen Lebenslauf, eventuell eine Leistungsbilanz und eine Selbstdarstellung in Anschreibenform?
- ◯ Können Interessenten diese Unterlagen mühelos herunterladen oder ausdrucken?
- ◯ Können Sie Ihr Qualifikationsprofil durch Verweise auf Projektberichte, Studien, Veröffentlichungen, Presseberichte über Sie oder Ihre Arbeit unterstützen?
- ◯ Haben Sie Ihre E-Mail-Adresse gut erkennbar platziert?
- ◯ Unterstützen Sie Ihre Suche nach einem neuen Arbeitsplatz durch weitere Aktivitäten?

V

Bewerbungsmuster

26. Überzeugen Sie mit passgenauen Unterlagen

Immer wieder äußern Bewerberinnen und Bewerber uns gegenüber den Wunsch nach Vorlagen, an denen sie sich bei der Ausarbeitung ihrer Anschreiben und Lebensläufe orientieren können. Daher haben wir Ihnen in diesem Teil ausgewählte Bewerbungsmuster zusammengestellt, die klassisch per Post oder modern als E-Mail-Anhang im PDF-Format versandt werden können.

Im Folgenden stellen wir Ihnen nun einige Bewerbungsunterlagen vor, die im Anschluss aus Sicht der Personalprofis kommentiert werden. Darin finden Sie:

- → **aussagekräftige Anschreiben mit zupackenden und aktiven Formulierungen;**
- → **gut aufgebaute Lebensläufe, die Interesse wecken;**
- → **Deckblätter, die echte »Hingucker« sind, und**
- → **Leistungsbilanzen, die berufliche Stärken noch einmal in den Mittelpunkt rücken.**

Sämtliche Bewerbungsunterlagen sind mit der von uns entwickelten Profil-Methode® ausgearbeitet worden. Die Einstellungspraxis der Firmen zeigt: Bewerber setzen sich dann durch, wenn sie bereits in ihren Bewerbungsunterlagen ein klares Profil erkennen lassen.

Punkten Sie mit der Profil-Methode®!

27. Kommentierte Bewerbungsvorlagen

Bewerbung als Kaufmännische Angestellte

Susanne Kunadt, Mallausstraße 88, 68219 Mannheim
Tel.: 0621 1233456, E-Mail: susanne.kunadt@online.de

Lebensversicherungs AG
Abteilung Personal
Herr Backhaus
Königsallee 311/313
66223 Mannheim

Mannheim, 04.08.2014

Bewerbung als Kaufmännische Angestellte
Ihre Firmenhomepage

Sehr geehrter Herr Backhaus,

für die von Ihnen ausgeschriebene Tätigkeit bringe ich umfangreiche Berufserfahrung in der Entwicklung und Umsetzung von Marketingstrategien, der Kundenbetreuung und der Erstellung von Präsentationen mit.

Zurzeit arbeite ich als Marketingreferentin. Ich bin für die Kundenstammanalyse, die Zielgruppendefinition und das Benchmarking zuständig. Als Projektleiterin entwickle ich zusammen mit anderen Unternehmensbereichen Verkaufsförderungsmaßnahmen und Marketingstrategien, die ich auch in der Umsetzung begleite.

Auch im Bereich Öffentlichkeitsarbeit kann ich auf vielfältige Erfahrungen zurückgreifen. Für eine Online-Bank habe ich als Bankkauffrau PR-Konzepte konzipiert und umgesetzt. Dazu gehörten der Aufbau von Kontakten zu Medienvertretern und die Pflege des Verteilers. Ein Sonderprojekt, an dem ich beteiligt war, war die Reorganisation interner Abläufe. Durch gezielte Maßnahmen konnten wir Öffentlichkeitsarbeit, Kundenbetreuung und den Service besser verzahnen.

Die gängige Bürosoftware beherrsche ich sicher, ich spreche sehr gut Englisch und verhandlungssicher Französisch. Für ein Vorstellungsgespräch stehe ich Ihnen gerne zur Verfügung.

Mit freundlichen Grüßen

Susanne Kunadt

Susanne Kunadt, Mallausstraße 88, 68219 Mannheim
Tel.: 0621 1233456, E-Mail: susanne.kunadt@online.de

LEBENSLAUF

Persönliche Daten
geboren am 05.03.1983 in Frankfurt/Main
verheiratet

Berufstätigkeit

01/2009 bis heute	Marketing Solutions GmbH, Mannheim, Bereich Customer-Services, Marketingreferentin: – Projektleitung, – Entwicklung von Marketingstrategien, – Kundenanalysen, – Zielgruppendefinition, – Benchmarking, – Erarbeitung von Produktpräsentationen, – Erstellung von Werbekonzepten, – Ergebnispräsentation beim Kunden.
03/2006 bis 12/2008	Online-Bank AG, Mannheim, Abteilung Marketing und Kundenservice, Kaufmännische Angestellte: – Direktmarketing, – Öffentlichkeitsarbeit, – Kundenbetreuung, – Projekt: Reorganisation interner Abläufe.
07/2005 bis 02/2006	Commerzbank Frankfurt, Kreditabteilung, Bankkauffrau: – Firmenkundenbetreuung, – Kreditsachbearbeitung.

Ausbildung

15.07.2005	Bankkauffrau
08/2002 bis 07/2005	Sparkasse Frankfurt, Ausbildung zur Bankkauffrau

Schule und Au-pair

07/2001 bis 06/2002	Au-pair in Paris, Frankreich
15.06.2001	Fachhochschulreife an den beruflichen Schulen Frankfurt, Fachrichtung Wirtschaft

Weiterbildung

05/2013	Marketingakademie Frankfurt, Channel-Marketing
10/2010	Marketingakademie Frankfurt, Optimierung von Vertriebskanälen
02/2009	Karriereakademie Kiel, Souverän präsentieren

Zusatzqualifikationen

Sprachen	Englisch (sehr gut) Französisch (verhandlungssicher)
EDV	MS Office (ständig in Anwendung) PASW Statistics (sehr gut) MS Project (gut)

Mannheim, 04.08.2014

Susanne Kunadt

LEISTUNGSBILANZ

Arbeitsbereiche
- Kundenbetreuung
- Sachbearbeitung
- Öffentlichkeitsarbeit
- Direktmarketing
- Channel-Marketing
- Produktpräsentationen beim Kunden
- Projektpräsentationen
- Kundenanalysen
- Zielgruppendefinitionen
- Benchmarking
- Marktforschung

Ergebnisse
- Steigerung des Kundenstamms um 25 Prozent bei der Online-Bank AG, Mannheim
- Steigerung des Kundenstamms um 40 Prozent bei der Marketing Solutions GmbH, Mannheim
- Reduzierung der Verwaltungskosten um 15 Prozent durch Reorganisation interner Abläufe bei der Online-Bank AG, Mannheim
- Steigerung der Reichweite von Werbemaßnahmen durch neue Marketingstrategien für die Kunden der Marketing Solutions GmbH, Mannheim

Mannheim, 04.08.2014

Susanne Kunadt

Bezüge zur neuen Stelle

Anschreiben: Susanne Kunadt bewirbt sich bei der Lebensversicherungs AG als Kaufmännische Angestellte. Da sie momentan als Marketingreferentin bei einem Anbieter von Marketinglösungen arbeitet, darf sie ihre Marketingorientierung nicht zu stark hervorheben. Dies gelingt ihr gut, ohne die momentane Stelle unter den Tisch fallen zu lassen. Sie koppelt geschickt ihre aktuellen Aufgaben mit den Tätigkeiten aus vorhergehenden Stellen. Ihre Erfahrungen in der Kundenbetreuung bringt sie ebenso ins Spiel wie die Verwaltungserfahrung. Der Hinweis auf die Beteiligung an einer Reorganisation interner Abläufe verdeutlicht ihr organisatorisches Geschick.

Foto: Ein gelungenes Bewerbungsfoto! Frau Kunadt sieht mit wachem Blick in die Kamera. Die gute Ausleuchtung macht das Bild lebendig. Hier stellt sich eine sympathische neue Mitarbeiterin vor.

Lebenslauf: Frau Kunadt hat ihre Berufserfahrung in unterschiedlichen Bereichen gesammelt: im Kundenservice, im Schalterbereich einer Bank, im Marketing und im Customer-Service. Jeden einzelnen Arbeitsbereich stellt sie gut mit passenden Schlagworten dar. So werden die Angaben aus dem Anschreiben unterstützt. Nicht nur das Tagesgeschäft in den einzelnen Stellen wird dargelegt, sondern auch Sonderaufgaben, wie das Projekt »Reorganisation«, werden aufgeführt. Im Block »Weiterbildung« führt die Bewerberin auch für den neuen Arbeitgeber interessante Seminare auf. Es wird deutlich, dass sie gezielt an ihrer beruflichen Weiterentwicklung gearbeitet hat.

Ergebnisorientierung

Leistungsbilanz: Mit der Überschrift »Leistungsbilanz« signalisiert Frau Kunadt, dass sie sich als echten Leistungsträger sieht. Ihre bisherigen Aufgaben gehen weit über die reine Sachbearbeitung hinaus. Ihre Ergebnisorientierung macht sie im Block »Ergebnisse« mit Prozentzahlen deutlich. So wird klar, dass diese Bewerberin bereit ist, sich an den Ergebnissen ihrer Arbeit messen zu lassen.

Fazit: Die Herausforderung, trotz unterschiedlicher beruflicher Positionen einen roten Faden herzustellen, hat Frau Kunadt gut gemeistert. Ihre umfassenden Erfahrungen, ihre ausgeprägte Ergebnisorientierung und die Weiterbildungsbereitschaft machen sie zur gesuchten Kandidatin.

Bewerbung als Mitarbeiter im Versand

Klaus Sörensen, Dorfstraße 24b, 24975 Husby
Tel.: 04634 123456, Handy: 0171 1234521
E-Mail: klaus.soerensen@aol.de

Versandhaus AG
Personalabteilung: Herr Schwartzer
Luise-Meitner-Weg 1
24912 Flensburg

Husby, 15. Mai 2014

Bewerbung als Mitarbeiter im Versand
Flensburger Tageblatt vom 10. Mai 2014

Sehr geehrter Herr Schwartzer,

für die von Ihnen ausgeschriebene Stelle bringe ich folgende Erfahrungen mit:

- Kommissionierung,
- Warenannahme und -einlagerung,
- Verpackung und Versand.

Daneben habe ich als Auslieferungsfahrer gearbeitet, die Wartung technischer und elektrischer Einrichtungen im Lager übernommen und mobile Notfalleinsätze als Landmaschinenmechaniker durchgeführt.

Die Zusammenstellung von Versandlieferungen nach einer Bestellliste und das gewissenhafte Verpacken beherrsche ich sicher. Einen Gabelstaplerführerschein bringe ich ebenfalls mit.

Ich könnte Ihnen wie gewünscht kurzfristig zur Verfügung stehen. Über die Einladung zu einem persönlichen Gespräch würde ich mich freuen.

Mit freundlichen Grüßen

Klaus Sörensen

Bewerbung als Mitarbeiter im Versand

Bewerber:
Klaus Sörensen
Dorfstraße 24b
24975 Husby
Tel.: 04634 123456
Handy: 0171 1234521
E-Mail: klaus.soerensen@aol.de

Inhalt:
Lebenslauf
Arbeitszeugnis Landmaschinenservice Satrup KG
Arbeitszeugnis Hafenbetriebe GmbH
Zertifikat Schweißerlehrgang
Arbeitszeugnis Bauschlosserei Söhnk GmbH & Co. KG
Staplerführerschein
Arbeitszeugnis Geflügelhof Braderup
Arbeitszeugnis Regionaltransporte Clausen GmbH
Arbeitszeugnis Schlosserei Petersen & Söhne
Prüfungszeugnis Landmaschinenmechaniker

Klaus Sörensen, Dorfstraße 24b, 24975 Husby
Tel.: 04634 123456, Handy: 0171 12345 21
E-Mail: klaus.soerensen@aol.de

LEBENSLAUF

Persönliche Daten
geboren am 30.05.1971 in Hamburg, verheiratet
Führerschein Klasse B und Gabelstaplerführerschein

Beruflicher Werdegang

01/2013 bis heute	Baustoffgroßhandel GmbH, Flensburg, Lagerarbeiter: Auslieferung, Warenannahme, Wareneinlagerung, Lkw-Be- und Entladung
04/2007 – 12/2012	Landmaschinenservice Satrup KG, Flensburg: Erntemaschinen gewartet, Reparaturen durchgeführt, mobiler Notfallservice, Anfertigung von Sonderteilen
12/2003 – 12/2005	Hafenbetriebe GmbH, Flensburg, Schweißer: Instandhaltung, Container schweißen
08/2003 – 10/2003	Schweißerlehrgang, Fortbildungsakademie Flensburg
01/1999 – 06/2003	Bauschlosserei Söhnk GmbH & Co. KG, Flensburg, Motoreninstandsetzung, Service, Wartung
01/1993 – 12/1998	Geflügelhof Braderup, Lagerarbeiter: Verpackung und Versand, Kontrolle der technischen Einrichtungen, Auslieferung
06/1992 – 10/1992	Regionaltransporte Clausen GmbH, Eckernförde: Auslieferungsfahrer
08/1989 – 03/1992	Schlosserei Petersen & Söhne, Schleswig, Weiterbeschäftigung im Ausbildungsbetrieb

Lebenslauf: Seite 1

Klaus Sörensen, Dorfstraße 24b, 24975 Husby
Tel.: 04634 123456, Handy: 0171 1234521
E-Mail: klaus.soerensen@aol.de

Ausbildung und Schule

08/1986 – 07/1989	Schlosserei Petersen & Söhne, Schleswig, Ausbildung zum Landmaschinenmechaniker
12.07.1986	Hauptschulabschluss, Volksschule Bahrenfeld

Freizeit

Freiwillige Feuerwehr Husby, Gruppenführer
Jugendwart der Fußballsparte TSV Husby
Internet surfen

Husby, 15. Mai 2014

Klaus Sörensen

Lebenslauf: Seite 2

Anschreiben: Klaus Sörensen bewirbt sich bei der Versandhaus AG als Mitarbeiter im Versand. Es wird auf den ersten Blick deutlich, dass er sich sehr viel Mühe mit seinem Anschreiben gegeben hat. In der Kopfzeile sind seine Adresse und seine Kontaktdaten aufgeführt, die Betreff- und Bezugzeile sind aussagekräftig: Es ist sofort erkennbar, um welche Stelle es geht. Mit einer guten Endkontrolle hat Herr Sörensen Tippfehler vermieden. Hier präsentiert sich ein gewissenhafter neuer Mitarbeiter. Auch die Aufteilung des Blattes ist gut gelungen. Der Inhalt des Anschreibens ist recht knapp gehalten, dennoch werden die für die ausgeschriebene Stelle wichtigen Erfahrungen genannt.

Übersichtlich und zielgenau

Deckblatt: Das Deckblatt von Herrn Sörensen ist als Anlagenverzeichnis konzipiert und enthält demzufolge kein Bewerbungsfoto. Der Bewerber nutzt das Deckblatt, um dem Leser in der Personalabteilung einen Überblick über die mitgelieferten Unterlagen zu geben. Mit der Angabe »Bewerbung als Mitarbeiter im Versand« zeigt Herr Sörensen, dass er sich zielgenau bewirbt. Auch damit ragt er positiv aus der Masse der Bewerber heraus.

Lebenslauf: In seinem Lebenslauf verwendet er die gleiche Kopfzeile, diesmal fügt er noch die Angaben »Lebenslauf: Seite 1« und »Lebenslauf: Seite 2« hinzu. Das gut gemachte Bewerbungsfoto unterstützt den Eindruck, dass hier ein Bewerber schreibt, der sich viel Mühe mit seinen Unterlagen gegeben hat und dies wohl auch genauso in der täglichen Arbeit im Versand machen wird. Die Zeitleiste des Lebenslaufs ist mit Monats- und Jahresangaben versehen, so bekommt man ohne Schwierigkeiten einen guten Überblick über den Werdegang des Bewerbers. Bei genauerer Prüfung werden zwar kleinere Lücken deutlich – da diese aber maximal drei Monate betragen, fallen sie nicht weiter ins Gewicht. Die einzelnen beruflichen Stationen sind mit Tätigkeitsangaben versehen. Diese sind zwar knapp, aber man kann sich ein gutes Bild über die Kenntnisse und Erfahrungen des Bewerbers machen.

Engagement zeigen

Fazit: Der Werdegang von Herrn Sörensen hat ihn durch viele verschiedenartige Stellen geführt. Dank der guten Darstellung im Anschreiben und im Lebenslauf ist dies aber kein Problem. Man kann aus den Unterlagen erkennen, dass dieser Bewerber sich in seine beruflichen Aufgaben hineinkniet. Er wird auch im Versand ein verlässlicher und gewissenhafter Mitarbeiter sein.

Bewerbung als Tischler/Holzmechaniker

Christoph Müller
Brunnenstraße 182
10119 Berlin

Tel.: 030 1231234
Handy: 0178 4321321

Messebau GmbH
Herr Franke
Im Gewerbepark 49
10111 Berlin

Berlin, 10. Februar 2014

Bewerbung als Tischler/Holzmechaniker
Ihr Stellenangebot in der Berliner Morgenpost vom 8. Februar 2014

Sehr geehrter Herr Franke,

während meiner Tätigkeit als Tischler für die Zeitarbeit AG konnte ich bereits umfassende Erfahrungen im Messebau sammeln. So haben wir spezielle Messestände für Reiseanbieter, Industriekunden und öffentliche Verbände konzipiert und montiert. Nach den Vorgaben unserer Kunden erarbeiteten wir erfolgreich innovative, kostengünstige und termingerechte Lösungen.

Grundlage meiner beruflichen Erfahrungen ist meine abgeschlossene Ausbildung zum Tischler, die ich einige Jahre später durch eine Fortbildung zum staatlich geprüften Holztechniker ergänzt habe. Ich habe in unterschiedlichsten Branchen gearbeitet, um immer wieder neue Erfahrungen zu sammeln: beispielsweise als Bauleiter bei der Sanierung von Fincas auf Teneriffa und als Tischler/Holztechniker bei der Möbelhaus AG, wo ich für die Auslieferung und Montage von Einbauküchen verantwortlich war.

Gerne würde ich meine umfassenden Erfahrungen bei Ihnen als Tischler beziehungsweise Holzmechaniker im Messebau einbringen. Ich könnte Ihnen kurzfristig zur Verfügung stehen. Weitere Informationen zu meinem Werdegang gebe ich Ihnen auch gerne in einem persönlichen Gespräch.

Mit freundlichen Grüßen

Christoph Müller

Christoph Müller
Brunnenstraße 182
10119 Berlin

Tel.: 030 1231234
Handy: 0178 4321321

**Bewerbung als Tischler/Holzmechaniker
bei der Messebau GmbH**

Christoph Müller
Brunnenstraße 182
10119 Berlin

Tel.: 030 1231234
Handy: 0178 4321321

LEBENSLAUF

Persönliche Daten

geb. am 30.05.1966 in Berlin, ledig
Führerschein Klasse B

Berufserfahrung

06/2012 – 10/2013	Tischler bei der Innenausbau GmbH in Berlin (Insolvenz der Firma in 10/2010): vorwiegend Innenausbau von neuen McDuck Filialen/Schnellimbisskette
10/2007 – 04/2012	Tischler/Holztechniker bei der Möbelhaus GmbH in Berlin: Auslieferung und Montage von Einbauküchen beim Kunden vor Ort, Nachbesserung bei Reklamationen, Einarbeitung neuer Kollegen
01/2007 – 07/2007	Tischler auf Mallorca: freie Mitarbeit beim Um- und Ausbau verschiedener gastronomischer Objekte
06/2006 – 12/2006	Tischler/Holzmechaniker für die Zeitarbeit AG in Berlin: Einsatz bei wechselnden Auftraggebern: Sonderanfertigungen für Messen und Events, Innenausbau
09/2001 – 04/2006	Bauleitung für die Dr. Meyer Immobilien auf Teneriffa: Sanierung und Instandsetzung von Fincas und Appartements, Arbeitsvorbereitung, Terminplanungen, Preisverhandlungen, Auftragsvergabe, Verhandlungen mit Behörden
09/1995 – 06/2001	Tischler bei der Möbelmacher GmbH in Berlin: vorwiegend Einbauküchenplanung, Tourenplanung, Montage beim Kunden vor Ort
03/1989 – 06/1993	Tischler bei der Natura GmbH & Co. KG in Berlin: Korpusfertigung im Maschinenraum, Service beim Kunden vor Ort (Fenster, Türen, Küchen)
10/1987 – 12/1988	Tischler bei der Mayer GmbH in Celle: externe Montage, Fertigung

Lebenslauf Christoph Müller, Seite 2

Berufliche Weiterbildung

07/1993 – 08/1993	Vorbereitung auf Technikerschule
09/1993 – 07/1995	Weiterbildung zum staatlich geprüften Holztechniker an der Staatlichen Fachschule Braunschweig, Schwerpunkt Betriebstechnik
02/2000	REFA Grundausbildung
08/2000	REFA Organisation
02/2001	REFA Kostenwesen
04/2008	AutoCAD für Einsteiger
06/2008	AutoCAD für Fortgeschrittene

Zusatzqualifikationen

Sprachen	sehr gute Spanischkenntnisse
EDV	gute MS-Office-Kenntnisse gute AutoCAD-Kenntnisse

Schule, Berufsausbildung, Wehrdienst

08/1979 – 06/1983	Realschule Hannover IV, Abschluss Mittlere Reife
08/1983 – 07/1986	Ausbildung zum Tischler bei der Tischlerei Fischer GmbH, Hannover
08/1986 – 09/1987	Luftwaffenwerft 11 in Celle, eingesetzt als Tischler

Hobbys

Laufen (jährliche Teilnahme am Halbmarathon Berlin)
Flugzeugmodelle planen und bauen

Berlin, 10. Februar 2014

Christoph Müller

Christoph Müller
Brunnenstraße 182
10119 Berlin

Tel.: 030 1231234
Handy: 0178 4321321

BERUFLICHE STÄRKEN

Zuverlässigkeit

- Als Tischler/Holztechniker bei der Möbelhaus GmbH habe ich enge Terminvorgaben durch Überstunden und Wochenendeinsätze einhalten können.
- Als Tischler/Holzmechaniker für die Zeitarbeit AG habe ich für verschiedene Kunden Messestände als Sonderanfertigungen unter hohem Zeitdruck erstellt.

Organisationsstärke

- Als Bauleiter für die Dr. Meyer Immobilien GmbH auf Teneriffa war ich für die Einhaltung der Terminvorgaben verantwortlich. Dies gelang mir, indem ich immer wieder Arbeitsplanungen und Termine mit den beteiligten Firmen abgestimmt habe.
- Meine Organisationsstärke konnte ich auch als Tischler für die Innenausbau GmbH unter Beweis stellen. Der Innenausbau neuer Schnellimbissfilialen erforderte ein geregeltes Zusammenarbeiten mit den anderen beteiligten Gewerken.

Umfassende Fachkenntnisse

- Nach meiner Ausbildung zum Tischler habe ich mich zum staatlich geprüften Holztechniker fortgebildet.
- Ich habe mir durch regelmäßige Weiterbildungen kaufmännisches Wissen und spezielle EDV-Kenntnisse angeeignet.
- Durch meine unterschiedlichen beruflichen Stationen konnte ich vielfältigste Erfahrungen als Tischler, Bauleiter, Holztechniker und Holzmechaniker sammeln.

Berlin, 10. Februar 2014

Christoph Müller

Besonderes hervorheben

Anschreiben: Christoph Müller bewirbt sich mit seinem Anschreiben bei der Messebau GmbH als Tischler beziehungsweise Holzmechaniker. Der angeschriebene Personalverantwortliche, Herr Franke, wird dieses Anschreiben gerne durchlesen. Herr Müller hält sich nicht mit Floskeln und Plattitüden auf. Stattdessen beschreibt er seine speziellen Erfahrungen im Messebau, geht danach auf seine Ausbildung und Fortbildung ein und hebt besondere Stationen aus seinem bisherigen Werdegang hervor.

Deckblatt: Auf das Anschreiben folgt ein Deckblatt im gleichen Stil. Herr Müller hat sich dafür entschieden, sein gelungenes Bewerbungsfoto nicht erst auf dem Lebenslauf, sondern gleich hier auf dem Deckblatt zu präsentieren. Dieses Deckblatt überzeugt, denn es ist für die Bewerbung angepasst worden. Sowohl die angeschriebene Firma als auch die Position, die neu besetzt werden soll, werden genannt.

Gut: die rückwärts-chronologische Darstellung

Lebenslauf: Aus dem Lebenslauf ist ersichtlich, dass Herr Müller 1966 geboren ist. Bei älteren Bewerbern ist es unverzichtbar, mit den aktuellen beruflichen Stationen zu beginnen, um die angeschriebenen Personalverantwortlichen nicht mit jahrelang zurückliegenden Informationen zu langweilen. Herr Müller macht es mit der rückwärts-chronologischen Darstellung also genau richtig. Im Anschluss an die Berufserfahrung werden Weiterbildungen und Zusatzqualifikationen aufgelistet. Erst dann werden Schule, Berufsausbildung und Wehrdienst in einem kurzen Block abgehandelt.

Soft Skills mit Beispielen belegen

Leistungsbilanz: Die Motivationsseite trägt die Überschrift »Berufliche Stärken«, darauf folgen die Zwischenüberschriften »Zuverlässigkeit«, »Organisationsstärke« und »Umfassende Fachkenntnisse«. Der Bewerber weiß, dass die Firma von ihm nicht nur Fachwissen, sondern auch persönliches Engagement erwartet. Die folgenden Beispiele und Belege sind klug gewählt und belegen nachvollziehbar, dass der Bewerber nicht bloß mit Schlagworten um sich wirft, sondern tatsächlich zuverlässig und organisationsstark ist.

Fazit: Gerade Bewerbern mit jahrzehntelanger Berufserfahrung passiert es oft, dass sie sich in zu vielen Details verlieren. Herr Müller hat diese schwierige Gratwanderung jedoch ausgezeichnet gemeistert. Er hat seine Bewerbungsunterlagen so gut strukturiert, dass die angeschriebene Firma in ihm den Wunschkandidaten erkennen wird.

Bewerbung als Trainee im Vertrieb

Ines Hildebrand
Süderstraße 77 C, 73220 Stuttgart
Tel.: 07024 281332, Mobil: 0171 1214354, E-Mail: ines.hildebrand@t-online.de

Müller und Schmidt Import GmbH
Frau Michaela Zimmermann
Hofholzallee 25
73211 Böblingen

Stuttgart, 29. April 2014

Bewerbung: Trainee Vertrieb, Kennziffer DE-SSF-09
Ihr Angebot bei Stellenanzeigen.de und unser Telefonat vom 28. April 2014

Sehr geehrte Frau Zimmermann,

wie telefonisch vereinbart, übersende ich Ihnen meine Bewerbungsunterlagen. Für das Traineeprogramm Vertrieb bringe ich umfangreiche Erfahrungen aus mehreren Praktika und Nebenjobs zur eigenständigen Finanzierung meines gesamten Studiums mit.

Für die Baustoffhandel AG habe ich bereits Angebote kalkuliert, Verkaufszahlen für Vertriebsmeetings aufbereitet und mehrmals an Marketing-/Sales-Meetings teilgenommen. Bei der Sales GmbH & Co. KG unterstützte ich den Außendienst durch telefonische Terminvereinbarungen und die Ausarbeitung von Präsentationsunterlagen. Darüber hinaus konnte ich in der Projektgruppe »After-Sales-Betreuung« mitwirken.

Studienbegleitend habe ich als freie Mitarbeiterin bei der Hüpfburg GmbH gearbeitet. Dort zählten die Verhandlungsführung mit Kunden, die Organisation von Events vor Ort sowie die Rechnungserstellung zu meinen Kernaufgaben.

Mein Studium der Betriebswirtschaftslehre an der Universität Stuttgart schließe ich als Diplom-Kauffrau im September 2014 ab. Ich könnte Ihnen daher ab dem 1. Oktober 2014 zur Verfügung stehen.

Gerne würde ich in einem Gespräch mehr über die Traineeausbildung bei Ihnen erfahren und Ihnen weitere Informationen zu meinem beruflichen Profil geben.

Mit freundlichen Grüßen

Ines Hildebrand

Ines Hildebrand
Süderstraße 77 C, 73220 Stuttgart
Tel.: 07024 281332, Mobil: 0171 1214354, E-Mail: ines.hildebrand@t-online.de

Bewerbung als Trainee Vertrieb
bei der Müller und Schmidt Import GmbH

MEIN KURZPROFIL

Meine vertriebs- und kundenorientierte Einstellung ...
habe ich mir in meinen studienbegleitenden Nebenjobs und in meinen Praktika erarbeitet. Ich gehe aktiv auf Kunden zu, berate qualifiziert und arbeite konsequent auf Abschlüsse hin.

Meine ausgeprägte Kommunikationsfähigkeit ...
hilft mir dabei, mit der unterschiedlichsten Klientel zurechtzukommen. Ich bin darin erfahren, aufgebrachte Kunden zu beruhigen und Lösungen zu erarbeiten, kann Menschen für bestimmte Themen oder Produkte begeistern und Kundeninformationen zielgerichtet erfragen, um passgenaue Angebote zu erstellen.

Mein überdurchschnittliches Engagement ...
zeigt sich unter anderem in der eigenständigen Finanzierung meines gesamten Studiums. Parallel dazu habe ich als Servicekraft in der Gastronomie gearbeitet und als freie Mitarbeiterin der Hüpfburg GmbH Events für Kindergeburtstage, Firmenfeiern und Verkaufsveranstaltungen organisiert. Darüber hinaus konnte ich in freiwilligen Praktika weitere berufliche Erfahrungen in den Bereichen Leasing und Vertrieb sammeln.

Stuttgart, 29. April 2014

Ines Hildebrand

Ines Hildebrand
Süderstraße 77 C, 73220 Stuttgart
Tel.: 07024 281332, Mobil: 0171 1214354, E-Mail: ines.hildebrand@t-online.de

LEBENSLAUF

Persönliche Daten
geboren am 20. April 1987 in Böblingen

Schule und Au-pair in den USA

25.06.2007	Abitur am Beruflichen Gymnasium Wendlingen
07/2007 bis 06/2008	Au-pair bei einer Gastfamilie in Florida, USA

Studium

09/2008 bis heute	Studium der Betriebswirtschaftslehre an der Universität Stuttgart
09/2008 bis 09/2010	Grundstudium: Betriebswirtschaftslehre, Volkswirtschaftslehre, Mathematik
15.09.2010	Vordiplom, Note: 2,6
10/2010 bis 09/2014	Hauptstudium, Schwerpunkte: Marktforschung, Corporate Finance, Sales-Management Diplomarbeit: Handelsmarketing mit interaktiven Medien für ausgewählte Zielgruppen (Bewertung noch nicht abgeschlossen)
09/2014	(voraussichtlich) Abschluss als Diplom-Kauffrau

Praktika

03/2009 bis 04/2009	Autovermietung GmbH, Böblingen, Abteilung Firmenkunden; Tätigkeiten: – Erstellung von Leasingangeboten für Firmenkunden – Wirtschaftlichkeitsberechnunge – Statistikerstellung
09/2011 bis 10/2011	Sales GmbH & Co. KG, Stuttgart, Vertriebsinnendienst; Tätigkeiten: – Unterstützung des Außendienstes – telefonische Terminvereinbarung – Ausarbeitung von Präsentationsunterlagen – Mitarbeit am Projekt »After-Sales-Betreuung«
03/2013 bis 04/2013	Baustoffhandel AG, Stuttgart, Abteilung Vertrieb; Tätigkeiten: – Angebotskalkulation und Angebotserstellung – Aufbereitung von Verkaufszahlen für Vertriebsmeetings – Mitkonzeption von Verkaufsförderungsmaßnahmen – Teilnahme an Marketing-/Sales-Meetings

Ines Hildebrand
Süderstraße 77 C, 73220 Stuttgart
Tel.: 07024 281332, Mobil: 0171 1214354, E-Mail: ines.hildebrand@t-online.de

Nebenjobs zur eigenständigen Finanzierung meines Studiums

03/2009 bis 04/2010	Mac Imbiss, Aushilfskraft am Verkaufstresen; Tätigkeiten: – Bedienung – Kasse
07/2010 bis 08/2012	Hüpfburg GmbH (Events für Kindergeburtstage, Firmenfeiern, Verkaufsveranstaltungen), freie Mitarbeiterin; Tätigkeiten: – Angebotserstellung – Verhandlungsführung mit Kunden – Organisation vor Ort, Rechnungserstellung – Personalauswahl von Praktikanten und Aushilfen
10/2012 bis heute	Italienisches Restaurant Cosimo, Aushilfe; Tätigkeiten: – Kundenbedienung – Kasse – Mitorganisation von Hochzeiten, Jubiläen, Betriebsfeiern

Zusatzqualifikationen

Sprachen	Englisch (sehr gut)
EDV-Kenntnisse	MS Office (ständig in Anwendung) Datenbanken (sehr gut) Internet (sehr gut)

Freizeit
Leiterin der Volleyball-Sparte im Sportverein Stuttgart-Süd
Jazzdance
Yoga
Lesen

Stuttgart, 29. April 2014

Ines Hildebrand

Telefonische Vorarbeit

Anschreiben: Ines Hildebrand interessiert sich für die Teilnahme an einem Traineeprogramm mit dem Schwerpunkt Vertrieb bei der Müller und Schmidt Import GmbH. Bereits mit ihrem Anschreiben macht sie klar, dass sie die von künftigen Trainees verlangte aktive Kundenorientierung und Kommunikationsstärke besitzt, da sie ihre Bewerbung durch einen Anruf bei der Personalverantwortlichen Frau Michaela Zimmermann vorbereitet hat. Die Interessentin hat ihr Kurzprofil bereits telefonisch vorab präsentiert. Die aktive Firmenansprache hat sich gelohnt, denn Frau Zimmermann hat Ines Hildebrand ausdrücklich ermuntert, ihre Bewerbung einzureichen. Schon im ersten Absatz des Anschreibens betont die Bewerberin, dass sie ihr Studium vollständig selbst finanziert hat. Diese strategische Weichenstellung hat seinen Grund: Zum einen zeigt Ines Hildebrand damit, dass sie sehr belastbar ist, zum anderen hat das Hauptstudium dieser Kandidatin sehr lange gedauert – ein Fakt, den der Leser allerdings erst später indirekt im Lebenslauf erfährt. Es ist somit durchaus geschickt, den »Makel« des langen Studiums nicht ausführlich zu thematisieren, sondern in einer Art Vorwärtsverteidigung gleich auf die gelungene Bewältigung der Doppelbelastung Arbeit und Studium hinzuweisen.

Auf die Stellenanzeige eingehen

Leistungsbilanz: Ines Hildebrand hat ihre Leistungsbilanz mit ihrem Bewerbungsfoto und der Überschrift »Kurzprofil« versehen. Damit handelt es sich also um eine Mischung aus Deckblatt und Leistungsbilanz. Die Bewerberin wirkt auf dem Foto zupackend und sympathisch, beides sind Schlüsselvoraussetzungen für Tätigkeiten im Vertrieb. Das Kurzprofil hat sie in die drei Themen »Meine vertriebs- und kundenorientierte Einstellung ...«, »Meine ausgeprägte Kommunikationsfähigkeit ...« und »Mein überdurchschnittliches Engagement ...« gegliedert. Mit diesen Zwischenüberschriften greift die Bewerberin ausgewählte Soft Skills auf, die als gewünschte Anforderungen in der Stellenanzeige standen. Allerdings lässt sie es nicht bei der bloßen Behauptung, dass sie über die gewünschten Eigenschaften verfügt, sondern liefert anschließend nachvollziehbare und glaubwürdige Beweise.

Lange Studienzeit nicht verschweigen, aber begründen

Lebenslauf: Nach der gelungenen Überzeugungsarbeit auf den ersten beiden Seiten der Bewerbungsunterlagen kann Ines Hildebrand nun »die Katze aus dem Sack« lassen. Es wird ersichtlich, dass sie deutlich länger als der Durchschnitt studiert hat. Da sie aber sowohl ihre Praktika als auch ihre Nebenjobs zur Finanzierung des Studiums geschickt präsentiert, muss man vor der Leistungsfähigkeit dieser Bewerberin einfach Respekt haben.

Fazit: Eine Hochschulabsolventin, die gezeigt hat, dass sie sich »durchbeißen« kann. Da derart engagierte und durchsetzungsfähige Kandidaten im Vertrieb gesucht werden, wird die Einladung zum Vorstellungsgespräch Ines Hildebrand sehr bald zugehen.

Bewerbung um einen Ausbildungsplatz zur Steuerfachangestellten

Carolin Schmuck
Goltsteinstraße 99
48681 Ahaus
Tel.: 02561 3454321
E-Mail: c.schmuck@online.de

Bewerbung um einen Ausbildungsplatz zur Steuerfachangestellten (Beginn: 01.08.2014)

bei der Sozietät Dr. Markert
Wirtschaftsprüfer/Steuerberater
Herr Sven Tempelhof
Von-Braun-Str. 17
48683 Ahaus

Carolin Schmuck
Goltsteinstraße 99
48681 Ahaus
Tel.: 02561 3454321
E-Mail: c.schmuck@online.de

Sozietät Dr. Markert
Wirtschaftsprüfer/Steuerberater
Herr Sven Tempelhof
Von-Braun-Str. 17
48683 Ahaus

Ahaus, 01.09.2013

Bewerbung um einen Ausbildungsplatz zur Steuerfachangestellten
(Beginn: 01.08.2014)

Ihre Stellenanzeige in den Ahauser Nachrichten vom 18.08.2013

Sehr geehrter Herr Tempelhof,

es würde mich freuen, wenn ich zum 01.08.2014 bei Ihnen eine Ausbildung zur Steuerfachangestellten beginnen könnte.

Erste Einblicke in das Berufsfeld habe ich in meinem Schulpraktikum und in einem anschließenden dreiwöchigen freiwilligen Praktikum bekommen können. Ich habe Briefe versandfertig gemacht, Daten am PC eingegeben, die Tagespost sortiert und von den Steuerfachangestellten in Formularen eingetragene Daten mithilfe des Taschenrechners und des Programms Excel am PC nachgerechnet.

Im Juni nächsten Jahres werde ich meine Schulzeit mit dem Abitur abschließen. Ich habe auch schon einen 10-Finger-Maschineschreiben-Kurs an der Volkshochschule Ahaus absolviert, kann also an der PC-Tastatur mit zehn Fingern arbeiten.

In meiner Freizeit gebe ich Nachhilfe im Fach Mathematik für Schülerinnen und Schüler der Klassenstufen 5 bis 10. Ich spiele auch Klavier und treffe mich gerne mit Freundinnen.

Über die Einladung zu einem Vorstellungsgespräch würde ich mich freuen.

Mit freundlichen Grüßen

Carolin Schmuck
Goltsteinstraße 99
48681 Ahaus
Tel.: 02561 3454321
E-Mail: c.schmuck@online.de

Lebenslauf

Persönliche Daten
am 11.03.1995 in Ahaus geboren
Vater: Hans Schmuck, Rechtsanwalt
Mutter: Hanna Schmuck, Krankenschwester
eine Schwester (Sanna Schmuck, 16 Jahre)

Schule

08/2001 – 07/2007	Grundschule Ahaus
08/2007 – 06/2014	Robert-Bosch-Gymnasium Ahaus
27.06.2014	(voraussichtlich) Abitur Lieblingsfächer in der Schule: Mathematik, Deutsch, Französisch letzter Zeugnisdurchschnitt: Note 2,2

Praktika

03/2013	einwöchiges Schulpraktikum bei Steuerberater Rosenbaum, Tätigkeiten: Briefe versandfertig gemacht, Dateneingabe am PC, Kaffee und Tee gekocht, Belege abgeheftet
07/2013	dreiwöchiges freiwilliges Praktikum im Steuerbüro Lehmkuhl, Tätigkeiten: eingehende Post sortiert, an Mandantengesprächen teilgenommen, bereits eingetragene Daten in Steuerbescheiden mit Taschenrechner und PC (Excel) nachgerechnet

PC-Kenntnisse
Word (sehr gut), regelmäßiger Einsatz für Hausaufgaben
Excel (gut)
PowerPoint (gut), Einsatz für Referate in der Schule
Internet Explorer und Outlook (beide gut)

Sonstiges
10-Finger-Maschineschreiben (Kurs an der VHS Ahaus)
Nachhilfelehrerin für Schüler der Klassen 5 bis 10 im Fach Mathematik
Babysitterin bei Nachbarn und Bekannten
Klavier spielen und Freundinnen treffen

Ahaus, 01.09.2013

Carolin Schmuck

Deckblatt: Carolin Schmuck hat ein Deckblatt an den Anfang ihrer Bewerbungsunterlagen gestellt. Die Kopfzeile enthält die vollständigen Kontaktdaten, also sowohl Postanschrift als auch Telefonnummer und E-Mail-Adresse. Ein Bewerbungsfoto findet sich ebenfalls auf dem Deckblatt, sodass der angeschriebene Leser in der Sozietät Dr. Markert, der Ausbildungsverantwortliche Herr Sven Tempelhof, also zunächst auf eine freundlich lächelnde und sympathisch wirkende Bewerberin blickt. Eine gut gelungene Werbung in Sachen Ausbildungsplatzsuche! Man wird gespannt sein, was die Bewerberin im sich anschließenden Anschreiben mitzuteilen hat.

Vorausschauende Planung

Anschreiben: Für eine künftige Steuerfachangestellte ist wichtig, von Anfang an klarzumachen, dass sie über Organisationstalent verfügt. Dies wird indirekt im Anschreiben bestätigt: Die Bewerberin bewirbt sich am 01.09.2013 für den Ausbildungsbeginn 01.08.2014, also elf Monate davor. Wer seine eigenen beruflichen Ziele so gekonnt plant, wird auch im späteren Berufsalltag bei der Terminplanung den Überblick behalten. Der Anschreibentext lässt keine Zweifel daran aufkommen, dass sich Carolin Schmuck gründlich mit ihrem Ausbildungswunsch auseinandergesetzt hat. Sie hat nicht nur ein Schulpraktikum, sondern auch ein freiwilliges dreiwöchiges Praktikum in den Sommerferien absolviert. Daher kann sie nun viele Tätigkeiten aufführen, die sie bereits in der Berufspraxis kennen gelernt hat. Gekonnt ist auch der Hinweis auf die Tätigkeit als Nachhilfelehrerin im Fach Mathematik. Steuerfachangestellte müssen den Umgang mit Zahlen in Fleisch und Blut haben. Wer anderen Mathematik erklären kann, wird diesem Anspruch mit Sicherheit gerecht.

Übersichtlich und überzeugend

Lebenslauf: Der Lebenslauf passt hervorragend zu Deckblatt und Anschreiben – ein stimmiges Gesamtbild! Die Bewerberin hat übersichtlich und stimmig ihre bisherige schulische Laufbahn dargelegt, geht auf PC-Kenntnisse und Praktika ein. Besonders der Punkt »Prakika« überzeugt, da sie hier auch kurz angibt, welche Tätigkeiten sie bereits ausgeübt hat.

Fazit: Eine Top-Bewerbung, wie sie der Ausbildungsverantwortliche Herr Tempelhof wohl nur selten zu sehen bekommt. Er wird umgehend eine Einladung zum Vorstellungsgespräch an Carolin Schmuck verschicken!

VI

Vorstellungsgespräch

IV

28. Die Vorbereitung des Vorstellungsgesprächs

Mit der Einladung zu einem Vorstellungsgespräch haben Sie die erste Hürde im Bewerbungsverfahren genommen. Bereiten Sie sich nun vor, indem Sie sich den Sinn von Vorstellungsgesprächen verdeutlichen und sich klarmachen, dass Sie Argumente für Ihre Einstellung liefern müssen. Wie Sie das machen und was Sie sonst noch bedenken sollten, erfahren Sie in diesem Kapitel.

Der erste persönliche Kontakt

Eine Einladung zum Vorstellungsgespräch zeigt, dass Ihre schriftliche Bewerbung Interesse geweckt hat. Man hält Sie grundsätzlich für geeignet, die fachliche Seite der ausgeschriebenen Stelle zu bewältigen. Nun möchte man Sie persönlich kennen lernen, um zu sehen, was für ein »Typ« Sie sind. Ihre Persönlichkeit wird getestet.

Das sollten Sie sich merken:
Über Fachwissen zu verfügen genügt heute nicht mehr. Im Vorstellungsgespräch kommt es ganz wesentlich darauf an, wie Sie als Bewerber auftreten.

Wie steht es um Ihre Persönlichkeit?

Auf Ihre Persönlichkeit kommt es an

Wir sind in Kapitel 2 »Reflexion: Entdecken Sie Ihre Stärken« schon darauf eingegangen, dass die Bewerberpersönlichkeit für den Personalauswahlprozess eine immer größere Bedeutung bekommen hat. Kaum einer kann mehr als Experte in seinem Kämmerchen still vor sich hin werkeln; das Arbeiten in Teams und Projektgruppen ist mittlerweile üblich. Auch die Vernetzung der einzelnen Unternehmensbestandteile untereinander ist größer geworden. Und nicht zuletzt hat der Innovationsdruck sehr stark zugenommen. Neue Ideen setzen sich aber nicht von allein durch – es muss begründet, überzeugt, argumentiert und letztendlich entschieden werden; Mitarbeiter ganz unterschiedlicher beruflicher Herkunft müssen in die Informations-, Arbeits- und Entscheidungsprozesse miteinbezogen werden. Kurz: Es kommt darauf an, wie gut Sie mit anderen zusammenarbeiten können.

Es gibt daher heutzutage keine Firma mehr, die nicht auch die Persönlichkeit von Bewerberinnen und Bewerbern durchleuchtet.

Personalverantwortliche wollen bei ihren Überprüfungen natürlich nicht bis ins letzte Detail die Psyche des Bewerbers festhalten. Doch es interessiert sie, ob die für die Ausübung der zu vergebenden Stelle persönlichen Fähigkeiten vorhanden sind.

Machen Sie sich bewusst: Es geht im Bewerbungsgespräch darum, sich so zu verhalten, dass der Personalverantwortliche die gefragten Soft Skills wie Teamfähigkeit, Kommunikationsstärke, Leistungsbereitschaft oder Flexibilität bei Ihnen erkennen kann. Es hilft Ihnen nicht weiter, dass Sie insgeheim wissen, wie gut Sie am Arbeitsplatz zurechtkommen – Sie müssen es ihm mit Ihren Worten und Ihrem Verhalten deutlich machen.

Richten Sie den Blick auf Ihre Stärken

Richten Sie den Blick auf die Aufgaben, die Ihnen gut gelungen sind! Bekennen Sie sich zu Ihrem Können. Eine positive und zupackende innere Einstellung wird im Vorstellungsgespräch auch äußerlich sichtbar werden und bei Personalverantwortlichen die gewünschte Wirkung entfalten.

Die Phasen des Vorstellungsgesprächs

Die Gespräche folgen einem Schema

Ein typisches Vorstellungsgespräch dauert ein bis zwei Stunden. Natürlich kann die Ausgestaltung je nach Firma und Vorliebe des Personalverantwortlichen unterschiedlich aussehen. Werden Vorstellungsgespräche professionell geführt, gibt es aber einen ganz bestimmten Ablauf, an dem sich viele Personalentscheider orientieren:

- → **Begrüßung,**
- → **Small Talk zur Auflockerung der Atmosphäre,**
- → **kurze Darstellung der Firma und des Arbeitsplatzes,**
- → **Gelegenheit zur Selbstpräsentation,**
- → **Fragenblöcke zur Überprüfung der fachlichen Kenntnisse und persönlichen Fähigkeiten,**
- → **Gelegenheit für den Bewerber, eigene Fragen zu stellen,**
- → **Abschluss des Gesprächs.**

Jetzt ist Ihre Gelegenheit!

Sie sollten sich stets vor Augen halten, dass Sie selbst großen Einfluss auf den Gesprächsverlauf ausüben können – allerdings nur, wenn Sie sich auch gut vorbereiten. Vor allem in Bezug auf die Selbstdarstellung und die Fragenblöcke ist eine intensive Vorarbeit unerlässlich. Wir werden Ihnen dabei helfen, sich perfekt auf ein Vorstellungsgespräch vorzubereiten. In Kapitel 5 (»Warum sollten wir gerade Sie einstellen? Ihre Selbstpräsentation«) haben Sie bereits eine aussagekräftige Darstellung Ihres Qualifikationsprofils erarbeitet, mit der Sie nun die Personalverantwortlichen im persönlichen Gespräch von Ihren Stärken überzeugen können.

Auch auf die glaubhafte Darstellung Ihrer Stärken sowie das souveräne Reagieren auf die Frage nach Ihren Schwächen oder nach Brüchen in Ihrem Lebenslauf werden wir genauer eingehen. Wie Sie überzeugend auf Fragen nach Ihren fachlichen Kenntnissen und persönlichen Fähigkeiten antworten, vermitteln wir Ihnen in den folgenden Kapiteln. Lassen Sie sich anhand vieler Beispiele und Fragen aus der Praxis zeigen, wie Sie sich im Vorstellungsgespräch passgenau, stärkenorientiert und glaubwürdig präsentieren!

Wer wird Ihnen gegenübersitzen?

Verschiedene Gesprächspartner

Mit wem müssen Sie im Vorstellungsgespräch rechnen? Wer stellt die Fragen und wertet sie aus? Wer entscheidet am Ende des Bewerbungsmarathons endgültig darüber, ob Sie eine Absage erhalten oder einen Arbeitsvertrag angeboten bekommen? Im Folgenden werden wir Sie mit diesen Personen bekannt machen. Sie treffen in Vorstellungsgesprächen auf:

- → **Personalverantwortliche,**
- → **Fachvorgesetzte und/oder**
- → **Geschäftsführer beziehungsweise Firmeninhaber.**

Geschulte (hauptamtliche) Personalverantwortliche begegnen Ihnen in mittleren und großen Firmen. In kleineren Firmen wird die Personalarbeit eher nebenbei erledigt, dort wird über Bewerbungen meist vom Geschäftsführer und/oder dem zuständigen Fachvorgesetzten entschieden.

Die Vorstellungen über den idealen neuen Mitarbeiter werden von den beruflichen Positionen der Entscheider mit beeinflusst. Deshalb hilft Ihnen die Auseinandersetzung mit der speziellen Perspektive der anderen Seite, Ihr Antwortverhalten im Vorstellungsgespräch flexibel zu handhaben.

Personalverantwortliche

Im Vordergrund: die persönlichen Fähigkeiten

Personalverantwortliche legen andere Maßstäbe an als Fachvorgesetzte. Im Vordergrund stehen die persönlichen Fähigkeiten. Personalverantwortliche stellen daher gezielte Fragen zu

- → **der Motivation der Bewerbung,**
- → **dem bisherigen Werdegang,**
- → **der beruflichen Entwicklung,**
- → **der Person und**
- → **dem Privatleben.**

Zu jedem dieser Themenkomplexe gibt es spezielle Fragen, die wir Ihnen in den folgenden Kapiteln ausführlich vorstellen und auf die Sie sich schon im Vorfeld vorbereiten können.

Strukturierte Gespräche

Vorstellungsgespräche mit Personalverantwortlichen finden wegen der Menge der Fragen meist strukturiert statt, das heißt, oft wird ein vorbereiteter Fragenkatalog abgearbeitet. Wenn alle die gleichen Fragen beantworten sollen, so hat dies natürlich auch den Vorteil, dass die Bewerber später gut verglichen werden können. Die Inhalte der Antworten und das allgemeine Auftreten im Vorstellungsgespräch können dann systematisch bewertet, beispielsweise auf einer Skala von eins bis fünf, und auf einem Auswertungsbogen eingetragen werden. Nach dem Gespräch legt der Personalverantwortliche eine Gesamtnote für jeden Bewerber fest und macht der Fachabteilung Vorschläge, welche Bewerber er für die Besetzung der ausgeschriebenen Position für geeignet hält.

Fachvorgesetzte

Im Vordergrund: die fachlichen Kenntnisse

Fachvorgesetzte müssen Sie im Gespräch davon überzeugen, dass Sie den fachlichen Anforderungen des Arbeitsplatzes gerecht werden. Fachvorgesetzte sind keine Profis in Sachen Personalauswahl. Deshalb finden diese Gespräche meist unstrukturiert statt. Oft stellen sie die Abteilung, den Arbeitsplatz und aktuelle Aufgaben und Projekte vor. Sie gewinnen die Sympathie der Fachvorgesetzten, wenn Sie gezielte Fragen zu den Arbeitsabläufen stellen und auf ähnliche Projekte hinweisen, an denen Sie an Ihrem alten Arbeitsplatz bereits mitgearbeitet haben.

Wichtig dabei ist, dass Sie immer wieder typische Schlüsselworte aus dem Tagesgeschäft in das Gespräch einfließen lassen. Sie haben dies schon in der Übung »Schlüsselbegriffe und Schlagworte finden und einsetzen« in Kapitel 5 geübt. Wenn Sie Schlüsselbegriffe in Vorstellungsgesprächen konsequent einsetzen – sowohl bei Ihren Antworten als auch bei Ihren eigenen Fragen –, werden Sie feststellen, dass diese Kommunikationstechnik Sie weiterbringt. Das Interesse an Ihnen nimmt zu, wenn Ihr Gegenüber den Eindruck hat, dass er verstanden wird.

Geschäftsführer und Firmeninhaber

Im Vordergrund: die Leistungsbereitschaft

Begegnen Ihnen Geschäftsführer oder Firmeninhaber im Vorstellungsgespräch, können Sie mit Ihren Antworten punkten, wenn Sie sich den besonderen beruflichen Hintergrund dieser »Entscheider« vergegenwärtigen. Geschäftsführer und Firmeninhaber sind »Macher«, das heißt, sie sind es gewohnt, ihre Interessen gegen den Widerstand von Personen oder Institutionen durchzusetzen; sie sind überzeugt davon, dass persönlicher und beruflicher Erfolg mit einer überdurchschnittlichen Leistungsbereitschaft einhergeht, und sie sind wenig detail-, dafür aber umso mehr ergebnisorientiert.

Leistungsbereitschaft überzeugt

Als Bewerber machen Sie Eindruck auf Geschäftsführer und Firmeninhaber, wenn Sie Situationen schildern, in denen Sie sich zielstrebig »durchgebissen« haben, um beruflich etwas zu erreichen. Betonen Sie im Gespräch, was Sie in Ihren bisherigen beruflichen Positionen alles geleistet haben. Machen Sie überzeugend klar, dass auch in Zukunft noch eine Menge von Ihnen zu erwarten ist, weil diese Leistungsbereitschaft ein wichtiger Aspekt Ihrer Persönlichkeit ist.

Ganz besonders positiv reagieren die »Macher an der Firmenspitze« auch auf Leistungen, die über das alltägliche Maß hinausgehen. Verweisen Sie auf von Ihnen angeschobene Sonderprojekte oder auf Ihre Anregung hin durchgeführte Verbesserungsmaßnahmen. Die Bereitschaft zur Übernahme von Sonderaufgaben und die entsprechenden Belege aus Ihrem bisherigen Werdegang überzeugen Führungsspitzen von Ihrer überdurchschnittlichen Leistungsmotivation und Leistungsbereitschaft. Auch Weiterbildungsmaßnahmen, an denen Sie neben Ihren eigentlichen beruflichen Aufgaben teilgenommen haben, sind ein Beweis für Ihre Motivation und werden wohlwollend zur Kenntnis genommen.

Brüche in der Biografie positiv begründen

Geschäftsführer und Firmeninhaber achten erfahrungsgemäß auch besonders stark auf Brüche oder Höhen und Tiefen in einem Lebenslauf. Nach ihrer Auffassung zeigt sich gerade in der Fähigkeit, mit Rückschlägen umzugehen und daraus entsprechende Konsequenzen für sich zu ziehen, das wahre Gesicht von Bewerbern. Zur Vorbereitung des Vorstellungsgesprächs sollten Sie deshalb Ihren Lebenslauf nochmals daraufhin überprüfen und sich überlegen, an welchen Punkten Sie mit entsprechenden Nachfragen rechnen müssen. Überlegen Sie sich, was Sie bei Brüchen in Ihrer Entwicklung aktiv getan haben, um die Situation zum Besseren zu wenden. Verwenden Sie dabei aussagekräftige Beispiele, um Ihre Leistungsbereitschaft zu belegen.

Der Einsatz Ihrer Selbstpräsentation

Ihre zentrale Aufgabe im Vorstellungsgespräch ist, sich selbst zu präsentieren. Sie müssen kurz und bündig sich selbst darstellen, zentrale Einstellungsargumente liefern und Ihren Gesprächspartnern Ihre beruflichen Erfahrungen und Stärken verdeutlichen.

Vorsicht Falle!
Eine bloße Nacherzählung des eigenen Lebensweges liefert dem Personalprofi keine relevanten Informationen, sondern belegt nur Ihre mangelnde Vorbereitung!

Passgenaue Ausrichtung der Selbstpräsentation

Wenn ein Bewerber lediglich die Stationen seines bisherigen Lebens aneinander reiht, fallen berufliche Inhalte, Schwerpunktbildungen, besondere Erfahrungen, spezielle Kenntnisse und herausragende Erfolge leider unter den Tisch. In Kapitel 5 haben Sie sich bereits mit der Ausarbeitung Ihrer Selbstpräsentation auseinandergesetzt. Ziehen Sie Ihre Ausarbeitungen nun noch einmal heran, und schneiden Sie sie passgenau auf das anstehende Vorstellungsgespräch zu. Hier noch einmal die Regeln, die Sie bei der Ausformulierung beachten sollten:

- **Regel ❶: fachliche Anforderungen erkennen,**
- **Regel ❷: Aktivität zeigen,**
- **Regel ❸: individuelles Profil darstellen,**
- **Regel ❹: Beispiele für persönliche Fähigkeiten geben,**
- **Regel ❺: beschreiben statt bewerten,**
- **Regel ❻: Schlüsselbegriffe aus dem Tagesgeschäft benutzen.**

Die Frage »Warum ist gerade dieser Bewerber der Richtige für uns?« steht bei Vorstellungsgesprächen von Anfang an im Raum. In vielen Vorstellungsgesprächen fragt der Personalverantwortliche gleich am Gesprächsanfang nach:

- **»Warum haben Sie sich bei uns beworben?«,**
- **»Was interessiert Sie an der Stelle?« oder**
- **»Stellen Sie sich bitte kurz vor!«.**

Auf das Anforderungsprofil eingehen

Sie verschaffen sich erhebliche Startvorteile für den weiteren Gesprächsverlauf, wenn Sie Ihren bisherigen beruflichen Werdegang kurz, aber schlüssig darstellen und konkrete Beispiele geben können, die auf das Anforderungsprofil der Firma eingehen.

Wenn Sie sich mithilfe unserer Überzeugungsregeln eine fehlerlose Selbstpräsentation erarbeitet haben, sollten Sie als Nächstes drei unterschiedlich lange Versionen Ihrer Selbstpräsentationen vorbereiten:

- **Version 1 hat eine Dauer von drei bis fünf Minuten,**
- **Version 2 sollte zehn Minuten umfassen und**
- **Version 3 sollte eine Minute lang sein.**

Mit diesen unterschiedlich langen Selbstpräsentationen können Sie im Vorstellungsgespräch flexibel reagieren. Die drei- bis fünfminütige Version setzen Sie ein, wenn Sie gebeten werden, sich vorzustellen. Die einminütige Version dient dazu, neu zum Gespräch hinzugekommene Personen kurz über Ihre Qualifikationen zu informieren. Die zehnminütige Version sollten Sie mit möglichst vielen Beispielen aus Ihrer Berufspraxis anreichern. Teile dieser Version dienen Ihnen später im Gespräch dazu, auf Fragen Antworten mit konkreten Beispielen geben zu können.

Üben, üben, üben!

Damit Sie mit Ihrer Selbstpräsentation bei Vorstellungsgesprächen überzeugen, sollten Sie sie so lange üben und wiederholen, bis sie Ihnen in Fleisch und Blut übergegangen ist. Mögliche Fragen, auf die Sie mit Ihrer Selbstpräsentation antworten können, haben wir in der folgenden Übung für Sie zusammengestellt. Am besten lassen Sie sich die Fragen von einer Person Ihres Vertrauens stellen, dann gewöhnen Sie sich rechtzeitig an den gezielten Einsatz der Selbstpräsentation in einer Gesprächssituation.

Selbstpräsentation einsetzen

ÜBUNG

Achten Sie darauf, zunächst die Fragestellung als Aussage zu wiederholen und dann ausgewählte Teile aus der Selbstpräsentation anzuschließen.

Frage: »Was reizt Sie an der ausgeschriebenen Position?«

Antwort: »Mich reizt an der ausgeschriebenen Position, dass ich meine berufliche Erfahrung als ....
einsetzen kann. Momentan bearbeite ich die Aufgaben ....
.... und ....
Besondere Kenntnisse in ....
habe ich mir parallel zu meiner Berufstätigkeit in Weiterbildungsmaßnahmen angeeignet.«

»Warum interessieren Sie sich für unsere Firma?«

Ihre Antwort: ....

....

....

»Was macht Sie für die Position geeignet?«

Ihre Antwort: ....

....

....

→ FORTSETZUNG AUF DER NÄCHSTEN SEITE

DOWNLOAD

»Erzählen Sie uns doch bitte ein wenig über sich!«

Ihre Antwort: ....

....

....

»Ich bin mir nicht sicher, ob Sie der geeignete Kandidat für unsere Firma sind, überzeugen Sie mich!«

Ihre Antwort: ....

....

....

»Warum sollten wir gerade Ihnen diese Stelle geben?«

Ihre Antwort: ....

....

....

»Was unterscheidet Sie von den anderen Bewerbern, die sich für diese Stelle beworben haben?«

Ihre Antwort: ....

....

....

Die Vermittlung von Stärken und Schwächen im Vorstellungsgespräch

Wenn Sie Ihre Fähigkeiten kennen, wirken Sie selbstsicher

Fragen nach Stärken und Schwächen gehören zum grundsätzlichen Programm eines jeden Vorstellungsgesprächs. Für Personalverantwortliche sind das wichtige Fragen zur Überprüfung des Bewerberprofils. Die Aufforderung »Nennen Sie mir bitte drei Stärken und drei Schwächen von Ihnen!« taucht deshalb regelmäßig auf.

Setzen Sie sich daher unbedingt zur Vorbereitung von Vorstellungsgesprächen mit Ihren Stärken und Schwächen auseinander, damit Sie Ihre persönlichen Fähigkeiten im Bewerbungsgespräch überzeugend präsentieren und konkret belegen können.

Stärken

Wenden wir uns zuerst den Stärken zu. In Kapitel 2 (»Reflexion: Entdecken Sie Ihre Stärken«) haben Sie bereits Ihre Stärken identifiziert und mit Beispielen belegt. Auf diese Vorarbeiten greifen Sie nun wieder zurück. Überlegen Sie zunächst, welche Stärken für die von Ihnen angestrebte Stelle wichtig sind. Im nächsten Schritt wählen Sie darauf abgestimmte Beispiele, die zeigen, in welchen Situationen Sie diese Stärken benutzen. Wir werden Ihnen Beispiele und eine Übung vorstellen, damit Sie trainieren können, Ihre Stärken durch aussagekräftige Situationen aus Ihrem Berufsalltag zu untermauern.

Ihre Stärken müssen zur ausgeschriebenen Stelle passen

Belastbarkeit

BEISPIEL

»Ich verfüge über eine überdurchschnittliche Belastbarkeit. Das zeigt sich daran, dass ich bei kurzfristig auftretenden Problemen nicht die Ruhe verliere und zunächst analysiere, wo die Ursachen des Problems liegen, mir dann Lösungsmöglichkeiten überlege und schließlich entsprechend handele.«

Analytisches Denken

»Eine meiner Stärken ist meine analytische Vorgehensweise. Dies zeigt sich daran, dass ich komplexe Aufgabenstellungen – beispielsweise die Markteinführung einer neuen Software – in klare Teilziele untergliedern kann und so Schritt für Schritt mein anvisiertes Gesamtziel erreiche.«

Stärken erkennen und vermitteln

ÜBUNG

Um überzeugend zu wirken, müssen Sie drei glaubwürdige Stärken nennen können. Ziehen Sie Ihr Stärkenprofil aus Kapitel 2 heran, und wählen Sie drei Ihrer Stärken aus, die in der anvisierten Position wichtig sind. Finden Sie für diese positiven Eigenschaften schlagkräftige Stichworte. Entscheiden Sie sich jedoch nur für Stärken, die Sie durch Beispiele aus dem Berufsalltag im Vorstellungsgespräch belegen können.

→ *Erster Schritt:* Umschreiben Sie das Stichwort, das Ihre Stärke kennzeichnet, mit einem vollständigen Satz.

→ FORTSETZUNG AUF DER NÄCHSTEN SEITE

→ *Zweiter Schritt:* In einem zweiten Satz nennen Sie eine konkrete Situation, anhand derer Ihre Stärke deutlich wird.

Beispiel: »Begeisterungsfähigkeit«

→ *Erster Schritt:* »Ich kann mich und andere gut für berufliche Aufgaben begeistern und dadurch motivieren.«
→ *Zweiter Schritt:* »Während der Umstrukturierung unserer Abteilung ging es darum, neue Zuständigkeiten und Verantwortlichkeiten zu definieren. Durch intensive Gespräche konnte ich meine Mitarbeiter und Kollegen für die Übernahme von mehr Verantwortung begeistern, auch wenn dies zunächst mit einem Mehr an Arbeit verbunden war.«

Jetzt können Sie durchstarten. Definieren Sie drei eigene Stärken, und setzen Sie sie nach dem vorgestellten Schema um.

Stärke 1:

1. Schritt: ....

2. Schritt: ....

Stärke 2:

1. Schritt: ....

2. Schritt: ....

Stärke 3:

1. Schritt: ....

2. Schritt: ....

Schwächen

Seien Sie selbstkritisch

Jetzt wenden wir uns dem schwierigeren Part zu: Ihren Schwächen. Es wird von Ihnen nicht erwartet, dass Sie zerknirscht in sich gehen. Wichtig ist lediglich, dass Ihr Gegenüber im Vorstellungsgespräch den Eindruck gewinnt, dass Sie sich mit Ihren persönlichen Fähigkeiten auseinandergesetzt haben. Wenn Sie sagen: »Ich habe keine Schwächen!«, wird diese Antwort als überheblich gedeutet, und Ihnen wird mangelnde Selbstkritik unterstellt.

Wenn Sie aufgefordert werden, Ihre Schwächen zu benennen, kommt Humor leider schlecht an. Antworten Sie bitte nicht: »Meine größte Schwäche ist, dass ich abends manchmal das Zähneputzen vergesse.« Denn bei »witzigen« Antworten reagieren viele Gesprächspartner im Vorstellungsgespräch eher säuerlich.

Um Ihre Fähigkeit zur Selbstreflexion unter Beweis zu stellen, müssen Sie in der Lage sein, eine Schwäche von sich »zuzugeben«. Damit diese Schwäche nicht als schwerwiegender Makel erscheint, sollten Sie die Darstellung Ihrer Schwäche sorgfältig vorbereiten. Hier unser Aufbauschema für die Darstellung von Schwächen:

- → ***Erster Schritt:* Benennen Sie die Schwäche in einem Satz, und benutzen Sie Relativierungen (»manchmal«, »ab und zu«, »gelegentlich«, »es kommt vor«, »früher«).**
- → ***Zweiter Schritt:* Geben Sie ein Beispiel dafür, wie sich die Schwäche in der Vergangenheit gezeigt hat.**
- → ***Dritter Schritt:* Legen Sie dar, was Sie getan haben, um Ihre Schwäche in den Griff zu bekommen.**

Direktheit

BEISPIEL

»Ich bin manchmal zu direkt und offen im Gespräch. Mit meiner Vorliebe für klare Worte habe ich manchmal Kollegen und Mitarbeiter vor den Kopf gestoßen. Heute achte ich besser darauf, dass ich den richtigen Zeitpunkt und die richtige Situation wähle, um meine Meinung zu äußern.«

Nur eine Schwäche!

Achten Sie auch darauf, dass Sie bei der Frage »Nennen Sie mir drei Stärken und drei Schwächen von Ihnen!« nicht alle Ihre Schwächen aufzählen. Nennen Sie immer drei Ihrer Stärken, aber nur eine Schwäche. Weitere Schwächen sollten erst auf Nachfrage erfolgen. Hier dürfen Sie sich ausnahmsweise »etwas aus der Nase ziehen« lassen und sollten nicht unnötig loslegen. Im Folgenden finden Sie eine Übung, wie Sie überzeugend eine Schwäche von sich anbringen.

Schwächen darstellen

ÜBUNG

Ziehen Sie zunächst Ihre Schwächenanalyse heran, die Sie in Kapitel 2 erarbeitet haben. Gehen Sie diese einzeln durch, und überprüfen Sie, ob sich die jeweilige Schwäche mit unserem Schema in einer für das Vor-

→ FORTSETZUNG AUF DER NÄCHSTEN SEITE

DOWNLOAD

stellungsgespräch geeigneten Weise darstellen lässt. Eine gut aufgebaute Darstellung Ihrer Schwäche könnte so aussehen:

→ *Erster Schritt:* »Ich bin manchmal zu abwartend.«
→ *Zweiter Schritt:* »In meiner Projektgruppe wurde mir gesagt, dass ich mich bei der Planung zukünftiger Arbeitsabläufe mehr einbringen sollte. Ich war erst überrascht, weil ich dachte, dass das stört. Ich hatte viele Ideen, aber auf eine Aufforderung gewartet, um sie vorzustellen.«
→ *Dritter Schritt:* »Heute warte ich nicht mehr so lange, ich werde schneller von mir aus aktiv.«

Jetzt zu Ihren Schwächen: Wenn Sie mehrere Schwächen gefunden haben, die in das Schema passen, sollten Sie sich für diejenige Schwäche entscheiden, die Sie bei der zukünftigen Arbeit am wenigsten behindert.

Meine Schwäche:

1. Schritt: ....
2. Schritt: ....
3. Schritt: ....

Zur Sicherheit (nur bei Nachfrage) zwei weitere Schwächen:

Schwäche 2:

1. Schritt: ....
2. Schritt: ....
3. Schritt: ....

Schwäche 3:

1. Schritt: ....
2. Schritt: ....
3. Schritt: ....

Den Stellenwechsel begründen

Die Frage »Warum wollen Sie die Stelle wechseln?« wird in Vorstellungsgesprächen oft direkt ausgesprochen – stillschweigend steht sie immer im Raum. Personalverantwortliche möchten nun einmal wissen, was die Beweggründe für Ihre Bewerbung sind.

In Kapitel 6 (»Gute Gründe für den Stellenwechsel«) haben Sie bereits die Gründe für Ihren Stellenwechsel erarbeitet und formuliert. Nun geht es darum, taktisch vorzugehen und den Wechselgrund richtig zu verpacken. Nicht umsonst ist die Ausarbeitung einer »passenden« Antwort auf die Frage nach dem Wechsel ein wesentlicher Bestandteil unserer Beratungsarbeit. Wenn wir Bewerber auf Vorstellungsgespräche vorbereiten, achten wir darauf, dass sie Gründe angeben, die von Personalverantwortlichen »abgenickt« werden können. Sie vermeiden es auf diese Weise auch, dass sie zu tief in negative Gefühle eintauchen. So sollte beispielsweise ein handfester Krach mit dem Vorgesetzten nicht Eingang ins Vorstellungsgespräch finden. Es könnte nämlich passieren, dass der Bewerber seine bisher souveräne Linie verlässt, um seinem Ärger endlich einmal Luft zu machen.

Erarbeiten Sie überzeugende Begründungen

Vorsicht Falle!
Personalverantwortliche finden Ihre Gründe für einen Firmenwechsel nicht immer so plausibel wie Sie. Wenn Sie die ehemalige Firma zu negativ darstellen, wird das schnell als mangelnde Loyalität Ihrerseits ausgelegt!

Zukunftsorientierung statt Vergangenheitsfixierung

Wir wissen aus unserer Beratungstätigkeit, dass – zumindest in Ansätzen – immer auch Probleme am alten Arbeitsplatz ein Wechselgrund sind. Zu große Ehrlichkeit hilft im Bewerbungsprozess allerdings nicht weiter. Im Gegenteil: Durch Selbstanklagen und Vergangenheitsfixierung hinterlassen Sie einen negativen Eindruck.

Blicken Sie nach vorn

Hinzu kommt, dass Sie, wenn Sie Problemsituationen schildern, immer stark emotional engagiert sind. Das führt meistens dazu, dass Sie einen hochroten Kopf bekommen, alle analytischen Fähigkeiten verlieren und fließend von der Schilderung eines Problems zum nächsten übergehen. Problem- und Vergangenheitsfixierung sind aber eine schlechte Basis für einen neuen Anfang. Wenn Sie Erfolg haben wollen, achten Sie deshalb im Vorstellungsgespräch darauf, dass Sie nicht auf persönlich erlebte Problemsituationen eingehen.

Niemand will »die Katze im Sack kaufen«, daher sind neue Arbeitgeber zu Recht misstrauisch, wenn Bewerber vom alten Arbeitgeber weg wollen. Schwierige Mitarbeiter und Querulanten sind gefürchtet. Auf Unterstellungen und Vermutungen über den »wahren« Grund Ihres Wechsels brauchen Sie aber nicht einzugehen.

Inhaltlich argumentieren

Nehmen Sie stattdessen immer eine inhaltliche Position ein, das heißt, argumentieren Sie aus den Anforderungen der neuen Position heraus, und belegen Sie konkret, dass Sie die Anforderungen erfüllen.

Abstrahieren Sie bei Problemen, und antworten Sie allgemeingültig. Dazu benutzen Sie am besten eine Formulierung wie: »Es ist natürlich (generell) schlecht, wenn ...«

Der ehemalige Vorgesetzte

BEISPIEL

Frage: »Was hat Sie an Ihrem alten Vorgesetzten besonders gestört?«

Antwort: »Ich habe gut mit meinem alten Vorgesetzten zusammengearbeitet. Es können natürlich Probleme auftreten, wenn wichtige Informationen zu spät weitergegeben werden. Da wir ein gutes Abteilungsklima hatten, kam so etwas aber selten bei uns vor.«

Bleiben Sie souverän

Sie müssen im Vorstellungsgespräch aber jederzeit damit rechnen, dass Personalverantwortliche Sie unter Druck setzen, um die tatsächliche Motivation für Ihren Stellenwechsel zu ergründen. Aus diesem Grund werden Stressfragen gestellt, um festzustellen, ob sich die Bewerber in Widersprüche verwickeln.

Stressfrage

BEISPIEL

Frage: »Seien Sie mal ehrlich, Sie wollen doch aus irgendeinem Grund schnell weg von Ihrem alten Arbeitgeber? Haben Sie dort Schwierigkeiten?«

Antwort: »Es tut mir leid, wenn ich Ihnen bisher nicht deutlich genug machen konnte, was ich für die von Ihnen ausgeschriebene Position an Kenntnissen und Fähigkeiten mitbringe. Gerade meine Kenntnisse in ... und ... (Selbstpräsentation) bilden meiner Meinung nach eine gute Basis, um die von Ihnen geschilderten Anforderungen zu erfüllen. In welchem Punkt konnte ich Sie noch nicht überzeugen?«

Personalverantwortliche interessiert der Grund für Ihren Wechsel deshalb ganz besonders, weil daraus Rückschlüsse auf Ihr Verhalten am neuen Arbeitsplatz gezogen werden. Wenn sie zu erkennen glauben, dass Ihr Wunsch nach beruflicher Veränderung durch Probleme am alten Arbeitsplatz ausgelöst wurde, vermuten sie, dass auch in der neuen Position wieder Probleme auftreten werden.

Souveränität lässt sich trainieren

Bei Stressfragen nach den Gründen für Ihren Wechsel dürfen Sie deshalb auf keinen Fall in die Vergangenheit abtauchen und langatmige Schilderungen von Schwierigkeiten, Konflikten und Problemen liefern. Sie bewältigen Stressfragen, wenn Sie bei Ihrer Antwort Ihre berufliche Zukunft im Blick behalten (beachten Sie dazu auch unsere

Tipps im Abschnitt »Kommunikationstechniken« ab Seite 314). Trainieren Sie, auf Stressfragen nach dem folgenden Schema zu antworten:

1. **Verneinen Sie Ihnen unterstellte Probleme und Schwierigkeiten.**
2. **Behaupten Sie in einem Satz, dass Sie bisher ein zufriedenstellendes Arbeitsumfeld hatten.**
3. **Geben Sie ein Beispiel für eine berufliche Leistung, die Sie vollbracht haben.**

Unterstellung entkräftet

BEISPIEL

Stressfrage: »Ist Ihre Chefin nicht froh, Sie bald los zu sein?«

Antwort: »(Erstens) Nein, das glaube ich nicht. (Zweitens) Ich habe mit meiner Chefin gut zusammengearbeitet. (Drittens) Die Maßnahmen zur Ausweitung unseres Geschäftsfeldes, die ich erarbeitet habe, greifen inzwischen. Durch die Erschließung neuer Märkte konnten wir unsere Produktion besser auslasten.«

Stressfragen zum Stellenwechsel souverän beantworten

ÜBUNG

Üben Sie, Stressfragen zu Ihrem Wechselwunsch gelassen zu beantworten. Orientieren Sie sich am vorgestellten Antwortschema. Gehen Sie nicht auf Unterstellungen ein. Stellen Sie mit Ihren Antworten einen Bezug zu den Anforderungen des neuen Arbeitsplatzes her.

»Will Ihre Firma Sie loswerden?«

Ihre Antwort: ....

....

....

»Hat es Probleme an Ihrem alten Arbeitsplatz gegeben?«

Ihre Antwort: ....

....

....

→ FORTSETZUNG AUF DER NÄCHSTEN SEITE

»Ihre Kollegen sind doch froh, Sie los zu sein, oder?«

Ihre Antwort: ....

....

....

»Sie werden sich doch mit der neuen Stelle gar nicht verbessern. Warum wollen Sie wirklich wechseln?«

Ihre Antwort: ....

....

....

»Freuen Sie sich darauf, jetzt alles anders machen zu können?«

Ihre Antwort: ....

....

....

»Sie haben wohl am alten Arbeitsplatz zu viele Fehler gemacht, oder?«

Ihre Antwort: ....

....

....

»Was blockiert Sie an Ihrem jetzigen Arbeitsplatz am meisten?«

Ihre Antwort: ....

....

....

Kommunikationstechniken

Trainieren Sie Ihr Gesprächsverhalten

Im Vorstellungsgespräch treffen Sie auf Personalverantwortliche, die darin geschult sind, Sie mit bestimmten Fragetechniken zu konfrontieren, auf die Sie reagieren müssen. Ihr Verhalten wird deshalb genauso registriert und bewertet wie der Inhalt Ihrer Antworten.

Wir stellen Ihnen jetzt Fragetechniken vor und zeigen Ihnen, wie Sie mit geeigneten Antworttechniken reagieren können. Die vorgestellten Fragetechniken können Sie natürlich auch für Ihre Fragen an die Firma nutzen. Ein Bewerbungsgespräch ist schließlich kein Verhör, sondern ein gegenseitiges Kennenlernen.

Offene Fragen

Offene Fragen nennt man solche, die Sie nicht mit Ja oder Nein beantworten können. Beispiele: »Was macht Sie für die ausgeschriebene Position geeignet?« oder »Welche Unterstützung brauchen Sie von der Unternehmensseite, um erfolgreich arbeiten zu können?«.

Offene Fragen haben den Vorteil, dass sie ein Gespräch oder eine Diskussion in Schwung bringen. Sie geben dem Befragten mehr Raum zur Selbstdarstellung. Diese Fragen werden eingesetzt, um längere Antworten und damit auch mehr Informationen zu bekommen. Dadurch kann man an Teilaspekten der Antwort ansetzen und diese durch weitere Fragen vertiefen. Für den Befragten ist hier problematisch, dass er womöglich unwesentliche Informationen nennt, weil er an der Frage vorbeiredet.

Beziehen Sie sich auf die ausgeschriebene Stelle

Sie bewältigen offene Fragen dann am besten, wenn Sie in Ihren Antworten immer einen Bezug zu Ihrer angestrebten Position herstellen und genügend Beispiele liefern. Nutzen Sie die Übung »Souveränes Antwortverhalten« auf Seite 320, um einen aussagekräftigen Antwortstil zu entwickeln.

Geschlossene Fragen

Begründen Sie stets Ihre Antwort

Geschlossene Fragen können Sie mit Ja oder Nein beantworten (»Haben Sie Computerkenntnisse?«, »Sind Sie ein Mensch, der andere überzeugen kann?«). Häufig wird einer geschlossenen Frage eine offene hinterhergeschickt, um sich die Antwort begründen zu lassen (»Welche Computerkenntnisse?«, »Wie überzeugen Sie andere Menschen?«). Sie sollten auch bei geschlossenen Fragen Ihren Antworten immer eine kurze Begründung anschließen. Ersparen Sie Personalverantwortlichen die Mühe, immer wieder nachbohren zu müssen. Nutzen Sie hier auch die Chance, Ihre Eignung für die neue Stelle immer wieder durch Beispiele zu untermauern.

Geschlossene Frage zum Führungsstil

BEISPIEL

Frage: »Kennen Sie unterschiedliche Führungsstile?«

Antwort: »Ja, ich weiß, dass es verschiedene Führungsstile gibt. In meiner bisherigen Berufspraxis hat sich gezeigt, dass es wichtig ist, Führungsstile flexibel einzusetzen. Generell bevorzuge ich einen demokratischen Führungsstil, der die Vorstellungen der Mitarbeiter miteinbezieht.«

Fragen Sie nach!

Geschlossene Fragen sind auch für Bewerber geeignet, um schnell Informationen zu erhalten (»Gibt es in der Einarbeitungszeit einen festen Ansprechpartner für mich?« oder »Wurde die ausgeschriebene Position neu geschaffen?«). Achten Sie jedoch darauf, dass Sie genügend Hintergrundinformationen bekommen. Lassen Sie sich nicht mit einem Ja oder Nein abspeisen. Fragen Sie nach, wenn Sie zu knappe Antworten bekommen, die Sie nicht zufriedenstellen.

Neu geschaffene Position

BEISPIEL

Bewerberfrage: »Wurde die ausgeschriebene Position neu geschaffen?«

Antwort der Firmenseite: »Ja, um diese Stelle wurde in der Firma lange gerungen.«

Nachfragen des Bewerbers: »Wer hat sich für beziehungsweise gegen die Schaffung der Stelle ausgesprochen? Wie ist die Stelle in die firmeninternen Abläufe eingegliedert? Wurden die Aufgaben bisher von einer anderen Person mitbearbeitet?«

Stressfragen

Nicht verunsichern lassen!

Personalverantwortliche nutzen diese Art von Fragen, um Sie zu verunsichern und Stressreaktionen zu provozieren. Zum Beispiel: Nachdem Sie eine Frage beantwortet haben, schweigt Ihr Gesprächspartner einfach und stellt nicht sofort die nächste Frage. Um Sie weiter unter Druck zu setzen, werden Sie mit einem bohrenden Blick angesehen. Die meisten Bewerber setzen nun ein zweites Mal an und reden so lange, bis der gute erste Teil der Antwort verblasst ist und nur noch zusammenhanglose Informationen im Raum stehen. Zu diesem Zeitpunkt merkt auch der Bewerber, dass er Unsinn redet; allerdings traut er sich jetzt nicht mehr aufzuhören. Er redet dann so lange weiter, bis sein Monolog vom Gegenüber unterbrochen wird.

Das sollten Sie sich merken:
Trainieren Sie unbedingt, auf Fragen kurze und präzise Antworten zu geben und kritischen Blicken standzuhalten, sonst beginnt man, an Ihrer emotionalen Stabilität zu zweifeln.

Stressfragen werden wohl dosiert in jedes Vorstellungsgespräch eingestreut. Anmerkungen wie »Ich glaube, Sie sind nicht der Richtige für uns!«, »Sind Sie mit Ihren beruflichen Erfahrungen nicht überqualifiziert/unterqualifiziert für diesen Arbeitsplatz?« oder »Die Beurteilungen in Ihren Arbeitszeugnissen sind ziemlich schlecht!« dienen dazu, im Schnellverfahren zu überprüfen, wie Sie unter Druck reagieren.

Argumentieren Sie aus Ihrer Selbstpräsentation heraus

Gehen Sie nicht auf Unterstellungen oder Behauptungen ein, sondern beziehen Sie sich auf die fachlichen Kenntnisse und persönlichen Fähigkeiten, die Sie für den zukünftigen Arbeitsplatz mitbringen. Sie haben Ihre Selbstpräsentation gut ausgearbeitet und intensiv geübt. Also stellen Sie dar, warum gerade Sie mit Ihren Kenntnissen und Fähigkeiten für den zu vergebenden Arbeitsplatz geeignet sind.

Unterstellungen

BEISPIEL

Wenn Sie auf die Unterstellung »Sie scheinen nicht besonders gerne zu arbeiten?« mit rotem Kopf reagieren und viel zu laut oder leise behaupten: »Natürlich arbeite ich gerne!«, wirkt dies nicht sehr überzeugend. Antworten Sie lieber sachlich und beherrscht, und schildern Sie eine Situation aus Ihrer Selbstpräsentation, die Ihre Leistungsbereitschaft und Belastbarkeit dokumentiert, beispielsweise so: »Während der Neueinführung einer Software in meiner derzeitigen Firma hatten wir erhebliche Doppelbelastungen zu tragen. Über einen Zeitraum von sechs Monaten habe ich zusätzlich zu meinen eigentlichen Aufgaben die Mitarbeiter und Kollegen bei der Softwareumstellung mit Schulungen und Beratungen unterstützt.«

Stressfragen entschärfen

ÜBUNG

In dieser Übung trainieren Sie, auf Unterstellungen, persönliche Angriffe und Vorwürfe angemessen zu reagieren. Ihre Stressstabilität wird im Vorstellungsgespräch deutlich, wenn Sie es schaffen, Angriffe ins Leere laufen zu lassen, und immer wieder auf positive Selbstdarstellungen zurückgreifen.

→ FORTSETZUNG AUF DER NÄCHSTEN SEITE

1. Gehen Sie nicht auf die Unterstellung ein.
2. Stellen Sie das positive Gegenstück der Unterstellung anhand eines Beispiels aus dem Berufsalltag dar.

Die gedankliche Überleitung von der Unterstellung zu einem positiven Inhalt gelingt Ihnen am besten, wenn Sie Ihre Antwort in Gedanken mit den beiden Worten »im Gegenteil« einleiten. Beispiel:

Unterstellung: »Sie scheinen Schwierigkeiten damit zu haben, sich unterzuordnen!«

Antwort: (In Gedanken: »Im Gegenteil ...) Ich habe mit meiner Vorgesetzten stets gut zusammengearbeitet. Für die Präsentation meiner Firma auf einer Ausstellung habe ich Anregungen aus dem Marketing und dem Vertrieb aufgegriffen und mit meiner Abteilungsleiterin ein Standkonzept entwickelt, das uns eine Prämierung einbrachte.«

Antworten Sie nun auf die folgenden Stressfragen, und üben Sie, unser Schema umzusetzen. Gewöhnen Sie sich an die gedankliche Einleitung Ihrer Antworten mit den unausgesprochenen Worten »im Gegenteil«.

»Sie scheinen Schwierigkeiten mit Routineaufgaben zu haben!«

Ihre Antwort: (In Gedanken: »Im Gegenteil ...«) ....

....

....

»Ihre Zielstrebigkeit ist Ihnen wohl im Laufe der Zeit abhandengekommen!«

Ihre Antwort: (In Gedanken: »Im Gegenteil ...«) ....

....

....

»Ich glaube, Sie sind der Typ Mensch, der sich bei Schwierigkeiten eher versteckt!«

Ihre Antwort: (In Gedanken: »Im Gegenteil ...«) ....

....

....

»Das Wohl der Firma liegt Ihnen ja nicht besonders am Herzen!«

Ihre Antwort: (In Gedanken: »Im Gegenteil …«) ……………………………………

……………………………………………………………………………………

……………………………………………………………………………………

»Sie sind doch jetzt schon überbezahlt!«

Ihre Antwort: (In Gedanken: »Im Gegenteil …«) ……………………………………

……………………………………………………………………………………

……………………………………………………………………………………

Antworttechnik: Beispiele geben

Mit konkreten Beispielen vermeiden Sie Leerfloskeln

Die Antwort, die Sie schon in unserem Beispiel »Unterstellungen« auf die Frage »Sie scheinen nicht besonders gerne zu arbeiten?« gelesen haben, zeigt bereits die beste Möglichkeit, auf eine Stressfrage zu reagieren: mit der Technik »Beispiele geben«. Die meisten untrainierten Bewerber antworten auf Fragen in Vorstellungsgesprächen zu allgemein und oberflächlich und verzichten darauf, konkrete Beispiele zu geben. Sie sollten es darum vermeiden, leere Floskeln zu verwenden. Belegen Sie Ihre Aussagen mit überzeugenden Beispielen. So wirken Sie kompetent und souverän.

Teamfähigkeit

BEISPIEL

Die Frage »Sind Sie teamfähig?« sollten Sie nicht einfach nur bejahen. Besser ist es, ein konkretes Beispiel zu geben: »Ja, ich löse gerne berufliche Aufgaben zusammen mit anderen im Team. In meiner derzeitigen Firma haben wir eine abteilungsübergreifende Arbeitsgruppe zur Qualitätssicherung gebildet. Die Ergebnisse, die von dieser Arbeit ausgingen, führten zu einer deutlichen Senkung von Ausschuss in den Produktionslinien.«

ÜBUNG

Souveränes Antwortverhalten

Mit dieser Übung trainieren Sie, oberflächliche Antworten durch aussagekräftige zu ersetzen. Damit das Vorstellungsgespräch zu einem Gespräch wird und eine Verhöratmosphäre gar nicht erst entsteht, sollten Ihre Antworten nicht nur konkret sein, sondern auch mindestens zwei bis drei Sätze umfassen. Untrainierte Bewerber neigen dazu, Stichworte in den Raum zu werfen, ohne sie durch Beispiele für den Personalverantwortlichen in einen Zusammenhang zu stellen.

Trainieren Sie jetzt, häufig abgefragte Inhalte im Bewerbungsgespräch mit dem folgenden Argumentationsschema zu beantworten.

1. Schritt: Beantworten Sie die Frage.
2. Schritt: Untermauern Sie Ihre Antwort durch eine passende Situation aus Ihrem bisherigen Berufsalltag.
3. Schritt: Erwähnen Sie erreichte Ziele oder von Ihnen gewonnene Erkenntnisse aus dieser Situation.

Auf die Frage »Sind Sie belastbar?« antworten Sie beispielsweise so:

1. Schritt: »Ich kann auch mit hohen Arbeitsanforderungen gut umgehen.«
2. Schritt: »Als Projektleiterin für das Intranet meiner Firma musste ich die Vorstellungen der einzelnen Abteilungen in das Projekt integrieren und hinsichtlich der technischen Machbarkeit überprüfen. Das zog einen großen Argumentationsbedarf nach sich, und es musste viel Arbeit auch nach Feierabend geleistet werden, um das Tagesgeschäft nicht zu stören.«
3. Schritt: »Ich habe die größere Arbeitsbelastung gern übernommen, um durch die Intraneteinführung reibungslosere Abläufe in der Firma zu erreichen.«

Jetzt sind Sie dran. Üben Sie, die folgenden Fragen mit unserem Argumentationsschema zu beantworten.

»Würden Sie sich selbst als kommunikativ beschreiben?«

1. Schritt: ....

2. Schritt: ....

3. Schritt: ....

»Können Sie andere motivieren?«

1. Schritt: ....

2. Schritt: ....

3. Schritt: ....

»Ist Ihnen beruflicher Aufstieg wichtig?«

1. Schritt: ....

2. Schritt: ....

3. Schritt: ....

»Trauen Sie sich zu, ein abteilungsübergreifendes Projekt zu leiten?«

1. Schritt: ....

2. Schritt: ....

3. Schritt: ....

»Wissen Sie, wie man erfolgreiche Verkaufsverhandlungen führt?«

1. Schritt: ....

2. Schritt: ....

3. Schritt: ....

»Können Sie kreativ arbeiten?«

1. Schritt: ....

2. Schritt: ....

3. Schritt: ....

»Bevorzugen Sie einen bestimmten Führungsstil?«

1. Schritt: ....

2. Schritt: ....

3. Schritt: ....

Mit Körpersprache überzeugen

Ein guter Eindruck durch zielorientiertes Training

Es ist nicht nur von Bedeutung, was Sie sagen, sondern auch, wie Sie es sagen. Ihre Gestik, Ihre Mimik, die Art, wie Sie stehen oder sitzen – alles wird registriert und interpretiert. Aber keine Sorge: Durch gründliche Vorbereitung und zielorientiertes Training können Sie den Eindruck, den Sie erwecken, entscheidend mitbestimmen.

Durch körpersprachliche Signale können Sie in Vorstellungsgesprächen drei gravierende Fehlerketten auslösen, die Konsequenzen für den weiteren Gesprächsverlauf haben:

1. **Sie stehen sich selbst im Weg.**
2. **Sie verscherzen sich die Sympathie Ihres Gegenübers.**
3. **Sie wirken unglaubwürdig.**

Blackout durch Verspannung

Sie stehen sich selbst im Weg: Sie können sich durch Ihre eigene Anspannung, die sich körpersprachlich äußert, selbst daran hindern, aktiv an dem Gesprächsverlauf teilzunehmen. Ihre körperliche Anspannung wirkt sich immer auch auf Ihren Zugriff auf Gedächtnisinhalte aus. Sie kennen diese Situation bestimmt aus Prüfungen, in denen Sie das Gefühl hatten, neben sich zu stehen, oder im schlimmsten Fall ein Blackout erlebten.

Verkrampfungen interpretiert nicht nur Ihr Gegenüber als Stresssignal, sondern auch Ihr eigenes Gehirn. Dies führt dazu, dass längst verschüttet geglaubte Urinstinkte Sie in einen Dämmerzustand zwischen Flucht und Angriffsreaktionen fallen lassen. Analytisches Nachdenken ist in dieser körperlichen Verfassung nur noch schwer möglich.

Ihrem Gesprächspartner signalisieren Sie durch Ihre nach außen sichtbare Anspannung, dass Sie sich in der momentanen Situation unwohl fühlen und den Raum am liebsten so schnell wie möglich wieder verlassen würden. Natürlich wird Ihr Gegenüber auf diese Sig-nale nicht gerade positiv reagieren. Personalverantwortliche werden hier vermuten, dass Sie sich bei schwierigen Situationen im Arbeitsleben lieber verstecken oder davonlaufen. Und diese Interpretation spricht leider nicht für Sie.

Sympathie bedeutet auch berufliche Akzeptanz

Sie verscherzen sich die Sympathie Ihres Gegenübers: Sie können durch körpersprachliche Signale die Sympathie Ihres Gegenübers wieder verlieren. Dies ist ein schwerwiegender Fehler, da die Ihnen entgegengebrachte zwischenmenschliche Sympathie auch immer berufliche Akzeptanz beinhaltet.

Durch Ihre ausgearbeitete Selbstpräsentation und die Auseinandersetzung mit den Frageblöcken haben Sie schon Vorarbeit für einen Sympathiebonus geleistet. Diesen sollten Sie nicht durch Konfrontations- und aggressive Dominanzgesten leichtfertig verspielen. In dem Moment, in dem Sie im Vorstellungsgespräch Kampfsignale aussenden, verspielen Sie die Bereitschaft Ihrer Gesprächspartner, Ihnen unvoreingenommen zuzuhören. Daneben wird man Ihnen die geforderte Belastbarkeit absprechen.

Sie wirken unglaubwürdig: Die von Ihnen gelieferte Einschätzung, dass Sie die geeignete Bewerberin beziehungsweise der geeignete Bewerber sind, muss im Vorstellungsgespräch glaubhaft wirken. Personalverantwortliche sind geschult und darauf trainiert, bei Bewerbern auf Körpersignale zu achten, die im Widerspruch zu den gesprochenen Ausführungen stehen. Wenn solche Unstimmigkeiten zwischen dem Gesagten und dem körperlichen Ausdruck häufiger auftreten, wird man Ihnen das, was Sie sagen, nicht mehr glauben.

Glaubwürdig durch Stimmigkeit

Wir zeigen Ihnen nun in fünf Teilschritten, wie Sie es in Vorstellungsgesprächen vermeiden, diese Fehlerketten auszulösen, und welche Körpersprache als Basis für ergebnisorientierte Vorstellungsgespräche geeignet ist. Die fünf Teilschritte dazu lauten:

Fünf Schritte zum Erfolg

1. **Anspannung erkennen,**
2. **Konfrontation vermeiden,**
3. **Stress- und Verlegenheitsgesten reduzieren,**
4. **aggressive Dominanzgesten unterlassen,**
5. **eine entspannte Grundhaltung einnehmen.**

Betrachten Sie bitte die Fotos 1 bis 4. Personalverantwortliche erkennen an den Sitzhaltungen, die der Bewerber einnimmt, sein Befinden. Auf diesen vier vorgestellten Fotos wird ein sehr angespannter innerer Zustand nach außen sichtbar.

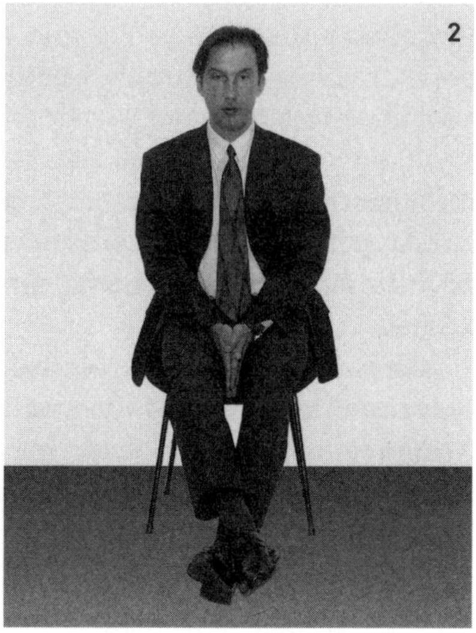

Die »Auf der Flucht«-Haltung des Fotos 1, die »Im Boden versinken«-Haltung des Fotos 2 und die »Ich will nach- Hause«-Haltung des Fotos 3

Die Sitzhaltung zeigt das Befinden

zeigen einen angespannten Bewerber, der sich sichtlich unwohl fühlt. Auffällig auf allen drei Fotos ist der nach innen gerichtete Blick des Bewerbers.

Eine starke Anspannung führt dazu, dass Sie nur noch Ihrem eigenen Unwohlsein nachspüren und auf diese Weise den Kontakt zu Ihrem Gegenüber verlieren. Eine überzeugende Selbstdarstellung ist aber ohne (Augen-)Kontakt nicht möglich.

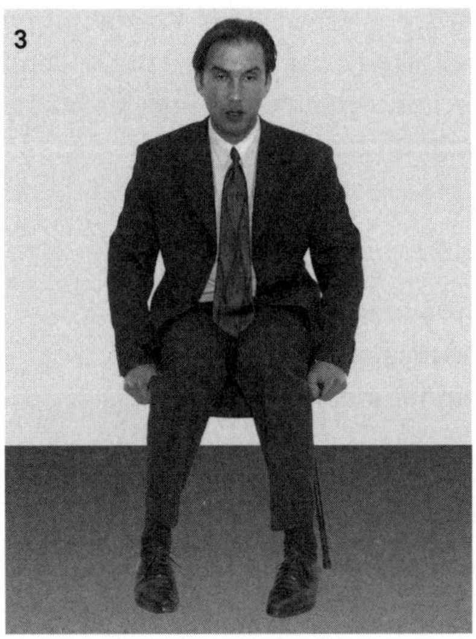

Sobald sich die resignierte und deprimierte Grundstimmung, die der Bewerber auf den Fotos 1, 2 und 3 vermittelt, auf seinen Gesprächspartner übertragen hat, wird dieser einzelne Gesten bemerken, die sein negatives Bild vom Bewerber zusätzlich verstärken. Als negative Verstärker wirken auf Foto 1 das beidhändige Festhalten am Stuhl und die Beinstellung, auf Foto 2 die überkreuzten Beine und die fast schon zur Angriffshaltung zusammengelegten Hände und auf Foto 3 die nach innen gestellten Fußspitzen und der nach vorn geneigte Oberkörper.

Freiheiten für eine dynamische Körpersprache behalten

Die Haltung des Bewerbers auf Foto 4 nennen wir »Efeuranke«. Der Bewerber umklammert die Stuhlbeine und umschlingt mit seinen Armen seinen eigenen Oberkörper. Für Efeu ist es sicherlich sinnvoll, jeden Halt an einer Hauswand zu nutzen. Im Vorstellungsgespräch ist diese Haltung jedoch sehr ungünstig. Der Bewerber nimmt sich durch diese Körperhaltung selbst die Luft und bringt sich damit um die Gelegenheit, die Darstellung seiner Fähigkeiten und Kenntnisse mit einer dynamischen Körpersprache zu unterstützen. Die Augen des Bewerbers auf Foto 4 halten zwar Blickkontakt zum Gegenüber. Dies geschieht aber in einer Art und Weise, die ungeeignet ist, gemeinsame

Ziele herauszuarbeiten. Die Anspannung des Bewerbers geht bereits in die zweite Phase über: die Konfrontation.

Vorstellungsgespräche gehören für die meisten Menschen in die Kategorie Stresssituation. Die Bewältigung von Stresssituationen geschieht durch zwei wesentliche Verhaltensstrategien: Die erste nennen wir »Einfrieren«, die zweite »Angreifen«.

Das Gespräch aktiv gestalten

Auf den Fotos 1 bis 4 erkennt man die Verhaltensstrategie »Einfrieren«. Der Bewerber begegnet Stresssituationen, indem er regelrecht erstarrt, er nimmt sich jede Möglichkeit, das Gespräch aktiv zu gestalten.

Unbewusste Angriffe vermeiden

Auf den Fotos 5 bis 8 sehen Sie das Gegenteil: Dieser Bewerber sucht die Konfrontation mit dem Gegenüber. Seine Bewältigungsstrategie von Stresssituationen ist das »Angreifen«. Auch bei Konfrontationsgesten gilt, dass wir als Gegenüber die Grundstimmung intuitiv erfassen. Um uns nicht allein auf unsere intuitive Wahrnehmung zu verlassen, ziehen wir zur Beurteilung weitere Details heran. Auf Foto 5 sind dies die überkreuzten Arme mit den nach oben gestellten Daumen und der arrogant-abschätzige Blick. Der Gesichtsausdruck und die Beinhaltung auf Foto 6 vermitteln körpersprachlich, dass dieser Bewerber sich weder im Vorstellungsgespräch noch im beruflichen Alltag als umgänglich erweist. Körpersprachlich eindeutig sind die Fotos 7 und 8 auf der nächsten Seite. Die nach vorn gebeugte Sitzhaltung und die gestreckten Finger auf Foto 7 sowie das Klopfen auf die Tischplatte auf Foto 8 sind körpersprachliche Signale, die uns allen aus Streitgesprächen vertraut sind. Eine Atmosphäre der Konfrontation bringt in Vorstellungsgesprächen aber nicht weiter.

Entspannung durch intensive Vorbereitung

Stress- und Verlegenheitsgesten lassen sich immer dann beobachten, wenn im Vorstellungsgespräch heikle Punkte angesprochen werden. Hierzu gehören beispielsweise Fragen nach dem Grund des Stellenwechsels, nach der Einschätzung der eigenen Stärken und Schwächen oder nach den beruflichen Zielen in der Zukunft. Stress- und Verlegenheitsgesten kommen auch zum Vorschein, wenn der Bewerber mit Fragen konfrontiert wird, die er für sich vor dem Gespräch noch nicht hinreichend geklärt hat. Dies gilt beispielsweise für Fragen nach dem zukünftigen Gehalt oder zu einem eventuellen Ortswechsel. Schon allein deshalb ist es für Sie so wichtig, sich intensiv auf das Vorstellungsgespräch vorzubereiten.

Typische Stress- und Verlegenheitsgesten haben wir auf den Fotos 9, 10, 11 und 12 für Sie zusammengestellt. Auf Foto 9 ist eine »Die Schlinge zieht sich zu«-Haltung zu beobachten. Der ausweichende Blick zur Seite und das Lockern beziehungsweise Hin- und Herziehen des Krawattenknotens zeigen deutlich, dass sich der Bewerber unwohl fühlt.

Mit Fangfragen rechnen!

Die »Uups! (Ist mir was rausgerutscht?)«-Haltung, die wir Ihnen auf Foto 10 zeigen, haben Sie sicherlich selbst schon gesehen. Bewerber, die Informationsgrenzen – beispielsweise über ihren derzeitigen Arbeitgeber – vor dem Vorstellungsgespräch nicht klar genug abgesteckt haben, lassen sich durch gezielte Fangfragen gelegentlich mehr entlocken, als ihnen lieb ist. Dies wird dann auch im körpersprachlichen Ausdruck sichtbar. Die Finger gehen zum Mund, wie um ihn zu verschließen und bestimmte Worte nicht herauszulassen. Meistens ist es dann allerdings schon zu spät.

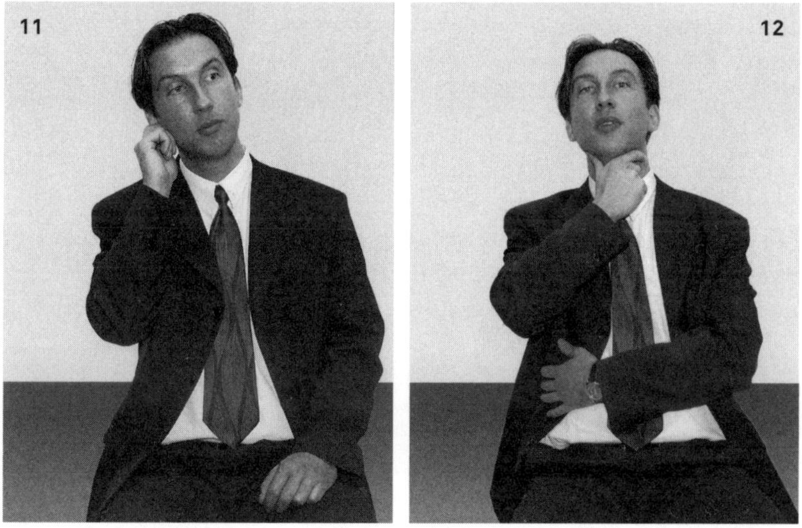

Ein weiteres klassisches Beispiel der Stress- und Verlegenheitsgesten ist die Haltung »Ohrläppchenzupfen«, die Sie auf Foto 11 sehen. Diese Haltung wird oft eingenommen, wenn es darum geht, Zeit zu gewinnen, weil ein Vorschlag des Gegenübers im inneren Monolog auf mögliche Vor- und Nachteile hin überprüft wird. In diesem Zusammenhang ist oft auch eine leicht gewölbte Unterlippe zu sehen. Manche Bewerber fahren sich zusätzlich mit der Zunge über die Unterlippe oder beißen leicht darauf.

Die Haltung auf Foto 12 heißt »Die Luft wird knapp«. Der Griff mit der rechten Hand an den Hals und die den Bauch schützende Haltung des linken Arms zeigen, dass dieser Bewerber im Moment keinen Ausweg für sich sieht. Hier ist Vorsicht angebracht: Ein Mensch, der sich in die Enge getrieben fühlt, kann unberechenbar reagieren.

Sicherheit durch Ihre Selbstpräsentation

Sie reduzieren Stress- und Verlegenheitsgesten, indem Sie durch eine gründliche Vorbereitung mögliche Stressfragen und -situationen trainieren. »Festhalten« können Sie sich an Ihrer ausgearbeiteten schlüssigen Selbstpräsentation. Sicherheit gibt Ihnen auch die intensive Auseinandersetzung mit den Fragen, die im Vorstellungsgespräch an Sie gerichtet werden (sehen Sie sich hierzu die folgenden Kapitel 30 bis 33 an).

Unsicherheit am Anfang gehört dazu

Solche Anspannungs-, Stress und Verlegenheitsgesten wird man Bewerbern im Vorstellungsgespräch eher nachsehen. Besonders dann, wenn diese körpersprachlichen Signale nur zu Anfang des Gesprächs auftreten und nicht als durchgängiges Verhaltensmuster zu erkennen sind. Benutzen Bewerber dagegen Konfrontations- und aggressive Dominanzgesten, kann die Gesprächsatmosphäre schon durch wenige körpersprachliche Signale nachhaltig belastet werden.

Die Fotos 13 bis 16 zeigen Ihnen körpersprachliche Zeichen, die sich immer dann beobachten lassen, wenn ein schwerwiegender Konflikt zwischen den Gesprächsteilnehmern kurz bevorsteht oder bereits offen zum Ausbruch gekommen ist.

Die »Dolchstoß«-Haltung, die Sie auf Foto 13 sehen, zeigt einen Bewerber, der sein Gegenüber mit dem in der Hand gehaltenen Stift förmlich aufspießt. Der gestreckte Arm, der den Stift hält, schafft zusätzliche Distanz.

Vermeiden Sie eine aggressive Grundstimmung

Auf Foto 14 sehen Sie eine Geste, die wir oft in unseren Bewerbungsseminaren erleben können: die »Pistolen«-Haltung. Die körpersprachliche Aussage »Ich schieß dich ab!« bringt immer eine aggressive Grundstimmung ins Gespräch.

Der Name »Spanischer Reiter« für die Haltung, die auf Foto 15 abgebildet ist, kommt nicht umsonst aus der Militärsprache vergangener

Zeiten: Die angreifende Kavallerie des Gegners sollte durch zusammengenagelte Holzkreuze zu Fall gebracht werden. Auch als körpersprachliches Signal wird diese Haltung dahingehend interpretiert, dass ein Angriff auf nicht besonders elegante Weise abgewehrt werden soll.

Auf Foto 16 sehen Sie die »Pavian«-Haltung. Diese Haltung trübt durch die körpersprachlich vermittelte Überheblichkeit des Bewerbers nachhaltig die Gesprächsatmosphäre. Besonders bei weiblichen Personalverantwortlichen führt sie recht schnell zur Ablehnung des Bewerbers.

Halten Sie genügend Abstand

Achten Sie auch darauf, sich im Vorstellungsgespräch nicht zu nah zum Personalverantwortlichen zu setzen. Dieser bekommt sonst leicht den Eindruck, Sie wollten ihm »auf die Pelle rücken«. Das löst Abwehr und Aggressionen aus. Halten Sie etwa eine Unterarmlänge Abstand. Legen Sie auch nichts auf dem Tisch Ihres Gesprächspartners ab. Dies wird als »Revierverletzung« empfunden und wirkt wie ein Angriff.

Aggressive Dominanzgesten sollten Sie unbedingt unterlassen. Sollten Sie sich in einem Vorstellungsgespräch tatsächlich angegriffen fühlen, heißt es, Ruhe zu bewahren. Oft handelt es sich nur um einen Stresstest, mit dem man feststellen will, wie belastbar Sie sind. Lassen Sie sich nicht durch Provokationen vorschnell aus der Ruhe bringen. Jetzt geht es darum, wie Sie körpersprachliche Spannungen im Gespräch vermeiden und auflösen.

So lösen Sie Spannungen im Gespräch auf

Auf den Fotos 17, 18, 19 und 20 sehen Sie im Folgenden einen Bewerber, der verschiedene entspannte Grundhaltungen eingenommen hat. Gemeinsam ist diesen Haltungen, dass der Bewerber die Hände frei behält, um seine verbalen Ausführungen jederzeit nonverbal unterstreichen zu können. Achten Sie darauf, dass Ihre Hände in Vorstellungsgesprächen ebenfalls frei bleiben. Wer die Hände ineinander verschränkt, sich an Papier festklammert oder nervös mit Stiften, Ohrschmuck oder Ringen herumspielt, bringt erst sich selbst und dann seinen Gesprächspartner aus dem Konzept.

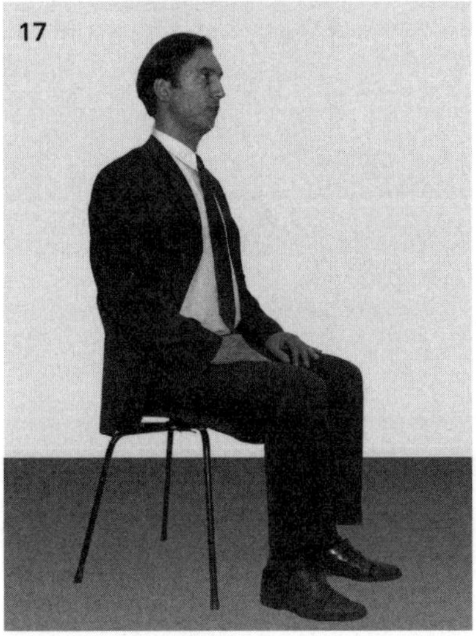

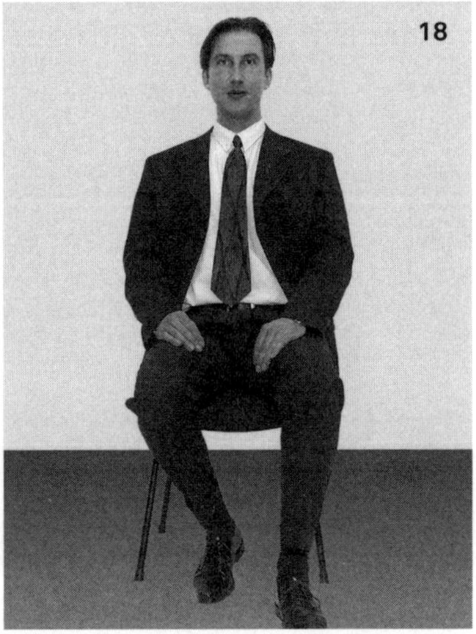

Die Grundhaltung auf Foto 17 nennen wir »Neunzig-Grad-Winkel«. Der Bewerber sitzt aufrecht und aufmerksam, die Beine sind leicht geöffnet. Diese Haltung hat den Vorteil, dass sie keine Verspannungen hervorruft und darum die Konzentration nicht beeinträchtigt.

Auf Foto 18 sehen Sie die »offene Grundhaltung«. Auch in dieser Haltung ist der Bewerber in der Lage, dem Geschehen im Vorstellungsgespräch optimal zu folgen. Der offene Blick, die Möglichkeit, Spiel- und Standbein gelegentlich zu wechseln, und die locker auf den Oberschenkel aufgelegten Hände lassen den Bewerber wachsam und interessiert erscheinen.

Offene Haltung und offener Blick

Wechselt der Bewerber von der Rolle des Zuhörers in die des Sprechers, geht die »offene Grundhaltung« häufig in die »dynamische Grundhaltung« über, die Sie auf Foto 19 sehen. Der Bewerber ist mit seinem Oberkörper ganz leicht nach vorn gerückt und unterstreicht seine Worte mit Bewegungen der Hände.

Die »entspannte Grundhaltung« auf Foto 20 zeigt einen zuhörenden Bewerber, der sich seiner Stärken bewusst ist. Die leicht übereinander gelegten Beine des Bewerbers behindern ihn nicht. Trainieren Sie diese Haltung. Versuchen Sie, in Vorstellungsgesprächen diese entspannte Grundhaltung einzunehmen, vor allem in Momenten, in denen Sie körpersprachliche Verspannungen spüren.

Das sollten Sie sich merken:
Wenn Sie mehrere Gesprächspartner vorfinden, sollten Sie Ihre Sitzhaltung so ausrichten, dass Sie von Ihrem Platz aus alle Personen im Blick haben. Vermeiden Sie es, im Lauf des Gesprächs nur eine einzige Person anzuschauen, sondern beziehen Sie durch wechselnden Blickkontakt alle Anwesenden mit ein.

Trainieren Sie mit Freunden

Sie sind auf Vorstellungsgespräche optimal vorbereitet, wenn Sie zuerst ausarbeiten, was Sie Ihrem potenziellen Arbeitgeber inhaltlich vermitteln möchten. Anschließend trainieren Sie, diese Ausführungen glaubwürdig durch eine angemessene Körpersprache zu vermitteln. Machen Sie dazu auch unsere nachfolgende Übung. Lassen Sie sich zur Vorbereitung die Fragen aus den Kapiteln 30 bis 33 von einem Freund oder Bekannten stellen und nehmen Sie sich dabei mit einer Videokamera auf. Nach zwei bis drei Durchgängen werden Sie feststellen, dass Sie die Stresssituation Vorstellungsgespräch inhaltlich und körpersprachlich in den Griff bekommen können.

DOWNLOAD

ÜBUNG

Körpersprache im Griff

In dieser Übung warten zwei Trainingsziele auf Sie. Zuerst werden Sie üben, in Vorstellungsgesprächen immer wieder zur entspannten Grundhaltung zurückzukehren. Das zweite Trainingsziel besteht darin, Ihre bevorzugten Stress- und Verlegenheitsgesten herauszufinden und sie schließlich zu reduzieren oder ganz zu vermeiden.

Erstes Trainingsziel: entspannte Grundhaltung. Setzen Sie sich auf einen Stuhl an einen Tisch und nehmen Sie die »Neunzig-Grad-Winkel«-Haltung ein (Foto 17). Bleiben Sie einen Moment in dieser Haltung und verändern Sie dann Ihre Sitzposition, bis Sie Ihre bevorzugte entspannte Grundhaltung finden. Das kann die offene Grundhaltung (Foto 18) sein oder die dynamische Grundhaltung mit etwas vorgebeugtem Oberkörper (Foto 19). Vielleicht entscheiden Sie sich aber auch für die entspannte Grundhaltung (Foto 20). Bei Letzterer müssen Sie trainieren, das übergeschlagene Bein von Zeit zu Zeit zu wechseln und ab und zu beide Füße auf den Boden zu setzen, sonst schlafen Ihre Beine ein.

Wenn Sie Ihre Lieblingsposition gefunden haben, sollten Sie üben, aus verspannten Haltungen immer wieder in diese Grundposition zurückzukehren. Dazu nehmen Sie die sechs folgenden Verspannungshaltungen ein und lösen diese anschließend wieder in Ihre Lieblingsposition auf.

1. »Auf-der-Flucht«-Haltung (Foto 1)
2. »Im-Boden-versinken«-Haltung (Foto 2)
3. »Ich-will-nach-Hause«-Haltung (Foto 3)
4. »Efeuranken«-Haltung (Foto 4)
5. »Breitbeinig-hinsetzen«-Haltung
6. »Vom-Stuhl-rutschen«-Haltung, das heißt, das Gesäß rutscht auf der Stuhlfläche nach vorn.

Zweites Trainingsziel: Stressgesten vermeiden. Für diese Trainingseinheit brauchen Sie eine Videokamera. Lassen Sie sich von Freunden oder Bekannten Fragen aus den Kapiteln 30 bis 33 stellen. Diese Situation wird per Video aufgezeichnet. Identifizieren Sie bei der Videoauswertung Ihre typischen Stressgesten, und üben Sie, diese dadurch aufzulösen, indem Sie Ihre Handflächen auf die Oberschenkel legen, so wie Sie es auf den Fotos zu den Grundhaltungen sehen (Fotos 17, 18, 20).

Auf dem Weg ins Vorstellungsgespräch

Stimmen Sie sich rechtzeitig auf das Gespräch ein

Bevor Sie sich im Folgenden mit den Fragen auseinandersetzen, die im Vorstellungsgespräch auf Sie zukommen, sollten Sie noch zwei Dinge bedenken: Das Vorstellungsgespräch beginnt nicht erst, wenn Sie einem Personalverantwortlichen gegenübersitzen. Sie müssen sich für die richtige Kleidung entscheiden und die für das Gespräch wesentlichen Unterlagen zusammenstellen. Wenn Sie sich bei mehreren Unternehmen beworben haben, müssen Sie die passende Version Ihrer Selbstpräsentation noch mindestens einmal wiederholen.

Die richtige Kleidung

Lieber ein konservatives Outfit wählen

Bei der Auswahl der Kleidung sollten Sie überlegen, welcher Eindruck von Ihnen im Vorstellungsgespräch erwartet wird. Viele Bewerberinnen und Bewerber gehen fälschlicherweise davon aus, dass sie in einem Vorstellungsgespräch die Kleidung tragen sollten, in der sie später arbeiten werden. Dabei ist jedoch die Gefahr, sich zu nachlässig zu kleiden, zu groß. Orientieren Sie sich bei der Auswahl Ihrer Kleidung daran, was Sie anziehen müssten, um die Firma nach außen hin zu repräsentieren. Das heißt, für Vorstellungsgespräche ist die Kleidung richtig, in der Sie das Unternehmen auf Kongressen, Tagungen oder Messen vertreten würden.

Wenn Sie dies beachten, wird Ihre Kleidungswahl stark eingegrenzt. Richtig ist auf jeden Fall ein Business-Outfit. Frauen sollten ein Kostüm oder einen Hosenanzug mit farblich passender Bluse auswählen und dabei auf grelle Farben verzichten. Männer sind mit einem Anzug in gedeckten Farben, einem einfarbigen Hemd, einer schlichten Krawatte und dunklen Socken sowie schwarzen Schuhen auf der sicheren Seite.

Die Accessoires sollten Sie so auswählen, dass Ihre Gesprächspartner nicht unnötig von den Gesprächsinhalten abgelenkt werden. Wenn Sie als Mann ein kariertes Jackett mit einer roten Micky-Maus-Krawatte kombinieren, die Fansocken Ihrer Lieblingsfußballmannschaft tragen und sich von Ihrem flippigen Ohrring nicht trennen können, wird man sich in einer Unternehmensberatung sicherlich fragen, ob man Sie zu konservativen Kunden schicken kann.

Mit einem eher konservativen Outfit machen Sie im Vorstellungsgespräch nichts falsch. Sie werden nicht eingestellt, weil Sie einen bestimmten Kleidungsstil haben. Wichtiger ist es, mit der Kleidung keinen Störfaktor in das Gespräch zu bringen.

Auch daran sollten Sie denken

Das sollten Sie mitnehmen

Zum Vorstellungsgespräch sollten Sie ein Duplikat Ihrer Bewerbungsmappe und die Stellenanzeige mitnehmen. Die Korrespondenz, die

Sie vor dem Vorstellungsgespräch mit der neuen Firma geführt haben, sollten Sie ebenfalls dabeihaben. Falls sie Ihnen bekannt sind, vergegenwärtigen Sie sich noch einmal die Namen und die Positionen Ihrer Gesprächspartner in der Firma.

Denken Sie auch an Stift und Papier, damit Sie sich wichtige Informationen notieren können. Dies gilt insbesondere für die Punkte, bei denen Sie zu einem späteren Zeitpunkt nachhaken möchten, oder für Punkte, die noch unklar sind. Wir empfehlen Ihnen einen Papierblock in der Größe DIN A5, weil dieses Format im Gespräch unauffällig eingesetzt werden kann. Notieren Sie nur ausgewählte Punkte und schreiben Sie auf gar keinen Fall die ganze Zeit mit, damit Sie dem Gespräch konzentriert folgen können.

Sie können Ihre kommunikative Kompetenz von Anfang an deutlich machen, wenn Sie Ihre Gesprächspartner mit Namen ansprechen. Denken Sie auch daran, die Empfangsdame und die Sekretärin freundlich zu grüßen.

Unabdingbar: Pünktlichkeit

Kommen Sie auf jeden Fall pünktlich. Da der Weg vom Pförtner zum Raum des Gesprächs in größeren Firmen schon mal eine halbe Stunde dauern kann – besonders, wenn Sie zum ersten Mal auf dem Firmengelände sind –, sollten Sie auf jeden Fall genügend Zeit einplanen. Platzen Sie aber auch nicht zu früh in das Büro Ihres Gesprächspartners. Sie sind zu einer bestimmten Zeit eingeladen, an die sollten Sie sich halten. Sollten Sie zu früh sein, nutzen Sie die Gelegenheit, sich in der Firma ein wenig umzuschauen.

CHECKLISTE

Checkliste für Ihre Vorbereitung auf das Vorstellungsgespräch

- ◯ Wissen Sie, wer Ihnen im Vorstellungsgespräch gegenübersitzen wird? Wissen Sie, was Ihr Gesprächspartner von Ihnen erwartet?
- ◯ Können Sie Argumente liefern, warum gerade Sie eingestellt werden sollten?
- ◯ Haben Sie Ihre Selbstpräsentation auf das entsprechende Unternehmen zugeschnitten?
- ◯ Haben Sie drei Versionen Ihrer Selbstpräsentation erarbeitet (drei bis fünf Minuten, zehn Minuten, eine Minute)?
- ◯ Haben Sie den Einsatz Ihrer Selbstpräsentation bei verschiedenen Fragen geübt?

- ◯ Können Sie drei Stärken aus dem Soft-Skill-Bereich nennen und belegen?
- ◯ Können Sie eine Schwäche aus dem Soft-Skill-Bereich nennen und zeigen, wie Sie sie überwunden haben? Haben Sie zwei weitere Schwächen zur Sicherheit parat?
- ◯ Sind Ihre Schwächen für Ihre angestrebte Position wenig relevant?
- ◯ Können Sie plausibel begründen, warum Sie einen neuen Arbeitsplatz suchen?
- ◯ Können Sie Stressfragen entschärfen und souverän antworten?
- ◯ Können Sie Unterstellungen entkräften?
- ◯ Können Sie geschlossene Fragen mit weiteren Informationen abrunden?
- ◯ Können Sie Ihre Antworten mit Beispielen konkretisieren?
- ◯ Sitzen Sie entspannt, während Sie befragt werden?
- ◯ Vermeiden Sie Dominanzgesten?
- ◯ Vermeiden Sie aggressive Gesten?

29. Das erwartet Sie im Vorstellungsgespräch

Vorstellungsgespräche werden heute zumeist auf einer sehr professionellen Basis durchgeführt. Alle an der Auswahl beteiligten Personen haben konkrete Vorstellungen davon, wen sie in der Firma oder in ihrer Abteilung beschäftigen wollen. Im Vorstellungsgespräch geht es darum, wie Sie sich anderen gegenüber darstellen, und zwar Auge in Auge. Getestet wird nicht nur Ihr Kommunikationsgeschick, sondern auch Ihre Selbstsicherheit, Ihre Belastbarkeit, Ihre Fähigkeit zuzuhören und Ihre Eigenmotivation für das angestrebte Berufsfeld.

Typische Fragen in Vorstellungsgesprächen

Es gibt keine festen Regeln für Vorstellungsgespräche. Sie können eine halbe Stunde dauern, manchmal auch bis zu mehreren Stunden. Manche Firmen führen nur ein Einstellungsgespräch durch, andere mehrere. Wir haben in unserer Beratungspraxis sogar schon einmal einen Kunden betreut, der insgesamt acht (!) Gespräche führen musste, bevor er ein Arbeitsangebot bekam. Was aber alle Vorstellungsgespräche gemeinsam haben, ist, dass bestimmte Fragen immer wieder auftauchen. Stellen Sie sich auf Fragen dieser Art ein: »Wo sehen Sie Ihre Stärken?«, »Haben Sie Schwächen?« oder »Warum interessiert Sie dieser Job?«.

Individuelle Vorbereitung

Antworten zur Orientierung, nicht zum Auswendiglernen

Viele Kandidaten denken, dass die Firmenvertreter durch spezielle Fragen schon herausbekommen werden, was sie wissen wollen. Vorstellungsgespräche sind jedoch keine Verhöre, sondern ein Abgleich der Vorstellungen der Firma mit denen des Kandidaten. Ganz wichtig ist, dass Sie Ihre bisherigen Erfahrungen angereichert mit aussagekräftigen Beispielen darstellen können. Wie dies gelingen kann, zeigen wir Ihnen anhand unserer Beispielfragen und -antworten. Natürlich hilft es überhaupt nicht, die gelungenen Antworten einfach auswendig zu lernen und dann im Gespräch herunterzuspulen. Bitte erinnern Sie sich an unsere Profil-Methode®, die wir eingangs dargestellt haben. Entwickeln Sie eigene Antworten, die passgenau, stärkenorientiert und glaubwürdig sind. Damit Sie Ihre Vorbereitung auf Vorstellungsgespräche zielgerichtet angehen können, haben wir Beispielfragen und -antworten für unterschiedliche Zielgruppen ausgearbeitet. Es gibt Fragen und Antworten für

- → **Ausbildungsplatzsuchende (Kapitel 30),**
- → **Hochschulabsolventen (Kapitel 31),**
- → **berufserfahrene Bewerber (Kapitel 32).**

Blättern Sie zu den für Sie passenden Fragen. Formulieren Sie Ihre Antworten nicht bloß in Gedanken, sondern sprechen Sie sie laut aus, und schreiben Sie sie auf! Im Lösungsteil ab Seite 564 finden Sie unsere Beispiele für gelungene und misslungene Antworten; mit diesen können Sie Ihre Formulierungen vergleichen, um herauszufinden, ob Ihre Antworten überzeugen.

Viele Fragen und Beispielantworten, Checklisten sowie Übungen zum Thema Vorstellungsgespräch finden Sie auch im Zusatzmaterial zu den Püttjer-und-Schnierda-Bewerbungsratgebern. Der Weg zum Download ist am Ende des Buches erklärt.

DOWNLOAD

30. Fragen an Ausbildungsplatzsuchende

In diesem Kapitel stellen wir Ihnen typische Fragen vor, mit denen Ausbildungsplatzsuchende in ihrem Vorstellungsgespräch konfrontiert werden. Lernen Sie anhand der Antwortstrategien und vorgestellten Übungen, wie Sie diesen Schritt auf dem Weg zu Ihrem Wunschausbildungsplatz erfolgreich meistern.

Ausbildungsplatzsuchenden werden in der Regel Fragen aus den folgenden Themenblöcken gestellt:

- → **Fragen zum Ausbildungswunsch,**
- → **Fragen zur Ausbildungsfirma,**
- → **Fragen zum Praktikum,**
- → **Fragen zur Schule,**
- → **Fragen zu Hobbys,**
- → **Fragen zu Stärken und Schwächen,**
- → **Fragen zur Persönlichkeit,**
- → **Stressfragen,**
- → **Ihre eigenen Fragen.**

Fragen zum Ausbildungswunsch

Wie ernst ist es Ihnen?

Hintergrund: Ausbildungsabbrüche sind leider relativ häufig. Die Firmen möchten vermeiden, dass sie Auszubildende einstellen, die nur halbherzig bei der Sache sind und nach kurzer Zeit die Flinte ins Korn werfen. Kurz gesagt: Man will wissen, wie ernst Sie es meinen.

Zeigen Sie, dass Sie wissen, worum es geht

Antwortstrategie: Überzeugen Sie mit guten Argumenten, und verweisen Sie auf Ihre Erfahrungen aus Ihrem Praktikum. Begründen Sie, warum Sie sich für die Ausbildung interessieren: Sie können beispielsweise erklären, wo Sie sich informiert haben, wer Sie auf die Idee gebracht hat und seit wann Sie diesen Berufswunsch haben. Ganz wichtig: Sie müssen durchblicken lassen, dass Sie wissen, was auf Sie zukommt. Nennen Sie zwei bis drei Aufgaben aus der Ausbildung, mit denen Sie schon zu tun hatten. Beispiele aus der Praxis werden Ausbildungsverantwortliche immer beeindrucken. Erwähnen Sie aber nur die Dinge, die gut geklappt haben.

ÜBUNG

Ausbildungswunsch

Bitte beantworten Sie die folgenden Fragen, die man Ihnen im Vorstellungsgespräch bezüglich Ihres Ausbildungswunsches stellen wird:

1 »Warum haben Sie sich für gerade diese Ausbildung beworben?«

Ihre Antwort: ....

....

....

2. »Was interessiert Sie an der Ausbildung?«

Ihre Antwort: ....

....

....

3. »Was reizt Sie an der Ausbildung am meisten?«

Ihre Antwort: ....

....

....

Fragen zur Ausbildungsfirma

Informieren Sie sich umfassend

Hintergrund: Schulabgänger machen sich in der Regel viele Gedanken über ihren zukünftigen Beruf, nur über die Ausbildungsfirma wissen die Bewerber meistens viel zu wenig. Aber von Firmenseite erwartet man, dass Sie sich über den Betrieb informiert und sich bewusst für ihn entschieden haben. Schließlich macht es einen Unterschied, ob man Informatikkaufmann in einem Industriebetrieb, in einem Kleinunternehmen oder bei einer Versicherung werden will.

Verdeutlichen Sie Ihre Vorarbeit

Antwortstrategie: Erzählen Sie von Ihrer Informationssuche, was Sie alles getan haben, um etwas über den Ausbildungsbetrieb zu erfahren. Beziehen Sie sich in Ihren Antworten auf Firmenbroschüren, die Homepage der Firma, Gespräche auf Ausbildungsmessen, Informationen von Berufsberatern, den Austausch mit anderen Auszubildenden und Zeitungsartikel. Zeigen Sie, dass Sie sich rundum informiert haben.

ÜBUNG

Ausbildungsfirma

Bitte beantworten Sie nun die folgenden Fragen, die die gewünschte Ausbildungsfirma betreffen:

4. »Was wissen Sie über unsere Firma?«

   Ihre Antwort: ....

5. »Warum wollen Sie die Ausbildung gerade bei uns machen?«

   Ihre Antwort: ....

6. »Kennen Sie unsere Produkte/Dienstleistungen?«

   Ihre Antwort: ....

Fragen zum Praktikum

Ihr Praktikum ist Ihre erste Arbeitsprobe

Hintergrund: In der Schule gelten andere Regeln als im Berufsleben. Aus Ihren Noten können Ausbildungsverantwortliche keine Hinweise darauf entnehmen, wie Sie sich im Arbeitsalltag verhalten werden. Deshalb ist das Praktikum so wichtig: Es ist Ihr wichtigster Berührungspunkt mit der Berufspraxis.

Belegen Sie Ihre Erfahrungen

Antwortstrategie: Bringen Sie in Ihren Antworten ganz konkrete Beispiele für die (guten!) Erfahrungen, die Sie im Praktikum gemacht haben. Achten Sie auch darauf, Abteilungen und Positionen von Mitarbeitern der Praktikumsfirma richtig zu benennen. Beschreiben Sie ausgewählte Aufgaben und den Tagesablauf, und machen Sie klar, dass Sie mit dem Arbeitsalltag im Praktikum gut zurechtgekommen sind.

Praktikum

ÜBUNG

Nun geht es an die Beantwortung der folgenden Fragen zum Thema Praktikum:

7. »Was hat Ihnen in Ihrem Praktikum gefallen?«

   Ihre Antwort: ……………………………………

8. »Mit wem hatten Sie im Praktikum zu tun?«

   Ihre Antwort: ……………………………………

9. »Was haben Sie in Ihrem Praktikum gelernt?«

   Ihre Antwort: ……………………………………

Fragen zur Schule

Auch schulische Erfahrung sagt etwas über Sie aus

Hintergrund: Da ein Bewerber um einen Ausbildungsplatz üblicherweise nicht so viele Erfahrungen aus der Arbeitswelt mitbringt, ist für die Ausbildungsverantwortlichen natürlich auch die Schule wichtig. Bei den entsprechenden Fragen geht es zum einen darum, ob man in den für die Ausbildung wichtigen Fächern gut ist, aber auch darum, wie man mit Lehrern und Mitschülern klargekommen ist.

Sind Sie ein Teamplayer?

Antwortstrategie: Erklären Sie, dass Sie sich für diejenigen Fächer in der Schule interessieren, die für die Ausbildung wichtig sind. Dabei müssen Sie nicht unbedingt Supernoten haben. Wichtig ist nur, dass Sie mit den Lerninhalten in den Fächern zurechtkommen. Zudem sollten Sie herausstellen, dass Sie auch stets mit anderen Menschen auskommen. Geben Sie sich umgänglich. Zeigen Sie, dass Sie sich bemühen, in der Gruppe mitzuarbeiten.

ÜBUNG

Schule

Beantworten Sie nun die folgenden Fragen zum Thema Schule:

10. »Was sind Ihre Lieblingsfächer in der Schule und warum?«

Ihre Antwort: ....

....

....

11. »Welche Fächer liegen Ihnen nicht?«

Ihre Antwort: ....

....

....

12. »Wer ist Ihr Lieblingslehrer und warum?«

Ihre Antwort: ....

....

....

Fragen zu Hobbys

Hintergrund: Damit man ein umfassenderes Bild von Ihnen gewinnen kann, wird man Sie auch nach Ihren Hobbys fragen. Denn zu Ihrer Persönlichkeit gehört auch, was Sie in der Freizeit machen. Schließlich möchten Ausbildungsverantwortliche wissen, was für einen Menschen sie eigentlich vor sich haben.

Mit Hobbys Zusatzpunkte sammeln

Antwortstrategie: Die Hobbys und Interessen, die Sie im Vorstellungsgespräch nennen, passen im Idealfall zu Ihrem Ausbildungswunsch. Wer sich beispielsweise für eine technische Ausbildung bewirbt, kann mit einem Hobby wie »Mitglied der Jugendfeuerwehr« Zusatzpunkte sammeln. Aber keine Sorge, die Hobbys sind natürlich nicht ausschlaggebend. Wichtig ist, dass Sie dem Ausbildungsverantwortlichen zeigen, dass Sie sich auch in Ihrer Freizeit sinnvoll beschäftigen können.

Hobbys

ÜBUNG

Bitte beantworten Sie folgende Fragen, die Ihnen zum Thema Hobbys gestellt werden können:

13. »Was machen Sie in Ihrer Freizeit?«

Ihre Antwort: ....

....

....

14. »Wie würden Ihre Freunde/Mannschaftskameraden/Vereinskollegen Sie beschreiben?«

Ihre Antwort: ....

....

....

15. »Warum haben Sie sich gerade diese Hobbys ausgesucht?«

Ihre Antwort: ....

....

....

Fragen zu Stärken und Schwächen

Kennen Sie Ihre Stärken?

Hintergrund: Ausbildungsverantwortliche wollen wissen, ob sich Bewerber mit dem, was sie gut können (Stärken), und dem, was sie nicht so gut können (Schwächen), auseinandergesetzt haben. Niemand kann alles gleich gut. Wichtig ist aber, dass die Bewerber ihren Ausbildungsplatz so aussuchen, dass sie ihre Stärken auch einbringen können. Und dazu muss man sie erst einmal kennen.

Geben Sie Beispiele

Antwortstrategie: Überlegen Sie zunächst für sich selbst, was Sie besonders gut können und woran Sie Spaß haben. Im zweiten Schritt sortieren Sie Ihre Stärken danach, welche Ihnen während der Ausbildung helfen werden. Denken Sie an Ihr Praktikum, aber auch an Nebenjobs und geeignete Hobbys. Denn es ist wichtig, dass Sie auch immer beispielhafte Situationen angeben, in denen diese Stärken nützlich waren. Ihre Schwächen sollten Sie etwas abmildern, benutzen

Sie dazu Formulierungen wie »manchmal«, »es kommt vor« oder »ab und zu«.

ÜBUNG

Stärken und Schwächen

Bitte beantworten Sie folgende Fragen zu Stärken und Schwächen:

16. »Nennen Sie mir Ihre Stärken und Schwächen!«

Ihre Antwort: ....

....

....

17. »Was gelingt Ihnen besonders gut?«

Ihre Antwort: ....

....

....

18. »Wo haben Sie Schwächen?«

Ihre Antwort: ....

....

....

Fragen zur Persönlichkeit

Die Rolle der Soft Skills

Hintergrund: In Ihrer Ausbildung werden Sie täglich mit Kollegen, anderen Auszubildenden und Vorgesetzten zu tun haben. Aber auch der Kontakt mit Kunden gehört bei vielen Berufen dazu. Es reicht also nicht aus, nur über gutes Fachwissen zu verfügen: Die Fähigkeiten im Umgang mit anderen, auch soziale Kompetenzen oder Soft Skills genannt, spielen ebenfalls eine große Rolle. Daher wird in Vorstellungsgesprächen nach Eigenschaften wie »Teamfähigkeit«, »Leistungsbereitschaft« oder der »Fähigkeit zum selbstständigen Arbeiten« gefragt.

Glaubwürdigkeit ist wichtig

Antwortstrategie: Ganz wichtig ist, dass Ihre Antworten glaubwürdig klingen. Dazu müssen Sie auch hier Beispiele anführen. Zeigen Sie mit Ihrer Antwort, dass Sie wissen, dass der Einzelkämpfer out ist.

Behalten Sie stets im Blick, dass diejenigen Bewerber bevorzugt werden, deren Umgang mit anderen Menschen gut ist, die sich von Kritik nicht aus der Ruhe bringen lassen und die bei Schwierigkeiten nicht gleich aufgeben.

Persönlichkeit

ÜBUNG

Nun beantworten Sie bitte die folgenden Fragen, die Ihnen während des Vorstellungsgesprächs zu Ihrer Persönlichkeit gestellt werden können:

---

19. »Sind Sie teamfähig?«

Ihre Antwort: ....

....

....

---

20. »Was verstehen Sie unter Kundenorientierung?«

Ihre Antwort: ....

....

....

---

21. »Wie reagieren Sie, wenn Sie kritisiert werden?«

Ihre Antwort: ....

....

....

Stressfragen

Sind Sie stressresistent?

Hintergrund: Manche Fragen dienen gar nicht der Informationssuche, sondern man möchte Sie mithilfe der sogenannten Stressfragen einfach nur aus der Ruhe bringen. Dies tut man nicht, um Sie zu ärgern, sondern um zu sehen, ob Sie unter Druck patzig werden oder immer noch freundlich bleiben. Dieser Aspekt ist beispielsweise sehr wichtig bei einer Arbeit mit direktem Kundenkontakt.

Lassen Sie sich nicht unter Druck setzen

Antwortstrategie: Gehen Sie auf Vorwürfe, Angriffe und Unterstellungen gar nicht ein, sondern versuchen Sie, gelassen zu bleiben. Verfolgen Sie den eingeschlagenen Weg weiter: Betonen Sie nochmals, dass Sie wissen, dass diese Ausbildung wirklich die richtige für Sie ist, und liefern Sie Argumente dafür, warum Sie sich für die Ausbildung beworben haben. Räumen Sie Zweifel aus dem Weg, und stellen Sie Ihre Stärken in den Vordergrund.

ÜBUNG

Stressfragen

Beantworten Sie nun folgende Stressfragen:

22. »Warum sind Ihre Noten nicht besser?«

    Ihre Antwort: ....

    ....

    ....

23. »Glauben Sie, dass dieser Beruf wirklich zu Ihnen passt?«

    Ihre Antwort: ....

    ....

    ....

24. »Würden Sie sich selbst für diese Ausbildung einstellen?«

    Ihre Antwort: ....

    ....

    ....

25. »Haben Sie schon viele Absagen kassiert?«

    Ihre Antwort: ....

    ....

    ....

Ihre eigenen Fragen

Hintergrund: Im Vorstellungsgespräch fordern Ausbildungsverantwortliche die Bewerber – meistens gegen Ende des Gesprächs – auch dazu auf, eigene Fragen zu stellen. Damit wollen sie überprüfen, ob der

Schulabgänger auch wirklich ein Interesse an dem Ausbildungsberuf und der Ausbildungsfirma hat.

Formulieren Sie Ihre Fragen schon vorab

Antwortstrategie: Ihre eigenen Fragen können und sollten Sie vorbereiten. So vermeiden Sie, dass Ihnen auf die Schnelle nichts einfällt, denn schließlich ist es schwer, sich unter der stressigen Situation des Vorstellungsgespräches auch noch gute Fragen auszudenken. Beispielsweise kommen hier Fragen zum Ablauf der Ausbildung immer gut an.

Fragen, die Sie stellen können

ÜBERSICHT

- → »Wie viele Auszubildende gibt es noch bei Ihnen?«
- → »Wer ist mein Ansprechpartner in der Ausbildung?«
- → »Welche Stationen werde ich in der Ausbildung durchlaufen?«
- → »Wie viele Auszubildende werden später übernommen?«
- → »Wie sind die Arbeitszeiten?«
- → »Wie hoch ist die Ausbildungsvergütung?«
- → »Gibt es neben der Berufsschule noch zusätzlichen betrieblichen Unterricht?«
- → »Mit wem werde ich zusammenarbeiten?«
- → »Wo liegt für Sie der Schwerpunkt in der Ausbildung?«
- → »Soll ich bei Ihnen vor der Ausbildung noch ein Kurzpraktikum machen?«

Mit guter Vorbereitung zum Ziel

Sie haben soeben eine Menge Fragen kennen gelernt, die Ihnen im Vorstellungsgespräch für Ausbildungsplatzsuchende begegnen können. Blättern Sie nun zum Lösungsteil auf Seite 564, und vergleichen Sie Ihre Antworten mit unseren Beispielantworten. Damit sind Sie mit Ihrer Vorbereitung schon einen entscheidenden Schritt weitergekommen. Denn wenn Sie sich diese Fragen durch den Kopf gehen lassen und Ihre eigenen Antworten ausformulieren, sind Sie gut gerüstet. Sie gewinnen Sicherheit, da man Sie nicht mehr so leicht überraschen kann.

31. Fragen an Hochschulabsolventen

An Hochschulabsolventen werden andere Anforderungen gestellt als an Ausbildungsplatzsuchende oder Bewerber mit Berufserfahrung. Daher stellen Personalverantwortliche im Vorstellungsgespräch speziell auf Ihre Situation zugeschnittene Fragen. Diese stellen wir Ihnen in diesem Kapitel vor und zeigen Ihnen, worauf Sie achten müssen, um sie souverän und überzeugend zu beantworten.

Hochschulabsolventen sollten sich auf Fragen aus diesen Themenblöcken einstellen:

- → **Fragen zur Leistungsmotivation,**
- → **Fragen zur Entwicklung im Studium,**
- → **Fragen zu Praxiserfahrungen,**
- → **Fragen zur Persönlichkeit,**
- → **Fragen zum Unternehmen,**
- → **Fragen zu Engagement und Interessen,**
- → **Fragen zu Stärken und Schwächen,**
- → **Stressfragen,**
- → **Ihre eigenen Fragen.**

Fragen zur Leistungsmotivation

Realismus überzeugt

Hintergrund: Gefragt sind Hochschulabsolventinnen und Hochschulabsolventen, die sich gründlich mit möglichen beruflichen Einsatzfeldern und mit den Anforderungen in der praktischen Arbeit auseinandergesetzt haben. Die Firmenseite möchte von Ihnen erfahren, ob Sie ein realistisches Bild vom Berufsalltag haben.

Auch Hochschulabsolventen haben schon etwas zu bieten

Antwortstrategie: Gehen Sie in Ihren Antworten auf Erfahrungen aus Praktika und besondere Schwerpunktbildungen im Studium ein. Machen Sie nachvollziehbar, warum Sie sich gerade für diese Einstiegsposition entschieden haben, und liefern Sie Beispiele dafür, was Sie bereits über Ihr zukünftiges Arbeitsfeld recherchiert und erfahren haben.

Leistungsmotivation

ÜBUNG

Bitte beantworten Sie die folgenden Fragen, die Ihnen im Vorstellungsgespräch zum Thema Leistungsmotivation begegnen können:

1. »Warum haben Sie sich bei uns beworben?«

   Ihre Antwort: ....

2. »Was machen Sie an Ihrem ersten Arbeitstag?«

   Ihre Antwort: ....

3. »Was wollen Sie in fünf Jahren erreicht haben?«

   Ihre Antwort: ....

Fragen zur Entwicklung im Studium

Zielgerichtet und stringent

Hintergrund: In diesem Themenblock möchte man herausfinden, ob es einen roten Faden in Ihrem bisherigen biografischen Fortgang gibt. Firmen schätzen Kandidaten, die ihre eigene Entwicklung zielgerichtet vorantreiben. Zudem möchte man wissen, ob das von Ihnen gewählte Studium eine Notlösung mangels besserer Alternativen war oder eine bewusste Entscheidung für Ihren Traumjob.

Wie kann das Unternehmen von Ihren Erfahrungen profitieren?

Antwortstrategie: Betonen Sie, was Sie im Studium begeistert hat und mit welchen Themen Sie sich intensiv beschäftigt haben. Gehen Sie dabei taktisch vor, behalten Sie immer im Blick, von welchen Erfahrungen die Firma besonders profitieren würde. Stellen Sie auch heraus, dass Sie Ihre beruflichen Interessen rechtzeitig erkannt und im Studium zielgerichtet ausgebaut haben.

ÜBUNG

Entwicklung im Studium

Bitte beantworten Sie nun die folgenden Fragen zu Ihrer Entwicklung im Studium:

---

4. »Warum haben Sie sich für Ihren Studiengang entschieden?«

   Ihre Antwort: ……………………………………………………

   ……………………………………………………

   ……………………………………………………

---

5. »Was hat Ihnen in Ihrem Studium besonders gut gefallen?«

   Ihre Antwort: ……………………………………………………

   ……………………………………………………

   ……………………………………………………

---

6. »Was haben Sie im Studium getan, um Ihre Qualifikationen auszubauen?«

   Ihre Antwort: ……………………………………………………

   ……………………………………………………

   ……………………………………………………

Fragen zu Praxiserfahrungen

Dem Praxisschock vorbeugen

Hintergrund: Fragen zu Ihren Erfahrungen aus Praktika haben deshalb einen so hohen Stellenwert, weil die Firmen unbedingt vermeiden möchten, dass Sie am Praxisschock scheitern. Schließlich ist der Übergang von der Hochschul- in die Arbeitswelt nicht so einfach. Daher interessiert die Firmen, ob Sie Ihre Praktika bewusst genutzt haben, um Erfahrungen zu sammeln, oder ob Ihre Praktika für Sie nur eine lästige Pflichtübung waren.

Liefern Sie Beispiele

Antwortstrategie: Gehen Sie in Ihren Antworten auf eine beispielhafte Ebene. Zeichnen Sie die eine oder andere Aufgabe, die Sie bewältigt haben, nach. Idealerweise verwenden Sie Schlüsselbegriffe aus dem Tagesgeschäft. So machen Sie deutlich, dass Sie aktuelle Trends kennen und die zukünftigen Aufgaben realistisch einschätzen können.

Praxiserfahrungen

ÜBUNG

Bitte beantworten Sie diese Fragen zu Ihren Praxiserfahrungen:

7. »Was haben Sie in Ihrem Praktikum bei der Müller GmbH gelernt?«

   Ihre Antwort: ....

8. »Warum haben Sie nur zwei Praktika gemacht?«

   Ihre Antwort: ....

9. »Welches Praktikum hätten Sie noch gerne gemacht?«

   Ihre Antwort: ....

Fragen zur Persönlichkeit

Ihre Soft Skills sind gefragt

Hintergrund: Fragen zur Persönlichkeit zielen darauf ab, festzustellen, wie Sie sich im zwischenmenschlichen Bereich verhalten. Schließlich werden Sie an Ihrem Arbeitsplatz auf Menschen treffen, mit denen Sie gemeinsam Aufgabenstellungen lösen sollen. Man erwartet von Ihnen, dass Sie sich in ein Team integrieren können. Dazu gehört es, Konflikte konstruktiv zu lösen, bei Problemen Unterstützung einzufordern und auch anderen hilfreich zur Seite zu stehen.

Keine Problemschilderungen

Antwortstrategie: Die Versuchung, bei Fragen zur Persönlichkeit ins Negative abzugleiten, scheint für viele Bewerberinnen und Bewerber sehr groß zu sein. Schnell werden Probleme, Konflikte und Streitigkeiten thematisiert. Doch damit kommen Sie im Vorstellungsgespräch nicht weiter. Lassen Sie in Ihre Antworten lieber einfließen, dass Sie mit Professoren klargekommen sind, Mitstudenten geholfen haben und in Ihren Praktika ein gutes Verhältnis zu Vorgesetzten, Kollegen und Kunden hatten.

ÜBUNG

Persönlichkeit

Beantworten Sie bitte nun diese Fragen zum Thema Persönlichkeit:

10. »Welche Eigenschaft stört Sie an Menschen am meisten?«

Ihre Antwort: ....

....

....

11. »Welche persönlichen Fähigkeiten halten Sie für wichtig?«

Ihre Antwort: ....

....

....

12. »Welche Erwartungen haben Sie an zukünftige Kollegen?«

Ihre Antwort: ....

....

....

Fragen zum Unternehmen

Punkten Sie mit Branchenkenntnis

Hintergrund: Mit den Fragen zum Unternehmen möchte die Firmenseite herausfinden, ob Sie eine bewusste Entscheidung für Ihren künftigen Arbeitgeber getroffen haben. Selbstverständlich erwarten die Firmen nicht, dass Sie Insiderwissen mitbringen oder Ihnen alle Branchengeheimnisse vertraut sind. Sie sollten aber schon wissen, welche Produkte oder Dienstleistungen das Unternehmen anbietet und auf welchen Märkten es tätig ist.

Umfassende Informationen

Antwortstrategie: Recherchieren Sie vor einem Vorstellungsgespräch im Internet. Kerninformationen werden Sie auf der Homepage des Unternehmens finden, geben Sie aber auch den Firmennamen in Internetsuchmaschinen ein, um Pressemeldungen zu sichten. In Ihren Antworten sollten Sie stets die positiven Seiten des Unternehmens herausstellen. Kritik am Unternehmen ist im Vorstellungsgespräch fehl am Platz.

Unternehmen

ÜBUNG

Bitte beantworten Sie die folgenden Fragen, die Ihnen im Vorstellungsgespräch zum Unternehmen gestellt werden können:

13. »Seit wann interessieren Sie sich für unser Unternehmen?«

Ihre Antwort: ....

....

....

14. »Kennen Sie unsere Homepage?«

Ihre Antwort: ....

....

....

15. »Was wissen Sie über unsere Branche?«

Ihre Antwort: ....

....

....

Fragen zu Engagement und Interessen

Hintergrund: Um das Bild Ihrer Persönlichkeit abzurunden, werden auch Fragen zu Ihren Freizeitinteressen und Ihrem gesellschaftlichen Engagement gestellt. Die Firmen gehen davon aus, dass jemand, der Engagement in seinem Privatleben zeigt, auch an berufliche Aufgaben zielstrebig herangehen wird.

Was Ihre Hobbys über Sie aussagen

Antwortstrategie: Machen Sie mit Ihren Antworten deutlich, dass Sie auch außerhalb des Studiums Interessen haben. Geben Sie Beispiele dafür, dass Sie in Ihrer Freizeit die Kraft tanken können, die Sie für den Beruf brauchen, und dass Ihre Interessen breit gefächert sind. Doch Achtung: Lassen Sie nicht den Verdacht aufkommen, dass Ihnen Ihre Freizeitinteressen wichtiger sein könnten als Ihr Beruf!

ÜBUNG

Engagement und Interessen

Machen Sie sich nun an die Beantwortung der folgenden Fragen zu Ihrem Engagement und Ihren Interessen:

16. »Verbringen Sie Ihre Freizeit lieber allein oder in der Gruppe?«

    Ihre Antwort: ....

    ....

    ....

17. »Wie entspannen Sie sich?«

    Ihre Antwort: ....

    ....

    ....

18. »Was denkt Ihr Partner über Ihre beruflichen Pläne?«

    Ihre Antwort: ....

    ....

    ....

Fragen zu Stärken und Schwächen

Kennen Sie Ihre Stärken?

Hintergrund: Fragen nach Stärken und Schwächen sind ein fester Bestandteil vieler Vorstellungsgespräche. Für die Unternehmen ist es wichtig, herauszufinden, ob sich ein Bewerber mit sich selbst und seinen bisherigen Erfahrungen auseinandergesetzt hat. Der viel beschworene sozial kompetente Mitarbeiter muss sowohl seine Vorzüge kennen als auch seine Grenzen im Blick haben.

Das A und O: Glaubwürdigkeit

Antwortstrategie: Bei der Darstellung der eigenen Stärken geht es um die Glaubwürdigkeit. Die vom Bewerber geschilderten Stärken sollten zu den von ihm geäußerten Einstellungsargumenten passen. Antworten Sie nicht im Telegrammstil, belegen Sie Ihre Stärken lieber anhand von nachvollziehbaren Beispielen. Schwächen können Sie relativieren, indem Sie Ausdrücke wie »ab und zu« oder »gelegentlich« verwenden.

Stärken und Schwächen

ÜBUNG

Bitte beantworten Sie nun diese typischen Fragen zu Stärken und Schwächen:

19. »Wo liegen Ihre Stärken?«

Ihre Antwort: ....

....

....

20. »Haben Sie Schwächen?«

Ihre Antwort: ....

....

....

21. »Was würden Ihre Freunde an Ihnen kritisieren?«

Ihre Antwort: ....

....

....

Stressfragen

Keine Angst bei Stressfragen

Hintergrund: Üblicherweise geht es im Vorstellungsgespräch um einen gegenseitigen Informationsaustausch. Dass viele Bewerber das Gespräch trotzdem als bedrohlich empfinden, hat damit zu tun, dass unvorbereitete Bewerber oftmals nicht wissen, worauf ein Personaler mit seiner Frage hinauswill. Hinzu kommt, dass durchaus Fragen eingestreut werden, die den Kandidaten aus dem Konzept bringen sollen, um zu überprüfen, ob er gelassen bleibt.

Bleiben Sie sachlich

Antwortstrategie: Akzeptieren Sie, dass es zu der einen oder anderen Stressfrage kommen kann. Steigen Sie nicht auf Angriffe oder Unterstellungen ein. Bringen Sie das Gespräch mit Ihrer Antwort wieder auf eine sachliche Ebene, so zeigen Sie, dass Sie sich nicht provozieren lassen und auch schwierigen Gesprächssituationen gewachsen sind.

ÜBUNG

Stressfragen

Beantworten Sie jetzt die folgenden Stressfragen:

22. »Warum haben Sie bisher noch keinen Arbeitgeber gefunden?«

Ihre Antwort: ....

....

....

23. »Werden Sie die Freiheiten des Studentenlebens nicht vermissen?«

Ihre Antwort: ....

....

....

24. »Warum haben Sie Ihren Studiengang gewechselt?«

Ihre Antwort: ....

....

....

25. »Sind Sie nicht überqualifiziert?«

Ihre Antwort: ....

....

....

Ihre eigenen Fragen

Machen Sie sich schon vorab Gedanken

Hintergrund: Bewerber, die keine eigenen Fragen stellen, wirken passiv und desinteressiert. Wenn Sie geeignete Fragen stellen können, zeigt dies der Firma, dass Sie sich gut vorbereitet haben und sich ein genaueres Bild über die Aufgaben in der Position, die zukünftigen Kollegen und das Arbeitsumfeld machen möchten. Damit betonen Sie ein weiteres Mal, dass Sie Ihre berufliche Entwicklung nicht dem Zufall überlassen wollen.

Antwortstrategie: Bereiten Sie einige eigene Fragen vor, denn es ist immer wieder zu erleben, dass es so manchen Kandidaten die Sprache verschlägt, wenn sie mit der Aufforderung »Welche Fragen haben Sie noch an uns?« konfrontiert werden. Ziehen Sie aber keinen Zettel aus der Tasche, um Fragen abzulesen. Stellen Sie ein bis zwei Fragen, die bisher noch nicht beantwortet worden sind.

Fragen, die Sie stellen können

ÜBERSICHT

- »Wie verläuft die Einarbeitung?«
- »Gibt es wechselnde Einsatzgebiete in der Einarbeitungszeit?«
- »Wer ist mein direkter Vorgesetzter?«
- »Mit wem werde ich zusammenarbeiten?«
- »Wie viel Reisetätigkeit ist vorgesehen?«
- »Welche Entwicklungsmöglichkeiten gibt es im Unternehmen?«
- »Werden regelmäßig Mitarbeiterbeurteilungen durchgeführt?«
- »Gibt es die Gelegenheit für Auslandseinsätze?«
- »Wie hoch ist das Gehalt?«
- »Gibt es leistungsbezogene Zulagen?«

Optimal vorbereitet

Sie haben sich nun mit einer Menge Fragen vertraut gemacht, die Ihnen im Vorstellungsgespräch begegnen können. Blättern Sie zum Lösungsteil auf Seite 567, und vergleichen Sie Ihre Antworten mit unseren Beispielantworten. Damit sind Sie mit Ihrer Vorbereitung schon einen entscheidenden Schritt weitergekommen. Denn wenn Sie sich diese Fragen durch den Kopf gehen lassen und Ihre eigenen Antworten ausformulieren, sind Sie gut gerüstet. Sie gewinnen Sicherheit, da man Sie nicht mehr so leicht überraschen kann.

32. Fragen an berufserfahrene Bewerber

Mit der Einladung zum Vorstellungsgespräch sind berufserfahrene Bewerber zwar schon einen entscheidenden Schritt weiter, aber noch lange nicht am Ziel ihrer Wünsche. Im Vorstellungsgespräch beginnt die Überzeugungsarbeit von neuem. Personalverantwortliche, künftige Fachvorgesetzte oder Geschäftsführer wollen im Gespräch erfahren, ob der Bewerber, der vor ihnen sitzt, als neuer Mitarbeiter ein Gewinn für die Firma wäre. Wir zeigen Ihnen, wie Sie berufliche Stärken plausibel darstellen und wie Sie zeigen, dass Sie in die Firma beziehungsweise in das Team passen.

Berufserfahrene Bewerber müssen mit typischen Fragen zu den folgenden Themen rechnen:

- → **Fragen zum Einstellungswunsch,**
- → **Fragen zur Eigenmotivation,**
- → **Fragen zur Kundenorientierung,**
- → **Fragen zum Selbstbild,**
- → **Fragen zum Konfliktverhalten,**
- → **Fragen zur Veränderungsbereitschaft,**
- → **Fragen zum Unternehme,**
- → **Stressfragen,**
- → **Ihre eigenen Fragen.**

Fragen zum Einstellungswunsch

Begründen Sie Ihren Einstellungswunsch

Hintergrund: Fragen aus dem Themenblock »Warum sollten wir gerade Sie einstellen?« stehen im Mittelpunkt jedes Vorstellungsgesprächs. Aus Sicht der Firma haben Bewerber hier eine Bringschuld: Sie müssen selbst begründen können, warum sie glauben, mit den Anforderungen der neuen Stelle zurechtzukommen. Um ein Vorstellungsgespräch überhaupt in Gang zu bringen, wird der Bewerber in der Regel aufgefordert, sein berufliches Können und seinen Werdegang mit eigenen Worten zu erläutern. Die Firmenseite erwartet vor allem Informationen über die momentanen Aufgaben des Bewerbers und über besondere berufliche Erfolge.

Stellen Sie den Bezug zur neuen Stelle her

Antwortstrategie: Liefern Sie eine kurze Selbstpräsentation Ihres beruflichen Werdegangs, die Sie bereits zu Hause ausarbeiten und verinnerlichen sollten. Wenn Sie bereits längere Zeit im Berufsleben sind, sollten Sie sich dabei nicht in Details aus der weit zurückliegenden Ausbildung oder dem Studium verlieren. Konzentrieren Sie sich stattdessen darauf, möglichst viele Schnittpunkte zwischen Ihrer momentanen Position und der neuen Stelle herauszuarbeiten. Werden Sie konkret, indem Sie die Erfahrungen, Branchenkenntnisse und Erfolge betonen, die für die neue Stelle wichtig sind.

Einstellungswunsch

ÜBUNG

Bitte beantworten Sie die folgenden Fragen, die Ihnen während des Vorstellungsgesprächs zum Thema Einstellungswunsch gestellt werden können:

1. »Warum haben Sie sich gerade bei uns beworben?«

   Ihre Antwort: ....

   ....

   ....

2. »Können Sie Ihren Werdegang in einigen Sätzen zusammenfassen?«

   Ihre Antwort: ....

   ....

   ....

3. »Würden Sie Ihre berufliche Entwicklung bitte kurz skizzieren?«

   Ihre Antwort: ....

   ....

   ....

Fragen zur Eigenmotivation

Zeigen Sie sich motiviert und einsatzfreudig

Hintergrund: Mitarbeiterinnen und Mitarbeiter, die sich mit ihren beruflichen Aufgaben identifizieren können, sind bei den Firmen gefragt. Denn motivierte Kandidaten zeichnen sich dadurch aus, dass sie sich selbst berufliche Ziele stecken, auf deren Erreichung hinarbeiten und besser mit Rückschlägen umgehen können als unmotivierte Kollegen. Zusätzlich geben diese gefragten Mitarbeiter ihrem beruflichen Umfeld positive Impulse: Andere Kollegen lassen sich von der Motivation anstecken, Arbeitsabläufe werden optimiert, und gemeinsam erreichte Ziele schweißen das Team zusammen.

Liefern Sie Belege

Antwortstrategie: Machen Sie in Ihrer Antwort deutlich, dass Sie schon immer über eine hohe Eigenmotivation verfügt haben. Begründen Sie kurz, warum Sie sich für Ihre Ausbildung beziehungsweise Ihr Studium entschieden haben. Dann sollten Sie anhand passender Beispiele erläutern, was Sie bei der Erledigung Ihrer beruflichen Aufgaben antreibt und dass Sie sich auch von Rückschlägen nicht unterkriegen lassen. Sie werden bei den Personalverantwortlichen zusätzlich punkten können, wenn Sie zudem klarmachen, dass Sie sich beruflich – natürlich im Rahmen der neuen Stelle – immer weiterentwickeln möchten.

ÜBUNG

Eigenmotivation

Beantworten Sie nun bitte diese Fragen zur Eigenmotivation:

4. »Wie gehen Sie mit Rückschlägen bei der Arbeit um?«

   Ihre Antwort: ....

   ....

   ....

5. »Was motiviert Sie bei der täglichen Arbeit?«

   Ihre Antwort: ....

   ....

   ....

6. »Was ist Ihnen wirklich wichtig?«

   Ihre Antwort: ....

   ....

   ....

Fragen zur Kundenorientierung

Der Kunde ist König

Hintergrund: Die Bedeutung einer klar auf den Kunden ausgerichteten Geschäftsstrategie hat in den letzten Jahren immer weiter zugenommen. Insbesondere Bewerber aus den Bereichen Verkauf, Vertrieb, Marketing, Service und Beratung werden deshalb mit ausführlichen Fragen zu ihrer Kundenorientierung rechnen müssen. Da der Kontakt zwischen Kunde und Firma über die Schnittstellen Verkauf und Marketing, aber auch über den Service stattfindet, möchten die Firmen von Bewerbern um diese Stellen anhand anschaulicher Beispiele erfahren, wie sie vorgehen, um neue Kunden zu gewinnen und bestehende Kunden an die Firma zu binden.

Zeigen Sie Kundenorientierung

Antwortstrategie: Die Erfahrung zeigt, dass berufserfahrene Bewerber aus den Bereichen Verkauf, Marketing und Service über einen reichen Fundus an Beispielen für gelebte Kundenorientierung verfügen. Überlegen Sie sich also vor dem Gespräch, welche Beispiele aus Ihrer Berufspraxis am besten zu der ausgeschriebenen Stelle passen. Stellen Sie sich als jemand dar, der immer wieder aufs Neue Freude daran hat, Kunden von der Qualität seiner Produkte oder Dienstleistungen zu überzeugen. Zeigen Sie auch auf, dass Sie sich mit dem Erreichten niemals zufriedengeben, sondern permanent an einer Verbesserung der Stellung am Markt arbeiten.

Kundenorientierung

ÜBUNG

Die folgenden Fragen zur Kundenorientierung werden Personalverantwortliche Ihnen vielleicht ebenfalls stellen – bitte beantworten Sie sie nun:

---

7. »Ist Kundenorientierung an Ihrem Arbeitsplatz überhaupt wichtig?«

   Ihre Antwort: ....

   ....

   ....

---

8. »Was kann getan werden, damit die Mitarbeiter den Gedanken der Kundenorientierung noch stärker verinnerlichen?«

   Ihre Antwort: ....

   ....

   ....

→ FORTSETZUNG AUF DER NÄCHSTEN SEITE

9. »Was könnten Sie in Ihrem Arbeitsfeld dazu beitragen, dass wir am Markt mehr Kunden gewinnen?«

   Ihre Antwort: ....

   ....

   ....

Fragen zum Selbstbild

Wissen Sie, wo Ihre Stärken liegen?

Hintergrund: Bei den Fragen zu Ihrem Selbstbild geht es sowohl um die Einschätzung Ihrer individuellen beruflichen Stärken und Schwächen als auch darum zu erfahren, welches Bild Sie von sich im Umgang mit anderen Menschen haben. Im Vordergrund steht also der Abgleich von Selbst- und Fremdbild. Um den Wahrheitsgehalt Ihrer Antworten zu überprüfen, kann es passieren, dass Sie mit möglichen Brüchen im Lebenslauf oder kritischen Formulierungen aus Arbeitszeugnissen konfrontiert werden.

Bleiben Sie realistisch

Antwortstrategie: Zeichnen Sie ein realistisches Bild von sich. Schwierige Fachaufgaben und persönliche Unstimmigkeiten gehören zum Berufsalltag mit dazu. Anstatt zu behaupten, noch nie an die eigenen Grenzen gestoßen zu sein oder nie kleinere Streitigkeiten mit Kollegen oder Vorgesetzten zu haben, sollten Sie lieber Ihre Fähigkeit herausstellen, in kritischen Situationen Lösungen entwickeln zu können. Stellen Sie sich als konstruktiven Menschen dar, der weiß, dass die tägliche Arbeitswelt nicht immer rosarot gefärbt ist.

ÜBUNG

Selbstbild

Bitte beantworten Sie diese Fragen zum Thema Selbstbild:

10. »Was machen Sie, wenn Sie nicht weiterwissen?«

    Ihre Antwort: ....

    ....

    ....

11. »Was stört Sie am meisten an anderen Menschen?«

Ihre Antwort: ....

....

....

12. »Was erwarten Sie von Ihrem neuen Vorgesetzten?«

Ihre Antwort: ....

....

....

Fragen zum Konfliktverhalten

Wie belastbar sind Sie?

Hintergrund: Nicht wenige Personalverantwortliche sind der Überzeugung, dass Menschen erst dann ihr wahres Gesicht zeigen, wenn der Wind etwas rauer wird, wenn also zwischenmenschliche Konflikte auftreten. Daher werden in Vorstellungsgesprächen neuerdings auch spezielle Fragen zum Konfliktverhalten der Bewerber gestellt. Personalverantwortliche wollen herausfinden, wie die Kandidaten mit Meinungsverschiedenheiten, Belastungen, Enttäuschungen oder sonstigen Konfliktsituationen umgehen.

Konstruktive Lösungen

Antwortstrategie: Fragen zum Konfliktverhalten werden Sie dann mit Bravour meistern, wenn Sie typische Konfliktsituationen aus Ihrem Berufsfeld nennen können und gleichzeitig erläutern, wie Sie sie aufgelöst haben. Zeigen Sie, dass Sie vor Schwierigkeiten nicht weglaufen, sondern bereit sind, sich unangenehmen Situationen zu stellen. Betonen Sie Ihre Fähigkeit, nach Kontroversen wieder auf andere zugehen zu können, um gemeinsam konstruktive Lösungen zu entwickeln.

ÜBUNG

Konfliktverhalten

Bitte beantworten Sie im Folgenden diese Fragen zum Konfliktverhalten:

13. »Woran merken Ihre Kollegen, dass Ihre Geduld erschöpft ist?«

Ihre Antwort: ....

....

....

14. »Wie gehen Sie mit Kritik um?«

Ihre Antwort: ....

....

....

15. »Fühlen Sie sich an Ihrem bisherigen Arbeitsplatz ausreichend gefördert?«

Ihre Antwort: ....

....

....

Fragen zur Veränderungsbereitschaft

Halten Sie dem Druck stand?

Hintergrund: Der Veränderungsdruck, dem die Firmen eigentlich schon immer ausgesetzt waren, hat in den vergangenen Jahren enorm zugenommen. Restrukturierungen, Kostensenkungsprogramme, Abteilungsumgestaltungen oder Bereichszusammenlegungen finden in Firmen immer häufiger statt. Im Vorstellungsgespräch möchte man herausbekommen, ob Sie diesem Druck auf Dauer standhalten können.

Zeigen Sie sich flexibel und belastbar

Antwortstrategie: Machen Sie klar, dass Sie Veränderungen grundsätzlich weniger als Bedrohung, sondern vielmehr als Chance und Herausforderung sehen. Betonen Sie Ihre Fähigkeit, sich flexibel auf veränderte Anforderungen einzustellen. Liefern Sie Beispiele dafür, wie Sie in Zeiten knapper Kassen und dünner Personaldecken mit den Aufgaben in Ihrem Arbeitsbereich dennoch zurechtgekommen sind.

Veränderungsbereitschaft

ÜBUNG

Beantworten Sie nun die folgenden Fragen zum Thema Veränderungsbereitschaft:

16. »Können Sie mir zwei Beispiele für Ihre berufliche Flexibilität geben?«

    Ihre Antwort: ....

    ....

    ....

17. »Haben Sie sich in den letzten Jahren weiterentwickelt?«

    Ihre Antwort: ....

    ....

    ....

18. »Welches berufliche Erlebnis hat Sie geprägt?«

    Ihre Antwort: ....

    ....

    ....

Fragen zum Unternehmen

Informieren Sie sich gründlich

Hintergrund: Die Art und Weise, wie Bewerber Fragen zur Firma beantworten, ist für Personalverantwortliche in mehrfacher Hinsicht aufschlussreich: Zum einen lässt sich daran erkennen, wie ernsthaft die Bewerbung gemeint ist, da sich interessierte Bewerber auf diese Fragen üblicherweise gut vorbereiten. Zum anderen werden die Antworten als Arbeitsprobe für die Firma gedeutet. Man will erfahren, ob der Bewerber die unausgesprochene Aufgabe »Bereiten Sie das Vorstellungsgespräch gründlich vor« erkannt und ernst genommen hat.

Machen Sie auf Ihre Recherchen aufmerksam

Antwortstrategie: Mit dem gezielten Einsatz des Internets lassen sich ohne großen Aufwand die wichtigsten Informationen über den neuen Arbeitgeber recherchieren. Gehen Sie also auf die Homepage der Firma und geben Sie den Firmennamen in Suchmaschinen ein. Oder lassen Sie sich bei größeren Unternehmen Infomaterial direkt von der Firma schicken. Betonen Sie dann in Ihren Antworten, dass Sie sich vor dem Gespräch gründlich über die Firma informiert haben. Besonders gut macht es sich zudem, wenn Sie wichtige Mitbewerber kennen und darstellen können, welche Chancen und Risiken Sie für die zukünftigen Entwicklungen der Branche sehen.

ÜBUNG

Unternehmen

Bitte beantworten Sie die folgenden Fragen, die Ihnen zum Unternehmen gestellt werden können:

19. »Kennen Sie unsere Firmenhomepage?«

Ihre Antwort: ....

....

....

20. »Wissen Sie, wie viele Mitarbeiter wir haben?«

Ihre Antwort: ....

....

....

21. »Was ist das zentrale Problem unserer Branche?«

Ihre Antwort: ....

....

....

Stressfragen

Wie reagieren Sie auf Stress?

Hintergrund: Bei Stressfragen ist die Firmenseite häufig nur in zweiter Linie an der eigentlichen Antwort des Bewerbers interessiert. An erster Stelle steht vielmehr die Art und Weise, wie der Bewerber antwortet. Echte Stressfragen werden aus verschiedenen Gründen gestellt – beispielsweise, wenn die bisherigen Antworten der Bewerber nicht überzeugen konnten und jetzt durch gezieltes Nachfragen noch einmal überprüft werden sollen.

Bleiben Sie gelassen

Antwortstrategie: Zeigen Sie mit Ihrem Antwortverhalten, dass Sie sich nicht so schnell aus der Ruhe bringen lassen. Reagieren Sie auf Provokationen, Suggestivfragen oder Unterstellungen nicht mit Kampfrhetorik. Unfaire Angriffe seitens der Personalprofis laufen ins Leere, wenn Sie Ihr diplomatisches Geschick einsetzen und geduldig und freundlich antworten. Zeigen Sie Ihren Gesprächspartnern noch einmal, dass Sie wissen, was Sie beruflich können und was Sie wollen.

Stressfragen

ÜBUNG

Machen Sie sich nun an die Beantwortung der folgenden Stressfragen:

22. »Jetzt mal unter uns: Warum wollen Sie wirklich von Ihrem momentanen Arbeitgeber weg?«

    Ihre Antwort: ....

23. »Sind Sie in der Stelle nicht hoffnungslos überfordert?«

    Ihre Antwort: ....

24. »Mal ganz im Vertrauen: Man hat Ihnen doch eine Kündigung nahegelegt, oder?«

    Ihre Antwort: ....

25. »Was halten Sie von diesem Satz: Es gibt Menschen, die trinken den Kaffee lieber schwarz, wenn die Milch beim Chef steht?«

    Ihre Antwort: ....

Ihre eigenen Fragen

Hintergrund: Bewerber, die keine eigenen Fragen stellen, wirken auf die Personalverantwortlichen passiv und desinteressiert. Dagegen zeigt es der Firma, dass Sie sich gut vorbereitet haben, wenn Sie geeignete Fragen stellen können – Sie möchten sich ein genaueres Bild über die Aufgaben in der Position, die zukünftigen Kollegen und das Arbeitsumfeld machen. Damit betonen Sie ein weiteres Mal, dass Sie Ihre berufliche Entwicklung nicht dem Zufall überlassen möchten.

Stellen Sie inhaltliche Fragen

Antwortstrategie: Sie können Ihre Fragen stellen, wenn Sie merken, dass Sie sich in einer nicht so strukturierten Phase des Vorstellungsgesprächs befinden. Achten Sie darauf, zunächst Fragen zu den neuen Aufgaben, zur Einarbeitung, zu den neuen Kollegen oder dem neuen Vorgesetzten zu stellen. Fragen zu den Urlaubstagen, zu Sozialleistungen, zur Gleitzeit oder zum Gehalt gehören ans Ende des Gesprächs. So zeigen Sie, dass Sie nicht vornehmlich am Gehalt Interesse haben, sondern vor allem an der ausgeschriebenen Stelle.

ÜBERSICHT

Fragen, die Sie stellen können

- »Wie groß ist das Team, mit dem ich arbeiten werde?«
- »Wie viele Mitarbeiter werde ich führen?«
- »Wie sieht die Einarbeitung aus?«
- »Wer ist mein direkter Vorgesetzter?«
- »Gibt es einen Organisationsplan der Firma?«
- »Kann ich meinen Arbeitsplatz sehen?«
- »Wurde die Stelle neu geschaffen?«
- »Wenn nicht: Wie lange hat mein Vorgänger in dieser Position gearbeitet?«
- »Wie ist die Stelle in die Firmenorganisation eingebunden?«
- »Mit welchen Abteilungen werde ich besonders eng zusammenarbeiten?«
- »Welchen Abteilungen/Vorgesetzten gegenüber bin ich berichtspflichtig?«
- »In welchen zeitlichen Anteilen stehen meine Aufgaben zueinander?«
- »Wie wichtig ist die Reisetätigkeit und welchen zeitlichen Anteil hat sie?«
- »Werde ich auch im Ausland für das Unternehmen tätig sein?«
- »Gibt es Weiterbildungsmöglichkeiten?«
- »Gibt es Aufstiegsmöglichkeiten?«
- »Gibt es besondere Sozialleistungen?«

- → »Ist das Arbeiten in Gleitzeit möglich?«
- → »Werden Überstunden ausgeglichen?«
- → »Wie sieht die Urlaubsregelung aus?«
- → »Wie hoch ist das Gehalt, und aus welchen Bestandteilen setzt es sich zusammen?«
- → »Gibt es außertarifliche Leistungen? Eine betriebliche Altersvorsorge/Lebensversicherung?«

Vergleichen Sie Ihre Antworten

Sie haben nun einige Fragen beantwortet, die Ihnen im Vorstellungsgespräch begegnen können. Blättern Sie zum Lösungsteil auf Seite 571, und vergleichen Sie Ihre Antworten mit unseren Beispielantworten. Durch das Ausformulieren Ihrer eigenen Antworten sind Sie bereits einen großen Schritt weiter gekommen. Sie haben an Sicherheit gewonnen, da man Sie nicht mehr so leicht überraschen kann.

33. Problematische Bewerbungen

Für sogenannte problematische Bewerbungen gelten im Vorstellungsgespräch zusätzliche Anforderungen, die oft unausgesprochen bleiben. Diese Anforderungen müssen berücksichtigt werden, wenn sich diese Bewerber im Gespräch durchsetzen wollen. In diesem Kapitel erläutern wir, wie sich Vorurteile entkräften lassen.

Brüche gehören dazu

Kein Mensch hat eine geradlinig verlaufende berufliche Erfolgsstory vorzuweisen. Jeder muss Brüche erklären oder umbenennen. Bei manchen Bewerbern sind diese Brüche jedoch deutlich größer. Deren Bewerbungen nennt man problematische Bewerbungen. Personalverantwortliche unterteilen sie in folgende Gruppen:

→ **Arbeitslose (Bewerber, deren letztes Arbeitsverhältnis mehr als sechs Monate zurückliegt),**
→ **Wiedereinsteiger (zum Beispiel Frauen nach der Kinderpause oder Bewerber, die eine Fort- und Weiterbildungsmaßnahme durchlaufen haben),**
→ **40-plus-Bewerber (Bewerber, die älter als 40 Jahre sind),**
→ **Dauerwechsler (Bewerber, die in fünf Jahren mehr als drei Arbeitgeber hatten).**

Für alle diese Bewerber gilt, dass sie – vorausgesetzt, sie verfügen über die vom neuen Arbeitgeber verlangten fachlichen Kenntnisse und persönlichen Fähigkeiten – prinzipiell die gleichen Chancen wie andere Bewerber haben. Allerdings wird man ihnen im Vorstellungsgespräch spezielle Fragen stellen, um ihre Leistungsbereitschaft und die Motivation ihrer Bewerbung genauer zu hinterfragen.

Bringen Sie Belege für Ihre Kenntnisse

Optimieren Sie deshalb Ihr Antwortverhalten. Kontrollieren Sie Ihre Kommunikation auf Abschweifungen und überlange Antworten. Trainieren Sie, gegebenenfalls kürzer und knapper zu antworten, wecken Sie dabei aber das Interesse des Gesprächspartners durch konkrete Belege für die von Ihnen verlangten fachlichen Kenntnisse und persönlichen Fähigkeiten. So kann die andere Seite Ihre Kompetenzen erkennen und hat die Möglichkeit, gezielt nachzufragen.

Entkräften Sie Vorurteile

Seien Sie ehrlich: Würden Sie jemanden einstellen, der

- → **zum Stillstand gekommen ist,**
- → **sich nicht mehr weiterentwickelt,**
- → **frustriert ist und innerlich gekündigt hat,**
- → **Erfolgserlebnisse im Freizeitbereich sucht oder**
- → **keine Ziele mehr hat?**

Stellen Sie Ihre Motivation und Ihre Leistungsfähigkeit heraus

Wir erleben in unserer Beratungspraxis immer wieder, dass viele Bewerber ganz unabsichtlich im Vorstellungsgespräch diesen Eindruck erwecken. Dieser negative Eindruck entsteht durch ein Zusammenwirken von ungeschickten Formulierungen des Bewerbers mit Vorurteilen der Personalverantwortlichen.

Wichtig für Personalverantwortliche ist es, Ihre Leistungsfähigkeit und Ihre Arbeitsmotivation festzustellen. Bei der Einschätzung dieser beiden Punkte treffen Sie natürlich auf gewisse Vorurteile Ihnen gegenüber. Sehen Sie die Situation Vorstellungsgespräch einmal aus der Sicht derjenigen, die Sie beurteilen wollen:

- → **»Ist er in seinem bisherigen Arbeitsumfeld kaltgestellt worden?«**
- → **»Kann sie sich an den neuen Kollegenkreis gewöhnen?«**
- → **»Ist er vom langen Berufsleben ausgebrannt?«**
- → **»Bringt sie noch die Leistung, die ich von einer Jüngeren erwarten kann?«**
- → **»Gehen mit zunehmendem Alter auch zunehmende Fehlzeiten einher?«**
- → **»Kaufe ich einen theorieblinden Praktiker ein?«**
- → **»Wechselt sie, um eine neue Herausforderung zu suchen oder weil sie mit den Anforderungen ihrer bisherigen Stelle nicht mehr zurechtkommt?«**

Zeigen Sie sich aktiv!

Sie müssen damit rechnen, dass Personalverantwortliche Ihnen gegenüber bestimmte Vorurteile hegen. Durch eine gute inhaltliche Ausgestaltung Ihrer Selbstpräsentation entkräften Sie jedoch Fehleinschätzungen zu Ihrer Person. Im Bewerbungsgespräch wird man Sie mit tiefergehenden Fragen zu den problematisch erscheinenden Abschnitten in Ihrem Berufsweg konfrontieren. Vergessen Sie nicht, dass auch hier die Zielrichtung ist, zu überprüfen, wie stressresistent Sie sind und inwieweit Sie sich mit sich selbst auseinandergesetzt haben.

Das sollten Sie sich merken:
Für problematische Bewerbungen gilt noch mehr als für andere: Die aktive Einflussnahme des Bewerbers auf seine berufliche und persönliche Entwicklung muss herausgestellt werden.

Verdeutlichen Sie Ihr Engagement

Um zu überzeugen, müssen Sie Ihre berufliche Weiterentwicklung in den Vordergrund stellen – beispielsweise indem Sie darlegen, dass Sie neue Verantwortungsbereiche und Aufgaben übernommen oder Projekte geleitet haben, dass Sie sich ehrenamtlich engagieren oder berufliche Erfolge nachweisen können. Formulieren Sie so, dass erkennbar wird, dass Sie Ihrer beruflichen Entwicklung immer wieder neue Impulse gegeben haben. Verdeutlichen Sie, wie Sie sich ständig neue Ziele gesetzt haben und durch welche Maßnahmen Sie diese Ziele erreicht haben.

Das Vorstellungsgespräch bei problematischen Bewerbungen

Überzeugen Sie durch eine optimale Selbstpräsentation im Vorstellungsgespräch: Ihr Marketing in eigener Sache gilt als Arbeitsprobe. Sie zeigen durch eine gut aufbereitete Präsentation, dass Sie ein Mensch sind, der bei neuen Herausforderungen geistig »am Ball bleibt«.

Die PR-Assistentin nach der Erziehungszeit

BEISPIEL

Eine Wiedereinsteigerin verpasst im Vorstellungsgespräch die Chance, Personalverantwortliche für sich einzunehmen, wenn sie auf die Frage »Was reizt Sie an der ausgeschriebenen Position?« antwortet: »Ich war ja schon einmal PR-Assistentin. Dann kamen die Kinder, und ich musste aufhören. Jetzt kann ich wieder anfangen, aber ich muss mich erst einmal orientieren.«

Als Antwort wäre besser geeignet: »Die Zusammenarbeit mit Agenturen ist mir vertraut. Wie man Unternehmenspolitik so aufbereitet, dass eine positive Resonanz in der Presse entsteht, weiß ich aus meiner beruflichen Erfahrung. Das Internet bietet zusätzliche Möglichkeiten der Unternehmensdarstellung. Diese Möglichkeiten möchte ich für Sie nutzen.«

Zeigen Sie, wie Sie Ziele erreichen

Zeigen Sie im Vorstellungsgespräch anhand konkreter Beispiele, dass Sie ein Mensch sind, der sowohl bei der eigenen beruflichen Entwicklung als auch bei Aufgabenstellungen am Arbeitsplatz von sich aus aktiv wird. Machen Sie Ihre bisherige Entwicklung deutlich. Stellen Sie dar, welche Ziele Sie sich gesetzt haben, und verdeutlichen Sie, mit welchen Maßnahmen, beispielsweise Weiterbildungen, Sie diese Ziele erreicht haben.

Der arbeitslose Energietechniker

BEISPIEL

Einem arbeitslosen Energietechniker, der für einen Energiekonzern im Außendienst tätig werden wollte, wurde diese Frage gestellt: »Glauben Sie, dass Sie noch den Anschluss an aktuelle Entwicklungen in Ihrem Berufsfeld finden?« Seine Antwort überzeugte nicht: »Mit vierzig gehört man ja heute schon zum alten Eisen. Dabei haben wir Älteren doch auch unsere Vorzüge. Wenn die Entwicklung auch weitergegangen ist, bin ich doch immer noch ein Mann aus der Praxis.«

Er hätte seine Qualifikationen konkreter darstellen müssen, etwa so: »Nachdem ich einige Zeit als Energietechniker gearbeitet habe, wollte ich mehr Beratung direkt beim Kunden leisten. Ich habe dann eine Stelle im Außendienst gesucht. Um Kunden umfassend beraten zu können, habe ich eine kaufmännische Weiterbildung gemacht. Die Liberalisierung des Strommarkts ist für mich eine gute Gelegenheit, meine kaufmännischen Kenntnisse und meine Erfahrungen als Energietechniker in der Beratung von Stromkunden einzusetzen.«

Zeigen Sie auf, dass Ihre persönlichen Fähigkeiten Ihnen bei der Bearbeitung fachlicher Aufgaben geholfen haben. Stellen Sie Ihre persönlichen Stärken genauso heraus wie Ihre fachlichen Kenntnisse. Machen Sie deutlich, dass Sie bisher erfolgreich gearbeitet haben und dies auch in Zukunft tun werden.

Die wechselfreudige Pharmareferentin

BEISPIEL

Eine Bewerberin, die in relativ kurzer Zeit viermal den Arbeitgeber gewechselt hatte, wurde mit der Frage konfrontiert: »Warum haben Sie so oft den Arbeitsplatz gewechselt?« Bei der Antwort stellte sie jedoch nur ihre Berufsbezeichnung in den Vordergrund: »Als staatlich geprüfte Pharmareferentin konnte ich mir meine Arbeitgeber aussuchen. Es war für mich nicht so wichtig, für wen ich gerade tätig war.«

Um ihre persönlichen Stärken zu verdeutlichen, hätte sie besser so geantwortet: »Meine Stärke ist, dass ich mich immer schnell in die neue Produktpalette einarbeiten kann. Auch zu meinen Kunden habe ich schnell einen guten Draht entwickelt, so konnte ich erfolgreich für meine Arbeitgeber tätig sein. Ich habe mich nie auf einer Position ausgeruht, für mich war es immer wichtig, Verkaufserfolge zu erzielen.«

Präzisieren Sie Ihre Erfahrungen

Je mehr berufliche Erfahrung Sie gesammelt haben, desto präziser müssen Sie Ihre Bewerbung aufbereiten. Die zentrale Frage »Was haben Ihre bisherigen beruflichen Erfahrungen mit der ausgeschriebenen Position zu tun?«, muss von Ihnen schlüssig beantwortet werden.

Der 40-plus-Außendienstmitarbeiter

BEISPIEL

Ein 48-jähriger Außendienstmitarbeiter, der schon für viele Firmen tätig gewesen ist, bewirbt sich bei einem Werbemittelversand. Die Frage »Wie wollen Sie Ihre Erfahrungen für uns einsetzen?« beantwortet er leider so: »Ich bin ja viel rumgekommen und habe schon in viele Branchen reingerochen. Vertrieb ist Vertrieb, das kann man, oder man kann es nicht. Mir kann man nichts mehr vormachen, geben Sie mir ein Produkt, ich verkaufe es.«

Um seine bisherige Berufserfahrung für die neue Stelle gezielt aufzubereiten, hätte er besser so formuliert: »Bei meinen bisherigen Tätigkeiten im Vertrieb gehörten Werbemittel für mich zum täglichen Handwerkszeug. Beim Einsatz von Werbemitteln muss man die Gegebenheiten beim Kunden im Blick haben, damit der optimale Werbeeffekt entsteht. Diese Erfahrung würde ich gerne Ihren Kunden vermitteln und so Ihre Produkte verkaufen.«

Sie sehen an unseren Beispielen, dass eine gut vorbereitete und auf den Punkt gebrachte Selbstpräsentation der beste Weg ist, um bestehende Vorurteile bei Personalverantwortlichen auszuräumen. Sie brauchen konkrete Belege für bisherige berufliche Erfolge, und Sie müssen in der Lage sein, Ihre Berufserfahrung auf die neue Stelle zuzuschneiden.

Sicherheit durch Ihre Selbstpräsentation

Ein Hauptfehler bei vielen Bewerbern ist immer wieder, dass sie vorwiegend negative Erlebnisse thematisieren. Aufgrund der Brüche in der beruflichen Entwicklung ist dies zwar verständlich, bringt Sie aber dem Ziel, einen neuen Arbeitsvertrag angeboten zu bekommen, auf keinen Fall näher. Damit bei Personalverantwortlichen im Bewerbungsgespräch keine Vorurteile hochgespült werden, müssen Sie – ganz besonders bei problematischen Bewerbungen – Selbstanklagen, Schuldzuweisungen an andere und eine Vergangenheitsfixierung unbedingt vermeiden. Positive Formulierungen zeigen, dass Sie fest mit beiden Beinen im Berufsleben stehen und erfolgsorientiert sind.

Das sollten Sie sich merken:
Beantworten Sie die zu Ihrer momentanen Situation passenden Fragen. Gehen Sie nicht auf Unterstellungen ein. Verzichten Sie auf die Darstellung von Problemen, Konflikten und Fehlentwicklungen. Stellen Sie Ihre Stärken heraus, benennen Sie konkrete berufliche Erfolge. Beziehen Sie sich in Ihren Antworten auf die Anforderungen der ausgeschriebenen Stelle.

ÜBUNG

Fragen an Arbeitslose

»Bedeutet diese Stelle nicht einen beruflichen Abstieg für Sie?«

Negative Antwort: »Ich bin jetzt so weit, dass ich alles nehme, was mir angeboten wird.«

Positive Antwort: »Für mich ist es wichtig, meine berufliche Entwicklung fortzusetzen. Die Gelegenheit, mich in einer neuen Stelle zu beweisen, steht für mich im Vordergrund.«

Ihre Antwort: ....

....

....

»Würden Sie sich selbst einstellen?«

Negative Antwort: »Wenn ich ehrlich bin, nein.«

Positive Antwort: »Wenn ich eine berufliche Position zu vergeben hätte, in der ich meine Fähigkeiten nutzbringend einsetzen kann, ja. So habe ich bisher in meiner Tätigkeit als ....« (Denken Sie an Ihre Selbstpräsentation.)

Ihre Antwort: ....

....

....

»Sind Sie nicht überqualifiziert für diese Position?«

Negative Antwort: »Das stimmt, aber wenn ich erst mal wieder im Beruf bin, kann ich mir dann ja was Besseres suchen.«

Positive Antwort: »Für mich steht die Aufgabe im Vordergrund. Ich möchte die beruflichen Aufgabenstellungen lösen, die mein neues Tätigkeitsfeld mit sich bringt. Auch in meiner letzten Tätigkeit habe ich neben anderen Aufgaben die Tätigkeiten .... ausgeführt.«

Ihre Antwort: ....

....

....

....

→ FORTSETZUNG AUF DER NÄCHSTEN SEITE

»Was tun Sie, wenn Sie diese Stelle nicht bekommen?«

Negative Antwort: »Dann weiß ich, dass es sowieso alles keinen Sinn hat.«

Positive Antwort: »Ich befinde mich in der aktiven Bewerbungsphase. Auf einige Bewerbungen habe ich bisher noch keine Rückmeldungen erhalten. Ich werde mich weiter bewerben und die Gelegenheiten wahrnehmen, in Vorstellungsgesprächen mein berufliches Profil darzustellen.«

Ihre Antwort: ....

....

....

»Werden Sie sich noch einmal beruflich umorientieren?«

Negative Antwort: »Kann schon sein.«

Positive Antwort: »Ich möchte in einer Position arbeiten, in der ich meine Erfahrungen und Qualifikationen einbringen kann. Selbstverständlich möchte ich mich aber auch weiterentwickeln und weiterbilden. Ich glaube, dass das innerhalb meines Berufsfeldes möglich ist.«

Ihre Antwort: ....

....

....

»Könnten Sie auf das Berufsleben verzichten, wenn Sie finanziell abgesichert wären?«

Negative Antwort: »Da können Sie sicher sein.«

Positive Antwort: »Nein. Ich finde, dass die finanzielle Seite nur eine Seite des Berufslebens ist. Zur Berufstätigkeit gehört ja auch, sich mit anderen Menschen auseinanderzusetzen, Ziele zu erreichen und sich dadurch zu motivieren.«

Ihre Antwort: ....

....

....

»Können Sie sich überhaupt noch für den Berufsalltag motivieren?«

Negative Antwort: »Ich glaube, dass jetzt eine große Umstellung auf mich zukommt.«

Positive Antwort: »Mich hat die ganze Zeit die Aussicht auf den Wiedereinstieg in den Berufsalltag motiviert. Ich arbeite gerne.«

Ihre Antwort: ....

....

....

»Warum waren Sie so lange arbeitslos?«

Negative Antwort: »Es waren halt schwierige Umstände, und wenn man erst einmal draußen ist, wird es immer schwerer, wieder Arbeit zu finden.«

Positive Antwort: »Ich hätte mir auch eine frühere Rückkehr ins Berufsleben gewünscht. Leider war es eine Zeit lang nicht möglich, eine Stelle zu finden, in der meine bisherige Berufserfahrung gefragt gewesen wäre.«

Ihre Antwort: ....

....

....

Fragen an Wiedereinsteiger: Mütter

ÜBUNG

»Wie wollen Sie Ihre Arbeit bei uns erledigen, wenn Ihr Kind krank wird?«

Negative Antwort: »Ich hoffe in diesem Fall auf Ihre Unterstützung. Schließlich kann ich mein Kind ja nicht einfach krank zu Hause liegen lassen.«

Positive Antwort: »Ich habe mir darüber auch schon Gedanken gemacht und für diesen Fall eine Möglichkeit der Betreuung meines Kindes organisiert, sodass ich auf jeden Fall meine Arbeitsaufgaben wahrnehmen kann.«

Ihre Antwort: ....

....

....

→ FORTSETZUNG AUF DER NÄCHSTEN SEITE

»Was haben Sie während der letzten Jahre getan, um beruflich am Ball zu bleiben?«

Negative Antwort: »Hören Sie mal, Kindererziehung ist schließlich ein Fulltime-Job.«

Positive Antwort: »Ich habe ausgewählte Seminare und Kurse besucht, zum Beispiel Computerkurse für Textverarbeitung und Tabellenkalkulation sowie Sprachkurse. Daneben habe ich in meinem Arbeitsgebiet Urlaubsvertretungen gemacht.«

Ihre Antwort: ....

....

....

»Glauben Sie nicht, dass Sie den Anschluss an aktuelle Entwicklungen in Ihrem Berufsfeld verpasst haben?«

Negative Antwort: »Ich weiß gar nichts von aktuellen Entwicklungen, hat sich denn etwas geändert?«

Positive Antwort: »Ich habe mich durch Gespräche, die Presse und Fachveröffentlichungen immer über Entwicklungen informiert. Daneben habe ich Fachbücher gelesen und mich so auf dem Laufenden gehalten.«

Ihre Antwort: ....

....

....

»Welche spezielle Unterstützung brauchen Sie in der Einarbeitungsphase?«

Negative Antwort: »Ich bin schon so lange raus aus dem Berufsleben, dass ich erst wieder langsam an meine neuen Aufgaben herangeführt werden müsste.«

Positive Antwort: »Nur die übliche Einarbeitung. Ich möchte mich mit den bei Ihnen üblichen Arbeitsabläufen vertraut machen. Beim Einsatz Ihrer Firmensoftware kann ich auf gute Kenntnisse in der Anwendung von Standardsoftware zurückgreifen. Um meine Arbeit gut mit den anderen Mitarbeitern abzustimmen, wäre es schön, wenn ich in der Einarbeitungszeit einen Ansprechpartner hätte.«

Ihre Antwort: ....

....

....

»Unterstützt Sie Ihr Partner bei Ihrem Wunsch nach beruflichem Wiedereinstieg?«

Negative Antwort: »Mein Partner ist nicht so begeistert, ich glaube, es wird ihm fehlen, dass ich mich den ganzen Tag um alles kümmern kann.«

Positive Antwort: »Ich habe vor meiner Bewerbungsphase meine beruflichen Wünsche mit meinem Partner durchgesprochen. Wir sind beide der Meinung, dass mein beruflicher Wiedereinstieg eine gute Sache ist.«

Ihre Antwort: ....

....

....

Fragen an Wiedereinsteiger: nach Fortbildungsmaßnahmen

ÜBUNG

»Warum haben Sie sich nicht während Ihrer alten Berufstätigkeit, abends und am Wochenende, weitergebildet?«

Negative Antwort: »Das wäre einfach nicht gegangen.«

Positive Antwort: »Bei dem Umfang der Weiterbildung wäre es für mich nicht möglich gewesen, meine beruflichen Aufgaben optimal zu erfüllen. Daher habe ich mich dafür entschieden, eine Vollzeitweiterbildung zu machen.«

Ihre Antwort: ....

....

....

→ FORTSETZUNG AUF DER NÄCHSTEN SEITE

»Was hat Ihnen an Ihrer Fortbildungsmaßnahme am meisten gefallen, was am wenigsten?«

Negative Antwort: »Schlecht waren die lustlosen Dozenten und die viel zu theoretischen Inhalte. Gut war, dass das Arbeitsamt wenigstens alle Kosten übernommen hat.«

Positive Antwort: »Sehr gut gefallen hat mir der Theorie-Praxis-Transfer. Ich konnte meine bisherigen beruflichen Erfahrungen einbringen und mich mit aktuellen Entwicklungen in dem von mir angestrebten Tätigkeitsfeld vertraut machen. Das integrierte Praktikum bot mir dann die Möglichkeit, mich ganz konkret auf meine zukünftigen Aufgaben vorzubereiten. Ein wesentlicher Vorteil war auch, dass betriebliche Aufgabenstellungen in Begleitseminaren noch einmal analysiert und durchgesprochen werden konnten, sodass sich sicherlich auch für die Firma ein hoher Nutzen einstellte. Nicht so gut gefallen hat mir, dass einige Teilnehmer eher mäßig motiviert waren.«

Ihre Antwort: ....

....

....

»Wie kamen Sie mit den Dozenten und den anderen Teilnehmern aus?«

Negative Antwort: »Ich möchte gar nicht an das, was da menschlich abging, erinnert werden.«

Positive Antwort: »Ich kam mit allen gut aus. Es kommt ja auch darauf an, was man selbst aus der Sache macht. Bei einigen Dozenten musste ich mehr vor- und nachbereiten als bei anderen. Und auch bei den Teilnehmern gab es engagierte und weniger engagierte.«

Ihre Antwort: ....

....

....

»Hätten Sie nicht auch ohne die Weiterbildungsmaßnahme eine Arbeit finden können?«

Negative Antwort: »Es war für mich wichtig, mal eine Zeit lang den beruflichen Druck und Stress hinter mir zu lassen.«

Positive Antwort: »Ich hätte sicherlich irgendeine Arbeit finden können. Das wäre dann aber keine Stelle gewesen, in die ich meine Stärken hätte einbringen können. Außerdem wollte ich für meinen neuen Beruf umfassend qualifiziert sein.«

Ihre Antwort: ……………………………………………………………………

……………………………………………………………………

……………………………………………………………………

»Welche andere Weiterbildungsmaßnahme wäre für Sie noch infrage gekommen?«

Negative Antwort: »Ich hätte auch etwas anderes genommen, aber mein Berater beim Arbeitsamt hatte nur noch einen Platz in dieser Maßnahme frei.«

Positive Antwort: »Da ich mich für eine Stelle als …………………… qualifizieren wollte, wäre für mich keine andere Weiterbildungsmaßnahme infrage gekommen.«

Ihre Antwort: ……………………………………………………………………

……………………………………………………………………

……………………………………………………………………

Fragen an 40-plus-Bewerber

ÜBUNG

»Sind Sie nicht zu alt für diese Position?«

Negative Antwort: »Nein.«

Positive Antwort: »Die neue Position ist für mich ein sehr interessanter Karriereschritt. Bisher habe ich mich mit den beruflichen Aufgaben

…………………………………………………………………… und

……………………………………………………………………

auseinandergesetzt. Dabei habe ich sehr gute Erfolge erzielt. Diese erfolgreiche Arbeitsweise werde ich auch in der neuen Position einsetzen.«

Ihre Antwort: ……………………………………………………………………

……………………………………………………………………

……………………………………………………………………

→ FORTSETZUNG AUF DER NÄCHSTEN SEITE

»Wie alt muss Ihr Stellvertreter mindestens sein, wie alt darf er höchstens sein?«

Negative Antwort: »Er kann ruhig jünger sein als ich, ich bringe ihm schon alles Wesentliche bei.«

Positive Antwort: »Sein berufliches Profil muss stimmen, denn die Akzeptanz bemisst sich letztendlich doch eher nach den Fähigkeiten als nach dem Alter.«

Ihre Antwort: ....

....

....

»Welche beruflichen Ziele haben Sie noch?«

Negative Antwort: »Ich glaube, dass es für mich nicht mehr viel zu erreichen gibt.«

Positive Antwort: »Ich möchte mich immer wieder neuen Aufgaben stellen. Ich weiß, dass ich die beruflichen Routineaufgaben auf meinem Gebiet schnell und effektiv lösen kann. Neben dem Tagesgeschäft würde ich auch gerne Sonderaufgaben oder Projektverantwortung übernehmen.«

Ihre Antwort: ....

....

....

»Was haben Sie jüngeren Kollegen voraus?«

Negative Antwort: »Lebenserfahrung.«

Positive Antwort: »Das kann ich so pauschal nicht sagen. Für mich war es wichtig und entscheidend, dass ich gemerkt habe, dass ich immer weiter lernen und mich weiterentwickeln muss, um auf der Höhe der Zeit zu bleiben. Berufseinsteigern habe ich sicherlich Branchenerfahrung und Berufspraxis voraus.«

Ihre Antwort: ....

....

....

»Was haben Sie für Ihre fachliche Weiterbildung getan?«

Negative Antwort: »In meiner Firma ist mir so etwas nicht angeboten worden, und für mich als Privatmensch wären die Seminare viel zu teuer gewesen.«

Positive Antwort: »Ich habe Fachmessen und Tagungen besucht und mir Fachvorträge angehört. Der Kontakt zu anderen Kollegen war mir immer wichtig und natürlich habe ich mich durch Fachbücher und Fachmagazine auf dem Laufenden gehalten.«

Ihre Antwort: ....

....

....

Fragen an Dauerwechsler

ÜBUNG

»Warum haben Sie Ihre Stellen so oft gewechselt?«

Negative Antwort: »Ich frage mich auch, warum ich mir immer wieder die falschen Arbeitgeber aussuche.«

Positive Antwort: »Ich habe mich immer bemüht, meine Interessen mit den Zielen des Unternehmens in Einklang zu bringen. Dabei war es für mich stets wichtig, die mir zugewiesenen Aufgaben einwandfrei zu erledigen. Bei mir hat sich die Situation ergeben, dass weitere Entwicklungsmöglichkeiten für mich innerhalb der Firma nicht in Sicht waren.«

Ihre Antwort: ....

....

....

»Wie kamen Sie mit Ihrem letzten Vorgesetzten aus?«

Negative Antwort: »Mein Vorgesetzter war ein Ausbund an Inkompetenz. Ich habe versucht, das auszugleichen, bin dabei aber immer wieder gegen eine Wand gerannt.«

Positive Antwort: »Wir kamen gut miteinander aus. Es gibt sicherlich auch einmal Differenzen, aber wenn beide es wollen, findet man immer einen Lösungsweg.«

→ FORTSETZUNG AUF DER NÄCHSTEN SEITE

Ihre Antwort: ....

....

....

»Welche Eigenschaften stören Sie an anderen Menschen am meisten?«

Negative Antwort: »Ich habe manchmal den Eindruck, dass mich viele Leute absichtlich ärgern wollen. Es stört mich besonders, wenn Leute meine Vorschläge nicht gleich begreifen und meinen Anweisungen nicht folgen wollen.«

Positive Antwort: »Ich erwarte von mir, dass ich mit anderen Menschen gut auskomme. Es stört mich manchmal, wenn bei einzelnen Menschen oder auch bei Gruppen ein allgemeiner Jammerzustand einsetzt und keine Bereitschaft mehr da ist, sich für gemeinsame Ziele einzusetzen.«

Ihre Antwort: ....

....

....

»Wie lange werden Sie bei uns bleiben?«

Negative Antwort: »Aufgrund meiner schlechten Erfahrungen bin ich da mit meiner Prognose lieber zurückhaltend.«

Positive Antwort: »Solange die Firma meine Arbeitskraft benötigt.«

Ihre Antwort: ....

....

....

CHECKLISTE

Checkliste für problematische Bewerbungen

- ◯ Können Sie konkrete Belege für die von Ihnen verlangten fachlichen Kenntnisse und persönlichen Fähigkeiten liefern?
- ◯ Können Sie Ihre Leistungsfähigkeit und Ihre Motivation mit Beispielen darlegen?

- ◯ Können Sie zeigen, dass Sie aktiv Einfluss auf Ihre berufliche und persönliche Entwicklung genommen haben?
- ◯ Stellen Sie Ihre berufliche Weiterentwicklung in den Vordergrund?
- ◯ Ist erkennbar, dass Sie Ihrer beruflichen Entwicklung immer wieder neue Impulse gegeben haben?
- ◯ Zeigen Sie, dass Sie sich immer wieder neue Ziele gesetzt haben, und belegen Sie, wie Sie diese Ziele erreicht haben?
- ◯ Zeigen Sie anhand konkreter Beispiele, dass Sie sowohl bei der eigenen beruflichen Entwicklung als auch bei Aufgabenstellungen am Arbeitsplatz von sich aus aktiv werden?
- ◯ Machen Sie deutlich, dass Sie bisher erfolgreich gearbeitet haben und dies auch in Zukunft tun werden?
- ◯ Vermeiden Sie die Fixierung auf Probleme und Schwierigkeiten?

34. Nach dem Vorstellungsgespräch

Mit dem Vorstellungsgespräch allein ist es noch nicht getan. Auch nach dem Gespräch müssen Sie aktiv bleiben. Was nach dem Gespräch auf Sie zukommt und wie Sie souverän damit umgehen, erläutern wir Ihnen in diesem Kapitel.

Vorstellungsgespräch auswerten

Nachdem Sie nun die erste Runde des persönlichen Kennenlernens hinter sich gebracht haben, ist es an der Zeit, in Ruhe eine erste Zwischenbilanz zu ziehen. Spielen Sie das Gespräch noch einmal in Gedanken durch und werten Sie es aus. Können Sie sich – auch nach dem ersten Vorstellungsgespräch – vorstellen, in der neuen Firma zu arbeiten?

Ihre Zwischenbilanz

Wägen Sie gründlich ab

Treffen Sie Ihre Entscheidung nicht voreilig und allein »aus dem Bauch« heraus. Gehen Sie stattdessen das Vorstellungsgespräch noch einmal in Gedanken vom Anfang bis zum Ende durch, und werten Sie es Punkt für Punkt aus. Wägen Sie gründlich alle Argumente ab, die für oder gegen eine Einstellung sprechen.

Den perfekten Arbeitsplatz gibt es leider nur sehr selten: Wir alle müssen mit dem einen oder anderen Kompromiss leben. Überlegen Sie sich daher genau, womit Sie zufrieden sind, wo Sie Zugeständnisse machen könnten und wo Sie auf gar keinen Fall einen Kompromiss eingehen möchten. Stellen Sie sich aus diesem Grund die Fragen aus unserer Übersicht zur Entscheidungsfindung, und ergänzen Sie sie durch eigene.

ÜBERSICHT

Entscheidungsfindung

→ Komme ich mit den Aufgaben klar, die im Mittelpunkt der neuen Stelle stehen?
→ In welchen Bereichen werde ich in der neuen Stelle Schwierigkeiten haben?
→ Wer wird mir bei der Einarbeitung zur Seite stehen?

- → Welche von mir favorisierten Aufgaben werde ich auch in der neuen Stelle wahrnehmen?
- → Finde ich einen guten Draht zu den Kollegen, die ich bisher kennen gelernt habe?
- → Könnte ich mit der neuen Chefin leben?
- → Wie wirkt die Firmenstimmung auf mich (anregend, depressiv, konservativ, kreativ)?
- → Ist die Bezahlung in Ordnung?
- → Kann ich mich mit den Produkten oder Dienstleistungen der neuen Firma identifizieren?
- → Kann ich mich in der neuen Stelle weiterentwickeln?
- → Werde ich im neuen Job meinen Fähigkeiten entsprechend eingesetzt?

Ihre Fragen: ....

....

....

....

Welche Kompromisse wollen Sie eingehen

Bei Ihrer Entscheidungsfindung spielt es natürlich auch eine Rolle, wie dringend Sie auf den neuen Arbeitsplatz angewiesen sind. Ein junger, räumlich mobiler Single mit einigen Jahren Berufserfahrung kann sicherlich anders an die Entscheidung herangehen als ein in seiner Region verwurzelter Familienvater, der noch die Raten fürs Reihenhäuschen abbezahlen muss. Dennoch lehrt die Erfahrung, dass Menschen sich nur bis zu einem gewissen Grad »verbiegen« können. Wenn absehbar ist, dass man mit den Kollegen überhaupt nicht warm werden wird oder sogar Streit vorprogrammiert ist, sollte man diese Warnsignale nicht ignorieren.

Dezent nachfassen

Aber auch der umgekehrte, positive Fall ist denkbar: Sie sind nach dem Vorstellungsgespräch regelrecht begeistert von den Aussichten, die die neue Stelle bietet. Dann sollten Sie Ihre positive Einschätzung unbedingt auch der Firmenseite mitteilen. Schreiben Sie eine kurze E-Mail oder einen knappen Brief an Ihren Ansprechpartner und betonen Sie darin zwei oder drei wesentliche Argumente, die aus Ihrer Sicht besonders für Sie sprechen.

Die E-Mail könnte beispielsweise so aussehen: »Sehr geehrter Herr Backhaus, ich möchte mich noch einmal für das produktive Gespräch mit Ihnen bedanken. Besonders angesprochen an der neuen Stelle hat mich die Möglichkeit, auch zukünftig Projektverantwortung zu übernehmen. Darüber hinaus kann ich auch meine Branchenkenntnisse optimal in die Stelle einbringen. Daher würde ich mich freuen, von Ihnen eine positive Nachricht zu bekommen.«

Eine solche E-Mail signalisiert dem angeschriebenen Firmenvertreter, dass Sie es mit Ihrer Bewerbung ernst meinen.

Was passiert im zweiten Vorstellungsgespräch?

Mit einem Vorstellungsgespräch allein ist es oft nicht getan. Beim ersten Gespräch wird vorrangig die Entscheidung getroffen, ob der Bewerber überhaupt als für die Stelle geeignet erscheint. Zu diesen Bedingungen kann die Bereitschaft zur Reisetätigkeit, zur Schichtarbeit, zur Teilzeitbeschäftigung oder zu einer befristeten Anstellung gehören. Auch die Gehaltsvorstellungen von Bewerber und Firma werden im Groben geklärt. Einzelheiten, die den späteren Arbeitsvertrag betreffen, werden meistens ausgeklammert.

Überzeugen Sie auch beim zweiten Gespräch

Kommt es dann zu einem zweiten Vorstellungsgespräch, sollten die Bewerber nicht in den Irrglauben verfallen, dass diese zweite Runde ein Selbstläufer ist. Denn im zweiten Vorstellungsgespräch können neue Personen auftauchen – beispielsweise der direkte Fachvorgesetzte, der Bereichsleiter oder auch der Geschäftsführer, der sich die letztendliche Entscheidung vorbehalten möchte. Es gilt die Regel, dass jeder am Entscheidungsprozess Beteiligte neu überzeugt werden muss. Insbesondere Ihre Einstellungsargumente müssen Sie deshalb ein weiteres Mal präsentieren.

Das sollten Sie sich merken:
Sie müssen auch im zweiten Gespräch Ihren konkreten Nutzen für die Firma herausstreichen. Sprechen Sie vor allem die neu hinzugekommenen Firmenvertreter an – der Personalverantwortliche wird sich nicht zum Anwalt Ihrer Sache machen.

Wiederholen Sie ruhig Ihre Argumente

Lassen Sie die Argumente, die für Ihre Einstellung sprechen, nicht unter den Tisch fallen, nur weil Sie sie im ersten Gespräch gegenüber dem Personalverantwortlichen bereits genannt haben. Bedenken Sie, dass Sie alle Entscheider auf den gleichen Informationsstand bringen müssen.

Natürlich spielen auch Gehaltsfragen, Urlaubsregelungen, Arbeitszeiten, Provisionen, Dienstwagennutzung, Zusatzversicherungen und

Betriebsrenten im zweiten Vorstellungsgespräch eine Rolle. Klären Sie diese Punkte aber lieber im letzten Drittel des Gesprächs, nicht direkt am Anfang.

Bleiben Sie Ihrer Linie treu

Fassen Sie das zweite Vorstellungsgespräch als Überprüfung der Ergebnisse aus der ersten Runde auf. Die Firmenvertreter werden daran interessiert sein, ob Sie auch im zweiten Gespräch bei Ihrer Linie bleiben. Deshalb wird man die Aufzeichnungen des ersten Vorstellungsgesprächs heranziehen und Ihnen Kontrollfragen stellen: Man will wissen, ob das gute Abschneiden im ersten Gespräch nur ein Zufall war oder ob Sie tatsächlich so gut sind.

Aber auch Sie können sich im zweiten Vorstellungsgespräch auf das erste beziehen. Machen Sie deutlich, dass Sie sich im Anschluss an das erste Kennenlernen eigene Gedanken gemacht haben, und betonen Sie, welche Aspekte Sie besonders angesprochen haben. Stellen Sie heraus, dass Sie wirklich eine bewusste Entscheidung treffen und gerne zu der neuen Firma wechseln möchten.

Geben Sie sich nach einem gut verlaufenen ersten Vorstellungsgespräch nicht vorschnell dem Siegestaumel hin. Setzen Sie Ihren souveränen Auftritt fort, bis Sie einen von der Firma unterschriebenen Arbeitsvertrag zugesendet bekommen – dann dürfen Sie die Sektkorken knallen lassen!

Checkliste für die Zeit nach dem ersten Vorstellungsgespräch

CHECKLISTE

- ◯ Was denken Sie über die neue Position nach dem ersten Vorstellungsgespräch?
- ◯ Sagt Ihnen die Atmosphäre in der Firma zu? Können Sie sich vorstellen, dort zu arbeiten?
- ◯ Spüren Sie innere Widerstände, wenn Sie daran denken, die neue Stelle zu übernehmen?
- ◯ Müssten Sie sich »verbiegen«, um in der neuen Position zu arbeiten?
- ◯ Können Sie alle Aufgaben der neuen Stelle bewältigen?
- ◯ Können Sie sich vorstellen, mit den neuen Kollegen und der neuen Chefin beziehungsweise dem neuen Chef angenehm zusammenzuarbeiten?

→ FORTSETZUNG AUF DER NÄCHSTEN SEITE

- ◯ Können Sie sich mit der neuen Stelle identifizieren?
- ◯ Ist ein zweites Vorstellungsgespräch angesetzt?
- ◯ Haben Sie sich auf das zweite Vorstellungsgespräch so intensiv vorbereitet wie auf das erste?
- ◯ Wer wird Ihnen im zweiten Vorstellungsgespräch gegenübersitzen?

DOWNLOAD

Ein Training für Ihr nächstes Vorstellungsgespräch finden Sie auch in den Zusatzmaterialien zu den Püttjer-und-Schnierda-Bewerbungsratgebern. Der Weg zum Download ist am Ende des Buches erklärt. Wir wünschen Ihnen viel Spaß beim Trainieren!

35. Gehaltsvorstellungen taktisch durchsetzen

Eine besondere Herausforderung im Vorstellungsgespräch ist die Verhandlung über das künftige Gehalt in der neuen Stelle. Diese Gehaltsverhandlung sollten Bewerberinnen und Bewerber nicht unvorbereitet oder gar blauäugig angehen. Schließlich gibt es oft einen gewissen Gehaltsspielraum, den Sie zu Ihren Gunsten ausloten sollten. Sie werden es leichter haben, wenn Sie Ihren Marktwert realistisch einschätzen, eine Erfolgsbilanz liefern, die Abwehrrhetorik der Firmenseite durchbrechen und Ihre Gehaltsziele gleichermaßen taktisch und hartnäckig verfolgen.

Sind Sie ein Gewinn für das Unternehmen?

Ist Ihr Profil für den neuen Arbeitgeber nicht interessant, wird es gar nicht erst zu Gehaltsverhandlungen kommen. Doch wenn das Unternehmen in Ihnen einen interessanten Bewerber sieht und Ihre Qualifikation einen Zugewinn für das Unternehmen bedeutet, wird es auch bereit sein, einen Teil dieses Gewinns an Sie auszuschütten. Ein Unternehmensvertreter wird mit Ihnen in Gehaltsverhandlungen einsteigen. Zu welchem Zeitpunkt diese Verhandlung stattfindet, wird unterschiedlich gehandhabt – manchmal wird mit Ihnen gleich im ersten Vorstellungsgespräch über das Gehalt verhandelt, manchmal wird aber auch ein zweites (oder drittes) Gespräch mit Ihnen geführt, in dem es dann ausschließlich um das Thema Gehalt und arbeitsvertragliche Regelungen geht.

Im Folgenden werden wir Ihnen die Besonderheiten erläutern, die bei Gehaltsverhandlungen in Vorstellungsgesprächen zu beachten sind.

Informationen sammeln

Recherchieren Sie vor einem Vorstellungsgespräch, welche Gehälter in Ihrer Branche für die angestrebte Position üblicherweise gezahlt werden. Lesen Sie dazu unsere Hinweise in Kapitel 10 (»Die Gehaltsfrage«) im Abschnitt »Die Gehaltshöhe ermitteln«. Dort erfahren Sie, wie Sie bei Ihrer Gehaltsrecherche am besten vorgehen.

Andere Informationsquellen

Nutzen Sie auch berufliche Kontakte: Auf Messen, Kongressen, Tagungen und Weiterbildungsveranstaltungen lässt sich in gelöster Atmosphäre die eine oder andere Information eruieren. Fragen Sie aber auf keinen Fall direkt, was Ihr Gesprächspartner verdient. Geben Sie sich lieber allgemein interessiert. Beispielsweise so: »Aus welchen Gehaltskomponenten setzt sich in Ihrem Unternehmen das Gehalt eines Abteilungsleiters zusammen?« oder »Ist es in Ihrem Unternehmen üblich, erfolgsbezogene Gehaltsbestandteile zu vereinbaren?«.

In manchen Unternehmen sind die gezahlten Gehälter und gewährten Zusatzleistungen Bestandteil des Personalmarketings. Presseveröffentlichungen oder die Selbstdarstellung des Unternehmens in Broschüren oder im Internet ermöglichen es Ihnen, spezielle Gehaltskomponenten vorab in Erfahrung zu bringen. Brüstet sich das Unternehmen beispielsweise mit herausragenden Sozialleistungen, können Sie unter Bezug auf Presseveröffentlichungen ruhig die jeweiligen Direktversicherungen und die Betriebsrente ansprechen.

Vorsicht Falle!
Nicht alle Informationen eignen sich, um als Forderungen in die Gehaltsverhandlung im Vorstellungsgespräch eingebracht zu werden. Der Wunsch, spätestens nach einem Arbeitsjahr das angebotene Sabbatical Year in Anspruch nehmen zu können, wäre genauso unglücklich wie der Hinweis auf die guten Wiedereinstiegsmöglichkeiten nach einem Erziehungsjahr.

Angemessene Gehaltsforderungen

Wenn Sie eine Zeit lang recherchiert haben, werden Sie feststellen, dass Sie die üblichen Gehaltstabellen differenzierter interpretieren können. Sie bekommen ein Gespür dafür, wie sich die Unternehmensgröße, die Marktstellung, die internationale Ausrichtung und der Unternehmensstandort auf das Gehalt auswirken. Bei einem mittelständischen Unternehmen, das für einen regionalen Markt produziert, ist eben eine andere Gehaltsforderung angebracht als bei einem international agierenden Konzern.

Neben diesen allgemeinen Informationen müssen Sie auch die speziellen Informationen über Ihre neue Position berücksichtigen. Aus der Stellenausschreibung lässt sich schon grob ersehen, wie hoch der Anteil an Dienstreisen ist, ob Auslandseinsätze geplant sind und ob Überstunden auf Sie zukommen. Weitere Informationen werden Sie direkt im Vorstellungsgespräch erhalten oder erfragen müssen. Besondere Belastungen in der neuen Position sollten von Ihrem neuen Arbeitgeber auch entsprechend honoriert werden. Sie können Ihre Forderungen dann am oberen Ende der recherchierten Gehaltsspanne einordnen.

Erstellen Sie eine Erfolgsbilanz

Die richtigen Argumente

Ohne das nötige Argumentationsmaterial geraten Sie in Gehaltsverhandlungen schnell ins Schleudern. Wenn Sie keine konkreten Gründe nennen können, die eine Erhöhung des Gehalts rechtfertigen, sind Sie völlig vom Wohlwollen Ihres Verhandlungspartners abhängig.

Bereiten Sie sich gründlich vor, damit Sie Einwände entkräften, konkrete Belege für Ihre Leistung liefern und mit unwiderlegbaren Tatsachen auftrumpfen können.

Von herausragender Bedeutung sind die Aktivitäten, die über das Tagesgeschäft hinausgehen. Überzeugende Aktivposten finden Sie in der folgenden Übersicht.

Überzeugende Aktivposten

ÜBERSICHT

→ Umsatzsteigerungen
→ Erzielung von Kostenvorteilen
→ Übernahme von Sonderaufgaben
→ Mitarbeit an abteilungsübergreifenden Projekten
→ Projektleitung
→ Wechselnde Einsatzorte
→ Auslandseinsätze
→ Dauerhafte Vertretung von Kollegen
→ Ausbau des Qualifikationsprofils
→ Zunahme der Personalverantwortung
→ Mitarbeiterschulungen
→ Repräsentationsaufgaben
→ Ausdehnung der Verantwortungsbereiche
→ Ausweitung der Tätigkeiten
→ Optimierung von Arbeitsabläufen
→ Qualitätsverbesserungen

In dem Beispiel »Erfolgsbilanz einer Marketingreferentin« finden Sie neben den herausgestellten Aktivposten auch Zahlenangaben, die die erfolgreiche Arbeit belegen.

Erfolgsbilanz einer Marketingreferentin

BEISPIEL

Eine Marketingreferentin findet für ihre Erfolgsbilanz diese Anhaltspunkte:

1. Initiierung und Organisation von Promotionveranstaltungen, Ausbau der Kundenkartei für Mailingaktionen um 50 Prozent,
2. Ausarbeitung von Produktstrategien und Vermarktungskonzepten aus detaillierten Marktanalysen, Steigerung der Produktverkaufszahlen um 30 Prozent durch Produktrelaunch,
3. Entwicklung von Produktdefinitionen und Umsatzprognosen,
4. Verwaltung von Marketingbudgets.

Nur wer im Vorstellungsgespräch detailliert belegen kann, dass er bereits nutzbringend für ein Unternehmen gearbeitet hat, liefert gute Gründe für den neuen Arbeitgeber, einen Vertrauensvorschuss in Form eines höheren Gehalts zu gewähren.

Erst die inhaltliche Vorarbeit versetzt Stellenwechsler in die Lage, ein vernünftiges Selbstmarketing im Gehaltsgespräch zu betreiben. Personalverantwortliche beschweren sich zu Recht über Bewerber, die in Gehaltsverhandlungen rein formal unter Rückgriff auf Stellenbezeichnungen argumentieren. Die Aussage »Ich bin Abteilungsleiter im Vertrieb. Wenn ich jetzt die Verantwortung für einen ganzen Unternehmensbereich übernehme, ist doch ein höheres Gehalt selbstverständlich!« überzeugt nicht. Machen Sie Unternehmensvertretern den Wert Ihrer Arbeitsleistungen verständlich. Dies funktioniert nur in einer inhaltlichen Auseinandersetzung und dafür brauchen Sie Argumentationsmaterial.

Damit Sie in Gehaltsgesprächen nicht mühsam nach Argumenten ringen müssen, sollten Sie Ihre Erfolgsbilanz ausführlich ausarbeiten.

ÜBUNG

So stärken Sie Ihre Verhandlungsposition: Ihre Erfolgsbilanz

Wenn Sie Ihre Erfolgsbilanz für Gehaltsverhandlungen in Vorstellungsgesprächen vorbereiten, können Sie auf Arbeitszeugnisse, Zwischenzeugnisse, Stellenbeschreibungen, Projektberichte oder Protokolle von Sonderaufgaben zurückgreifen. Dort finden Sie Tätigkeitsbeschreibungen, Etikettierungen und Formulierungen für die von Ihnen wahrgenommenen Tätigkeiten.

Gehen Sie auf Erfolge ein, mit denen Sie den neuen Arbeitgeber beeindrucken können. Wie in unseren Beispielen gezeigt, sind quantifizierbare Erfolge besonders gut dazu geeignet. Drücken Sie Verkaufserfolge, Umsatzsteigerungen oder von Ihnen verantwortete Einsparungen in Zahlen aus. Achten Sie aber darauf, dass Sie keine Geschäftsgeheimnisse preisgeben.

Aktuelle Position:

Tätigkeit 1: ....

Tätigkeit 2: ....

Tätigkeit 3: ....

Tätigkeit 4: ....

Tätigkeit 5: ....

Erfolg 1: ....

Erfolg 2: ....

Erfolg 3: ....

Vorhergehende Position:

Tätigkeit 1: ....

Tätigkeit 2: ....

Tätigkeit 3: ....

Tätigkeit 4: ....

Tätigkeit 5: ....

Erfolg 1: ....

Erfolg 2: ....

Erfolg 3: ....

(eventuell) Weiterbildung:

Inhalt 1: ....

Inhalt 2: ....

Inhalt 3: ....

Ihr Profil in der Gehaltsverhandlung

Leisten Sie Überzeugungsarbeit

Auch wenn im Vorstellungsgespräch die Eignung für die ausgeschriebene Stelle und die Höhe des Gehalts getrennt diskutiert werden oder sogar zwei separate Gespräche deswegen stattfinden, bedeutet das nicht, dass Sie Ihre Gehaltswünsche von Ihrem Profil abkoppeln sollten. Das Unternehmen wird die Gehaltshöhe an dem zu erwartenden Gewinn Ihrer Arbeitsleistung bemessen. Je deutlicher Sie plausibel machen, welche Leistung Sie erbringen werden, desto besser lässt sich Ihre Forderung nach einer entsprechenden Gegenleistung durch das Unternehmen begründen.

Wir wissen aus unserer Beratungspraxis, dass Unternehmen für besonders interessante Bewerber fast immer eine Lösung in der Gehaltsfrage finden. Wobei es natürlich die Aufgabe des Bewerbers bleibt, durch konsequente Überzeugungsarbeit die Gehaltshöhe nach oben zu treiben. Ein Fehler, der oft gemacht wird, besteht darin, dass die Bewerber im Lauf der Verhandlung an argumentativer Stärke verlieren. Ab einem gewissen Punkt meinen sie, die Angelegenheit in ihrem Sinn geregelt zu haben. Die zweite Runde des Bewerbungsgesprächs wird dann oft nur noch mit halbem Elan angegangen, was sich problematisch auswirken kann. Insbesondere dann, wenn Sie ein überdurchschnittliches Gehalt erzielen wollen, dürfen Sie in Ihrer Begründungs- und Überzeugungsarbeit nicht nachlassen.

Greifen Sie immer wieder auf Ihre Erfolgsbilanz zurück, um Ihre Gehaltsforderungen zu rechtfertigen. Verhandeln Sie nicht im luftleeren Raum, konfrontieren Sie den Personalverantwortlichen oder Fachvorgesetzten nicht mit unbelegbaren Zahlen. Verknüpfen Sie Ihre Gehaltswünsche mit Ihrem Profil. Bewerber, die nur um die Summe feilschen, wirken weder souverän noch glaubhaft.

Völlig losgelöst

Frage: »Ihre Forderung nach 45 000 Euro Jahresgehalt erscheint mir etwas hoch, finden Sie nicht auch?«

Negativantwort 1: »Na gut, 38 000 Euro.«
Negativantwort 2: »Eigentlich wollte ich sogar 50 000 Euro.«

Keine Zahlenspiele

Zahlenspiele bringen Sie in Gehaltsverhandlungen nicht weiter. Vergegenwärtigen Sie sich Ihre Erfolgsbilanz, wenn Sie nach Gründen für Ihren Gehaltswunsch gefragt werden. Liefern Sie Belege, die deutlich machen, warum Sie Ihr Geld wert sind.

Gehaltvoll argumentiert

Frage: »Ihre Forderung nach 45 000 Euro Jahresgehalt erscheint mir etwas hoch, finden Sie nicht auch?«

Antwort: »Meine Gehaltsforderung ist durch meine umfassende Projekterfahrung begründet. Ich habe bereits Projektteams von drei Mitarbeitern im Bereich der Produktentwicklung geführt. Der Markterfolg der Produkte spricht für sich. Da meine Projektverantwortung in der neuen Position noch ausgeweitet wird und die Abstimmung mit ausländischen Entwicklungslabors hinzukommt, halte ich den Gehaltsanteil in Höhe von 45 000 Euro für gerechtfertigt.«

Souverän bis zum Schluss

Ihre Begründungen für Ihren Gehaltswunsch dienen nicht nur der Verhandlungsführung. Sie zeigen dem Personalverantwortlichen auch, wie sicher Sie sich in Ihren Forderungen sind und wie ernst Ihnen Ihr Stellenwechsel ist. Wie im gesamten Vorstellungsgespräch achten Personalverantwortliche nicht nur auf die Antworten, die Sie geben, sondern auch auf die Art und Weise, in der Sie Aussagen machen. Jonglieren Sie nur mit Zahlen, beeinträchtigt dies Ihre souveräne Ausstrahlung. Wunschkandidaten sollten in Verhandlungen durchgängig ihr kommunikatives Geschick unter Beweis stellen. Machen Sie bis zum Ende des Bewerbungsverfahrens – dem Gehaltsgespräch – deutlich, dass Sie sich in Ihre Gesprächspartner hineinversetzen können, bereit sind zu argumentieren und ausdauernd Ihre Ziele verfolgen: Lernen Sie, Ihre Gehaltswünsche einleuchtend zu vertreten.

Gehaltswünsche begründen

ÜBUNG

Trainieren Sie nun, Gehaltsfragen inhaltlich zu beantworten. Betten Sie Ihre Forderungen immer in einen Begründungszusammenhang ein. Gewöhnen Sie sich daran, Ihre Gehaltswünsche unter Rückgriff auf Ihre Erfolgsbilanz zu verteidigen. Orientieren Sie sich an unserem Positivbeispiel »Gehaltvoll argumentiert«.

Setzen Sie sich mit den folgenden Fragen, die Ihnen in dieser Art auch im Vorstellungsgespräch begegnen können, auseinander:

Frage: »Glauben Sie nicht, dass Ihre Gehaltsvorstellungen zu hoch gegriffen sind?«

Ihre Antwort: ....

....

....

Frage: »Warum sollen wir Ihnen mehr Geld geben als den anderen Bewerbern?«

Ihre Antwort: ....

....

....

→ FORTSETZUNG AUF DER NÄCHSTEN SEITE

Frage: »Welche Summe müssten wir Ihnen bieten, damit Sie in unser Unternehmen wechseln?

Ihre Antwort: ....

....

....

Frage: »Wo liegt denn Ihre Schmerzgrenze?«

Ihre Antwort: ....

....

....

Frage: »Was wollen Sie bei uns verdienen?«

Ihre Antwort: ....

....

....

Frage: »Wir hatten Sie nicht nach dem Gehalt unseres Geschäftsführers gefragt. Wo liegen also Ihre realistischen Gehaltsforderungen?«

Ihre Antwort: ....

....

....

Frage: »So viel können wir Ihnen nicht bieten, welchen Betrag könnten Sie denn gerade noch tolerieren?«

Ihre Antwort: ....

....

....

Frage: »Wissen Sie überhaupt, wie die ausgeschriebene Stelle üblicherweise dotiert wird?«

Ihre Antwort: ....

....

....

Frage: »Was verdienen Sie denn im Moment?«

Ihre Antwort: ....

....

....

Frage: »Nennen Sie uns mal eine Summe.«

Ihre Antwort: ....

....

....

Beispiele für Gehaltsverhandlungen

Nutzen Sie Ihre Chance

Wenn es im Vorstellungsgespräch dann schließlich zur Klärung der Gehaltsfrage kommt, sind viele Bewerberinnen und Bewerber bereits völlig erschöpft und lassen sich das Heft aus der Hand nehmen. Sorgen Sie vor, damit Ihnen das nicht passiert. Vertreten Sie bis zum Ende aktiv Ihre Interessen. Der Einsatz lohnt sich: Die Chance, beim Stellenwechsel einen überdurchschnittlichen Gehaltssprung zu machen, sollten Sie sich nicht entgehen lassen. Werden Sie in der Gehaltsverhandlung unkonzentriert, kann es sein, dass Sie Abstriche am neuen Gehalt hinnehmen müssen, die Sie nur schwer wieder aufholen können. Weitere Gehaltserhöhungen werden schließlich auf der Grundlage Ihres Einstiegsgehalts verhandelt werden.

In unserem Negativbeispiel »Ausgeliefert« erleben Sie einen Bewerber, der sich das Heft aus der Hand nehmen lässt und sich mangels eigener Argumentationsstrategien die Vorstellungen des Personalverantwortlichen aufzwingen lässt.

Ausgeliefert

Personalverantwortlicher: »Wir müssen nun noch über das Gehalt sprechen. Welche Vorstellungen haben Sie denn?«

Bewerber: »Wie ist die Stelle denn dotiert? In der Stellenanzeige stand ja nichts Näheres.«

Personalverantwortlicher: »Bevor ich mich äußere, möchte ich Ihre Vorstellungen hören.«

→ FORTSETZUNG AUF DER NÄCHSTEN SEITE

Bewerber: »Mit 5000 Euro wäre ich zufrieden.«

Personalverantwortlicher: »Das dürfte erheblich mehr sein, als Sie jetzt verdienen. Wie hoch ist denn Ihr momentanes Gehalt?«

Bewerber: »Ich möchte ja wegen des Gehaltssprunges auch die Stelle wechseln. Mein jetziger Verdienst genügt mir nicht mehr, ansonsten bin ich natürlich völlig zufrieden mit meinem Arbeitsplatz.«

Personalverantwortlicher: »Warum betonen Sie diese Tatsache so sehr?«

Bewerber: »Na ja, also, nicht dass Sie glauben, es gäbe Probleme mit meinem jetzigen Arbeitgeber.«

Personalverantwortlicher: »Aha.«

Bewerber: »Also zu meinem Gehalt kann ich auch noch sagen, dass ich zunächst vielleicht auch mit etwas weniger zufrieden wäre.«

Personalverantwortlicher: »Mit wie viel weniger denn?«

Bewerber: »Ja, so um die 4000 Euro.«

Personalverantwortlicher: »Das wäre aber auch noch erheblich mehr, als Sie jetzt verdienen. Oder habe ich das falsch verstanden. Sie wollten ja schließlich nur wechseln, wenn Sie mehr Gehalt bekommen.«

Bewerber: »Ja, ja, ähh, hmmm, ich, also ... Eigentlich strebe ich eine gerechte Entlohnung meiner Tätigkeit an; vielleicht gibt es ja auch noch später die Möglichkeit für eine Gehaltserhöhung.«

Personalverantwortlicher: »Die Möglichkeit gibt es vielleicht. Sie möchten sich also erst einmal bewähren?«

Bewerber: »Ja.«

Personalverantwortlicher: »Gut, ich greife Ihren Vorschlag auf und bin bereit, Ihnen einen Arbeitsvertrag auszustellen, der Ihre Tätigkeit bei uns mit 3600 Euro honoriert.«

Bewerber: »Ich hatte mir eigentlich mehr vorgestellt.«

Personalverantwortlicher: »Aber Sie haben doch gesagt, so um die 4000 Euro.«

Bewerber: »Das sollte heißen, 4000 Euro müssten es mindestens sein.«

Personalverantwortlicher: »Nach der Probezeit können wir diesen Betrag ja ins Auge fassen. Erst einmal müssen wir sehen, wie gut wir miteinander auskommen.«

Bewerber: »Ich bin Ihnen doch schon entgegengekommen.«

Personalverantwortlicher: »Nein, Sie haben sich selbst korrigiert.«

Bewerber: »Aber das meinte ich doch gar nicht so.«

Personalverantwortlicher: »Gut, gut, schließlich möchte ich Ihnen einen optimalen Start in Ihre Arbeit bei uns ermöglichen. Ich gebe Ihnen schon an dieser Stelle eine erste Gehaltserhöhung und werde Ihnen zusätzlich ein halbes Monatsgehalt als Weihnachtsgeld einräumen. Damit haben Sie auf den Monat gerechnet 150 Euro mehr in der Tasche, also 3750 Euro. Damit wären wir quasi bei den von Ihnen genannten ›so um die 4000 Euro‹.«

Bewerber: »Aber das Weihnachtsgeld ist doch immer dabei.«

Personalverantwortlicher: »Nein, dabei handelt es sich um eine freiwillig gezahlte Zulage.«

Bewerber: »Die bekommen doch aber alle.«

Personalverantwortlicher: »Nicht in unserem Unternehmen.«

Bewerber: »Also, ich weiß wirklich nicht, ob ich damit auskomme.«

Personalverantwortlicher: »Geben Sie sich einen Ruck, es gibt bei uns schließlich exzellente Aufstiegsmöglichkeiten. Denken Sie an Ihre Zukunft.«

Bewerber: »Wenn Sie mir versprechen, dass mein Gehalt steigen wird.«

Personalverantwortlicher: »Wenn Sie die entsprechende Leistung zeigen, ist das möglich.«

Bewerber: »Na gut.«

Sie haben anhand des Negativbeispiels gesehen, was passieren kann, wenn ein Bewerber sich bei der Gehaltsverhandlung im Vorstellungsgespräch selbst ins Abseits stellt. Statt über Leistung und Gegenleistung zu argumentieren, nimmt er das Gespräch auf die leichte Schulter und versucht, sich mit Floskeln und Phrasen über die Runden zu retten.

Kein Verhandlungsgeschick

Fehler: mangelnde Vorbereitung. Bereits die erste Reaktion des Bewerbers auf die Gehaltsfrage des Personalverantwortlichen ist ungünstig. Seine Replik »Wie ist die Stelle denn dotiert?« zeigt alles andere als Verhandlungsgeschick, eher seine absolute Uninformiertheit. Es entsteht der Eindruck, dass der Bewerber sich nicht auf die Gehaltsverhandlung vorbereitet hat. Der Vorwurf, dass in der Stellenanzeige ja nichts gestanden hätte, lässt auf mangelnde Informationsarbeit und wenig Eigeninitiative schließen.

Fehler: Monats- statt Jahresgehalt. Wie zu erwarten, lässt der Personalverantwortliche den Bewerber zappeln und beharrt darauf, dass er seine Gehaltsvorstellungen darlegt. Ohne weitere Begründungen wirft der Bewerber eine beliebige Summe in den Raum. Statt mit einem Bruttojahresgehalt zu argumentieren, nennt er ein Monatsgehalt: Ein Fehler, der sich später rächen wird. Der Personalverantwortliche erkennt sehr schnell, dass er es mit jemandem zu tun hat, der über Gehaltszusatzleistungen wenig Bescheid weiß und sich selbst nur schwer einschätzen kann. Der Bewerber muss dann damit rechnen, dass er an seinem augenblicklichen Einkommen gemessen wird. Die Frage nach dem momentanen Gehalt soll ihn dazu bringen, sich selbst in eine ungünstige Verhandlungsposition zu bringen.

Raum für Spekulationen

Fehler: Profillosigkeit. Im weiteren Verlauf des Gesprächs antwortet der Bewerber erneut mit Floskeln. Er schafft es nicht, sein Profil herauszuarbeiten und überlässt die Debatte über eine Gehaltsfestlegung völlig dem Personalverantwortlichen. Mit unreflektierten Phrasen stellt er sich allerdings selbst ein Bein. Seine Äußerung, dass das Gehalt das Einzige ist, was ihm an seiner momentanen Stelle nicht gefällt, macht den Personalverantwortlichen hellhörig. Erneut hat der Bewerber seinem Gesprächspartner mit einer passiven und wenig durchdachten Strategie Tür und Tor für skeptische Nachfragen geöffnet. Solche Nachfragen verunsichern den Bewerber so gravierend, dass er schließlich von sich aus seine Gehaltsforderung drastisch reduziert.

Fehler: Unbedachtheit. Mit unbedachten Äußerungen macht er es dem Personalverantwortlichen leicht, ihn immer mehr in die Enge zu treiben. Schließlich stimmt er sogar zu, sich erst einmal »bewähren« zu müssen. Diese Verzögerungstaktik des Personalprofis hat Erfolg gezeigt. Damit hat der Bewerber endgültig die Chance auf ein überdurchschnittliches Gehalt verspielt.

In der Defensive

Fehler: Rechentricks. Die Erfolgsbilanz des Bewerbers ist immer noch nicht aufgetaucht, die Gehaltsverhandlung findet weiterhin im luftleeren Raum statt. Beide Verhandlungspartner versuchen sich gegenseitig auszutricksen. Der Personalverantwortliche sitzt bei diesem Schlagabtausch aber eindeutig am längeren Hebel, was der Bewerber auch zu spüren bekommt. Das Weihnachtsgeld wird ihm als besonderes Zugeständnis verkauft. Wieder befindet sich der Bewerber in der Defensive. Mit der Häppchentaktik und einigen Rechentricks wird ihm vorgegaukelt, dass seine Forderungen eigentlich erfüllt sind. Mit dem Hinweis auf exzellente Aufstiegsmöglichkeiten hilft der Personalverantwortliche noch mit der Vernebelungstaktik nach.

Fazit: Der Widerstand des Bewerbers ist gebrochen. Er hat sich weit unter seinen Gehaltsvorstellungen verkauft. Eine spätere Gehaltsvorstellung nach seinen Wünschen ist nahezu aussichtslos – er hat seine Chance auf einen Gehaltssprung vertan.

Mit Argumenten überzeugen

Ersparen Sie sich inhaltsleere Gehaltsverhandlungen. Es gibt keine Zaubersprüche und Beschwörungsformeln, die Personalverantwortliche gefügig machen. Sie müssen Ihre Gehaltswünsche auf alle Fälle begründen können. Operieren Sie stets mit Ihrer Erfolgsbilanz, und argumentieren Sie aus dem Blickwinkel des Unternehmens. Wenn Sie dann noch Einwände von der Seite des Unternehmens souverän ausräumen, können Sie die Gehaltsspielräume der Gegenseite ausloten und das für Sie optimale Ergebnis erzielen. Orientieren Sie sich an unserem »Ablaufschema für Gehaltsverhandlungen in Vorstellungsgesprächen«, um im Gehaltspoker bestehen zu können.

ÜBERSICHT

Ablaufschema für Gehaltsverhandlungen in Vorstellungsgesprächen

1. **Anforderungen der neuen Stelle herausstreichen**
2. **Abgleich zwischen Anforderungsprofil und Erfolgsbilanz durchführen**
3. **Einwände zurückweisen**
4. **Finanzielle Gestaltungsspielräume ausloten**
5. **Einigung herstellen**

Anforderungen der neuen Stelle herausstreichen: Steigen Sie in die Gehaltsverhandlung ein, indem Sie zunächst die speziellen Anforderungen der neuen Position, die ein überdurchschnittliches Gehalt rechtfertigen, zusammenfassen. So wechseln Sie in die Unternehmensperspektive und nehmen Einwänden von vornherein den Wind aus den Segeln. Stellen Sie den Wert, den Ihre zukünftige Arbeit für das Unternehmen haben wird, in den Vordergrund.

Belegen Sie Erfolge

Abgleich zwischen Anforderungsprofil und Erfolgsbilanz durchführen: Bringen Sie im nächsten Schritt Ihre Erfolgsbilanz ins Spiel. Machen Sie deutlich, dass Sie die Erwartungen des Unternehmens erfüllen werden. Liefern Sie Beispiele dafür, dass Sie auch bisher schon erfolgreich tätig waren. Bestätigen Sie die Einschätzung des Personalverantwortlichen, dass Sie die richtige Frau beziehungsweise der richtig Mann für die ausgeschriebene Stelle sind.

Einwände zurückweisen: Auch bei Gehaltsverhandlungen in Vorstellungsgesprächen kann es Ihnen passieren, dass Ihre Forderung nicht sofort akzeptiert wird. Lassen Sie sich nicht unnötig herunterhandeln. Weisen Sie aggressive Argumente und einschüchternde Phrasen gegen die Höhe des von Ihnen geforderten Gehalts zurück.

Gehaltsbestandteile im Blick

Finanzielle Gestaltungsspielräume ausloten: Bleiben Sie in Gehaltsgesprächen bei der Durchsetzung Ihrer Ziele flexibel. Verhandeln Sie über Zusatzleistungen, legen Sie Ihr Fixgehalt fest und definieren Sie Erfolgsanteile. Es lohnt sich nicht, um den letzten Euro zu feilschen, wenn die anderen Bedingungen stimmen. Geben Sie sich grundsätzlich kompromissbereit, aber treten Sie für Ihre Gehaltswünsche ein.

Einigung herstellen: Fassen Sie die getroffenen Vereinbarungen zusammen. Fixieren Sie die Ergebnisse für sich stichwortartig. So verhindern Sie, dass einzelne Punkte untergehen, und behalten den Überblick. Schwören Sie alle Beteiligten auf das gemeinsame Resultat ein.

Gehaltsforderung begründen

Nicht alle Gehaltsverhandlungen verlaufen gleich. Manchmal müssen Sie mehr Einwände ausräumen, manchmal werden Einwände gänzlich fehlen. Bei einigen Positionen ist der Verhandlungsspielraum größer, bei anderen geringer. Es wird aber immer darum gehen, Begründungen für Ihren Gehaltswunsch zu liefern und Ihre Argumente so zu gestalten, dass sie für das Unternehmen plausibel werden. Wie Sie dabei vorgehen können, zeigt Ihnen unser Positivbeispiel.

Die Fäden in der Hand

Personalverantwortlicher: »Wir müssen nun noch über das Gehalt sprechen. Welche Vorstellungen haben Sie denn?«

Bewerber: »Unsere Vorstellungen dürften sehr ähnlich sein. Im bisherigen Verlauf des Gesprächs hat sich ja herausgestellt, dass die Position als Produktmanager mit hohen Anforderungen an die Mobilität verbunden ist. Die Abstimmung zwischen den Forschungsinstituten und der Produktion sowie die Initiierung europaweiter Marketingkampagnen werden sehr viel Reisetätigkeit notwendig machen. Wir beide sind uns ja auch darin einig, dass der Erfolg neuer Produktreihen für das Unternehmen sehr wichtig ist. Ich werde Verantwortung für die zukünftige Unternehmensentwicklung übernehmen und dafür Überdurchschnittliches leisten müssen. Mein Gehalt sollte im Bereich von 60 000 Euro liegen.«

Personalverantwortlicher: »Diese Forderung scheint mir etwas überzogen.«

Bewerber: »Bei meiner Gehaltsvorstellung bin ich von dem ausgegangen, was ich für die Firma leisten kann. Ich bringe umfassende Branchenerfahrung mit und kenne die spezifischen Probleme in der Produktentwicklung in diesem Tätigkeitsbereich. Mit meinem Know-how in der Forschung wie auch im Vertrieb und im Marketing fällt mir die Vermittlung zwischen den einzelnen Unternehmensbereichen leichter als anderen. Für meinen jetzigen Arbeitgeber habe ich ja auch bereits ein neues Marktsegment erschlossen. Sie können auf mein Engagement und meine Kompetenzen bauen. Daher halte ich ein Gehalt, dass sicherlich im oberen Drittel der gängigen Entlohnung liegt, für begründet. Sie erwarten ja auch von mir, dass ich weiterhin Überdurchschnittliches leisten werde.«

Personalverantwortlicher: »Sie haben Recht, dass die neue Produktreihe sehr wichtig für unser Unternehmen ist. Aber wir wissen ja noch nicht, ob Sie die Erfolge erzielen werden, die wir uns wünschen. Daher müssen alle Beteiligten das Risiko gleichermaßen mittragen. Ein Gehalt von 60 000 Euro wird dem nicht gerecht.«

Bewerber: »Mir geht es ja genauso wie Ihnen. Ich steige in ein Projekt ein, das ich noch nicht kenne und dessen Erfolgschancen ich noch nicht beurteilen kann. Um meinen Beitrag zu leisten, bin ich aber gern bereit, mit Ihnen über flexible Gehaltsanteile zu reden.«

Personalverantwortlicher: »Ich kann Ihnen nicht mehr geben, als in der Kasse ist.«

Bewerber: »Das würde ich von Ihnen auch nie verlangen, schließlich geht es darum, gemeinsam den Unternehmenserfolg zu sichern. Meine Arbeit wird Ihnen aber mehr Geld in die Kasse bringen. Ich verlange ja nur einen kleinen Teil davon für mich.«

Personalverantwortlicher: »Sie wären also bereit, ein jährliches Gehalt von 50 000 Euro zu akzeptieren, wenn wir noch über Erfolgsbeteiligungen reden?«

Bewerber: »Ich rede gerne mit Ihnen über Erfolgsbeteiligungen, allerdings auf der Basis eines Fixgehalts von 55 000 Euro. Welche zusätzlichen Gehaltskomponenten sind bei Ihnen im Unternehmen denn möglich?«

Personalverantwortlicher: »Es gibt Möglichkeiten, ich glaube aber nicht, dass in Ihrer Position Sachzuwendungen oder ein Jobticket eine besondere Rolle spielen. Wir sollten uns vorrangig über variable und fixe Gehaltsteile unterhalten. Mehr als 52 000 Euro fix kann ich Ihnen beim besten Willen nicht bieten. Ich bin aber bereit, Ihnen eine Umsatzprovision einzuräumen. In einer Zielvereinbarung werden wir festlegen, welche Umsätze Sie erreichen müssen, um einen Gehaltszuschlag von 5 000 pro Jahr zu erhalten.«

Bewerber: »Wenn wir eine Einigung finden können, die bei unerwartet guten Umsätzen auch einen Gehaltszuschlag von 10 000 Euro möglich macht, werde ich zustimmen.«

Personalverantwortlicher: »Gut, aber stellen Sie sich darauf ein, dass wir die Ziele, die Sie erfüllen müssen, um 10 000 Euro Provision zu erhalten, sehr hoch ansetzen werden.«

Bewerber: »Ich habe Sie im bisherigen Gespräch ja als handfesten und verlässlichen Gesprächspartner kennen gelernt. Sie werden mich sicher nicht mit utopischen Forderungen konfrontieren. Einer besonderen Herausforderung stelle ich mich gerne.«

Personalverantwortlicher: »Dann haben wir also eine Vereinbarung?«

Bewerber: »Ja, ich werde bei Ihnen die Stelle als Produktmanager für ein Jahresgehalt von 52 000 Euro antreten. Über Umsatzprovisionen habe ich die Möglichkeit, das Jahresgehalt um 5 000 bis 10 000 Euro aufzustocken.«

Personalverantwortlicher: »Exakt, auf gute Zusammenarbeit.«

Überzeugend: Selbsteinschätzung: Es ist durchaus möglich, ein Gehaltsgespräch als Verhandlung unter Gleichberechtigten zu gestalten. Die Situation, dass Bewerber als Bittsteller auftreten und Personalverantwortliche sich auf das Blockieren verlegen, ist kein unabwendbares Schicksal. Der Bewerber aus dem Positivbeispiel hat die wichtigste Voraussetzung für Gehaltsverhandlungen erfüllt: Er ist sich über seine Qualifikation genauso im Klaren wie über die Anforderungen der neuen Position.

Gemeinsamkeiten aufzeigen

Überzeugend: Kompromissbereitschaft: Beim Einstieg in das Gehaltsgespräch vermeidet es der Bewerber, eine Gehaltssumme ohne nähere Begründung in den Raum zu stellen. Er agiert deutlich konsensorientiert: Nachdem er betont hat, dass die Vorstellungen der Verhandlungsparteien die Gleichen sind, nämlich eine optimale Bewältigung der Aufgabe mit einer angemessenen Entlohnung zu honorieren, stellt er die besonderen Anforderungen in der zu besetzenden Position heraus. Der Stellenwechsler beschränkt sich dabei auf diejenigen Punkte, die besondere Leistungen erfordern. Erst am Ende seiner Erläuterung nennt er seinen Gehaltswunsch.

Überzeugend: keine Unsicherheiten Der Personalverantwortliche reagiert mit einer Verunsicherungstaktik, um herauszufinden, wie ernst der Bewerber seine eigene Position nimmt. Um zu zeigen, dass sein Gehaltswunsch gut durchdacht ist, steigt der Stellenwechsler daraufhin in den Abgleich zwischen Anforderungsprofil und Erfolgsbilanz ein. Er nennt gute Gründe und stellt einen gegenseitigen Gewinn in Aussicht.

Wir-Gefühl stärken

Überzeugend: Verhandlungsbereitschaft: Natürlich gibt sich der Personalverantwortliche noch nicht geschlagen. er will den Bewerber weiter verunsichern. Aber auch der massive Einsatz von weiteren Argumenten kann den Bewerber nicht einschüchtern. Er kontert gelassen mit einer teilweisen Zustimmung und achtet darauf, weiterhin das Wir-Gefühl zu stärken. Mit der signalisierten Verhandlungsbereitschaft wirft er den Ball wieder dem Personalverantwortlichen zu.

Überzeugend: Spielräume ausloten: Daraufhin gibt der Personalverantwortliche seine Blockadehaltung auf; er ist nun überzeugt vom Einsatzwillen des Bewerbers und von der Ernsthaftigkeit des Gehaltswunsches. Das Angebot der Unternehmensseite wird erhöht, allerdings ohne eine konkrete Festlegung. Der Stellenwechsler weiß, dass er nun die finanziellen Spielräume des Unternehmens ausloten kann. Er macht ein Gegenangebot und erfragt zusätzliche Gehaltskomponenten. Ihm wird daraufhin die absolute Schmerzgrenze des Personalverantwortlichen mitgeteilt. Gleichzeitig werden ihm variable Gehaltsbestandteile in Aussicht gestellt, um ihm entgegenzukommen.

Alle Chancen nutzen

Überzeugend: Leistungswille: Das greift der Bewerber auf. Während er sich einigungsbereit zeigt, nutzt er allerdings die Chance, um sich noch einen Gehaltszuschlag zu sichern: Die Spanne der Umsatzprovision schiebt er um 5 000 Euro auf 10 000 Euro nach oben. Bei einer optimalen Geschäftsentwicklung könnte er neben den 52 000 Euro Fixgehalt noch eine Umsatzbeteiligung von 10 000 Euro erzielen. Er hat es also letztendlich geschafft, seine anfängliche Forderung von 60 000 Euro im Idealfall auf 62 000 Euro auszuweiten.

Überzeugend: gut dosiertes Lob. Um die gute Stimmung bei der Einigung zu verstärken, spricht der Bewerber dem Personalverantwortlichen noch ein taktisches Lob aus und fasst danach die Vereinbarung zusammen.

Fazit: Der Personalverantwortliche hat es dem Bewerber keinesfalls leicht gemacht, seinen Gehaltswunsch durchzusetzen. Die Ernsthaftigkeit seines Anliegens hat den Unternehmensvertreter aber überzeugt. Das Ergebnis der Gehaltsverhandlung im Vorstellungsgespräch ist ein für beide Seiten akzeptabler Kompromiss, der einen unbelasteten Start in die neue Position ermöglicht.

Mit diesen Gegenreaktionen müssen Sie rechnen

Bestimmte Einwände gegen die von Ihnen vorgetragenen Gehaltswünsche gehören zum Standardrepertoire von Personalverantwortlichen und Vorgesetzten. Wir werden Ihnen nun gängige Argumente und Phrasen vorstellen. Anschließend zeigen wir Ihnen, wie Sie Angriffe der Unternehmensseite ins Leere laufen lassen und Blockadehaltungen aufweichen können. Von Ihrer souveränen Reaktion auf Phrasen Ihres Gegenübers hängt der erfolgreiche Verlauf des Gehaltsgesprächs ab.

Kennen Sie die Tricks der Personaler?

Im eigenen Interesse sollten Sie sich auf derartige Argumentationstechniken vorbereiten. Nur wenn Sie sich nicht aus der Ruhe bringen lassen, können Sie Ihre Gesprächsziele konsequent verfolgen. Wir stellen Ihnen nun gerne verwendete Tricks und Ausreden vor. Damit der Lerneffekt für Sie größer ist, zeigen wir Ihnen zuerst, wie leicht unvorbereitete Bewerber in Fallen tappen, und anschließend, wie Sie es besser machen können. Warten Sie nicht bis zum Gehaltsgespräch, setzen Sie sich schon jetzt mit den Ablenkungsmanövern der Unternehmensseite auseinander. Kennen sollten Sie:

- → **die Verzögerungstaktik,**
- → **die Elendstaktik,**
- → **die Gleichbehandlungstaktik,**
- → **die Diffamierungstaktik,**
- → **die Verunsicherungstaktik,**
- → **die »Ich bin doch nur ein kleines Licht«-Taktik und**
- → **die »Mein kleiner Liebling«-Taktik.**

Die Verzögerungstaktik: Mit der Verzögerungstaktik spielen Personalverantwortliche oder Vorgesetzte auf Zeit. In der Hoffnung, dass der Bewerber oder Mitarbeiter irgendwann seinen Gehaltswunsch vergisst, wird das Angebot gemacht, zu einem späteren Zeitpunkt über eine Gehaltssteigerung zu reden.

Nicht vertrösten lassen

Wenn man gegen Sie die Verzögerungstaktik einsetzt, dürfen Sie sich auf keinen Fall auf unbestimmte Zeit vertrösten lassen. Sie haben verschiedene Möglichkeiten, sich zu wehren. Sie können beispielsweise einen Zeitpunkt fordern, zu dem das Gehalt steigen soll, oder einen festen Termin für das nächste Gehaltsgespräch vereinbaren. Wichtig dabei ist: Nur was schriftlich festgehalten wird, hat später auch Bestand.

Später, wann ist das?

BEISPIEL

Typische Phrase: »Schauen wir einmal, wie Sie sich in der Probezeit bewähren. Danach lässt sich leichter eine Regelung finden.«

Ungünstige Reaktion: »Gut, ich erwarte aber, dass Sie Ihr Versprechen auch halten.«

→ FORTSETZUNG AUF DER NÄCHSTEN SEITE

Bessere Reaktion 1: »Aufgrund meiner Qualifikation werde ich die Aufgaben, die mich erwarten, bewältigen können. Gerade meine sofortige Einsatzfähigkeit rechtfertigt aus meiner Sicht von Anfang an ein höheres Gehalt.«

Bessere Reaktion 2: »Ich wäre bereit, Ihnen entgegenzukommen. Für die Probezeit könnte ich das von Ihnen vorgeschlagene Gehalt akzeptieren. Eine Gehaltssteigerung nach der Probezeit müsste aber schriftlich fixiert werden.«

Die Elendstaktik: Mit der Elendstaktik wird an Ihr Mitleid appelliert. Ein ungünstiges wirtschaftliches Umfeld, ausbleibende Aufträge oder schrumpfende Umsätze werden herangezogen, um den Wunsch nach einer Gehaltserhöhung als unpassend zu diskreditieren. Der Bewerber soll zum egoistischen Anspruchsteller gestempelt werden, der, unsensibel und nur auf seinen eigenen Vorteil bedacht, Forderungen stellt.

Sachlich bleiben

Wenn Sie mit der Elendstaktik konfrontiert werden, dürfen Sie sich auf keinen Fall auf die abstrakte Jammerebene ziehen lassen. Gehen Sie nicht auf eine Diskussion darüber ein, wie schlecht die Zeiten doch sind und dass andere es noch viel schlechter haben als Sie. Bei einer angestrebten Gehaltshöhe geht es um individuelle Leistungen und darum, ob das Unternehmen von diesen Leistungen profitieren wird. Führen Sie das Gespräch schnell auf die konkrete Ebene zurück. Machen Sie Ihre Erfolgsbilanz deutlich, und stellen Sie die Vorteile in den Vordergrund, die das Unternehmen durch Ihre Arbeitsleistungen erwerben wird.

Der Gürtel wird enger geschnallt

BEISPIEL

Typische Phrase: »Sie haben doch sicherlich in der Presse gelesen, wie schwierig sich die gesamtwirtschaftliche Entwicklung zur Zeit gestaltet. In Deutschland lässt sich mit industrieller Fertigung doch gar kein Geld mehr verdienen.«

Ungünstige Reaktion: »Wenn ich mir den Fuhrpark der Geschäftsleitung angucke, scheint mir eher zu viel Geld da zu sein, ein Teil davon steht doch wohl mir zu.«

Bessere Reaktion: »Damit sich das Unternehmen gegen diese Entwicklung stemmen kann, könnte eine neue Projektgruppe zur Qualitätssicherung Einsparpotenziale aufdecken. Mit der Umsetzung entsprechender Erkenntnisse befasse ich mich zurzeit bei meinem Arbeitgeber. Diese Erfahrungen würde ich gerne auch bei Ihnen einbringen, allerdings sollte das auch finanziell entsprechend gewürdigt werden.«

Die Gleichbehandlungstaktik: In Vorstellungsgesprächen wird auf vorgetragene Gehaltswünsche vonseiten des Unternehmens gerne mit der Gleichbehandlungstaktik reagiert. Man versucht Ihren Gehaltswunsch mit Sachzwängen abzuwimmeln, indem man auf die Gehälter anderer Mitarbeiter verweist. Da Sie nur in Ausnahmefällen die Vergleichsgehälter kennen, können Sie schwer nachvollziehen, ob dieser Einwand tatsächlich zutreffend ist.

Es geht um Ihr Gehalt

Auch hier sollten Sie sich nicht auf eine unproduktive Auseinandersetzung einlassen. Reden Sie nicht über die Gehälter anderer, sondern über Ihre eigenen Gehaltsvorstellungen. Selbst wenn Sie davon ausgehen könnten, dass die Gehälter in vergleichbaren Positionen im Unternehmen differieren, lohnt sich ein Gehaltsvergleich nicht. Die Unternehmensseite wird immer Gründe finden, warum ein bestimmter Mitarbeiter ein höheres Gehalt »verdient«. Die guten Gründe für Ihren Gehaltswunsch können zu leicht untergehen: Verkaufen Sie besser Ihre eigenen Leistungen.

Die anderen bekommen weniger

BEISPIEL

Typische Phrase: »Ihre Forderung würde den Unternehmensfrieden nachhaltig stören. Wenn wir Ihnen schon jetzt bei der Neueinstellung mehr zahlen, würden sich andere Mitarbeiter zurückgesetzt fühlen.«

Ungünstige Reaktion: »Es erfährt ja keiner.«

Bessere Reaktion: »In dem von mir angestrebten Aufgabenfeld spielt die von mir mitgebrachte Praxiserfahrung eine herausragende Rolle. Ich sehe keine Konkurrenzsituation zu den Mitarbeitern in Ihrem Unternehmen, sondern vielmehr die Möglichkeit, zusammen mit ihnen die Marktposition des Unternehmens auszubauen.«

Die Diffamierungstaktik: Hier wird zu härteren Methoden gegriffen: Die Diffamierungstaktik zielt darauf ab, dass Sie wegen eines persönlichen, beleidigenden Angriffs die Lust an einer weiteren Auseinandersetzung verlieren. Der gezielte Einsatz von diffamierenden Argumenten ist eher selten und meistens nur dann zu erwarten, wenn Sie einen aufbrausenden Entscheider auf der Firmenseite zur falschen Zeit am falschen Ort auf Ihren Gehaltswunsch ansprechen.

Nicht provozieren lassen

Steigen Sie nicht auf solche Vorwürfe ein. Denken Sie sich mit einem inneren Lächeln: »Mann, hat der heute schlechte Laune!«, und bringen Sie sachliche Komponenten ins Spiel. Stellen Sie besondere Leistungen heraus, und rufen Sie Ihrem Gesprächspartner in Erinnerung, dass Sie ein wertvoller neuer Mitarbeiter sein werden.

Sie sind wohl nicht bei Trost?

BEISPIEL

Typische Phrase: »Ich habe den Eindruck, dass unsere Praktikanten schon jetzt mehr leisten, als Sie jemals leisten werden, und dann kommen Sie mit solchen utopischen Forderungen.«

Ungünstige Reaktion: »Dann sollten Sie vielleicht nur noch Praktikanten einstellen.«

Bessere Reaktion: »Ich werde von Anfang an am Arbeitsplatz außergewöhnliche Belastungen schultern und so zum Erfolg des Unternehmens beitragen. Durch meine umfassenden Erfahrungen werde ich diese Herausforderung meistern und halte meinen Gehaltswunsch daher für angemessen.«

Die Verunsicherungstaktik: Bewerber mit wenig ausgeprägtem Selbstbewusstsein oder einer schlecht vorbereiteten Erfolgsbilanz lassen sich von Unternehmensvertretern mit der Verunsicherungstaktik ins Schleudern bringen. Mit der Frage, ob sich der Bewerber seiner Sache wirklich sicher ist, soll er nachdenklich gestimmt werden. Machen sich dann tatsächlich Zweifel breit, wird garantiert nachgehakt. Die Unternehmensseite schafft es auf diese Weise, den Gehaltswunsch zu kippen oder deutlich zu reduzieren.

Keine Zweifel

Mit einer gut ausgearbeiteten Erfolgsbilanz schaffen Sie sich eine Argumentationsbasis, die Sie für Verunsicherungen unempfindlich machen wird. Sie wissen, was Sie geleistet haben, und können Zweifel an sich abprallen lassen. Machen Sie deutlich, dass Sie keinesfalls von Selbstzweifeln geplagt werden, weil Sie über gute Gründe für eine Gehaltssteigerung verfügen.

Der Sicherheitscheck

BEISPIEL

Typische Phrase: »Sind Sie sich sicher, dass Ihr Gehaltswunsch begründet und nicht nur aus einer Laune heraus entstanden ist?«

Ungünstige Reaktion: »Ich hab mir gedacht, bevor ich zu wenig verlange, pokere ich erst einmal höher.«

Bessere Reaktion: »Die Gründe für meinen Gehaltswunsch liegen in dem ausgeweiteten Aufgabenspektrum, das ich bei Ihnen übernehmen soll. Zusätzlich zu meinen bisherigen Aufgaben bin ich bei Ihnen dann ja auch für ... und ... verantwortlich.

Die »Ich bin doch nur ein kleines Licht«-Taktik: Die Taktik, sich für nicht zuständig zu erklären, wird in Unternehmen gerne genutzt, um sich nicht mit lästigen Angelegenheiten herumschlagen zu müssen. In Gehaltsverhandlungen ist die Verweigerung einer Entscheidung ein besonderer Trick, da Ihr direkter Vorgesetzter nicht ohne weiteres übergangen werden kann. Auch wenn erst weiter oben in der Firmenhierarchie über Gehaltsfragen entschieden wird, muss doch der Vorgesetzte zuerst sein »Okay« zu den Gehaltsvorstellungen signalisieren. Schließlich ist nur er in der Lage, Ihr Profil und Ihre beruflichen Leistungen einzuschätzen. Es handelt sich also um eine perfide Falle, die besonders gerne von sogenannten Umfallern benutzt wird. Diese Führungskräfte versuchen, sich so wenig wie möglich festzulegen, und reagieren letztendlich nur auf Druck von oben.

Nicht abwimmeln lassen

Um diese Falle zu umgehen, müssen Sie gute Miene zum bösen Spiel machen: Versichern Sie dem Vorgesetzten, dass Sie wirklich nur über Ihr Profil oder über Ihre Leistungsbilanz reden wollen. Stellen Sie aber heraus, dass Sie die Gehaltsverhandlung dann separat direkt mit den zuständigen Instanzen führen werden. So zeigen Sie, dass es Ihnen ernst mit dem Wunsch nach einer Gehaltserhöhung ist. Die Leistungsbilanz kann Ihnen nur schwerlich verweigert werden. Sollte Ihr Gesprächspartner tatsächlich nicht für Gehaltsfragen zuständig sein, holen Sie dann sein Einverständnis ein, sich an einen Entscheidungsbefugten zu wenden. Ist die »Ich bin doch nur ein kleines Licht«-Taktik dagegen nur vorgeschoben, wird Ihr Gesprächspartner sich mit Ihren Gehaltswünschen auseinandersetzen müssen, um seinem Vorgesetzten gegenüber nicht das Gesicht zu verlieren. In beiden Fällen werden Sie Ihr Ziel, in Gehaltsverhandlungen einzusteigen, erreichen.

Steine in den Weg gelegt

BEISPIEL

Typische Phrase: »Die Entscheidung über eine solche Gehaltsforderung kann ich selbst gar nicht treffen. Für diesen Bereich sind andere zuständig.«

Ungünstige Reaktion: »Es ist Ihre Pflicht, sich für Ihre Mitarbeiter einzusetzen. Ich erwarte, dass Sie meine Gehaltswünsche durchsetzen.«

Bessere Reaktion: »Als direkter Vorgesetzter sind Sie am besten in der Lage zu bewerten, was meine Arbeit wert sein wird. Mit den entsprechenden Ergebnissen wende ich mich auch gerne direkt an die Geschäftsleitung, um dort das Gehaltsgespräch zu führen.«

Die »Mein kleiner Liebling«-Taktik: Auch wenn Sie von Unternehmensvertretern in den höchsten Tönen gelobt werden, setzt man häufig nur auf Ihre emotionale Reaktion. Das Lob soll Sie einlullen und nachgiebig machen. Mit der »Mein kleiner Liebling«-Taktik kann die Absicht verbunden sein, Gehaltsgespräche auf unbestimmte Zeit zu vertagen, ohne dass große Gegenwehr geleistet wird. Die meisten Bewerber vermuten nichts Böses, wenn sie einem freundlichen und äußerst gut gelaunten Chef gegenübersitzen. Aber Achtung: Vielleicht will der Vorgesetzte Sie in Ihren Gehaltswünschen auf diese Weise beschwichtigen.

Nicht einknicken

Lassen Sie sich nicht ablenken. Arbeiten Sie auf die Darstellung Ihrer Erfolgsbilanz hin. Greifen Sie das Lob des Vorgesetzten auf und betonen Sie, dass auch Sie sehr gerne für das Unternehmen arbeiten würden. Machen Sie im weiteren Verlauf des Gespräches deutlich, wie wichtig Ihre Leistungen für die Abteilung sein werden. Schließlich kann Ihr potenzieller Vorgesetzter sich nur dann mit guten Ergebnissen schmücken, wenn Sie eine entsprechend gute Vorarbeit leisten.

Eingewickelt

BEISPIEL

Typische Phrase: »Ich freue mich wirklich sehr, dass wir mit Ihnen einen so kompetenten und vielversprechenden Mitarbeiter bekommen werden. Natürlich werde ich vorbehaltlos hinter Ihnen stehen. Zu gegebener Zeit sollten wir uns wirklich um eine Gehaltserhöhung für Sie kümmern. Momentan ist allerdings der falsche Zeitpunkt für Forderungen.«

Ungünstige Reaktion: »Na gut, wenn Sie im Moment keinen Spielraum haben, dann vielleicht später.«

Bessere Reaktion: »Vielen Dank für Ihre grundsätzliche Unterstützung. Allerdings sind wir uns beim Thema Gehalt dann noch nicht einig geworden. Bei meinen künftigen Aufgaben wird die Integration der Lieferanten im Mittelpunkt stehen. Hier sind erhebliche Kostenvorteile für das Unternehmen zu erwarten. Schon für meinen momentanen Arbeitgeber habe ich nachweislich entsprechende Kostenvorteile durchsetzen können. Ihr Unternehmen wird also sofort von mir profitieren können. Daher wünsche ich mir, dass meine Erfahrungen in diesem Bereich von Anfang an entsprechend honoriert werden.«

So reagieren Sie souverän

Sie haben gesehen, dass die Zielrichtung all dieser Taktiken generell die ist, Sie von der eigentlichen Gehaltsverhandlung abzulenken. Sie werden in Diskussionen verwickelt, in denen Sie sich nur schwer verteidigen können. Besonders wenn Gehaltsgespräche emotionalisiert werden, bleibt die sachliche Auseinandersetzung mit dem eigentlichen Thema auf der Strecke. Lassen Sie sich auf die falsche Fährte locken, indem Sie in eine emotionale Auseinandersetzung einsteigen, haben Sie eigentlich schon verloren.

Keine unbedachten Äußerungen

Das Problem mit den unkontrollierten Emotionen besteht darin, dass Sie nicht nur Ihr angestrebtes Gehalt nicht erreichen können, sondern dass Sie aus dem Bewerbungsverfahren komplett aussteigen müssen. Dass Sie Streit aus dem Weg gehen sollten, heißt natürlich nicht, dass Sie klein beigeben müssen. Für Ihre Gehaltswünsche sollten Sie schon offensiv eintreten, Ihren Einsatz aber lieber auf die Sachebene beschränken. Bei Angriffen, Anschuldigungen und Verleumdungen ist es überaus ratsam, das Gespräch schnell zu einer sachlichen Auseinandersetzung zurückzuführen.

Werden Sie zum Verhandlungsprofi

Die Ruhe zu bewahren ist allerdings leichter gesagt als getan. Damit Ihnen das gelingen kann, stellen wir Ihnen nun Gesprächstechniken vor, mit denen Sie unfairen Verhandlungsstrategien begegnen können. Wenn Sie gute Antworten auf unsachliche Einwände einfach nur auswendig lernen, haben Sie noch längst nicht die Flexibilität gewonnen, die für Gehaltsverhandlungen wichtig ist. Sie müssen schließlich auch auf anders formulierte Störversuche reagieren können. Gewinnen Sie das notwendige Verhandlungsgeschick, und steigern Sie mit den folgenden Gesprächstechniken Ihre Souveränität in Gehaltsverhandlungen:

→ **Wir-Gefühl herstellen,**
→ **gegenseitigen Gewinn in Aussicht stellen,**
→ **teilweise Zustimmung signalisieren,**
→ **»Ja, aber«-Technik einsetzen;**
→ **offene Fragen verwenden,**
→ **taktisch loben.**

Wir-Gefühl herstellen: Wenn man versucht, Ihren Gehaltswunsch als egoistisch abzustempeln, oder Ihnen vorwirft, dass die geforderte Gehaltserhöhung andere Interessen des Unternehmens verletzt, können Sie mit Wir-Gefühl-Formulierungen die Auseinandersetzung auf eine sachliche Ebene zurückführen. Machen Sie deutlich, was Sie gemeinsam erreichen können. Wehren Sie sich gegen Isolierungsversuche: Thematisieren Sie Gemeinsamkeiten, ohne Ihre individuellen Leistungen unter den Tisch fallen zu lassen.

Tappen Sie nicht in die Harmoniefalle!

Ihre Appelle an das Wir-Gefühl, das zwischen Ihnen und Ihrem potenziellen Vorgesetzten beziehungsweise der Firma besteht, helfen Ihnen, einer feindseligen Atmosphäre vorzubeugen.

Die Überleitung zu Ihrer Erfolgsbilanz gelingt auf der Basis eines Wir-Gefühls leichter, als wenn der Eindruck entsteht, dass Sie sich rücksichtslos auf Kosten des Unternehmens bereichern wollen. Vorsicht: Ertrinken Sie nicht in Harmonie. Wenn Sie zu sehr die gemeinschaftlichen Anstrengungen betonen, gehen Ihre individuellen Leistungen unter. Die Kunst, in Gehaltsgesprächen ein Wir-Gefühl herzustellen und dieses für die Durchsetzung der eigenen Interessen zu nutzen, besteht darin, sich nicht zu lange beim »Wir« aufzuhalten. Leiten Sie geschickt zum »Ich« über, indem Sie Ihre überdurchschnittlichen Anstrengungen in den Vordergrund stellen.

Gegenseitigen Gewinn in Aussicht stellen: Eine für friedliche Gehaltsgespräche wesentliche Taktik sieht so aus, dass man beide Seiten als Gewinner darstellt. Lassen Sie sich nicht unterschieben, dass Sie unberechtigte Forderungen stellen. Beziehen Sie den Standpunkt des Unternehmens in Ihre Argumentation mit ein und machen Sie deutlich, welche Vorteile ihm aus der Erfüllung Ihrer Gehaltswünsche entstehen.

Argumentieren Sie aus Firmensicht

Verteidigen Sie Ihr Anliegen, indem Sie die Perspektive wechseln und von sich aus die Befürchtungen der Unternehmensseite entkräften. Personalverantwortlichen oder Vorgesetzten wird der Wind aus den Segeln genommen, wenn Sie plausibel darlegen, dass das Unternehmen von Ihrer Gehaltssteigerung profitieren kann.

Teilweise Zustimmung signalisieren: Berechtigten oder unberechtigten Einwänden gegen Ihren Gehaltwunsch können Sie auch mit der Methode der teilweisen Zustimmung entgegentreten. Die Einwände, die gegen Ihre Gehaltserhöhung vorgebracht werden, sind meist allgemeiner Natur und haben mit Ihrer besonderen Situation nur sehr wenig zu tun. Daher können Sie durchaus zustimmen, dass »die Zeiten schlecht sind«, »heute alles viel schwieriger ist als früher«, »der Wettbewerb viel gnadenloser geworden ist« oder »die Globalisierung durchschlägt«.

Werden Sie zum Problemlöser

Danach sollten Sie aber sofort auf Ihr individuelles Leistungspotenzial zu sprechen kommen und verdeutlichen, wie wichtig es ist, mit persönlichem Einsatz gegen Schwierigkeiten anzugehen. So können Sie der Mischung aus Selbstmitleid und Schuldvorwurf aus dem Weg gehen und sich als aktiver Problemlöser darstellen: Gerade in schwierigen Zeiten ist es für Unternehmen wichtig, gute Mitarbeiter ins Boot zu holen.

»Ja, aber«-Technik einsetzen: Die »Ja, aber«-Technik ist in ihrer einfachsten Variante die schnellste Möglichkeit, einen Einwand vom Tisch zu wischen. Statt »Nein« zu sagen, formulieren Sie etwas freundlicher »Ja, aber ...«. Das ist durchaus sinnvoll, um die Gesprächsstimmung nicht unnötig zu verderben. So verhalten Sie sich souveräner als mit einem patzigen »Nein« zu den Äußerungen der Personalverantwortlichen oder Vorgesetzten und umgehen das Risiko, als Blockierer dazustehen.

Alternative Formulierungen

Statt wortwörtlich »Ja, aber ...«, zu sagen bietet es sich an, die Formulierung zu variieren. Das wirkt lebendiger und ist von der Gegenseite auch nicht so leicht zu durchschauen. Geeignete Abwandlungen, mit denen Sie operieren können, lauten: »Sicherlich, bedenken Sie aber auch ...«, »Ein interessanter Vorschlag, allerdings ...« oder »Dies mag für andere zutreffen, jedoch ...«.

Wenn Sie Ihren Gesprächspartner freundlich unterbrechen möchten, damit er sich nicht in Rage redet, können Sie die »Ja, aber«-Technik ebenfalls gut einsetzen. Sie haben damit ein Werkzeug zur Hand, mit dem Sie sich genügend eigene Gesprächsanteile sichern können.

Offene Fragen verwenden: Um nach Einschüchterungsversuchen vonseiten der Vorgesetzten oder Personalverantwortlichen die Initiative zurückzugewinnen, können Sie offene Fragen einsetzen. Damit durchbrechen Sie die Blockadehaltung Ihres Gesprächspartners und bringen ihn dazu, selbst konstruktive Vorschläge zu machen.

Stellen Sie W-Fragen

Offene Fragen sind Fragen, die sich nicht einfach mit Ja oder Nein beantworten lassen. Mithilfe geeigneter Fragewörter, beispielsweise »wie«, »was«, »welche« oder »wieso«, lassen sich Informationen einholen, die sich in die eigene Gesprächsstrategie einbauen lassen. Wenn die Unternehmensseite ihre betriebsinternen Erwartungen erläutert hat, können Sie das nutzen, um deutlich zu machen, dass Sie genau diese Anforderungen erfüllen. Personalverantwortlichen und Vorgesetzten wird es dann sehr viel schwerer fallen, Ihre Gehaltswünsche zurückzuweisen.

Stärken Sie Ihre Abwehrkräfte

Damit Sie in Gehaltsgesprächen nicht von unfairen Angriffen überrollt werden, sollten Sie schon jetzt üben, sich dagegen zu wehren. Sie haben gesehen, dass es möglich ist, Angriffe ins Leere laufen zu lassen und Einwände zu entkräften. Der größte Fehler ist es, sich auf unproduktive Auseinandersetzungen einzulassen und das Gehaltsgespräch unnötig zu emotionalisieren.

Bleiben Sie gelassen und objektiv

Wir haben Ihnen Gesprächstechniken vorgestellt, die Ihnen dabei helfen werden, gar nicht erst in eine Streitsituation hineinzuschlittern. Als gelassener Gesprächspartner strahlen Sie die Souveränität aus, die Unternehmensvertreter beeindrucken wird. Ihre Chancen, das für Sie optimale Ergebnis zu erzielen, werden sich entscheidend vergrößern.

Der Rat, auf einen Angriff nicht mit einem Gegenangriff zu reagieren oder den Rückzug anzutreten, klingt zuerst etwas ungewohnt. Die Anwendung unserer Gesprächstechniken wird Ihnen neue Handlungsmöglichkeiten eröffnen. Sie werden lernen, Angriffe an sich abprallen zu lassen und Ihrerseits die richtigen Impulse zu setzen. So können Sie das Gespräch in die von Ihnen gewünschte Richtung lenken.

Führen Sie nun die Übung »Einschüchternde Phrasen und aggressive Argumente entkräften« durch, um sich mit der Abwehr von unfairen Gesprächstechniken vertraut zu machen.

ÜBUNG

Einschüchternde Phrasen und aggressive Argumente entkräften

Trainieren Sie in dieser Übung, möglichst schnell wieder zu Ihrer Erfolgsbilanz zurückzukehren, um die sachliche Auseinandersetzung voranzutreiben. Es wird für Sie eher von Nachteil sein, wenn Sie sich zu häufig und lange vom eigentlichen Thema abbringen lassen. Versuchen Sie mit wenigen Sätzen, wieder zum Kern der Gehaltsverhandlung zurückzukehren. Wenden Sie dabei die von uns erläuterten Gesprächstechniken an: Lernen Sie, ein Wir-Gefühl herzustellen, trainieren Sie, einen gegenseitigen Gewinn in Aussicht zu stellen, signalisieren Sie teilweise Zustimmung, setzen Sie die »Ja, aber«-Technik ein, verwenden Sie offene Fragen oder setzen Sie Lob taktisch ein.

Damit Sie sich an die Atmosphäre in Gehaltsverhandlungen gewöhnen können, sollten Sie ein Rollenspiel durchführen. Lassen Sie die unfairen Angriffe von einem Freund oder Bekannten simulieren. Achten Sie darauf, dass Sie sich nicht provozieren lassen, bleiben Sie souverän und verfolgen Sie Ihr Ziel mit ausdauernder Gelassenheit. Machen Sie mehrere Übungsdurchgänge, um für sich herauszufinden, welche Abwehrtechniken Ihnen am besten liegen.

Unfairer Angriff: »Wie kommen Sie denn darauf, dass Sie so ein hohes Gehalt verdient hätten?«

Ihre Reaktion: ……………………………………………………………………

……………………………………………………………………

……………………………………………………………………

Unfairer Angriff: »Ich glaube nicht, dass Ihre bisherige berufliche Laufbahn ein überdurchschnittliches Gehalt rechtfertigt.«

Ihre Reaktion: ……………………………………………………………………

……………………………………………………………………

……………………………………………………………………

Unfairer Angriff: »Bei der Konkurrenz würden Sie auch nicht mehr verdienen.«

Ihre Reaktion: ……………………………………………………………………

……………………………………………………………………

……………………………………………………………………

Unfairer Angriff: »Ich habe gerade die Gehaltserhöhungen für mehrere Mitarbeiter abgelehnt, da kann ich Ihnen jetzt nicht so ein Gehalt anbieten.«

Ihre Reaktion: ....

....

....

Unfairer Angriff: »In der momentanen Unternehmenssituation sehe ich keine guten Chancen für Ihre Gehaltsvorstellungen. Sie haben den falschen Zeitpunkt für Ihr Anliegen gewählt.«

Ihre Reaktion: ....

....

....

Unfairer Angriff: »Haben Sie doch bitte auch Verständnis für meine Situation. Ich kann nicht einfach zur Geschäftsleitung gehen und um mehr Geld bitten.«

Ihre Reaktion: ....

....

....

Unfairer Angriff: »Schauen wir mal, was ich für Sie tun kann. Bevor ich mich für Sie einsetze, müssen Sie sich aber erst noch bewähren.«

Ihre Reaktion: ....

....

....

Checkliste für Gehaltsverhandlungen

CHECKLISTE

- ◯ Haben Sie bei der Ermittlung Ihres derzeitigen Gehalts sämtliche geldwerten Vorteile miteinbezogen (zum Beispiel Weihnachtsgeld, Urlaubsgeld, Firmenwagen, Reisekostenvergütungen, ausbezahlte Überstunden, Weiterbildungskosten)?

→ FORTSETZUNG AUF DER NÄCHSTEN SEITE

- ◯ Haben Sie mit eingerechnet, ob durch den neuen Job höhere Kosten auf Sie zukommen (Miete, Umzug, Wegfall des Einkommens des Partners, Fahrtkosten)?

- ◯ Haben Sie sich über den Gehaltsrahmen informiert, der für die von Ihnen angestrebte Position üblich ist?
- ◯ Liegt Ihr Gehaltswunsch rund 15 Prozent über dem, was Sie nun verdienen?

- ◯ Argumentieren Sie mit Bruttojahresgehältern?

- ◯ Haben Sie sich mit den üblichen Taktiken der Personalprofis vertraut gemacht?

VII

Assessment-Center

36. Arbeitsprobe Assessment-Center

Was ist ein Assessment-Center? Warum wird es bei der Auswahl von Bewerbern eingesetzt? Welche Unternehmen benutzen es? Diese Fragen wollen wir im folgenden Kapitel beantworten. Oft verbergen sich Assessment-Center auch hinter anderen Bezeichnungen. Damit Sie keine unangenehme Überraschung erleben, stellen wir Ihnen Variationen und die dazugehörigen Bezeichnungen vor.

Konkret sichtbares Verhalten im Mittelpunkt

Läuft Ihnen auch ein Schauder über den Rücken, wenn Sie den Begriff »Assessment-Center« hören? Kaum ein anderes Personalauswahlverfahren löst so heftige Emotionen aus. Dabei handelt es sich eigentlich »nur« um ein Gruppenauswahlverfahren zur Feststellung der beruflichen Eignung von Bewerberinnen und Bewerbern: Unternehmen versuchen, im Assessment-Center berufsnahe Situationen abzubilden; mehrere Kandidaten führen über einen Zeitraum von ein bis zwei Tagen unterschiedliche Übungen durch, die von einem Pool von Beobachtern bewertet werden. Bei der Beurteilung geht es um das konkret sichtbare Verhalten der Kandidaten. Anhand von Bewertungsbögen werden die Ausprägungen der Soft Skills, die vorher für die ausgeschriebene Stelle als zentral definiert wurden, bei den einzelnen Kandidaten erfasst.

Verbreitung und Einsatz von Assessment-Centern

Unterschiedliche Begriffe für ein Verfahren

Großunternehmen und öffentlicher Dienst setzen bei der Personalauswahl neben den herkömmlichen, Instrumenten wie der Analyse der Bewerbungsunterlagen und Vorstellungsgesprächen, immer häufiger Assessment-Center ein. Oft verstecken sich diese auch hinter anderen Bezeichnungen, beispielsweise:

- → **Potenzialanalyse,**
- → **Bewerberrunde mit individuellen Gesprächen und berufstypischen Übungen,**
- → **Gruppenauswahlverfahren,**
- → **Kontakttag,**
- → **Karriereworkshop,**
- → **Management-Audit oder**
- → **Bewerberseminar.**

Verschiedene Versionen von Assessment-Centern

Basis all dieser Auswahlverfahren sind die Übungen aus dem in den 60er Jahren entwickelten Assessment-Center. Zwar wurden die Aufgabenstellungen im Lauf der Zeit modifiziert, die Aufgabentypen sind jedoch die gleichen geblieben. Auch setzen nicht alle Unternehmen sämtliche Übungen ein. Aus Kostengründen wird der ursprünglich vorgesehene Zeitrahmen von zwei Tagen von vielen Unternehmen reduziert. Inzwischen sind eintägige Varianten üblich, es gibt sogar gelegentlich halbtägige Kurzversionen.

Wann Unternehmen Assessment-Center einsetzen, hängt von unterschiedlichen Faktoren ab: Handelt es sich um einen Direkteinstieg oder um ein Traineeprogramm? Sollen die Bewerber in ein Führungsnachwuchsprogramm integriert werden? Handelt es sich um eine Position mit umfangreichem Kundenkontakt? Gibt es genug Bewerber, um ein Assessment-Center durchführen zu können?

Das erwartet Sie

Über Assessment-Center kursieren zahlreiche Gerüchte, Übertreibungen und Vereinfachungen. Die Berichte in den Medien sind oft sehr widersprüchlich und teilweise genauso emotional gefärbt wie Erlebnisberichte aus dem Bekanntenkreis. Sie werden es schwer haben, sich aus solchen Erzählungen ein genaues Bild über den Ablauf eines Assessment-Centers zu machen, das Ihnen eine gezielte Vorbereitung erlauben würde.

Einladungen zum Assessment-Center verraten nichts über den Ablauf

Auch die Unternehmen werden Sie lange im Dunkeln tappen lassen. Meist werden Sie nur eine allgemein formulierte Einladung erhalten, in der Ihnen mitgeteilt wird, dass Sie sich bitte den ganzen Tag für das Unternehmen freihalten. Informationen über die Übungen, die Sie erwarten, über die Menge der teilnehmenden Kandidaten und über die Anzahl der zu vergebenden Positionen enthält die Einladung in der Regel nicht. Dies wird man Ihnen erst zu Anfang des Assessment-Centers mitteilen.

Die ursprüngliche Idee, die hinter den Übungen von Assessment-Centern stand, war, typische Aufgabenstellungen aus dem Berufsalltag zu simulieren. Da für ein Assessment-Center in der Regel Bewerber mit unterschiedlichen Branchenschwerpunkten eingeladen werden, versucht man, die Aufgaben so allgemein auszugestalten, dass sie von allen Kandidaten bearbeitet werden können. In der folgenden Übersicht »Übungen im Assessment-Center« haben wir für Sie die häufigsten Situationen, die Sie in diesem Auswahlverfahren erwarten, zusammengestellt.

Übungen im Assessment-Center

ÜBERSICHT

- Selbstpräsentation
- Gruppendiskussionen
  - führerlos oder geführt
  - mit oder ohne Rollenvorgabe
- Interviews
- Rollenspiele
  - Mitarbeitergespräch
  - Kundengespräch
- Fallstudien
- Konstruktionsübungen
- Planspiele
- Vorträge
  - mündliche Themenpräsentation mit anschließender Diskussion
  - vorgegebenes oder selbst gewähltes Thema
- Postkorb
  - mit schriftlicher Ergebnispräsentation
  - mit mündlicher Ergebnispräsentation und Befragung
- Aufsätze
  - schriftliche Themenpräsentation
  - vorgegebenes oder selbst gewähltes Thema
- Tests
- Selbst- und Fremdeinschätzung

Wir stellen Ihnen in diesem Teil des Buches vor, was sich hinter den einzelnen Übungen verbirgt, welche Anforderungen überprüft werden und was Sie bei der Durchführung beachten sollten.

Achten Sie auf »heimliche« Übungen

Neben den offiziellen Übungen werden Ihnen immer auch verdeckte Übungen begegnen, beispielsweise in den Pausen. Diese »heimlichen« Übungen spielen in Assessment-Centern eine nicht zu vernachlässigende Rolle. Auch dazu haben wir für Sie Tipps und Hinweise in einem eigenen Kapitel aufbereitet.

Vorsicht Falle!
Sie müssen sich bewusst machen, dass Sie während der gesamten Durchführung, selbst in den »Pausen«, unter Beobachtung stehen.

Die Aufgabenstellungen der einzelnen Übungen werden Ihnen von einem Moderator erläutert. Zusätzlich bekommen Sie zumeist schriftliche Unterlagen ausgehändigt. Die zur Verfügung stehende Vorbereitungszeit wird genau festgelegt. Das Gleiche gilt für die anschließende Dauer der eigentlichen Übungsdurchführung. Den Zeitrahmen müssen Sie auf jeden Fall einhalten.

Bewährung unter Zeitdruck

Um Ihre Flexibilität zu testen, wird der Zeitrahmen gelegentlich während einer Übung verändert. Beispielsweise werden Ihnen 30 Minuten für eine Gruppendiskussion eingeräumt. Nach 10 Minuten wird jedoch der gesamten Gruppe mitgeteilt, dass der Zeitrahmen auf 20 Minuten reduziert wird und Ihnen damit nur noch 10 Minuten zur Ergebnisfindung bleiben. Man will mit dieser Maßnahme testen, ob Sie sich schnell auf neue Situationen einstellen können oder ob der erhöhte Zeitdruck Stress bei Ihnen auslöst.

Beispielhafte Abläufe von Assessment-Centern

Wir haben die folgenden beiden Assessment-Center als Beispiele für Sie ausgewählt, weil der Ablauf und die Auswahl der Übungen Sie damit vertraut machen, was Bewerber üblicherweise erwartet.

Assessment-Center bei einem produzierenden Logistikdienstleister

BEISPIEL

→ *Position:* **Traineeprogramm**
→ *Dauer:* **ganztägig**
→ **12 Teilnehmer, 6 Beobachter aus den Fachabteilungen, ein Moderator mit Assistentin**

Begrüßung: 30 Minuten Begrüßung, Vorstellung des Traineeprogramms. 60 Minuten Präsentation des Unternehmens, Vorstellung der Beobachter, Überblick über den Tagesablauf, Beantwortung von Bewerberfragen

Vorstellungsrunde: 15 Minuten Vorbereitungszeit, Bildung von Kandidatenpaaren, pro Teilnehmer 5 Minuten Partnervorstellung

Gruppendiskussion: 10 Minuten Vorbereitungszeit, 20 Minuten Dauer, Thema: »Erfolgsfaktoren für den Führungsnachwuchs«

Pause: 15 Minuten

Aufteilung der Kandidaten in zwei Gruppen

Gruppe 1: 60 Minuten, Bearbeitung von Unterlagen zu einer Fallstudie

Gruppe 2: 60 Minuten, Interviews, jeweils ein Beobachter und ein Kandidat

Mittagessen: 45 Minuten gemeinsames Mittagessen in der Kantine

Wechsel der Aufgabenstellungen für die Gruppen

Gruppe 1: 60 Minuten, Interviews, jeweils ein Beobachter und ein Kandidat

Gruppe 2: 60 Minuten, Bearbeitung von Unterlagen zu einer Fallstudie

Pause: 15 Minuten

Vortrag zur Fallstudie: 30 Minuten Vorbereitung der Ergebnispräsentation, 7 Minuten Vortrag der Ergebnisse

Feedbackrunde: 30 Minuten

Verabschiedung

Assessment-Center bei einem Finanzdienstleister

BEISPIEL

- → *Position:* **Berater (Finanzdienstleister)**
- → *Dauer:* **ganztägig**
- → **48 Teilnehmer, 12 Beobachter, aufgeteilt in Gruppen zu je 8 Teilnehmern und 2 Beobachtern**

Kurze Begrüßung

Selbstpräsentation: keine Vorbereitungszeit, Präsentationszeit freigestellt, Medieneinsatz erwünscht

Gruppendiskussion: 10 Minuten Vorbereitungszeit, 19 Minuten Gruppendiskussion, Thema: »Entwerfen Sie ein Beraterprofil für eine Stellenanzeige«, Abbruch nach genau 19 Minuten

Vortrag: 5 Minuten Präsentation des Diskussionsergebnisses

→ FORTSETZUNG AUF DER NÄCHSTEN SEITE

Rollenspiele: keine Vorbereitungszeit, 5 Minuten Gesprächsdauer, Kundengespräche, Themen unter anderem: »Verkauf einer Kreditkarte an einen Mönch«, »Verkauf eines Wirtschaftsmagazins an einen Tankstellenpächter«, »Verkauf eines Rhetorikkurses an einen Geschäftsstellenleiter eines Finanzdienstleisters«

Mittagspause

Knock-out-Assessment-Center: Alle Kandidaten, die nicht einen vorher festgelegten Bewertungsschnitt erreicht haben, werden freundlich verabschiedet.

Gesprächsrunde: Die verbliebenen Teilnehmer führen Gespräche mit den Beobachtern. Das Unternehmen wird ausführlich vorgestellt. Die Beobachter gehen auf Kandidaten zu, die ihnen sympathisch sind, und klären mit ihnen mögliche Einsatzorte und notwendige Schulungsmaßnahmen.

Abschluss

Sie sehen, dass es unterschiedliche Arten von Assessment-Centern gibt, die sich danach richten, wer eingestellt werden soll. An Führungskräfte werden andere Erwartungen gestellt als an Trainees. Doch in einigen Situationen werden Sie sich in jedem Assessment-Center wiederfinden. In den folgenden Kapiteln stellen wir Ihnen nun ausführlich die einzelnen Übungen vor, die Sie in diesem Auswahlverfahren erwarten.

37. Selbstpräsentation im Assessment-Center

Ganz am Anfang des Assessment-Centers werden die Kandidaten in der Regel gebeten, sich selbst vorzustellen. In der Selbstpräsentation werden bereits entscheidende Weichenstellungen für das gesamte Assessment-Center vorgenommen. Lernen Sie im Folgenden, sich überzeugend zu präsentieren und sich bei den Beobachtern einen Sympathiebonus zu erarbeiten, der auf die weiteren Übungen ausstrahlt.

Wie Sie eine überzeugende Selbstpräsentation erarbeiten, haben Sie bereits in der Übung »Der Aufbau der Selbstpräsentation« in Kapitel 5 (»Warum sollten wir gerade Sie einstellen? Ihre Selbstpräsentation«) erfahren. Wenden Sie für Ihre Selbstdarstellung im Assessment-Center die gleichen Regeln an:

- → **Stellen Sie die Aufgaben, die Sie in Ihrer momentanen Position bearbeiten, an den Anfang Ihrer Selbstpräsentation.**
- → **Heben Sie die Tätigkeiten hervor, die einen direkten Bezug zur neuen Stelle haben.**
- → **Erläutern Sie Ihre berufliche Entwicklung. Machen Sie klar, welche Stationen in Ihrem Leben Sie für Ihre jetzige Position qualifiziert haben.**

Optimal: eine Zusammenfassung

Optimieren Sie Ihre Selbstpräsentation im Assessment-Center, indem Sie am Ende Ihre Kompetenz noch einmal stichwortartig in einem Satz zusammenfassen. Verwenden Sie die branchenüblichen Schlagworte und Schlüsselbegriffe, die Ihr Profil charakterisieren. So prägt sich Ihr Qualifikationsprofil den Beobachtern ein, und Sie zeigen, dass Sie ein besonders interessanter Kandidat sind. Leiten Sie diese Schlusszusammenfassung beispielsweise folgendermaßen ein: »Zusammenfassend lässt sich festhalten ...«

Einsatz der Selbstpräsentation

Die Selbstpräsentation ist eine Übung, die Sie sehr gut zu Hause vorbereiten können. Üben Sie so lange, bis sie richtig sitzt. Damit Sie flexibel auf variierende Aufgabenstellungen im Assessment-Center reagieren können, sollten Sie verschieden lange Versionen Ihrer Selbstpräsentation vorbereiten.

Bereiten Sie unterschiedlich lange Versionen vor

In der Regel bekommen Sie für Ihre Selbstpräsentation eine genaue Zeitvorgabe, die Sie einhalten müssen. Bereiten Sie sich vor, indem Sie eine dreiminütige Kurzversion, eine fünfminütige Version und eine zehnminütige ausführliche Version Ihrer Selbstpräsentation ausarbeiten.

In der dreiminütigen Kurzversion geben Sie einen schlagwortartigen Überblick über Ihre Qualifikationen. Diese Version ähnelt der Selbstdarstellung in einem Anschreiben. Es kommt hierbei in erster Linie darauf an, Interesse an Ihren Kenntnissen und Fähigkeiten zu wecken.

Die fünfminütige Version Ihrer Selbstpräsentation sollte zusätzlich zu den Inhalten der dreiminütigen Version ein oder zwei ausgewählte Beispiele für besondere Erfolge enthalten. Gehen Sie beispielsweise auf Aufgabenstellungen in Ihren bisherigen Positionen näher ein. Sie können auch Ihre Herangehensweise an eine bestimmte Aufgabe darstellen oder erläutern, wie Ihre Arbeitsergebnisse weiter verwertet wurden.

Gehen Sie näher auf Ihre berufliche Entwicklung ein

In der zehnminütigen Version liefern Sie nicht nur ein oder zwei ausgewählte Beispiele, sondern stellen Ihren beruflichen Werdegang ausführlich dar. In dieser Version können Sie auch näher auf Ihr Studium oder Ihre Ausbildung, besonderes Engagement außerhalb des Berufs und Ihre Hobbys eingehen. Achten Sie jedoch darauf, dass Sie sich nicht zu stark auf den Freizeitbereich konzentrieren. Stellen Sie auch in der langen Version durch Ihre beruflichen Erfahrungen immer wieder den Bezug zur ausgeschriebenen Position her.

Das sollten Sie sich merken:
Wenn Sie keine Zeitvorgabe bekommen haben, sollten Sie sich bei Ihrer Selbstpräsentation daran orientieren, wie lange die Beobachter – und insbesondere der Moderator – für ihre Selbstdarstellungen zu Beginn des Assessment-Centers gebraucht haben.

Wenn Sie sich bei einem international ausgerichteten Unternehmen beworben haben oder bei Unternehmen, deren Geschäftssprache Englisch ist, müssen Sie damit rechnen, dass man von Ihnen eine Zusammenfassung Ihrer Qualifikationen und Ihres Werdegangs in Englisch verlangt. Bereiten Sie für diese Fälle auch eine englische Version Ihrer Selbstpräsentation vor.

Setzen Sie Medien ein

Setzen Sie nach Möglichkeit Präsentationsmedien ein. Gut geeignet sind dafür das Flipchart oder das Whiteboard. Schreiben Sie Ihren Namen an. Überlegen Sie sich, wie Sie Ihren Werdegang visualisieren könnten. Eine »Karrieretreppe« auf dem Flipchart ist zum Beispiel eine Möglichkeit, Ihre beruflichen Stationen nicht nur mit Worten, sondern auch bildhaft miteinander zu verknüpfen. So wäre für die Beobachter der rote Faden in Ihrer bisherigen Entwicklung auch visuell nachvollziehbar. Damit bleiben Sie nachhaltig in Erinnerung.

Sicher in der Kommunikation

Kehren Sie Ihrem Publikum bei der Präsentation mit Flipchart oder Whiteboard nicht länger als notwendig den Rücken zu. Drehen Sie sich immer wieder den Zuhörern zu, blicken Sie sie an, und erläutern Sie kurz Ihre Ausführungen. So verstärken Sie den Eindruck eines kommunikationsstarken Kandidaten.

Noch ein Hinweis: Jedes Assessment-Center beginnt mit einer Vorstellungsrunde, auch wenn sie nicht immer mit »Selbstpräsentation« betitelt ist. Die konkrete Aufgabenstellung kann auch lauten: »Stellen Sie sich kurz vor«, »Erzählen Sie den Teilnehmern etwas über sich«, »Begründen Sie, warum man Sie zu diesem Assessment-Center eingeladen hat«, »Warum wollen Sie in unserem Unternehmen tätig werden?« oder auch: »Was macht Sie für die ausgeschriebene Position geeignet?«. Diese Eingangsaufgabe werden Sie erfolgreich lösen können, wenn Sie sich intensiv anhand unserer Ausführungen vorbereitet haben.

Checkliste für Ihre Selbstpräsentation

CHECKLISTE

- ○ Haben Sie mithilfe unserer Hinweise in Kapitel 5 eine aussagekräftige Selbstpräsentation erarbeitet?
- ○ Belegen Sie Ihre berufliche Entwicklung mit Beispielen?
- ○ Endet Ihre Selbstpräsentation mit einer stichwortartigen Zusammenfassung Ihres Profils?
- ○ Haben Sie drei verschieden lange Versionen erarbeitet (drei, fünf, zehn Minuten)?
- ○ Haben Sie gebebenfalls eine englischsprachige Version vorbereitet?
- ○ Können Sie Ihren beruflichen Werdegang visualisieren?
- ○ Haben Sie Ihre Selbstpräsentation mehrfach geübt?

38. Heimliche Übungen

Im Assessment-Center stehen Sie auch dann unter Beobachtung, wenn Sie dies gar nicht erwarten: Ihr Verhalten gegenüber den anderen Kandidaten vor dem offiziellen Beginn und zwischen den Übungen wird jedoch genauso registriert wie Ihr Auftritt in der Kaffee- oder Mittagspause. Wenn die Beobachter zwischen den Übungen den Kontakt zu Ihnen suchen, sollten Sie auf diese informellen Gespräche gut vorbereitet sein.

Eine Pause im Assessment-Center bedeutet nicht, dass Sie abschalten und sich erholen können. Bleiben Sie die ganze Zeit konzentriert, und behalten Sie die Erwartungen der Beobachter im Blick.

Inoffizielle Testsituationen

Fast immer gehen die Beobachter in den Pausen auf Kandidaten zu und suchen das Gespräch – oft mit Teilnehmern, die sie als besonders interessant einschätzen, um sich den ersten guten Eindruck im persönlichen Gespräch bestätigen zu lassen.

Small Talk verstärkt Sympathie

Bei diesen Pausengesprächen geht es vorrangig um lockeren Small Talk und darum, die gegenseitige Sympathie zu verstärken. Deshalb sollten Sie auf die Gesprächsvorgaben des Beobachters reagieren. Interessiert er sich für Ihre Karrierewünsche, oder möchte er mit Ihnen über aktuelle Themen und Entwicklungen der Branche fachsimpeln? Eine gut ausgearbeitete Selbstpräsentation hilft Ihnen auch hier weiter. Zeigen Sie sich zupackend, aktiv und engagiert. Dies gilt für berufsbezogene Fragen genauso wie für Fragen zu Ihrer Freizeitgestaltung.

Sammeln Sie im Vorfeld unverfängliche Themen

Manche Beobachter interessieren sich für alles, was Sie bewegt und begeistert. In diesem Fall sollten Sie das Gespräch aktiv gestalten. Sie können sich schon im Vorfeld darauf vorbereiten, indem Sie sich geeignete Themen überlegen, mit denen Sie ein solches Gespräch in Schwung halten können.

Vorsicht Falle!
Vermeiden Sie auf jeden Fall »schwierige Themen« wie Politik, Religion oder Ähnliches, und kritisieren Sie nicht die Übungen des Assessment-Centers.

Heimliche Übungen können Ihnen in verschiedenen Phasen des Assessment-Centers begegnen:

- → **in der Anfangsphase,**
- → **während das Unternehmen sich vorstellt,**
- → **in Kaffee- und Mittagspausen und**
- → **in der Schlussphase.**

Anfangsphase: Wenn man Sie zu Beginn des Assessment-Centers warten lässt, kann das bedeuten, dass schon vor dem eigentlichen Start Ihr Sozialverhalten getestet wird – gerade bei Assessment-Centern, die auf Positionen mit Kundenkontakt abzielen, beispielsweise im Vertrieb, in der Beratung oder im Marketing. Wartezeiten sind auch im späteren Berufsalltag nicht unüblich, deshalb ist es aus Unternehmenssicht interessant festzustellen, wie Sie auf einen ungewollten Zeitüberschuss reagieren.

Nutzen Sie die Wartezeit

Die Wartezeit zu Anfang des Assessment-Centers ist gut geeignet, um die Diskrepanz zwischen der Selbstbeschreibung der Kandidaten und ihrem tatsächlichen Verhalten herauszufinden. Denn jeder Bewerber wird sich als kommunikationsfähig, kontaktfreudig und belastbar darstellen. Das tatsächliche Verhalten in der Wartezeit wird auf jeden Fall Unterschiede der Verhaltensweisen an den Tag bringen.

Punkten Sie deshalb schon vor dem offiziellen Beginn. Gehen Sie auf die anderen Kandidaten zu. Stellen Sie sich kurz mit Ihrem Namen vor. Versuchen Sie auch, sich die Namen der anderen Kandidaten zu merken. Wenn Sie in der späteren Gruppendiskussion andere Teilnehmer mit Namen ansprechen können, wird dies als überzeugender Beleg für Ihre soziale Kompetenz registriert.

Die persönliche Ansprache bringt Pluspunkte

Sie können sich darüber hinaus noch erkundigen, aus welcher Branche verschiedene Teilnehmerinnen und Teilnehmer stammen. Dies eröffnet Ihnen Chancen bei den weiteren Übungen. Sie könnten dann in der Gruppendiskussion beispielsweise darauf hinweisen, dass Sie sich »genauso wie Frau König besonders mit Fragen der Unternehmensorganisation auseinandergesetzt haben«. Auf diese Weise gelten Sie schnell als kommunikativer Moderator und werden zum informellen Meinungsführer. Diese Position bringt Sie nicht nur im Assessment-Center weiter.

Das Unternehmen stellt sich vor: Am Anfang des Assessment-Centers wird Ihnen das Unternehmen präsentiert. Vom Moderator wird der Ablauf des Assessment-Centers beschrieben, und die einzelnen Beobachter stellen sich Ihnen vor. Der Umfang der Informationen, die Sie zum Unternehmen und zu den Karrieremöglichkeiten erhalten, kann variieren von grundlegenden Informationen über Unternehmensgröße,

Produktpalette und Ähnliches bis zur ausführlichen Präsentation der Einarbeitungsprogramme.

Stellen Sie qualifizierte Fragen

Wenn Sie im Anschluss an die Unternehmenspräsentation aufgefordert werden, eigene Fragen zu stellen, sollten Sie strategisch vorgehen. Wichtig ist, dass Sie zu erkennen geben, dass Sie sich mit dem Unternehmen schon im Vorfeld Ihrer Bewerbung intensiv auseinandergesetzt haben. Fragen zur konkreten Ausgestaltung von Arbeitsverträgen, zur Abgeltung von Überstunden, zu Urlaubsansprüchen oder zur Hilfe bei der Wohnungssuche sollten Sie an dieser Stelle unterlassen. Stellen Sie auch auf keinen Fall Fragen, die Sie sich mit einer Durchsicht des zugesandten Informationsmaterials hätten selbst beantworten können.

Ihre Fragen sollten überlegt und qualifiziert sein und mit Ihrem angestrebten Einstieg ins Unternehmen zu tun haben. Bereiten Sie darum bereits vor dem Assessment-Center zwei oder drei Fragen vor. Sichten Sie das zugesandte Informationsmaterial, recherchieren Sie im Internet auf der Homepage des Unternehmens oder sichten Sie Datenbanken, die von vielen Jobbörsen angeboten werden. Stellen Sie fest, welche Informationen Anknüpfungspunkte für sinnvolle Fragen bieten. Formulieren Sie dann drei Fragen aus.

Nutzen Sie die Kunst der positiven Kommunikation

Kaffee- und Mittagspausen: Im Zentrum des Interesses stehen nicht Ihre (gewiss tadellosen) Tischmanieren, sondern Ihre Kommunikation mit den anderen Teilnehmern und den Beobachtern. Fangen Sie nicht an, über »das Theaterspiel der Selbstdarsteller« herzuziehen oder die »Psychospielchen der Personaler« laut abzuwerten. Üben Sie sich in der Kunst der positiven Kommunikation, loben Sie beispielsweise die Räumlichkeiten oder heben Sie die freundliche Begrüßung hervor.

Bevorzugen Sie allgemeine und unverfängliche Themen, oder fragen Sie die Beobachter nach deren Lebensweg. Vielleicht finden Sie ja auch Gemeinsamkeiten, an die Sie im Gespräch anknüpfen können. Abgesehen von Ihrer Reaktion auf die Vorgaben der Beobachter, sollten Sie auch selbst mindestens drei unverfängliche Themen vorbereiten, mit denen Sie die Kommunikation in Schwung halten können. Besonders vorsichtig sollten Sie im Umgang mit Alkohol sein. Beispielsweise begann ein Assessment-Center einer großen deutschen Bank mit einem Begrüßungscocktail, es folgten ein Aperitif zum Mittagessen, zwei Glas Wein zum Hauptmenü und danach der Digestif. Solche Angebote sollten Sie unbedingt ausschlagen.

Bleiben Sie souverän

Rechnen Sie auch damit, dass man Sie in lockerer Atmosphäre bei Tisch eher aus der Reserve locken kann. Versuchen Sie deshalb, Ihre Anspannung zu verringern, ohne sich gehen zu lassen oder sich zu unüberlegten Reaktionen hinreißen zu lassen. Bleiben Sie auch hier souverän.

Die Lottofrage

BEISPIEL

Die in der Mittagspause nebenbei eingestreute Frage »Was würden Sie machen, wenn Sie sechs Richtige im Lotto hätten?« hat schon viele Kandidaten das Gleichgewicht verlieren lassen. Das Antwortspektrum reicht von »Dann hätten die mich hier die längste Zeit gesehen« bis hin zu »Ich würde dem Chef auf den Tisch schei…«. Bisher kennen wir nur einen einzigen Kandidaten, der nicht die Fassung verloren hat. Mit einem charmanten Lächeln antwortete er: »Ich würde mich finanziell an diesem Unternehmen beteiligen!«

Weitere Punkte sammeln

Schlussphase: Zum letzten Mal in dieser Veranstaltung treffen sich die Beobachter, die Moderatoren und die Kandidaten und haben die Gelegenheit zum Gespräch miteinander. Die Entscheidung darüber, wen das Unternehmen einstellt, ist zu diesem Zeitpunkt meist noch nicht gefallen. Sie sollten in der Schlussrunde des Assessment-Centers weitere Punkte sammeln, da drei wichtige Aspekte aus der Einstellungspraxis der Unternehmen noch ihre Wirkung für Sie entfalten können.

Zum Ersten sind die Zeiträume bis zur Einstellung oft so lang, dass Kandidaten abspringen, weil sie die Möglichkeit haben, vorher bei einem anderen Unternehmen einen Arbeitsvertrag zu unterzeichnen. In diesem Fall wird auf die anderen Kandidaten des Assessment-Centers zurückgegriffen. Zum Zweiten ist ein Assessment-Center ein so zeitaufwändiges und kostenintensives Verfahren, dass viele große Unternehmen mehrere Positionen besetzen wollen. Kandidaten mit Potenzial können durchaus auch für andere offene Stellen interessant sein. Zum Dritten sammeln viele Beobachter in der Schlussrunde zusätzliche Fakten, um sich ihr Bild der einzelnen Teilnehmer noch einmal bestätigen zu lassen. Das heißt für Sie, auch in der Schlussrunde weiter positiv auf sich aufmerksam zu machen.

Loben Sie positive Aspekte

Die Schlussrunde ist meist so gestaltet, dass es entweder ein Plenum oder die Möglichkeit zum Gespräch in kleineren Gruppen gibt. Im Plenum haben Sie die Möglichkeit, Anmerkungen und Feedback zum Tagesablauf und damit zum Assessment-Center zu geben. Halten Sie sich mit kritischen Anmerkungen zurück, und heben Sie stattdessen positive Aspekte des erlebten Assessment-Centers hervor. Loben Sie den gut geplanten Tagesablauf oder die Möglichkeit des direkten Vergleichs mit Ihren Mitbewerbern. Erklären Sie, dass das Assessment-Center Ihnen neue Erfahrungen und Einblicke verschafft hat, von denen Sie sicherlich profitieren werden.

Gespräche am Rande

Im Gespräch in kleiner Gruppe sollten Sie nach Möglichkeit den Kontakt zu denjenigen Beobachtern suchen, die sich schon in den Pausen für Sie interessiert haben. Wenn Sie von den Beobachtern kurzes Feedback über Ihr Abschneiden in einzelnen Übungen erhalten, sollten Sie – unabhängig davon, ob das Feedback positiv oder negativ ist – zunächst nur zuhören. Kommentieren Sie die Anmerkungen nicht und beginnen Sie auf gar keinen Fall eine Diskussion darüber. Jetzt ist nicht der Zeitpunkt, Ihr Verhalten zu rechtfertigen oder ein Missverständnis im Nachhinein geraderücken zu wollen!

Wenn Sie die Gelegenheit dazu haben, machen Sie den Beobachtern im Gespräch noch einmal klar, welches besondere Interesse Sie am Unternehmen haben und wo Ihre Stärken liegen. Beziehen Sie sich dabei auf die Kernpunkte aus Ihrer Selbstpräsentation. Durch eine solche Wiederanknüpfung an Ihre Selbstpräsentation verankern Sie sich im Gedächtnis Ihrer Zuhörer und verstärken damit die positive Einschätzung Ihrer Leistungen.

CHECKLISTE

Checkliste für heimliche Übungen

- ◯ Haben Sie sich vor Augen geführt, dass auch die Pausen, die inoffiziellen Gespräche und das gemeinsame Essen zu den Prüfungsmomenten zählen?
- ◯ Haben Sie mehrere unverfängliche Themen für den Small Talk vorbereitet?
- ◯ Haben Sie sich mit den anderen Teilnehmern bekannt gemacht, sich ihre Namen gemerkt und eventuell auch gefragt, in welcher Branche sie arbeiten?
- ◯ Haben Sie drei Fragen zum Unternehmen vorbereitet (Achtung: keine Fragen, die schon in der Vorstellung des Unternehmens oder in vorab verteiltem Informationsmaterial beantwortet werden)?
- ◯ Loben Sie in den Pausen den Ablauf des Assessement-Centers? Halten Sie sich mit Kritik zurück?
- ◯ Halten Sie sich beim Angebot von Alkohol zurück?
- ◯ Lassen Sie sich auch in den Pausen nicht aus der Reserve locken, sondern bleiben gelassen und souverän?
- ◯ Bleiben Sie auch in der Schlussrunde kommunikativ und aufgeschlossen?

39. Gruppendiskussionen

Die Gruppendiskussion ist eine zentrale Übung im Assessment-Center; auf sie werden Sie in jedem Fall treffen. Damit können sich die Beobachter ein relativ umfassendes Bild Ihrer sozialen und methodischen Kompetenz im direkten Vergleich mit anderen machen. Wir zeigen Ihnen, wie Sie souverän und überzeugend auch diese Situation meistern.

Die wichtigste Übung im Assessment-Center

In der Gruppendiskussion sollen Sie mit den anderen Teilnehmern zusammen ein Thema diskutieren. Üblicherweise wird Ihnen dazu ein Thema vorgegeben und eine Vorbereitungszeit eingeräumt. Die Diskussionsteilnehmer sind in der Regel gleichberechtigt, das heißt, es gibt keinen Moderator, der das Wort erteilt und die Diskussion strukturiert.

Themenstellungen

Üblicherweise wird Ihnen in Gruppendiskussionen das Thema vorgegeben. Zumeist werden aktuelle Trends und Entwicklungen aufgegriffen, bei denen davon ausgegangen werden kann, dass jeder Teilnehmer mitreden kann. Es kann aber auch passieren, dass Sie mit einem Thema konfrontiert werden, das wenig Bezug zum Berufsalltag hat. Gelegentlich wird auf eine Themenvorgabe verzichtet und eine Diskussion über die Eignung von Themen vorangestellt. Zusammengefasst können Ihnen also die folgenden Vorgaben begegnen:

- → **aktuelle Themen,**
- → **freie Themenwahl und**
- → **angestaubte Themen.**

Themen mit Berufsbezug

Aktuelle Themen: Die meisten Unternehmen wählen Themen, die sich auf Ihr Berufsfeld beziehen. Es handelt sich zumeist nicht um Fragen, für deren Diskussion ein spezielles Fachwissen benötigt wird, da nicht Ihr Fachwissen, sondern Ihre soziale und methodische Kompetenz überprüft werden.

Außerdem ist es für die Unternehmen wichtig zu sehen, ob die Kandidaten über aktuelle Trends in der Arbeitswelt Bescheid wissen.

Zum Beispiel könnte – bei einer Einstiegsposition im kaufmännischen Bereich – das Thema in der Gruppendiskussion lauten: »Entwickeln Sie eine Marketingstrategie für die Einführung eines Fitnessgetränks auf dem Markt.« Bei einer Diskussion zu diesem Thema können die Beobachter neben den kommunikativen Fähigkeiten auch feststellen, ob die einzelnen Teilnehmer Aspekte anderer Unternehmensbereiche – beispielsweise Kundenorientierung (Verkauf), Kosten (Produktion und Entwicklung), Zielgruppendefinition (Marketing) – berücksichtigen.

Freie Themenwahl: Bei der freien Themenwahl gibt es zwei Möglichkeiten: Entweder wird Ihrer Diskussionsgruppe die freie Auswahl des Themas übertragen, oder Sie bekommen drei bis fünf Themen vorgegeben und müssen sich in der Gruppe darauf einigen, welches davon diskutiert werden soll. Dies bedeutet, dass in beiden Fällen vor einer thematisch-inhaltlichen Diskussion eine Diskussion um die Auswahl des eigentlichen Themas steht.

Jeder sollte mitreden können

In dieser Diskussionsrunde liegt das Augenmerk der Beobachter ganz besonders auf der Durchsetzungsfähigkeit der einzelnen Diskussionsteilnehmer. Wenn Sie sich mit Ihrem Wunschthema durchsetzen wollen, müssen Sie darauf achten, den anderen Teilnehmern ein akzeptables Angebot zu machen, zu dem alle – unabhängig von ihrem Fachwissen – beitragen können. Ein solches Thema wäre beispielsweise: »Wie sieht der optimale Mitarbeiter für die Position XYZ (Position, die im Assessment-Center vergeben wird) aus?« Dieses Thema können Sie vorschlagen, wenn die Entscheidungsfindung für ein Diskussionsthema in der Gruppe nicht vorankommt. Die anderen Teilnehmer können nur schlecht ablehnen, da sie damit den Beobachtern indirekt zu verstehen geben, dass sie nicht wissen, worauf es bei der ausgeschriebenen Position ankommt.

Wenn der Gruppe mehrere Themen vorgegeben werden, so liegt Ihre wesentliche Aufgabe darin, die Entscheidungsfindung voranzutreiben. Dies gelingt Ihnen, indem Sie auf den Zeitfaktor verweisen und eine möglichst enge Zeitvorgabe für die Themenfindung vorschlagen. Lässt sich nicht innerhalb kurzer Zeit eine Entscheidung fällen, können Sie eine Abstimmung vorschlagen. Bei der späteren thematisch-inhaltlichen Diskussion sollten Sie dieses Instrument aber nicht einsetzen. Ihre kommunikativen Fähigkeiten müssen Sie in der Diskussion durch die Gewichtung von Argumenten und die Analyse von Pro-und -Kontra-Erwägungen beweisen.

Angestaubte Themen: Gelegentlich werden Sie auf die inzwischen mehr als 30 Jahre alten Diskussionsthemen »Mondlandung«, »Höhlenübung« und »Ballonfahrt« treffen. Die Grundstruktur bei diesen drei Übungen und zahlreichen weiteren Varianten ist ähnlich: Die Gruppe muss sich innerhalb einer vorgegebenen Zeit einigen, welche

Gegenstände mitgenommen werden (Mondübung), welche herausgeworfen werden (Ballonübung) oder welche Person den Unglücksort (Höhlenübung) als Erster verlassen darf.

Diskutieren Sie bei jedem Thema mit

Ganz gleich, wie weit hergeholt Ihnen die Themen in der Gruppendiskussion erscheinen, Sie müssen engagiert mitdiskutieren. Im Assessment-Center kommt es auf das konkret sichtbare Verhalten der Teilnehmer an.

Rollenvorgaben

Mitunter werden den Teilnehmern von Gruppendiskussionen verschiedene Rollenvorgaben erteilt. Sie müssen dann eine bestimmte Position oder Meinung vertreten. Die folgenden Formen gibt es:

→ **die führerlose Diskussion mit Rollenvorgabe,**
→ **die geführte Diskussion ohne Rollenvorgabe und**
→ **die geführte Diskussion mit Rollenvorgabe.**

Vertreten Sie die Interessen einer fiktiven Person

Führerlose Diskussion mit Rollenvorgabe: Diese Diskussionsform wird eingesetzt, um eine Konfliktsituation unter den Diskussionsteilnehmern zu erreichen. In der Vorbereitungszeit werden allen Teilnehmern schriftliche Informationen zu der Rolle, die sie übernehmen sollen, ausgehändigt. In der Diskussion müssen Sie beachten, dass Sie sich Ihrer Rolle angemessen verhalten. Spielen Sie beispielsweise den Marketingleiter, so müssen Sie aus dessen Perspektive heraus argumentieren.

Besonders am Anfang der Gruppendiskussion sollten Sie die Argumente bringen, die Ihnen schriftlich vorgegeben wurden. Im weiteren Verlauf sollten Sie darauf achten, auf ein gemeinsam getragenes Diskussionsergebnis hinzuarbeiten.

Verantwortlichkeit eines Moderators

Geführte Diskussion ohne Rollenvorgabe: Von einer geführten Gruppendiskussion ohne Rollenvorgabe spricht man, wenn ein Teilnehmer als Moderator bestimmt wird. Seine Aufgaben sind die Leitung der Diskussion, die Sicherstellung eines Ergebnisses, die Strukturierung der Argumente, die Einhaltung der Diskussionsdisziplin und die Präsentation des Schlussergebnisses.

Geführte Diskussion mit Rollenvorgabe: Geführte Gruppendiskussionen mit Rollenvorgaben werden selten eingesetzt. Wenn aber Positionen für den Führungsnachwuchs vergeben werden sollen, ist eine geführte Gruppendiskussion für die Beobachter sehr aussagekräftig. Der Teilnehmer, der die Rolle des Diskussionsleiters zugewiesen bekommen hat, kann hinsichtlich seiner Führung von Teams und der Leitung von Projektgruppen überprüft werden.

Themenvorbereitung

Pluspunkte durch sorgfältige Vorbereitung

Es ist von enormer Wichtigkeit, dass Sie sich auf mögliche Themen vorbereiten. Dies ist nicht so schwierig, wie Sie vielleicht glauben. Denn letztendlich begrenzen Ihr anvisiertes Berufsfeld, Ihre bevorzugte Branche und Ihre möglichen Einstiegspositionen die Themen. Die Lektüre des Wirtschaftsteils einer überregionalen Tageszeitung ist eine gute Vorbereitung. Sie finden dort aktuelle Themen aus allen Branchen und Argumente für die Diskussion dieser Themen. Halten Sie sich generell über Veränderungen in der Arbeitswelt und neue Entwicklungen auf dem Laufenden.

Die Themen in Gruppendiskussionen lassen sich in vier Blöcke zusammenfassen:

- → **Wie sieht die Zukunft aus?**
- → **Welche Verbesserungsvorschläge haben Sie?**
- → **Wie würden Sie entscheiden?**
- → **Welche Strategie hilft weiter?**

Die Einschätzung künftiger Entwicklungen

Der Blick in die Zukunft: Ihre Vorstellungskraft ist gefragt, wenn Sie Themen vorgegeben bekommen, bei denen Ihre Einschätzung künftiger Entwicklungen verlangt wird. Die Themen lauten beispielsweise »Welche Anforderungen werden an die Führungskraft im Jahr 2020 gestellt?« oder »Welche Megatrends bestimmen die nächsten zehn Jahre?«.

Verbesserungsvorschläge: Ihr Talent, Bestehendes zu verbessern, müssen Sie beispielsweise in Diskussionen mit den Themen »Das Produkt Bronzo Bräunungsmittel verkauft sich nicht mehr. Entwickeln Sie eine Markteinführungsstrategie für Super-Bronzo als Ersatzprodukt!« oder »Wie können Außendienstmitarbeiter besser vom Innendienst unterstützt werden?« unter Beweis stellen.

Am Ende muss ein Ergebnis stehen

Fällen Sie eine Entscheidung: Wenn die Themen »Bewerten Sie die Vor- und Nachteile der Einführung von Gruppenfertigung statt Fließbandfertigung« oder »Erarbeiten Sie gerechte Einkommensteuertarife!« lauten, müssen Sie zu einer Entscheidung kommen. Diskutieren Sie das vorgegebene Thema unter verschiedenen Gesichtspunkten. Achten Sie darauf, dass am Ende der Diskussion eine Entscheidung für eine Variante steht.

Strategie erarbeiten: Ihre Fähigkeit, strategisch zu denken, soll mit Themen wie »Eine neue Filiale unseres Konzerns wird in Kürze eröffnet. Entwickeln Sie in der Gruppe eine PR-Strategie« oder »Konzipieren Sie eine Kampagne zur langfristigen Kundenbindung« überprüft werden. Bei strategischen Fragestellungen können Sie Ihre Kreativität ins Spiel bringen.

Überzeugungsstrategien

Die Beobachter wollen in der Gruppendiskussion einen möglichst umfassenden Eindruck von Ihnen erhalten. Um zu überzeugen, müssen Sie

- → **Argumente liefern,**
- → **eine Diskussionsstruktur schaffen,**
- → **auf die Zeit achten,**
- → **Schlagworte anbringen,**
- → **Zwischen- und Schlusszusammenfassungen liefern und**
- → **eventuell Medien einsetzen.**

1. Schritt: Argumente finden

Argumente liefern: Ihr erstes Ziel sollte sein, überhaupt mitzureden. Darum müssen Sie Argumente finden. Da Sie sich schon im Vorfeld informiert haben, dürften Sie einige Argumente schnell zur Hand haben. In der Regel verfügen Sie außerdem über zehn Minuten Vorbereitungszeit für eine anschließende Diskussion von 30 Minuten Dauer.

2. Schritt: Argumente strukturieren

Diskussionsstruktur schaffen: Machen Sie in der Vorbereitungsphase ein Brainstorming, notieren Sie alles, was Ihnen zum Thema einfällt. Im zweiten Schritt ordnen Sie Ihre Einfälle in Form eines Mind-Maps, welches Sie dann in die Diskussion mitnehmen können. Das Mind-Map ermöglicht Ihnen die übersichtliche Strukturierung und Gliederung der Argumente. Dadurch werden Ihnen auf den ersten Blick Argumentationsblöcke deutlich, und Sie können Ihre Argumente und die der anderen Teilnehmer bündeln. Damit versetzen Sie sich in die Lage, die Diskussion zu strukturieren und zu lenken. Überlegen Sie sich Kategorien, in die Sie die einzelnen Argumente einsortieren können.

Auf die Zeit achten: Schaffen Sie sich durch Ihre Vorarbeit die Voraussetzungen dafür, in der Gruppendiskussion immer wieder neue Impulse geben zu können. Dies gelingt Ihnen am besten, wenn Sie die anderen Diskussionsteilnehmer darauf hinweisen, dass sie sich nicht zu früh in einer Detaildiskussion verlieren sollten und auch andere Aspekte für das Thema wichtig sind. Behalten Sie bei der Diskussion unbedingt die Zeitvorgabe im Blick. Am besten schreiben Sie sich die Anfangs- und Endzeit am Beginn der Diskussion auf. Sie überzeugen die Beobachter nur dann, wenn Sie das Thema im festgelegten Zeitrahmen umfassend diskutieren und zu einem Ergebnis kommen.

Hohe Informationsdichte durch Schlüsselbegriffe

Schlagworte anbringen: Sie überzeugen in Gruppendiskussionen, wenn Sie zusätzlich aktuelle Schlagworte und Schlüsselbegriffe einfließen lassen. Dies zeigt Ihre Vertrautheit mit der anvisierten Branche und dem Berufsfeld, für das Sie sich bewerben. Schlagworte und Schlüsselbegriffe haben den zusätzlichen Vorteil, dass Sie viele Argumente in kurzer Zeit liefern können. Auf diese Weise zeigen Sie den Beobachtern, dass Sie sich Diskussionsthemen erschließen können. Gleichzeitig zwingen Sie die anderen Diskussionsteilnehmer dazu, vorrangig auf Ihre Argumente einzugehen. Sammeln Sie also bereits in Ihrer Vorbereitung aktuelle Schlagworte und Schlüsselbegriffe für Ihre Argumente.

Zwischen- und Schlusszusammenfassungen liefern: Um positiv aufzufallen, sollten Sie gleich zu Anfang der Gruppendiskussion möglichst viele Argumente in den Raum stellen. Dazu fassen Sie Ihre Schlagworte und Schlüsselbegriffe in ein oder zwei Sätzen zusammen.

Einstiegssätze vorbereiten

Damit Sie nicht erst in der Gruppendiskussion nach Formulierungen für den richtigen Einstieg ins Thema suchen müssen, sollten Sie schon in Ihrer Vorbereitung Einstiegssätze formulieren, beispielsweise: »Wir sollten das Thema unter den Gesichtspunkten (Schlagwort 1), (Schlagwort 2) und (Schlagwort 3) diskutieren. Außerdem halte ich den Aspekt (Schlagwort 4) für besonders wichtig.« Oder: »Unser Diskussionsthema beinhaltet mehrere wesentliche Aspekte. Erst sollten wir auf (Schlagwort 1) eingehen, dann (Schlagwort 2) behandeln und zuletzt erst die Anforderungen von (Schlagwort 3) untersuchen.«

Fassen Sie die Ergebnisse zusammen

Zudem können Sie sich durch eine Zwischen- sowie eine Schlusszusammenfassung zum Anwalt des Themas machen. In der Zwischenbilanz können Sie die wesentlichen Argumentationslinien kurz skizzieren und die weitere Entwicklung der Diskussion beeinflussen. Eine Schlusszusammenfassung ist für Sie die beste Chance, bei den Beobachtern nachhaltig in Erinnerung zu bleiben. Nennen Sie nicht bloß ein Ergebnis, sondern stellen Sie die Punkte heraus, in denen die Gruppe zu einer Einigung gekommen ist. Zeigen Sie aber auch auf, in welchen Punkten keine Übereinkunft erzielt werden konnte.

Visualisieren Sie den Gesprächsstand

Medien einsetzen: Wenn Sie Zusammenfassungen liefern oder die Diskussion in festgefahrenen Gesprächssituationen wieder voranbringen wollen, sollten Sie Medien einsetzen. Mit dieser Vorgehensweise erarbeiten Sie sich Sonderpunkte bei den Beobachtern. Sie können auf einem Flipchart die bisher genannten Argumente notieren oder die gegensätzlichen Positionen skizzieren. Sie bauen auf diese Weise eine Struktur auf, der die anderen Diskussionsteilnehmer folgen müssen.

Soziale Kompetenz zeigen

In Assessment-Centern wird ein besonderes Augenmerk auf Ihr zwischenmenschliches Verhalten in der Gruppe gelegt. Zeigen Sie sich als souveräner Teamplayer, der aber auch das notwendige Rüstzeug dafür mitbringt, Führungsaufgaben zu übernehmen. Das gelingt Ihnen, indem Sie

→ **die anderen Teilnehmer mit Namen anreden,**
→ **Diskussionen beleben,**
→ **Konflikten vorbeugen und sie entschärfen und**
→ **auf persönliche Angriffe gelassen reagieren.**

Andere mit Namen anreden: Zeigen Sie sich in der Gruppendiskussion als sozial kompetenter Gesprächspartner, indem Sie die anderen Teilnehmer mit Namen anreden. Die Beobachter werden aufmerksam registrieren, dass Sie die anderen Diskussionsteilnehmer persönlich ansprechen. Zusätzlich erzielen Sie immer dann, wenn Sie jemanden mit Namen ansprechen, eine kurze Phase der erhöhten Aufmerksamkeit.

Setzen Sie Impulse

Diskussionen beleben: Ihr Vorgehen in der Diskussion hängt auch davon ab, ob Sie auf eher konsensorientierte oder eher konfrontationsorientierte Teilnehmer treffen. Gruppen, die Diskussionen »in Harmonie« führen, kommen genauso oft vor wie der »Streitfall«. Bringen Sie bei fortdauernder »Harmoniesucht« Schwung in die Diskussion, indem Sie einzelne Teilnehmer direkt ansprechen und um deren Stellungnahme bitten. Achten Sie dabei auf einen freundlichen Tonfall. Diese Technik können Sie auch verwenden, wenn sich einzelne Teilnehmer aus der Diskussion zurückziehen. Begründen Sie Ihre direkte Ansprache mit der Entscheidungsfindung. Sie zeigen den Beobachtern damit, dass Sie andere zur Mitarbeit bewegen und deren Potenzial in den Entscheidungsprozess miteinbeziehen können.

Konflikte entschärfen: In Gruppen, die auf Konfrontation gehen, sollten Sie Konflikte zwischen einzelnen Teilnehmern entschärfen und darauf achten, dass sich die Diskussion weder aufgrund fachlicher Streitpunkte noch wegen persönlicher Antipathien festfährt. Mit dem Hinweis auf Zeitvorgaben und Unternehmensinteressen nehmen Sie widerspenstigen Diskussionsteilnehmern meistens den Wind aus den Segeln.

Auf Angriffe gelassen reagieren: Wenn man Sie persönlich angreift, sollten Sie souverän und gelassen reagieren. Gehen Sie nicht auf Unterstellungen ein. Erinnern Sie stattdessen Ihren Kontrahenten daran, dass die Diskussion weitergehen muss und dass eine Aufgabe zu lösen ist. Damit nehmen Sie ihm fast immer den Wind aus den Segeln.

Körpersprache in der Gruppendiskussion

Setzen Sie Ihre Körpersprache angemessen ein

Ihre Körpersprache sollten Sie in der Gruppendiskussion gezielt einsetzen, um Ihre Argumente besser wirken zu lassen, Aufmerksamkeit zu erzielen und sich genug Redezeit zu verschaffen. Wenn Sie in der Lage sind, souverän und mit überzeugenden Argumenten zu den vorgegebenen Themen Stellung zu beziehen, ergibt sich die passende Körpersprache fast von selbst. Trotzdem helfen Ihnen hier einige Techniken weiter.

Um eine körpersprachliche Unterstützung für Ihre vorgetragenen Argumente zu erreichen, sollten Sie beim Sitzen eine Grundhaltung einnehmen, bei der Sie aufrecht sitzen, Ihre beiden Beine fest auf der Erde stehen und Ihre Hände locker auf den Oberschenkeln aufliegen. Sie sollten versuchen, immer wieder in diese Grundhaltung zurückzukehren, wenn Sie zwischendurch feststellen, dass Sie sich verspannen. Lesen Sie dazu noch einmal unsere Hinweise in dem Abschnitt »Mit Körpersprache überzeugen« in Kapitel 28 (»Die Vorbereitung des Vorstellungsgesprächs«).

Blicken Sie Ihre Gesprächspartner an

Ihre Körpersprache dient nicht nur dazu, die Beobachter durch einen souveränen Auftritt zu überzeugen. Auch die Diskussionsteilnehmer reagieren auf Ihre Argumente stärker, wenn Ihre Körpersprache unterstützend wirkt. Sie sollten darauf achten, dass Sie die Mitdiskutierenden anschauen, während Sie Ihre Argumente vortragen. Dadurch können Sie zeitgleich zu Ihren Beiträgen bereits erste zustimmende oder ablehnende Reaktionen erkennen und auf diese eingehen.

So kommen Sie zu Wort

Widerspenstige Vielredner, die sich ständig wiederholen, und die unangenehmen Unterbrecher, die Ihnen wiederholt ins Wort fallen, können Sie mit klaren Gesten in die Schranken weisen. Zeigen Sie mit Ihrem Arm auf die störenden Redner und heben Sie abwehrend die Hand. Benutzen Sie Formulierungen, die mit »Stopp«, »Halt« oder »Augenblick« beginnen, wie: »Stopp, das hatten wir jetzt schon dreimal, so kommen wir nicht weiter.« Bei hartnäckigen Kandidaten stehen Sie kurz auf, halten Ihren Zettel mit den strukturierten Argumenten hoch und verweisen auf noch nicht erledigte Punkte, die noch besprochen werden müssen.

Wenn Sie den Diskussionsverlauf auf dem Flipchart bereits visualisiert haben, können Sie nach vorne gehen, den Stand der Diskussion in das Ablaufschema einordnen und die Diskussion mit einer Zwischenzusammenfassung wieder auf die ergebnisorientierte Ebene zurückführen.

Auch Ihr Sprechtempo ist wichtig. Zu schnelles Sprechen verrät Stress und Anspannung. Üben Sie deshalb, Ihr Sprechtempo immer wieder zu drosseln. Verlangsamen Sie Ihren Redefluss, damit Ihnen die anderen Teilnehmer und die Beobachter zuhören können.

CHECKLISTE

Checkliste für Gruppendiskussionen

- ◯ Haben Sie den Wirtschaftsteil einer überregionalen Zeitung auf aktuelle Themen und Trends aus verschiedenen Branchen hin durchgesehen?
- ◯ Haben Sie sich Notizen dazu gemacht, Schlag- und Schlüsselworte herausgesucht, mögliche Pro- und Kontra-Argumente erarbeitet?
- ◯ Haben Sie Ihre Argumente gebündelt und strukturiert (mithilfe eines Mind-Maps)?
- ◯ Haben Sie Sätze für Ihren Einstieg in die Diskussion vorbereitet?
- ◯ Haben Sie die Zeit im Blick?
- ◯ Können Sie eine Zwischenbilanz ziehen und eine Schlusszusammenfassung einbringen?
- ◯ Sprechen Sie die Diskussionsteilnehmer mit Namen an und halten Sie Blickkontakt zu ihnen?
- ◯ Können Sie schweigende Teilnehmer freundlich in die Diskussion miteinbeziehen?
- ◯ Können Sie Konflikte in der Diskussion entschärfen?
- ◯ Bleiben Sie bei Angriffen und Unterstellungen gelassen? Können Sie die Diskussion auf die sachliche Ebene zurückführen?
- ◯ Nehmen Sie in der Diskussion eine entspannte, aber aufmerksame Körperhaltung ein?
- ◯ Können Sie Vielredner und Unterbrecher durch Gesten und Argumente stoppen?
- ◯ Sprechen Sie langsam und deutlich?

40. Interviews

Bei Interviews im Assessment-Center stehen Ihre Leistungsmotivation und Ihre Selbsteinschätzung im Vordergrund. Die Fragen drehen sich vorwiegend um Ihre soziale und methodische Kompetenz. Man möchte sehen, ob Sie um Ihre Stärken und Schwächen wissen und ob sich die Ergebnisse aus den bisher durchgeführten Übungen im Gespräch bestätigen lassen.

Im Interview während eines Assessment-Centers stellen die Unternehmen schwerpunktmäßig Fragen aus den Themenblöcken

→ **Selbsteinschätzung und Leistungsmotivation,**
→ **Stärken und Schwächen.**

Ihre Selbsteinschätzung auf dem Prüfstand

Das Interview im Assessment-Center ähnelt einem Vorstellungsgespräch. Die Beobachter interessiert besonders, wie Sie sich selbst einschätzen. Ihre Körpersprache wird genauso ausgewertet wie Ihre Antworten. Um deutlich zu machen, dass Sie sich mit Ihren eigenen Fähigkeiten auseinandergesetzt haben, sollten Sie auch Fragen nach Ihren Stärken und Schwächen beantworten können. Durch den gezielten Einsatz Ihrer Körpersprache können Sie Ihre emotionale Stabilität dokumentieren.

Selbsteinschätzung und Leistungsmotivation

Mit Fragen wie »Was unterscheidet Sie von anderen Bewerbern?«, »Warum sollten wir gerade Sie einstellen?« oder »Glauben Sie wirklich, Sie passen zu uns?« möchte man herausfinden, wie Sie sich selbst einschätzen. Stellen Sie sich in Ihren Antworten als überdurchschnittlich leistungsfähiger Bewerber dar. Ihr Qualifikationsprofil müssen Sie so aufbereiten, dass es zur ausgeschriebenen Position passt. Geben Sie Beispiele für von Ihnen erzielte Erfolge. Machen Sie deutlich, dass Sie Ihre berufliche Entwicklung bewusst vorangetrieben haben. Vermitteln Sie, dass Ihr bisheriger Werdegang das Ergebnis zielgerichteten Handelns ist. Die Position im Unternehmen sollten Sie als konsequente Fortsetzung Ihres eingeschlagenen Weges darstellen.

Um festzustellen, wie zielstrebig Sie tatsächlich sind und wie Sie Ziele erreichen, wird man Sie mit folgenden Fragen konfrontieren: »Nennen Sie uns den größten Erfolg, den Sie je hatten!«, »Wie gehen Sie mit Misserfolg um?« oder »Wie gehen Sie schwierige Aufgaben an?«. Ihre Antworten sollten zu erkennen geben, dass Sie ein aktiver Problemlöser sind, der nicht gleich aufgibt, wenn er auf Widerstände trifft.

Zeigen Sie Ihre Zielstrebigkeit

Für die Unternehmen ist vor allem die Einschätzung entscheidend, wie Sie sich im Berufsalltag bewähren werden. Deshalb versucht man, aus bisherigen Stationen aus Ihrem Werdegang Rückschlüsse auf Ihr zukünftiges Verhalten zu ziehen.

Das sollten Sie sich merken:
Stellen Sie in Ihren Antworten stets einen Bezug zur Berufspraxis her. Lassen Sie Beispiele einfließen, die zeigen, dass Sie erfolgreich arbeiten können.

Die Vorbereitung auf die Interviews im Assessment-Center sollten Sie so gestalten wie die Vorbereitung auf ein Vorstellungsgespräch. Am besten ziehen Sie dazu Teil 6 dieses Buches heran. Konzentrieren Sie sich vor allem auf die Fragen zu Ihrer Motivation und zu Ihrer Person. Bedenken Sie dabei, nicht nur Schlagworte zu liefern, sondern diese auch durch Beispiele zu belegen.

Stärken und Schwächen

Kein Interview verläuft ohne die Fragen nach den Stärken und Schwächen der Bewerber. Sie haben sich bereits in Kapitel 2 (»Reflexion: Entdecken Sie Ihre Stärken«) und in Kapitel 28 (»Die Vorbereitung des Vorstellungsgesprächs«) damit auseinandergesetzt. Ziehen Sie Ihre Ausarbeitungen nun heran. Denken Sie daran, bei der Frage nach Ihren Schwächen nur eine zu nennen, um dann zu zeigen, was Sie unternommen haben, um daran zu arbeiten.

Damit müssen Sie rechnen

Körpersprache im Interview

Ihre Körpersprache wird auch im Interview beobachtet und in Beziehung zu Ihren Antworten gesetzt. Man achtet bei Ihnen auf Mimik, Gestik, Sitzhaltung, Tonfall, Sprechtempo und die Lautstärke Ihrer Stimme.

Halten Sie Blickkontakt mit allen Gesprächsteilnehmern

Manchmal sitzen Ihnen im Interview mehrere Fragesteller gegenüber. In dieser Situation sollten Sie darauf achten, Blickkontakt mit allen Anwesenden zu erreichen. Gerade wenn der Moderator die meisten Fragen stellt, fühlen sich die übrigen schnell ausgegrenzt, wenn Sie Ihre Aufmerksamkeit nur dem Moderator widmen. Da sich aber alle Anwesenden eine Meinung über Sie bilden, beeinflusst das Ihr Gesamtergebnis negativ.

Stellen Sie sicher, dass Ihre Antworten von einer entsprechenden Körpersprache unterstützt werden. Nehmen Sie beim Sitzen eine Grundhaltung ein, die Interesse und Offenheit dokumentiert. Sitzen Sie aufrecht, stellen Sie die leicht geöffneten Beine im rechten Winkel auf den Boden und legen Sie Ihre Hände auf die Oberschenkel. Die rechtwinklige Beinstellung verhindert, dass Sie im Stuhl immer weiter nach vorn von der Sitzfläche rutschen. Zur Vorbereitung schauen Sie sich noch einmal Kapitel 28 (Abschnitt »Mit Körpersprache überzeugen«) an.

Abwehrgesten sollten Sie auf jeden Fall vermeiden. Kandidaten, die ständig die Arme vor dem Oberkörper verschränken und womöglich dabei die Beine ineinander verschlingen, haben schlechte Karten. Von den Beobachtern werden solche Gesten als Unsicherheit gedeutet. Auch das Durchkneten von Papier, das Herumspielen mit einem Stift oder das nervöse Drehen am Ring ist kein Beleg für Ihre emotionale Stabilität. Halten Sie deshalb keine Gegenstände in den Händen und legen Sie die Hände immer wieder auf Ihre Oberschenkel.

Vermeiden Sie Revierverletzungen

Auch sogenannte Revierverletzungen sind problematisch, weil Sie den Gesprächspartner negativ einstimmen und damit von den Gesprächsinhalten ablenken. Nervöses Trommeln auf der Tischplatte oder zu dichtes Heranrücken wird von den meisten Menschen als unangenehm und aufdringlich empfunden. Männliche Kandidaten, die im Gespräch mit weiblichen Moderatoren Dominanzgesten wie eine Sitzhaltung mit auseinanderklaffenden Beinen oder abwertende Handbewegungen einsetzen, empfehlen sich ebenfalls nicht als Führungsnachwuchs.

Die Anpassung Ihres Sprechtempos ist ebenfalls wichtig. Schlagworte und Schlüsselbegriffe setzen Sie im Gespräch mit größerer Wirkung ein, wenn Sie sie deutlich betonen und ein mittleres Sprechtempo wählen. Dauerreden ohne Punkt und Komma verhindert, dass Ihre Schlagworte und Schlüsselbegriffe bei den Zuhörern ankommen. Formulieren Sie dagegen zu langsam, hängen Ihre Gesprächspartner schnell eigenen Gedanken nach. Entwickeln Sie ein Gespür für die Situation, achten Sie darauf, welches Sprechtempo die Fragenden benutzen und nehmen Sie diese Vorgabe auf.

Checkliste für Interviews

CHECKLISTE

- ○ Passt Ihr ausgearbeitetes Qualifikationsprofil zur angestrebten Position?
- ○ Können Sie darstellen, dass die neue Position die konsequente Fortsetzung Ihrer beruflichen Entwicklung ist?
- ○ Haben Sie sich mit möglichen Fragen auseinandergesetzt (Kapitel 30 bis 33 dieses Buches)?
- ○ Können Sie drei Ihrer Stärken mit Beispielen belegen?
- ○ Können Sie eine Ihrer Schwächen (möglichst wenig relevant für die anvisierte Position) nennen und darlegen, was Sie getan haben, um daran zu arbeiten?
- ○ Halten Sie beim Interview Blickkontakt mit allen Gesprächsteilnehmern?
- ○ Sitzen Sie entspannt, aber aufmerksam?
- ○ Vermeiden Sie Abwehrgesten? Unterbinden Sie Dominanzgesten? Begehen Sie keine Revierverletzungen?
- ○ Ist Ihr Sprechtempo der Situation angemessen?

41. Rollenspiele

In Rollenspielen werden Ihre kommunikativen Fähigkeiten getestet. Ist Ihr Gesprächsverhalten ergebnisorientiert oder neigen Sie dazu, die Dinge zu zerreden? Können Sie auf andere eingehen oder reden Sie an ihnen vorbei? Wir zeigen Ihnen, wie Sie Rollenspiele optimal bewältigen, indem Sie Ihre Gesprächsziele zwar durchsetzen, aber dabei nicht die zwischenmenschliche Ebene zerstören.

Beachten Sie die Sach- und die Beziehungsebene

In Rollenspielen wird Ihnen eine fiktive Identität zugewiesen, und Sie müssen am Berufsalltag orientierte Gesprächssituationen bewältigen. Allen Gesprächen ist gemeinsam, dass Sie auf ein vordergründiges sachliches Problem stoßen, hinter dem sich jedoch immer auch eine Schwierigkeit im zwischenmenschlichen Bereich versteckt. Geht es beispielsweise zunächst um eine nicht eingehaltene Lieferfrist, über die sich ein Kunde beschwert, werden schnell persönliche Animositäten zwischen dem Außendienstmitarbeiter und der Auftragsbearbeiterin deutlich.

Rollenspiele lassen sich grob unterteilen in Mitarbeitergespräche (Vorgesetzter und Mitarbeiter) und Kundengespräche (Unternehmensrepräsentant und Kunde). Sie nehmen die Rolle des Vorgesetzten beziehungsweise des Repräsentanten ein, während Ihr Gesprächspartner üblicherweise vom Moderator gespielt wird.

Mitarbeitergespräch

Gestalten Sie das Gespräch ergebnisorientiert

Im Mitarbeitergespräch geht es darum, die Beobachter zu überzeugen, indem Sie das Gespräch ergebnisorientiert gestalten. Verstricken Sie sich nicht in vorgebrachten Anschuldigungen, Gerüchten, Vorwürfen und unbewiesenen Behauptungen. Seien Sie darauf vorbereitet, dass Ihr Gesprächspartner im Mitarbeitergespräch ständig versuchen wird, Nebenkriegsschauplätze zu eröffnen, um vom eigentlichen Thema des Gesprächs abzulenken.

Themen im Mitarbeitergespräch können sein:

→ **»Ihr Stellvertreter enthält Ihnen Informationen vor und leitet Entscheidungsvorlagen hinter Ihrem Rücken an die Geschäftsleitung weiter. Sorgen Sie dafür, dass er seine Ausarbeitungen immer Ihnen zukommen lässt.«**

- → **»Ein Mitarbeiter in der Produktion hat wiederholt Sicherheitsvorschriften verletzt. Machen Sie ihm deutlich, dass Sie dieses Verhalten nicht dulden.«**
- → **»Als Regionalleiterin im Vertrieb stellen Sie fest, dass einer Ihrer Außendienstmitarbeiter nicht genügend Kundenbesuche durchführt. Seine Verkaufszahlen sind jedoch überdurchschnittlich. Bringen Sie ihn dennoch dazu, die vorgeschriebene Zahl der Kundenbesuche einzuhalten.«**

Behalten Sie die Zeit im Blick

Bei Mitarbeitergesprächen ist auch Ihr Zeitmanagement gefragt. Sie bekommen für das durchzuführende Gespräch eine Zeitvorgabe, beispielsweise werden Ihnen fünf Minuten Vorbereitungszeit und zehn Minuten Gesprächszeit eingeräumt. Notieren Sie sich in Ihren Unterlagen Anfangszeit und Ende des Gesprächs. Behalten Sie die Zeit im Blick, denn Sie müssen in der vorgegebenen Zeit zu einem Ergebnis kommen. Wenn der Zeitrahmen überschritten ist, wird Ihr Gespräch – auch ohne Ergebnis – abgebrochen.

Sie fahren am besten, wenn Sie das in der Übersicht dargestellte »Ablaufschema für das Mitarbeitergespräch« nutzen.

Ablaufschema für das Mitarbeitergespräch

ÜBERSICHT

1. Begrüßen Sie den Mitarbeiter und erläutern Sie ihm, dass es um sein Verhalten am Arbeitsplatz geht.
2. Teilen Sie ihm die Beobachtung, um die es geht, mit, und lassen Sie sich die Beobachtung bestätigen. Bewerten Sie das angesprochene Verhalten auf keinen Fall schon zu diesem Zeitpunkt.
3. Bitten Sie den Mitarbeiter um seine Stellungnahme zu dem angesprochenen Verhalten.
4. Geben Sie nun Ihre Stellungnahme ab, und bewerten Sie das Verhalten des Mitarbeiters.
5. Zeigen Sie Ihrem Mitarbeiter Folgen auf, die für ihn, für andere Mitarbeiter und für das gesamte Unternehmen entstehen, wenn er sein Verhalten nicht ändert.
6. Beobachten Sie genau, ob der Mitarbeiter einlenkt. In diesem Fall erarbeiten Sie mit ihm eine konstruktive Lösung. Bleibt er dagegen stur, drohen Sie ihm Konsequenzen an.
7. Machen Sie zum Abschluss des Mitarbeitergesprächs klar, welches Verhalten Sie in Zukunft erwarten. Weisen Sie darauf hin, dass Sie das künftige Verhalten Ihres Mitarbeiters im Blick behalten werden.

Klären Sie zunächst den Sachverhalt

Achten Sie darauf, dass Sie bei der Schilderung des beobachteten und zu kritisierenden Verhaltens nicht voreilig Bewertungen abgeben. Ein Mitarbeitergespräch ist ein Dialog, das heißt, dass Sie die Ihnen vorliegenden Informationen mithilfe des Mitarbeiters vervollständigen wollen. Klären Sie deshalb zuerst den Sachverhalt. Fassen Sie zusammen, was vorgefallen ist, und lassen Sie sich vom Mitarbeiter bestätigen, dass er dieses (Fehl-)Verhalten gezeigt hat. Erst dann reden Sie mit ihm über die Gründe für sein Verhalten. Bei der Sachverhaltsklärung müssen Sie auf jeden Fall mit Ausflüchten und vielleicht mit Unterbrechungen durch den Mitarbeiter rechnen. Lassen Sie sich dadurch nicht aus dem Konzept bringen. Reden Sie weiter, und teilen Sie dem Mitarbeiter mit, dass seine Meinung im Anschluss an Ihre Ausführungen gefragt ist.

Wenn Sie im Gespräch erreichen, dass das angesprochene Verhalten eindeutig negativ gesehen wird, schaffen Sie sich die Basis, um Ihren Mitarbeiter argumentativ zu Änderungen zu bewegen. Geeignete Formulierungen sind beispielsweise: »Ihr Verhalten hat doch eine Signalwirkung auf Kollegen, Mitarbeiter und die Auszubildenden« oder »Der Ruf unseres Unternehmens ist durch Ihr Verhalten gefährdet, damit schaden Sie in letzter Konsequenz auch sich selbst«.

Achten Sie auf Signale des Einlenkens

Beobachten Sie genau, ob Ihr Mitarbeiter einlenkt. Wenn Sie Anzeichen dafür erkennen, fassen Sie das Gesprächsergebnis zusammen. Weisen Sie darauf hin, dass Sie erwarten, dass Ihr Mitarbeiter das kritisierte Verhalten zukünftig unterlässt und dass Sie im Auge behalten werden, ob er sich so wie vereinbart verhält.

Beenden Sie das Gespräch aktiv, stehen Sie auf und verabschieden Sie Ihren Mitarbeiter. Nichts ist schlimmer als Gespräche, die keine Inhalte und kein Ziel mehr haben und so lange weiterlaufen, bis sie vonseiten der Veranstalter abgebrochen werden.

Das letzte Mittel: die Abmahnung

Ihr Gesprächspartner im Mitarbeitergespräch wird versuchen, es Ihnen so schwer wie möglich zu machen. Lenkt Ihr Mitarbeiter nach mehreren Überzeugungsversuchen trotz des vorher übereinstimmend festgestellten Fehlverhaltens nicht ein, dann wird es Zeit, die Keule »Abmahnung« zu schwingen. An dieser Stelle darf Ihnen jedoch nicht passieren, dass Sie bei renitenten Gesprächspartnern mit feuerrotem Kopf brüllen: »Wenn Sie das nicht akzeptieren, bekommen Sie die Kündigung!« Versuchen Sie stattdessen, dem Mitarbeiter vor Augen zu führen, dass er – und nicht das Unternehmen – etwas zu verlieren hat. Stellen Sie ihm für den Fall, dass keine Verhaltensänderungen folgen, eine Abmahnung in Aussicht, und weisen Sie darauf hin, dass mehrere Abmahnungen eine Kündigung zur Folge haben.

Bevor Sie im Mitarbeitergespräch die Möglichkeit einer Abmahnung in den Raum stellen, sollten Sie dem Mitarbeiter noch eine letzte Chance zum Einlenken geben. Nutzen Sie die Formulierung: »Wenn

Sie an meiner Stelle säßen, was müsste ich dann sagen, damit Sie Ihr Verhalten in Zukunft ändern?« Sie zwingen mit diesem Satz Ihren Mitarbeiter dazu, Ihre Perspektive einzunehmen und selbst Vorschläge zu machen. Dadurch wird er aus seiner Blockadehaltung gelöst und muss sich an einer produktiven Lösung beteiligen.

Kundengespräch

Ihr kommunikatives Geschick im Umgang mit Kunden

Bei Kundengesprächen überprüfen die Beobachter, wie ausgeprägt Ihr kommunikatives Geschick im Umgang mit Kunden ist. Hier wird man Sie mit einem Verkaufsgespräch oder mit einem Reklamationsgespräch konfrontieren. Entweder sind Ihre verkäuferischen Fähigkeiten gefragt, oder man möchte Ihre Reaktion auf Kritik unzufriedener Geschäftspartner sehen.

Bei Kundengesprächen wird auch beobachtet, ob Sie vorgegebene Gesprächsziele verfolgen können. Kundengespräche werden im Assessment-Center nicht nur eingesetzt, wenn Positionen im Vertrieb zu besetzen sind. Für die Unternehmen ist es wichtig festzustellen, ob ihre zukünftigen Mitarbeiter Gesprächssituationen entschärfen, Gemeinsamkeiten herausarbeiten und unternehmerisch handeln können.

Themen in Kundengesprächen können sein:

- → **»Sie sind Anlageberater und sollen einem freiberuflich tätigen Architekten einen Alterssicherungsfonds verkaufen.«**
- → **»Sie sind Großkundenbetreuer und haben die Aufgabe, einen wichtigen Stammkunden, der nach mehrmaliger Lieferung von mangelhafter Ware angedroht hat, künftig bei Mitbewerbern zu ordern, davon zu überzeugen, auch weiterhin bei Ihrem Unternehmen zu kaufen.«**
- → **»Überzeugen Sie den Inhaber eines Elektrofachhandels davon, das neue Computerspiel Ihres Softwarehauses bevorzugt zu präsentieren.«**

Entscheidend für erfolgreiche Kundengespräche im Assessment-Center ist Ihre Fähigkeit, sich mit der vorgegebenen Rolle zu identifizieren. Sie bewältigen Kundengespräche, wenn Sie engagiert, ausdauernd und kundenbezogen argumentieren. Sie sollten deshalb

- → **in Ihren Argumenten die berufliche Position des Kunden berücksichtigen,**
- → **Kundenwünsche detailliert herausarbeiten,**
- → **die Vorteile Ihres Angebots herausstellen und**
- → **zu einem (Verkaufs-)Abschluss kommen.**

Passen Sie Ihren Sprachgebrauch an den Kunden an

Die berufliche Position des Kunden: Beachten Sie die in der Aufgabenstellung genannte Position des Kunden, und passen Sie Ihren Sprachgebrauch an den seinen an. Ihre Argumente müssen für den Kunden verständlich sein.

Treten Sie mit dem Kunden in einen Dialog

Kundenwünsche herausarbeiten: Erfragen Sie, welche Anforderungen der Kunde an die angebotene Dienstleistung oder das Produkt stellt. Legt der Kunde Wert auf bestimmte qualitative Standards? Möchte er im Anschluss an den Verkauf verstärkt Beratung und Service? Gehen Sie im Kundengespräch auch darauf ein, ob der Kunde Stamm- oder Neukunde ist. Bedenken Sie, dass Preisnachlässe Folgen für zukünftige Verhandlungen nach sich ziehen. Bringen Sie in Erfahrung, ob der Kunde Interesse an weiteren Dienstleistungen oder Produkten Ihres Unternehmens hat. Machen Sie gegebenenfalls ein Angebot in Form einer Paketlösung.

Die Herausarbeitung der Kundenwünsche ist der zentrale Punkt im Kundengespräch. Wichtig ist, dass Sie mit dem Kunden in einen Dialog treten. Wenn Sie sich darauf beschränken, dem Kunden immer wieder Ihr Produkt oder Ihre Dienstleistung anzupreisen, stellen Sie sich nicht als kundenorientierter Verkäufer, sondern als Marktschreier dar. Bringen Sie unbedingt Ihren Kunden zum Reden und damit dazu, eigene Vorstellungen zu äußern.

Die Vorteile Ihres Angebots: Bringen Sie den Kunden zuerst dazu zuzugeben, dass er das Produkt oder die Dienstleistung ganz generell braucht – unabhängig davon, ob Ihr Unternehmen liefert oder ein anderes. Lassen Sie anschließend den Kunden seine Anforderungen an das Produkt offenlegen. So verhindern Sie, dass er sich auf das Abblocken Ihrer Vorschläge zurückzieht. Verwenden Sie dazu beispielsweise die Formulierung: »Was muss ich Ihnen bieten, damit mein Angebot für Sie interessant wird?«

Arbeiten Sie Übereinstimmungen heraus

Arbeiten Sie dann die Übereinstimmung Ihrer Leistungen mit den Kundenwünschen Punkt für Punkt heraus. Aber Vorsicht bei Preisdiskussionen: Sie verlieren Punkte bei den Beobachtern, wenn Sie unübliche Rabatte einräumen. Verweisen Sie ausdauernd auf besondere Leistungen Ihres Unternehmens, wie Service, Termintreue, Beratungskompetenz, Schulung, Marktführerschaft.

Kommen Sie zu einem konkreten Ergebnis

Abschluss: Beenden Sie Kundengespräche aktiv. Der Verkaufsabschluss ist der Idealfall. Ein konkretes Ergebnis ist aber auch die Vereinbarung, ein neues Angebot zuzusenden, oder ein Termin für ein Anschlussgespräch. Halten Sie deshalb das Ergebnis fest. Diese Anforderung erfüllen Sie, indem Sie am Gesprächsende die herausgearbeiteten Gemeinsamkeiten zusammenfassen. Stellen Sie die Punkte heraus, bei denen Sie zu einer Einigung gekommen sind. Die Punkte, bei denen es noch Informations- und Klärungsbedarf gibt, sprechen Sie von sich aus an und stellen dem Kunden weitere Auskünfte in Aussicht. Klären Sie den weiteren Ablauf und vereinbaren Sie einen neuen Termin.

Wenn bei Kundengesprächen nicht das Verkaufen, sondern die Reaktion auf verärgerte Kunden im Mittelpunkt steht, sind Ihre Fähigkeiten im Umgang mit belastenden Situationen gefragt (Stresstest). Es wird erwartet, dass Sie die aufgeregten und verärgerten Kunden, nachdem sie ihre Wut herausgelassen haben, wieder ins Gespräch zurückbringen.

Nutzen Sie die »Ja, aber«-Technik«

Damit Sie in dieser Situation Ihre Gesprächspartner nicht noch mehr anstacheln, sollten Sie ihnen nicht direkt widersprechen. Greifen Sie zur »Ja, aber«-Technik. Das heißt: Zeigen Sie ein gewisses Maß an Reue und machen Sie deutlich, dass Sie die Probleme des Kunden verstehen. Bringen Sie ihn dann unbedingt dazu, eigene Vorschläge zu machen. Sorgen Sie dafür, dass das Gespräch wieder in konstruktive Bahnen gelenkt wird.

Vorsicht Falle!
Lassen Sie sich nicht von persönlichen Angriffen provozieren, lenken Sie das Gespräch immer wieder zurück auf die Sachebene.

Zeigen Sie Verständnis, aber keine Schwäche

Bei Beschwerden gilt genauso wie bei Verkaufsgesprächen, dass Sie die Beobachter durch Ausdauer beim Argumentieren beeindrucken. Gehen Sie auf den verärgerten Kunden ein, aber lassen Sie sich nicht die Initiative im Gespräch nehmen. Überlegen Sie sich bereits in der Vorbereitungsphase, welche Zugeständnisse Sie dem Kunden machen können, um ihn nicht zu verlieren. Fangen Sie nicht an, Produkte zu verschenken oder Produktionsumstellungen in Aussicht zu stellen. Bedenken Sie, dass Sie nur im Rahmen Ihrer Position Angebote machen können. Spielen Sie beispielsweise einen Außendienstmitarbeiter, dürfen Sie keine Zugeständnisse machen, die den üblichen Handlungsspielraum eines Außendienstmitarbeiters überschreiten. Beenden Sie auch das Reklamationsgespräch innerhalb der vorgegebenen Zeit mit einem konkreten Ergebnis.

Körpersprache im Rollenspiel

In Rollenspielen beeinflusst Ihre Körpersprache ganz entscheidend die Gesprächsatmosphäre. Mit der falschen Körpersprache bauen Sie Konfrontationen auf und erzeugen eine negative Spannung, die ein konstruktives Gespräch verhindert.

Immer wichtig: Blickkontakt

Weichen Sie dem Blick Ihres Gesprächspartners nicht aus. Im Kundengespräch ist der Blickkontakt wichtig, um einen persönlichen Draht herzustellen. Fehlender Blickkontakt vermittelt Ängstlichkeit. Die Beobachter werden Sie als wenig belastbar einschätzen, und Ihr Gegenüber wird Oberhand im Gespräch gewinnen. Nehmen Sie deshalb im Rollenspiel immer wieder Blickkontakt zu Ihrem Gesprächspartner auf.

Wählen Sie im Rollenspiel eine Sitzposition, die Ihnen eine gute Ausgangsbasis für eine geeignete Körpersprache bietet. Trainieren Sie, diese Grundhaltung immer wieder einzunehmen. Sie signalisieren damit Ihrem Gegenüber und den Beobachtern, dass Sie konzentriert bei der Sache sind, aber weder sich noch Ihren Gesprächspartner unter Druck setzen.

Wählen Sie eine geeignete Sitzposition

Im Mitarbeitergespräch ist von Anfang an klar, dass es um eine Konfrontation geht. Dies sollten Sie auch körpersprachlich deutlich machen: Lassen Sie den Mitarbeiter Ihnen gegenüber am Tisch Platz nehmen. Im Kundengespräch dagegen sollten Sie sich so hinsetzen, dass Konfrontationen von vornherein vermieden werden. Nehmen Sie am Tisch nach Möglichkeit eine Position über Eck ein.

Wenn Sie Gesprächsimpulse setzen, sollten Sie diese durch kleine Handbewegungen unterstreichen. Durch geeignete Gesten können Sie sich auch körpersprachlich immer wieder ins Gespräch zurückbringen und die Gesprächsführung übernehmen. Die abblockend hochgehobene Hand, die Sie mit den Worten begleiten: »Augenblick, Sie haben gleich Gelegenheit zu reden. Lassen Sie mich zuerst meine Ausführungen beenden!«, ist geeignet, um Unterbrechungen der eigenen Ausführungen zurückzuweisen oder den Redefluss Ihres Gesprächspartners zu stoppen. Verwenden Sie diese Unterbrechungsgesten jedoch sparsam, und räumen Sie Ihrem Gesprächspartner genügend Zeit zur eigenen Meinungsäußerung ein.

Wenn die Situation Entspannung verlangt, beispielsweise beim Besänftigen eines Kunden, können Sie ebenfalls gezielt Ihre Körpersprache einsetzen. Leichtes Zurücksetzen vom Tisch schafft angenehme Distanz.

CHECKLISTE

Checkliste für Rollenspiele

- ◯ Haben Sie die Zeit im Blick? Wann hat das Gespräch angefangen? Wann wird es enden?
- ◯ Argumentieren Sie ergebnisorientiert?

- ◯ Bei Mitarbeitergesprächen: Haben Sie sich den Sachverhalt von Ihrem Mitarbeiter bestätigen und erläutern lassen?
- ◯ Sind Sie in einen Dialog mit Ihrem Mitarbeiter getreten?
- ◯ Haben Sie Ihrem Mitarbeiter die Folgen seines Verhaltens für ihn und das Unternehmen dargelegt?
- ◯ Können Sie mit Ihrem Mitarbeiter eine konstruktive Lösung erarbeiten?
- ◯ Haben Sie Ihrem Mitarbeiter klargemacht, welches Verhalten Sie künftig von ihm erwarten und dass Sie dies überprüfen werden?
- ◯ Bei einem Kundengespräch: Haben Sie sich mit Ihrer Rolle identifiziert? Kennen Sie Ihre Möglichkeiten und Ihre Grenzen in der angenommenen Position?
- ◯ Argumentieren Sie so, dass Ihr Kunde Ihre Ausführungen nachvollziehen kann?
- ◯ Haben Sie die Wünsche Ihres Kunden herausgearbeitet?
- ◯ Haben Sie dem Kunden die Vorteile Ihres Angebots deutlich gemacht?
- ◯ Haben Sie das Gespräch konstruktiv auf der Sachebene gehalten?
- ◯ Haben Sie das Gespräch aktiv beendet? Haben Sie die Ergebnisse des Gesprächs noch einmal zusammengefasst? Wurde das weitere Vorgehen besprochen?
- ◯ Haben Sie Blickkontakt mit Ihrem Gesprächspartner gehalten?
- ◯ Haben Sie unnötige Konfrontationen durch eine angemessene Körpersprache vermieden?

42. Planspiele, Fallstudien und Konstruktionsübungen

Bei Fallstudien und Planspielen bearbeiten Sie zusammen mit anderen Teilnehmern ein vorgegebenes Szenario. Im Vordergrund stehen die Abstimmung im Team und die Erarbeitung eines gemeinsamen Lösungsweges. Bei Konstruktionsübungen erstellen Sie in der Gruppe aus bestimmten Materialien ein Objekt. Hierbei müssen vorgegebene Kriterien berücksichtigt und umgesetzt werden. Wir stellen Ihnen einige dieser Übungen vor und zeigen Ihnen, wie Sie diese mit Bravour meistern.

Lösung von berufsnahen Situationen

In Planspielen und Fallstudien will man im Assessment-Center beobachten, wie Sie berufsnahe Aufgabenstellungen einer Lösung zuführen. Ihnen wird ein Szenario vorgegeben, in das Sie sich einarbeiten müssen. Die Informationen sind zumeist sehr umfangreich. Die Gesamtsituation erfassen Sie nur über die in den einzelnen Unterlagen enthaltenen Teilinformationen. Sie müssen deshalb immer das Informationspuzzle selbst zusammensetzen, bevor Sie an die Lösung der Aufgabe gehen können.

Wenn im Assessment-Center überprüft werden soll, wie Sie mit anderen zusammenarbeiten, wird die Konstruktionsübung eingesetzt. Ihnen werden Materialien gestellt, mit denen Sie ein vorher definiertes Objekt anfertigen müssen.

Achten Sie auf die Zeitvorgabe

Wie auch in den anderen Übungen ist es wichtig, dass Sie den vorgegebenen Zeitrahmen einhalten. Bei Planspielen und Fallstudien ist vor allem von Bedeutung, dass Sie am Ende der Zeitvorgabe ein fundiertes Ergebnis vorweisen können. Es wird erwartet, dass Sie Ihre Ergebnisse schriftlich fixieren. Gelegentlich wird von Ihnen als Anschlussübung auch die Präsentation der Ergebnisse in Vortragsform verlangt.

Planspiele

Ein fiktives Unternehmen leiten

Bei Planspielen wird Ihnen meistens ein fiktives Unternehmen zur Leitung übergeben. Sie müssen dann beispielsweise Kredite aufnehmen, Einkäufe tätigen, andere Unternehmen übernehmen, Marktbeobachtungen durchführen und Personal einstellen oder entlassen.

Bei der Beobachtung und Bewertung Ihres Verhaltens kommt es darauf an, ob Sie Ihr Planspiel in der Gruppe oder allein durchführen und ob eher quantitative Ergebnisse, wie Gewinn- und Umsatzsteigerungen, oder der Prozess der Informationsaufnahme, -analyse und -auswertung im Vordergrund stehen.

Bei Planspielen ist auch Ihr Fachwissen gefragt. Zumindest mathematische Grundkenntnisse werden von Ihnen erwartet. Wenn Sie spezielle Abschreibungs- oder Bewertungsberechnungen durchzuführen haben, kommt es darauf an, dass Sie das richtige Ergebnis errechnen.

Fallstudien

Im Vordergrund: Prozesse

Auch bei Fallstudien finden Sie Aufgabenstellungen, die Sie in vorgegebener Zeit allein oder in der Gruppe lösen sollen. Wird die Fallstudie als Gruppenübung durchgeführt, unterliegt der Prozess der Meinungsbildung und Lösungsfindung genauso dem Interesse der Beobachter wie die erreichte fachliche Lösung. Gemeinsam ist allen Fallstudien, dass Sie zu Beginn der Übung Unterlagen ausgehändigt bekommen, die ein Unternehmensszenario beschreiben, das Sie analysieren und einer Lösung zuführen sollen.

Die Fallstudie als Gruppenübung hat eine deutliche Parallele zur Gruppendiskussion. Die Umsetzung der in Kapitel 39 aufgeführten Techniken und Tipps zur Einnahme der Moderatorenrolle, zum Umgang mit schwierigen Gruppenmitgliedern und zum gezielten Einsatz von Körpersprache ermöglicht es Ihnen, auch Fallstudien souverän zu bewältigen. Im Unterschied zu Gruppendiskussionen werden Ihnen bei Fallstudien deutlich mehr Fakten vorgegeben. Die Unterlagen zu Fallstudien umfassen meist mehrere Seiten.

Informationsaustausch ist notwendig

Bei einer Fallstudie als Gruppenübung bekommen die Teilnehmer oft Unterlagen mit unterschiedlichen Informationen. Ein Gesamtergebnis ist jedoch nur zu erzielen, wenn die Gruppe zusammenarbeitet und Informationen einander mitgeteilt werden.

Das sollten Sie sich merken:
Die Aufgabenstellungen sind absichtlich so gehalten, dass die Gruppe nur dann handlungs- und entscheidungsfähig ist, wenn Informationen ausgetauscht werden. Sie müssen in der Gruppe einen gemeinsamen Informations- und Wissensstand erarbeiten, bevor die eigentliche Lösungsphase beginnt.

Fallstudie Gruppenübung

BEISPIEL

Fallstudie eines Automobilunternehmens: Die Teilnehmer bekommen ein Szenario über eine zu erwartende negative Unternehmensentwicklung. In dem Bereich, in dem Sie tätig sind, wird es eventuell zu Entlassungen, auf jeden Fall aber zu Kurzarbeit kommen. Innerhalb von 60 Minuten sollen Sie zusammen mit anderen Mitarbeitern ein DIN-A4-Flugblatt formulieren, das die Unternehmensangehörigen am hausinternen schwarzen Brett in angemessenem Ton informiert und Abwanderungen der Mitarbeiter vorbeugt.

Fallstudie aus dem Bereich Telekommunikation: Sechs Gruppenmitglieder bekommen jeweils eine Regionalanalyse von tatsächlichen und zukünftigen Anwendern des Kommunikationsdienstes D4-Netz. Ausgehend von den unterschiedlichen Regionalanalysen (beispielsweise Ballungsräume, ländlicher Raum, starke Industrialisierung) sollen die Teilnehmer Elemente einer vertriebsunterstützenden Dachkampagne erarbeiten, die die Zahl der Kunden in allen Regionen steigern soll.

Fallstudie Einzelübung

Fallstudie bei einer Unternehmensberatung: Nach einem Mitarbeiter-Kritikgespräch sollen Sie eine schriftliche Einschätzung über den Mitarbeiter für die Personalakte ausarbeiten. Innerhalb von 30 Minuten soll das Gespräch protokolliert, das Ergebnis festgehalten, zu ausgewählten Aspekten des schwierigen Mitarbeiters Stellung genommen und das zukünftig vom Mitarbeiter erwartete Verhalten beschrieben werden.

Fallstudie bei einem Markenartikler: Entwickeln Sie eine Marketingstrategie, die den drei bekanntesten Produkten eines Unternehmens die Position als Marktführer sichert. Entwerfen Sie eine detaillierte Mediaplanung hinsichtlich der Art und der zeitlichen Abstimmung der eingesetzten Medien. Sie haben zur Lösung 60 Minuten Zeit, anschließend wird das Ergebnis vor der Geschäftsleitung präsentiert.

Konstruktionsübungen

Agieren Sie ergebnisorientiert

Konstruktionsübungen sind eine besondere Art der Gruppenübungen. Genauso wie bei Gruppendiskussionen kommt es darauf an, dass Sie ergebnisorientiert agieren. Sorgen Sie dafür, dass alle Teilnehmer in den Übungsverlauf einbezogen sind. Verfallen Sie dabei aber nicht in den Fehler, der Gruppe autoritär Anweisungen geben zu wollen.

Der Stuhl

BEISPIEL

Drei Gruppen treten gegeneinander an. Jedes Team erhält 500 Blatt Papier und 2 Rollen Klebeband. Die Aufgabe besteht darin, innerhalb von 30 Minuten einen Stuhl mit einer Mindestsitzhöhe von 30 Zentimetern zu konstruieren. In die abschließende Bewertung fließen sowohl die Originalität des Entwurfs als auch die Stabilität der Konstruktion ein.

Bei Konstruktionsübungen fallen Sie positiv auf, wenn Sie darauf achten, dass alle Gruppenteilnehmer die Gelegenheit haben, Lösungsvorschläge zu machen. Bitten Sie schweigsame Teilnehmer darum, etwas zum Arbeitsprozess beizutragen. Erkundigen Sie sich nach den besonderen Fähigkeiten der einzelnen Gruppenmitglieder. Bezogen auf unser Beispiel könnten Sie danach fragen, wer Statikkenntnisse hat, wer sich um das Design kümmern möchte und wer den Materialverbrauch einteilen will.

Konzentrieren Sie sich auf wesentliche Vorschläge

In der Vorbereitungsphase der Konstruktion überzeugen Sie, wenn Sie in der Lage sind, wesentliche von unwesentlichen Vorschlägen zu unterscheiden. Achten Sie darauf, dass sich die Teilnehmer Ihres Konstruktionsteams nicht an Detailfragen festbeißen oder sich in persönlichen Angriffen aufreiben.

Am Ende der vorgegebenen Zeit muss Ihr Team das Objekt fertiggestellt haben. Achten Sie deshalb darauf, dass nach der Planung noch genügend Zeit bleibt, um das Objekt zu bauen.

Bei Konstruktionsübungen steht der Abstimmungs- und Arbeitsprozess in der Gruppe genauso im Vordergrund wie das Erreichen der vorgegebenen Ziele. Die Teilnehmer, die sich von der entstehenden Gruppendynamik nicht ablenken lassen und das Ziel im Auge behalten, setzen sich bei Konstruktionsübungen und damit auch im späteren Arbeitsalltag durch.

Checkliste für Planspiele, Fallstudien und Konstruktionsübungen

CHECKLISTE

- ○ Können Sie zurückhaltende und schweigsame Teilnehmer in die Übungen miteinbeziehen?
- ○ Können Sie durch angemessene Moderation dafür sorgen, dass alle notwendigen Informationen zur Bewältigung der Aufgabe untereinander ausgetauscht werden?

→ FORTSETZUNG AUF DER NÄCHSTEN SEITE

- ◯ Kann eine gemeinsame Lösung erarbeitet werden?
- ◯ Können Sie Konflikte entschärfen und die Diskussion wieder auf die Sachebene führen?
- ◯ Wissen Sie um die besonderen Fähigkeiten der Mitglieder Ihrer Gruppe, und können Sie diese den entsprechenden Teilaufgaben zuordnen?
- ◯ Haben Sie die Zeit im Blick? Steht am Ende des Zeitrahmens ein Ergebnis fest?

43. Vorträge und Themenpräsentationen

Im zukünftigen Berufsalltag müssen Sie Ergebnisse präsentieren, über Vorgänge im Unternehmen informieren und Kollegen und Mitarbeiter für neue Aufgaben begeistern können. Im Assessment-Center werden deshalb Ihre rhetorischen Fähigkeiten von den Beobachtern bei Vorträgen und Themenpräsentationen bewertet.

Gut zu beobachten: Ihre Stressresistenz

Die Übung »Vortrag« gehört zum Standardrepertoire in Assessment-Centern. Gerade diese Übung lässt sich im Vorfeld aber auch besonders gut vorbereiten. Für die Beobachter ist weniger der Vortragsinhalt als vielmehr Ihr Verhalten in dieser Übung wichtig. Ihre Stressresistenz lässt sich anhand Ihres Auftritts gut beobachten.

Gefragt ist ein Vortragsstil, der kurz und knapp wesentliche Argumentationslinien nachzeichnet und so viel Informationen vermittelt, dass Entscheidungsprozesse vorangebracht werden können. Strukturieren Sie das Thema, sichten Sie Argumente und trennen Sie Wesentliches von Unwesentlichem. Wenn bei einem Thema widersprüchliche Meinungen zu berücksichtigen sind, sollten Sie die entsprechenden Pro- und Kontra-Argumente nachvollziehbar darstellen.

Vortragsthemen

Es gibt vielfältige Vortragsthemen in Assessement-Centern. Ähnlich wie bei den Gruppendiskussionen lassen sich jedoch auch hier alle zu bestimmten Themenblöcken zusammenfassen, die mit großer Wahrscheinlichkeit verwendet werden – natürlich immer auch abhängig von der Branche, in der Sie sich bewerben. Themenblöcke bei Vorträgen sind:

→ **zukünftige Entwicklungen,**
→ **berufliche Qualifikationen und**
→ **politische Themen.**

Sind Sie auf dem neuesten Stand?

Bei der ersten Gruppe werden Themenstellungen eingesetzt, bei denen Ihr Blick in die Zukunft gefragt ist. Damit möchte man feststellen, ob Sie aktuelle Entwicklungen in Ihrem zukünftigen Arbeitsfeld verfolgen und Trends erkennen können. Mögliche Themen sind:

- **»Wie sieht die Zukunft der Energiemärkte aus?«**
- **»Welche Folgen wird der Konzentrationsprozess im Einzelhandel haben?«**
- **»Wird das Internet Zeitungen und Zeitschriften ersetzen?«**

Ein weiterer Themenblock beinhaltet Vortragsthemen zur beruflichen Qualifikation. Mit diesen Vortragsthemen überprüfen die Unternehmen auch Ihre Fähigkeit zur Selbstreflexion. Themen können beispielsweise sein:

- **»Mit welchen Maßnahmen lässt sich die Mitarbeitermotivation erhöhen?«**
- **»Was zeichnet einen Vertriebsmitarbeiter/Unternehmensberater/Projektingenieur/Marketingexperten/IT-Berater aus?«**
- **»Über welche Eigenschaften muss eine Führungskraft verfügen?«**

Vorsicht Falle!
Seien Sie bei politischen Themenstellungen vorsichtig: Es geht im Assessment-Center nicht um Ihre persönliche Meinung, sondern darum, dass Sie ein Thema analysieren und darstellen können. Hüten Sie sich davor, mit Ihrer persönlichen Meinung missionieren zu wollen.

Missionieren Sie nicht!

Nehmen Sie am besten eine vermittelnde Position zwischen den Extremmeinungen ein, und stellen Sie Pro- und Kontra-Argumente heraus. Lassen Sie das Ergebnis offen. Sie punkten, wenn Sie auch bei politischen Themen auf die betriebswirtschaftliche Relevanz einer möglichen Entscheidung hinweisen. Beim Thema »Verbot des Individualverkehrs in den Innenstädten« könnten Sie beispielsweise auf mögliche Beeinträchtigungen des Einzelhandels hinweisen. Als Themen können Ihnen folgende begegnen:

- **»Wie sinnvoll ist der autofreie/fernsehfreie Sonntag?«**
- **»Sind höhere Krankenversicherungsbeiträge für Raucher gerechtfertigt?«**
- **»Ist eine Frauenförderung durch Quotenregelungen am besten zu erreichen?«**
- **»Sollte die allgemeine Wehrpflicht abgeschafft werden?«**
- **»Sind Sie für ein generelles Rauchverbot am Arbeitsplatz?«**

Vortragstypen

Generell werden im Assessment-Center zwei unterschiedliche Vortragstypen eingesetzt:

- → **Themenpräsentationen und**
- → **Stressvorträge.**

Themenpräsentation: Sie bekommen eine Vorbereitungszeit und ein Thema genannt, welches Sie in einer vorgegebenen Zeit erörtern sollen. Gelegentlich schließt sich an Ihren Vortrag noch eine kurze Diskussion an, für die Sie dann ebenfalls eine Zeitvorgabe genannt bekommen. Um Ihre kommunikativen Fähigkeiten auf die Probe zu stellen, konfrontieren die Beobachter Sie dann in der Diskussion mit gegensätzlichen Meinungen und vermeintlichen Widersprüchen in Ihren Argumenten. Üblicherweise stellen die Beobachter die Fragen zu Ihrem Vortrag. Bei der Themenpräsentation achten die Beobachter darauf,

- → **wie Sie strukturieren und gliedern,**
- → **wie flüssig Sie formulieren,**
- → **wie überzeugend Ihre Argumente sind,**
- → **wie Sie Kernaussagen und Handlungsaufforderungen herausarbeiten,**
- → **wie Sie konkrete Beispiele einsetzen, um abstrakte Inhalte verständlich zu machen,**
- → **wie Sie Medien zur Visualisierung einsetzen,**
- → **wie souverän Sie sich auf dem Vortragspodium verhalten,**
- → **was Ihre Körpersprache mitteilt,**
- → **wie Sie die Zeitvorgabe einhalten und**
- → **wie Sie auf Verständnis- und Sachfragen der Zuhörer reagieren.**

Achtung: der Ton wird schärfer

Stressvortrag: Wenn Sie für Ihren Vortrag nur eine sehr kurze Vorbereitungs- und Präsentationszeit eingeräumt bekommen, so ist dies ein sogenannter Stressvortrag. In der sich eventuell anschließenden Diskussion gehen die Fragesteller Sie sehr viel härter an. So werden Sie beispielsweise persönlichen Angriffen ausgesetzt, oder mehrere Beobachter drängen Sie in scharfem Ton, eine Vielzahl von Fragen gleichzeitig zu beantworten.

Stressvorträge setzen Unternehmen ein, um Ihre emotionale Stabilität zu testen. Beim Stressvortrag werden Ihre Vortrags- und Redekünste zwar ebenfalls registriert, im Mittelpunkt steht jedoch,

- → **wie gut Sie Aufgabenstellungen unter starkem Druck bewältigen,**
- → **ob und wie Sie wichtige Informationen bei minimalen Zeitvorgaben verdichten können,**
- → **wie Sie auf persönliche Angriffe reagieren,**
- → **wie schnell Sie Ihre Ruhe im Umgang mit schwierigen Zuhörern verlieren und**
- → **ob Sie ein kritisches Publikum (wieder) in den Griff bekommen.**

Vorbereitung von Vorträgen

Sie bewältigen die Übung »Vortrag«, wenn Sie in der Vorbereitungsphase

- → **Argumente sammeln,**
- → **die Argumente sichten und auswählen,**
- → **die Argumente in ein Vortragsschema einordnen und**
- → **Ihren Medieneinsatz planen.**

Machen Sie ein Brainstorming

Argumente sammeln: Beginnen Sie Ihre Themenaufbereitung mit einem Brainstorming. Notieren Sie auf einem Zettel alles, was Ihnen zum vorgegebenen Thema einfällt. Beziehen Sie auch aktuelle Meinungen und Fakten in Ihren Vortrag ein. Lesen Sie in der Zeit vor dem Assessment-Center jeden Tag den Wirtschaftsteil einer Zeitung. Dann fällt es Ihnen leichter, Argumente in Ihrer Vortragsvorbereitung zu finden.

Struktur zahlt sich aus

Argumente sichten und auswählen: Wählen Sie aus den gefundenen Begriffen diejenigen aus, die für das vorgegebene Thema wichtig sind und die eine möglichst hohe Signalwirkung auf die Zuhörer haben. Nutzen Sie für Ihre Themenpräsentation Schlagworte und Schlüsselbegriffe, die auch in aktuellen Diskussionen und Berichten in den Medien benutzt werden.

Zur Vorbereitung sollten Sie auch die Geschäftsberichte und Broschüren des ausrichtenden Unternehmens durcharbeiten. Auf diese Weise können Sie herausfinden, auf welche Reizworte die Unternehmensvertreter anspringen werden.

Vortragsschema nutzen: Nun geht es darum, Ihre Argumente zu ordnen. Hierfür eignet sich besonders folgendes Vorgehen in sieben Schritten:

1. **Nennen Sie das Thema.**
2. **Machen Sie deutlich, warum das Thema für die Zuhörer wichtig ist.**

3. **Beschreiben Sie die derzeitige Situation.**
4. **Gehen Sie auf die Gründe dieser Situation ein.**
5. **Zeigen Sie auf, wie diese Situation zukünftig aussehen sollte.**
6. **Erörtern Sie Maßnahmen, um die neuen Zielsetzungen zu erreichen.**
7. **Geben Sie eine Schlusszusammenfassung mit konkreter Handlungsaufforderung.**

Lebendigkeit durch wohldosierte Beispiele

Zur Lebhaftigkeit Ihrer Rede tragen Sie bei, indem Sie Ihre Argumente anhand von Beispielen vorbringen. Verlieren Sie sich jedoch nicht im Geschichtenerzählen. Arbeiten Sie die sieben Schritte Ihrer Themenpräsentation ab. Stellen Sie die zentralen Schlagworte und Schlüsselbegriffe heraus.

Besondere Aufmerksamkeit müssen Sie auf Ihr Zeitmanagement richten. Riskieren Sie nicht, mitten in Ihren Ausführungen vom Moderator zum Abbruch gezwungen zu werden. Sie sollten aber auch darauf achten, die gesamte Vortragszeit zu nutzen. Wenn Ihnen am Ende des Vortrags noch Zeit verbleibt, sollten Sie diese mit weiteren Beispielen füllen.

Lassen Sie sich nicht aus dem Konzept bringen

Lassen Sie sich nicht durch Zwischenbemerkungen aus dem Konzept bringen. Sie wirken bei Zwischenfragen während Ihres Vortrags souverän, wenn Sie unterschiedlich auf Verständnisfragen und Diskussionsbeiträge reagieren. Verständnisfragen, die beispielsweise zu Fachausdrücken gestellt werden, sollten Sie sofort beantworten. Sie zeigen damit Ihr Einfühlungsvermögen für die Bedürfnisse Ihrer Zuhörer. Diskussionsbeiträge sollten Sie dagegen interessiert zur Kenntnis nehmen und auf die Möglichkeit zur Diskussion am Ende Ihrer Ausführungen verweisen.

Bei Stressvorträgen müssen Sie damit rechnen, dass einer der Beobachter versucht, Sie zu provozieren. Machen Sie sich zum Anwalt der anderen Zuhörer und des Themas. Würgen Sie Störer charmant ab, beispielsweise so: »Um zunächst für alle Zuhörer den gleichen Kenntnisstand herbeizuführen, möchte ich Sie bitten, sich mit Ihren Anmerkungen noch etwas zu gedulden.« Auf diese Weise gelingt es Ihnen, Störversuche abzuwehren und im Vortrag gelassen zu bleiben.

Wichtig ist der Abschluss Ihres Vortrags, da er den Beobachtern gut im Gedächtnis haften bleibt. Im siebten und letzten Schritt Ihrer Themenpräsentation haben Sie eine Schlusszusammenfassung geliefert und eine konkrete Handlungsaufforderung an Ihr Publikum gerichtet. Eröffnen Sie die an den Vortrag anschließende Diskussion oder gehen Sie zu Ihrem Platz zurück.

Wenn nach Ihrem Vortrag eine Diskussion vorgesehen ist, müssen Sie diese moderieren. Gehen Sie auf eventuell während des Vortrags zurückgestellte Fragen von sich aus ein. Beantworten Sie alle Fragen

Beantworten Sie alle Fragen mit freundlicher Geduld

der Zuhörer mit Geduld und Freundlichkeit. Stellt man Ihnen Fragen, die Sie nicht beantworten können, sollten Sie ebenfalls gelassen bleiben. Sie könnten mit der Aussage reagieren: »In Ihrer Frage sind interessante Aspekte enthalten. Vielen Dank für die Zusatzinformationen.«

Beenden Sie auch die Diskussion mit einer Schlusszusammenfassung der Redebeiträge. Wiederholen Sie Ihre wichtigsten Argumente und danken Sie Ihren Zuhörern für die Aufmerksamkeit und die Diskussionsbeiträge.

Schritt für Schritt zum schlüssigen Gesamtbild

Medieneinsatz planen: Setzen Sie bei Ihrem Vortrag Medien ein. Zum einen wissen Ihre Zuhörer dann immer, an welcher Stelle Sie sich gerade im Vortrag befinden. Zum anderen können sie Ihre Argumente besser einordnen. So entsteht Schritt für Schritt ein schlüssiges Gesamtbild, und Sie verdeutlichen von Anfang an, dass Sie Fakten visualisieren können.

Bei Vorträgen sollten Sie sowohl den Overheadprojektor oder einen Laptop mit Beamer als auch das Flipchart als visuelle Orientierungshilfe für Ihr Publikum einsetzen. Rechnen Sie jedoch nicht damit, dass man Sie explizit darauf aufmerksam macht, wenn Overheadfolien und -stifte zur Verfügung stehen. Wenn die Moderatoren bei ihren Übungsinstruktionen jedoch selbst Folien auflegen und Informationen am Flipchart notieren, sollten auch Sie diese Medien nutzen – einen Laptop sollte man Ihnen allerdings ausdrücklich anbieten, bevor Sie Ihn benutzen.

Nicht mehr als sieben Punkte pro Folie

Ihren Vortrag visualisieren Sie, indem Sie eine Hauptgliederung auf einer Overhead- oder PowerPointfolie entwickeln. Diese Gliederung zeigen Sie zu Beginn, damit die Zuhörer sich einen Überblick über Ihren Vortrag und dessen Inhalte verschaffen können. Vergessen Sie bei der Erstellung Ihrer Folie nie den Präsentationsgrundsatz: »Nicht mehr als sieben Punkte pro Folie.« Stellen Sie zunächst eine grobe Struktur vor, bevor Sie eine weitere Aufgliederung auf nachfolgenden Folien liefern.

Wenn Sie eine Folie zum ersten Mal zeigen, sollten Sie etwa drei Sekunden lang eine Pause machen und dabei auf Ihr Publikum schauen. Gehen Sie dann auf die Begriffe ein, die Sie auf Ihrer Folie aufgeführt haben. Halten Sie sich an die vorgestellte Gliederung. Zeigen Sie keine Folien, die unbesprochen bleiben.

Die Overheadfolien, die Sie in Ihrer Themenpräsentation benutzen wollen, bereiten Sie in der Vorbereitungszeit vor. Schreiben Sie nie während des Vortrags auf Overheadfolien.

Schreiben Sie groß genug auf dem Flipchart

Nutzen Sie das Flipchart, um Stichworte anzuschreiben und Fakten zu visualisieren. Notieren Sie aber keine Sätze, sondern nur einzelne Schlagworte und Schlüsselbegriffe. Verwenden Sie nach Möglichkeit Abkürzungen, sonst dauert das Anschreiben zu lange. Schreiben Sie in Blockbuchstaben und so groß, dass Ihre Schrift auch aus der Entfernung gelesen werden kann. Verwenden Sie immer schwarze oder blaue Stifte. Gelbe, rote oder grüne Aufzeichnungen sind schwer lesbar.

Beim Einsatz des Flipcharts gilt der Grundsatz des Paraphrasierens, das heißt: Sie sprechen beim Anschreiben laut mit. Dies ist auch notwendig, um die von Ihnen auf dem Flipchart verwendeten Abkürzungen verständlich zu machen.

Stellen Sie sicher, dass Ihre Zuhörer einen freien Blick auf Ihre Visualisierungen haben. Unprofessionell wirken Vortragende, die sich in den Projektionskegel des Overheadprojektors stellen oder das Flipchart mit ihrem Körper verdecken. Ermöglichen Sie Ihren Zuhörern eine freie Sicht.

Körpersprache im Vortrag

Aus Ihrer Körpersprache im Vortrag werden die Beobachter Rückschlüsse auf Ihre Selbstsicherheit und Ihre Belastbarkeit ziehen. Mit einer Körpersprache, die Ihre Argumente unterstützt, werden Sie Ihre Zuhörer für sich und Ihr Thema einnehmen.

Ihre Hände müssen frei sein

Ihre Hände müssen frei sein, damit Sie als Vortragender wichtige Aussagen und Kernelemente durch Arm- und Handbewegungen unterstreichen können. Lassen Sie Ihre Arme am Beginn Ihres Vortrags seitlich anliegen. Wenn Sie nach zwei bis drei Minuten Anwärmphase einen konstanten Redefluss erreicht haben, werden Sie – ohne bewusst darüber nachzudenken – Ihre Aussagen durch eine angemessene Gestik unterstützen. Aufgesetzte Gesten brauchen Sie nicht einzustudieren. Es genügt, wenn Sie Ihren Händen einen ausreichenden Spielraum zur Verfügung stellen.

Ein erprobtes Mittel, um souverän auf dem Podium zu wirken, ist Bewegung. Bewegung ist aktiver Stressabbau. Sie sollten deshalb Ihren Redeplatz in der Mitte zwischen Flipchart und Overheadprojektor einnehmen. Dann sind Sie in der Lage, von diesem Zentrum aus zum Medieneinsatz nach links oder rechts zu gehen. Bewegung ist auch aus anderen Gründen vorteilhaft: Dadurch wird Dynamik vermittelt und das Interesse des Publikums verstärkt. Allerdings sollte sich die Bewegung in einem angemessenen Rahmen halten – sonst wirken Sie schnell hektisch und lenken so von den Inhalten Ihres Vortrags ab.

Das Drehen an Ohrringen oder Perlenketten, das nervöse Herumspielen mit Stiften und das Auf- und Absetzen der Brille signalisieren dagegen Unruhe und Nervosität und sind daher zu vermeiden.

Halten Sie Blickkontakt zum Publikum

Treten Sie bei Fragen nach vorn und wiederholen Sie die Frage zunächst laut. Damit binden Sie Ihr Publikum ein. Halten Sie bei Ihrer anschließenden Antwort den Blickkontakt zum Fragenden. Signalisieren Sie auch mit Ihrer Körpersprache, dass Sie sich nicht aus der Ruhe bringen lassen.

Suchen Sie während des Vortrags immer wieder Blickkontakt mit Ihrem Publikum, so gelingt es Ihnen, die Zuhörer mit einzubeziehen und ihre Aufmerksamkeit zu halten. Zudem wirken Sie souverän und gelassen, was Ihnen nur Pluspunkte einbringt.

CHECKLISTE

Checkliste für Vorträge und Präsentationen

- ○ Können Sie Ihre Argumente in aussagekräftige Schlagworte fassen und zu Blöcken bündeln?
- ○ Nutzen Sie Informationen aus den Unternehmensbroschüren?
- ○ Stellen Sie Pro- und Kontra-Argumente vor?
- ○ Wird Ihre Argumentationslinie deutlich? Können Sie die Struktur visualisieren?
- ○ Können Sie auch bei politischen Themen einen betriebs- oder volkswirtschaftlichen Bezug herstellen?
- ○ Setzen Sie Medien ein?
- ○ Sind Ihre Folien übersichtlich gestaltet und gut lesbar?
- ○ Falls Sie einen Laptop mit Beamer verwenden können: Haben Sie sich mit den technischen Gegebenheiten vertraut gemacht?
- ○ Nutzen Sie am Flipchart Schlagwörter und Abkürzungen, die Sie kurz erläutern?
- ○ Ermöglichen Sie Ihrem Publikum stets einen freien Blick auf Ihre Visualisierungen?
- ○ Belegen Sie Ihre Argumente mit Beispielen?
- ○ Haben Sie den Zeitrahmen im Blick?
- ○ Bleiben Sie bei Zwischenfragen und Kritik souverän?
- ○ Beantworten Sie Verständnisfragen sofort und verweisen Sie bei Anmerkungen auf die anschließende Diskussion?

- ◯ Halten Sie Blickkontakt mit Ihrem Publikum?
- ◯ Bewegen Sie sich während des Vortrags, um Stress abzubauen und um die Aufmerksamkeit Ihrer Zuhörer zu behalten?
- ◯ Sind Ihre Hände während des Vortrags frei?

44. Der Postkorb

In der Postkorbübung müssen Sie Termine vergeben, Aufgaben delegieren und Vorgänge beurteilen. Sie werden sich in einer knapp bemessenen Zeit durch einen Stapel von Unterlagen arbeiten müssen. Die von Ihnen gefällten Entscheidungen sind schriftlich zu fixieren.

Die bekannteste Übung des Assessment-Centers

Nach unserer Erfahrung müssen Sie bei zweitägigen Assessment-Centern auf jeden Fall mit der sogenannten Postkorbübung rechnen, während bei eintägigen Veranstaltungen die Wahrscheinlichkeit abnimmt. Auf den Einsatz dieser Übung wird auch oft verzichtet, weil Entwicklung, Durchführung und Auswertung dieser Übung viel zu zeit- und kostenaufwändig sind.

Das steckt dahinter

Im Vordergrund: Ihr Umgang mit komplexen Sachverhalten

In dieser Übung geht es um Ihre analytischen Fähigkeiten, um Ihren Umgang mit komplexen Sachverhalten, Ihre Entscheidungsbereitschaft, Ihr Delegationsverhalten und Ihre emotionale Stabilität. Den Postkorb bearbeiten Sie üblicherweise schriftlich. Sie notieren Ihre Bewertung der ausgehändigten Schriftstücke und geben dann Ihre Lösungsvorschläge ab. Gelegentlich werden Ihre schriftlichen Ergebnisse anschließend von den Beobachtern hinterfragt. In diesem Fall werden mit der Postkorbübung zusätzlich auch Ihr Umgang mit Kritik, Ihre Ausdauer beim Vertreten Ihrer Entscheidungen, Ihr Argumentationsgeschick und Ihr sprachliches Ausdrucksvermögen bewertet.

Wenn die Beobachter Ihre Entscheidungen anzweifeln, versucht man damit häufig nur, Sie unter Druck zu setzen. Geben Sie nicht nach, sondern verweisen Sie auf Zusammenhänge zwischen einzelnen Vorgängen, Terminüberschneidungen und übliche Informations- und Entscheidungswege bei delegierten Aufgaben.

Lieber gut als perfekt

Ganz besonders Ihre Stressresistenz unter starkem Zeitdruck ist ein wesentliches Kriterium. Die Übung ist immer so angelegt, dass die vorgegebene Zeit niemals ausreicht. Beim Postkorb, wie auch im späteren beruflichen Alltag, gilt die Grundregel, dass Sie bei Zeitbeschränkungen lieber fünf Aufgaben gut lösen, statt eine perfekt zu bewältigen und vier andere unerledigt zu lassen.

Techniken zur Bewältigung

Alle Aufgabenstellungen von Postkorbübungen laufen auf die Aufforderung hinaus: »Sehen Sie die Ablage durch und bearbeiten Sie sie!« In dieser Übung haben Sie immer eine bestimmte Anzahl von Schriftstücken zu bearbeiten. Es handelt sich dabei um Aufzeichnungen betrieblicher Vorgänge, Entscheidungsvorlagen und private Notizen. Sie haben dazu üblicherweise ein bis zwei Stunden Zeit.

Aufgaben im Postkorb

BEISPIEL

Sie sind Führungskraft im Unternehmen XY. Sie kommen zwischen zwei Auslandseinsätzen in Ihr Büro. Dort arbeiten Sie alle aufgelaufenen beruflichen und privaten Vorgänge innerhalb einer Stunde ab und koordinieren sie terminlich. Die Schriftstücke in der Postkorbübung könnten so aussehen:

→ *Notiz 1:* **»Ihr Stellvertreter hat eine Grippe bekommen und sich für die nächste Woche krank gemeldet. Er sollte einen Vortrag beim ›Verband der Marketingfreunde in Rente‹ halten.«**
→ *Notiz 2:* **»Die Personalabteilung möchte unbedingt eine Entscheidung darüber haben, an welchen Fortbildungsmaßnahmen Ihre Mitarbeiter in den nächsten zwölf Monaten teilnehmen sollen.«**
→ *Notiz 3:* **»Die Geschäftsleitung hat Sie aufgefordert, ein Konzept mit Verbesserungsvorschlägen zur Kundenberatung zu entwickeln. Das Konzept soll in 14 Tagen vor der Leitung präsentiert werden.«**
→ *Notiz 4:* **»Ihr neuer Mitarbeiter Herr Müller hat sich beim Betriebsfest negativ über die Führungsqualitäten des Gruppenleiters, Herrn Schmidt, geäußert. Herr Schmidt bittet Sie, dass Sie Herrn Müller zu diesem Vorgang zur Rede stellen.«**

Ihr erster Schritt muss sein, wichtige von unwichtigen Informationen zu trennen und dringliche von weniger dringlichen Terminen zu unterscheiden. Hierbei hilft Ihnen die Übersicht »Entscheidungsmatrix«, die Sie für die Bewertung jedes einzelnen Vorgangs einsetzen können.

Trennen Sie wichtige von unwichtigen Informationen

ÜBERSICHT

Entscheidungsmatrix

	wichtig	weniger wichtig
dringlich	+w +d	-w +d
weniger dringlich	+w -d	-w -d

→ FORTSETZUNG AUF DER NÄCHSTEN SEITE

Überlegen Sie sich bei jedem Vorgang, welche Auswirkungen sich für das Unternehmen ergeben. Auf diese Weise können Sie entscheiden, ob der Vorgang wichtig oder unwichtig ist. Stellen Sie auch fest, welche zeitliche Priorität der Vorgang hat, ob er dringlich oder weniger dringlich ist. Aus unserer Entscheidungsmatrix ergeben sich vier Kategorien für die Vorgänge, die Sie unterschiedlich bearbeiten sollten:

- → *Kategorie 1:* Sehr wichtige und sehr dringliche Vorgänge müssen Sie in jedem Fall bearbeiten und selbst entscheiden.
- → *Kategorie 2:* Bei sehr wichtigen Vorgängen, die aber nicht dringlich sind, behalten Sie sich die Entscheidung vor. Sie können in diesen Fällen einen Termin festlegen, der mit den sehr dringenden und sehr wichtigen Vorgängen nicht kollidiert.
- → *Kategorie 3:* Sind Vorgänge weniger wichtig, gleichzeitig aber sehr dringlich, delegieren Sie sie an Ihre Mitarbeiter.
- → *Kategorie 4:* Unwichtige und nicht dringliche Vorgänge sind Zeitfallen, auf die Sie beim Aufbereiten des Postkorbes nur kurz eingehen sollten.

Notieren Sie direkt auf dem Schriftstück Ihre Entscheidung

Wenn Sie die Vorgänge bezüglich Ihrer Wichtigkeit und Dringlichkeit untersuchen, sollten Sie direkt auf jedem Schriftstück Ihre Entscheidung vermerken. Achten Sie beim Durchlesen auch schon darauf, ob einzelne Vorgänge miteinander in einem Zusammenhang stehen.

Auf keinen Fall dürfen Sie den Postkorb bearbeiten, bevor Sie alle Unterlagen gelesen haben. Es ist häufig der Fall, dass spätere Inhalte im Widerspruch zu vorhergehenden stehen. Daher müssen Sie sich zunächst einen Überblick über sämtliche Informationen verschaffen. Lesen Sie alle Notizen und Hinweise durch, bevor Sie anfangen, detaillierte Lösungen auszuarbeiten.

Vorsicht Falle!
Blinkt an Ihrem Bearbeitungsplatz ein Anrufbeantworter, muss dieser natürlich auch abgehört werden.

Für die Bewältigung von Terminen müssen Sie einen Tagesplan erstellen, in den Sie die Zeiten für Gespräche, Konferenzen und Anrufe eintragen. Achten Sie darauf, dass Sie mit realistischen Zeitvorgaben arbeiten: Lassen Sie zwischen den einzelnen Terminen ausreichend Zeit, und verplanen Sie nicht mehr als 50 Prozent Ihrer gesamten Tageszeit.

Erstellen Sie einen Tagesplan

Sie können davon ausgehen, dass die Unterlagen Termine enthalten, die sich überschneiden. Daher tragen Sie, um einen Überblick zu bekommen, alle Termine in einen Terminkalender ein. Gelegentlich liegt ein Kalender bei, wenn nicht, fertigen Sie auf einem Blatt Papier einen eigenen an.

Ihre Position als Perspektive der Entscheidung

Alle Lösungen müssen unter einer Perspektive stehen: Ihre Entscheidungen müssen einen deutlichen Bezug zu der vorgegebenen Führungsposition erkennen lassen. Zeigen Sie, dass Sie sich mit betrieblichen Abläufen und Hierarchien auskennen: Delegieren Sie Vorgänge, geben Sie Informationen an die zuständigen Abteilungen und Mitarbeiter weiter, fordern Sie bei unklarer Ausgangslage weitere Informationen an, und zeigen Sie sich bei aktuellem Handlungsbedarf entscheidungsfreudig.

Um delegieren zu können, müssen Sie natürlich wissen, welcher Mitarbeiter in welcher Position beschäftigt ist. Manchmal ist deshalb Ihren Unterlagen ein Organigramm beigefügt, das bereits die Positionen und Namen der genannten Mitarbeiter enthält. Ist die Betriebshierarchie nicht visualisiert, skizzieren Sie sich selbst anhand der Unterlagen ein Organigramm.

Berufliches vor Privatem!

Grundsätzlich gilt die Regel: »Erst kommt der Beruf, dann das Private!« Dies ist zu beachten, wenn in Ihrem Postkorb Vorgänge liegen wie beispielsweise: »Der Klassenlehrer Ihres Sohnes hat angerufen und als Termin für ein Gespräch mit Ihnen in der Schule den 14. Februar, 10 Uhr, genannt. Ihr Sohn ist zum dritten Mal beim Rauchen erwischt worden und soll nun einen Schulverweis bekommen.« Wenn Sie in Ihrem Postkorb gleichzeitig die Notiz finden, dass »die Werbeagentur Müller angerufen hat, weil sie am 14. Februar um 10 Uhr die neue Dachkampagne für die Produkte Ihres Unternehmens präsentieren wird«, dürfte Ihnen eine Entscheidung hinsichtlich der beiden parallel liegenden Termine sicherlich keine Schwierigkeiten bereiten.

Ihre Lösungen müssen Sie schriftlich fixieren, wobei Sie auf eine ansprechende formale Präsentation achten sollten. Am besten fertigen Sie für jeden Vorgang einen separaten Lösungszettel mit hervorgehobener Überschrift, beispielsweise in großen Blockbuchstaben: »LÖSUNG ZU VORGANG 1«, an. Notieren Sie dann stichwortartig zu jedem Vorgang:

→ **Welche Entscheidung haben Sie getroffen?**
→ **Warum haben Sie diese Lösung gewählt?**
→ **Was ist nun zu tun?**

Mit dieser Vorgehensweise machen Sie Ihre Entscheidungen für die Beobachter transparent und nachvollziehbar. Einen vollständigen Postkorb samt Musterlösung können wir aus Platzgründen in diesem

Ratgeber nicht abbilden. Sie finden aber ein ausführliches Beispiel in unserem Ratgeber *Assessment-Center-Training für Führungskräfte*.

CHECKLISTE

Checkliste für den Postkorb

- ○ Haben Sie alle Notizen durchgelesen, falls nötig: den Anrufbeantworter abgehört?
- ○ Haben Sie per Entscheidungsmatrix die Dringlichkeit und Wichtigkeit aller Vorgänge bewertet?
- ○ Haben Sie zeitliche Prioritäten für die Vorgänge festgelegt?
- ○ Haben Sie auf jedem Schriftstück Ihre Entscheidung vermerkt?
- ○ Haben Sie einen Tagesplan erstellt? Sind Ihre Zeitschätzungen realistisch?
- ○ Liegt ein Terminkalender vor oder haben Sie einen erstellt? Haben Sie alle Termine eingetragen?
- ○ Ist Ihnen Ihre Position bewusst? Haben Sie die betrieblichen Abläufe und Hierarchien im Blick?
- ○ Liegt ein Organigramm bei? Haben Sie ansonsten selbst eines erstellt?
- ○ Haben Sie beruflichen Terminen den Vorzug gegeben?
- ○ Haben Sie Vorgänge delegiert, Informationen an die zuständigen Mitarbeiter weitergeleitet, weitere Informationen angefordert, Entscheidungen getroffen?
- ○ Haben Sie Ihre Lösungen schriftlich fixiert und auf eine ansprechende, übersichtliche Präsentationsform geachtet?
- ○ Ist Ihre Vorgehensweise bei Entscheidungen für die Beobachter nachvollziebar?

45. Aufsätze

Ihr Kommunikationsgeschick wird im Assessment-Center nicht nur mündlich, sondern auch schriftlich überprüft. In der Aufsatzübung müssen Sie beweisen, dass Sie Themen auch schriftlich aufbereiten können. Zeigen Sie, dass Sie in sich schlüssige Argumentationslinien entwickeln und dass Sie Wesentliches von Unwesentlichem unterscheiden können.

Übersicht durch Struktur

Die Aufsatzübung wird zwar vorwiegend eingesetzt, um Teilnehmer zu beschäftigen, damit kein Leerlauf entsteht, aber eine Blöße dürfen Sie sich bei der schriftlichen Aufbereitung von Themen trotzdem nicht geben. In Ihrem Aufsatz muss deutlich werden, welche Auffassung Sie vertreten, und Sie müssen zeigen, dass Sie ein Thema strukturieren können. Bei der Auswertung Ihres Aufsatzes müssen die Beobachter bereits beim ersten flüchtigen Überfliegen erkennen, was Sie vermitteln wollen.

Bei speziellen Bewerbergruppen sind die Anforderungen jedoch höher gesteckt: Hierzu zählen Bewerberinnen und Bewerber für journalistische Arbeitsfelder oder im PR-Bereich. Wenn Sie sich als PR-Assistentin bewerben, erwartet man von Ihnen, dass Sie Informationen schriftlich aufbereiten können und Mitteilungen so verfassen, dass sie in der externen und internen Unternehmenskommunikation eingesetzt werden können. In diesen Fällen hat die Aufsatzübung den Charakter einer Arbeitsprobe. Der Aufsatz soll Aufschluss über die Qualität der schriftlichen Ausdrucksfähigkeit unter Zeitdruck geben.

Aufsatztypen

Wenn in Assessment-Centern Aufsätze geschrieben werden sollen, so lassen sie sich folgenden drei Themengruppen zuordnen:

→ **Gründe für Ihre Einstellung,**
→ **berufsfeldbezogene Themen und**
→ **bildungsbezogene Themen**

Gründe für Ihre Einstellung: Bei diesem Aufsatztyp ist Ihre Selbstpräsentation in Schriftform gefragt. Die inhaltliche Ausgestaltung des

Ihre Selbstpräsentation ist gefragt

Aufsatzes gelingt Ihnen mit den Regeln, die für Ihre Selbstpräsentation gelten. Bauen Sie Ihren Aufsatz so auf, dass der Bezug zur ausgeschriebenen Stelle deutlich wird. Stellen Sie berufliche Erfahrungen in den Vordergrund. Heben Sie besonders die Tätigkeiten hervor, die einen Bezug zur Einstiegsposition haben.

Berufsfeldbezogene Themen: Diese Aufsatzthemen sind mehr auf Aspekte Ihres zukünftigen Berufsfeldes ausgerichtet. Mögliche Aufgabenstellungen sind:

- **»Welche vertriebsunterstützenden Maßnahmen sind für eine neu einzuführende Produktreihe sinnvoll?«**
- **»Wie sollte sich unser Unternehmen auf einer Fachmesse präsentieren?«**
- **»Welche Fähigkeiten sind wichtig, um als Führungskraft Erfolg zu haben?«**

Die berufsfeldbezogenen Aufsätze sollten Sie gut strukturieren. Erstellen Sie ein Konzept, das in der beruflichen Praxis umgesetzt werden könnte. Bauen Sie berufsfeldbezogene Aufsätze nach dem folgenden Schema auf:

- **Warum ist das Thema für das Unternehmen wichtig?**
- **Was soll erreicht werden?**
- **Welche Maßnahmen könnten ergriffen werden?**
- **Welche Maßnahmen sind weniger sinnvoll?**
- **Welche Maßnahmen sind sinnvoll?**
- **Ihre Meinung: Diese Maßnahmen sollten eingesetzt werden.**

Bildungsbezogene Themen: Wenn Ihnen Themen aus dieser Gruppe vorgegeben werden, wissen Sie, dass man Sie hauptsächlich beschäftigen will. In einem Unternehmen aus der Luftfahrt lautete die Aufgabenstellung in der Aufsatzübung: »Assoziieren Sie über das Zitat von Max Frisch ›Alles Fertige hört auf, Behausung unseres Geistes zu sein‹.«

Argumentieren Sie bei allen Themen berufsbezogen

Wie bei allen anderen Übungen in Assessment-Centern ist auch hier Ihre Anpassungsfähigkeit an die Situation gefragt. Bezogen auf unser Beispiel könnten Sie beispielsweise thematisieren, dass es wichtig ist, Entwicklungen weiter voranzutreiben, Produkte ständig zu optimieren, sich auf verändernde Marktsituationen einzustellen und auf kreativen Wegen die eingefahrenen Pfade des Tagesgeschäfts sinnvoll zu erweitern. Versuchen Sie, auch bei allgemein gehaltenen Themen berufsbezogen zu argumentieren, und zeigen Sie, dass Sie in der Lage sind, Ihr kreatives Potenzial für berufliche Zusammenhänge einzusetzen. Solche Themenstellungen werden jedoch nur selten im Assessment-Center verwandt.

Formale Gestaltung

Machen Sie es dem Leser leicht

Ihre schriftliche Ausarbeitung überzeugt, wenn sie den Leser nicht nur inhaltlich, sondern auch gestalterisch anspricht. In jedem Fall sollten Sie Ihren ausformulierten Gedanken eine Gliederung voranstellen, damit die Klarheit Ihrer Argumente durch eine visuelle Struktur unterstützt wird. Erstellen Sie ein Deckblatt, auf dem Sie das Thema des Aufsatzes wiederholen. Fertigen Sie ein Inhaltsverzeichnis an, nummerieren Sie die Seiten, und gliedern Sie den Text mit Absätzen und Zwischenüberschriften.

Formulieren Sie in kurzen Sätzen und achten Sie auf die Lesefreundlichkeit Ihres Textes. Versuchen Sie nicht, den Leser mit Fachtermini zu erschlagen. Ihr Sprachgebrauch sollte sich an einen interessierten Laien richten. Wichtige Aussagen können Sie hervorheben. Unterstreichen Sie beispielsweise Kerngedanken, oder kennzeichnen Sie Absätze mit einem Ausrufezeichen. Denken Sie auch an genügend Seitenrand. Liefern Sie eine kurze Einleitung und einen Ausblick am Ende.

Checkliste für Aufsätze

CHECKLISTE

- ◯ Haben Sie Ihren Aufsatz sinnvoll strukturiert?
- ◯ Haben Sie Ihre Meinung dargestellt?
- ◯ Argumentieren Sie auch bei allgemeinen Themen berufsbezogen?
- ◯ Haben Sie ein Deckblatt und eine Gliederung erstellt?
- ◯ Sind die Seiten durchnummeriert?
- ◯ Formulieren Sie klar und auch für Laien (Personalverantwortliche) verständlich?
- ◯ Enthält Ihr Aufsatz eine Einleitung und einen Schluss (Ausblick)?
- ◯ Haben Sie an genügend Seitenrand gedacht?

46. Selbst- und Fremdeinschätzung

Manchmal werden Sie am Ende eines Assessment-Centers dazu aufgefordert, Ihre eigenen Leistungen und die der anderen Kandidaten zu bewerten. Hier achtet man auf Ihre Kritik- und Reflexionsfähigkeit. Die Ergebnisse Ihrer Selbsteinschätzung sollten realistisch sein, dennoch dürfen Sie sich nicht unter Wert verkaufen.

Wichtig: das Kollegenurteil

Die Selbsteinschätzung soll zeigen, ob die Kandidaten in der Lage sind, über sich selbst und ihr Verhalten zu reflektieren. Die Fremdeinschätzung wird oft dazu herangezogen, die Bewertung der Beobachter zu bestätigen oder eventuell zu korrigieren. Der Hintergrund dieser Übung liegt in der Erkenntnis von Arbeits- und Organisationspsychologen, dass das Kollegenurteil oftmals genauere Aussagen über den zukünftigen beruflichen Erfolg eines Menschen ermöglicht als ausgeklügelte Personalauswahlverfahren.

Peer-Ranking und Peer-Rating

Bei der Selbst- und Fremdeinschätzung lassen sich zwei Formen unterscheiden: das Peer-Ranking und das Peer-Rating.

Eine Rangliste der Kandidaten

Beim Peer-Ranking geht es darum, sämtliche Teilnehmerinnen und Teilnehmer in eine Reihenfolge zu bringen, die aussagen soll, wer insgesamt am besten abgeschnitten hat. Die Kandidaten werden gebeten, eine Liste zu erstellen und eine Rangfolge der Kandidaten nach ihren Leistungen festzulegen.

Das Peer-Rating ist präziser: Hier geht es darum, das Verhalten der Teilnehmer in den einzelnen Übungen zu bewerten. Wer war der Beste in der Gruppendiskussion? Wer die Zweitbeste? Wer war die Beste in der Themenpräsentation? Wer der Zweitbeste? Manchmal bekommen Sie auch Skalen vorgegeben, auf der Sie das Verhalten der anderen oder das eigene Verhalten in den einzelnen Übungen einordnen sollen.

Taktische Selbsteinschätzung

Stellen Sie Ihre guten Leistungen in den Vordergrund

Die Einschätzung der anderen fällt meistens nicht schwer. Problematisch ist eher, das eigene Verhalten taktisch geschickt zu zensieren. Wenn man Ihnen die Reihenfolge der Übungen, bei denen Sie sich selbst einschätzen sollen, überlässt, so sollten Sie Ihre Selbsteinschätzung mit den Übungen anfangen, in denen Sie am besten abgeschnitten haben. Denn zumeist ist die Zeit am Ende eines Assessment-Centers eher knapp und man kann nicht alle Übungen mit Ihnen besprechen. So bleibt Ihnen vielleicht die Erwähnung von weniger guten Ergebnissen erspart, und die Signalwirkung der positiven Selbsteinschätzung bleibt hängen. Sind beispielsweise Ihre Gruppendiskussion und Ihr Vortrag besonders gut gelungen, heben Sie diese Übungen hervor und begründen Sie Ihre Meinung.

Übungen, die weniger gut gelaufen sind, sollten Sie nur dann eingestehen, wenn Sie sich ganz sicher sind, dass die Beobachter zu ähnlichen Einschätzungen gekommen sind wie Sie selbst. Ansonsten gilt bei weniger gutem Abschneiden der bewährte Tendenz-zur-Mitte-Trick. Wenn Sie eine Übung nicht absolut »verbockt« haben, ordnen Sie Ihr eigenes Verhalten etwa in der Mitte einer gedachten oder tatsächlichen Bewertungsskala ein. Von dieser Position aus können Sie im schlimmsten Fall immer noch etwas nach unten abweichen, ohne dabei einen allzu großen Gesichtsverlust zu erleiden oder womöglich als kritik- und reflexionsunfähig zu gelten.

Belasten Sie sich nicht selbst

Mit Nachfragen der Beobachter zu Ihren Angaben über sich selbst und über die anderen Kandidaten müssen Sie natürlich rechnen. Wichtig für Ihre Begründungen bei den Selbst- und Fremdeinschätzungen ist, dass Sie immer sichtbares Verhalten und keine bloßen Vermutungen über innere Beweggründe als Ausgangspunkt Ihrer Bewertungen wählen.

Checkliste für Ihre Selbst- und Fremdeinschätzung

CHECKLISTE

- ◯ Haben Sie die Übungen betont, in denen Sie am besten abgeschnitten haben?
- ◯ Haben Sie bei Übungen, die für Sie nicht so gut verlaufen sind, Ihr Verhalten in der Mitte einer (gedachten) Skala angesiedelt?
- ◯ Sind Sie sicher, dass die Beobachter mit Ihnen übereinstimmen in der Einschätzung, welche Übungen Sie gut und welche Sie weniger gut absolviert haben?
- ◯ Haben Sie bei der Bewertung der anderen Teilnehmer ausschließlich beobachtbares Verhalten herangezogen?
- ◯ Vermeiden Sie Spekulationen über innere Beweggründe?

VIII

Einstellungstest

47. Was erwartet Sie im Einstellungstest?

Obwohl es nicht den Einstellungs- oder Eignungstest gibt, der für die Besetzung aller Arbeitsplätze gleichermaßen gut geeignet ist, sind in den Tests bestimmte Elemente und Aufgabentypen immer wieder enthalten. In diesem Kapitel verschaffen wir Ihnen einen ersten Überblick über die verschiedenen Aufgabentypen – wenn Sie sich bereits im Vorfeld damit auseinandersetzen, sind Sie damit klar im Vorteil. Dazu klären wir über sieben populäre Testirrtümer auf, um Ihnen unnötigen Stress zu ersparen und Ihnen die Angst vor diesem Teil des Bewerbungsverfahrens zu nehmen.

Einstellungstests lassen sich in die vier großen Blöcke Wissenstests, Intelligenztests, Konzentrationstests und Persönlichkeitstests unterteilen. In der folgenden Übersicht »Inhalte von Einstellungstests« haben wir für Sie aufgeführt, welche Testinhalte die jeweiligen Blöcke umfassen.

ÜBERSICHT

Inhalte von Einstellungstests

Persönlichkeitstests	→ Motivation → Selbsteinschätzung → Kommunikation (beispielsweise Teamfähigkeit, Überzeugungskraft, Einfühlungsvermögen, Problemlösungsfähigkeit, Begeisterungsfähigkeit)
Wissenstests	→ Allgemeinwissen → Rechtschreibung → Praktische Mathematik → Fremdsprachen (meist Englisch) → Berufswissen
Intelligenztests	→ Logisches Denken → Räumliches Vorstellungsvermögen → Sprachliche Intelligenz → Kreative Intelligenz

→ FORTSETZUNG AUF DER NÄCHSTEN SEITE

Konzentrationstests	→ Aufmerksamkeit → Merkfähigkeit

Das Unternehmen möchte Sie kennen lernen

Persönlichkeitstests: In Persönlichkeitstests geht es um die Bewerberpersönlichkeit. Hier wird gerne die Motivation, die Ihrer Entscheidung für das angestrebte Berufsfeld zugrunde liegt, auf den Prüfstand gestellt. In Vorstellungsgesprächen, die manchmal vor den Einstellungstests stattfinden, manchmal danach, manchmal aber auch direkt in diese integriert werden, werden Sie mit »Personalerfragen« konfrontiert. Man möchte im Gespräch erfahren, welche Themen Sie bewegen, ob und wie Sie kritische Situationen gemeistert haben und wie Sie mit Vorgesetzten, Kollegen oder Kunden umgehen werden beziehungsweise umgegangen sind. Ein weiterer wichtiger Punkt betrifft Ihr Selbstmanagement, wie Sie also in stressigen Situationen reagieren oder sich aus Stimmungstiefs selbst wieder herausholen.

Allgemein- und Fachwissen sind gefragt

Wissenstests: In diesem Block wird Wissen aus den Bereichen Allgemeinbildung, Rechtschreibung und praktische Mathematik abgeprüft. Gelegentlich werden auch die Englischkenntnisse der Bewerber getestet, beispielsweise von Firmen, die ihre Kunden europa- oder weltweit beliefern und betreuen, also ihre Geschäftsbeziehungen auf Englisch pflegen. Neuerdings wird auch häufiger konkretes Berufswissen abgefragt, beispielsweise was typische Aufgaben im angestrebten Wunschberuf sind.

Intelligenztests: In Einstellungstests werden zwar einzelne Aufgaben aus Intelligenztests eingestreut, komplette Intelligenztests (IQ-Tests) aber eher selten eingesetzt. Auf die Testteilnehmer warten im Einstellungstest aber dennoch regelmäßig Aufgaben, die überprüfen sollen, wie es um das logische Denken, das räumliche Vorstellungsvermögen, die sprachliche oder die kreative Intelligenz der Bewerber bestellt ist.

Wie belastbar sind Sie?

Konzentrationstests: Die Firmen haben aus verständlichen Gründen ein großes Interesse daran, Mitarbeiter zu finden, die in der Lage sind, auch über einen längeren Zeitraum aufmerksam, konzentriert und möglichst fehlerfrei zu arbeiten. Daher enthalten Einstellungstests häufig Elemente aus Konzentrationstests. Man möchte feststellen, wie sorgfältig die Kandidaten unter belastendem Zeitdruck Aufgaben lösen. In eine ähnliche Richtung gehen Testaufgaben zur Überprüfung der Merkfähigkeit, also der Gedächtnisleistung.

Darüber hinaus werden manchmal Selbsteinschätzungen der Kandidaten mithilfe von Fragebögen gefordert. Und immer häufiger werden für Ausbildungsplatzsuchende Kennenlern- oder Praxistage und für Hochschulabsolventen und berufserfahrene Bewerber Assessement-Center durchgeführt. Lesen Sie dazu Teil 7 dieses Buches (»Assessment-Center«).

Ihr Trainingsprogramm

Nachdem Sie nun wissen, welche Tests Sie erwarten, geht es jetzt um die praktische Nutzung Ihrer neuen Testerkenntnisse. In einem strukturierten Trainingsprogramm werden wir Sie im weiteren Verlauf mit klassischen und neuen Testaufgaben vertraut machen.

Ihre Motivation auf dem Prüfstand

Dabei steht der Persönlichkeitstest »Motivation der Bewerbung« ganz bewusst an erster Stelle Ihres Trainingsprogramms. Wir haben diesen Test deshalb nach vorn gerückt, weil hier neuerdings immer mehr Firmen im Einstellungstest einen Schwerpunkt setzen – und zwar sowohl beim klassischen Einstellungstest mit Einzelübungen als auch beim Kennenlerntag oder im Assessment-Center mit Gruppenübungen. Vor dem Hintergrund, dass etwa 20 Prozent aller Ausbildungen vorzeitig abgebrochen werden und so mancher Hochschulabsolvent oder berufserfahrene Bewerber in der Probezeit gleich wieder kündigt, ist dies auch verständlich. Die Firmen sind schließlich sehr stark daran interessiert, diejenigen Mitarbeiterinnen und Mitarbeiter zu finden, die von Anfang an wissen, worauf sie sich mit ihrem Berufswunsch eingelassen haben und wo sie selbst ihre Stärken sehen.

Eine überzeugende Beantwortung der Frage »Warum wollen Sie gerade diesen Arbeitsplatz haben?« ist also wesentlich für die Einstellungsentscheidung der Firmen. Ihre Antwort auf diese Frage kann schriftlich, aber auch mündlich in Vortragsform eingefordert werden. Lassen Sie sich also in Kapitel 48 zum Thema Persönlichkeitstests gleich zu Beginn unseres Trainingsprogramms erklären, mit welchen Argumenten Sie die Firmenseite überzeugen können, damit auch Sie zum gefragten Wunschbewerber werden.

Sieben populäre Testirrtümer

Der Prüfungsangst keine Chance geben

Wenn es um das Thema Einstellungstest geht, liegen die Nerven blank und die Emotionen kochen hoch. Dies ist verständlich, denn niemand setzt sich gerne freiwillig stressigen Prüfungssituationen aus, zu denen Tests nun einmal zählen. Daher sollte – unserer Ansicht nach – eine gezielte Vorbereitung auf Einstellungstests Sie nicht nur mit typischen Testaufgaben und -übungen vertraut machen. Wir finden es genauso wichtig, dass Sie Ihre innere Einstellung einmal sorgfältig prüfen und gemeinsam mit uns überlegen, ob Sie womöglich durch gängige Vorurteile und Klischees über Einstellungstests blockiert werden – was doch schade wäre!

Wir erleben immer wieder Bewerberinnen und Bewerber, die viel zu bieten haben, interessante Persönlichkeiten sind und eigentlich viel mehr erreichen können, als sie glauben. Vorausgesetzt, sie glauben erst einmal an sich selbst. Das ist nicht immer leicht, sondern im Gegenteil sogar oft so, dass man sich in Bewerbungssituationen jeder Art viel zu selbstkritisch verhält und sich durch Panikmache, Schwarzmalerei oder Pessimismus in schlechte Stimmung versetzt.

Lösen Sie sich von störenden Selbstblockaden, damit Sie motiviert an Ihren Einstellungstest herangehen können. Setzen Sie sich jetzt mit den sieben populären Testirrtümern auseinander, um Ihren Einstellungstest gleichermaßen selbstbewusst und umfassend vorbereitet in Angriff zu nehmen.

Kein Test ist wie der andere

Irrtum Nr. 1: Es gibt den einzig richtigen Einstellungstest. Falsch! Wer sich etwas intensiver mit diesem Thema beschäftigt, wird schnell feststellen, dass es »den« einzig richtigen Einstellungstest, der für alle Berufsfelder, Bewerberinnen und Bewerber sowie Firmen und Behörden gleichermaßen geeignet ist, nicht gibt. Einstellungstests sind immer Kombinationen verschiedener Einzeltests. Und wie diese Testkombination im konkreten Fall zusammengesetzt ist, hängt von den speziellen Vorlieben der Testverantwortlichen in den Firmen und Behörden ab.

Irrtum Nr. 2: Auf Einstellungstests kann man sich nicht vorbereiten. Falsch! Die Erfahrung bestätigt immer wieder, dass es durchaus sinnvoll ist, sich mit den typischen Aufgaben einmal im Vorfeld vertraut zu machen. Wer bereits eine erste Vorstellung davon hat, wie Testaufgaben konstruiert sind, tappt im »Ernstfall« weniger im Dunkeln und geht zielgerichtet an die Lösung der Aufgaben heran. Damit steht er am eigentlichen Testtag weniger unter Stress, weiß schneller, worum es geht, und hat sich so einen echten Vorsprung erarbeitet.

Es gibt verschiedene Intelligenzen

Irrtum Nr. 3: Einstellungstests messen den Intelligenzquotienten der Kandidaten. Falsch! Das Ergebnis aus einem Einstellungstest sagt in der Regel wenig bis gar nichts über den IQ der Kandidaten aus. Testpsychologen kritisieren schon seit Jahrzehnten, dass ein großer Teil der Firmen unwissenschaftliche Tests einsetzt. Das Abschneiden in diesen »Pseudotests« hat nichts mit einer stärker oder schwächer ausgeprägten Intelligenz zu tun. Darüber hinaus hat sich die Wissenschaft längst vom eindimensionalen Intelligenzbegriff, der durch einen bestimmten IQ ausgedrückt wird, verabschiedet. Je nach Standpunkt spricht man auch von der Bedeutung der emotionalen Intelligenz, der Erfolgsintelligenz oder der praktischen Intelligenz. Auch Teilintelligenzen, wie kreative Intelligenz, musische Intelligenz oder Bewegungsintelligenz, werden heutzutage stärker als früher berücksichtigt. Über beruflichen Erfolg entscheidet letztendlich also wesentlich mehr als bloß der IQ!

Irrtum Nr. 4: Wer im Einstellungstest am besten abschneidet, wird eingestellt. Falsch! Eingestellt wird derjenige, der im gesamten Einstellungsverfahren deutlich machen kann, dass er eigene Stärken und Schwächen realistisch einzuschätzen vermag, sich mit den Anforderungen des Berufsfeldes gedanklich und praktisch auseinandergesetzt hat und auch zwischenmenschlich überzeugen kann. Als Faustregel gilt: Man sollte im Einstellungstest ein Ergebnis erzielen, das im oberen Drittel liegt, muss aber keinesfalls der oder die Beste sein.

Soft Skills zeigen

Irrtum Nr. 5: Einstellungstests haben nichts mit den späteren beruflichen Aufgaben zu tun. Falsch! Viele Firmen haben längst gemerkt, dass das Bestehen eines bloßen Ankreuztests wenig darüber aussagt, ob ein Kandidat später auch die beruflichen Aufgaben bewältigen wird. Deshalb gibt es immer mehr Kennenlerntage oder Assessment-Center mit praktischen Einzelaufgaben und Gruppenübungen, in denen Teamfähigkeit, Überzeugungskraft, Einfühlungsvermögen, Problemlösungsfähigkeit oder Begeisterungsfähigkeit getestet werden.

Irrtum Nr. 6: Personalverantwortliche sind Sadisten, die Bewerber mit Einstellungstests quälen wollen. Falsch! In erster Linie sind Einstellungstests üblich geworden, weil Ausbildungs- und Personalverantwortliche wenig Vertrauen in Zeugnisnoten haben: An einigen Schulen, Fachhochschulen und Universitäten sind die Anforderungen einfach höher als an anderen, und manche Lehrer und Dozenten geben für gleiche Leistungen unterschiedliche Noten. Die Voraussetzungen im Einstellungstest sind dagegen für alle Kandidaten gleich, alle müssen die gleiche Hürde überspringen.

Suchen Sie sich die für Sie richtige Firma aus

Irrtum Nr. 7: Wer im Einstellungstest durchfällt, wird niemals einen Arbeitsplatz bekommen. Falsch! Viele Wege führen zum Arbeitsplatz. In kleineren Betrieben werden weniger Ankreuztests durchgeführt als in großen Firmen. Dort stehen eher praktische Übungen und Arbeitsproben im Vordergrund. Wer also trotz intensiver Vorbereitung immer noch große Probleme in Einstellungstests hat, sollte auf die Firmen setzen, die mehr Wert auf Praxis legen. Dort überzeugen dann passende Praktika und ein positiver und engagierter persönlicher Auftritt im Vorstellungsgespräch.

48. Persönlichkeitstests

Wenn Kandidaten zum Testtag eingeladen werden, kommt es immer häufiger vor, dass die Motivation und die Persönlichkeit der Bewerber gründlich hinterfragt werden, denn Ausbildungsabbrüche und Kündigungen in der Probezeit kommen häufig vor. Mit Tests zur Motivation und zur Selbsteinschätzung will man herausfinden, wie ernst Sie es mit Ihrer Bewerbung meinen und wie gut Sie in das Unternehmen passen würden. In diesem Kapitel zeigen wir Ihnen, was dabei auf Sie zukommen kann.

Keine Sorge, Persönlichkeitstests treffen keine Aussage darüber, ob Sie ein guter oder schlechter Mensch sind. Doch die Unternehmen möchten wissen, mit was für einem Bewerber sie es zu tun haben: Meinen Sie Ihre Bewerbung wirklich ernst oder haben Sie sich nur mangels besserer Alternativen für diese Firma entschieden? Können Sie sich in ein Team integrieren oder sind Sie ein Einzelkämpfer? Kennen Sie Ihre Stärken und Schwächen? Und wie gehen Sie damit um? Mit unseren Übungen und Tipps werden Sie Personalverantwortliche von sich und Ihrer Bewerbung überzeugen!

Motivation der Bewerbung

Warum sind Sie hier?

Die Motivation der Testteilnehmer wird mithilfe von Aufsätzen, Kurzvorträgen vor der Gruppe und Firmenvertretern oder gezielten Fragen im persönlichen Gespräch überprüft. Eine typische Aufgabenstellung für Aufsätze wäre: »Begründen Sie schriftlich auf einer DIN-A4-Seite, warum Sie sich für eine Ausbildung zur Versicherungskauffrau entschieden haben.« Beim Kurzvortrag könnte die Aufgabe lauten: »Sie möchten bei uns am Traineeprogramm teilnehmen. Bitte erläutern Sie zwei Minuten lang vor der Gruppe Ihre Motivation.« Typische Fragen im Interview wären »Seit wann wissen Sie, dass Sie sich für dieses Berufsfeld interessieren?« oder »Wenn wir Ihre Freunde zu Ihrem Ausbildungswunsch zum Kfz-Mechatroniker befragen würden, wären sie der Meinung, dass diese Ausbildung zu Ihnen passt?«.

Sämtliche Übungen zur Motivation der Bewerbung lassen sich hervorragend zu Hause vorbereiten. Überzeugen Sie mit guten Argumenten, indem Sie auf Ihre Erfahrungen aus Praktika oder Ihrem Berufsleben verweisen. Erklären Sie, wo Sie sich über die Ausbildung oder den Tätigkeitsbereich informiert haben und seit wann Sie diesen Berufswunsch haben. Ganz wichtig: Lassen Sie durchblicken, dass Sie wissen, was Sie erwartet. Dies gelingt Ihnen, indem Sie drei bis vier Tätigkeiten, die auf Sie zukommen werden, nennen und schildern, bei welchen Gelegenheiten Sie sie in der Vergangenheit bereits kennen gelernt haben.

Aufsatz zur Motivation

In dieser Übungseinheit lernen Sie, wie Sie Ihre Motivation in schriftlicher Form überzeugend darstellen und mit Ihrem Aufsatz Personalverantwortliche beeindrucken können. Um Ihnen zu zeigen, auf was Sie dabei achten müssen, stellen wir Ihnen nun einige Beispiele verschiedener Bewerber einschließlich unserer Bewertung vor.

Motivationsaufsatz eines Ausbildungsplatzsuchenden

BEISPIEL

»Ich interessiere mich schon länger für eine Ausbildung zum Groß- und Außenhandelskaufmann. Deswegen habe ich mich um ein dreiwöchiges Praktikum gekümmert. Bei dem Büroartikelhersteller Schmidt GmbH habe ich die Abteilungen Import, Verkauf, Versand und Service kennen gelernt. Ich konnte bei Verkaufsgesprächen dabei sein und habe gesehen, wie Aufträge kalkuliert werden. Das Praktikum hat mich in meinem Ausbildungswunsch noch bestärkt.

Wenn man sich in Geschäften umschaut und sieht, dass beispielsweise Turnschuhe oft aus Taiwan oder China kommen und MP3-Player in Korea gefertigt und hier verkauft werden, weiß man, dass viel Handel zwischen den Ländern stattfindet. Daher denke ich, dass Groß- und Außenhandelskaufleute auch in Zukunft viel zu tun haben werden.

In der Schule habe ich den PC-Führerschein erworben. Mit den Programmen Word, Excel und PowerPoint bin ich vertraut, und auch mit dem Internet kann ich umgehen.

In der Schule sind meine Lieblingsfächer Englisch und Erdkunde. Im Urlaub in Spanien habe ich Freunde kennen gelernt, mit denen ich heute noch auf Englisch chatte. Ich interessiere mich auch in meiner Freizeit für Computer und das Internet. Für Schulreferate habe ich gezielt im Internet nach Informationen gesucht. Daneben bin ich Mitglied im Fußballverein.

Es wäre schön, wenn ich bei Ihnen eine Ausbildung zum Groß- und Außenhandelskaufmann machen könnte.«

Guter Einstieg

Überzeugend: Praxisbezug. Der Bewerber eiert nicht herum, erwähnt keine Selbstverständlichkeiten und vermeidet Missverständnisse. Ganz wichtig ist, dass er auf praktische Erfahrungen verweist. Mit der Darstellung seines Praktikums findet er einen sehr guten Einstieg. Es wird deutlich, dass dieser Bewerber weiß, was ihn in der Ausbildung erwartet. Er hat sogar schon verschiedene Abteilungen kennen gelernt.

Überzeugend: Soft Skills. Persönliche Fähigkeiten werden nicht nur behauptet, sondern mit praktischen Beispielen belegt: Da er schon an Verkaufsgesprächen teilnehmen konnte, wird man ihm seine Kundenorientierung abnehmen. Und das vierwöchige Praktikum war länger als die üblichen Schulpraktika, wodurch er seine Leistungsbereitschaft und Motivation unterstreicht.

Überzeugend: Zusatzinformationen. Der erwähnte PC-Führerschein bringt interessante Zusatzpunkte: Schließlich ist der Computer ein wichtiges Arbeitsmittel von Kaufleuten.

Bewerber bleibt im Rennen

Fazit: Insgesamt nimmt man diesem engagierten Bewerber seine Motivation ab und traut ihm zu, die Ausbildung zum Groß- und Außenhandelskaufmann erfolgreich abschließen zu können.

Motivationsaufsatz einer Hochschulabsolventin

BEISPIEL

»Für das Traineeprogramm bewerbe ich mich, da ich im Handel bereits erste berufliche Erfahrungen sammeln konnte. Neben meinem Studium mit dem Schwerpunkt Handelsbetriebslehre war ich regelmäßig im Verkauf tätig.

Bei der Shoppingcenter AG war ich an einem Projekt zur Steigerung der Kundenzufriedenheit beteiligt. Neben Marketingaspekten umfasste diese Aufgabe auch die Optimierung von logistischen Abläufen. Da ich bereits studienbegleitend in der Filiale Dortmund der Shoppingcenter AG als Verkäuferin gearbeitet hatte, konnte ich konkrete Erfahrungen in der Kundenbetreuung und der Reklamationsbearbeitung einbringen.

In meinem Studium der Volkswirtschaft habe ich im Hauptstudium besonders die betriebswirtschaftlichen Schwerpunkte Handelsbetriebslehre und Unternehmensführung vertieft. Meine Kenntnisse aus dem Studium konnte ich in einem Praktikum bei der Lifestyle GmbH einsetzen. Dort unterstützte ich im Vertriebsinnendienst die Key-Account-Manager und führte Markt- und Zielgruppenanalysen durch. Für die Studenteninitiative AIESEC habe ich einen Firmenkontakttag mitorganisiert und neue Unternehmen für den Förderkreis gewonnen.

Sehr gute Englischkenntnisse bringe ich ebenso mit wie praxiserprobte Softwarekenntnisse der Programme Word, Excel und PowerPoint. Meine ersten Erfahrungen aus dem Salesbereich und meine Kenntnisse aus meinem Wirtschaftsstudium möchte ich gerne bei Ihnen im Traineeprogramm weiter ausbauen.«

Passende Schwerpunkte

Überzeugend: Bezug zur neuen Stelle. Das Profil, das die Testkandidatin mit ihrem gelungenen Aufsatz zur Motivation vermittelt, überzeugt. Sie hat darauf geachtet, ihre Erfahrungen im Handel und Verkauf herauszustreichen. Auch die Studienschwerpunkte Handelsbetriebslehre und Unternehmensführung passen. Die Tätigkeit als Verkäuferin für die Shoppingcenter AG wird mit der Teilnahme an einem Projekt dieses Unternehmens gekoppelt. Das Praktikum bei der Lifestyle GmbH macht den Draht zu Vertriebsaufgaben sichtbar.

Soft Skills

Überzeugend: persönliche Fähigkeiten. Durch die Erwähnung der im Praktikum und im Nebenjob ausgeübten Tätigkeiten kann die Hochschulabsolventin plausibel machen, dass sie die für Vertrieb und Marketing wichtigen Soft Skills mitbringt. Die Projektteilnahme ist beispielsweise ein Beleg für ihre Teamfähigkeit. Der Verkäuferjob dokumentiert ihre Kundenorientierung und Belastbarkeit. Für die Studenteninitiative AIESEC hat sie ihr Organisationstalent (Firmenkontakttag) und ihre Kontaktstärke (Unternehmensansprache) eingebracht.

Fazit: Ein gelungener Motivationsaufsatz, den Personalverantwortliche gerne lesen werden.

Sie sind dran!

Nun sind Sie am Zug und können in der folgenden Übung Ihre Motivation schriftlich belegen. Verweisen Sie auf konkrete Erfahrungen aus Praktika und Nebenjobs oder auf Ihre Lieblingsfächer in der Schule. Schildern Sie Ihre Computer- und Sprachkenntnisse. Und benennen Sie ganz deutlich zu Beginn und zum Ende des Aufsatzes Ihren konkreten Ausbildungs- oder Stellenwunsch (»Ich möchte bei Ihnen eine Ausbildung zum ... machen/Ich möchte in Ihrem Unternehmen arbeiten, weil ...«).

ÜBUNG

Ihr Aufsatz zur Motivation

Bitte begründen Sie kurz schriftlich, warum Sie glauben, für die gewünschte Ausbildung/die ausgeschriebene Stelle der beziehungsweise die Richtige zu sein!

→ FORTSETZUNG AUF DER NÄCHSTEN SEITE

Kurzvortrag zur Motivation

Auch als Kurzvortrag ist die Übung »Begründen Sie die Motivation für Ihre Bewerbung« auf der Firmenseite sehr beliebt. Sie bekommen dann üblicherweise eine kleine Vorbereitungszeit eingeräumt, und dann beginnt Ihr Vortrag.

ÜBUNG

Ihr Kurzvortrag zur Motivation

Sie haben nun zehn Minuten Vorbereitungszeit. Anschließend möchten wir Sie bitten, einen einminütigen Vortrag zu halten. Beantworten Sie in Ihrer Vorstellung bitte die Frage: »Warum haben Sie sich für eine Bewerbung bei uns entschieden?«

Trainieren Sie Ihren Vortrag

Auch diese mündliche Kurzvorstellung wird Ihnen mit etwas Übung viel besser gelingen. Am besten halten Sie den Vortrag zur Motivation Ihrer Bewerbung mehrmals zu Hause, und zwar so lange, bis er Ihnen in Fleisch und Blut übergegangen ist. Sie können auch vor »Livepublikum« üben. Fragen Sie Freunde, Bekannte oder Eltern, ob Sie ihnen Ihre Berufsmotivation in einem Kurzvortrag erläutern dürfen. Inhaltlich gelten für Ihren Kurzvortrag zur Motivation die Hinweise, die wir Ihnen im vorherigen Abschnitt zum »Aufsatz zur Motivation« gegeben haben. Darüber hinaus sollten Sie aber auch die in der Übersicht vorgestellten »Tipps für gelungene Kurzvorträge« beherzigen.

ÜBERSICHT

Tipps für gelungene Kurzvorträge

- → **Bereiten Sie Ihren Vortrag stichwortartig vor.**
- → **Nennen Sie zu Beginn Ihren Namen und Ihren konkreten Berufswunsch.**
- → **Formulieren Sie den ersten und den letzten Satz vollständig aus, damit Sie Sicherheit für die wichtige Start- und Schlussphase gewinnen.**
- → **Lassen Sie Beispiele aus Ihren bisherigen Tätigkeiten, aus Praktika, aus der Schule, aus Aushilfsjobs, Nebentätigkeiten oder aus der Freizeit einfließen.**
- → **Geben Sie Ihre Lieblingsfächer in der Schule/Schwerpunktbildungen im Studium an. Hatten Sie gute oder sehr gute Noten, sollten Sie dies auch ansprechen.**
- → **Nennen Sie konkrete PC-Programme, die Sie benutzen.**
- → **Verwenden Sie Schlüsselbegriffe und Schlagworte aus der Branche.**
- → **Verweisen Sie auf Ihre Sprachkenntnisse.**
- → **Gehen Sie kurz auf Ihre Hobbys und Freizeitaktivitäten ein.**
- → **Wiederholen Sie am Ende noch einmal Ihren Berufswunsch.**
- → **Blicken Sie während des Vortrags ins Publikum.**
- → **Sprechen Sie langsam und laut genug.**
- → **Halten Sie die Zeitvorgabe möglichst genau ein.**

Fragen zur Motivation in Interviews

Begründen Sie Ihren Einstellungswunsch

Da die Frage nach der Motivation Ihres Berufs- beziehungsweise Wechselwunsches für die Firmenseite so außerordentlich wichtig ist, taucht sie in jedem Fall auch in Vorstellungsgesprächen oder Interviews auf. Dann sitzen Sie Ausbildungs- oder Personalverantwortlichen, Geschäftsführern oder auch künftigen Vorgesetzten gegenüber und müssen Fragen wie die folgenden glaubwürdig beantworten.

ÜBUNG

Fragen zur Motivation

Frage an Ausbildungsplatzsuchende: »Was interessiert Sie an der Ausbildung?«

Ihre Antwort:

Frage an Ausbildungsplatzsuchende: »Warum haben Sie sich gerade für diese Ausbildung beworben?«

Ihre Antwort:

Frage an Hochschulabsolventen: »Warum haben Sie sich bei uns beworben?«

Ihre Antwort:

Frage an Hochschulabsolventen: »Würden Sie sich selbst einstellen?«

Ihre Antwort:

Frage an berufserfahrene Bewerber: »Warum sind Sie heute hier?«

Ihre Antwort:

Frage an berufserfahrene Bewerber: »Wie vermeiden Sie beim jetzt anstehenden Stellenwechsel eine Fehlentscheidung?«

Ihre Antwort: ....

....

....

Vielleicht ist Ihnen die Beantwortung der Fragen auf Anhieb schwergefallen – so manche harmlos klingende Frage kann Kandidaten gerade in der Stresssituation Einstellungstest aus dem Tritt bringen. Blättern Sie noch einmal zurück zu den Fragen im Teil 6 (»Vorstellungsgespräch«), und gehen Sie sie samt den ungeeigneten und überzeugenden Beispielantworten durch. Wir möchten natürlich nicht, dass Sie unsere geeigneten Antworten einfach auswendig lernen und im Gespräch mit der Firmenseite herunterleiern. Vielmehr ist uns wichtig, dass Sie wissen, welche Art von Antworten überzeugt, damit Sie eigene, glaubwürdige Aussagen formulieren können.

Selbsteinschätzung

Wie gut können Sie sich selbst einschätzen?

Tests zur Selbsteinschätzung sind oft so gestaltet, dass den Kandidaten Listen von Persönlichkeitsmerkmalen vorgelegt werden. Die Kandidaten sollen dann beispielsweise auf einer Skala von eins bis sechs ankreuzen, wie es um ihre Teamfähigkeit, ihr Kontaktvermögen oder ihre Eigenmotivation bestellt ist. Das heißt, die Bewerber geben sich sozusagen selbst Schulnoten für ausgewählte Eigenschaften. In sich anschließenden Gesprächen oder Gruppenübungen wird die Selbsteinschätzung dann von den Firmen überprüft. Mit gezielten Fragen wird nachgehakt, ob die Selbsteinschätzung der Kandidaten der Wirklichkeit entspricht.

Ein glaubwürdiger Auftritt ist im gesamten Bewerbungsverfahren wichtig. Zeigen Sie, dass Sie sich bereits mit Ihren Stärken und Schwächen auseinandergesetzt haben, und bewerten Sie sich in den Bereichen gut, in denen Sie Ihre Stärken sehen. Dort, wo Sie Schwächen vermuten, geben Sie sich eine mittlere Note.

Kontakt – Konflikt – Ergebnis

Es gibt kein Richtig oder Falsch

Bei den folgenden Fragen zur Selbsteinschätzung gibt es keine – wie bei Intelligenztests oder Tests zur Allgemeinbildung – eindeutig »richtigen« oder eindeutig »falschen« Antworten. Vielmehr geht es darum, sich realistisch einzuschätzen und diese Meinung eventuell auch Dritten gegenüber begründen zu können. Für die Beantwortung der Fragen haben Sie drei Minuten Zeit. Entscheiden Sie für jede einzelne Aussage, wie zutreffend sie im Hinblick auf Ihre Persönlichkeit ist. Überlegen Sie nicht zu lange und bleiben Sie ehrlich!

Selbsteinschätzung

	sehr zutreffend	überwiegend zutreffend	teilweise zutreffend	weniger zutreffend	kaum zutreffend
1. Ich arbeite immer mit voller Kraft.					
2. In meiner Freizeit unternehme ich viel mit Freunden.					
3. Es macht mir nichts aus, meine Meinung zu vertreten.					
4. Gute Leistungen sind mir wichtig.					
5. Meine Argumente formuliere ich so, dass andere mir zuhören.					
6. Konflikte gehören zum Leben dazu.					
7. Ich spreche die Dinge gerne direkt an.					
8. Ich bin offen für neue Kontakte.					
9. Wenn ich von etwas begeistert bin, kann ich andere mitreißen.					
10. Ich bemühe mich, bei der Arbeit die richtigen Schwerpunkte zu setzen.					
11. Auf mir unbekannte Menschen habe ich eine positive Wirkung.					
12. Ich lasse andere nicht im Zweifel über meine Meinung.					
13. Von den schlechten Stimmungen anderer lasse ich mich nicht ablenken.					

	sehr zutreffend	überwiegend zutreffend	teilweise zutreffend	weniger zutreffend	kaum zutreffend
14. Ich fühle mich in Gruppen wohl.					
15. Es stört mich, wenn ich bei der Arbeit nicht weiterkomme.					
16. Ich versuche ruhig zu bleiben, wenn es Streit gibt.					
17. Viele Menschen vertrauen mir.					
18. Die meisten wissen, was ich denke.					
19. Wenn es Streit gibt, versuche ich eine Lösung zu finden.					
20. Es ist mir wichtig, gute Arbeit abzuliefern.					
21. Ich leiste oft mehr als andere.					
22. Ich mag Menschen, die eine eigene Meinung haben.					
23. Schlechte Arbeitsergebnisse sind mir peinlich.					
24. Auf Partys lerne ich schnell neue Menschen kennen.					

Da wir uns in diesem Kurztest auf wenige Aussagen beschränkt haben, ist eine umfassende und fundierte Beschreibung Ihrer Persönlichkeit nicht möglich. Uns geht es vielmehr darum, dass Sie einen Eindruck davon bekommen, was Sie in einem Persönlichkeitstest überhaupt erwartet. Ein weiteres Lernziel sollte die Erkenntnis sein, dass in Persönlichkeitstests immer mehrere Aussagen auf gleiche Merkmale abzielen. Auch in dem hier vorgestellten Kurztest sind jeweils acht Aussagen den drei Dimensionen Kommunikationsfähigkeit, Konfliktverhalten, Ergebnisorientierung zugeordnet:

→ **Aussagen zur Kommunikationsfähigkeit: 2, 5, 8, 9, 11, 14, 17, 24;**

- → **Aussagen zum Konfliktverhalten: 3, 6, 7, 12, 16, 18, 19, 22;**
- → **Aussagen zur Ergebnisorientierung: 1, 4, 10, 13, 15, 20, 21, 23.**

Überprüfung mittels Fremdeinschätzung

Wenn Sie noch mehr über sich erfahren möchten, können Sie Ihre Selbsteinschätzung überprüfen, indem Sie eine Kopie des Aussagenkatalogs anfertigen und Freunde, Eltern oder Bekannte bitten, eine Fremdeinschätzung über Sie abzugeben. Vergleichen Sie dann diese Fremd- mit Ihrer Selbsteinschätzung: Wo gibt es deutliche Übereinstimmungen? Und wo nicht? Und worin könnten die Gründe dafür liegen?

Belegen Sie Ihre Stärken

Wir haben für Sie einige Persönlichkeitsmerkmale aufgelistet. Schätzen Sie auf einer sechsstufigen Skala ein, inwieweit Sie das genannte Merkmal aus dem Bereich der Persönlichkeit erfüllen. Die Zahlen entsprechen Schulnoten, also steht die Eins für eine besonders starke und die Sechs für eine besonders schwache Ausprägung. Kreuzen Sie die Zahl an, die Ihrer Meinung nach für Sie zutreffend ist. Anschließend sollen Sie Ihre Einschätzung mit einem geeigneten Beispiel nachvollziehbar belegen.

Beispiel:

Merkmal: Hilfsbereitschaft					
6	5	4	3	~~2~~	1

Wenn Sie sich als Person einschätzen, die gerne anderen hilft, sollten Sie sich für die Zwei entscheiden.

Die gute Begründung eines Hochschulabsolventen könnte so lauten: »Ich würde mich als sehr hilfsbereit einschätzen. Wenn mich Freunde oder Kommilitonen um Hilfe fragen, beispielsweise vor Klausuren oder Prüfungen, helfe ich, so gut ich kann.«

Arbeiten Sie nun die folgenden Merkmale durch. Überlegen Sie sich geeignete Beispiele, mit denen Sie Ihre Selbsteinschätzung begründen können.

Persönlichkeitsmerkmale

ÜBUNG

Merkmal 1: Lernbereitschaft					
6	5	4	3	2	1

Ihre Erläuterung:

____

____

Merkmal 2: Teamfähigkeit					
6	5	4	3	2	1

Ihre Erläuterung:

____

____

Merkmal 3: Eigenmotivation					
6	5	4	3	2	1

Ihre Erläuterung:

____

____

Merkmal 4: Geduld

6	5	4	3	2	1

Ihre Erläuterung:

____

____

Merkmal 5: Willensstärke

6	5	4	3	2	1

Ihre Erläuterung:

____

____

Merkmal 6: Kompromissbereitschaft

6	5	4	3	2	1

Ihre Erläuterung:

____

____

Merkmal 7: Sorgfalt

6	5	4	3	2	1

Ihre Erläuterung:

____

____

Merkmal 8: Kontaktstärke

6	5	4	3	2	1

Ihre Erläuterung:

____

____

49. Wissenstests

Wenn im Einstellungstest Fragen zur Allgemeinbildung auftauchen, wollen die Personalverantwortlichen herausfinden, ob die Bewerber über eine sichere Basis an Faktenwissen verfügen. Je nach Berufsfeld wird auch unterschiedlich stark darauf geachtet, wie es um die Rechtschreibkenntnisse der Testteilnehmer bestellt ist. Und mathematische Fähigkeiten sind in nahezu jedem Berufsfeld obligatorisch – die Ausprägung hängt vom gewählten Beruf ab. Wir zeigen Ihnen, mit welchen Tests Sie zu den verschiedenen Bereichen rechnen müssen und wie Sie sich optimal darauf vorbereiten.

Bei Einstellungstests müssen die Kandidaten nicht in jedem Wissensbereich die Höchstpunktzahl erreichen – dies hängt ganz davon ab, wo Sie sich bewerben und welche Schwerpunkte dort gelten.

Trainieren Sie mit uns

Wir haben für Sie 100 typische Fragen zur Allgemeinbildung aus Einstellungstests zusammengestellt, dazu gängige Aufgabenstellungen aus den Bereichen Rechtschreibung und praktische Mathematik. Gehen Sie unsere Fragenkataloge mehrmals durch, am besten im Abstand von einigen Tagen, dann ist der Lerneffekt für Sie am größten. Die richtigen Lösungen auf unsere Fragen finden Sie ab Seite 575.

Allgemeinbildung

Im Grunde wird im Bereich der Allgemeinbildung Schul- oder Studienwissen überprüft. Die Fragen kommen beispielsweise aus Themengebieten wie Wirtschaft, Geschichte oder Geografie. Wir haben für Sie gängige Fragen zur Allgemeinbildung ausgewählt – frischen Sie mit uns Ihr Wissen in diesen Bereichen auf!

Europäische Union

Bleiben Sie auf dem Laufenden

In den vergangenen Jahren ist die Zahl der Länder, die zur Europäischen Union (EU) gehören, kontinuierlich größer geworden. Die Bedeutung der EU wird auch in den nächsten Jahrzehnten immer weiter zunehmen. Doch nicht nur den aktuellen Stand, sondern auch die historische Entwicklung der Europäischen Union sollten Sie in Grundzügen kennen. So beweisen Sie, dass Sie bei wichtigen Themen am Ball bleiben und bereit sind, ständig dazuzulernen. Verfolgen Sie also regelmäßig die Nachrichten im Fernsehen, im Radio und in der Zeitung. Verknüpfen Sie Ihr neu erworbenes Wissen dann mit aktuellen Ereignissen. Zusätzlich sollten Sie sich mit einigen aktuellen Fragestellungen auseinandersetzen und im Internet Fragen recherchieren wie: Welches EU-Land hat momentan die EU-Ratspräsidentschaft inne? Wie heißt der aktuelle EU-Ratspräsident? Wer ist zurzeit der Präsident der EU-Kommission? Welche Staaten sind momentan Beitrittskandidaten der EU? Aus wie vielen Mitgliedsstaaten besteht die EU? Wie viele und welche EU-Länder haben den Euro als Bargeld eingeführt?

Fragen zur Allgemeinbildung: Europäische Union

ÜBUNG

1. Was regelt das Schengener Abkommen?
   a) die Einführung des Euro
   b) den Verzicht auf Grenzkontrollen
   c) die Gründung des Europäischen Gerichtshofes
   d) die Abschaffung der D-Mark

2. Wie heißen die Vorgaben, die erfüllt werden müssen, damit ein Land der Europäischen Währungsunion beitreten darf?
   a) BeNeLux-Kriterien
   b) Schengen-Kriterien
   c) Maastricht-Kriterien
   d) Berlin-Kriterien

3. Welche Aussage zu den EU-Konvergenzkriterien ist zutreffend?
   a) Die Neuverschuldung darf nicht mehr als 3 Prozent des Bruttoinlandsprodukts betragen.
   b) Eine Neuverschuldung ist nicht erlaubt.
   c) Die Neuverschuldung darf nicht mehr als 5 Prozent des Bruttoinlandsprodukts betragen.
   d) Die Neuverschuldung darf nicht höher sein als der Durchschnitt der letzten drei Jahre.

4. Der Rat der Europäischen Union in der Zusammensetzung »Wirtschaft/Finanzen« wird bezeichnet als ...
   a) Wi-Fi-Rat.
   b) Ecofin-Rat.
   c) Euro-Rat.
   d) Öko-Fin-Rat.

→ FORTSETZUNG AUF DER NÄCHSTEN SEITE

5. Welcher Staat gehört zur Europäischen Union?

a) Norwegen
b) Russland
c) Portugal
d) Ukraine

6. Welcher Staat gehört nicht zur Europäischen Union?

a) Lettland
b) Irland
c) Slowakei
d) Schweiz

7. Wie hoch ist die Bevölkerungszahl der EU?

a) ca. 500 Millionen Einwohner
b) ca. 620 Millionen Einwohner
c) ca. 730 Millionen Einwohner
d) ca. 850 Millionen Einwohner

8. Welche Stadt ist die größte Stadt der Europäischen Union?

a) Berlin
b) Madrid
c) Moskau
d) London

9. Russland ist ...

a) Mitglied der Europäischen Union.
b) Mitglied der Europäischen Währungsunion.
c) Mitglied des Schengener Abkommens.
d) Mitglied des Europarates.

10. Welches sind die drei internen Arbeitssprachen der Europäischen Kommission?

a) Englisch, Französisch, Deutsch
b) Englisch, Spanisch, Deutsch
c) Englisch, Spanisch, Französisch
d) Englisch, Polnisch, Deutsch

11. Was war die EWG?

a) frühere Gerichtsorganisation der EU
b) ehemalige Finanzorganisation der EU
c) Vorläuferorganisation der EU
d) Vorläuferorganisation der Europäischen Polizei

12. Welche sechs Länder sind Gründungsmitglieder der Europäischen Gemeinschaft?

a) Deutschland, Frankreich, Spanien, Belgien, Niederlande, Luxemburg
b) Spanien, Frankreich, Italien, Belgien, Niederlande, Luxemburg
c) Deutschland, Frankreich, Finnland, Belgien, Niederlande, Luxemburg
d) Deutschland, Frankreich, Italien, Belgien, Niederlande, Luxemburg

13. Die wichtigste Änderung des Vertrags von Nizza war ...

a) die Möglichkeit der Beschlussfassung mit qualifizierter Mehrheit statt mit Einstimmigkeit.
b) die Möglichkeit der Beschlussfassung mit Einstimmigkeit statt mit qualifizierter Mehrheit.
c) die Möglichkeit der Beschlussfassung mit einfacher Mehrheit statt mit Einstimmigkeit.
d) die Möglichkeit der Beschlussfassung mit einfacher Mehrheit statt mit qualifizierter Mehrheit.

14. Worauf beziehen sich die »vier Grundfreiheiten« des Binnenmarkts der EU?

a) Personen, Kapital, Waren, Rohstoffe
b) Personen, Kapital, Waren, Dienstleistungen
c) Sozialleistungen, Kapital, Waren, Dienstleistungen
d) Personen, Kapital, Waren, Subventionen

15. Wo sitzt die Zentralbank der Europäischen Union?

a) Frankfurt am Main
b) London
c) Den Haag
d) Paris

16. In welchem Land ist der Euro bereits seit 2002 Zahlungsmittel?

a) Dänemark
b) Schweden
c) Estland
d) Finnland

17. Welches Land hat den Euro bisher nicht als Währung eingeführt?

a) Spanien
b) Griechenland
c) Großbritannien
d) Belgien

18. Seit wann gibt es den Euro als Bargeld?

a) 1. Januar 2004
b) 1. Januar 2002
c) 1. Juli 1990
d) 1. Januar 2000

→ FORTSETZUNG AUF DER NÄCHSTEN SEITE

19. Einer der größten Posten des EU-Haushaltes, ca. 35 Prozent, geht nach wie vor auf das Konto der ...

a) Verwaltung der EU
b) Verteidigungspolitik
c) Agrarpolitik
d) Bildungspolitik

20. Was begründeten die römischen Verträge von 1957?

a) Europäische Gemeinschaft für Kohle und Stahl
b) Europäische Union
c) EWG und Euratom
d) Europäische Verfassung

Wirtschaft

Bauen Sie auf Ihren Grundlagen auf

Wirtschaft ist ein dynamischer Prozess, der ständig in Bewegung ist und sich laufend verändert. Es gibt immer wieder neue Trends, über die man Bescheid wissen sollte. Glücklicherweise gibt es aber auch ein wirtschaftliches Grundlagenwissen, dass nicht an Bedeutung verliert. Wenn Sie in nächster Zeit mit einem Einstellungstest zu rechnen haben, sollten Sie ab sofort auf jeden Fall regelmäßig den Wirtschaftsteil einer Zeitung oder Zeitschrift lesen. Im Internet können Sie aktuelle Entwicklungen recherchieren, beispielsweise zu den Fragen: Wie ist der momentane Kurs des Euro zum Dollar? Wie viel Wirtschaftswachstum gab es im vergangenen Jahr? Wo steht der DAX? Wer ist aktuell Vorsitzender des DGB? Falls Sie sich bei einer Aktiengesellschaft bewerben, recherchieren Sie bitte auch den Aktienkurs des Unternehmens und die Kurse vergleichbarer Unternehmen.

ÜBUNG

Fragen zur Allgemeinbildung: Wirtschaft

21. Wer hat das Modell der freien Marktwirtschaft beschrieben?

a) Adam Smith
b) Adam Opel
c) Ludwig Erhard
d) Helmut Schmidt

22. Welches Merkmal gehört zur freien Marktwirtschaft?

a) Pressefreiheit
b) Kunstfreiheit
c) Vertragsfreiheit
d) Straffreiheit

23. Welches Merkmal gehört nicht zur freien Marktwirtschaft?

a) Konsumentenfreiheit
b) Gewerbefreiheit
c) Kapitalismus
d) Sozialismus

24. Wie umschreibt man den Begriff Geldentwertung?

a) Inflation
b) Depression
c) Institution
d) Impression

25. Was begann am 24. Oktober 1929 mit dem »Schwarzen Donnerstag«?

a) Weltwirtschaftsaufschwung
b) Ende des freien Welthandels
c) Zweiter Weltkrieg
d) Weltwirtschaftskrise

26. Wie bezeichnet man einen anhaltenden Rückgang des Preisniveaus für Waren und Dienstleistungen?

a) Inflation
b) Deflation
c) Illusion
d) Depression

27. Fallen Stagnation des Wirtschaftswachstums und Inflation zusammen bezeichnet man dies als ...

a) Stagnation.
b) Stagnaflation.
c) Stagflation.
d) Staginflation.

28. Zahlungsunfähige Unternehmen gehen in ...

a) Insolvenz.
b) Investition.
c) Investment.
d) Inkontinenz.

→ FORTSETZUNG AUF DER NÄCHSTEN SEITE

29. Der Fachbegriff für die Summe der in einem Land produzierten Güter und Dienstleistungen heißt ...

a) Nettovermögen.
b) Bruttoinlandsprodukt.
c) Wertschöpfung.
d) Wirtschaftswachstum.

30. Viele Unternehmen gewähren einen Rabatt, wenn die Kunden innerhalb einer bestimmten Frist bezahlen. Wie heißt dieser Rabatt?

a) Pronto
b) Skonto
c) Tara
d) E-Cash

31. Das Gewicht der Verpackung einer Ware heißt ...

a) Netto.
b) Leer.
c) Tara.
d) Karton.

32. Nach Abzug der Kosten oder Steuern heißt ...

a) Tara.
b) Brutto.
c) Real.
d) Netto.

33. Vor Abzug der Kosten oder Steuern heißt ...

a) Gesamt.
b) Netto.
c) Brutto.
d) Blanko.

34. Steigende Kurse an der Börse werden bezeichnet als ...

a) Baisse.
b) Down.
c) Ground.
d) Hausse.

35. Was ist eine Dividende?

a) eine jährliche Steuer
b) eine jährliche Teilung von Aktien
c) eine jährliche Gewinnzahlung auf eine Aktie
d) eine jährliche Gewinnzahlung auf Pfandbriefe

36. Welche Aussage zur Abgabenquote ist richtig?

a) Sie beschreibt den Anteil der Umsatzsteuer am allgemeinen Steueraufkommen.
b) Sie beschreibt den Anteil der Sozialabgaben im Verhältnis zum Bruttoinlandsprodukt.
c) Sie beschreibt den Anteil der Steuern und Sozialabgaben im Verhältnis zur Gesamtbevölkerung.
d) Sie beschreibt den Anteil von Steuern und Sozialabgaben im Verhältnis zum Bruttoinlandsprodukt.

37. Welche Aussage gilt für die Absatzpolitik?

a) Ziel der Absatzpolitik ist es, den Unternehmenserfolg zu sichern und auszubauen.
b) Ziel der Absatzpolitik ist es, den Verbraucher über Inhaltsstoffe zu informieren.
c) Ziel der Absatzpolitik ist es, den Unternehmenserfolg durch Personalabbau zu sichern.
d) Ziel der Absatzpolitik ist es, das Unternehmenswachstum durch stufenweises Marketing, also Absatzmarketing, zu steigern.

38. Was ist unter Allgemeinen Geschäftsbedingungen zu verstehen?

a) vorformulierte Bedingungen für eine Vielzahl von Verträgen
b) allgemeine Verbraucherschutzgesetze
c) gesetzliche Regelungen für die Geschäfte zwischen Privatleuten
d) gerichtliche Regelungen für die Geschäfte zwischen staatlichen Behörden und Unternehmen

39. Eine Aussperrung ist ...

a) die Insolvenz einer Firma.
b) eine Maßnahme im Arbeitskampf.
c) die fristlose Kündigung von Mitarbeitern.
d) die Beschränkung von Importgeschäften durch Zollvorschriften.

40. Das Arbeitsschutzgesetz regelt ...

a) die Verhütung von Unfällen.
b) den Schutz vor illegalen Arbeitern.
c) die Verhütung von Jugendarbeit.
d) den Schutz vor Schwarzarbeit.

Geografie

Passgenaues Wissen

Die Firmen möchten, dass sich die Kandidaten auf der Deutschlandkarte und in der Welt orientieren können – schließlich werden Geschäftsbeziehungen immer globaler. Frischen Sie also Ihre Geografiekenntnisse auf. Dazu können Sie Ihr Wissen taktisch erweitern und auf das Unternehmen zuschneiden, bei dem Sie sich bewerben: Wissen

Sie, an welchen deutschen und internationalen Standorten die Firma noch vertreten ist? In welchen Ländern lässt die Firma ihre Waren produzieren? Welche für die Firma wichtigen Regionen im In- und Ausland werden sich künftig verändern (beispielsweise expandierende Metropolen, stagnierende Mittelzentren, Landstriche mit abnehmender Bedeutung)?

ÜBUNG

Fragen zur Allgemeinbildung: Geografie

41. Wie heißt die Landeshauptstadt von Baden-Württemberg?

a) Heilbronn
b) Karlsruhe
c) Heidelberg
d) Stuttgart

42. Wie heißt die bevölkerungsreichste Stadt Sachsen-Anhalts?

a) Dessau
b) Magdeburg
c) Halle
d) Wittenberg

43. Wie heißt die bevölkerungsreichste Stadt Brandenburgs?

a) Frankfurt an der Oder
b) Cottbus
c) Brandenburg a.d.H.
d) Potsdam

44. In welchem Gebirge liegt der Fichtelberg?

a) Fichtelgebirge
b) Thüringer Wald
c) Erzgebirge
d) Rhön

45. Wie heißt die Landeshauptstadt von Brandenburg?

a) Brandenburg a.d.H.
b) Potsdam
c) Berlin
d) Dresden

46. Wie heißt die bevölkerungsreichste Stadt des Saarlandes?

a) Trier
b) Metz
c) Kaiserslautern
d) Saarbrücken

47. Wie heißt die Landeshauptstadt von Thüringen?

a) Jena
b) Gera
c) Erfurt
d) Suhl

48. In welchem Gebirge liegt der Brocken?

a) Harz
b) Weserbergland
c) Teutoburger Wald
d) Eifel

49. Wie heißt die Landeshauptstadt von Schleswig-Holstein?

a) Lübeck
b) Kiel
c) Flensburg
d) Schleswig

50. Wie heißt die Landeshauptstadt von Sachsen-Anhalt?

a) Halle
b) Dessau
c) Magdeburg
d) Dresden

51. Wie heißt die Landeshauptstadt von Sachsen?

a) Dresden
b) Leipzig
c) Cottbus
d) Chemnitz

52. In welchem Gebirge liegt die Wasserkuppe?

a) Spessart
b) Rhön
c) Schwarzwald
d) Schwäbische Alb

53. Wie heißt der höchste Berg Österreichs?

a) Zugspitze
b) Großglockner
c) Mont Blanc
d) Wildspitze

54. Wie heißt die bevölkerungsreichste Stadt Baden-Württembergs?

a) Freiburg
b) Konstanz
c) Heidelberg
d) Stuttgart

→ FORTSETZUNG AUF DER NÄCHSTEN SEITE

55. Wie heißt die Landeshauptstadt von Nordrhein-Westfalen?

a) Köln
b) Essen
c) Düsseldorf
d) Dortmund

56. Wie heißt die bevölkerungsreichste Stadt Deutschlands?

a) Hamburg
b) Köln
c) Berlin
d) München

57. Wie heißt die bevölkerungsreichste Stadt Nordrhein-Westfalens?

a) Essen
b) Dortmund
c) Düsseldorf
d) Köln

58. Wohin mündet die Donau?

a) Rotes Meer
b) Totes Meer
c) Schwarzes Meer
d) Steinhuder Meer

59. In welchem Gebirge liegt die Zugspitze?

a) Schwarzwald
b) Erzgebirge
c) Fichtelgebirge
d) Alpen

60. In welchem Gebirge liegt der Große Feldberg?

a) Eifel
b) Hunsrück
c) Taunus
d) Schwarzwald

Geschichte

Worauf legt das Unternehmen Wert?

Fragen aus dem Themenkomplex Geschichte haben schon lange Eingang in die Einstellungstests der Firmen gefunden. Der Vorteil bei geschichtlichen Daten ist die Beständigkeit. Grundlegende Veränderungen gibt es nur sehr selten. Was Sie einmal in diesem Bereich gelernt haben, können Sie ein Leben lang nutzen. Bleiben Sie im Geschichtstraining, indem Sie bei aktuellen politischen Themen auch einmal an die geschichtlichen Hintergründe denken. Zielgerichtet erweitern können Sie Ihr Wissen in diesem Bereich, wenn Sie die Aufgaben und Zielsetzungen Ihres künftigen Arbeitgebers im Blick behalten. Wenn Sie sich beispielsweise um eine Stelle im Auswärtigen Amt bewerben, sollten Sie Fragen wie diese beantworten können: Welche geschichtlichen Besonderheiten sind im Verhältnis zwischen Deutschland und Russland auch heute noch zu berücksichtigen? Welche historischen Spannungsfelder wirken in Großbritannien bis heute fort? Welche Chancen und Risiken besitzt die Europäische Union vor dem Hintergrund der geschichtlichen Entwicklungen zwischen den Mitgliedsländern? Entwickeln Sie bei Bedarf anhand unserer Beispielfragen ähnliche Fragen, die Ihr künftiger Arbeitgeber Ihnen stellen könnte.

Fragen zur Allgemeinbildung: Geschichte

ÜBUNG

61. Das sogenannte Zweistromland, durch das die Flüsse Euphrat und Tigris fließen, nennt man ...

a) Ägypten.
b) Mesopotamien.
c) Syrien.
d) Sumerien.

62. In welcher Stadt fanden, der Überlieferung nach, die ersten Olympischen Spiele statt?

a) Athen
b) Sparta
c) Olympia
d) Marathon

63. Wie wird der antike griechische Stadtstaat bezeichnet?

a) Ethnos
b) Spartas
c) Polis
d) Demokratos

64. Der berühmte karthagische Feldherr, der mit seinen Kriegselefanten die Alpen überquerte, um das Römische Reich anzugreifen hieß ...

a) Hannibal.
b) Massinissa.
c) Alexander.
d) Cicero.

65. Wie hieß der erste römische Kaiser?

a) Caesar
b) Nero
c) Caligula
d) Augustus

→ FORTSETZUNG AUF DER NÄCHSTEN SEITE

66. In welchem Jahr fand, gemäß der Überlieferung, die Gründung Roms statt?

a) 753 vor Christus
b) 333 nach Christus
c) 3 nach Christus
d) 531 vor Christus

67. Welcher römische Kaiser erließ 313 das religiöse Toleranzedikt von Mailand, das zur massiven Ausbreitung des Christentums führte?

a) Nero
b) Claudius
c) Konstantin I.
d) Caligula

68. Wie hieß der bekannteste Hunnenkönig?

a) Kublai Khan
b) Attila
c) Iwan
d) Dschingis Khan

69. Welcher Herrscher wurde im Jahr 800 durch Papst Leo III. zum Kaiser über das Heilige Römische Reich gekrönt?

a) Karl der Große
b) Peter der Große
c) Alexander der Große
d) Friedrich der Große

70. Wie heißt die Epoche zwischen Antike und Neuzeit?

a) Renaissance
b) Mittelalter
c) Barock
d) Klassik

71. Die Grundherrschaft im Mittelalter nannte man ...

a) Ritterherrschaft.
b) Privilegienherrschaft.
c) Feudalherrschaft.
d) Absolutismus.

72. Wann begann beziehungsweise endete der Dreißigjährige Krieg?

a) 917 bis 947
b) 1914 bis 1944
c) 1839 bis 1869
d) 1618 bis 1648

73. Der Westfälische Friede beendete ...

a) den Siebenjährigen Krieg.
b) den Hundertjährigen Krieg.
c) den Dreißigjährigen Krieg.
d) den Sechstagekrieg.

74. Die Niederlage Preußens gegen Napoleon hatte in Preußen umfangreiche Reformen zur Folge. Wer war für die Bildungsreformen verantwortlich?

a) Wilhelm von Humboldt
b) Friedrich Wilhelm I.
c) Alexander von Humboldt
d) Kurfürst Friedrich III.

75. Wann trat die Paulskirchenverfassung in Kraft?

a) 1849
b) 1871
c) 1914
d) niemals

76. Durch welche(n) Krieg(e) zerbrach das Heilige Römische Reich endgültig?

a) Dreißigjähriger Krieg
b) Deutsch-Dänischer Krieg
c) Hundertjähriger Krieg
d) Napoleonische Kriege

77. Wer wurde im französischen Schloss Versailles zum deutschen Kaiser proklamiert?

a) Friedrich der Große
b) Kaiser Wilhelm I.
c) Kaiser Wilhelm II.
d) Karl der Große

78. Das sogenannte »Deutsche Kaiserreich« dauerte von ...

a) 1871 bis 1919.
b) 1871 bis 1917.
c) 1871 bis 1918.
d) 1871 bis 1914.

79. Wie hieß der erste Reichskanzler des Deutschen Reiches?

a) Friedrich Ebert
b) Kaiser Wilhelm I.
c) Kaiser Wilhelm II.
d) Otto von Bismarck

→ FORTSETZUNG AUF DER NÄCHSTEN SEITE

80. Das sogenannte »Deutsche Reich« dauerte von ...

a) 1918 bis 1945
b) 1871 bis 1945
c) 1871 bis 1918
d) 1917 bis 1945

Politik

Bauen Sie Ihr Wissen aus

Politische Entscheidungen beeinflussen nicht nur jeden Einzelnen, sondern auch die Wirtschaft. Deshalb werden Sie in Einstellungstests auch mit Fragen aus diesem Themenblock konfrontiert werden. Wenn Sie sich dagegen bei öffentlichen Arbeitgebern wie Verwaltungen, dem Bundesgrenzschutz oder der Polizei bewerben, wird man auch Detailwissen einfordern. Machen Sie das trockene Thema Politik für sich lebendiger. Lassen Sie die Nachrichten nicht nur an sich vorbeirauschen, sondern nutzen Sie sie als Aufhänger, um Ihr Wissen auch in diesem Bereich auszubauen. Recherchieren Sie aktuelle Fragestellungen – zum Beispiel diese: Wie ist der Name des amtierenden Bundespräsidenten? Wie heißt der derzeitige Außenminister? Wer ist momentan Verteidigungsminister? Wie heißt der aktuelle Präsident Russlands? Wer ist zurzeit Premierminister in Großbritannien? Wer ist momentan Generalsekretär der Vereinten Nationen?

ÜBUNG

Fragen zur Allgemeinbildung: Politik

81. Wer wählt den Bundeskanzler beziehungsweise die Bundeskanzlerin?

a) Bundesrat
b) Bundesgerichtshof
c) Bundestag
d) Bundesversammlung

82. Wie oft kann der Bundeskanzler wiedergewählt werden?

a) einmal
b) zweimal
c) unbegrenzt
d) dreimal

83. Wer ernennt den Bundeskanzler?

a) der Bundesratspräsident
b) der Bundestagspräsident
c) der Bundespräsident
d) der Präsident des Bundesrechnungshofes

84. Die Hälfte der Stimmen des Bundestages plus eine weitere Stimme ist …

a) die Zweidrittelmehrheit.
b) die einfache Mehrheit.
c) die Kanzlermehrheit.
d) die konstruktive Mehrheit.

85 Was bedeutet Richtlinienkompetenz?

a) Der Bundeskanzler gibt die Grundlinien der Politik vor.
b) Der Bundeskanzler ordnet an, was die Minister zu tun haben.
c) Der Bundeskanzler erlässt schriftliche Richtlinien für die Minister.
d) Der Bundeskanzler ist an die Richtlinien des Grundgesetzes gebunden.

86. Wie hieß der erste Bundeskanzler der Bundesrepublik Deutschland?

a) Willy Brandt
b) Ludwig Erhard
c) Konrad Adenauer
d) Otto von Bismarck

87. Welcher Bundeskanzler war Nachfolger Ludwig Erhards?

a) Kurt Georg Kiesinger
b) Helmut Kohl
c) Willy Brandt
d) Helmut Schmidt

88. Für welche Politik erhielt Bundeskanzler Willy Brandt den Friedensnobelpreis?

a) Westpolitik
b) Ostpolitik
c) Wiedervereinigung
d) Gründung der Europäischen Union

89. Wen löste Angela Merkel als Bundeskanzlerin ab?

a) Helmut Kohl
b) Gerhard Schröder
c) Edmund Stoiber
d) Roman Herzog

90. Wer wählt den Bundespräsidenten?

a) Bundesrat
b) Bundespräsidentenkammer
c) Bundestag
d) Bundesversammlung

→ FORTSETZUNG AUF DER NÄCHSTEN SEITE

DOWNLOAD

91. Wie oft ist eine Wiederwahl des Bundespräsidenten erlaubt?

a) gar nicht
b) zweimal
c) einmal
d) dreimal

92. Wie lange dauert die Amtszeit des Bundespräsidenten?

a) 5 Jahre
b) 4 Jahre
c) 3 Jahre
d) 6 Jahre

93. Wer muss Gesetze des Bundestages unterzeichnen, damit sie in Kraft treten können?

a) Bundestagspräsident
b) Bundesratspräsident
c) Bundeskanzler
d) Bundespräsident

94. Wer vertritt Deutschland völkerrechtlich?

a) Bundespräsident
b) Bundeskanzler
c) Außenminister
d) Verteidigungsminister

95. An welcher Stelle der protokollarischen Rangfolge Deutschlands steht der Bundeskanzler beziehungsweise die Bundeskanzlerin?

a) an erster Stelle
b) an dritter Stelle
c) an zweiter Stelle
d) an vierter Stelle

96. Wie hieß der erste Bundespräsident der Bundesrepublik Deutschland?

a) Theodor Heuss
b) Roman Herzog
c) Konrad Adenauer
d) Heinrich Lübke

97. Welcher Bundespräsident folgte auf Roman Herzog?

a) Horst Köhler
b) Richard von Weizsäcker
c) Gerhard Schröder
d) Johannes Rau

98. Was bedeutet »Deutschland ist eine parlamentarische Demokratie«?

a) Das Volk wählt den Bundestag.
b) Der Bundeskanzler wird vom Volk gewählt.
c) Das Parlament wählt den Bundespräsidenten.
d) Die Ministerpräsidenten wählen den Bundeskanzler.

99. Was bedeutet »Föderalismus«?

a) die Unterteilung in Stadtstaaten
b) die Unabhängigkeit von Parlament und Gericht
c) die Unabhängigkeit von Regierung und Gericht
d) die Unterteilung in kleinere Gliedstaaten

100. Wo ist der Sitz des Bundesverfassungsgerichtes?

a) Berlin
b) Bonn
c) Köln
d) Karlsruhe

Rechtschreibung

Arbeiten Sie sorgfältig

In nahezu allen Berufsfeldern sind gute Rechtschreibkenntnisse unbedingt erforderlich. Es gibt unterschiedliche Aufgabenstellungen, mit denen sich Rechtschreibkenntnisse überprüfen lassen, die wir Ihnen im Folgenden vorstellen werden.

Ein Klassiker ist das Diktat. Hierfür können Sie sich zur Vorbereitung kürzere Texte diktieren lassen, beispielsweise von Freunden oder mithilfe eines MP3-Players. Rufen Sie sich die wichtigsten Rechtschreibregeln noch einmal ins Gedächtnis, beispielsweise die zur Groß- und Kleinschreibung. Auch mit der Schreibweise gängiger Fremdwörter sollten Sie sich vorab vertraut machen. Im Übrigen gilt auch für den Rechtschreibtest: Nobody is perfect! Bereiten Sie sich dennoch so gründlich wie möglich vor, damit Sie sich nicht hinterher darüber ärgern müssen, vermeidbare Fehler gemacht zu haben.

Überflüssige Buchstaben

Im folgenden Test sehen Sie Wörter, die zusätzliche, überflüssige Buchstaben enthalten. Bitte streichen Sie jeweils den überflüssigen Buchstaben heraus. Sie haben dafür zwei Minuten Zeit.

Beispiel:

Hauss   Hellsinki   Bihrgit

ÜBUNG

Buchstaben ausstreichen

1.	Fahrrrad	16.	Lieteraturkritik
2.	Fiesch	17.	dableibben
3.	Fäehre	18.	Medaillion
4.	Väerkehr	19.	Dankesformehl
5.	Bahnhoff	20.	pflichtwiedrig
6.	Kahrdiogramm	21.	Fliehder
7.	Günsstling	22.	eimnmotten
8.	Jahpaner	23.	fuhrehn
9.	Einleihtung	24.	flexiebel
10.	defennsiv	25.	beißßen
11.	Karamellle	26.	Gyrios
12.	energiebewuusst	27.	Neoklassizissmus
13.	Ehnquete	28.	Baikallsee
14.	Fleair	29.	Queadriga
15.	Kommenntar	30.	Reiemplantation

Sprichwörter richtig schreiben

In diesem Test finden Sie Sprichwörter, die teilweise falsch geschrieben sind. Bitte schreiben Sie sie vollständig neu und richtig. Sie haben für diese Aufgabe vier Minuten Zeit.

Beispiel:
Mann soll dehn Tag nich vor dem Abent loben.
Richtige Schreibweise: Man soll den Tag nicht vor dem Abend loben.

ÜBUNG

Sprichwörter

1. Wer ihm Glasshaus sitzt, sol nicht mit Steinehn werffen.

Richtige Schreibweise:

2. Erfarung ist der Namme, denn die Mänschen iren Irtümern geben.

Richtige Schreibweise:

3. Werr die Lahternne träkt, stollpert leichter, alss wer ihr folkt.

Richtige Schreibweise:

4. Ein Lühgnner muss ein gutehss Gedechnis haben.

Richtige Schreibweise:

5. Man solte fiel öffter nachdencken, und zwah vohrhär.

Richtige Schreibweise:

Praktische Mathematik

Setzen Sie Prioritäten

Im mathematischen Teil von Einstellungstests stehen praktische Dinge im Vordergrund. Die Firmen wollen grundsätzlich überprüfen, ob ein Gespür für Zahlen bei den Kandidaten vorhanden ist. Die Aufgaben aus dem Bereich der angewandten Mathematik sind in Einstellungstests meist überschaubar und damit lösbar. Typisch sind Aufgaben aus dem Bereich der Grundrechenarten, Übungen aus dem Bereich der Maßeinheiten und Textaufgaben, die sich auf den Dreisatz beziehen. Manchmal gibt es auch Aufgaben zum Bruchrechnen, und fast immer sind Schätzaufgaben Bestandteil des Tests. Wie immer im Einstellungstest ist die Zeit knapp und die Menge der Aufgaben groß. Beißen Sie sich also nicht an einzelnen Aufgaben fest, sondern erledigen Sie zuerst diejenigen, die Sie sicher lösen können, um möglichst viele Punkte zu sammeln. In Ihrer Vorbereitung sollten Sie sich mithilfe unserer Musteraufgaben in Erinnerung rufen, welche Lösungswege zum richtigen Ergebnis führen.

Schätzaufgaben

Bitte versuchen Sie, bei den folgenden Aufgaben das richtige Ergebnis nicht durch vollständiges Ausrechnen herauszufinden, dann wird die Zeit nicht reichen. Kombinieren Sie also Rechnen mit Schätzen. Sie haben für die folgenden Aufgaben insgesamt vier Minuten Zeit.

ÜBUNG

Schätzen

1.	5344 + 1222 = a) 6866 b) 6567 c) 7666 d) 6667 e) 6566
2.	12322 + 3055 + 5043 = a) 19420 b) 20420 c) 20419 d) 20418 e) 21420
3.	39 × 39 = a) 1521 b) 1599 c) 1681 d) 1522 e) 1601
4.	13755 : 3 = a) 4688 b) 4485 c) 4766 d) 5552 e) 4585

Prozentrechnung

Nun geht es an das Errechnen von Prozenten. Für die folgenden Aufgaben haben Sie insgesamt zehn Minuten Zeit.

ÜBUNG

Prozente

1. Wie viel sind 15 Prozent von 200 Euro?

   Ihre Lösung: ______

2. Wie viel sind 15 Prozent von 1 500 Euro?

   Ihre Lösung: ______

3. Wie viel sind 18 Prozent von 18 000 Euro?

   Ihre Lösung: ______

4. Von 60 Testaufgaben haben Sie 42 richtig, wie viel Prozent sind das?

   Ihre Lösung: ______

5. Glückwunsch, Ihr Auszubildendengehalt ist gestiegen. Sie bekommen ab nächstem Monat 4 Prozent mehr, bisher bekamen Sie 600 Euro im Monat. Wie hoch ist Ihr Gehalt künftig?

   Ihre Lösung: ______

Bruchrechnung

Ein weiterer Bestandteil von mathematischen Tests ist das Bruchrechnen. Lösen Sie die folgenden Aufgaben in insgesamt 30 Sekunden.

ÜBUNG

Brüche

1. 1/4 + 1/2 =

   a) 2/4
   b) 3/8
   c) 3/2
   d) 3/4

→ FORTSETZUNG AUF DER NÄCHSTEN SEITE

2.	3 1/8 + 2 1/2 = a) 5 3/4 b) 5 4/8 c) 5 5/8 d) 5 6/8
3.	2/3 + 4/5 = a) 1 7/10 b) 1 3/4 c) 1 8/15 d) 1 7/15

DOWNLOAD

Noch mehr Übungen und Tests mit Auswertung finden Sie in dem Zusatzmaterial zu den Püttjer-und-Schnierda-Bewerbungsratgebern. Der Weg zum Download ist am Ende des Buches erklärt.

50. Intelligenztests

Auch wenn die Wissenschaft noch lange nicht abschließend geklärt hat, was Intelligenz eigentlich genau ist und wie sie sich messen lässt, hindert dies Firmen und Organisationen nicht daran, Aufgaben aus Intelligenztests zu verwenden. Wir zeigen Ihnen im Folgenden, welche Aufgabentypen auf Sie zukommen können und wie Sie sich umfassend darauf vorbereiten. Üblich sind unter anderem Tests zum logischen Denken, zum räumlichen Vorstellungsvermögen und zum Sprachgefühl.

Subjektive Auswahl der Personaler

Wenn man überhaupt Aussagen zum Intelligenzquotienten treffen wollte, dann müsste auch ein vollständiger Intelligenztest durchgeführt werden. Dafür reicht aber üblicherweise die Zeit in Einstellungstests nicht aus. Die Aufgaben, auf die Sie womöglich treffen werden, lassen eine Aussage über Ihre »Intelligenz« nicht zu. Meist haben sich Personalverantwortliche im Lauf der Jahre für eine bestimmte Methode entschieden und wählen entsprechende Aufgaben dann ganz subjektiv nach ihren persönlichen Vorlieben aus. Lassen Sie sich also nicht entmutigen, sondern bereiten Sie sich mit den folgenden Übungen vor – so können Sie sogenannten Intelligenztests gelassen entegegen sehen.

Logisches Denken

Üben Sie den Umgang mit Stress

Die Erfahrung bestätigt auch für diesen Bereich wieder einmal, dass eine gezielte Vorbereitung auf den Einstellungstest tatsächlich auch Früchte trägt. Testkritiker werfen Logikaufgaben nicht zu Unrecht vor, dass diejenigen Kandidaten, die stärker unter Teststress und Testangst leiden, hier keinen Zugang auf ihre sonst doch recht passabel funktionierenden analytischen Gehirnbereiche haben. Stress lähmt nun einmal und blockiert. Im Endergebnis kann es also passieren, dass nur der Umgang mit Stress und nicht die Fähigkeit zum Lösen abstrakter Aufgaben bewertet wird. Sie sind also klar im Vorteil, wenn Sie jetzt unsere Übungsaufgaben in Angriff nehmen – am besten stellen Sie sich dabei einen Wecker, um sich an den Zeitdruck zu gewöhnen.

Zahlenreihen vervollständigen

Die Vervollständigung von Zahlenreihen ist ein echter Klassiker im Einstellungstest. Vergegenwärtigen Sie sich zur Vorbereitung die vier Grundrechenarten. Die Zahlen in den aufgeführten Reihen stehen in entsprechenden Beziehungen, die Sie erkennen müssen. Haben Sie die Beziehung erkannt, können Sie die Reihe fortsetzen. Für die neun Aufgaben haben Sie insgesamt fünf Minuten Zeit.

Beispiel:
2, 8, 32, 128, X, Y
Lösung: Hier gilt die Regel »mal 4«: X ist also 512 und Y ist 2048.

ÜBUNG

Zahlenreihen

1. 2, 3, 5, 8, 12, 17, 23, 30, X, Y
   Ihre Lösung : X= ______________ Y= ______________

2. 3, 2, 4, 3, 5, 4, 6, 5, X, Y
   Ihre Lösung : X= ______________ Y= ______________

3. 19, 22, 20, 19, 22, 20, 19, 22, 20, X, Y
   Ihre Lösung : X= ______________ Y= ______________

4. 65, 72, 63, 70, 61, 68, 59, 66, 57, X, Y
   Ihre Lösung : X= ______________ Y= ______________

5. 2, 6, 4, 5, 9, 7, 8, 12, 10, X, Y
   Ihre Lösung : X= ______________ Y= ______________

6. 27, 54, 55, 110, 111, 222, 223, X, Y
   Ihre Lösung : X= ______________ Y= ______________

7. 1536, 768, 384, 192, 96, 48, 24, 12, X, Y
   Ihre Lösung : X= ______________ Y= ______________

8. 32, 28, 34, 29, 36, 30, 38, 31, 40, X, Y
   Ihre Lösung : X= ______________ Y= ______________

9. 16, 32, 30, 60, 58, 116, 114, 228, 226, X, Y
   Ihre Lösung : X= ______________ Y= ______________

Wochentage

Knobelaufgaben, bei denen Sie einen bestimmten Wochentag herausfinden sollen, tauchen häufig in Einstellungstests auf. Lesen Sie sich das Beispiel durch, und beginnen Sie dann mit den folgenden fünf Aufgaben. Sie haben dafür 1,5 Minuten Zeit.

Beispiel:
Heute ist Donnerstag. Welcher Tag ist einen Tag vor gestern?
Lösung: Wenn heute Donnerstag ist, war gestern Mittwoch. Dann war der Tag vor gestern der Dienstag. *Antwort:* Dienstag.

ÜBUNG

Welcher Wochentag?

1. Morgen ist Sonntag. Welcher Tag ist einen Tag vor gestern?

Ihre Antwort: ....

2. Gestern war Montag. Welcher Tag ist einen Tag vor gestern?

Ihre Antwort: ....

3. Heute ist Mittwoch. Welcher Tag war zwei Tage vor morgen?

Ihre Antwort: ....

4. Heute ist Samstag. Welcher Tag war drei Tage vor übermorgen?

Ihre Antwort: ....

5. Gestern war Dienstag. Welcher Tag war zwei Tage vor vorgestern?

Ihre Antwort: ....

Räumliches Vorstellungsvermögen

Übung macht den Meister

Was für Aufgaben zum räumlichen Vorstellungsvermögen Sie erwarten, liegt auch daran, für welchen Beruf Sie sich entschieden haben. Die Anforderungen an Piloten oder Architekten sind entsprechend höher als die an Auszubildende für den Beruf des Industriemechanikers oder des Kfz-Mechatronikers. In Tests werden eigentlich immer Würfelaufgaben eingesetzt. Die abgebildeten Würfel sind beschriftet, manchmal wie Spielwürfel, manchmal aber auch mit ganz eigenen Bezeichnungen. Dann erfolgen Anweisungen, wie die Würfel vor dem geistigen Auge zu drehen sind, und Fragen dazu, was wo zu sehen ist.

Verbreitet ist auch das Zählen von Flächen dreidimensionaler Körper. Sie müssen mit bekannten Körpern wie Würfeln und Quadern rechnen oder mit unbekannten Objekten. Gerade diejenigen, die sich mit dem räumlichen Vorstellungsvermögen etwas schwerer tun, sollten diese Testaufgaben gezielt durcharbeiten – beim Üben stellt sich doch manches Aha-Erlebnis ein. Außerdem tauchen bestimmte Aufgaben in sehr vielen Eignungstests immer wieder auf. Wer sich rechtzeitig vorbereitet hat, verliert also im Ernstfall weniger Zeit damit, zu überlegen, welchen Lösungsweg er oder sie einschlagen will.

Klassiker aus Einstellungs- und Eignungstests sind neben den Würfelaufgaben die sogenannten Antriebskonstruktionen, die aus Zahnrädern und mit Riemen verbundenen Scheiben bestehen. Ihre Aufgabe ist es – je nach Fragestellung –, die Drehrichtungen oder die Drehgeschwindigkeiten zu bestimmen. Aber bedenken Sie: Die abgebildeten Antriebe können auch Fehlkonstruktionen sein. Sie haben für die folgenden vier Aufgaben zwei Minuten Zeit.

ÜBUNG

Antriebskonstruktionen

1. Welche Zahnräder drehen sich im Uhrzeigersinn?

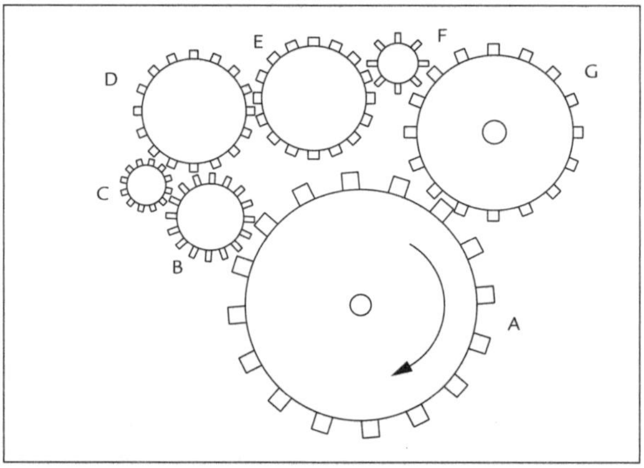

a) A, E, G
b) A, C, F
c) keines, Konstruktion blockiert
d) jedes zweite Zahnrad, beginnend mit A

2. Welche der Riemenscheiben dreht sich am langsamsten?

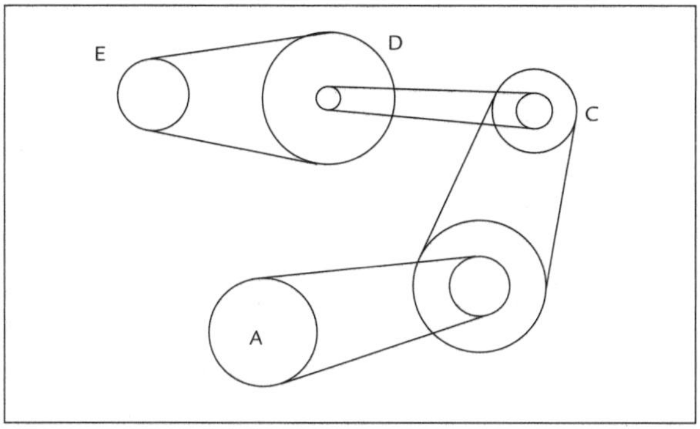

a) E
b) C
c) D
d) A

3. Welche Aussage ist richtig?

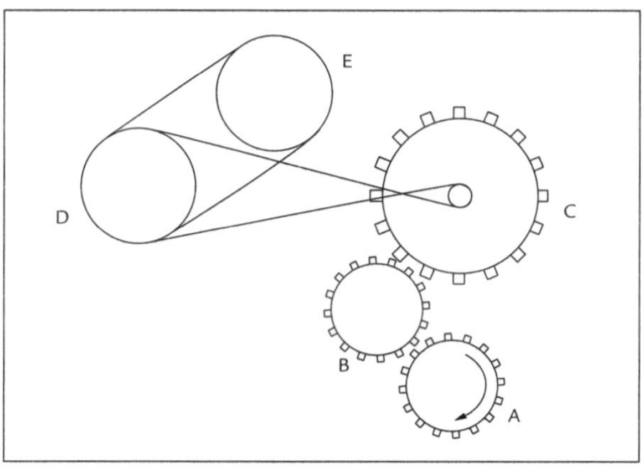

a) A dreht sich schneller als C.
b) C dreht sich langsamer als D.
c) D dreht sich schneller als A.
d) E dreht sich schneller als B.

→ FORTSETZUNG AUF DER NÄCHSTEN SEITE

4. Sie sehen zwei Antriebsscheiben, die miteinander durch ein umlaufendes Antriebsband verbunden sind. Auf den Antriebsscheiben sind zwei Seilwinden angebracht. Was passiert, wenn die Konstruktion in Gang gesetzt wird, sich also die rechte Antriebsscheibe im Uhrzeigersinn dreht?

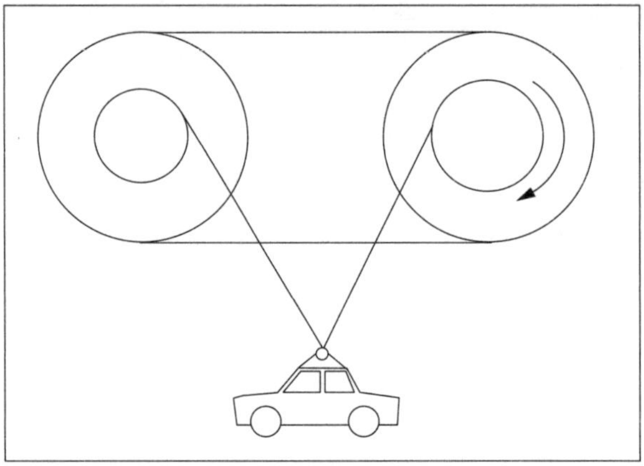

a) Das Auto bewegt sich nach unten.
b) Das Auto bewegt sich nach oben.
c) Das Antriebsband reißt.
d) Die Konstruktion funktioniert nicht.

Sprachliche Intelligenz

Zusammenhänge erkennen

Ihre sprachlichen Fähigkeiten sind im Eignungstest an verschiedenen Stellen gefragt. Zum einen in den Bereichen Rechtschreibung und Begründung Ihrer Selbstmotivation für eine bestimmte Ausbildung. Und zum anderen im Bereich der sprachlichen Intelligenz. Hier geht es weniger um Ihr Wissen darüber, wie man bestimmte Wörter schreibt, sondern vielmehr darum, wie es um Ihr Sprachgefühl und um Ihr Gespür für logische Beziehungen zwischen Wörtern bestellt ist. Unsere Übungsaufgaben machen Sie mit den Grundmustern im Themenblock sprachliche Intelligenz vertraut.

Der schnelle Infinitiv

Dieser Aufgabentyp wird gerne in öffentlichen Verwaltungen eingesetzt. Vorgegeben ist ein Verb (Tätigkeitswort), das in einer Vergangenheitsform steht – Sie müssen den zugehörigen Infinitiv (Grundform des Verbs) finden. Schauen Sie sich kurz das Beispiel an, und tragen Sie dann für die folgenden 15 Verben den jeweiligen Infinitiv ein. Sie haben dafür 45 Sekunden Zeit.

Beispiel:
schwamm schwimmen

Infinitive

ÜBUNG

1. bändigte ______________________
2. miedet ______________________
3. zerschosst ______________________
4. bemutterte ______________________
5. maß ______________________
6. wuchs ______________________
7. beschritt ______________________
8. sieztest ______________________
9. wusste ______________________
10. beschlich ______________________
11. ödeten ______________________
12. erschrak ______________________
13. besetzte ______________________
14. missfielst ______________________
15. fuhr ______________________

Gemeinsamkeiten

Eines der vier genannten Wörter gehört sinngemäß nicht zu den anderen, welches? Kreuzen Sie das unpassende Wort an! Für diese Aufgabe haben Sie eine Minute Zeit.

Beispiel:

a) Rose
b) Hose (angekreuzt)
c) Nelke
d) Tulpe

ÜBUNG

Welches Wort passt nicht?

1.
a) Tablette
b) Kopfschmerz
c) Erkältung
d) Sehnenentzündung

2.
a) Fahrrad
b) Bus
c) Auto
d) Flugzeug

3.
a) kaufen
b) kochen
c) kassieren
d) bezahlen

4.
a) Raum
b) Breite
c) Länge
d) Tiefe

5.
a) gießen
b) fließen
c) wässern
d) beregnen

6.
a) putzen
b) waschen
c) schneiden
d) saugen

7.
a) Buche
b) Birke
c) Fichte
d) Eiche

8.
a) Schuppen
b) Haus
c) Tür
d) Stall

51. Konzentrationstests

Wer auf Dauer erfolgreich arbeiten will, muss sich über einen längeren Zeitraum konzentrieren können. Mithilfe von Konzentrationstests möchten die Firmen daher herausfinden, wie es um die Fähigkeit zur dauerhaften Aufmerksamkeit der Bewerberinnen und Bewerber bestellt ist. Dabei werden die Testteilnehmer bis an ihre Grenzen geführt. Es soll geklärt werden: Wie lange kann sich der Kandidat auf eine vorgegebene Aufgabe konzentrieren? Wie ist seine Arbeitsqualität unter Zeitdruck? Ab welchem Zeitpunkt macht er sehr viele Fehler? Wir zeigen Ihnen, wie Sie sich auf diesen Testtyp vorbereiten können.

Arbeiten unter Zeitdruck

Aufgaben zur Überprüfung der Aufmerksamkeit sind an sich einfach gehalten. Die Kandidaten haben weniger Schwierigkeiten damit, die Lösung zu finden, sondern vielmehr damit, eine große Anzahl von Aufgaben in einer knapp bemessenen Zeit richtig zu erledigen. Gerade in diesem beliebten Testfeld gibt es einige »klassische« Aufgaben, die immer wieder in Einstellungstests auftauchen. Dazu gehört beispielsweise das Vergleichen von Adressen. Sie bekommen eine »Originalliste« mit Adressen und eine »Abschrift«, die Fehler enthält, vorgelegt und müssen dann die Fehler in kürzester Zeit aufspüren. Auch Kettenrechnen ist sehr beliebt. Bei diesem Aufgabentyp müssen Sie im Kopf Zahlenkolonnen addieren und dürfen nur das Endergebnis aufschreiben.

Aufmerksamkeit

Halten Sie durch

Konzentrationstests zur Aufmerksamkeit können wirklich ermüdend sein. Wir wissen aus eigener Erfahrung, dass sich ab einem bestimmten Zeitpunkt mehr Fehler als erwartet einstellen können. Beugen Sie vor. Setzen Sie sich mit typischen Aufgabenstellungen auseinander, und verbessern Sie Ihr Durchhaltevermögen. Wer diesen Aufgabentyp zu Übungszwecken häufiger durchgeht, wird eine nützliche Routine entwickeln, die ihm im Ernstfall weiterhilft. Sie werden schnell merken, dass sich die Aufgaben in den Griff bekommen lassen und dass es sich lohnt, die gesamte Bearbeitungszeit durchzustehen, um einen möglichst hohen Punktwert zu erzielen.

Buchstabenfolgen erkennen

Sie sehen 15 Zeilen mit Buchstaben. Suchen Sie in jeder Reihe Kombinationen von jeweils drei Buchstaben, die alphabetisch zusammenhängen, also beispielsweise die Kombinationen abc, def, ghj, mno oder andere. Sie haben dafür zwei Minuten Zeit.

ÜBUNG

Buchstabenfolgen

1.	a t d j y t f l u j f g h j d j t f d s f d l z r w h t g l m
2.	u t d h k h o f g j s d y u g l m j k u h g r e l i f j k l a
3.	h f k h i l e h j w q l i w b c s k g a q d f h f a s k g t u
4.	s m n o l j a h f s i v h l i e s e f g k a k j v o l a m q t
5.	f s c a v m l k s h g q r s t j h s g e u o w a o v a z f h i
6.	n g f n j f d h j k g a h i j f g h b g f g f j k f e w v l k
7.	h i g h j u i f e w j g i v l f e i h t u v r l o i r t h i a
8.	r t u h i r n f u h r g a e i h n f d x c y o t z m u i w u v
9.	f d j f k a e u a m b l d o w p f h g w x y u f h b h o r s p
10.	n b c d h i r g y u r t i g h j b g t i d e f g p o g n h g j

DOWNLOAD

Noch mehr Übungen und Tests mit Auswertung aus den Bereichen Allgemeinwissen, Logik/Mathematik und Sprachliche Intelligenz/Englisch finden Sie in dem Zusatzmaterial zu den Püttjer-und-Schnierda-Bewerbungsratgebern. Der Weg zum Download ist am Ende des Buches erklärt. Viel Spaß beim Training!

IX

Probezeit

52. So bestehen Sie die Probezeit

Gratulation: Sie haben den Sprung in Ihren neuen oder vielleicht sogar ersten Job geschafft. Nun liegt die Probezeit vor Ihnen, und wie auch bei Ihren Bewerbungsaktivitäten wollen Sie nichts dem Zufall überlassen. Es lohnt sich auf jeden Fall, sich Gedanken über den richtigen Start beim neuen Arbeitgeber zu machen, denn eine »Anstellung zur Probe auf Zeit« birgt sowohl große Chancen als auch Risiken. Damit Sie Ihre Probezeit erfolgreich bestehen, zeigen wir Ihnen in diesem Kapitel, worauf Sie achten müssen.

Zu Ihrer Beruhigung: Sie sind nicht der Erste, der sich Gedanken über einen erfolgreichen Einstieg machen musste. Wenn Sie die anstehenden Aufgaben geschickt angehen, können Sie bereits von Anfang an wichtige Weichenstellungen für Ihre weitere berufliche Entwicklung vornehmen. Zeigen Sie, dass Sie der oder die Richtige für den Job sind, indem Sie fachlich glänzen, mit den neuen Kollegen gut zusammenarbeiten und Ihrem Vorgesetzten ein wertvoller Mitarbeiter sind.

Die neuen Aufgaben

Die fachlichen Anforderungen meistern

Wenn Sie Ihre Probezeit erfolgreich meistern möchten, müssen Sie sich natürlich auch mit den fachlichen Herausforderungen beschäftigen, die auf Sie zukommen. Nur wenn Sie Ihre neuen Aufgaben in den Griff bekommen, werden Sie Ihre weiteren Trümpfe im Umgang mit Kollegen und Chefs ausspielen können.

Bei der Frage, was Ihre neuen Aufgaben eigentlich sind, scheint die Sache zunächst offensichtlich zu sein, schließlich haben Sie sich aufgrund einer Stellenanzeige beworben oder sich als Initiativbewerber mit einem bestimmten Anforderungsprofil ins Gespräch gebracht. Danach haben Sie ein oder mehrere Vorstellungsgespräche geführt, in denen man zumindest Ihr Arbeitsfeld und die Erwartungen, die an Sie gestellt werden, umrissen hat. Und zu guter Letzt haben Sie einen Arbeitsvertrag unterzeichnet, der Ihre Arbeitsaufgaben in der neuen Firma festhält.

Diejenigen von Ihnen, die die Stelle schon einmal gewechselt haben, wissen aber, dass die Wirklichkeit oft anders aussieht, als es das Bewerbungsverfahren oder der Arbeitsvertrag Ihnen vorspiegelt.

Das sollten Sie sich merken:
Bei der Festlegung Ihrer tatsächlichen Arbeitsaufgaben können Sie sich nicht ausschließlich auf Ihren Arbeitsvertrag berufen.

Viele Aspekte können hier eine Rolle spielen. Probleme treten üblicherweise dann auf, wenn eine Stelle neu geschaffen wurde oder wenn Fach- und Personalabteilung sich nicht richtig abgestimmt haben. Außerdem ist die Situation, in der Ihre Firma sich gerade befindet, von großer Bedeutung. Und manchmal sind es auch nur ungenaue Formulierungen im Arbeitsvertrag, die es Ihnen erschweren, zu erkennen, was eigentlich von Ihnen verlangt wird.

Wer erwartet was von Ihnen?

Einen mehr oder weniger klar umrissenen Aufgabenbereich werden Sie mit großer Wahrscheinlichkeit vorfinden. Was Sie aber auf jeden Fall tun müssen, ist, den nötigen Feinschliff Ihrer Aufgabengebiete vorzunehmen. Sie müssen herausbekommen, wie die Erwartungen Ihres überaus komplexen Umfeldes an Sie sind. So gibt es die Erwartungen Ihres Chefs, welche Ergebnisse er sich von Ihrer Arbeit verspricht. Die Kollegen wiederum haben ihre eigenen Vorstellungen davon, wie Sie sie entlasten sollen. Im Zeitalter von Projektarbeit und abteilungsübergreifenden Arbeitsgruppen kommen noch zahlreiche Abstimmungsprozesse hinzu. Zu guter Letzt müssen Sie auch noch die Unternehmenskultur berücksichtigen, die die Vorstellungen der Firmenleitung beinhaltet.

Werden Sie zum Detektiv in Sachen Aufgabenerkundung. Geben Sie Ihrer Probezeit so schnell wie möglich den richtigen Schwung, indem Sie möglichst genau herausfinden, welche Aufgaben Sie in den Griff bekommen müssen. Hierbei hilft Ihnen unsere Übersicht »Erwartungen abgleichen«.

ÜBERSICHT

Erwartungen abgleichen

- → **Welche Aufgaben sollen Sie laut Arbeitsvertrag erledigen?**
- → **Welche Aufgaben hat Ihr Vorgänger übernommen?**
- → **Was halten Sie für wichtig, um die vorgegebenen Ziele zu erfüllen?**
- → **Wie gehen die Kollegen an die Aufgaben heran?**
- → **Mit wem müssen Sie sich in der Firma offiziell abstimmen?**
- → **Gibt es inoffizielle Kanäle, die Sie berücksichtigen müssen?**
- → **Was erwartet Ihr direkter Vorgesetzter von Ihnen?**
- → **Wer bewertet Ihre Arbeitsergebnisse?**
- → **Kümmert sich der Vorgesetzte selbst um die Verteilung der Aufgaben in der Abteilung?**

- → **Müssen Sie sich mit den Kollegen über die Verteilung der Aufgaben abstimmen?**
- → **Welches Arbeitstempo ist in der Abteilung üblich?**
- → **Welche Arbeiten müssen vorrangig erledigt werden?**
- → **Was gehört zur täglichen Routine in der Abteilung?**
- → **Welche Sonderaufgaben müssen dringend angepackt werden?**
- → **Wie geht der Spezialist in Ihrem Arbeitsgebiet vor?**
- → **Was gibt die Firmenkultur vor (Gewinnmaximierung, Umsatzsteigerung, Innovation, Kundenorientierung)?**

Orientieren Sie sich an Ihrem betrieblichen Umfeld

Die Beantwortung der Fragen wird Ihnen sicher dabei helfen, zu erkennen, was Ihr Umfeld sich von Ihnen wünscht. Diese Erkenntnis ist wichtig, um die Probezeit erfolgreich zu bestehen. Sie werden nämlich nicht überzeugen können, wenn Sie stur nur die Dinge tun, die Sie für richtig und wichtig halten. Es ist besser, wenn Sie sich an den Erwartungen Ihrer Kollegen, Vorgesetzten und der Firmenleitung orientieren. Ihr vorrangiges Ziel ist, Ihrem betrieblichen Umfeld zu signalisieren, dass Sie schon nach kurzer Zeit das Tagesgeschäft sicher im Griff haben.

Die neuen Kollegen

Dass sich der Anpassungsprozess während der Probezeit nicht nur auf die neuen fachlichen Aufgaben beschränkt, sondern insbesondere auch die Integration in ein neues Team fordert, überrascht Neueinsteiger oftmals sehr.

Bemühen Sie sich aktiv um eine gute Atmosphäre

Die neuen Aufgaben spielen auf den ersten Blick die Hauptrolle; in der Praxis ist es aber so, dass eine gute Beziehung zu den Kollegen genauso wichtig ist. Was passiert, wenn diese gute Beziehung nicht aufgebaut wird, kann man in vielen Firmen beobachten: Dort werden Neueinsteiger ausgegrenzt und häufig von wichtigen Informationen abgeschnitten, man wirft ihnen Knüppel zwischen die Beine, lässt sie in Konferenzen auflaufen oder ignoriert sie schlichtweg.

Vorsicht Falle!
Wer darauf vertraut, dass sich die Dinge irgendwie von allein entwickeln, gerät oftmals in eine Sackgasse. Dann entsteht nämlich eine große Ratlosigkeit oder Frustration, falls sich das menschliche Miteinander als schwierig erweist.

Damit es Ihnen leichter fällt, einen guten Draht zu Ihren neuen Kollegen aufzubauen, werden wir Ihnen nun erläutern, was Sie tun können, um mit den Vorlieben und Eigenarten der Kollegen souverän umzugehen. Grob gesagt lassen sich drei Kategorien von Kollegen unterscheiden:

- → **die Unterstützer,**
- → **die Skeptiker und**
- → **die Neutralen.**

Unterstützer erleichtern den Anpassungsprozess

Die Unterstützer: Der Unterstützer geht von sich aus auf Sie zu, heißt Sie im Kreis der neuen Kollegen willkommen und versucht sogleich, etwas über Sie zu erfahren. Grundsätzlich ist es gut, wenn neue Kollegen von sich aus den Kontakt zu Ihnen suchen. Sie fühlen sich nicht mehr so verloren, denn Sie haben nun einen konkreten Ansprechpartner zur Verfügung, der Ihnen wertvolle Tipps geben kann: ob Sie einen Einstand organisieren sollten, ob sich die Kollegen untereinander duzen oder siezen, wo Sie welche Materialien oder Informationen bekommen, was Sie im Umgang mit dem Vorgesetzten beachten sollten und so weiter. Darüber hinaus kann der Unterstützer für Sie auch eine Eintrittskarte zu informellen Netzwerken in der Firma sein.

Vorsicht Falle!
Wenn Sie nicht aufpassen, binden Sie sich nicht nur vorschnell an einen bestimmten Kollegen, sondern auch an eine ganz bestimmte Gruppierung innerhalb der Firma – dann könnte es sein, dass Sie sich für alle anderen als Kollege, mit dem man gerne zusammenarbeitet, disqualifiziert haben.

Auch das Bedürfnis des Unterstützers, viel über Sie zu erfahren, kann sich schnell in einen handfesten Nachteil verwandeln, insbesondere dann, wenn Sie zu viel von sich preisgeben. Es ist nämlich nicht gesagt, dass der Kollege, der sich zunächst als Ihr Unterstützer präsentiert, nicht auch zu Ihrem größten Kritiker werden kann – was im Extremfall dann passiert, wenn Sie nicht mehr der hilflose Anfänger sind, sondern versuchen, eigene Vorstellungen gegen ihn durchzusetzen. So dramatisch entwickelt sich eine anfänglich gute Beziehung natürlich nur in extremen Fällen.

Skeptiker sind leicht zu erkennen

Die Skeptiker: Eigentlich findet man in jedem Team Skeptiker. Sie sind stets der Meinung, dass der Neue Unruhe mit in die Abteilung bringt, daher stehen sie Neulingen eher kritisch gegenüber. Sie erkennen die Skeptiker schnell daran, dass sie fast ausschließlich schlechte Nachrichten überbringen oder sich in Schwarzmalerei ergehen. Es ist aber von Vorteil für Sie, wenn Sie es schaffen, mit den Skeptikern klarzukommen – werfen Sie einen Blick hinter die Fassade, und Sie werden sehen, dass sie sich vielleicht nur deshalb so misstrauisch verhalten, weil sie schon mehr als einmal schlechte Erfahrungen mit neuen Kollegen gemacht haben.

Das sollten Sie sich merken:
Wenn Sie es schaffen, mit dem Skeptiker zurechtzukommen, wird nicht nur er Ihnen Respekt zollen, sondern auch der Rest der Abteilung.

Ein großer Nachteil ist natürlich die schlechte Stimmung, die Skeptiker verbreiten. Wenn Sie ständig nur hören, was nicht funktioniert und vor welch unlösbaren Problemen Sie stehen, wird es schwer, eine positive innere Einstellung zum neuen Job zu entwickeln. Lassen Sie sich nicht auf diese Stimmungsmache ein, sondern nutzen Sie die Skeptiker und ihre Bedenken für sich, denn sie sind auch die Seismografen des Unternehmens. Durch sie bekommen Sie frühzeitig mit, wo etwas im Argen liegt, wo Sie in der Firma auf Widerstände treffen werden und was zu den Tabuthemen in der Firma gehört.

Hier können Sie mit einem kollegialen Ton rechnen

Die Neutralen: Die Mehrheit Ihrer Kollegen wird Ihnen bei Ihrem Einstieg zunächst neutral gegenüberstehen. Sie werden aus der Distanz beobachten, wie Sie sich anstellen, und sich erst nach und nach ein Urteil über Sie bilden. Dieses Verhalten bedeutet nicht, dass man Sie ablehnt, auch wenn die Neutralen nicht von sich aus den Kontakt zu Ihnen suchen werden. Sie werden erst einmal so akzeptiert, wie Sie sind, und können sich so auf Ihre Aufgaben konzentrieren. Das ist gerade in der stressigen Anfangsphase im neuen Job von Vorteil, weil Sie sich ohne persönliche Reibungsverluste in die Arbeit stürzen können.

Das sollten Sie sich merken:
Für Neutrale steht der Job mit seinen Aufgaben im Mittelpunkt. Diese Einstellung erwarten sie auch von anderen.

Dass die Neutralen sich abwartend verhalten, heißt aber nicht, dass sie keine Erwartungen an Sie haben. Sie gestehen Ihnen nämlich auch Fehler zu – daher dürfen Sie nicht hoffen, dass die Neutralen Sie von sich aus wieder auf den richtigen Weg bringen. Sie sind der Ansicht, dass Sie nachfragen müssen, wenn Sie irgendwo nicht weiterkommen. Zu ihrer Philosophie gehört auch, dass jeder für sich selbst verantwortlich ist und jeder für seine Fehler selbst geradestehen muss. Manche Neutrale haben aufgrund ihrer Leistungsorientierung ein sehr enges Verhältnis zum Chef aufgebaut. Bei diesen Kollegen müssen Sie damit rechnen, dass sie Ihren Vorgesetzten sehr schnell darüber informieren werden, wenn es bei Ihnen nicht rund läuft.

Der neue Chef

Von Natur aus bösartig und unfähig?

Sie können sich noch so viel Mühe mit den neuen Kollegen oder der Bewältigung der neuen Aufgaben geben: Wenn Sie es nicht schaffen, mit Ihrem neuen Chef beziehungsweise Ihrer neuen Chefin zurechtzukommen, wird die Probezeit unweigerlich in einer Katastrophe enden. Deshalb ist es wichtig, gleich zu Beginn eine gute Beziehung zum neuen Vorgesetzten aufzubauen. Lassen Sie sich nicht von Klischees beeinflussen, die über Chefs im Umlauf sind – Vorgesetzte sind nur selten wirklich Pedanten, Choleriker, Tyrannen, Blender oder »Nieten in Nadelstreifen«. Viel häufiger sind Ihre Chefs verlässliche, motivierende, unterstützende, sachliche, kreative, produktive und manchmal sogar humorvolle Vorgesetzte.

Damit Sie Ihren Chef leichter einschätzen können, stellen wir Ihnen nun vier Chefkategorien vor, die die berufliche Realität neutraler abbilden als die oben genannten Klischees:

- → **der fachlich versierte und persönlich wertschätzende Chef,**
- → **der fachlich hilflose, aber persönlich wertschätzende Chef,**
- → **der fachlich versierte, aber persönlich abwertende Chef und**
- → **der fachlich hilflose und persönlich abwertende Chef.**

Der ideale Vorgesetzte

Der fachlich versierte und persönlich wertschätzende Chef: Wenn Sie sich bei Fragen zur Erledigung der neuen Aufgaben an Ihren Vorgesetzten wenden können und er Ihnen auch noch regelmäßig zeigt, dass er Sie als Person schätzt, haben Sie den idealen Chef. Fachlich versiert meint nicht, dass Ihr Chef alle Ihre Fragen beantworten können muss – in Zweifelsfragen kann er Sie aber an die richtigen Ansprechpartner verweisen, und zwar sowohl innerhalb als auch außerhalb der eigenen Abteilung. So werden Sie auch in Informationsnetzwerke außerhalb der eigenen Abteilung eingeführt.

Unterstützt Ihr Chef Sie nicht nur beim Hineinwachsen in Ihre Aufgaben, sondern drückt Ihnen gegenüber auch regelmäßig seine Wertschätzung aus, haben Sie es gut getroffen. Ein deutlicher Indikator für persönliche Wertschätzung ist die Art und Weise, wie Ihr Vorgesetzter auf Ihre Anmerkungen und Ideen reagiert. Wenn Sie sich in Meetings zu Wort melden und Ihr Chef Sie ausreden lässt und sich mit Ihren Argumenten auseinandersetzt, ist dies ein gutes Zeichen.

Wenn Sie auf einen solchen Chef treffen, sollten Sie dafür sorgen, dass die konstruktive und positive Stimmung erhalten bleibt, indem Sie Ihrem Chef immer wieder kurz Feedback darüber geben, dass Sie die typischen Anlaufschwierigkeiten und -probleme mithilfe seiner Tipps und Anregungen schnell aus dem Weg räumen konnten. Bedanken Sie sich auch dafür, wenn Ihnen Ihr Vorgesetzter Türen geöffnet und Kontakte aufgebaut hat. Sie brauchen dabei nicht in eine unangenehme Lobhudelei zu verfallen, aber es ist sicherlich angebracht, wenn Sie bei passender Gelegenheit dem Chef gegenüber kurz erwähnen, dass Sie es bei der Bewältigung Ihrer Aufgaben dank seines Engagements deutlich leichter hatten.

Ein gutes Miteinander ist möglich

Der fachlich hilflose, aber persönlich wertschätzende Chef: Es kommt nicht selten vor, dass Mitarbeiter in ihrem Arbeitsgebiet ausgewiesene Spezialisten sind, denen der Chef fachlich längst nicht mehr das Wasser reichen kann – weil er den Anschluss verpasst hat oder nicht ausreichend auf die Stelle vorbereitet wurde. Das ist aber kein Problem, solange die persönliche Beziehung zwischen Chef und Mitarbeiter stimmt.

Zunächst ist es natürlich ungewohnt, wenn Sie Ihren Chef in kniffeligen Angelegenheiten nicht um Rat fragen können. Da er mit Ihrem Tagesgeschäft nicht vertraut ist, wird er Sie auch nicht an kompetente Ansprechpartner innerhalb und außerhalb der Abteilung verweisen können. Sie müssen also selbst Sorge dafür tragen, dass Sie die Informationen bekommen, die Sie für die Erfüllung Ihrer Aufgaben benötigen – bitten Sie dazu erfahrene Kollegen um Hilfe.

Der Vorteil dieser Chef-Mitarbeiter-Konstellation liegt darin, dass Ihr Chef Sie mehr braucht als Sie ihn. Denn wenn Sie mit den Aufgaben nach einiger Zeit gut zurechtkommen, kann Ihr Chef nicht mehr auf Sie verzichten. Dies wird seine sowieso schon positive Wertschätzung Ihnen gegenüber noch verstärken.

Schlechte Stimmung im Unternehmen

Der fachlich versierte, aber persönlich abwertende Chef: Treffen Sie auf einen Chef, der zwar fachlich top, aber auf der zwischenmenschlichen Ebene nicht ganz einfach ist, wird es für Sie schwierig, wenn Ihnen ein harmonisches Miteinander am Arbeitsplatz wichtig ist. Mangels positiver Impulse durch die Führungskraft ist der Teamgeist nur schwach ausgeprägt oder nicht vorhanden, alle wurschteln allein vor sich hin. Bei auftretenden Fehlern versucht dann jeder, die Verantwortung einem anderen in die Schuhe zu schieben. Und da Sie als Neuling in der Hierarchie ganz unten stehen, sind Sie schnell das bevorzugte Opfer dieser Schuldzuweisungen. Der Vorgesetzte selbst kann Ihnen das Leben schwer machen, indem er Ihnen in Konferenzen und Besprechungen ständig ins Wort fällt, Ihre Argumente grundsätzlich ablehnt und Sie womöglich sogar vor den neuen Kollegen abkanzelt.

Es gibt Mitarbeiter, die mit Chefs dieser Kategorie zurechtkommen – dafür braucht man auf Dauer ein dickes Fell. Sie sollten aber in jedem Fall versuchen, mit ihnen auszukommen, denn nicht immer verharren diese Chefs auf Dauer in ihrem distanziert-kritischen Verhalten. Manchmal handelt es sich auch um eine Vorsichtsmaßnahme, weil sie in der Vergangenheit schlechte Erfahrungen mit neuen Mitarbeitern gemacht haben und nun lieber erst einmal abwarten möchten, wie sich der Neue entwickelt. Dann gilt es, zu Beginn der Probezeit die Zähne zusammenzubeißen und sich in die Arbeit zu stürzen. Können Sie nach einiger Zeit mit guten Leistungen überzeugen und verfestigt sich bei Ihrem Chef der Eindruck, dass Sie loyal sind, kann sein Herz aus Stein Ihnen gegenüber auch wieder weich werden.

Im schlimmsten Fall kündigen

Der fachlich hilflose und persönlich abwertende Chef: In manchen Firmen gibt es auch unfähige und überforderte Chefs. Die Möglichkeiten, mit diesen ungeliebten Vorgesetzten produktiv zusammenzuarbeiten, sind leider sehr beschränkt. Woran Sie fachlich laienhafte und zwischenmenschlich schwierige Chefs erkennen, haben wir Ihnen bereits erklärt: Sie haben von diesem Chef fachlich nichts zu erwarten und dürfen auch auf keinerlei Wertschätzung durch Ihren Vorgesetzten hoffen. Im Gegenteil, er wird Sie vor der versammelten Mannschaft bloßstellen, Ihre Arbeitsergebnisse schlechtmachen und Kritik um der Kritik willen üben.

Sie sollten Ihrem Chef mehr als eine Chance geben, um seinen wahren Charakter zu zeigen. Wenn Sie aber feststellen, dass Sie einfach nicht mit ihm zusammenarbeiten können, weil er Ihnen weder fachlich noch menschlich zur Seite steht, sollten Sie Ihren Abschied vorbereiten. Suchen Sie nach beruflichen Alternativen. Nehmen Sie die Bewerbungsaktivitäten wieder auf, und führen Sie Ihre Vorstellungsgespräche aus der sicheren Position der festen Anstellung heraus.

Auf Fragen nach dem Wechselgrund vorbereiten

Keine Sorge, wenn man Sie im Vorstellungsgespräch fragt, warum Sie nach so kurzer Zeit schon die Stelle wechseln wollen. Hier hilft Ihnen ein wenig Taktik weiter: Statt auf dem momentanen Chef herumzuhacken, führen Sie einfach allgemeine Gründe an, die jeder Personalverantwortliche nachvollziehen kann. So könnten Sie argumentieren, dass Sie befürchten, in der Firma würden bald Stellen abgebaut werden, und Sie als Neuling rechneten deshalb damit, bald wieder gehen zu müssen. Wir wissen aus unserer Beratungspraxis, dass derart allgemein gehaltene Wechselgründe in der Regel glatt durchgehen.

Die von uns vorgestellten Chefkategorien sind im Arbeitsalltag natürlich nicht immer so eindeutig zu erkennen. Es gibt fließende Übergänge, und auch Chefs haben, genauso wie Sie, mal bessere und mal schlechtere Tage. Für Ihre Arbeit in der Probezeit ist es aber hilfreich zu wissen, was für einen Chef Sie vor sich haben und was Sie im Umgang mit ihm oder ihr zu beachten haben. Stellen Sie sich der Herausforderung, eine gute Beziehung zu Ihrem Chef aufzubauen, damit Sie in der Firma erfolgreich durchstarten können.

CHECKLISTE

Checkliste für Ihre erfolgreiche Probezeit

- ○ Haben Sie sich eingehend mit Ihren neuen Aufgaben auseinandergesetzt?
- ○ Wissen Sie, was Kollegen und Chefs von Ihnen diesbezüglich erwarten?
- ○ Bemühen Sie sich um ein gutes Verhältnis mit Ihren Kollegen?
- ○ Verraten Sie in der ersten Zeit nicht zu viel von sich?
- ○ Binden Sie sich anfangs nicht zu stark an einen Kollegen oder eine Gruppe?
- ○ Lassen Sie sich nicht auf die schlechte Stimmung der Skeptiker ein?
- ○ Nutzen Sie die Skeptiker als Seismografen des Unternehmens?
- ○ Gehen Sie von sich aus auf Kollegen zu, wenn Sie Hilfe benötigen?
- ○ Können Sie Ihren neuen Chef einschätzen?
- ○ Bemühen Sie sich um eine gute Atmosphäre zwischen Ihnen und Ihrem Chef?

X

Arbeitszeugnisse

53. Ihr berufliches Profil im Arbeitszeugnis

Arbeitszeugnisse sind für die berufliche Entwicklung von unüberschätzbarer Bedeutung. Doch die Formulierungen in diesen Zeugnissen haben ihre Tücken: Nicht alles, was gut klingt, ist auch so gemeint. Wir werden Ihnen daher nun erklären, wie Arbeitszeugnisse aufgebaut sind, worum es bei den sogenannten Geheimcodes im Arbeitszeugnis geht und Ihnen dann Positivbeispiele für gelungene Zeugnisse vorstellen.

In den allermeisten Fällen verläuft die berufliche Entwicklung über einige Jahrzehnte. Das berufliche Fortkommen hängt dabei nicht unerheblich von Arbeitszeugnissen ab. Nach einem Praktikum, nach der Probezeit, während der ersten Berufsjahre, vor einer anstehenden Beförderung oder beim Verlassen eines Unternehmens – Zeugnisse spielen in diesen Situationen eine herausragende Rolle. Inhalt und Wortlaut dieser Dokumente können darüber entscheiden, ob die Person in ein neues Arbeitsverhältnis übernommen wird, ob die beruflichen Leistungen eine Beförderung rechtfertigen und auch, ob der Bewerber den neuen Arbeitgeber überzeugen kann. Je besser ein Bewerber mit seinen Zeugnissen deshalb dokumentieren kann, welche speziellen Erfahrungen er in seinen verschiedenen beruflichen Stationen gesammelt hat, desto interessanter wird er für neue Arbeitgeber.

Oft ein Balanceakt

Arbeitszeugnisse stellen also eine Art Quittung für die geleistete Arbeit dar. Dabei gilt einerseits, dass die Aussagen im Zeugnis der Wahrheit entsprechen müssen, und andererseits, dass Zeugnisse das weitere Fortkommen des Arbeitnehmers nicht unnötig erschweren dürfen. Schlechte Noten muss der Aussteller deshalb belegen können, und auch einmalige Ausrutscher des Arbeitnehmers dürfen im Zeugnis nicht dokumentiert werden. Das Arbeitszeugnis hat somit auch eine gewisse Schutzfunktion.

So sind Arbeitszeugnisse aufgebaut

Zunächst möchten wir für Orientierung sorgen und Ihnen Struktur und Aufbau von Arbeitszeugnissen erläutern. Sowohl Arbeits- als auch Zwischenzeugnisse werden nach einem grundlegenden Muster erstellt, das verschiedene einzelne Elemente beinhaltet – und wenn Sie die kennen, wird es Ihnen deutlich leichter fallen, auch Ihre eigenen Zeugnisse besser zu verstehen und mit dem Arbeitgeber zu verhandeln.

In der folgenden Übersicht »Inhalt eines qualifizierten Arbeitszeugnisses« sehen Sie, aus welchen Elementen ein Arbeitszeugnis im Idealfall besteht. Es handelt sich hierbei um ein sogenanntes qualifiziertes Arbeitszeugnis. Einfache Zeugnisse, die nur den Namen, den Beschäftigungszeitraum und die ausgeübte Position enthalten, auf detaillierte Bewertungen und erläuternde Beschreibungen hingegen verzichten, sind mittlerweile unüblich. Sie sollten daher immer ein qualifiziertes Arbeitszeugnis verlangen.

ÜBERSICHT

Inhalt eines qualifizierten Arbeitszeugnisses

- → Firmenbriefkopf
- → Überschrift
- → Einleitung
- → Aufgabenbeschreibung
- → Einzelne Leistungsbeurteilungen:
  - Arbeitswille/Arbeitsmotivation
  - Arbeitsbefähigung
  - Fachwissen und Weiterbildung
  - Arbeitsweise
  - Arbeitserfolg
  - (eventuell) besondere Erfolge
  - (eventuell) Führungsverhalten
- → Zusammenfassende Leistungsbeurteilung
- → Sozialverhalten:
  - intern
  - extern
  - (eventuell) Besonderheiten im Sozialverhalten
- → Schlussformulierungen:
  - Kündigungsgrund
  - (möglichst) Dankes-Bedauerns-Formel
  - (möglichst) Zukunftswünsche
- → Ort und Datum
- → Zuständiger Zeugnisaussteller

Übliche Standards

Nicht auf alle hier vorgestellten Bestandteile haben Sie einen rechtlichen Anspruch, aber mit etwas Verhandlungsgeschick gegenüber der Personalabteilung und dem Verweis auf heute übliche Standards ist es in der Regel möglich, ein Zeugnis zu bekommen, das alle aufgeführten Elemente enthält. Was ist nun unter den Elementen im Einzelnen zu verstehen?

Firmenbriefkopf: Arbeitszeugnisse unterliegen nicht nur inhaltlichen, sondern auch formalen Standards. Zu diesen Formalien gehört, dass Ihr Zeugnis auf dem üblichen Firmenbriefpapier erstellt werden muss. Würde die Firma Ihr Zeugnis auf ein einfaches Blatt Papier drucken, wäre dies eine offensichtliche Geringschätzung Ihrer Person und Ihrer Arbeitsleistung. Daher ist das offizielle Firmenbriefpapier Pflicht.

Schon die Überschrift birgt Fallstricke

Überschrift: Gängige Überschriften lauten »Zeugnis« oder »Arbeitszeugnis«. Dabei spielt es keine Rolle, ob die Überschrift in Großbuchstaben, gesperrt – also jeweils mit einem Leerzeichen zwischen den Buchstaben – oder ohne ein besonderes Format gestaltet wird. Die Überschrift wird in der Regel zentriert oder linksbündig gesetzt. Zwischenzeugnisse bekommen die entsprechende Überschrift »Zwischenzeugnis«. Die Überschriften »Arbeitsbescheinigung« oder »Mitarbeiterbeurteilung« sollten Sie hingegen keinesfalls akzeptieren. Im ersten Fall handelt es sich um eine unzulässige Abwertung, und der zweite Fall bezeichnet kein Arbeitszeugnis, sondern vielmehr eine (turnusmäßige) Personalbeurteilung, die ganz anderen Vorgaben unterliegt als ein Zeugnis.

Einleitung: Eine übliche Einleitung enthält Vor- und Zunamen des Mitarbeiters sowie – das Einverständnis vorausgesetzt – üblicherweise auch das Geburtsdatum und -ort. Die Angaben zu Ein- und Austrittstermin müssen korrekt sein, also den vertraglichen Vereinbarungen entsprechen. Personalverantwortliche werden häufig misstrauisch, wenn es sich beim Austrittstermin um ein »krummes« Datum, also nicht das Monatsende, handelt. Dann drängt sich schnell die Frage nach einer fristlosen Kündigung auf. Es kann aber auch sein, dass der Mitarbeiter einvernehmlich freigestellt wurde, um früher bei der neuen Firma anzufangen. Das sollte dann aber auch mit dem Kündigungsgrund am Ende des Zeugnisses deutlich gemacht werden.

Verbesserungsvorschläge lohnen sich

Aufgabenbeschreibung: Die Aufgabenbeschreibung ist eines der wesentlichen Elemente Ihres Arbeitszeugnisses. Leider sind Aufgabenbeschreibungen meist oberflächlich verfasst und damit nicht sehr aussagekräftig. Es lohnt sich also allemal, Verbesserungen vorzuschlagen. Bei der Optimierung Ihrer Aufgabenbeschreibung können Sie mit dem geringsten Widerstand rechnen: Die Firmen zeigen sich hier üblicherweise entgegenkommend. Anregungen für eine detaillierte Ausgestaltung Ihrer Aufgabenbeschreibung finden Sie in der Stellenausschreibung, in Ihrem Arbeitsvertrag oder in Projektberichten. Denken

Sie auch daran, bei welchen Gelegenheiten Sie Kollegen oder sogar Vorgesetzte vertreten haben.

Einzelne Leistungsbeurteilungen: Nachdem die Aufgaben beschrieben worden sind, werden Ihre Leistungen bewertet. Das geschieht mithilfe ausgeklügelter einzelner Leistungsbeurteilungen, bei denen meist zwischen den folgenden Aspekten unterschieden wird: Arbeitsmotivation, Arbeitsbefähigung, Fachwissen und Weiterbildung, Arbeitsweise und Arbeitserfolg. Eventuell kann es auch die Rubrik »Besondere Erfolge« geben, und wer Führungsverantwortung innehatte, wird in diesem Block auch Angaben zu seinem Führungsverhalten bekommen. Schwierigkeiten macht den meisten die Unterscheidung von »Arbeitswille« und »Arbeitsbefähigung«. Wenn Sie »Arbeitsbefähigung« jedoch mit »Arbeitskönnen« übersetzen, dann ist relativ leicht nachvollziehbar, dass es zunächst um das Wollen und dann um das Können geht – und diese beiden Beschreibungen sind nicht immer deckungsgleich. So mancher will mehr, als er letztendlich kann.

Ein zentraler Satz

Zusammenfassende Leistungsbeurteilung: »Sie hat die ihr übertragenen Aufgaben stets zu unserer vollen Zufriedenheit erfüllt«, diesen Satz hat wohl fast jeder Arbeitnehmer schon einmal gehört. Es handelt sich bei der zusammenfassenden Leistungsbeurteilung also um einen Schlüsselsatz, der in aller Kürze Auskunft über die Arbeitsleistung gibt. Dieser Schlüsselsatz sollte natürlich möglichst positiv sein.

Sozialverhalten: Beim Sozialverhalten geht es nicht um Ihre Leistung, sondern um Ihr Verhalten gegenüber Firmenangehörigen wie Vorgesetzten und Mitarbeitern, aber auch um Ihr Verhalten gegenüber Außenstehenden, also insbesondere Kunden und Geschäftspartnern. Da das Schlagwort Kundenorientierung mehr als nur ein Modewort ist, sollten die Angaben zu Ihrem Sozialverhalten überzeugen.

Achten Sie auf Zwischentöne

Schlussformulierungen: Zu den Schlussformulierungen zählen der Kündigungsgrund, die sogenannte Dankes-Bedauerns-Formel und die Wünsche für die Zukunft. Für neue Arbeitgeber ist es wichtig zu wissen, warum Sie die alte Firma verlassen haben. Haben Sie selbst gekündigt, gab es eine betriebsbedingte Kündigung oder war das Arbeitsverhältnis von Anfang an befristet? Auch die Dankes-Bedauerns-Formel taucht in den meisten Arbeitszeugnissen auf. Man dankt Ihnen und bedauert Ihren Weggang, aber auch dabei gibt es feine Unterschiede, die Sie kennen sollten. Gleiches gilt für die Zukunftswünsche: Wünscht man Ihnen für die Zukunft – etwas hämisch – »mehr Glück« oder vielmehr »weiterhin viel Erfolg«?

Ort und Datum: Der Ausstellungsort und das korrekte Datum gehören ebenfalls zu den formalen Aspekten des Arbeitszeugnisses. Das Tagesdatum sollte im Idealfall dem Austrittsdatum entsprechen. Es kommt aber häufig vor, dass Zeugnisse erst nach langem Hin und Her mit einer mehrmonatigen Verspätung ausgestellt werden. Auch in diesem Fall sollten Sie darauf hinarbeiten, dass das Ausstellungsdatum und das Austrittsdatum übereinstimmen. So vermeiden Sie unnötige Spekulationen darüber, ob es womöglich einen Prozess vor dem Arbeitsgericht gegeben hat und Ihr Zeugnis deswegen erst so spät ausgestellt worden ist. Ob Ort und Datum am Anfang oder am Ende des Zeugnisses aufgeführt werden, spielt keine Rolle.

Wer hat unterschrieben?

Zuständiger Zeugnisaussteller: Es gilt die Regel, dass Arbeitszeugnisse von einem in der betrieblichen Hierarchie höher stehenden Mitarbeiter unterzeichnet werden müssen. Es ist also problematisch, wenn der Außendienstmitarbeiter Nord das Zeugnis des Außendienstmitarbeiters West unterzeichnet. In diesem Beispiel hätte der Vertriebsleiter unterschreiben müssen. Oft unterschreiben sowohl der Fachvorgesetzte als auch jemand aus der Personalabteilung. Diese doppelten Unterschriften steigern die Glaubwürdigkeit des Zeugnisses. Aber Achtung: Wenn Personalverantwortliche mit unterschrieben haben, steigen die Ansprüche an das Zeugnis. Denn in diesen Fällen unterstellen andere Personalentscheider, dass der Zeugnisprofi aus der Personalabteilung genau weiß, was er Außenstehenden über die beurteilte Person mitteilt.

Formulierungen entschlüsseln

Der Gesamteindruck zählt

Sie wissen jetzt, wie Zeugnisse aufgebaut sind und welche typischen Elemente enthalten sein sollten. Nun stellen wir Ihnen Formulierungen vor, mit denen Sie – als Beurteilte/r – auf der sicheren Seite sind. Bedenken Sie aber: Eine Zeugnisnote ergibt sich niemals aus der Interpretation eines einzelnen Satzes. Es gilt der gesamte Eindruck, der sich aus vielen Einzelteilen zusammensetzt. Die hier aufgeführten Formulierungen helfen Ihnen dabei, die Einzelteile besser zu verstehen.

ÜBERSICHT

Zeugnisnoten auf einen Blick

Arbeitsmotivation

Note 1	Er war stets sehr gut motiviert.
Note 1	Er war stets in höchstem Maße eigenmotiviert.
Note 2	Er war stets gut motiviert.
Note 2	Er war stets eigenmotiviert.
Note 3	Er war motiviert.
Note 3	Er war eigenmotiviert.

Arbeitsbefähigung

Note 1	Sie war eine hoch belastbare und sehr tüchtige Mitarbeiterin.
Note 1	Sie war eine äußerst tüchtige Mitarbeiterin, ihre Arbeitsbefähigung war stets in jeder Hinsicht sehr gut.
Note 2	Sie war stets eine belastbare und tüchtige Mitarbeiterin.
Note 2	Sie war eine tüchtige Mitarbeiterin, ihre Arbeitsbefähigung war stets in jeder Hinsicht gut.
Note 3	Sie war eine belastbare Mitarbeiterin.
Note 3	Sie war eine tüchtige Mitarbeiterin, ihre Arbeitsbefähigung war gut.

Fachwissen und Weiterbildung

Note 1	Er verfügt über aktuelles, vielseitiges und detailliertes Fachwissen.
Note 1	Ihr exzellentes Fachwissen hielt sie durch kontinuierliche Fortbildung stets auf dem neuesten Kenntnisstand.
Note 2	Er verfügt über vielseitiges und detailliertes Fachwissen.
Note 2	Ihr gutes Fachwissen hielt sie durch kontinuierliche Fortbildung stets auf dem neuesten Kenntnisstand.
Note 3	Er verfügt über vielseitiges Fachwissen.
Note 3	Ihr Fachwissen hielt sie durch Fortbildung auf dem aktuellen Kenntnisstand.

Arbeitsweise

Note 1	Sein Arbeitsstil war jederzeit in höchstem Maße geprägt von Systematik, Verantwortungsbewusstsein und Effizienz.
Note 1	Herr Müller hat seine Aufgaben stets in höchstem Maße umsichtig, planvoll und sorgfältig durchgeführt.
Note 2	Sein Arbeitsstil war jederzeit geprägt von Systematik, Verantwortungsbewusstsein und Effizienz.
Note 2	Herr Müller hat seine Aufgaben stets umsichtig, planvoll und sorgfältig durchgeführt.

Note 3 Sein Arbeitsstil war geprägt von Systematik, Verantwortungsbewusstsein und Effizienz.

Note 3 Herr Müller hat seine Aufgaben umsichtig, planvoll und sorgfältig durchgeführt.

Arbeitserfolg

Note 1 Die beeindruckende Qualität ihrer Arbeit lag stets weit über dem Durchschnitt ihrer Abteilung.

Note 1 Auch fachlich anspruchvollste Arbeiten erledigte sie stets, auch unter hohem Zeitdruck, äußerst sorgfältig und einwandfrei.

Note 2 Die Qualität ihrer Arbeit lag stets über dem Durchschnitt ihrer Abteilung.

Note 2 Auch fachlich anspruchvolle Arbeiten erledigte sie stets, auch unter Zeitdruck, sorgfältig und einwandfrei.

Note 3 Die Qualität ihrer Arbeit entsprach stets dem Durchschnitt ihrer Abteilung.

Note 3 Auch fachlich anspruchvolle Arbeiten erledigte sie gut.

Besondere Erfolge

→ Hervorzuheben ist sein persönlicher Einsatz, weit über normale Arbeitszeiten hinaus.

→ Bleibende Verdienste erwarb sich Frau Müller mit ihrer Optimierung technisch komplexer Prozessabläufe. Dadurch konnten die Laufzeiten beschleunigt und die Kosten massiv reduziert werden.

→ Hervorzuheben ist seine vorbildliche Qualitäts- und Kundenorientierung.

Gesamtnote

Note 1 Die ihm übertragenen Aufgaben erledigte er stets zu unserer vollsten Zufriedenheit.

Note 1 Ihre Leistungen haben stets in allerbester Weise unseren sehr hohen Erwartungen entsprochen.

Note 2 Die ihm übertragenen Aufgaben erledigte er stets zu unserer vollen Zufriedenheit.

Note 2 Ihre Leistungen haben stets in bester Weise unseren hohen Erwartungen entsprochen.

Note 3 Die ihm übertragenen Aufgaben erledigte er zu unserer vollen Zufriedenheit.

Note 3 Ihre Leistungen haben in jeder Hinsicht unseren Erwartungen entsprochen.

→ FORTSETZUNG AUF DER NÄCHSTEN SEITE

Sozialverhalten

Note 1	Ihr Verhalten gegenüber Vorgesetzten, Kollegen und Kunden war stets einwandfrei.
Note 1	Sein Verhalten gegenüber Vorgesetzten, Kollegen und Kunden war stets vorbildlich.
Note 2	Ihr Verhalten gegenüber Vorgesetzten, Kollegen und Kunden war stets gut.
Note 2	Mit den Vorgesetzten und Kollegen ist er stets gut zurechtgekommen.
Note 3	Ihr Verhalten gegenüber Kollegen, Vorgesetzten und Kunden war jederzeit gut.
Note 3	Sein Verhalten gegenüber Mitarbeitern, Vorgesetzten und Kollegen war einwandfrei.

Noch mehr Informationen

Es ist durchaus denkbar, dass Sie sich jetzt noch viel mehr Formulierungen wünschen, weil die von uns hier aufgeführten Beispielbewertungen natürlich nur einen kleinen Teil abdecken. Die Erfüllung Ihres Wunsches würde aber den Rahmen dieses schon jetzt sehr umfangreichen Handbuches völlig sprengen. Wenn Sie an mehr Formulierungen (Textbausteinen) und mehr Vorlagen (Beispielzeugnissen) Interesse haben, helfen Ihnen unsere speziellen Zeugnisratgeber weiter. Mehr Informationen über diese Ratgeber finden Sie auf unserer Homepage www.karriereakademie.de.

Der Geheimcode

Wenn es um Arbeitszeugnisse und die darin enthaltenen Formulierungen und Bewertungen geht, ist oft von einem sogenannten »Geheimcode« die Rede.

Geheimcodes sind selten

Aber auch wenn Ihnen die gängigen Formulierungen in Arbeitszeugnissen manchmal unverständlich, verwirrend und mehrdeutig vorkommen, liegt das nicht an einem Geheimcode. Weitaus mehr als 90 Prozent der Formulierungen in Arbeitszeugnissen sind ganz eindeutig in Notenstufen zu übersetzen. Wenn man also weiß, um welche Merkmale es im Einzelnen geht, kann man sehr schnell die entsprechenden Notenstufen der jeweiligen Einzelbewertungen herausfinden.

Zeugnisprofis sprechen hier von speziellen »Zeugnistechniken«. Diese – Zeugnisexperten bekannten – Formulierungstechniken würden auch wir als Geheimcode bezeichnen, dessen wichtigste Merkmale wir Ihnen nun kurz vorstellen möchten. Zeugnisprofis kennen diese sieben typischen Zeugnistechniken, um Arbeitnehmer indirekt abzuwerten:

- → **Formfehler,**
- → **Negativformulierungen,**
- → **Nebensächlichkeiten,**
- → **Widersprüche,**
- → **Relativierungen,**
- → **zu knappe Sätze und**
- → **missverständliche Formulierungen.**

Formfehler: Ist das Zeugnis nicht auf dem offiziellen Firmenbriefpapier ausgestellt, unterschreibt ein nicht zuständiger Zeugnisaussteller oder wimmelt es im Zeugnis womöglich von Rechtschreibfehlern, wird damit eine mangelnde Wertschätzung des beurteilten Mitarbeiters zum Ausdruck gebracht. Ein gutes Arbeitszeugnis kann durch Formfehler indirekt abgewertet werden.

Achten Sie auf positive, aktive Formulierungen

Negativformulierungen: Kritik wird im Arbeitszeugnis auch durch Negativformulierungen indirekt mitgeteilt. Wann immer es heißt: »Ihr Verhalten gegenüber Vorgesetzten war nicht zu beanstanden« oder »Ihre Arbeitsqualität war nicht zu kritisieren«, ist damit das glatte Gegenteil gemeint. So würden Zeugnisprofis die aufgeführten Beispiele übersetzen mit: »Das Verhalten gegenüber Vorgesetzten war eindeutig zu beanstanden« und »Die Arbeitsqualität war durchgängig schlecht und daher zu kritisieren«. Deshalb darf Ihr Arbeitszeugnis keine Negativformulierungen enthalten.

Nebensächlichkeiten: Arbeitszeugnisse müssen typische Tätigkeiten enthalten, die mit der Stelle des beurteilten Mitarbeiters zusammenhängen. Heißt es in der Aufgabenbeschreibung eines Einkäufers, dass er zuständig für die »Buchung von Zahlungseingängen, die Urlaubsplanung und die Angebotseinholung« war, wird durch diese Schilderung von Nebensächlichkeiten – denn darum handelt es sich bei der Buchung von Zahlungseingängen und bei der Urlaubsplanung – indirekt Kritik zum Ausdruck gebracht. Überprüfen Sie Ihr Zeugnis also daraufhin, ob die enthaltenen Aussagen in einem direkten Bezug zu den Kernaufgaben Ihres Tätigkeitsfeldes stehen.

Wichtig: durchgehend gute Bewertungen

Widersprüche: Auf Widersprüche in Arbeitszeugnissen reagieren Zeugnisprofis allergisch. Ein gutes Zeugnis muss durchgängig positive Bewertungen enthalten. Manche Firmen tricksen und streuen nur an bestimmten Stellen gute Bewertungen ein, die dann an anderer Stelle mit schlechten Bewertungen konterkariert werden. Bei der Überprüfung Ihres Arbeitszeugnisses sollten Sie also kontrollieren, ob Widersprüche enthalten sind.

Relativierungen: Es gibt bestimmte Schlüsselwörter, die sich eingebürgert haben, um Kritik zum Ausdruck zu bringen. Es macht in der Zeugnispraxis einen großen Unterschied, ob es heißt »Sie lieferte im Großen und Ganzen eine zufriedenstellende Arbeitsqualität« oder »Sie lieferte jederzeit eine gute und überdurchschnittliche Arbeitsqualität«. Im ersten Fall handelt es sich nämlich um eine eindeutig »mangelhafte« Bewertung, im zweiten Fall aber um die Note »gut«. Achten Sie also darauf, dass Ihr Arbeitszeugnis auf keinen Fall relativierende Wörter wie »im Großen und Ganzen«, »bei uns galt sie«, »eigentlich«, »war bemüht«, »zeigte Interesse« oder »war bestrebt« enthält.

Zu knappe Sätze: Kurze Sätze, knappe Beschreibungen und zu wenig Detailinformationen werden ebenfalls als mangelnde Wertschätzung der Leistungsfähigkeit des bewerteten Mitarbeiters interpretiert. So darf es beispielsweise beim Fachwissen nicht einfach heißen »Herr Müller verfügt über Berufserfahrung« (Note »ausreichend«). Aussagekräftiger wäre diese Formulierung: »Herr Müller verfügt über eine vielseitige und große Berufserfahrung« (Note »gut«). Durchleuchten Sie Ihr Zeugnis daher auch unter dem Aspekt der Ausführlichkeit der einzelnen Formulierungen.

Achten Sie auf Eindeutigkeit

Missverständliche Formulierungen: Nicht jede Abwertung im Arbeitszeugnis muss absichtlich eingefügt worden sein. Wir erleben in unserer Beratungspraxis regelmäßig, dass Firmen aus Versehen missverständliche Formulierungen verwandt haben, weil sie es einfach nicht besser wussten. So ist die Beschreibung »Im Umgang mit Kunden zeigte sie psychologisches Geschick« eigentlich als Auszeichnung für den Umgang mit schwierigen Kunden zu verstehen. Manche Zeugnisprofis würden aus dieser Formulierung – insbesondere dann, wenn auch andere Sätze im Zeugnis merkwürdig klingen – allerdings heraushören: »Sie zog die Kunden über den Tisch, und wir durften dann später den Schaden wieder gut machen.« Damit Ihnen nicht Ähnliches passiert, sollten Sie darauf achten, dass Ihr Arbeitszeugnis klare und eindeutige Formulierungen enthält.

Beispielzeugnisse

Damit Sie sehen, wie sich unsere Hinweise und Tipps zum besseren Verständnis und zur Optimierung von Zeugnissen praktisch umsetzen lassen, geben wir nun abschließend noch einige Beispiele für gelungene Arbeitszeugnisse.

Arbeitszeugnis (kaufmännischer Bereich)

Zeugnis

Frau Yasemin Rühe, geboren am 22.02.1977 in Braunschweig, war vom 01.04.2010 bis zum 31.01.2014 in unserem Unternehmen als Vertriebsassistentin in der Abteilung Verkauf und Marketing tätig.

Im Einzelnen umfasste ihr Aufgabenbereich folgende Tätigkeiten:
- Kundenbetreuung (auch von Schlüsselkunden)
- Planung und Umsetzung von Salesstrategien
- Vertriebscontrolling und Präsentation der Daten
- Überprüfung und Erfolgskontrolle von durchgeführten Sonderaktionen
- Wettbewerberanalysen
- Mitarbeit in der Projektgruppe »Optimierung des Vertriebs«

Frau Rühe führte alle Aufgaben mit großem Elan aus und realisierte mit großem persönlichen Einsatz beharrlich die gesteckten Ziele. Die Anforderungen ihrer Position bewältigte sie auch bei starkem Arbeitsanfall stets gut. Aufgrund ihres guten Fachwissens und ihrer breit angelegten Branchenerfahrung erzielte sie überdurchschnittliche Erfolge bei ihrer Arbeit. Ihr Arbeitsstil war jederzeit geprägt von Effizienz und Sorgfalt. Auch ihre Arbeitsergebnisse waren immer von guter Qualität.

Besonders betonen möchten wir, dass Frau Rühe maßgeblich dazu beigetragen hat, das Vertriebscontrolling neu zu konzipieren und in der Abteilung Verkauf und Marketing erfolgreich zu etablieren. Mit ihren guten Leistungen waren wir jederzeit voll zufrieden.

Ihr Verhalten gegenüber Vorgesetzten und Kollegen war stets gut. Auch von unseren Kunden wurde sie wegen ihrer fachlichen und persönlichen Kompetenz sehr geschätzt.

Frau Rühe scheidet auf eigenen Wunsch aus unserem Unternehmen aus, um sich beruflich zu verändern. Wir danken ihr für ihre stets guten Leistungen und bedauern ihr Ausscheiden sehr. Für ihre berufliche Zukunft und ihr persönliches Wohlergehen wünschen wir ihr alles Gute und weiterhin viel Erfolg.

Celle, 31.01.2014

Sales GmbH & Co. KG

Christian Grefe Andrea Streit

Leiter Vertrieb Personalleiterin

Arbeitszeugnis (technischer Bereich)

Zeugnis

Herr Alexander Noll, geboren am 01.04.1974 in Kassel, war in unserer Firma vom 01.06.2009 bis zum 31.03.2014 als Techniker tätig.

Sein Aufgabenfeld umfasste:

- Serviceeinsätze beim Kunden vor Ort
- die Planung und Realisierung von Umbauten
- die Dokumentation der Servicehandbücher
- die Programmierung unter SPS/Step 7
- die Einarbeitung neuer Kollegen

Herr Noll war ein sehr einsatzfreudiger und stets hoch belastbarer Mitarbeiter. Er hat sein gutes Fachwissen auf Wochenendlehrgängen regelmäßig zu unserem Vorteil erweitert. Herr Noll zeichnete sich durch einen jederzeit sorgfältigen und effizienten Arbeitsstil aus. Mit seinen Arbeitsergebnissen waren wir stets zufrieden. Die ihm übertragenen Aufgaben erledigte er stets zu unserer vollen Zufriedenheit.

Sein Verhalten Vorgesetzten und Kollegen gegenüber war stets gut. Auch im Umgang mit unseren Kunden kam er immer gut zurecht.

Herr Noll scheidet auf eigenen Wunsch aus unserer Firma aus. Wir bedauern seine Entscheidung, danken ihm und wünschen ihm für seinen weiteren Berufs- und Lebensweg alles Gute und weiterhin Erfolg.

Frankfurt am Main, 31.03.2014

Heinz Schmidt

Gruppenleiter Service

Zwischenzeugnis (Assistenz)

Zwischenzeugnis

Frau Dorothea Ehrich, geboren am 12.12.1967 in München, ist seit dem 01.01.2009 in unserem Unternehmen als Teamsekretärin tätig.

Zu ihren Hauptaufgaben zählen:
- Erledigung der Korrespondenz (auch auf Englisch und Französisch)
- Reise- und Terminplanung
- Terminüberwachung und -koordination
- Weiterleitung von Anfragen
- Spesenabrechnung
- Aktenverwaltung

Frau Ehrich ist stets engagiert und motiviert. Auch ihre Arbeitsbefähigung ist in jeder Hinsicht gut. Sie verfügt über eine große Berufserfahrung und beherrscht die englische und französische Sprache in Wort und Schrift gut. Frau Ehrich führt ihre Arbeiten stets sorgfältig, planvoll und zuverlässig durch, daher sind ihre Arbeitserfolge immer von guter Qualität. Mit den Vorgesetzten und Kollegen kommt sie jederzeit gut zurecht.

Die ihr übertragenen Aufgaben erledigt sie stets zu unserer vollen Zufriedenheit.

Sie bat um dieses Zwischenzeugnis, da ihre Position aufgrund einer Umstrukturierung des Unternehmens mit Wirkung zum 01.04.2014 einer anderen Abteilung zugeordnet wird. Wir danken Frau Ehrich für ihre stets gute Mitarbeit und freuen uns auf eine weiterhin produktive und angenehme Zusammenarbeit. Wir wünschen dieser guten Mitarbeiterin beruflich und persönlich alles Gute und weiterhin viel Erfolg.

Augsburg, 31. März 2014

Installations GmbH

Eduard Haller

Geschäftsführer

CHECKLISTE

Checkliste für Ihr gelungenes Arbeitszeugnis

- ◯ Haben Sie ein qualifiziertes Arbeitszeugnis verlangt (kein einfaches)?
- ◯ Beinhaltet Ihr Arbeitszeugnis alle gängigen, relevanten Bestandteile?
- ◯ Folgt Ihr Zeugnis den üblichen Standards in Bezug auf den formalen und inhaltlichen Aufbau?
- ◯ Ist Ihre Tätigkeitsbeschreibung vollständig?
- ◯ Sind gegebenenfalls besondere Erfolge vermerkt worden?
- ◯ Genügt das Zeugnis den formalen Anforderungen?
- ◯ Hinterlässt das Zeugnis einen stimmigen Gesamteindruck?
- ◯ Ist das Zeugnis frei von Unstimmigkeiten oder missverständlichen Formulierungen?
- ◯ Haben Sie von Ihrem (ehemaligen) Arbeitgeber gegebenenfalls eine Nachbesserung eingefordert?

Schlusswort

Der Aufwand, den die Firmen bei der Personalauswahl treiben, ist in den vergangenen Jahren immer größer geworden. Für Sie gilt es, in allen Teilen des stressigen Bewerbungsverfahrens zu punkten, damit Sie die Personalverantwortlichen für sich gewinnen können. Es ist für Bewerberinnen und Bewerber nicht leicht, auf Anhieb zu erkennen, was in den unterschiedlichen Bewerbungsphasen eigentlich genau gefragt ist und wie man »beweisen« kann, dass man der oder die Richtige für den Job ist. Doch gute Vorbereitung hilft Ihnen dabei! Sie wissen nun,

- → **wo Ihre Stärken liegen,**
- → **wie Sie die Anforderungen der Firmen erkennen,**
- → **wie Sie sich eine optimale Bewerbungsmappe erarbeiten,**
- → **wie Sie in telefonischen Gesprächen mit Firmenvertretern überzeugen,**
- → **was Sie in Vorstellungsgesprächen erwartet,**
- → **wie Sie sich im Assessment-Center von Ihrer besten Seite zeigen,**
- → **wie Sie in Einstellungstests punkten und**
- → **wie Sie Ihre Probezeit gut überstehen.**

Heben Sie sich von der grauen Masse der austauschbaren Bewerber ab. Orientieren Sie sich an der von uns vorgestellten Profil-Methode®: Präsentieren Sie sich passgenau, stärkenorientiert und glaubwürdig. Bekennen Sie sich zu Ihrem einzigartigen Profil, damit man in den Firmen auf Sie aufmerksam wird.

Wenn Sie zu einzelnen Themen dieses Bewerbungshandbuches weitere Informationen wünschen und an zusätzlichen Bewerbungsmustern, Tipps und Beispielen interessiert sind, sollten Sie einen gezielten Blick auf unsere weiteren Bewerbungsbücher werfen. Sowohl die Bücher als auch unsere Seminar- und Einzelcoachingangebote finden Sie auch unter www.karriereakademie.de.

Für Ihre Bewerbung wünschen wir Ihnen den verdienten Erfolg!

Christian Püttjer & Uwe Schnierda

Lösungen

Lösungen zu Teil 6: Vorstellungsgespräch

30. Fragen an Ausbildungsplatzsuchende (Seite 338)

Ungünstige Antwort auf Frage 1: »Ich wusste nicht so recht, was ich machen sollte, bei der Agentur für Arbeit hat man mir gesagt, dass ich mich bei Ihnen bewerben sollte.«
Gelungene Antwort auf Frage 1: »Ich habe mich über die Aufgaben in verschiedenen Ausbildungsberufen informiert. Dann machte ich mir Gedanken, was am besten zu mir passt. Während meines Praktikums habe ich dann schon einige der Aufgaben aus der Ausbildung kennen gelernt. Deshalb möchte ich die Ausbildung zum ... machen.«

Ungünstige Antwort auf Frage 2: »Ich habe noch keine richtige Idee, was ich eigentlich in der Ausbildung machen soll, aber das wird schon.«
Gelungene Antwort auf Frage 2: »Mich interessiert insbesondere der Kontakt zu Kunden. In meinem Praktikum habe ich gesehen, wie die Mitarbeiter Beratungsgespräche durchgeführt haben. Auch ich möchte Ihre Produkte genau kennen lernen, damit ich die Fragen der Kunden beantworten und sie gut beraten kann.«

Ungünstige Antwort auf Frage 3: »Die Frage überrascht mich etwas, tja ... es reizt mich, dass ich endlich arbeiten kann und die Schulzeit vorbei ist.«
Gelungene Antwort auf Frage 3: »Als Diätassistentin möchte ich Patienten bei Ihrer Ernährung helfen. Manche Krankheiten hängen ja mit den Essgewohnheiten zusammen. Deswegen möchte ich lernen, wie man Diätpläne aufstellt. Es reizt mich, anderen Menschen helfen zu können.«

Ungünstige Antwort auf Frage 4: »Sie sind eine große Firma und beschäftigen viele Auszubildende.«
Gelungene Antwort auf Frage 4: »Nachdem ich wusste, welche Ausbildung ich machen will, habe ich nach der richtigen Firma für mich gesucht. Im Internet habe ich mich auf Ihrer Homepage informiert. Ich finde es sehr interessant, was Sie herstellen/welche Dienstleistung Sie anbieten. Ich könnte mir gut vorstellen, daran mitzuarbeiten.«

Ungünstige Antwort auf Frage 5: »Ich glaube nicht, dass es so wichtig ist, wo man die Ausbildung macht, sondern dass man nachher gut arbeiten kann. Außerdem wohne ich in der Nähe.«
Gelungene Antwort auf Frage 5: »Ich habe mich informiert, bei welchen Firmen ich meine Wunschausbildung machen kann. Ihre Firma gefiel mir deswegen sehr gut, weil Sie interessante Produkte herstellen. Ich habe auch im Internet Berichte über Sie gefunden, die meinen Wunsch, bei Ihnen die Ausbildung zu machen, verstärkt haben.«

Ungünstige Antwort auf Frage 6: »Äääh, nicht wirklich, aber die kann ich ja in der Ausbildung kennen lernen.«

Gelungene Antwort auf Frage 6: »Ich weiß, dass Sie Lkw-Planen herstellen und bedrucken. Im Internet habe ich erfahren, dass Sie eng mit großen Speditionen zusammenarbeiten. Neben den Lkw-Planen fertigen Sie auch Abdeckplanen für Boote und andere Sonderanfertigungen.«

Ungünstige Antwort auf Frage 7: »Endlich mal raus aus der Schule. Die Tage waren zwar ziemlich lang, aber es hat mir schon gefallen.«
Gelungene Antwort auf Frage 7: »Mir hat sehr gefallen, dass ich schon einige Aufgaben übernehmen konnte. So durfte ich mit dem Servicemitarbeiter mitfahren. Dabei habe ich gelernt, wie man Fehlermeldungen beim Kunden schriftlich aufnimmt.«

Ungünstige Antwort auf Frage 8: »Na ja, da war der Chef und die Kollegen ... ach ja, und noch eine Auszubildende.«
Gelungene Antwort auf Frage 8: »Ich habe ein Praktikum im Einzelhandel gemacht, dabei habe ich den Filialleiter kennen gelernt. Am meisten zu tun hatte ich mit einer Verkäuferin, die mich betreut hat. Auch mit den anderen Verkäufern und den Kassiererinnen hatte ich zu tun. Daneben habe ich einige Anlieferungsfahrer kennen gelernt, die die neue Ware gebracht haben.«

Ungünstige Antwort auf Frage 9: »Eigentlich nicht viel, man hatte wenig Zeit für mich und hat mir gar nichts richtig erklärt. Deswegen war ich oft im Pausenraum.«
Gelungene Antwort auf Frage 9: »In meinem Praktikum hatte ich keinen direkten Betreuer, ich habe gefragt, wo ich mithelfen kann, es gab eigentlich immer etwas zu tun. So habe ich viele verschiedene Sachen kennen gelernt, wie den Zusammenbau von PCs, die Softwareinstallation, die Fehlersuche und die Warenannahme.«

Ungünstige Antwort auf Frage 10: »Englisch und Erdkunde, da ist es immer ein wenig interessanter als in den anderen Fächern.«
Gelungene Antwort auf Frage 10: »Meine Lieblingsfächer sind Englisch und Erdkunde, aber auch mit Deutsch und Mathe komme ich gut zurecht. Englisch interessiert mich besonders, weil ich im Praktikum gesehen habe, wie wichtig Kunden aus dem Ausland sind.«

Ungünstige Antwort auf Frage 11: »Naturwissenschaften sind nichts für mich, in Biologie und Physik hatte ich doch öfter Schwierigkeiten.«
Gelungene Antwort auf Frage 11: »Ich mochte einige Fächer lieber als andere, aber eigentlich bin ich in allen mitgekommen. In Biologie und Physik hätte ich mir mehr Experimente gewünscht, das war manchmal doch sehr trocken.«

Ungünstige Antwort auf Frage 12: »Herr Schmidt ist ganz prima, der ist nicht so streng, wenn man mal die Hausaufgaben vergisst.«
Gelungene Antwort auf Frage 12: »Frau Müller habe ich richtig gern gemocht, die hat sehr interessant unterrichtet. Da war es ruhig in der Klasse, und wenn jemand den Stoff nicht gleich beim ersten Mal verstanden hat, hat sie es noch einmal anders erklärt.«

Ungünstige Antwort auf Frage 13: »Ich erhole mich vom Schulstress. Computerspiele gehören für mich irgendwie auch zur Freizeit und natürlich ein bisschen chatten.«
Gelungene Antwort auf Frage 13: »Ich treffe mich gerne mit Freunden und gehe mit ihnen ins Kino. Ein Hobby von mir ist auch Fußball/Volleyball/Judo. Sport gehört für mich zur Freizeit dazu.«

Ungünstige Antwort auf Frage 14: »Ich lass mir auf jeden Fall nichts gefallen, das wissen die ganz genau, deswegen würden die mit Sicherheit auch nichts Schlechtes sagen.«
Gelungene Antwort auf Frage 14: »Sie würden sagen, dass man sich auf mich verlassen kann. Wenn es darum geht, etwas zu organisieren, werde ich öfter angesprochen, ob ich nicht mithelfen will, und das mache ich dann auch gerne.«

Ungünstige Antwort auf Frage 15: »Meine Eltern haben mich früher immer zum Judo geschleppt, deshalb bin ich dabeigeblieben.«
Gelungene Antwort auf Frage 15: »Ich treffe gerne Leute in meiner Freizeit. Deshalb bin ich auch im Judoclub Mitglied. Wir trainieren zweimal in der Woche und fahren am Wochenende auch öfter zu Wettkämpfen.«

Ungünstige Antwort auf Frage 16: »Ich bin natürlich leistungsbereit und wirklich gut in dem, was ich mache. Schwächen wüsste ich jetzt nicht.«
Gelungene Antwort auf Frage 16: »Ich bin zuverlässig und packe auch gerne mit an. Neben der Schule habe ich im Supermarkt Regale aufgefüllt. Der Filialleiter hat mich dafür gelobt, dass immer alles für die Kunden da war und dass ich immer pünktlich war. Manchmal bin ich zu abwartend, was ich als Schwäche sehen würde. Ein Lehrer hat mir mal gesagt, dass ich mich mehr melden sollte. Im Praktikum habe ich aber viel von mir aus gefragt und dadurch auch gute Tipps bekommen.«

Ungünstige Antwort auf Frage 17: »Besonders gut klingt natürlich sehr anspruchsvoll, also ich kann nichts so völlig perfekt, aber bisher bin ich zurechtgekommen.«
Gelungene Antwort auf Frage 17: »Ich kann gut herausfinden, warum etwas nicht richtig funktioniert. Meiner Mutter habe ich schon öfter geholfen, wenn sie mit dem Computer nicht zurechtkam. Kleinere Fehler am Computer kann ich auch reparieren.«

Ungünstige Antwort auf Frage 18: »Ich habe gar keine Schwächen.«
Gelungene Antwort auf Frage 18: »Im Großen und Ganzen bin ich mit mir zufrieden, in Englisch würde ich mich gerne fließend unterhalten können. Das ist bestimmt noch etwas, wo ich dazu lernen muss.«

Ungünstige Antwort auf Frage 19: »Natürlich, und ich bin auch motiviert.«
Gelungene Antwort auf Frage 19: »Ja, ich komme gut mit anderen Menschen aus. Im Praktikum habe ich gesehen, wie wichtig es ist, dass bei der Arbeit alle an einem Strang ziehen. Und es ist auch wichtig, dass sich die einzelnen Mitarbeiter in einer Firma verstehen.«

Ungünstige Antwort auf Frage 20: »Der Kunde ist wichtig, das habe ich schon öfter gehört.«
Gelungene Antwort auf Frage 20: »Kundenorientierung heißt für mich, dass man heraushört, was der Kunde eigentlich will. In meinem Praktikum im Reisebüro habe ich gemerkt, dass viele Kunden gar nicht so ganz genau sagen, was sie wollen. Man muss dann sehr gezielt nachfragen, um ihnen das richtige Angebot machen zu können.«

Ungünstige Antwort auf Frage 21: »Ich lasse mir nichts gefallen.«
Gelungene Antwort auf Frage 21: »Ich finde es ganz gut, wenn man mir sagt, was ich anders machen kann, Kritik bringt einen dann ja weiter.«

Ungünstige Antwort auf Frage 22: »Da hätte ich mich wohl mehr anstrengen müssen, aber bei meinen Lehrern hätte das keinen Sinn gehabt.«

Gelungene Antwort auf Frage 22: »Ich hätte mir auch bessere Noten gewünscht. Bei uns in der Schule waren die Lehrer bei der Vergabe der Noten aber ziemlich streng. Das, was wir im Unterricht gemacht haben, beherrsche ich aber gut. Im Praktikum habe ich auch gesehen, dass es wirklich darauf ankommt, Flächen genau berechnen zu können. Das ist mir auch gelungen.«

Ungünstige Antwort auf Frage 23: »Das muss ich erst einmal herausfinden, in der Ausbildung sehe ich ja, ob mir der Beruf liegt.«
Gelungene Antwort auf Frage 23: »Das glaube ich schon, schließlich habe ich mich ja vorher informiert und in meinem Praktikum habe ich schon einige wichtige Aufgaben kennen gelernt. Dabei habe ich gemerkt, dass es mir liegt, Abrechnungen zu erstellen, Zahlungseingänge zu überprüfen und im Büro zu arbeiten.«

Ungünstige Antwort auf Frage 24: »Das kann ich nicht entscheiden, es gibt ja sehr viele gute Bewerber, oder?«
Gelungene Antwort auf Frage 24: »Ich glaube schon, schließlich habe ich mich gründlich über den Ausbildungsberuf informiert. Auch auf der Ausbildungsmesse habe ich ein längeres Gespräch mit einer Auszubildenden im dritten Jahr geführt. In meinem Praktikum in der Tischlerei Schmidt habe ich auch gemerkt, dass mir das praktische Arbeiten gut gelingt.«

Ungünstige Antwort auf Frage 25: »Ja, ziemlich viele, deswegen werde ich wohl auch keine Zusage in meinem Wunschberuf bekommen. Eigentlich wollte ich nämlich Kfz-Mechatroniker werden.«
Gelungene Antwort auf Frage 25: »Absagen gehören wohl dazu, auch ich habe schon einige bekommen. Da ich mich aber gezielt beworben habe, habe ich schon einige Vorstellungsgespräche geführt. Über die Einladung von Ihnen habe ich mich besonders gefreut.«

31. Fragen an Hochschulabsolventen (Seite 348)

Ungünstige Antwort auf Frage 1: »Ich habe Ihre Stellenausschreibung im Internet gesehen.«
Gelungene Antwort auf Frage 1: »Weil ich bereits erste berufliche Erfahrungen im Bereich Marketing/Konstruktion/Vertrieb/Programmierung/Öffentlichkeitsarbeit gesammelt habe. Diese Erfahrungen möchte ich bei Ihnen einsetzen und weiter ausbauen.«

Ungünstige Antwort auf Frage 2: »Ich weiß nicht so recht, was da üblich ist. Vielleicht schaue ich mich ein bisschen im Unternehmen um.
Gelungene Antwort auf Frage 2: »Ich stelle mich meinem Vorgesetzten und den Kollegen vor und mache mich dann mit den üblichen Arbeitsabläufen vertraut.«

Ungünstige Antwort auf Frage 3: »Ich möchte Karriere machen und später auch mehr Geld verdienen.«
Gelungene Antwort auf Frage 3: »Ich möchte nach und nach mehr Verantwortung und anspruchsvollere Aufgaben übernehmen. Das kann eine Führungsposition sein, aber auch die Übernahme von Projektverantwortung.«

Ungünstige Antwort auf Frage 4: »Einige Studiengänge waren durch den Numerus clausus blockiert, deswegen habe ich einen genommen, für den meine Noten ausreichten.«

Gelungene Antwort auf Frage 4: »Ich habe mich informiert, welche beruflichen Entwicklungsmöglichkeiten mir bestimmte Studiengänge bieten, und mich dann für meinen Studiengang entschieden, weil ich dort am besten meine Interessen und Stärken einbringen konnte.«

Ungünstige Antwort auf Frage 5: »Es war zwar manchmal anstrengend, aber man hatte doch eigentlich eine lockere Zeit.«
Gelungene Antwort auf Frage 5: »Besonders gut fand ich die Praxisbezüge. Für mich war das Studium immer dann besonders spannend, wenn ich den Lernstoff anwenden konnte, um in Praktika berufliche Probleme zu lösen.«

Ungünstige Antwort auf Frage 6. »Für Extras hatte ich keine Zeit, das Studium war ziemlich verschult, sodass man kaum zum Luftholen kam.«
Gelungene Antwort auf Frage 6: »In Praktika habe ich erste berufliche Erfahrungen sammeln können. Ich habe bei Projektarbeiten mitgeholfen, Dokumentationen erstellt und Ergebnispräsentationen vorbereitet.«

Ungünstige Antwort auf Frage 7: »Ich bin so mitgelaufen und habe als Praktikant so das eine oder andere kennen gelernt. Allerdings war das Betreuungsprogramm nicht besonders gut. Oft war auch viel Leerlauf.«
Gelungene Antwort auf Frage 7: »Ich habe Einblicke in das Marketing und das Produktmanagement gewonnen. Bei meinen Aufgaben ging es um die Auswertung von Marktforschungsdaten, um eine Produkteinführung vorzubereiten. Auch mit der praktischen Umsetzung des Marketingmix konnte ich mich vertraut machen.«

Ungünstige Antwort auf Frage 8: »Eigentlich hätte ich ja nur ein Praktikum machen müssen, für mehr als zwei Praktika war im Studium einfach keine Zeit.«
Gelungene Antwort auf Frage 8: »Ich habe mich ganz gezielt auf Praktikumsstellen beworben, die eine Nähe zu meinem Wunschberuf haben. Die gewonnenen Einblicke in die Berufspraxis waren für mich sehr wichtig. Außerdem habe ich das zweite Praktikum aufbauend auf die Erfahrungen aus dem ersten in Angriff genommen. So konnte ich komplexere Aufgabenstellungen bearbeiten, was mir auch sehr gut gelungen ist.«

Ungünstige Antwort auf Frage 9: »Ich hätte gerne ein Praktikum im Ausland gemacht, aber der Aufwand dafür war mir zu hoch, und das Praktikum bei der Worldwide AG hätte ich auch gerne gemacht, allerdings haben die mich nicht genommen.«
Gelungene Antwort auf Frage 9: »Die Erfahrungen, die ich in meinen Praktika sammeln konnte, fand ich sehr nützlich. Insbesondere die Projektarbeit, an der ich beteiligt war, hat mir gezeigt, wie wichtig die Abstimmung aller Beteiligten ist. Ich hätte gerne noch ein weiteres Praktikum bei einer anderen Firma gemacht, habe mich dann aber entschieden, den Berufseinstieg in den Vordergrund zu stellen.«

Ungünstige Antwort auf Frage 10: »Im Studium hat mich am meisten gestört, wenn Professoren an Studenten einfach vorbeigeredet haben. Meine Mitstudenten waren ziemlich hochnäsig, und dass ich im Praktikum herumkommandiert wurde, fand ich auch nicht gut.«
Gelungene Antwort auf Frage 10: »Ich komme eigentlich mit allen Menschen gut zurecht. Im Praktikum habe ich gelernt, auch mit schwierigen Kunden umzugehen. Schlecht würde ich es finden, wenn bewusst Informationen zurückbehalten werden.«

Ungünstige Antwort auf Frage 11: »Durchsetzungsfähigkeit, Aufstiegswillen, Führungspotenzial.«
Gelungene Antwort auf Frage 11: »Teamfähigkeit und Kundenorientierung finde ich wichtig. Im Praktikum habe ich gesehen, wie hoch die Anforderungen an die Abstimmung im Team sind. Man sollte offen kommunizieren können und bereit sein, Anregungen aufzunehmen. Kundenorientierung heißt für mich, die Anforderungen des Kunden stets im Blick zu behalten.«

Ungünstige Antwort auf Frage 12: »Dass es nicht so schlecht läuft wie bei uns am Institut, wo jeder nur für sich gearbeitet hat.«
Gelungene Antwort auf Frage 12: »Ich wünsche mir, dass meine Kollegen bereit sind, mit mir zusammenzuarbeiten, und wir uns gegenseitig unterstützen können.«

Ungünstige Antwort auf Frage 13: »Das war eher ein Zufall, ich war aber sofort davon überzeugt, dass Sie das richtige Unternehmen für mich sind.«
Gelungene Antwort auf Frage 13: »Da ich mich schon im Studium mit branchentypischen Fragestellungen auseinandergesetzt habe, bin ich auch auf Ihr Unternehmen gestoßen. Insbesondere die Spezialisierung Ihres Unternehmens fand ich sehr interessant. Seitdem habe ich immer mal wieder Informationen über Ihre Firma recherchiert und mich dann für eine Bewerbung bei Ihnen entschieden.«

Ungünstige Antwort auf Frage 14: »Ja, die kenne ich, aber es ist ziemlich schwierig, dort die relevanten Informationen zu finden. Und mein Internetbrowser konnte einige Inhalte nicht richtig darstellen, das müsste einmal verbessert werden.«
Gelungene Antwort auf Frage 14: »Ich fand Ihre Homepage sehr informativ. Um mir einen Überblick zu verschaffen, habe ich die von Ihnen angebotenen Produkte/Dienstleistungen durchgesehen und mich über die verschiedenen Standorte informiert. Die Praxisberichte von Young Professionals fand ich sehr anschaulich.«

Ungünstige Antwort auf Frage 15: »Dass sie einen großen Einstellungsbedarf hat.«
Gelungene Antwort auf Frage 15: »Ich weiß, dass Ihre Branche durch hohe Qualitätsanforderungen/internationalen Wettbewerb/großen Innovationsdruck/starken Preiswettbewerb/erklärungsbedürftige Produkte gekennzeichnet ist. Auf der XY-Messe habe ich mir vertiefende Informationen über Ihre Branche verschafft.«

Ungünstige Antwort auf Frage 16: »Ich mache auf jeden Fall lieber Mannschaftssport, als alleine in der Gegend herumzujoggen.«
Gelungene Antwort auf Frage 16: »Ich treffe mich gerne mit Freunden, wir organisieren auch öfter einmal gemeinsame Aktivitäten. Allerdings lese ich auch gerne einmal in Ruhe ein gutes Buch.«

Ungünstige Antwort auf Frage 17: »Eine gute DVD, dazu die richtigen Getränke, dann kann ich richtig abschalten.«
Gelungene Antwort auf Frage 17: »Ich halte mich fit durch Joggen/Tennis/Yoga/Tanzen/Schwimmen. Manchmal gönne ich mir auch einen ruhigen Abend.«

Ungünstige Antwort auf Frage 18: »Das entscheide ich allein.«
Gelungene Antwort auf Frage 18: »Ich habe mit meiner Partnerin/meinem Partner über meine beruflichen Pläne gesprochen. Er/Sie unterstützt mich dabei.«

Ungünstige Antwort auf Frage 19: »Ich bin teamfähig und leistungsbereit.«
Gelungene Antwort auf Frage 19: »Eine meiner Stärken ist das Arbeiten im Team, ich habe in meinem Praktikum gemerkt, dass es mir leichtfällt, mich mit anderen abzustimmen und Abläufe zu organisieren. Dabei ist mir immer wichtig gewesen, dass die Arbeiten, die ich übernommen habe, rechtzeitig fertig waren, schließlich brauchten die Kollegen die Ergebnisse für ihre eigene Arbeit. Ich habe auch gerne Zusatzaufgaben übernommen, beispielsweise die Erstellung von Präsentationen.«

Ungünstige Antwort auf Frage 20: »Ja, ich bin ungeduldig und will immer mehr als andere.«
Gelungene Antwort auf Frage 20: »Es kommt gelegentlich vor, dass ich zurückhaltend wirke. Wenn ich zum Beispiel konzentriert eine Aufgabe durchdenke, fällt es mir schwer, gleich in eine Diskussion einzusteigen.«

Ungünstige Antwort auf Frage 21: »Nichts, sonst wären es ja nicht meine Freunde.«
Gelungene Antwort auf Frage 21: »Ich glaube nicht, dass meine Freunde etwas an mir auszusetzen haben. Sie wissen, dass sie sich immer auf mich verlassen können.«

Ungünstige Antwort auf Frage 22: »Weil man mir bisher noch kein Angebot gemacht hat.«
Gelungene Antwort auf Frage 22: »Ich habe mich gezielt beworben und nur wenige Bewerbungen verschickt. Über Ihre Einladung habe ich mich gefreut und möchte die Chance nutzen, Sie zu überzeugen.«

Ungünstige Antwort auf Frage 23: »Ich werde ja finanziell entschädigt.«
Gelungene Antwort auf Frage 23: »Ich möchte das Wissen aus dem Studium und die Erfahrungen aus meinen Praktika jetzt in der Praxis einsetzen. Das Studium ist für mich die Voraussetzung, um im Berufsleben weiterzukommen.«

Ungünstige Antwort auf Frage 24: »Nach der Schule wusste ich nicht so richtig, was ich machen sollte, und habe daher zunächst den falschen Studiengang erwischt.«
Gelungene Antwort auf Frage 24: »Weil ich der Meinung war, dass meine Stärken in meinem jetzigen Studiengang besser zum Tragen kommen. Den Wechsel habe ich mir nicht leicht gemacht, nach eingehender Informationssuche ist mir aber mein Berufsbild klarer geworden. In meinen Praktika habe ich dann gemerkt, dass die Entscheidung richtig war.«

Ungünstige Antwort auf Frage 25: »Na ja, aber irgendwo muss man ja anfangen.«
Gelungene Antwort auf Frage 25: »Das sehe ich nicht so. Ich habe in meinem Praktikum viel über das Tagesgeschäft in der von Ihnen ausgeschriebenen Position gelernt. Natürlich bin ich gerne bereit, zusätzliche Aufgaben zu übernehmen oder mich an Projekten zu beteiligen.«

32. Fragen an berufserfahrene Bewerber (Seite 358)

Ungünstige Antwort auf Frage 1: »Ich bin sehr interessiert an der ausgeschriebenen Position.«
Gelungene Antwort auf Frage 1: »In Ihrer Stellenausschreibung habe ich mich wiedererkannt. Auch zu meinen momentanen Aufgaben gehört die Kostenkal-

kulation und Angebotseinholung. Die Lieferantenauswahl habe ich während eines Projekts zur besseren Zuliefererintegration mitbegleitet. In den Bereichen Rechnungsüberwachung, Terminabstimmung und Datenpflege im System verfüge ich über langjährige Berufserfahrung. Sehr interessiert hat mich an der Ausschreibung, dass eine enge Zusammenarbeit mit dem Außendienst geplant ist.«

Ungünstige Antwort auf Frage 2: »Ja, ich bin nach meinem Hauptschulabschluss unzufrieden gewesen mit der Situation, daher habe ich meinen Realschulabschluss nachgeholt. Dann habe ich eine Ausbildung zum Elektrotechniker gemacht. Nach der Lehre bin ich nicht übernommen worden. Ich konnte im Service bei einer anderen Firma weiterarbeiten. Jetzt betreue ich Serviceaufgaben und muss dazu auch einiges an Reisetätigkeit auf mich nehmen.«
Gelungene Antwort auf Frage 2: »Nach einem Realschulabschluss habe ich mich für eine Ausbildung zum Elektrotechniker entschieden. Schon während der Ausbildung übernahm ich selbstständig Serviceaufträge. Ich habe gemerkt, dass mir die Fehlersuche und Problemanalyse beim Kunden gut von der Hand geht. Bei meinem jetzigen Arbeitgeber bin ich neben der SPS-Programmierung für Maschinen auch mit der Erarbeitung von Dokumentationen und Handbüchern beauftragt. Darüber hinaus gehört die Inbetriebnahme beim Kunden zu meinen Aufgaben. Da es mir gut gelingt, einen Draht zu den Bedienungsmannschaften beim Kunden aufzubauen, habe ich in letzter Zeit auch die Einweisung beim Kunden vor Ort übernommen.«

Ungünstige Antwort auf Frage 3: »Nach der Schule wusste ich noch nicht genau, was ich machen wollte. Deshalb war ich erst einmal ein Jahr als Au-pair im Ausland. Dann bin ich als Verkäuferin tätig geworden und habe nach und nach immer mehr Aufgaben bekommen. Jetzt bin ich stellvertretende Filialleiterin.«
Gelungene Antwort auf Frage 3: »Während meines Au-pair-Aufenthalts in den USA hat mich die Art der Amerikaner im Verkauf sehr beeindruckt. Zurück in Deutschland habe ich dann eine Ausbildung zur Einzelhandelskauffrau gemacht. Den Kundenservice habe ich dabei immer besonders im Auge gehabt, beispielsweise habe ich das Lager umstrukturiert. Daraufhin hat mich meine Firma zur stellvertretenden Filialleiterin befördert. Jetzt bin ich für die Sortimentsauswahl, die Einarbeitung neuer Mitarbeiter und auch für Verkaufsförderungsmaßnahmen zuständig.«

Ungünstige Antwort auf Frage 4: »Rückschläge kann man nun mal nicht vermeiden. Da muss man dann durch. Man hat ja auch nicht selber alles in der Hand.«
Gelungene Antwort auf Frage 4: »Es läuft nun mal nicht immer alles von vornherein glatt. Rückschläge sind für mich dann aber ein Hinweis darauf, dass etwas künftig anders angepackt werden muss. Bei uns im Außendienst gab es eine Zeit lang Schwierigkeiten mit der Kundenakquisition. Ich habe dann mit dafür gesorgt, dass Kundentermine telefonisch und mit der Zusendung von Infomaterial vorbereitet wurden. Danach konnten wir unseren Kundenstamm beträchtlich erweitern.«

Ungünstige Antwort auf Frage 5: »Na ja, ich sag immer, irgendwie muss die Miete ja bezahlt werden.«
Gelungene Antwort auf Frage 5: »Mich motiviert es, wenn ich sehe, dass es vorangeht. Ich stelle mich gerne beruflichen Aufgaben. So habe ich zusammen mit dem Service daran gearbeitet, Kundenwünsche besser umzusetzen. Das war eine schwierige Aufgabe, aber die guten Rückmeldungen aus dem Kundenkreis haben mich weiter angespornt.«

Ungünstige Antwort auf Frage 6: »Meine Gesundheit, meine Familie und ein sicheres Einkommen.«
Gelungene Antwort auf Frage 6: »Meine Familie/meine Freunde und dass ich die Möglichkeit habe, meine Erfahrungen und mein Wissen beruflich umzusetzen. Ich habe immer aktiv daran gearbeitet, meinen Arbeitsbereich gut im Griff zu haben. Deswegen habe ich auch eine Weiterbildung zur OP-Schwester gemacht.«

Ungünstige Antwort auf Frage 7: »Ich habe ja nicht direkt mit Kunden zu tun. Daher glaube ich, dass es nicht so wichtig ist.«
Gelungene Antwort auf Frage 7: »Kundenorientierung ist immer wichtig. Auch wenn ich keinen direkten Kundenkontakt habe, ist es absolut notwendig, den Kunden im Hinterkopf zu behalten. Schließlich sind auch die anderen Abteilungen, die mit unseren Ergebnissen umgehen müssen, so etwas wie interne Kunden. Ich bemühe mich immer, Arbeit abzuliefern, die andere auch wirklich verwerten können.«

Ungünstige Antwort auf Frage 8: »Wer die Zeichen der Zeit nicht erkennt, wird zwangsläufig scheitern. Manche müssen Erfahrungen eben auf die schmerzhafte Tour machen, da helfen gute Worte wenig.«
Gelungene Antwort auf Frage 8: »Letztlich hängt jeder einzelne Arbeitsplatz am zufriedenen Kunden. Ich glaube deshalb, dass es wichtig ist, dass jeder Mitarbeiter erkennt, welchen Stellenwert sein Beitrag zum Unternehmenserfolg hat. Eine gute Abstimmung im Unternehmen ist sicher wichtig, damit die Informationen aus Verkauf und Service auch in die Entwicklung und die Verwaltung gelangen. So etwas kann man mit abteilungsübergreifenden Projektgruppen erreichen.«

Ungünstige Antwort auf Frage 9: »Ich glaube, da müsste ich mich für Preisreduzierungen einsetzen.«
Gelungene Antwort auf Frage 9: »In der Fertigung ist es ganz wichtig, dass keine Produkte die Halle verlassen, die in irgendeiner Weise schadhaft sind. Ich habe bei meinen früheren Arbeitgebern auch schon in Qualitätsgruppen mitgearbeitet. Daher weiß ich, dass wir in der Fertigung auch gezielt Rückmeldung geben müssen, wenn Herstellungsschritte so kompliziert sind, dass sich Fehler einstellen können. Wenn wir in der Fertigung genau hinschauen, lässt sich die Qualität und Zuverlässigkeit der Produkte steigern – und dann greifen auch noch mehr Kunden zu.«

Ungünstige Antwort auf Frage 10: »Das kommt nicht vor, mir fällt eigentlich immer etwas ein. Zur Not müssen die Kollegen einspringen.«
Gelungene Antwort auf Frage 10: »Dann informiere ich mich, welche Möglichkeiten es gibt, eine bestimmte Aufgabe in den Griff zu bekommen. Ich würde in einem solchen Fall Kollegen ansprechen. Manchmal ist es auch ratsam, Informationen aus anderen Abteilungen einzuholen. Wenn ich gar keine Informationen bekommen kann, würde ich mich auch nicht davor scheuen, zu meinem Vorgesetzten zu gehen.«

Ungünstige Antwort auf Frage 11: »Manche Menschen sind echte Tyrannen, die unterdrücken jegliche Eigeninitiative. Mein letzter Chef war so einer. Der war so selbstherrlich, dass er nie eine andere Meinung gelten lassen wollte.«
Gelungene Antwort auf Frage 11: »Jeder Mensch hat so seine Eigenarten, darauf muss man sich einstellen. Schlecht finde ich es, wenn bewusst Informationen vorenthalten werden oder Fehlinformationen gestreut werden. Mit solchen Menschen kann man nicht wirklich zusammenarbeiten.«

Ungünstige Antwort auf Frage 12: »Hauptsächlich erwarte ich, dass er mich jederzeit unterstützt.«
Gelungene Antwort auf Frage 12: »Ich möchte gut in die Arbeitsabläufe eingebunden werden. Am Anfang ist es besonders wichtig, sich damit vertraut zu machen, wer für welche Dinge der richtige Ansprechpartner ist. Hier wünsche ich mir Unterstützung vom Vorgesetzten.«

Ungünstige Antwort auf Frage 13: »Ich weiß nicht recht, manchmal geht es einfach so nicht weiter wie bisher. In solchen Momenten stelle ich mich auch schon einmal stur. Die Kollegen wundern sich dann.«
Gelungene Antwort auf Frage 13: »Ich finde, dass man es den Kollegen direkt sagen sollte, wenn man der Meinung ist, dass etwas falsch läuft. Nur darauf zu warten, dass die Kollegen von selbst darauf kommen, dass etwas nicht stimmt, ist zu wenig – und schadet letztlich auch dem Unternehmen.«

Ungünstige Antwort auf Frage 14: »Offen und ehrlich, das wird ja auch von einem erwartet.«
Gelungene Antwort auf Frage 14: »Ich höre mir genau an, was an Kritik geäußert wird. Kritik kann einen ja auch weiterbringen. Sie sollte allerdings auch konstruktiv vorgetragen werden. Wenn ich das Gefühl habe, dass ich ungerechtfertigt kritisiert werde, suche ich das persönliche Gespräch unter vier Augen. So lassen sich die allermeisten Verstimmungen beilegen.«

Ungünstige Antwort auf Frage 15: »Ich hätte viel mehr erreichen können, wenn mein Chef mich mehr unterstützt hätte. Deswegen will ich die Firma ja auch verlassen.«
Gelungene Antwort auf Frage 15: »Wie viele Möglichkeiten man am Arbeitsplatz hat, liegt auch immer an einem selbst. Ich habe mich von mir aus um Sonderaufgaben und Projektmitarbeit gekümmert. Natürlich ist es meinem direkten Vorgesetzten wichtig, dass vorrangig die Aufgaben in der Abteilung bearbeitet werden. Ich konnte ihm aber deutlich machen, dass ich selbstverständlich weiterhin gute Arbeit für ihn leiste und zusätzlich etwas für den Ruf der Abteilung tun kann.«

Ungünstige Antwort auf Frage 16: »Für meinen letzten Arbeitgeber bin ich umgezogen. Und ich musste sogar einmal meinen Urlaub verschieben.«
Gelungene Antwort auf Frage 16: »Ich habe des Öfteren Kollegen vertreten, einmal über einen längeren Zeitraum. Auch in neue Computerprogramme habe ich mich mehr als einmal eingearbeitet.«

Ungünstige Antwort auf Frage 17: »Ja, ich hoffe zu meinem Vorteil.«
Gelungene Antwort auf Frage 17: »Auf jeden Fall, in meinem Fachgebiet bleibe ich eigentlich immer am Ball. Heutzutage kommt man über das Internet ja wunderbar an aktuelle Informationen. Ich bin auch in schwierigere Aufgaben hineingewachsen. Und nicht zuletzt habe ich durch die Übernahme von Sonderaufgaben einen besseren Draht zu den Kollegen aus anderen Abteilungen entwickelt.«

Ungünstige Antwort auf Frage 18: »Das war in erster Linie die Insolvenz meines Ausbildungsbetriebs. In solchen Situationen merkt man, dass auch der beste Einsatz vergebens sein kann.«
Gelungene Antwort auf Frage 18: »Meine erste Berufung in eine Projektgruppe. Dort habe ich die enge Verzahnung der Abläufe im Unternehmen kennen gelernt. Seitdem blicke ich viel mehr über meine eigene Abteilung hinaus als vorher.«

Ungünstige Antwort auf Frage 19: »Ja, die habe ich mir angesehen.«
Gelungene Antwort auf Frage 19: »Ich habe mich auf dieses Gespräch gründlich vorbereitet und mir dabei natürlich auch Ihre Homepage ausführlich angeschaut. Gut gefallen haben mir die Struktur und die Übersichtlichkeit. Man kann sich auf der Homepage gut zurechtfinden und mühelos zwischen den einzelnen Informationen navigieren.«

Ungünstige Antwort auf Frage 20: »Ich glaube so um die 400, oder waren es 1 400? Irgendwo habe ich auch gelesen, dass es sogar noch mehr sind. Aber ich weiß es jetzt nicht genau.«
Gelungene Antwort auf Frage 20: »Hier am Standort Stuttgart beschäftigen Sie über 400 Mitarbeiter, bundesweit sind es knapp 1 500. Und europaweit arbeiten für Sie etwa 2 000 Mitarbeiter.«

Ungünstige Antwort auf Frage 21: »Es läuft ja überall nicht so gut. Die Zeiten sind halt momentan eher schlecht, da werden auch Sie unter Druck stehen.«
Gelungene Antwort auf Frage 21: »Meiner Meinung nach ist das zentrale Problem die geringe Marge. Direktvertrieb wäre meiner Ansicht nach eine Möglichkeit, um die Gewinnsituation zu verbessern. Auf diesem Gebiet konnte ich auch schon für meinen letzten Arbeitgeber Erfolge verbuchen.«

Ungünstige Antwort auf Frage 22: »Dazu muss ich Ihnen sagen, dass es in meiner jetzigen Firma drunter und drüber geht. Die rechte Hand weiß nicht, was die linke tut. Eigentlich wundert es mich, dass es so lange gutgegangen ist. Jetzt kommt auch noch ein neuer Vorgesetzter, da verabschiede ich mich doch lieber rechtzeitig.«
Gelungene Antwort auf Frage 22: »Ich schätze meinen momentanen Arbeitgeber. Dort habe ich meine berufliche Entwicklung vorantreiben können. Für mich ist es aber wichtig, meine Berufserfahrung nun in einem anderen Zusammenhang und in einer neuen Firma einzusetzen. Ich möchte jetzt, mit den fünf Jahren Berufserfahrung, die ich gesammelt habe, noch einmal neu durchstarten.«

Ungünstige Antwort auf Frage 23: »Ach, ein bisschen Optimismus muss doch sein. Es wird doch überall nur mit Wasser gekocht, das wird schon klappen.«
Gelungene Antwort auf Frage 23: »Viele der Aufgaben, die Sie mir beschrieben haben, habe ich schon in meiner bisherigen beruflichen Laufbahn kennen gelernt. Daher weiß ich, was auf mich zukommt. Ich freue mich auf die neuen Aufgaben.«

Ungünstige Antwort auf Frage 24: »Na ja, bevor man mich offiziell auffordert zu gehen, gehe ich lieber von allein.«
Gelungene Antwort auf Frage 24: »Nein, meine Firma weiß bisher nichts von meinen Wechselabsichten. Für dieses Gespräch habe ich mir einen Tag Urlaub genommen. Ich könnte auch bei meinem jetzigen Arbeitgeber bleiben. Die von Ihnen ausgeschriebene Stelle interessiert mich aber wegen der Möglichkeit, zusätzliche Verantwortung übernehmen zu können.«

Ungünstige Antwort auf Frage 25: »Ja, es gibt viele Anpasser und Duckmäuser. Nur wenige trauen sich doch, dem Chef einmal zu widersprechen. Das liegt aber daran, dass die meisten Vorgesetzten auch nicht wirklich mit Kritik umgehen können.«
Gelungene Antwort auf Frage 25: »So etwas soll es geben. Ich persönlich finde es ja besser, ein gutes Verhältnis zum Vorgesetzten zu pflegen. In meiner Abteilung klappt die Zusammenarbeit sehr gut, was auch den Chef miteinbezieht.«

Lösungen zu Teil 8: Einstellungstest

49. Wissenstests (Seite 502)

Fragen zur Allgemeinbildung: Europäische Union

1	b	5	c	9	d	13	a	17	c
2	c	6	d	10	a	14	b	18	b
3	a	7	a	11	c	15	a	19	c
4	b	8	d	12	d	16	d	20	c

Fragen zur Allgemeinbildung: Wirtschaft

21	a	25	d	29	b	33	c	37	a
22	c	26	b	30	b	34	d	38	a
23	d	27	c	31	c	35	c	39	b
24	a	28	a	32	d	36	d	40	a

Fragen zur Allgemeinbildung: Geografie

41	d	45	b	49	b	53	b	57	d
42	c	46	d	50	c	54	d	58	c
43	d	47	c	51	a	55	c	59	d
44	c	48	a	52	b	56	c	60	c

Fragen zur Allgemeinbildung: Geschichte

61	b	65	d	69	a	73	c	77	b
62	c	66	a	70	b	74	a	78	c
63	c	67	c	71	c	75	d	19	d
64	a	68	b	72	d	76	d	80	b

Fragen zur Allgemeinbildung: Politik

81	c	85	a	89	b	93	d	97	d
82	c	86	c	90	d	94	a	98	a
83	c	87	a	91	c	95	b	99	d
84	c	88	b	92	a	96	a	100	d

Rechtschreibung: Buchstaben ausstreichen

1	Fahr~~r~~ad	16	Li~~e~~teraturkritik
2	Fi~~e~~sch	17	dableib~~b~~en
3	Fä~~e~~hre	18	Medaill~~i~~on
4	V~~ä~~erkehr	19	Dankesforme~~h~~l
5	Bahnhof~~f~~	20	pflichtwi~~e~~drig
6	Ka~~h~~rdiogramm	21	Flie~~h~~der
7	Güns~~s~~tling	22	ei~~n~~nmotten
8	Ja~~h~~paner	23	fuhre~~h~~n
9	Einlei~~h~~tung	24	flexi~~e~~bel
10	defe~~n~~nsiv	25	beiß~~ß~~en
11	Karamel~~l~~e	26	Gyr~~i~~os
12	energiebewu~~u~~sst	27	Neoklassizis~~s~~mus
13	E~~h~~nquete	28	Baikal~~l~~see
14	Fl~~e~~air	29	Qu~~e~~adriga
15	Kommen~~n~~tar	30	Rei~~e~~mplantation

Rechtschreibung: Sprichwörter

1. Wer im Glashaus sitzt, soll nicht mit Steinen werfen.
2. Erfahrung ist der Name, den die Menschen ihren Irrtümern geben.
3. Wer die Laterne trägt, stolpert leichter, als wer ihr folgt.
4. Ein Lügner muss ein gutes Gedächtnis haben.
5. Man sollte viel öfter nachdenken, und zwar vorher.

Praktische Mathematik: Schätzen

1	e	2	b	3	a	4	e

Praktische Mathematik: Prozente

1	30 Euro
2	225 Euro
2	3 240 Euro
4	70 Prozent
5	624 Euro

Praktische Mathematik: Brüche

1	d	2	c	3	d

50. Intelligenztests (Seite 525)

Logisches Denken: Zahlenreihen

1	+ 1 + 2 + 3 + 4 + 5 + 6 + 7	X = 38, Y = 47
2	− 1 + 2 − 1 + 2 − 1 + 2 − 1	X = 7, Y = 6
3	+ 3 − 2 − 1 + 3 − 2 − 1 + 3 − 2	X = 19, Y = 22
4	+ 7 − 9 + 7 − 9 + 7 − 9 + 7 − 9	X = 64, Y = 55
5	+ 4 − 2 + 1 + 4 − 2 + 1 + 4 − 2	X = 11, Y = 15
6	× 2 + 1 × 2 + 1 × 2 + 1	X = 446, Y = 447
7	: 2 : 2 : 2 : 2 : 2 : 2 : 2	X = 6, Y = 3
8	− 4 + 6 − 5 + 7 − 6 + 8 − 7 + 9	X = 32, Y = 42
9	× 2 − 2 × 2 − 2 × 2 − 2 × 2 − 2	X = 452, Y = 450

Logisches Denken: Welcher Wochentag?

1	Donnerstag
2	Sonntag
3	Dienstag
4	Freitag
5	Samstag

Räumliches Vorstellungsvermögen: Antriebskonstruktionen

1	c	2	d	3	a	4	b

Sprachliche Intelligenz: Infinitive

1	bändigen	6	wachsen	11	öden
2	meiden	7	beschreiten	12	erschrecken
3	zerschießen	8	siezen	13	besetzen
4	bemuttern	9	wissen	14	missfallen
5	messen	10	beschleichen	15	fahren

Sprachliche Intelligenz: Welches Wort passt nicht?

1	a	3	b	5	b	7	c
2	d	4	a	6	c	8	c

51. Konzentrationstests

Aufmerksamkeit: Buchstabenfolgen

1	a t d j y t f l u j f g h j d j t f d s f d l z r w h t g l m
2	u t d h k h o f g j s d y u g l m j k u h g r e l i f j k l a
3	h f k h i l e h j w q l i w b c s k g a q d f h f a s k g t u
4	s m n o l j a h f s i v h l i e s e f g k a k j v o l a m q t
5	f s c a v m l k s h g q r s t j h s g e u o w a o v a z f h i
6	n g f n j f d h j k g a h i j f g h b g f g f j k f e w v l k
7	h i g h j u i f e w j g i v l f e i h t u v r l o i r t h i a
8	r t u h i r n f u h r g a e i h n f d x c y o t z m u i w u v
9	f d j f k a e u a m b l d o w p f h g w x y u f h b h o r s p
10	n b c d h i r g y u r t i g h j b g t i d e f g p o g n h g j

Register

C

D

V

W

Z

Downloads zum Buch:
So funktioniert's

Downloads zum Buch

1. Öffnen Sie die **Website** *http://tinyqr.com/dc*

2. Laden Sie sich unter **Ergänzungen zum Buch** zusätzliches Material zu dieser Ausgabe herunter.

3. Das **Passwort** lautet: 5nvLxP

Downloads zu diesem Buch:

- Checklisten
- Übungen
- Tests mit Lösungen
- Musterlebensläufe und -anschreiben